普通高等教育系列教材

物理化学

主　编　张君才

副主编　周春生

WULI HUAXUE

西安交通大学出版社
XI'AN JIAOTONG UNIVERSITY PRESS
国家一级出版社
全国百佳图书出版单位

内容简介

本书是根据教育部化学类专业建设规范，为地方高校应用型化学类专业人才培养而编写的教材。

本书语言简洁，内容简明扼要，概念清晰。每章正文前有本章要求、背景问题，正文中有例题和思考题，正文后有适量习题并附有答案，便于教学。全书共15章，内容包含：气体的 pVT 性质、热力学第一定律及其应用、热力学第二定律、多组分系统热力学及其在溶液中的应用、化学平衡、相平衡、统计热力学、电解质溶液、可逆电池电动势及其应用、电解与极化作用、化学动力学基本原理、复合反应动力学、表面现象、胶体分散系统。

本书可作为地方高校化学各专业的物理化学教材，亦可作为综合大学、高等师范院校化学类各专业与相关专业的教学参考书。

图书在版编目(CIP)数据

物理化学/张君才主编.—西安：西安交通大学出版社，2022.5

ISBN 978-7-5693-1247-8

Ⅰ.①物… Ⅱ.①张… Ⅲ.①物理化学 Ⅳ.①064

中国版本图书馆CIP数据核字(2019)第140472号

书　　名 物理化学
主　　编 张君才
责任编辑 郭鹏飞

出版发行 西安交通大学出版社
(西安市兴庆南路1号　邮政编码710048)
网　　址 http://www.xjtupress.com
电　　话 (029)82668357　82667874(市场营销中心)
(029)82668315(总编办)
传　　真 (029)82668280
印　　刷 西安日报社印务中心

开　　本 787mm×1092mm　1/16　**印张** 24.5　**字数** 610千字
版次印次 2022年5月第1版　2022年5月第1次印刷
书　　号 ISBN 978-7-5693-1247-8
定　　价 59.80元

如发现印装质量问题，请与本社市场营销中心联系。
订购热线：(029)82665248　(029)82667874
投稿热线：(029)82669097　QQ:58689247
读者信箱：lg_book@163.com

《物理化学》立体教材
编委会

主　编　张君才

副主编　周春生

编　委　（按姓氏拼音排序）

曹文秀　陈佑宁　邓玲娟　高立国

葛红光　李雅丽　李亚萍　刘亚强

刘　艳　王建芳　魏永生　杨菊香

前　言

物理化学是一门重要的化学及相关专业的理论基础课，对于学生理性思维和科学素养的培养尤其重要。由于理论性较强，难于自学，许多学生往往把它看作最难的一门化学课，甚至称之为“老虎课”。教育部实行质量工程以来，一本院校教材和高职高专教材建设工作取得了很大成果，而二本院校教材建设相应严重滞后于教学要求，造成在教材选用时，常常存在“高不成、低不就”的困境。陕西高校林立，陕西理工学院、宝鸡文理学院、咸阳师范学院、渭南师范学院、西安文理学院、榆林学院、商洛学院和安康学院同属陕西地方院校，都是在师范教育基础上发展起来的，其中后六所高校均是 2002 年后由专科升为本科的院校，八院校的生源均为二本边缘，因此八院校的教学具有很大的共同点，教学中面临着同样的困境，尤其是面临高等教育改革深化和竞争日益激烈的严峻考验。

新编物理化学教材，由八校长期从事物理化学教学的一线教师共同编写完成。编写组熟悉国内外物理化学教学的现状，充分研究了八院校长期以来物理化学教学中存在的问题，提出了实用、有效的解决方案，使教材贴近教学实际、贴近学科发展，力争使教材具有研究性、理性化和艺术化。这是地方院校合作共享、提升化学类专业教学质量的有力创举。

参加编写的教师有咸阳师范学院魏永生（绪论）、陈佑宁（第 8、9 章、附录）和邓玲娟（第 5、10 章）；渭南师范学院刘亚强（第 2 章）、刘艳（第 3 章）和李雅丽（第 4 章）；西安文理学院杨菊香（第 14 章）；陕西理工学院的曹文秀（第 6 章）和葛红光（第 7 章）；商洛学院王建芳（第 11、12 章）；安康学院李亚萍（第 13 章）；榆林学院高立国（第 1 章）。全书由咸阳师范学院张君才教授担任主编，并由陕西师范大学陈亚芍教授担任主审。

本教材在编写过程中受到了陕西省八所地方院校诸位领导的大力支持，同时得到了西安交通大学出版社的支持，在此表示深深的感谢。

由于编者水平有限，书中难免存在不当之处甚至错误。我们诚恳地期望读者予以批评、指正。

张君才(xyjuncai@163.com)

2021.4.10

目 录

第 0 章　绪论

【本章要求】

(1)了解物理化学学科的研究对象和意义。

(2)了解物理化学学科的形成与发展。

(3)明确物理化学学科的学习目的和任务。

(4)掌握物理化学学科的学习方法。

【背景问题】

(1)物理化学学科的发展趋势?

(2)生活中的物理化学现象有哪些?请举例说明。

引　言

前期课程中,我们主要研讨了无机化学、有机化学以及分析化学等课程的相关知识。通过学习,我们知道,这些课程主要是研究具体的无机物或有机物的组成、结构、性质、相互变化规律以及鉴定、分析方法的科学;但对于化学反应最本质、最一般规律的讨论涉及较少。

化学变化表面上看错综复杂、千变万化,但本质上讲都是原子或者原子团的重新组合。在组合过程中,一些旧的化学键拆散了,一些新的化学键形成了。化学变化在客观上存在一定规律性。对于化学变化一般规律的了解,有助于人们认识化学变化的本质。这也就促使化学家们不断地寻求化学变化最本质、最普遍的规律。那么用什么方法来探求这些普遍的规律呢?

0.1　物理化学学科简介

通过长期大量的实践,人们认识到,物理学与化学之间存在着紧密的联系。化学变化过程总是伴随着或包含有物理过程,例如:

(1)$Zn + CuSO_4 \longrightarrow ZnSO_4 + Cu$　　设计成电池,就会有电流输出;

(2)$C(s) + H_2O(g) \longrightarrow CO(g) + H(g)$　　有体积变化和热效应;

(3)$2H_2(g) + O_2(g) \longrightarrow 2H_2O(l)$　　会产生光效应和热效应。

任举一例化学反应,都可以看到,发生化学变化时都伴随有物理变化。比如体积、压力的变化,产生热效应、电效应、光效应等。反之,物理因素的作用,也可以引起化学变化或影响化学变化的进行。如例(1)中,若加反向电动势,则化学反应甚至能够逆转;例(2)中,压力、温度的变化都会影响化学反应的平衡关系;例(3)中,反应条件的不同,可以产生剧烈的爆炸或平稳的燃烧。

以上是从宏观角度观察化学反应的现象,从微观角度来观察化学反应,则是分子中电子的运动,分子的振动、转动,分子中原子相互间的作用力等微观物理运动形态,这些直接决定了物质的性质和化学反应能力。

由此可见：一方面，化学与物理学之间有着密切的关系，化学运动总是包含着或伴随有物理运动；另一方面，通过研究化学、物理学之间的这些联系或化学过程中的物理效应，就有可能得到有关化学变化最本质的规律。

人们在长期的实践过程中注意到了这种相互联系现象，并且加以总结、归纳，逐步形成了一门独立的化学二级学科——物理化学。

物理化学是化学学科中的一个重要分支。它借助物理学、数学等基础科学中的理论及其所提供的实验手段，来研究化学学科中的原理和方法，研究化学体系行为一般的宏观、微观规律和理论。

0.2 物理化学学科的形成与发展

19 世纪中叶，随着现代工业的发展以及化学知识的长期积累，物理化学开始萌动于化学的母腹之中。

1887 年，第一份物理化学杂志在德国的莱比锡创刊，这可以视为物理化学诞生的标志。

20 世纪 20 年代以前，是物理化学发展的第一阶段：这一时期，以化学平衡和化学反应速率的唯象理论的建立为主要特征。标志性的事件主要有：

- 19 世纪中叶建立了热力学第一定律和热力学第二定律，并应用于化学领域；
- 1850 年，威廉姆(Wilhelmy)第一次定量测定反应速率；
- 1879 年，质量作用定律建立；
- 1889 年，阿累尼乌斯(Arrhenius)公式的建立和活化能概念的提出；
- 1887 年，德文《物理化学》杂志创刊；
- 1906 —1912 年，能斯特(Nernst)热定理和热力学第三定律的建立等。

20 世纪 20 年代至 60 年代是物理化学发展的第二个阶段，这一时期，结构化学和量子化学蓬勃发展，使物理化学开始进入化学变化规律微观探索领域。这一时期，量子化学和结构化学成了化学的带头分支学科，为整个学科的发展奠定了坚实的基础。标志性的事件主要有：量子力学的建立，求解氢分子的薛定谔方程，价键理论建立，分子轨道理论建立，共振理论建立，提出双分子反应碰撞理论，建立化学动力学过渡态理论，提出链反应动力学理论等。

20 世纪 60 年代以后，随着科学技术的巨大进展，物理化学也进入了蓬勃发展的第三阶段。随着新测试手段和数据处理方法不断涌现，如现代波谱学技术、激光技术和计算机技术的巨大发展，物理化学的各领域也向着深度和广度不断发展。这一时期的物理化学开始从宏观到微观、从体相到表相、从定性到定量、从单一学科到交叉学科、从平衡态到非平衡态发展。

当前的物理化学主要强化了在分子水平上的精细物理化学的研究，以及强化了对特殊集合态的物理化学的研究。前沿研究领域主要有：运用现代物理化学与谱学手段，研究生命体系的物理化学过程；纳米组装、纳米结构、纳米体系的物理化学研究及其在高技术中的应用基础研究；理论化学新方法及其在化学各领域、生物、材料领域中的应用研究；围绕能源、资源与环境领域的新催化材料、新催化反应、催化反应机理及原位表征技术；有重要应用前景的新电化学体系的基础研究；与生命、材料、环境和高新技术相关的物理化学；化学信息学和计算机化学中的新思路和新方法等。

总之，物理化学是化学科学的理论基础及重要组成学科，物理化学极大地扩充了化学研究的领域，促进了相关学科的发展，形成了许多新的分支学科，是培养与化学相关或交叉的其他学科人才的必需学科。

0.3 物理化学学科设置的目的和任务

0.3.1 物理化学学科设置的目的

物理化学学科设置主要是为了解决生产实际和科学实验中向化学提出的各种理论问题,揭示化学反应的本质和一般规律,更好地为生产实际服务。

0.3.2 物理化学学科设置的任务

1.研究化学反应的方向、限度和能量效应

这一部分主要探讨化学体系的平衡性质:以热力学的三个基本定律为理论基础,研究宏观化学体系在气态、液态、固态、溶解态,以及高分散状态的平衡物理化学性质及其规律性。在这一情况下,时间不是一个变量。属于这方面的物理化学分支学科有化学热力学、溶液、胶体和表面化学等。

2.研究化学反应的速率和反应机理

这一部分主要探讨化学体系的动态性质:研究由于化学或物理因素的扰动而引起体系中发生的化学变化过程的速率和机理。在这一情况下,时间是重要的变量。属于这方面的物理化学分支学科有化学动力学、催化、光化学和电化学等。

3.研究物质的性质与其结构之间的关系

这一部分以量子理论为理论基础,研究化学体系的微观结构和性质之间的关系。属于这方面的物理化学分支学科有结构化学和量子化学。(在我国的传统物理化学教学过程中,这部分内容单独编写教材、单独设课)

0.4 物理化学学科的研究方法

物理化学学科是自然科学的一个分支,它的研究方法除了和一般的科学研究方法有着共同之处以外,还有自己的特点。

1.热力学方法

物理化学学科的研究对象是大量质点所组成的宏观系统,以两个经典热力学定律为基础,经过严密的逻辑推理来研究化学变化的平衡性质。也就是研究化学反应的方向、限度和能量效应。

2.统计热力学方法

统计热力学方法是从个别或少数粒子的运动规律,来推断大量粒子所组成系统的规律。把系统的微观运动和宏观表现联系起来,用概率规律讨论大量质点平均行为,计算热力学函数,解释宏观现象。

3. 量子力学方法

量子力学方法是应用薛定谔(Schrodingeh)方程来计算分子内电子的运动规律,揭示化学键的本质、物性与结构之间的关系以及化学反应机理等的研究方法。

4.动力学方法

动力学方法以化学反应系统为对象,采用宏观的、微观的反应动力学方法,研究化学反应的速率和机理。

5.物理化学实验研究方法

物理化学实验研究方法主要用到化学分析法，热力学方法，电磁学方法，光学方法，原子物理学方法等。其实验研究方法大部分是物理学的方法，物理化学就是运用物理学的理论和方法研究化学变化基本规律的一门学科。

0.5 物理化学学科的学习方法

1.物理化学课程特点

首先在思维方法上与其他化学课程不同，无机、有机等课程在学习过程中一般用到归纳法较多，即在观察、实验的基础上直接归纳出规律和原理。而在物理化学课程中，大多是在观察、实验的基础上再加上严密数学逻辑推理的演绎法。其次，物理化学基本概念多，公式推导多，其侧重于化学领域最普遍本质规律的探讨，因此理论性强。物理化学课程更类似于物理、数学课程。

2.关于学习方法的建议

重视对基本概念、定义、术语物理意义的理解。物理化学中，尤其热力学中，概念多且抽象、思维严密、文字精炼、初学者难于深刻理解。可以采取讨论，多做思考题等方法来逐步理解它们。

对于物理化学中众多的公式，重点放在理解公式的物理意义、成立条件、应用范围等方面，并要牢记最基础的重要公式。

多做习题和思考题对于学习物理化学极其重要。一方面可以培养独立思考、解决问题的能力；另一方面也是检验学生对课程内容理解、掌握程度的最好办法。

在传统物理化学教学过程中会经常涉及一些简单的微积分知识，需提前复习这方面的数学基础知识。

第 1 章　气体的 *pVT* 性质

【本章要求】

1.熟练掌握理想气体状态方程和混合气体的性质(道尔顿分压定律、阿马格分体积定律)。

2.了解实际气体的状态方程(范德华方程)。

3.理解实际气体的液化和临界性质。

4.理解对应状态原理与压缩因子图。

【背景问题】

(1)为何要研究气体的 p、V、T 行为?

(2)实际气体的近似方法有哪些?

(3)如何利用压缩因子图计算实际气体的密度和质量?

引　言

在自然界中,物质通常有三种聚集状态——气态、液态和固态。

众所周知,物质是由大量分子组成的。按照分子运动论的观点,组成物质的分子之间既存在一定距离,又存在吸引力和排斥力。通常情况下,以分子相互吸引为主。分子运动可以有平动、振动及转动等多种形式。分子间的引力作用使分子彼此趋向结合,分子间的斥力使彼此趋向分离。这两种倾向的相对大小,在一定条件下,使物质有气态、液态、固态之分。

物理化学研究的对象主要是物质的这三种聚集状态。描述状态的最基本参数,对纯物质而言,是 p、V、T;对混合物来讲,基本参数还包括各组分物质的量。这些物理量是控制生产的主要指标。热力学中,T 是一个重要的物理量。

垂直作用在单位面积上的力称为压力(亦称压强),用 p 表示。压力是强度性质,亦也就是说与物质的量无关。压力单位为 Pa(帕斯卡),$1\ \mathrm{Pa}=1\ \mathrm{N/m^2}$。标准压力 $P^\ominus=101.325\ \mathrm{kPa}$,为计算方便,可用压力 $P^\ominus=100\ \mathrm{kPa}$。

温度是分子无规则热运动的表征,用 T 表示。温度也是强度性质,热力学温度是国际单位制的七个基本量之一,它的单位为开尔文(Kelvin),简称开(K)。常用的摄氏温度(℃)以 t 表示,热力学温度 T 与摄氏温度的关系是:

$$T/\mathrm{K}=273.15+t/℃ \tag{1.1}$$

气体体积用 V 表示,单位可用 $\mathrm{m^3}$,$\mathrm{dm^3}$,$\mathrm{cm^3}$ 等。体积具有广延性质,即与物质的量成正比。

气态:物质处于气态时,分子热运动剧烈,由于气体分子相互分散,气体能充满容器,所以气体体积就是容纳气体容器的容积。气体具有可压缩性。

固态:温度低于熔点时物质以固态存在。固体分子热运动较弱,低温下的分子间引力大,分子聚集在一起;以一定规律排列起来,大多数形成一定晶型,分子以晶格能维系在一起。固态物质本身保持一定外形，并占有空间。分子间空隙很小，因而很不易压缩。

液态：介于气态与固态之间。液体可以流动，无任意的形状，受地心引力聚集于容器的底部。它具有一定的体积，具有流动性。

与气态比较，固体、液体可压缩性较小，密度则较大。

应该指出，同一种物质都可以有三种聚集状态，但三态之间相互转变是有条件的。不同的物质的相同聚集状态的变化，其转变条件是不同的。

1.1 理想气体

1.1.1 理想气体状态方程

17 世纪中期，人们开始研究低压下（$p<1$ MPa）气体的 pVT 关系，发现了三个对各种气体均适用的经验定律：

1.波义耳定律

在物质的量和温度恒定的条件下，气体的体积与压力成反比，即

$$pV=\text{常数}（n、T\ 一定）$$

2.盖-吕萨克定律

在物质的量和压力恒定的条件下，气体的体积与热力学温度成正比，即

$$V/T=\text{常数}（n、p\ 一定）$$

3.阿伏伽德罗定律

在相同的温度、压力下，1 mol 任何气体占有相同体积，即

$$V/n=\text{常数}（T、p\ 一定）$$

将上述三个经验定律相结合，整理可得到如下的状态方程：

$$pV=nRT \tag{1.2}$$

式(1.2)称为理想气体状态方程。式中，p 的单位为 Pa，V 的单位为 m^3，n 的单位为 mol，T 的单位为 K，R 称为摩尔气体常数，经过实验测定其值为

$$R=8.314\ J\cdot mol^{-1}\cdot K^{-1}$$

因为(V/n)可表示为摩尔体积 V_m，气体的物质的量 n 又可表示为气体的质量 m 与它的摩尔质量 M 之比(m/M)，所以理想气体状态方程又常采用以下两种形式：

$$pV_m=RT \tag{1.3}$$

$$pV=(m/M)RT \tag{1.4}$$

混合气体的摩尔质量则不仅与其中各组分的摩尔质量有关，还与各组分的摩尔分数，也就是各组分的物质的量分数有关，即：

$$M_{mix}=\sum_B y_B M_B \qquad （其中\ y_B=n_B/n）$$

式中，M_{mix}为混合气体的摩尔质量，y_B与 M_B分别为混合气体中任一组分 B 的摩尔分数与摩尔质量。

气体常数 $R=8.314\ J\cdot mol^{-1}\cdot K^{-1}$应当熟记。如果遇到其他的单位制，其值可通过单位换算求得。

【思考题 1-1】凡是符合理想气体状态方程的气体就是理想气体吗？

1.1.2　理想气体的特征

(1)分子本身不占有体积；

(2)分子之间无相互作用力；

(3)分子间或分子与器壁间碰撞时弹性碰撞。

严格说来，只有符合理想气体特征的气体才能在任何温度和压力下均服从理想气体状态方程，因此把在任何温度、压力下均服从理想气体状态方程的气体称为理想气体。实际上绝对的理想气体是不存在的，它只是一种假想的气体。理想气体可以看作是实际气体在压力趋于零时的极限情况。

把较低压力下的气体作为理想气体处理，把理想气体状态方程用作低压气体近似服从的、最简单的 pVT 关系，却具有重要的实际意义。至于在多大压力范围可以使用 $pV=nRT$ 来计算各种实际气体的 pVT 关系，尚无明确的界限。因为这不仅与气体的种类和性质有关，还取决于对计算结果精度的要求。通常，在低于几千千帕的压力下，理想气体状态方程能满足一般的工程计算需要。此外，易液化的气体如水蒸气、氨气、二氧化碳气等适用的压力范围要窄些；而难液化的气体如氦气、氢气、氮气、氧气等所适用的压力范围相对较宽。

1.2　道尔顿定律和阿马格定律

实际生产中遇到的气体大多数是混合气体。例如空气就是 N_2、O_2、Ar 等多种气体的混合物，天然气、石油常减压得到的低馏分气体和石油高温热裂解得到的气态物质等都是各种烃类的混合物。对于气体温合物进行有关计算时要用到分压定律和分体积定律。

1.2.1　道尔顿分压定律

混合气体中某组分 B 单独存在，且具有与混合气体相同的温度、体积时的压力称为组分 B 的分压力，用 p_B表示。

1801 年道尔顿(Dalton)提出分压定律：混合气体的总压力等于混合气体中各组分的分压力之和，如图 1－1 所示。

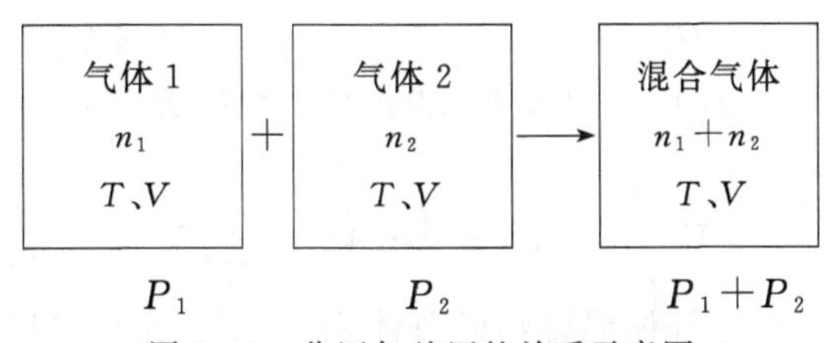

图 1－1　分压与总压的关系示意图

表示为：

$$p=p_1+p_2+\cdots+p_n=\sum_B p_B \tag{1.5}$$

式中，p 为在温度 T、体积 V 时气体混合物的总压力，Pa；p_B为在温度 T、体积 V 时气体混合物中某组分 B 的分压力，Pa。

推论：混合气体中组分 B 的分压力等于混合气体的总压力与组分 B 的摩尔分数的乘积。

$$p_B=p\cdot y_B \tag{1.6}$$

分压定律适用的条件为：理想气体混合物和低压下的实际气体混合物，且各气体在混合前后的温度与体积相同。

【例 1－1】　有一煤气罐其容积为 30.00 L，温度为 27.00 ℃时内压为 600 kPa。经气体分析，储罐内煤气中 CO 的体积分数为 0.600，H_2 的体积分数为 0.100，其余气体的体积分数为 0.300，求该储罐中 CO、H_2 的质量和分压。

解　已知 $V=30.00\ \text{L}=0.0300\ \text{m}^3$

$p=600\ \text{kPa}=6.00\times10^5\ \text{Pa}$

$T=(273.15+27.00)\ \text{K}=300.15\ \text{K}$

则
$$n=\frac{pV}{RT}=7.21\ \text{mol}$$

并且　$n(\text{CO})=7.21\ \text{mol}\times0.600=4.330\ \text{mol}$

$n(\text{H}_2)=7.21\ \text{mol}\times0.100=0.720\ \text{mol}$

$m(\text{CO})=n(\text{CO})\times\text{M}(\text{CO})=121\ \text{g}$

$m(\text{H2})=n(\text{H}_2)\times\text{M}(\text{H}_2)=1.45\ \text{g}$

再根据
$$p(\text{CO})=\frac{V(\text{CO})}{V}=360\ \text{kPa}$$

$$p(\text{H}_2)=\frac{V(\text{H}_2)}{V}=60\ \text{kPa}$$

1.2.2　阿马格分体积定律

混合气体中某组分 B 单独存在，且具有与混合气体相同的温度、压力时的体积称为组分 B 的分体积，用 V_B表示。

混合气体的总体积等于混合气体中各组分的分体积之和，称为阿马格(Amagat)分体积定律，如图1-2所示。

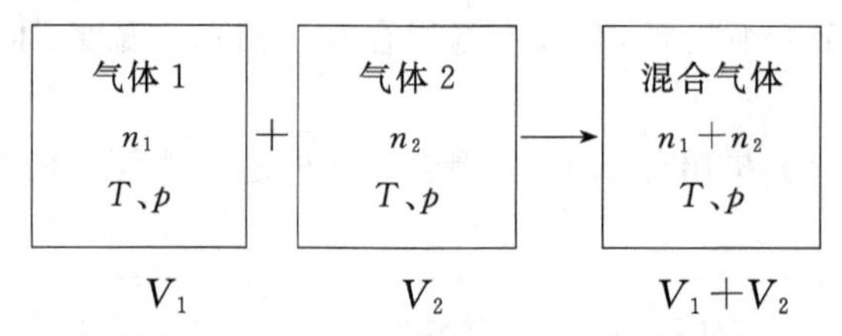

图 1-2　分体积与总体积的关系示意图

表示为：

$$V=V_1+V_2+\cdots+V_n=\sum_B V_B \tag{1.7}$$

式中，V 为在温度 T、压力 p 时气体混合物的总体积，m^3；V_B为在温度 T、压力 p 时气体混合物中某组分 B 的分体积，m^3。

推论：混合气体中组分 B 的分体积等于混合气体的总体积与组分 B 的摩尔分数的乘积。

$$V_B=p\cdot y_B \tag{1.8}$$

分体积定律适用的条件为：理想气体混合物和低压下的实际气体混合物，且各气体在混合前后的温度与压力相同。

【例 1-2】　某理想气体混合物的组成分别为：N_2 0.78，O_2 0.21，CO_2 0.1。试计算在 20 ℃ 与 98 658 Pa 压力下该混合气体的密度。

解　已知密度的定义为 $\rho=\dfrac{m}{V}$。因为此混合气体为理想气体混合物，故可应用理想气体状态方程

$$PV = nRT = \frac{m_{\text{mix}}}{M_{\text{mix}}} RT$$

整理可得：

$$\rho = \frac{PM_{\text{mix}}}{RT}$$

又 $M_{\text{mix}} = \sum_{B} y_B M_B$

$$= 0.78 \times 28\ \text{g} \cdot \text{mol} + 0.21 \times 32\ \text{g} \cdot \text{mol} + 0.1 \times 44\ \text{g} \cdot \text{mol} = 32.96\ \text{g} \cdot \text{mol}$$

所以

$$\rho = \frac{98658\ \text{Pa} \times 32.96\ \text{g} \cdot \text{mol}}{8.314\ \text{J} \cdot \text{mol} \cdot \text{K} \times 293\ \text{K}} = 1.335\ \text{kg} \cdot \text{m}^{-3}$$

1.3　实际气体的 pVT 性质

在化工生产中，许多过程都是在较高的压力下进行的。例如石油气体的深度冷冻分离，氨和甲醇的合成等都是在高压下完成的。理想气体状态方程对压力不太高、温度不太低的气体普遍实用，但是在中、高压条件下，理想气体状态方程、分压定律和分体积定律对实际气体已经不能适用，需要进一步研究中高压条件下实际气体的特点以及有关的 pVT 关系的处理方法。

1.3.1　实际气体的特征

实际气体的分子本身具有体积，分子间存在着相互作用力。由于气体分子本身具有体积，因而减小了气体所占体积中可被压缩的空间，使实际气体应比理想气体较难被压缩；但实际气体分子间又具有相互吸引力，使实际气体比理想气体较易被压缩，这样就有可能克服分子运动的分离倾向而凝聚。所以实际气体在适当的温度、压力下能够液化，即由气体转变成液体以至固体。

1.3.2　实际气体对理想气体的偏离

理想气体遵循 $pV_m = RT$，而实际气体因为其分子本身具有体积，分子间存在着相互作用力，所以其会偏离 $pV_m = RT$ 关系。尤其在中、高压条件下，实际气体对理想气体的规律发生了很大的偏离。为了比较实际气体与理想气体的偏离程度，引入了压缩因子这一物理量，用符号“Z”表示。

1.压缩因子的定义与物理意义

Z 的定义式为

$$Z = \frac{pV}{nRT} \tag{1.9}$$

$$Z = \frac{pV_m}{RT} \tag{1.10}$$

式(1.9)、式(1.10)中，Z 为压缩因子，量纲为一；V 为实际气体的体积，m^3；V_m 为实际气体的摩尔体积，$\text{m}^3 \cdot \text{mol}^{-1}$；$p$ 为实际气体的压力，Pa；T 为实际气体的温度，K；n 为实际气体的物质的量，mol。由上式可得出

$$Z = \frac{V}{nRT/p} = \frac{V}{V_{\text{理想}}} \tag{1.11}$$

式(1.11)中，V 为实际气体的体积，m^3；$V_{\text{理想}}$ 为理想气体的体积，m^3。

式(1.11)表明 Z 等于同一温度、压力下，物质的量相同的实际气体的体积与理想气体的体积之比。如果 $Z=1$，$V = V_{\text{理想}} = \frac{nRT}{p}$，说明理想气体在任何温度、压力下 Z 值都恒等于 1。如

果 $Z>1, V>V_{理想}$，即实际气体的体积大于理想气体的体积，说明实际气体比理想气体难于压缩；如果 $Z<1$，则 $V<V_{理想}$，即实际气体的体积小于理想气体的体积，说明实际气体比理想气体容易压缩。由于 Z 反映了实际气体压缩的难易程度，所以称为压缩因子。

由上面对压缩因子的分析可知，实际气体偏离理想气体的程度可以用 Z 值偏离 1 的多少来衡量。Z 值与 1 相差越大，说明实际气体对理想气体的偏差越大。

2. 实际气体对理想气体的偏离

图 1-3 所示为 273 K 时几种气体的 $Z-p$ 等温线。由图可知，同样温度压力条件下不同的气体有不同的 Z 值，而且 $Z-p$ 等温线的形状也有很大差异，说明不同结构的气体分子对它们的 pVT 性质有不同的影响。

图 1-4 所示是 N_2 在不同温度下的 $Z-p$ 等温线。由图可知，在任何温度下当压力趋近于零时 Z 值都趋近于 1，这与零压下气体符合理想气体模型相一致。又如在 173 K 这类低温条件下的等温线，随着 N_2 压力由零增大，先引起 Z 值自 1 下降，经一极小值后又随着压力升高而增大，直至大于 1。曲线上出现极值一般都反映同时存在着效果相反的两个因素，即在低压下易压缩的因素起了主导作用，经最低点后，难压缩因素逐渐占了主导地位，就同一气体而言，温度对这两种相反因素的影响并不一致，所以不同温度下曲线极小值的位置有别，甚至在较高温度下表现出 Z 只随 p 单调增大，如该图中温度大于 473 K 就属于此例。

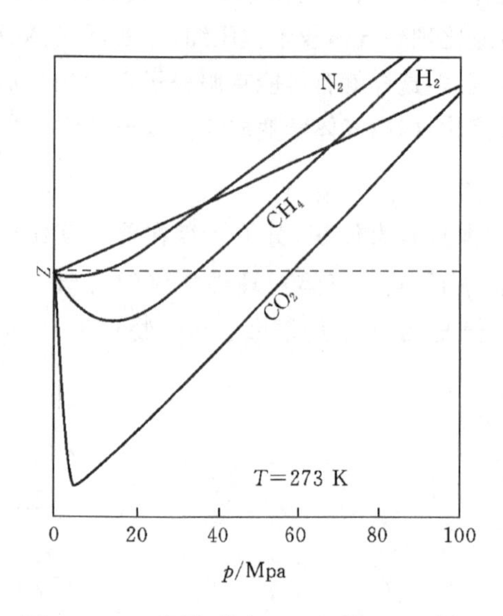

图 1-3　不同气体在 273 K 的 $Z-p$ 图

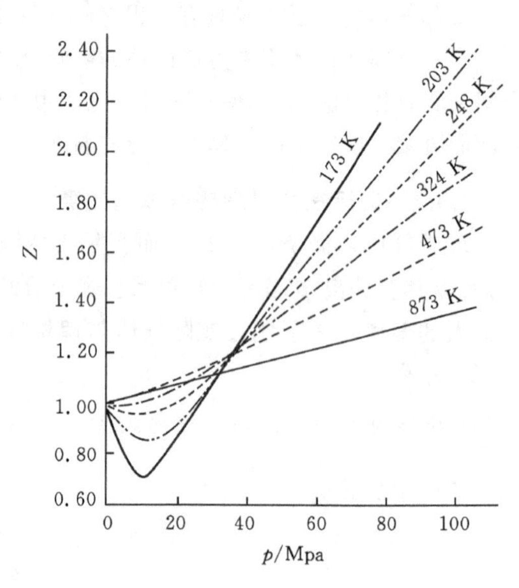

图 1-4　氮气在不同温度下的 $Z-p$ 图

上述这些不同偏差的产生，正是由于实际气体分子间存在着相互作用力和分子本身占有体积所引起的。分子间引力的存在，使得实际气体比理想气体容易压缩，$Z<1$；分子体积的存在，使得气体实际可压缩的空间减小，当气体压缩到一定程度时，分子间距离很近，会产生对抗性的斥力，造成实际气体比理想气体难以压缩，$Z>1$。这一对矛盾永远同时存在，互相作用。通常在低温下低压及中压时，引力因素起主导作用，故 $Z<1$；在高温下分子热运动加剧，在高压下分子间距离显著减小，都使得分子间的引力作用大大削弱，体积因素占主导地位，故 $Z>1$。而各种气体在相同的温度压力下，Z 值偏离 1 的程度不同，则反映出不同气体在微观结构和性质上的个性差异。

1.4　实际气体的状态方程

为了描述实际气体的性质，在实践与理论研究的基础上，人们提出了 200 余种实际气体状态方程。其中，物理意义比较明确，提出较早的是范德华方程。

1.4.1　范德华(van der Waals)方程

1881 年，范德华在克劳修斯等前人工作的基础上，针对实际气体对理想气体产生偏差的两个原因，对理想气体状态方程进行了必要的修正，得到了在一定范围内适用的实际气体状态方程。

1.体积修正项 b

在理想气体的物理模型中，把分子看成是没有体积的质点。对 1 mol 气体，理想气体状态方程 $pV_m=RT$ 一式中的 V_m 应理解为在给定条件下，每个分子可以自由活动的空间。而对于理想气体或低压下的气体，它就等于容器的体积。当压力较高时，气体的密度增大，分子间距离减小，分子本身体积造成的偏差增大。如以氮气分子为例，在标准状况下，1 mol N_2，其分子本身体积只占气体总体积的万分之三，如果压力增加到 100 MPa 时，分子本身体积约占总体积的五分之一。显然，高压下的实际气体的自由空间不再是 V_m，而是从 V_m 中减去一个与分子体积有关的修正项 b，即把 V_m 改为 (V_m-b)。常数 b 与实际气体的种类有关。

2.压力修正项 $\frac{a}{V_m^2}$

在理想气体状态方程中，p 是气体分子间无相互作用力时的压力。而实际气体的压力 p 要小于假想该气体理想化后应有的压力。如果两者的差值为 p_a，则实际气体理想化后(作为理想气体)产生的压力应该是 $(p+p_a)$。p_a 称为分子的内压力，指由于分子间引力对气体压力造成的影响。

根据压力的概念和影响因素，p_a 近似正比于气体密度的平方，或者反比于摩尔体积的平方。当引入一个比例系数 a 时，可用数学式表示为

$$p_a=\frac{a}{V_m^2}$$

式中，常数 a 和 b 与气体的种类有关。

经过以上分析得出，适用于 1 mol 气体的范德华方程式为

$$\left(p+\frac{a}{V_m^2}\right)(V_m-b)=RT \tag{1.12}$$

适用于 n mol 气体的范德华方程式

$$\left(p+\frac{n^2a}{V^2}\right)(V-nb)=nRT \tag{1.13}$$

范德华方程式中的 a 和 b 是与气体种类有关的特性常数，通称为气体的范德华常数。它们分别与气体分子间作用力大小和分子本身体积的大小有关，其数值由实验而确定。a 和 b 的单位分别是 $Pa\cdot m^6\cdot mol^{-2}$ 和 $m^3\cdot mol^{-1}$。如果压力和体积单位改变时，这些常数的数值会改变。部分气体的范德华常数列于表 1-1 中。

表 1-1 气体的范德华常数

气体	$a/(\mathrm{Pa\cdot m^6\cdot mol^{-2}})$	$b/(10^{-5}\cdot\mathrm{m^3\cdot mol^{-1}})$	气体	$a/(\mathrm{Pa\cdot m^6\cdot mol^{-2}})$	$b/(10^{-5}\cdot\mathrm{m^3\cdot mol^{-1}})$
He	0.003457	2.370	CO	0.151	3.99
Ne	0.2135	1.709	CO_2	0.3640	4.267
Ar	0.1363	3.219	H_2O	0.5536	3.049
Kr	0.2349	3.987	NH_3	0.4225	3.707
Xe	0.4250	5.105	SO_2	0.680	5.64
H_2	0.02476	2.661	CH_4	0.2283	4.278
O_2	0.1378	3.183	C_2H_4	0.4530	5.714
N_2	0.1408	3.913	C_2H_6	0.5562	6.380
Cl_2	0.6579	5.622	C_6H_6	1.824	11.54

【例 1-3】 将 10.0 mol C_2H_6在 300 K 时充入 4.86×10^{-3} $\mathrm{m^3}$的容器中，测得其压力为 3.445 MPa。试分别用(1)理想气体状态方程和(2)范德华方程计算容器内气体的压力。

解 (1)根据理想气体状态方程计算

$$p=\frac{nRT}{V}$$

$$=\frac{10.0\times8.314\times300}{4.86\times10^{-3}}\ \mathrm{Pa}=5.13\times10^{6}\ \mathrm{Pa}=5.13\ \mathrm{MPa}$$

(2)根据范德华方程式计算

从附表中查出 C_2H_6 的范德华常数 $a=0.5562\ \mathrm{Pa\cdot m^6\cdot mol^{-2}}$，$b=6.380\times10^{-5}\mathrm{m^3\cdot mol^{-1}}$

根据
$$\left(p+\frac{n^2a}{V^2}\right)(V-nb)=nRT$$

$$p=\frac{nRT}{V-nb}-\frac{n^2a}{V^2}$$

$$=\left[\frac{10.0\times8.314\times300}{4.86\times10^{-3}-10.0\times6.380\times10^{-5}}-\frac{10.0^2\times0.5562}{(4.86\times10^{-3})^2}\right]\mathrm{Pa}$$

$$=3.55\times10^{6}\ \mathrm{Pa}=3.55\ \mathrm{MPa}$$

由上述例题看出，在中压范围内，与测得的 $p=3.55\times10^{6}$ Pa 比较，实际气体按范德华方程计算的结果要比按理想气体状态方程计算的结果准确得多。

当实际气体的压力趋近于零时，V_m则趋近于无穷大，此时$\frac{a}{V_m^2}$可忽略，b 相对于 V_m也可忽略，则$\left(p+\frac{a}{V_m^2}\right)\to p$，$(V_m-b)\to V_m$，式(1-12)还原为理想气体状态方程。

范德华方程所适用的压力范围通常为几兆帕，要比理想气体状态方程式适用的范围大得多。但在某些情况下，如压力很高时，应用范德华方程式也会产生较大的偏差。

除范德华方程外，在化工计算中还有一些常用的方程式，如：维里方程，马丁-侯方程，贝塞罗方程，BWR（Benedict-Webb-Rubin）方程等。实际气体状态方程有两个主要共同特征：①都有物质特性常数；②都只能较好适用于某些物质 pVT 行为的某一范围。

【思考题 1-2】 为什么实际气体在低压下可以近似看作理想气体？

【思考题 1-3】 应用分压定律与分体积定律的条件是什么？

【思考题 1-4】 真实气体与理想气体产生偏差的原因何在？范德华是如何对理想气体状态方程式进行修正的？

【思考题 1-5】 实际气体的体积小于同温、同压、同物质的量的理想气体体积，则其压缩因子 Z 值应该大于 1 还是小于 1？

【思考题 1-6】 何为液体的饱和蒸气压？它与哪些因素有关？

1.5　实际气体的液化与临界性质

实际气体除了 pVT 关系不符合理想气体状态方程外，还能靠分子间引力的作用凝聚为液体，这种过程称为液化或凝结。生产中使气体液化的途径有两条：降温、加压。但实践表明，单凭降温可以使气体液化，但单凭加压不一定能使气体液化，要视加压时的温度而定。这说明气体的液化是有条件的。通过恒温下压缩过程中气体的压力与体积的变化关系可揭示出气体液化的基本规律。

理想气体由于分子间无相互作用力，分子本身不占有体积，故不能液化，并且可以无限压缩，在任何条件下，都服从理想气体状态方程。在恒温条件下服从波义耳定律，即 $pV_m=RT=K$。如果以压力为纵坐标，体积为横坐标作图，为图 1-5 所示的一系列双曲线。因为同一条线上各点温度相同，所以每一条曲线称为等温线或 $p-V_m$ 等温线。

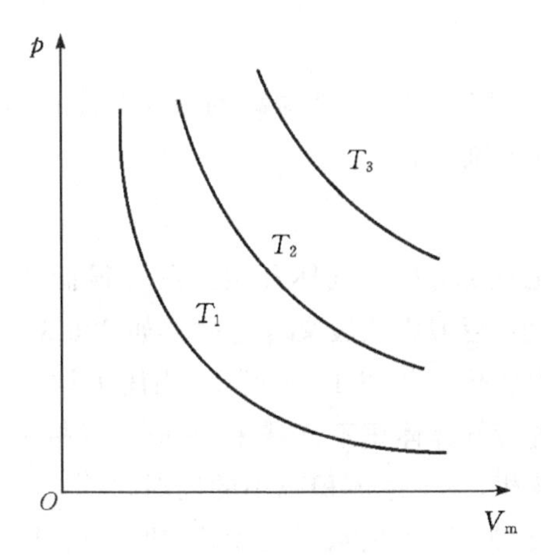

图 1-5　理想气体等温线

而实际气体因为不服从理想气体状态方程，且在某些条件下能够液化，故实际气体的 $p-V_m$ 等温线对波义耳定律会有一定的偏差。

现以实际气体 CO_2 的 $p-V_m$ 等温线为例加以说明。

图 1-6 为实验测得的 CO_2 的 $p-V_m$ 图，图中每一条线描述了在一定温度下，一定量的 CO_2 压缩时，体积和状态变化的情况。

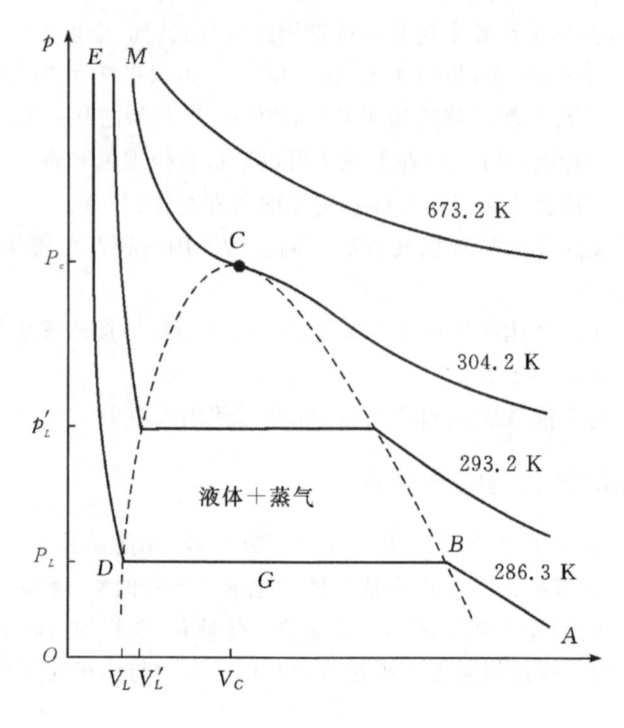

图 1－6 实际气体等温线

1.5.1 气体的 $p-V_m$ 图

由图 1－6 可见，$p-V_m$ 等温线以 304.2 K 为界，分 304.2 K 以上的等温线、304.2 K 以下的等温线、304.2 K 的等温线三种情况。

1.304.2 K 以上的等温线

304.2 K 以上的高温等温线在气相区，等温线与波义耳定律双曲线相似，压缩时气体的体积随压力的增大而减小，气体不能液化。

2.304.2 K 以下的等温线

(1)低压部分 CO_2 完全是气态。CO_2 气体开始的压力很低，如点 A 所示。随着压力的增加，气体被压缩，体积逐渐减小，近似服从波义耳定律。如 286.3 K 的等温线中 AB 段。

(2)平线段存在着气液相变化。如图 1－6 所示，当压力增大到 B 点时，气体成为饱和蒸气，开始液化。随着液化的进行气体体积不断减小，其压力保持不变。这是因为随着液化的进行，更多的分子从气相转入液相，在气体体积减小的同时，气体分子数目也相应地减少而气体密度则是不变的，所以等温线在 BD 段呈水平线段，到达 D 点时，CO_2 全部液化。B 点和 D 点对应的横坐标分别为饱和蒸气和饱和液体的摩尔体积。D 点以后则是液体的等温压缩阶段。

把不同温度下开始液化和终了液化的点用虚线连起来就形成图中呈帽形的区域，帽形区内为气、液两相共存区。

(3)陡线部分为液体等温压缩的结果。D 点以后继续增加压力，由于液体不容易压缩，所以继续加压，曲线 DE 陡直上升，体积变化很小。

3. 304.2 K 的等温线

随着温度升高，水平线段逐渐缩短，当温度达到 304.2 K 时，水平线段缩成一个点 C，为分界点。

等温线各水平段所对应的压力即为 CO_2 在不同温度下的饱和蒸气压。

例如在图 1－6 中 286.3 K 这条等温线上，到达 B 点以前的 AB 段上，只有 CO_2 气体，而在 D 点以后的 DE 段上只有 CO_2 液体，只是在 BD 段上（B、D 点除外），CO_2 气态与 CO_2 液态共存，同时压力恒定，与气体体积的变化无关。这个恒定的压力称为 CO_2 在此温度时的饱和蒸气压，饱和蒸气与液体两相平衡共存的状态叫作气-液相平衡。

在一定温度下，液体与其蒸气达平衡时，平衡蒸气的压力称为这种液体在该温度下的饱和蒸气压，简称蒸气压。在这个温度下，若低于此压力，物质则全部为气相，如 B 点以前的低压部分；若高于此压力，则全部为液相，如 D 点以后的状态。

从微观角度来看，气-液相平衡是一种动态平衡。一方面液体中一部分动能较大的分子，要挣脱分子间引力逸出到气相中而蒸发；另一方面，气相中一部分蒸气分子在运动中受到液面分子的吸引，重新回到液体中凝聚或液化。当气相中密度达一定值时，液体蒸发与蒸气凝结的速率相等，就达到气-液相平衡。此时蒸发与凝结仍在不断进行，只是两者速率相等，所以是一种动态平衡，而蒸气压就指相平衡时蒸气的压力。温度升高，分子热运动加剧，液体中具有较高动能的分子增多，单位时间内足以摆脱分子间引力而逸出的分子数增加，蒸发速率加快，当建立起新的气-液相平衡时，冷凝速率也加快，饱和蒸气压增大。所以，饱和蒸气压的大小与物质分子间作用力和温度有关。当温度一定时，纯物质的饱和蒸气压为一定值，当温度升高时，饱和蒸气压增大。

饱和蒸气压是液体物质的一种重要物性数据，可以用它来量度液体分子的逸出能力，即液体蒸发能力。液体的蒸气压与外压相等时的温度称为沸点。显然液体沸点的高低也是由物质分子间力决定的，还与液体所受的外压有关。

图 1－6 中，不同温度的等温线上的水平线段的压力即为 CO_2 在不同温度下的饱和蒸气压，由于液体的饱和蒸气压随温度升高而增大，所以水平线段随温度的升高而上升。又因为温度升高，饱和蒸气压增大及液体的膨胀（不太大），使饱和蒸气与饱和液体的摩尔体积逐渐相互趋近，所以水平线段随温度升高而缩短，当温度达到 304.2 K 时，水平段缩到极限而成一个拐点 C，C 点称为临界点。临界点左侧为液体的恒温压缩曲线，右侧为气体的恒温压缩曲线。

1.5.2　气体的临界状态及其液化条件

1. 临界状态

气体在临界点时所处的状态为临界状态。

临界状态时的温度、压力和摩尔体积分别称为临界温度（T_c）、临界压力（p_c）和临界体积（V_c）。

临界温度：使气体能够液化的最高温度。

临界压力：在临界温度下，使气体液化所需的最低压力。

临界体积：在临界温度和临界压力下，气体的摩尔体积。

临界温度、临界压力和临界体积统称为临界参数。临界参数是物质的重要属性，其数值由实验测定。书后附录列出了一些物质的临界参数数值和临界状态下的压缩因子（Z_c）值。

从图 1 - 6 中可以看出，实际气体在高于临界温度和低压区域内比较符合理想气体状态方程；而在低温高压下与理想气体性质的偏差较大。从而同时得出了气体的液化条件。

2.气体的液化条件

通过以上分析可知，气体的温度高于其临界温度时，无论施加多大的压力，都不能使气体液化，所以气体液化的必要条件是气体的温度低于临界温度，充分条件是压力大于在该温度下的饱和蒸气压。

这是因为实际气体当降低温度时，将使气体分子动能减小，分子间斥力减弱，增大压力时，会缩短分子间的距离，而使分子间的相互吸引力增大，当分子间的引力大于斥力，即分子间的吸引力起主导作用时气体就液化了。因此，在某物质处于临界温度或低于临界温度时，增加适当的压力，便可将该物质从气态转化为液态。如果温度高于临界温度，由于此时气体分子的动能仍然较大，大到足以克服分子间的吸引力，即使加很大的压力，把气体分子间的距离缩短，分子的斥力还是大于分子间的吸引力，所以气体就不能液化。

由上述讨论可以看出，物质的临界温度实际上是由分子间作用力所决定的，临界温度数值的大小反映了各种气体液化的难易程度。通常，难液化的气体如 He、H_2、Ne、N_2 等。其临界温度很低，常温下加压不能被液化。容易液化的气体如 C_3H_8、C_4H_{10}、NH_3 等，临界温度较高，在常温下加压便可液化。石油气中的 C_3H_8、C_4H_{10} 等常常制成液化气贮存在钢瓶中，NH_3 也常变为液体进行输送。

3.物质处于临界点时的特点

(1)物质气-液相间的差别消失，两相的摩尔体积相等，密度等物理性质相同，处于气-液不分的混浊状态。

(2)临界点是等温线上的水平拐点，其数学特征是一阶导数和二阶导数均为零，即

$$\left(\frac{\partial p}{\partial V_m}\right)_{T_c}=0 \quad \left(\frac{\partial^2 p}{\partial V_m^2}\right)_{T_c}=0$$

(3)各种气体在其临界点处都能够液化。

(4)各种气体在临界状态下的压缩因子——临界压缩因子$\left(Z_c=\frac{p_cV_c}{RT_c}\right)$之值接近一个常数，大多数为 0.27～0.29，如表 1 - 2 所示。这说明在临界点处各种实际气体对理想气体的偏差大致相同。

表 1 - 2 部分气体的临界压缩因子(Z_c)

气体	H_2	N_2	Ar	O_2	CH_4	C_2H_4	C_2H_6	C_6H_6	Cl_2	CO_2	H_2O
Z_c	0.305	0.290	0.291	0.288	0.286	0.281	0.283	0.268	0.275	0.275	0.230

上述这些特点反映了不同气体表现出来的共性，而不同的气体有不同的临界参数，则反映了实际气体的个性，这些事实恰好说明了各种气体的个性和共性的统一。了解气体的这些特点，就可以找出高压下计算实际气体 p、V、T 的理想方法。

【思考题 1 - 7】 气体液化的途径有哪些？为什么气体在临界温度以上无论加多大压力也不能使其液化？

【思考题 1-8】 有一气体混合物,内含有甲烷、乙烯、丙烯。能否根据各物质的临界温度临界压力数据,设计一个粗略的方案,将它们分离开?

【思考题 1-9】 在 320 K 时,已知钢瓶中某物质的对比温度为 1.20,则钢瓶中的物质是以什么状态存在,临界温度是多少?

【思考题 1-10】 实际气体的 p、V、T 如何进行计算?

1.6　对应状态原理及压缩因子图

不同的实际气体具有不同的性质,但在临界点时却有许多共性。尤其是各气体的临界压缩因子(Z_c)近似相等,意味着在临界点处,各种气体对理想气体的偏差大致相同,这便启发人们以临界点为基准,定义出对比参数来衡量实际气体偏离理想气体的程度,并在此基础上根据对应状态原理,找出计算压缩因子(Z_c)的方法。

1.6.1　对比参数与对应状态原理

1.对比参数

气体的对比参数包括对比温度(T_r)、对比压力(p_r)和对比体积(V_r),它们分别用实际气体的温度、压力、摩尔体积与临界温度、临界压力、临界体积之比来表示,即

对比温度
$$T_r=\frac{T}{T_c} \tag{1.14}$$

对比压力
$$p_r=\frac{p}{p_c} \tag{1.15}$$

对比体积
$$V_r=\frac{V_m}{V_c} \tag{1.16}$$

上面 3 个式中,T 为实际气体的温度,K;T_c为临界温度,K;p 为实际气体的压力,Pa;p_c为临界压力,Pa;V_m为实际气体的摩尔体积,m^3/mol;V_c为临界体积,m^3/mol。

对比参数 p_r、V_r、T_r表示了实际气体的 p、V、T 值偏离该气体临界参数的程度。这三个量均无量纲。

2.对应状态原理

实验发现,各种不同气体有两个对比参数相同时,第三个对比参数也几乎相同。这时称它们处于相同的对比状态或处于对应状态。这一规律称为对应状态原理。

【例 1-4】 已知 Ar 的临界温度为 151 K,临界压力为 4.86 MPa;CO_2的临界温度为 304.2 K,临界压力为 7.37 MPa,求对比温度、对比压力都是 2 的 Ar 和 CO_2的实际温度和实际压力。

解: 依据 $T_r=\dfrac{T}{T_c}$　　$p_r=\dfrac{p}{p_c}$

可得　　$T=T_rT_c$　　$p=p_rp_c$

$$T(\mathrm{Ar})=T_rT_c(\mathrm{Ar})=2\times151\ \mathrm{K}=302\ \mathrm{K}$$

$$p(\mathrm{CO_2})=p_rp_c(\mathrm{CO_2})=2\times7.37\ \mathrm{MPa}=14.74\ \mathrm{MPa}$$

$$T(\mathrm{Ar})=T_rT_c(\mathrm{Ar})=2\times151\ \mathrm{K}=302\ \mathrm{K}$$

$$p(\mathrm{Ar})=p_r p_c(\mathrm{Ar})=2\times 4.87\ \mathrm{MPa}=9.74\ \mathrm{MPa}$$

由例 1-4 计算看出，CO_2和 Ar 的 p_r、T_r相同，都为 2，说明它们处于相同的对应状态。这只是表明了它们的实际温度和实际压力对自己的临界温度和临界压力的比值相同，也就是说它们所处的状态偏离临界状态的倍数或程度相同，但是它们的实际温度和实际压力、临界温度和临界压力都不相同。

许多事实还表明，处于对应状态下的不同气体具有大致相同的 Z 值，并且其他许多物理性质如热容、折射率、黏度等也都具有简单的关系。换句话说，不同的气体，当有相同的对比温度、对比压力时便会有近似相同的压缩因子(Z)值，Z 只是对比温度、对比压力的函数(参阅图 1-7)。根据这一结论，就可以由某些气体的实验结果，得出适用于各种不同气体的双参数普遍化压缩因子图。

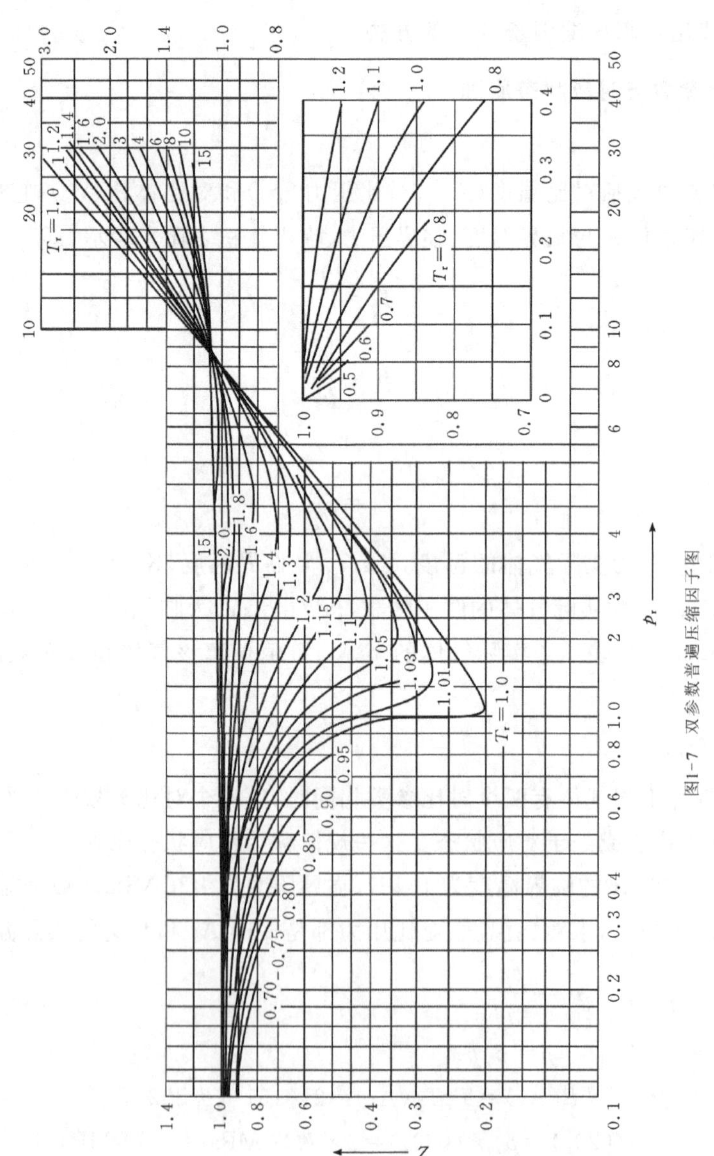

图1-7 双参数普遍化压缩因子图

1.6.1　压缩因子图

1.双参数普遍化压缩因子图

图 1-7 即一种双参数普遍化压缩因子图。所谓双参数即指对比温度(T_r)和对比压力(p_r),普遍化是指适用于各种实际气体。

由图 1-7 可以看出:

(1)横坐标表示对比压力,纵坐标表示压缩因子,每条曲线为等对比温度线,表示一个指定的对比温度,纵横坐标均采用对数坐标,从而扩大了读数范围,任何气体只要知道对比压力、对比温度,便可由图直接读出 Z 值。

(2)当 $T_r<1$ 时,曲线很短。这是因为 $T_r<1$ 时气体处于临界温度以下,当压力大于饱和蒸气压时,气体发生液化变成了液体,性质发生了变化,不宜再进行实验测定,所以曲线随 p_r 的增大而中断。

(3)当 p_r 趋近于零时,即 p 趋近于零,Z 趋近于 1,实际气体接近于理想气体。等对比温度线的变化规律与图 1-3 所描述的 Z 随 p 变化规律的等温线一致。

(4)在相同的 p_r 下(p_r 较小时除外),一般来说,T_r 较大时 Z 偏离 1 的程度较小,T_r 较小时 Z 偏离 1 的程度较大,这也正说明了实际气体在低温下与理想气体偏差很大。

利用压缩因子图,只要知道气体的临界参数,就可以算出气体在某一定状态下的对比参数 p_r、T_r,然后就能够从图中查出 Z 值,进行有关的计算。由于这种方法数学公式简单,计算方便,且能在相当大的压力范围内得到满意的结果,故被广泛用于工业生产中的计算。对于 H_2、He、Ne 三种气体误差较大,可采用下式计算对比压力和对比温度。

$$p_r=\frac{p}{p_c+8\times10^5}\ \text{Pa} \tag{1.17}$$

$$T_r=\frac{T}{T_c+8}\ \text{K} \tag{1.18}$$

[例 1-5]　试用压缩因子图法求温度为 291.2 K、压力为 15.0 MPa 时甲烷的密度。

解:由附录查出甲烷的 $T_c=190.6$ K,$p_c=4.596$ MPa

由

$$T_r=\frac{T}{T_c}=\frac{291.2}{190.6}=1.53$$

$$p_r=\frac{p}{p_c}=\frac{15.0\times10^6}{4.596\times10^6}=3.26$$

然后再查压缩因子图,得出 $Z=0.75$

将　$\rho=\frac{m}{V}$ 代入 $pV=ZnRT=Z\frac{m}{M}RT$ 可得

$$\rho=\frac{pM}{ZRT}=\frac{15.0\times10^6\times0.016}{0.75\times8.314\times291.2}\ \text{kg/m}^3=132\ \text{kg/m}^3$$

由例 1-5 可看出,通过双参数普遍化压缩因子图求出 Z 值后还可以根据公式计算实际气体在一定温度及压力下的密度,并且还可以计算高压下实际气体的质量 m 等。

习　题

1.在两个体积相等、密封、绝热的容器中，装有压力相等的某理想气体。试问此二容器中气体的温度是否相等？

[答案：略]

2.有一个氮的氧化物，质量为 6.12×10^{-4} kg，在 293 K 和 101325 Pa 时，占有体积为 0.495 dm^3，求该气体的分子式。

[答案：NO]

3.某空气压缩机每分钟吸入 101.3 kPa、300 K 的空气 41.2 m^3。经压缩后，排出空气的压力 192.5 kPa，温度升高到 363 K。试求每分钟排出空气的体积。

[答案：$V=26.0\ m^3$]

4.0 ℃，101.325 kPa 的条件常称为气体的标准状况，试求甲烷在标准状况下的密度。

[答案：$\rho=0.716\ kg/m^3$]

5.一抽成真空的球形容器，质量为 25.00 g，充以 4 ℃水之后，总质量为 125.0 g。若改充以 25 ℃，13.33 kPa 的某碳氢化合物气体，则总质量为 25.02 g。试估算该气体的摩尔质量。水的密度按 1 g/cm^3 计算。

[答案：$M=30.31$ g/mol]

6.两个容积均为 V 的玻璃球泡之间用细管连接，泡内密封着标准状况下的空气。若将其中一个球加热到 100 ℃，另一个球则维持 0 ℃，忽略连接细管中气体体积，试求该容器内空气的压力。

[答案：$p=117.0$ kPa]

7.如图 1－8 所示，在一个带隔板的容器中，两侧分别有同温同压的氢气与氮气，二者均可视为理想气体。

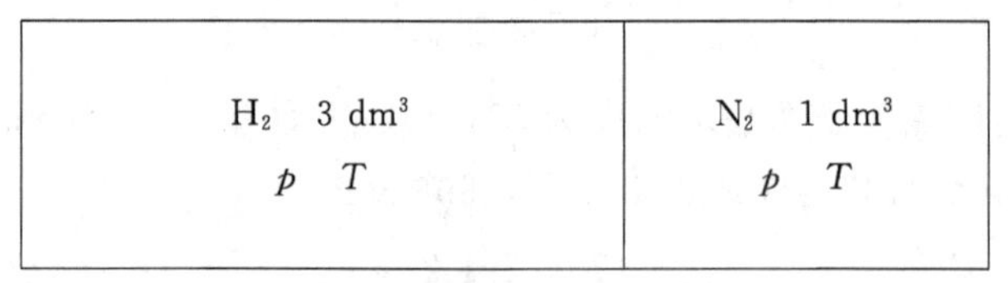

图 1－8

(1)保持容器内温度恒定时抽去隔板，且隔板本身的体积可忽略不计，试求两种气体混合后的压力；

(2)隔板抽去前后，氢气与氮气的摩尔体积是否相同？

(3)隔板抽去后，混合气体中氢气与氮气的分压力之比以及它们的分体积各为多少？

[答案：(1) p；(2)相同；(3) $p_{氢气}:p_{氮气}=3:1$；$V_{氢气}=3\ dm^3$；$V_{氮气}=1\ dm^3$]

8.氯乙烯、氯化氢及乙烯构成的混合气体中，各组分的摩尔分数分别为 0.89，0.09 及 0.02。于恒定压力 101.325 kPa 下，用水吸收其中的氯化氢，所得混合气体中增加了分压力为 2.670 kPa 的水蒸气。试求洗涤后的混合气体中氯乙烯及乙烯的分压力。

[答案：$p_{氯乙烯}=96.487$ kPa；$p_{乙烯}=2.168$ kPa]

9.室温下一高压釜内有常压的空气。为进行实验时确保安全，采用同样温度的纯氮进行置换，步骤如下：向釜内通氮直到 4 倍于空气的压力，而后将釜内混合气体排出直至恢复常压。重复三次。求釜内最后排气至恢复常压时其中气体含氧的摩尔分数。设空气中氧、氮摩尔分数之比为 1∶4。

[答案：$y=0.313\%$]

10.CO_2气体在 40 ℃时的摩尔体积为 0.381 dm^3/mol。设 CO_2为范德华气体，试求其压力，并比较与实验值 5066.3 kPa 的相对误差。

[答案：$p=5187.7$ kPa；相对误差$=2.4\%$]

11.今有 0 ℃，40530 kPa 的 N_2气体，分别用理想气体状态方程及范德华方程计算其摩尔体积。实验值为 70.3 cm^3/mol。

[答案：$V_{m理想}=56.0\ cm^3/mol$；$V_{m范德华}=73.1\ cm^3/mol$]

12.25 ℃时饱和了水蒸气的湿乙炔气体（即该混合气体中水蒸气分压力为同温度下水的饱和蒸气压）总压力为 138.7 kPa，于恒定总压下冷却到 10 ℃，使部分水蒸气凝结为水。试求每摩尔干乙炔气在该冷却过程中凝结出水的物质的量。已知 25 ℃及 10 ℃时水的饱和蒸气压分别为 3.17 kPa 及 1.23 kPa。

[答案：$n=0.0144$ mol]

13.一密闭刚性容器中充满了空气，并有少量的水。当容器于 300 K 条件下达平衡时，容器内压力为 101.325 kPa。若把该容器移至 373.15 K 的沸水中，试求容器中到达新的平衡时应有的压力。设容器中始终有水存在，且可忽略水的任何体积变化。300 K 时水的饱和蒸气压为 3.567 kPa。

[答案：$p=222.9$ kPa]

14.把 25 ℃的氧气充入 40 dm^3的氧气钢瓶中，压力达 202.7×10^2 kPa。试用普遍化压缩因子图求钢瓶中氧气的质量。

[答案：$m=11$ kg]

第2章　热力学第一定律及其应用

【本章要求】

(1)理解热、功与热力学能的区别与联系;可逆过程、状态函数的意义及特性。

(2)掌握热力学基本概念,热力学第一定律、基尔霍夫定律。

(3)熟练各热力学过程ΔU、ΔH、Q和W的计算。

【背景问题】

(1)热力学第零定律。如果两个热力学系统中的每一个都与第三个热力学系统处于热平衡,则它们彼此也必定处于热平衡。这一结论称作“热力学第零定律”。

(2)热泵。热泵是一种将低温热源的热能转移到高温热源的装置,用来实现制冷和供暖。

引　言

热力学是物理学的一个组成部分,按字面的意义仅涉及热能与机械能(功)之间的联系(热与做功能力的科学)。但实际上,热力学的内容并不受此限制。它是研究自然界中与热现象有关的各种状态变化和能量转化的规律的科学。热力学根据两个事实:不能制造出永动机,不能使一个自然发生的过程完全复原。并由此而产生的两个定律,即热力学第一定律和热力学第二定律。20世纪初又建立了热力学第三定律和第零定律,使热力学成为一个逻辑严密的理论。

将热力学的基本原理用来研究化学现象以及与化学有关的物理现象,就称为化学热力学。在化学系统中,经常要发生物质的量的变化,因此,要研究化学现象,就需要在系统中引入化学变量,将各物质的量作为系统的变量,从而引出化学势的概念。化学热力学已经成为解决化学问题的有力工具,它在科学研究和生产实践中发挥着巨大的作用。如化学能的利用,化工生产中的热量衡算,化学反应的方向和限度的计算等。

2.1　热力学概论

2.1.1　热力学的研究对象

热力学产生于18世纪末期,主要是研究宏观系统热功转换过程所遵循的普遍规律,研究系统状态变化过程中,各物理量之间的变化关系。更确切地说,热力学研究的是宏观系统性质之间的变化关系,以及这种变化关系对系统热功转换过程的影响和制约。

热力学的研究以几个经验定律为基础,这些定律是人们通过大量的宏观实验总结归纳出来的,并经过无数次的实践检验,它们的正确性是不容置疑的。而热力学解决问题的方法则是用演绎推理的方法,将其应用于各不同的系统,从而在遵守热功转换规律的前提下,确定系统变化的方向以及达到平衡的状态。正是由于上述原因,从热力学得到的结论,只适用于由大量粒子构成系统。而对于由少数粒子构成的系统,热力学的结论是不适用的。

将热力学的基本原理用于研究化学现象及与化学有关的物理现象,被称为化学热力学。

化学热力学研究与化学有关的系统在变化过程中的能量效应，研究化学反应的方向与限度，研究化学平衡与相平衡等过程所遵循的规律。

热力学是解决实际问题的有力工具，在生产实践中，当希望将某种化学反应付诸实践时，首先需要知道这个化学反应有无进行的可能，如果事先已知其不能进行，就没有必要耗费人力物力进行无价值的研究。

2.1.2 热力学的方法特点及局限性

前边说过，热力学的研究是以几个由宏观实验总结的定律为基础，经过演绎推理而得到结论的，在整个过程中，没有任何假想的成分，因此结论是可靠的，而且这种研究的方法和结论不会因为人们对物质结构认识的深入而改变，这就是热力学研究的特点。

热力学研究的特点也决定了它的局限性。因为任何宏观系统都是由大量的微粒构成的，这些粒子的运动状态可能是不相同的，宏观系统的某种性质总是微粒对应的运动特性总的体现，也就是说，宏观系统的性质及其联系以及热功转换规律是由微粒的基本运动特性决定的，宏观的表象总是有其微观根源的。而热力学仅仅研究宏观系统性质之间的联系，以及这些联系对热功转换过程的制约作用，不问系统是由什么微粒构成的，这些微粒具有什么基本特性，所以就不能从微观与宏观的联系上说明热力学结论的微观根源。

热力学公式中没有时间的因子，它只能回答其变化的方向和达到平衡的状态，但不能回答这种变化的速率和达到平衡状态所需要的时间，这是热力学研究的又一局限性。这一局限性决定了在实际应用中，仅凭热力学的方法，不能彻底解决问题。因为如果只知一个反应可以进行，而不知反应的速率，就没有实施的实际价值。而这些问题的解决，须通过化学动力学的研究。

2.1.3 热力学的几个基本概念

1.系统与环境

在进行热力学研究时，总要确定研究对象，以便将要研究的对象和其余的部分分开。在热力学中，把研究的对象称为系统（也称体系），或热力学系统，而将和系统有关的其余部分称为环境。系统与环境之间可以有明显的分界面，也可以没有明显的界面。根据系统与环境的关系，可以将系统分为以下三类。

（1）封闭系统，系统和环境之间无物质交换，但有能量交换的系统。

（2）敞开系统，系统和环境之间既有物质交换，又有能量交换的系统。

（3）隔离系统，或称孤立系统，是指系统和环境之间无物质和能量交换的系统。

应该说明的是，这里对系统的划分完全是为了研究的方便，实际上，不可能实现这样一个隔离系统，因为人们不能制作一个完全刚性的，又完全绝热的壁，使系统和环境完全隔绝开来。

2. 系统的性质

系统的状态可以用它的可观测的宏观性质来描述。这些性质称为系统的性质，如温度、压力、体积、表面张力等。系统的性质可以分为两类：

（1）广度性质（或容量性质），其数值与系统的量成正比，具有加和性，整个体系的广度性质是系统中各部分这种性质的总和。如体积，质量，热力学能等。

（2）强度性质，其数值决定于体系自身的特性，不具有加和性，也和系统的量无关。如温度、压力、密度等。

通常系统的一个广度性质除以系统中总的物质的量或质量之后得到一个强度性质。例如

体积 V 是广度性质，它除以系统中的总的物质的量 n，得摩尔体积 V_m，为强度性质。

3.热力学平衡态

当系统的各种性质不随时间变化时，就称系统处于热力学的平衡态。所谓热力学的平衡，应包括如下四个方面的平衡，其平衡的条件可以通过热力学的方法推导。

(1)热平衡，如系统的各部分没有用绝热的物质分开，达到热平衡时，各部分的温度相等。

(2)力学平衡，如系统的各部分没有用刚性的物质分开，达到力学平衡时，系统的各部分压力相等。

(3)相平衡，当系统不止一个相时，系统中的每一种物质在各相之间的分配达到平衡，在相与相之间没有净的物质转移。

(4)化学平衡，当系统中存在化学反应时，达到平衡后，系统的组成不随时间变化。

4.状态方程与状态函数

当系统处于平衡态时，描述系统性质之间关系的数学方程式称为状态方程式。如对一定量的理想气体系统，p、V、T 之间的关系为

$$p = nRT/V \tag{2.1}$$

就是其状态方程。

系统的状态方程不能由热力学理论导出，必须通过实验来测定。但在统计热力学中，可以通过对系统中粒子的运动特性和粒子之间相互作用的情况进行某种假设，推导出状态方程。

任何系统都存在一个状态方程。状态方程中独立变量的数目随着系统的不同而不同，一般来说，对于一个没有组成变化的均相封闭系统，只需要两个性质就可以确定系统的状态。如一定量的理想气体系统，其状态方程的独立变量的数目是 2。当系统比较复杂时，其独立变量的数目也相应增加。如对一个敞开系统，还要指出每一种物质的量。例如，一个敞开系统的状态方程可以表示为

$$T = f(p, V, n_1, n_2, \cdots) \tag{2.2}$$

在上述状态方程中，把系统的一个性质表示成其他性质的函数，因为适当数目的状态性质确定了系统的状态，可以将式(2.2)写成更通俗化的形式

$$\text{状态的性质} = f(\text{系统的状态})$$

因此，系统的性质就是系统状态的函数，也称状态函数。当状态一定时，系统的性质也就确定了，而且与系统以前的状态无关。当系统的状态发生变化时，系统的某些或全部性质也要发生变化，而且系统性质的改变量仅和始终态有关，和变化的路径无关。由于系统性质的这一个特点，会给其改变量的计算带来很多方便。在以后的计算中，如知道一个热力学量是系统的性质，就可以只考虑其始终态，而不管其实际变化的路径，直接计算它的改变量。同样，根据系统性质是状态函数的特点，可知它的微分是一全微分，由此可以导出一些重要的热力学关系。

5.过程与途径

在一定的环境条件下，系统发生了一个状态变化，从一个状态变化到另一个状态，就说系统进行了一个热力学过程，简称过程。而系统变化所经历的具体路径称为途径。

常见的变化过程有：

(1)等温过程，系统从状态 1 变化到状态 2，在变化过程中温度保持不变，始态温度等于终态温度，且等于环境温度。

(2)等压过程,系统从状态 1 变化到状态 2,在变化过程中压力保持不变,始态压力等于终态压力,且等于环境压力。

(3)等容过程,系统从状态 1 变化到状态 2,在变化过程中体积保持不变。

(4)绝热过程,系统在变化过程中,与环境不交换热量,这个过程称为绝热过程。如系统和环境之间用绝热壁隔开,其变化过程就属于绝热过程,或变化过程太快,来不及和环境交换热量的过程,可近似看作绝热过程。

(5)环状过程,又称循环过程,系统从始态出发,经过一系列的变化过程,回到原来的状态,称为环状过程。系统经历此过程,所有性质的改变量都等于零。

【思考题 2-1】 在盛水槽中放入一个盛水的封闭试管,加热盛水槽中的水(作为环境),使其达到沸点,试问试管中的水(系统)会不会沸腾,为什么?

2.2 热力学第一定律

2.2.1 热力学第一定律表述法

1.能量守恒与转化定律

到 19 世纪上半叶,已有多种形式的能量之间的转化被发现和研究。通过蒸汽机将热能转化为机械能就是典型的例子。1800 年意大利科学家伏打(Volta)制造了第一个伏打电池堆,是将化学能转化为电能的例子。化学家瓦拉锡(Lavoisier)与李比希(Liebig)先后提出了动物的体热和机械活动的能量来自食物中化学能的思想。1820 年奥斯特(Osrseted)发现了电流的磁效应。1831 年法拉第发现了电磁感应现象,1840 年焦耳(Joule)最早研究了电流的热效应并发现了焦耳-楞次定律。焦耳从 1840 年起进行了多种的热功转化的实验,致力于精确测定热功转化的数值关系——热功当量,于 1850 年发表了他的实验结果,其热功当量相当于 $4.157\ \mathrm{J \cdot cal^{-1}}$ (calorie 是原先的热量单位,现已废止)。他在近 40 年的时间里,通过多种实验,确定了热与功之间准确的定量关系。目前公认的热功当量的精确值为

$$J = 4.1840\ \mathrm{J \cdot cal^{-1}}$$

虽然国际单位制已规定热量的单位为焦耳,热功当量这个词被废止,但它的历史意义是不可磨灭的。

经过以焦耳为代表的一批科学家的不懈努力,以无可辩驳的实验事实,确立了能量守恒与转化定律:自然界的物质都具有能量,能量有各种不同的形世,它能从一种形式转化为另一种形式,从一个物体传向另一个物体,在转化和传递过程中数值不变。

2.热力学第一定律的表述法

热力学第一定律就是包括热量在内的能量守恒与转化定律。这个定律与可以被表示为:不从环境吸收能量,自己本身的能量也不减少,又可以不断地对外做功的机器称为第一类永动机,这种机器是无法实现的。这就是热力学第一定律的文字表述。

但能量守恒与转化定律仅是一个思想,它的发展和应用必须借助于数学,因为只有有了数学,才能以这种思想为公理,进行严密精确的推论与计算,形成一个理论体系。下边将根据第一定律的文字表述,求得它的数学表达式。

2.2.2 热力学能

热力学所讨论的系统的能量应包括如下几个方面的能量:

· 系统整体运动的能量(T)
· 系统在外力场中的位能(V)
· 热力学能(U)

在研究静止的系统时($T=0$),如不考虑外力场的作用($V=0$),此时系统的总能量为热力学能U(或称内能)。系统的热力学能包括了系统中各种层次的微粒所有运动形式的能量(微粒的平动能、转动能、振动能、电子能、核能……,以及微粒之间的位能)。对于一个系统来说,目前还无法确切知道其中存在多少类不同层次的微粒,以及它们动能和相互作用能,因此系统的热力学能的绝对数值是无法知道的。

热力学能是系统的性质,是状态的函数,当状态一定时,其热力学能是确定的。假如不是这样,一个状态对应不同的热力学能,就可以设计某种循环过程,从一个状态开始,经过循环过程,回到原来的状态,并从其中取出一些能量,并不断重复这个循环过程,就能从系统中取出无穷无尽的能量,而不改变其状态。这样,能量就不会是守恒的,就会得出违反热力学第一定律的结论。可见热力学能是系统的性质,是热力学第一定律的必然结果。

2.2.3 热和功

热力学中,把由于系统和环境间温度的不同而在它们之间传递的能量称为热,用Q表示,并规定系统吸热为正。

在热力学中,除热以外,系统与环境间以其他的形式传递的能量称为功,用W表示,并规定环境对系统做功为正。

热和功不是状态函数,是系统和环境以两种不同形式吸收的能量。不能说系统本身的热或功是多少,只有当系统的状态变化时,或只有当系统和环境有能量交换时,才能说系统吸收了多少热,或环境对系统做了多少功。由于它们不是状态函数,其微小量用δW和δQ表示,以示区别。

有各种形式的功:体积功、电功、表面功、辐射功等。功可以分为体积功δW_e和非体积功δW_f。

各种功的微小量可以表示为环境对系统施加影响的一个强度性质与其共轭的广度性质的微变量的乘积。如功的计算式可以表示为:

$$\begin{aligned}\delta W &= -p_{外}\,dV+(X\,dx+Y\,dy+Z\,dz+\cdots)\\ &=\delta W_e+\delta W_f\end{aligned} \tag{2.3}$$

式(2.3)中,$p_{外}$是环境对系统的压力。$p_{外}$,X,Y,Z,…表示环境对系统施加影响的强度性质,而dV,dx,dz,… 则表示其共轭的广度性质的微变。

热和功的单位:焦(J)。

2.2.4 热力学第一定律数学表达式

如果系统发生了状态变化,热力学能增加了ΔU,这部分能量一定是从环境得到的。而从环境得到能量的方式只两种,一是从环境吸收了热Q,二是环境对系统做功W,则有

$$\Delta U=U_2-U_1=Q+W \tag{2.4}$$

将上式写成微分的形式,可有

$$dU=\delta Q+\delta W \tag{2.5}$$

(2.4),(2.5)两式称为热力学第一定律的数学表达式。

既然热力学能是系统的性质,对于一个组成不变的均相封闭系统,两个性质可以确定系统

的状态，系统的热力学能可以表示为

$$U=U(T,V)$$

$$\mathrm{d}U=\left(\frac{\partial U}{\partial T}\right)_V\mathrm{d}T+\left(\frac{\partial U}{\partial V}\right)_T\mathrm{d}V$$

也可以将 U 表示成 T，p 的函数

$$U=U(T,p)$$

$$\mathrm{d}U=\left(\frac{\partial U}{\partial T}\right)_p\mathrm{d}T+\left(\frac{\partial U}{\partial p}\right)_T\mathrm{d}p$$

很显然

$$\left(\frac{\partial U}{\partial T}\right)_V\neq\left(\frac{\partial U}{\partial T}\right)_p$$

2.3　体积功与热力学过程

2.3.1　体积功的计算

根据热力学对功的规定，当环境对系统做功时，所做的功的量可以表示为

$$\delta W=-F_{\mathrm{e}}\mathrm{d}l \tag{2.6}$$

式中，F_{e}为环境对系统施加的力；$\mathrm{d}l$ 为系统边界的微变。当气体在气缸中被压缩或膨胀时，如把气缸中的气体看作系统，上式还可以写成

$$\delta W=-F_{\mathrm{e}}\mathrm{d}l=-p_{\mathrm{e}}A\,\mathrm{d}l=-p_{\mathrm{e}}\mathrm{d}V \tag{2.7}$$

式中，加负号是因为 $\mathrm{d}V$ 是系统体积的变化。如图 2-1 所示。

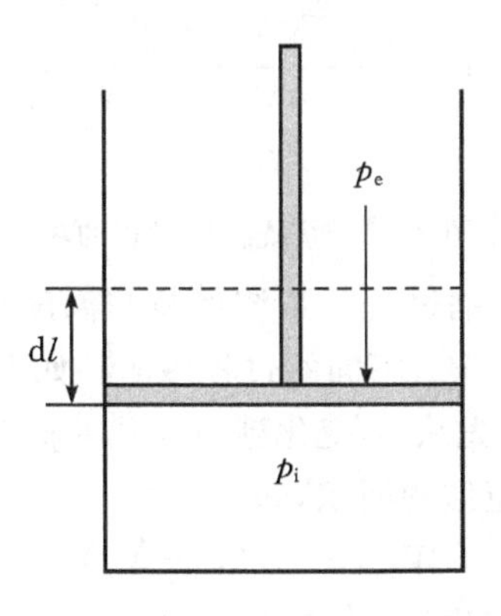

图 2-1　体积功的计算

为了说明功是和途径有关的，可以设有 1 mol 理想气体置于一个气缸中，而且气缸和一个温度为 T 的大热源接触，使理想气体在状态变化时，它的始态和终态的温度相同，然后让其从相同的始态 p_1、V_1在定温下按不同的路径膨胀到相同的终态 p_2、V_2，并计算过程的功。

自由膨胀，即向真空膨胀。即外压突然从 p_1变为零，在 p_{e}为零的条件下定温膨胀到终态 p_2、V_2，在这个过程中，所做的功为零，即 $W_1=0$。

一次等外压膨胀。外压从 p_1突然变为终态压力 p_2，在此压力下，系统定温膨胀到 p_2、V_2，该过程所做的功为

$$W_2=-p_2(V_2-V_1)$$

W_2的数值用图 2-2(a)中的阴影面积表示。

二次等外压膨胀。外压首先由 p_1降为 p'，系统在此外压下从 V_1膨胀到 V'，此时系统的压力为 p'。然后外压又降到 p_2，系统又在此外压下膨胀到终态 p_2、V_2。该过程所做的功为

$$W_3 = -p'(V'-V_1)+p_2(V_2-V')$$

W_3的数值用图 2-2(b)中的阴影面积表示。

无限次的等外压膨胀。如图 2-3 所示，设想将一堆极细微(实际上要求要多细微就有多细微)的砂粒放在活塞上，以平衡气体的压力，即开始时细砂产生的压力正好为始态压力 p_1。在系统与温度为 T 的大热源相接触的情况下，将活塞上的砂子取掉一粒，外压比系统的压力小 $\mathrm{d}p$，则体积膨胀 $\mathrm{d}V$，这样连续不断地进行，直到系统的压力和体积变为 p_2、V_2。在此过程中，环境所做的功为

$$W_4 = -\int_{V_1}^{V_2} p_e \mathrm{d}V = -\int_{V_1}^{V_2} p \mathrm{d}V = -\int_{V_1}^{V_2} \frac{RT}{V}\mathrm{d}V = RT\ln\frac{V_1}{V_2} = RT\ln\frac{p_2}{p_1}$$

W_4的大小可用图 2-2(c)中的阴影面积表示。

从上边的例子可以看出，虽然系统从相同的始态膨胀到相同的终态，但因路径不同，做的功也应不同，因此可以说，功是和系统经历的路径有关的。

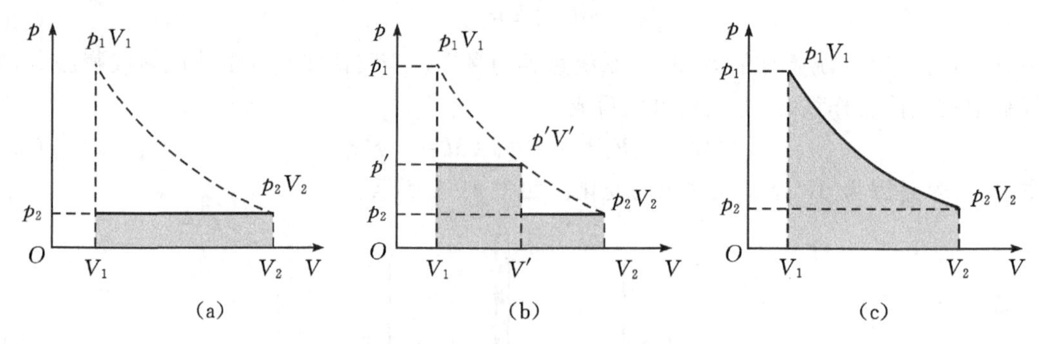

图 2-2 系统膨胀过程的功

再考虑上述过程的逆过程，压缩过程。系统保持与温度为 T 的大热源相接触的情况下，从 p_2、V_2经不同的路径变化到 p_1、V_1，不同的过程做的功如下。

(1) 一次压缩，即外压的压力先从 p_2变化到 p_1，再在 p_1的压力下使体积从 V_2变化到 V_1。此过程所做的功为图 2-4(a)中矩形的面积，即

$$W_1' = -p_1(V_1-V_2)$$

(2) 二次压缩，外压先从 p_2变化到 p'，再在 p'的压力下使体积从 V_2变化到 V''，然后外压再变化到 p_1，再在此压力下使体积经压缩从 V''变化到 V_1，此过程所做的功为图 2-4(b)中两个矩形面积的和，即

$$W_2' = -p'(V'-V_2)-p_1(V_1-V')$$

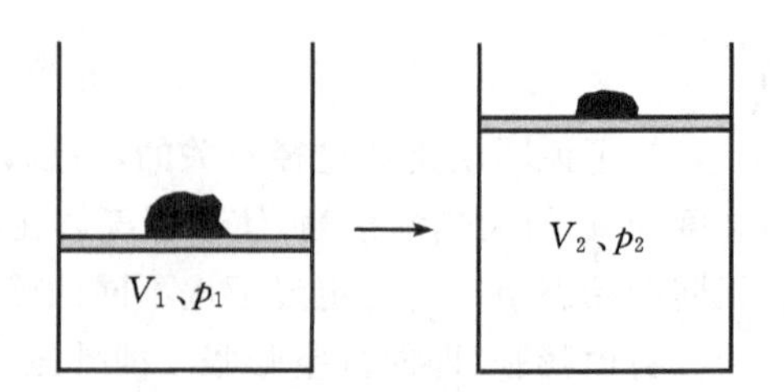

图 2-3 无限次膨胀示意图

(3) 无限次压缩，即为无限次膨胀的逆过程，如图 2-3 所示，如果将膨胀过程取下来的砂粒再一粒一粒地放到活塞上，系统就会从 p_2、V_2被压缩到 p_1、V_1，在这个过程中，外压比系统的压力大 $\mathrm{d}p$，所做的功为图 2-4(c)中曲边梯形面积，即

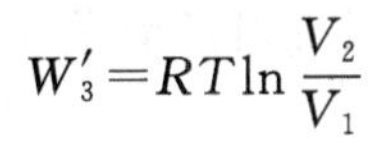

$$W_3' = RT\ln\frac{V_2}{V_1}$$

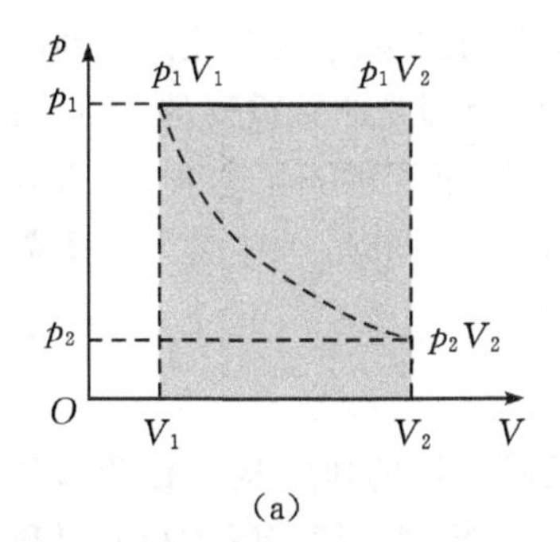

(a)

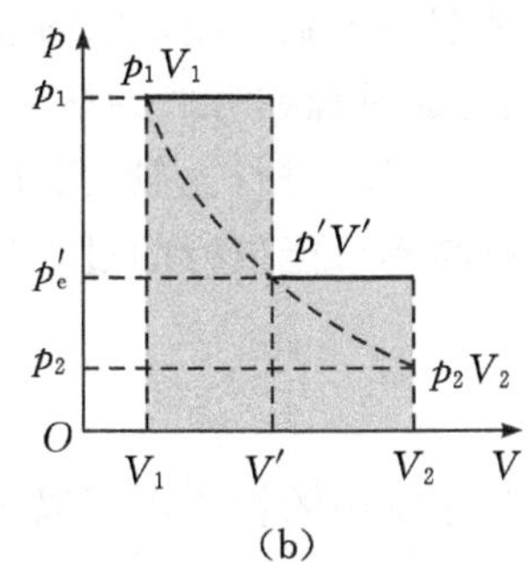

(b)

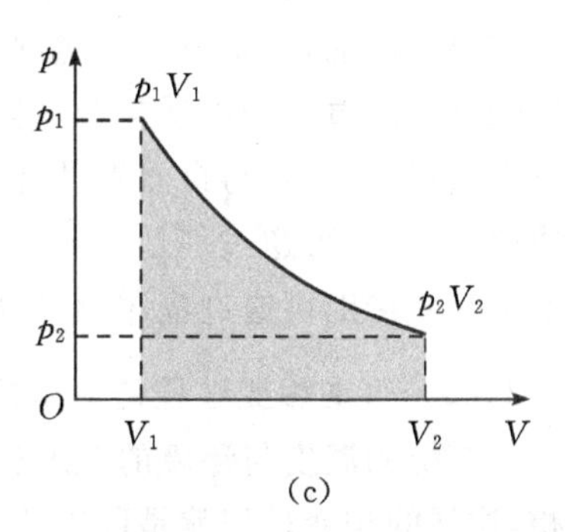

(c)

图 2-4　压缩过程的功

如果系统先经历膨胀过程，再经过压缩过程回到原来的状态，这个过程实际就是一个循环过程，在整个过程中，$\Delta U=0$，根据热力学第一定律，$Q=-W$，因为功是和路径有关的，所以系统在整个过程所吸的热也是和路径有关的。

2.3.2　可逆过程

可逆过程是一个重要的热力学概念，它的定义是：当系统经历一个变化过程，从状态(1)变化到状态(2)，如果能采取任何一种方式，使系统恢复原状的同时，环境也能恢复原状，则原来的过程[状态(1)→状态(2)]就称为可逆过程，否则为不可逆过程。

上边理想气体的定温膨的例子中，无限多次的膨胀，如果没有因为摩擦引起能量的耗散，则该过程就是可逆的。在膨胀的过程中，系统做功 $W_3'=-RT\ln V_1/V_2$，如果环境能将这些功保存起来，采用第三种压缩方法，环境用数量相同的功，就可以使系统恢复原状，而且不会给环境留下任何痕迹，因此这个过程是可逆的。因为经过这样的循环过程，$\Delta U=0$，膨胀和压缩过程的总功为零，系统吸的热为零。

除此之外，上述膨胀过程的前三种膨胀，即向真空膨胀，一次膨胀，二次膨胀过程是不可逆的。因为膨胀过程系统做的功(环境做的功的负值)补偿不了压缩过程环境所做的功(如图 2-2 中(a)，(b)中阴影的面积小于图 2-2(c)中的阴影的面积)，必然给环境留下某种痕迹，而且这种痕迹是无论如何是消除不了的，所以是不可逆过程。这样，经过膨胀和压缩，环境多付出了功，得到了等量的热，以后就会看到，这个给环境留下的痕迹是无论如何都消除不掉的，当然就是不可逆过程了。

对可逆过程的定义应作如下说明：

(1) 可逆过程进行时，推动力和阻力相差无穷小。如无限多次的膨胀中，取掉一个无限小的砂粒，系统的压力相差 $\mathrm{d}p$。

(2) 可逆过程是由一系列无限接近于平衡的状态组成的，取掉砂粒之前，系统处于平衡，取掉砂粒之后，体积增大 $\mathrm{d}V$(变化无限小)，体积增大的过程中，系统无限接近于平衡。

(3) 系统可逆地进行有限的变化过程，经历的时间必须无限长(因为砂粒无限小，其数目必须无限多)。

(4)自然界发生的任何过程，都不是可逆过程，可逆过程是一个科学的抽象过程。

从以上的例子可以知道，可逆过程系统对环境做最大功，或者说在可逆过程中环境消耗的功最少。这一结论适用于任何过程。

需要指出的，不要将不可逆过程理解为系统不能复原的过程，而要用系统变化过程对环境的影响来判断过程的可逆与否。虽然可逆过程在自然界不存在，但却是非常重要的，人们可以用可逆过程为标准，与自然界进行的实际过程进行比较，判断实际过程的不可逆程度。同时，后边就会看到，可逆过程是不可逆过程与不可能进行的过程的界畔，同时，一些热力学函数的改变量只能借助可逆过程才能求算。

2.3.3 可逆相变过程的体积功

如系统的温度与环境的温度相同，系统中的物质可以以无限缓慢的速度从一相转移到另一相，这样的相变过程就是可逆的相变过程。如前所述，自然界进行的任何实际的相变过程都不是可逆的相变过程。

在热力学的计算中，两相可以长期平衡共存的条件下进行的相变，可视为可逆的相变过程（当然，这并不满足可逆过程的条件，因为环境的温度与系统的温度不能完全相同，相变过程也不能进行得无限缓慢）。以水为例，在 273.15 K，101.325 kPa 下，水与冰可以长期平衡共存，如果在此条件下，有 1 mol 水变为冰，此过程可视为可逆的。此过程的体积功为

$$W=-p_e(V_{m,冰}-V_{m,水})$$

又如，在 273.15 k 时，水的蒸气压为 3.1672 kPa，在这个条件下，水和水蒸气可以长期平衡共存，如果在此条件下，有 1 mol 水变为水蒸气，此过程可视为可逆的。此过程的体积为

$$W=-p_e(V_{m,气}-V_{m,水})\approx -pV_{m,气}$$

但在 101 kPa 下，263.15 K 的过冷水与冰是不能长期平衡共存，如果在此条件下，有 1 mol 水变为冰，此过程是不能视为可逆的。

上边的变化过程被说成是“可视为”可逆的，是因为实际上是不可逆的，说成是可逆的只是为了计算的方便。前面讲过，可逆过程是阻力和推动力相差无穷小，变化过程中，系统始终处于无限接近平衡的状态，且进行得无限缓慢的过程。显然，上边两个实际例子不满足无限缓慢的条件。

【思考题 2-2】 某理想气体从初始态 $p_1=10^6$ Pa，体积为 V_1，恒温可逆膨胀到 $5V_1$，体系做功为 1.0 kJ，求：

(1)初始态的体积 V_1；

(2)若过程是在 298.15 K 下进行，则该气体物质的量为多少。

【思考题 2-3】 可逆过程的基本特征是什么？请判别下列哪些过程是可逆过程。

(1)摩擦生热；

(2)室温和大气压为 101.325 kPa 下，水蒸发为同温同压的气；

(3)373.15 K 和大气压为 101.325 kPa 下，水蒸发为同温同压的气；

(4)用干电池使灯泡发光；

(5)N_2(g)和 O_2(g)在等温等压条件下混合；

(6)恒温下将水倾入大量溶液中，溶液浓度不变；

(7)水在冰点时，变为同温同压下的冰；

(8)在电炉上使水加热。

2.4　定容过程和定压过程的热

2.4.1　定容过程的热

如一个封闭系统在变化过程中不做非体积功，热力学第一定律可以写成

$$\Delta U = Q + W_e \tag{2.8}$$

也不做体积功(即 $\Delta V=0$)根据热力学第一定律，

$$\Delta U = Q_V \tag{2.9}$$

也就是说，系统在定容及不做非体积功的条件下发生状态变化，过程吸收的热等于系统热力学能的增加值。

2.4.2　定压过程的热——焓

在不做非体积功及定压的条件下，热力学第一定律可以写成

$$\Delta U = Q_p - p_e(V_2 - V_1) \tag{2.10}$$

因为在过程中压力不变，$p_e = p = p_1 = p_2$，(2.10)式可以写成

$$U_2 - U_1 = Q_p - p_2V_2 + p_1V_1$$

或可以写成

$$Q_p = (U_2 + p_2V_2) - (U_1 + p_1V_1) \tag{2.11}$$

定义

$$H = U + pV \tag{2.12}$$

为系统的焓，式(2.11)可以写成

$$Q_p = \Delta H \tag{2.13}$$

即在定压及不做非体积功的条件下，系统吸收的热等于其焓变。

应该从以下几方面把握焓的概念。首先，由焓的定义式，U、p、V 是系统的性质，H 也应是系统的性质，它具有能量的量纲；第二，由于 U 的绝对值无法知道，H 的绝对值也无法知道；第三，应从 H 的定义式把握它。不要把焓和热混为一谈，当系统的状态改变时，系统的焓值可能变化，只有在定压和不做非体积功的条件下，系统吸的热才等于焓的改变。

虽然系统的焓和热力学能的绝对值无法知道，但它们的改变量可以通过在不做非体积功和定容或定压条件下系统所吸收的热来确定。将一定条件下系统吸收的热表示成系统某个状态函数的改变量，也可以方便热的计算。

【思考题 2-4】 某一化学反应在烧杯中进行，放热 Q_1，焓变为 $\Delta H_1(Q_1 = \Delta H_1)$，若安排在可逆电池，使始态和终态都相同，这时放热 Q_2，焓变为 $\Delta H_2(Q_2 = \Delta H_2)$，则 $\Delta H_1 = \Delta H_2$。对吗？

【思考题 2-5】 下面陈述是否正确？

(1)虽然 Q 和 W 是过程量，但由于 $Q_V = \Delta U$，$Q_p = \Delta H$，而 U 和 H 是状态函数，所以 Q_V 和 Q_p 是状态函数；

(2)热量是由于温度差而传递的能量，它总是倾向于从含热量较多的高温物体流向含热量较少的低温物体；

(3)封闭体系与环境之间交换能量的形式非功即热；

(4)两物体之间只有存在温差，才可传递能量，反过来系统与环境间发生热量传递后，必

然引起系统温度变化。

2.5 热容

对没有化学变化和相变化且不做非体积功的均相封闭系统加热时，设从环境吸进热量 Q，系统的温度从 T_1 升高到 T_2，则定义平均热容为

$$\bar{C}=\frac{Q}{T_2-T_1}$$

当温度的变化很小时，则有

$$C(T)=\frac{\delta Q}{\mathrm{d}T} \tag{2.14}$$

定义系统的摩尔热容

$$C_{\mathrm{m}}(T)=\frac{C(T)}{n}=\frac{1}{n}\frac{\delta Q}{\mathrm{d}T} \tag{2.15}$$

热容的单位：$\mathrm{J\cdot K^{-1}}$

比热容的单位：$\mathrm{J\cdot K^{-1}\cdot kg^{-1}}$

摩尔热容的单位：$\mathrm{J\cdot K^{-1}\cdot mol^{-1}}$

对于组成不变的均相系统，常有两种重要的热容，定压热容 C_p 与定容热容 C_V

$$C_p=\frac{\delta Q_p}{\mathrm{d}T}=\left(\frac{\partial H}{\partial T}\right)_p \quad \Delta H_p=Q_p=\int C_p\mathrm{d}T \tag{2.16}$$

$$C_V=\frac{\delta Q_V}{\mathrm{d}T}=\left(\frac{\partial U}{\partial T}\right)_V \quad \Delta U_V=Q_V=\int C_V\mathrm{d}T \tag{2.17}$$

则相应的定压摩尔热容与定容摩尔热容

$$C_{\mathrm{m},p}(T)=\frac{1}{n}\frac{\delta Q_p}{\mathrm{d}T},\quad C_{\mathrm{m},V}(T)=\frac{1}{n}\frac{\delta Q_V}{\mathrm{d}T}$$

定压热容是温度的函数，这种函数关系因物质、物态、温度的不同而异。根据实验常将气体的定压摩尔热容写成如下的经验式：

$$\begin{aligned}C_{p,\mathrm{m}}(T)&=a+bT+c'T^2+\cdots\\C_{p,\mathrm{m}}(T)&=a+bT^{-1}+cT^{-2}+\cdots\end{aligned} \tag{2.18}$$

式中，$a,b,c\cdots$是经验常数，由各物质的性质决定。

由热力学不能导出一种物质的热容数值，由统计力学，可以推导出不同理想气体的定容摩尔热容：

单原子理想气体：$C_{V,\mathrm{m}}=\frac{3}{2}R(\mathrm{J\cdot K^{-1}\cdot mol^{-1}})$

双原子或线型多原子理想气体：$C_{V,\mathrm{m}}=\frac{5}{2}R(\mathrm{J\cdot K^{-1}\cdot mol^{-1}})$

非线型多原子理想气体：$C_{V,\mathrm{m}}=\frac{6}{2}R(\mathrm{J\cdot K^{-1}\cdot mol^{-1}})$

【思考题 2-6】 在 101.325 kPa 和 373.15 K，1 mol 水定温蒸发为水蒸气，假设水蒸气为理想气体。因为这一过程中系统的温度不变，所以 $\Delta U=0, Q_p=\int C_p\mathrm{d}T=0$。这一结论对否？为什么？

2.6　热力学第一定律对理想气体的应用

2.6.1　焦耳实验

为了确定气体的性质，盖-吕萨克(Gay - Lussac)在 1807 年，焦耳在 1843 年分别做了如下实验：如图 2-5所示，两个相互连通的容器，中间用活塞隔开，左边充入高压气体，右边抽真空，将整个系统浸入水浴中，装水浴的箱子又被绝热的物质包裹起来。待水温稳定后，打开中间的活塞，左边的气体会扩散到右边，然后测定打开活塞前后水的温度的变化。实验的结果是，气体扩散前后水的温度没有变化。

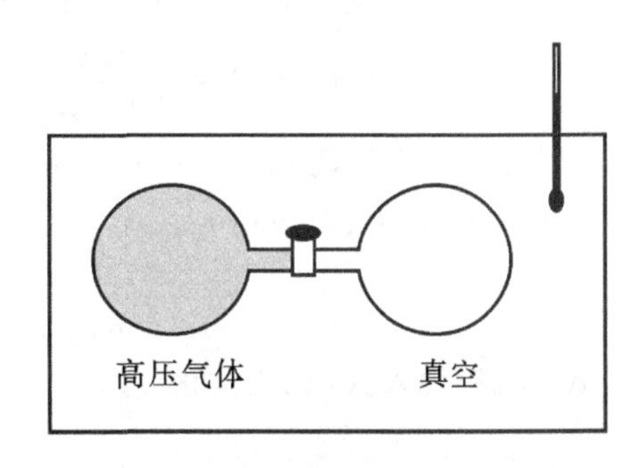

图 2-5　焦耳实验

实验结果说明，气体扩散前后不吸热，即

$$Q=0$$

由于向真空膨胀，$W=0$，由热力学第一定律，$\Delta U=0$。这个实验得到的结论是，在温度不变的条件下，气体的热力学能与体积无关，即

$$\left(\frac{\partial U}{\partial V}\right)_T=0 \tag{2.19}$$

实际上，焦耳实验是不精确的，因为水的热容较大，在气体的扩散过程中，如果和水有热交换，是很难测定出来的。但这个结果如果应用于理想气体，则结论是严格准确的。气体系统的能量应是所有气体分子运动的动能与分子的势能之和，而温度是气体分子动能大小的度量。对于实际气体来说，分子有热运动的动能，也有分子之间相互作用的势能，在温度不变的条件下，改变体积，就是动能不变的条件下，改变分子之间的势能，总的热力学能必然改变。而理想气体可以看作是分子本身没有体积，无相互作用势能，可以进行无规则运动的一群质点，系统的热力学能就是分子热运动的动能之和。当在温度不变的条件下，改变体积，分子运动的动能是不变的，分子之间又没有势能，总的热力学能当然不变。

由式(2.19)，可以证明

$$\left(\frac{\partial U}{\partial p}\right)_T=0 \tag{2.20}$$

式(2.19)和式(2.20)表明，理想气体的热力学能只是温度的函数，与 V，p 无关。即

$$U=f(T) \tag{2.21}$$

对于理想气体，由于在温度不变时，$pV=$常数，$\mathrm{d}(pV)=0$，根据焓的定义，可以得到

$$\left(\frac{\partial H}{\partial V}\right)_T=0 \quad \left(\frac{\partial H}{\partial p}\right)_T=0$$

$$H=f(T) \tag{2.22}$$

由式(2.16)，式(2.17)可知，理想气体的热容 C_V，C_p 也只是温度的函数。同样，对理想气体来说

$$\Delta U=\int_{T_1}^{T_2} C_V \mathrm{d}T \quad \Delta H=\int_{T_1}^{T_2} C_P \mathrm{d}T \tag{2.23}$$

请将式(2.16)，式(2.17)和式(2.23)相比较，区别它们的不同之处。

2.6.2 理想气体的 C_V, C_p 之差

对于理想气体来说 $C_V < C_p$，请读者自己考虑其原因。首先计算任意系统的 C_V, C_p 之差

$$C_p - C_V = \left(\frac{\partial H}{\partial T}\right)_p - \left(\frac{\partial U}{\partial T}\right)_V = \left(\frac{\partial U}{\partial T}\right)_p + P\left(\frac{\partial V}{\partial T}\right)_p - \left(\frac{\partial U}{\partial T}\right)_V \tag{2.24}$$

设：$U=f(T,V)$ 又 $V=f(T,p)$

所以 $U=f[T,V(T,p)]$

$$\left(\frac{\partial U}{\partial T}\right)_p = \left(\frac{\partial U}{\partial T}\right)_V + \left(\frac{\partial U}{\partial V}\right)_T \left(\frac{\partial V}{\partial T}\right)_p \tag{2.25}$$

将式(2.25)代入式(2.24)，得

$$C_p - C_V = \left[\left(\frac{\partial U}{\partial V}\right)_T + p\right]\left(\frac{\partial V}{\partial T}\right)_p \tag{2.26}$$

将此种关系用于理想气体，对于理想气体 $\left(\frac{\partial U}{\partial V}\right)_T = 0$

$$C_p - C_V = p\left[\frac{\partial}{\partial T}\left(\frac{nRT}{P}\right)\right]_p = nR \tag{2.27}$$

或

$$C_{p,\mathrm{m}} - C_{V,\mathrm{m}} = R \tag{2.28}$$

2.6.3 绝热过程的功和绝热过程方程

在绝热过程中，系统和环境之间没有热量交换，根据热力学第一定律，环境对系统所做的功等于系统的热力学能的增加值，即

$$\delta Q = 0 \quad \mathrm{d}U = \delta W$$

如果绝热过程只做体积功

$$\mathrm{d}U + p_\mathrm{e}\mathrm{d}V = 0 \tag{2.29}$$

1.理想气体绝热可逆过程方程

对理想气体而言

$$\mathrm{d}U = C_V\mathrm{d}T \quad C_V\mathrm{d}T + p_\mathrm{e}\mathrm{d}V = 0 \tag{2.30}$$

如果将理想气体的 C_V 看作常数

$$W = C_V(T_2 - T_1) \tag{2.31}$$

在理想气体的绝热可逆过程中，$p_\mathrm{e} = p$

$$\mathrm{d}U = -p\mathrm{d}V$$

$$C_V\mathrm{d}T + \frac{nRT}{V}\mathrm{d}V = 0$$

由式(2.27)

$$C_V\mathrm{d}T + \frac{(C_p - C_V)T}{V}\mathrm{d}V = 0$$

得

$$-\frac{\mathrm{d}T}{T} = \frac{C_p - C_V}{C_V}\frac{\mathrm{d}V}{V}$$

令：$\gamma = C_p/C_V$，且将其比值假想为常数

$$-\int\frac{\mathrm{d}T}{T} = (\gamma - 1)\int\frac{\mathrm{d}V}{V}$$

$$\ln T = -(\gamma - 1)\ln V + 常数$$

$$TV^{\gamma-1} = 常数 \tag{2.32}$$

将理想气体状态方程代入式(2.32)

$$pV^{\gamma} = 常数 \tag{2.33}$$

$$p^{1-\gamma}T^{\gamma} = 常数 \tag{2.34}$$

式(2.32),式(2.33)和式(2.34)三个方程是理想气体在绝热可逆过程中所遵循的方程式,也称理想气体绝热可逆过程方程。

2.理想气体在绝热过程中做的功

根据能量关系求功

$$W = C_V(T_2 - T_1) \tag{2.35}$$

功的计算式

$$W = \int_{V_1}^{V_2} -p\,\mathrm{d}V = \int_{V_1}^{V_2} -\frac{K}{V^{\gamma}}\mathrm{d}V = \left[\frac{1}{(\gamma-1)}\frac{K}{V^{\gamma-1}}\right]_{V_1}^{V_2}$$

$$= \frac{1}{(\gamma-1)}\left[\frac{K}{V_2^{\gamma-1}} - \frac{K}{V_1^{\gamma-1}}\right] = \frac{p_2V_2 - p_1V_1}{\gamma-1} \tag{2.36}$$

其实,由式(2.36)可以导出式(2.35),而式(2.35)是热力学第一定律对可逆过程的必然结果,因此,虽然式(2.36)是根据绝热可逆过程方程导出的,但其结果仍适用于理想气体绝热非可逆过程功的计算。之所以是如此,是因为当理想气体从同一始态开始,进行绝热可逆过和不可逆过程,如达到相同的终态压力,则终态体积和终态温度必不相同,这种差异会体现在式(2.36)的因子 p_2V_2 中。

2.6.4　理想气体不同膨胀过程的比较

1.绝热可逆过程和等温可逆过程膨胀曲线的比较

理想气体在绝热可逆膨胀中对环境($-W_e$)做功,系统的热力学能降低,温度下降。在等温可逆膨胀中,对环境做多少功,应从环境吸多少热,热力学能不变,温度不变。两种不同过程的膨胀曲线示意图如图 2-6 所示。在图中理想气体从同一始态 $A(p_1,V_1)$出发,分别经等温可逆过程膨胀到 $B(p_2,V_2)$,经绝热可逆过程膨胀到 $C(p_2',V_2')$。从两条曲线可以看出,绝热线要比等温线下降得更快一些,这也可以通过两个不同过程方程证明。

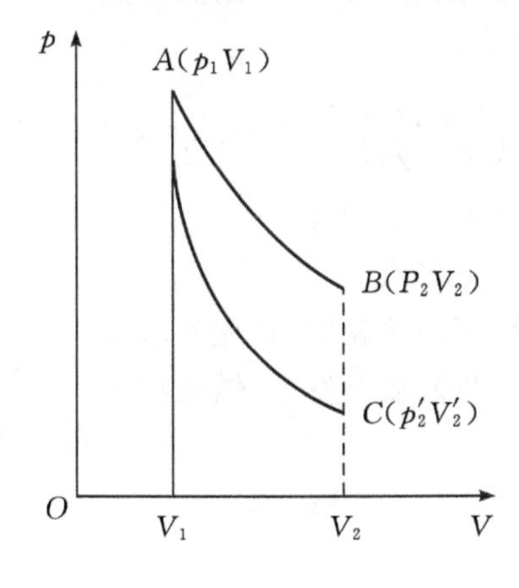

图 2-6　绝缘可逆膨胀(AC)与等温可逆膨胀(AB)的比较

在等温过程中，$pV=C \quad p=\dfrac{C}{V}$

$$\left(\frac{\partial p}{\partial V}\right)_T=-\frac{C}{V^2}=-\left(\frac{p}{V}\right) \tag{2.37}$$

在绝热过程中 $pV^\gamma=K$

$$\left(\frac{\partial p}{\partial V}\right)_S=-\gamma\frac{K}{V^{\gamma+1}}=-\gamma\left(\frac{p}{V}\right) \tag{2.38}$$

因为 $\gamma>1$，可见绝热过程曲线比等温过程曲线下降得更快。

2. 多方过程

如果理想气体在膨胀过程中吸收热，但又没有吸收足够多的热，在膨胀过程中系统的温度将下降，但又没有绝热过程下降得那么多，这样的过程为多方过程，其过程方程为

$$pV^n=\text{常数} \quad (1<n<\gamma) \tag{2.39}$$

如果理想气体从图 2-6 的 $A(p_1,V_1)$ 状态按多方过程进行可逆膨胀，则终态应在 $B(p_2,V_2)$ 与 $C(p_2',V_2')$ 之间，根据功的计算式和多方过程方程，这个过程的功为

$$W=\frac{p_2V_2-p_1V_1}{n-1}\neq C_V(T_2-T_1) \tag{2.40}$$

【例 2-1】 设在 273.15 K 和 1013.25 kPa 的压力下，10.00 dm^3 理想气体经历下列几种不同过程膨胀到最后压力为 101.325 kPa：(1)等温可逆膨胀；(2)绝热可逆膨胀；(3)在恒外压为 101.325 kPa 下绝热膨胀(不可逆绝热膨胀)。计算各过程气体最后的体积，所做的功以及 ΔU 和 ΔH 值，并在 $p-V$ 图上示意三个过程变化。假定 $C_{V,m}=\dfrac{3}{2}R$，与温度无关。

解 气体物质的量：$n=\dfrac{pV}{RT}=\dfrac{1013.25\times10.00}{8.314\times273.15}\text{ mol}=4.461\text{ mol}$

(1) 等温可逆膨胀：理想气体的等温过程中，$\Delta U=\Delta H=0$

$$W_1=nRT\ln\frac{V_1}{V_2}=nRT\ln\frac{p_2}{p_1}=\left(4.461\times8.314\times273.15\ln\frac{101.325}{1013.25}\right)\text{ J}=-23.33\text{ kJ}$$

$$Q_1=-W_1=23.33\text{ kJ}$$

(2) 绝热可逆膨胀：$\gamma=C_{p,m}/C_{V,m}=5/3$，由绝热可逆过程方程：$p_1^{1-\gamma}T_1^\gamma=p_2^{1-\gamma}T_2^\gamma$

$$T_2^\gamma=T_1\left(\frac{p_1}{p_2}\right)^{\frac{1-\gamma}{\gamma}}=273.15\times\left(\frac{1013.25}{101.325}\right)^{\frac{-2/3}{5/3}}\text{ K}=108.7\text{ K}$$

$$W_2=\Delta U_2=nC_{V,m}(T_2-T_1)=-9.152\text{ kJ}$$

$$\Delta H_2=nC_{p,m}(T_2-T_1)=-15.25\text{ kJ}$$

(3)在恒外压为 101.325 kPa 下绝热膨胀；首先需求出此不可逆绝热膨胀的终态。由于在绝热条件下，做的功等于其热力学能的变化值

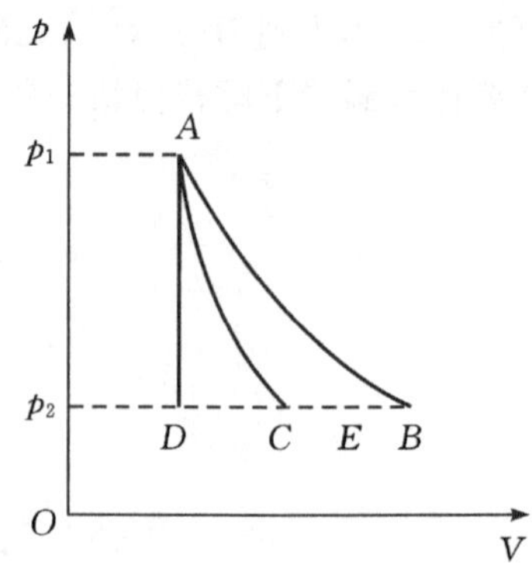

图 2-7 三种不同绝热膨胀过程的路径

$$W_3=\Delta U_3$$

即

$$-p_2(V_2-V_1)=nC_{V,m}(T_2-T_1)$$

$$-p_2\left(\frac{nRT_2}{p_2}-\frac{nRT_1}{p_1}V_1\right)=nC_{V,\mathrm{m}}(T_2-T_1)$$

由上式可以求出 $T_2=174.8\ \mathrm{K}$

$$W_3=\Delta U_3=nC_{V,\mathrm{m}}(T_2-T_1)=-5.474\ \mathrm{kJ}$$

$$\Delta H_3=nC_{p,\mathrm{m}}(T_2-T_1)=-9.124\ \mathrm{kJ}$$

三个变化过程的具体路径如图 2-7 所示。图中 AB 为等温膨胀过程，AC 为绝热可逆膨胀过程，折线 ADE 为不可逆绝热膨胀过程。

【思考题 2-7】 在本题图(a)(b)中，$A\to B$ 为定温可逆过程，$A\to C$为绝热可逆过程。见图(a)，如果从 A 经过一绝热不可逆膨胀到 p_2，终态将在 C 左，还是 B 右，还是在 BC 之间？见图(b)，如果从 A 经一绝热不可逆膨胀到 V_2，终态将在 C 之下，还是在 B 之上，还是 B、C 之间？如果进行的是一次不可逆膨胀，请在图上标出表示做功大小的面积。

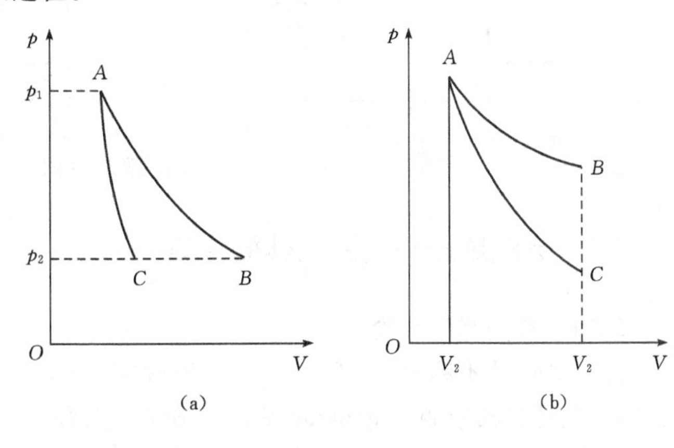

思考题 2-7 图

【思考题 2-8】 设一气体经过图中 $A\to B\to C\to A$ 的循环过程，其中 $A\to B$ 为等温过程，$B\to C$ 为等压过程，$C\to A$ 为热过程。应如何在图上表示如下的量：

(1)系统净做的功；

(2)$B\to C$ 过程的 ΔU；

(3)$B\to C$ 过程的 Q。

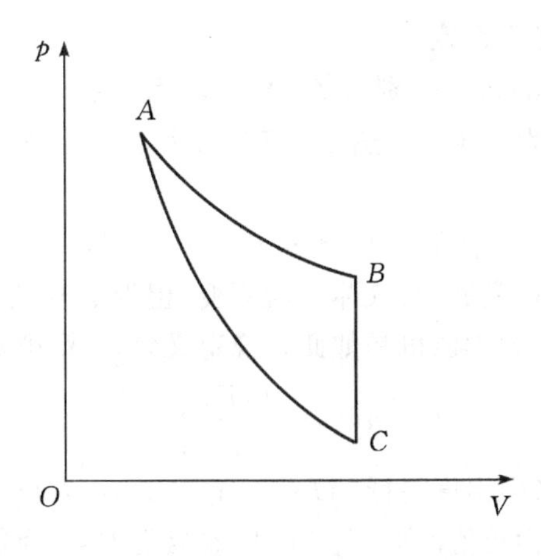

思考题 2-8 图

【思考题 2-9】 如图所示，一绝热瓶中有 1 mol 气体，其压力为 p_1，此瓶通过一具有开关的绝热管与另一绝热桶连接，桶底有一活塞，活塞上有一砝码。砝码对活塞的压力为 p_2($p_1>$

p_2)。将开关拧开,有 n mol 的气体流入桶内,活塞即上升,直到双方压力都等于 p_2,将第一定律应用于此过程(注意:因为温度改变,故最后 1 mol 气体在瓶内时的热力学能不同)。

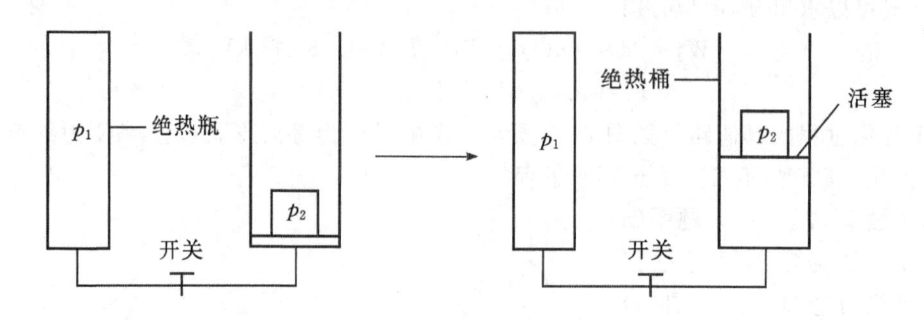

思考题 2-9 图

2.7 节流膨胀与实际气体的性质

2.7.1 节流膨胀实验

焦耳实验是不精确的,为了更精确地确定气体的性质,焦耳和汤姆逊(Thomson W)在 1852 年又设计了一个实验(见图 2-8)。一个绝热的圆柱形钢筒中间放一个多孔塞,将钢筒分成两部分,左右两边活塞的压力维持为 p_1,p_2,且 $p_1 > p_2$,左边注入一定量的气体(多孔塞的作用是维持两边的压差)。当左边的活塞缓缓推动时,气体会从左边通过多孔物质流向右边,在实验中,直接测定气体在通过多孔物质前后的温度。这种过程为节流过程,也称节流膨胀实验。结果发现,温度发生了改变,这个现象称焦耳-汤姆逊效应,又称节流效应。

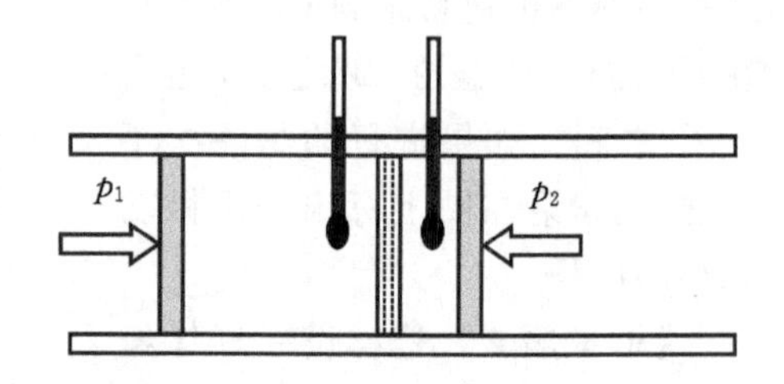

图 2-8 气体的节流膨胀实验

2.7.2 焦耳-汤姆逊系数及测定

如在节流膨胀前后气体的状态分别为 p_1、V_1、T_1 和 p_2、V_2、T_2,在此过程中,$Q=0$,环境做的功为 p_1V_1,系统做的功为 p_2V_2,由热力学第一定律,$\Delta U=U_2-U_1=p_1V_1-p_2V_2$,由此可以得到

$$U_2+p_2V_2=U_1+p_1V_1 \quad 或 \quad H_2=H_1$$

节流过程为等焓过程。在实验中,气体的焓不变,但温度却变了,说明焓不但是温度的函数,还是体积、压力的函数,热力学能也是如此。现定义焦耳-汤姆逊系数 μ_{J-T} 为

$$\mu_{J-T}=\left(\frac{\partial T}{\partial p}\right)_H \tag{2.41}$$

从定义可知,如节流膨胀中温度降低($\mathrm{d}T<0$,$\mathrm{d}p<0$),μ 为正值;温度上升,μ 为负值。一般气体在常温时的焦汤系数为正值。但 H_2 和 He 在常温时,μ 为负值,温度很低时,μ 转化为正值。$\mu_{J-T}=0$ 的温度为转化温度。焦汤系数在工业上的应用就是致冷,在 $\mu_{J-T}>0$ 的情况下,使气体通过节流阀(减压阀),迅速降低压力,可使气体冷却。工业上利用这种方法,可以得到液化气体。

实验上测定焦汤系数是让气体从某一固定的始态(图 2-9 中 $A(p_1,T_1)$点)出发,经节流

膨胀到不同的终态,(图 2-9 中的 $B(p_2,T_2)$,$C(p_3,T_3)$,…),将这些点连接起来,可以得到一条等焓线,等焓线在某一点的切线的斜率就是气体在此条件下的焦汤系数。如图 2-10 所示,从不同的始态,可以得到一种气体不同的等焓线,将各曲线的最高点连起来(图 2-10 中虚线),虚线右边,等焓线斜率小于零,$\mu_{J-T}<0$,虚线左边,等焓线斜率大于零,$\mu_{J-T}>0$。只有在虚线左边的区域内,进行节流膨胀,才能获得低温。

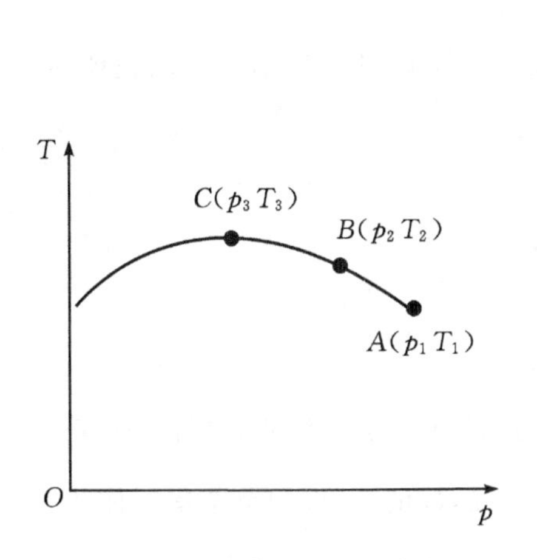

图 2-9　气体的恒焓线测定

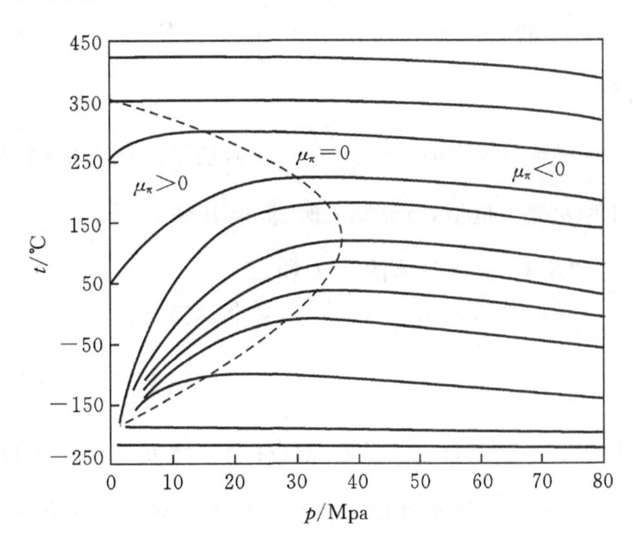

图 2-10　N_2 的等焓线(实线)与焦耳-汤姆逊转变曲线

2.7.3　实际气体的性质

由实验数据得知,实际气体与理想气体的性质是不同的。图 2-11 是不同气体 pV_m-p 等温线。图中的水平线为理想气体的等温线,另外两条线为 H_2 和CH_4 在 273.15 K 时的实验曲线。实验曲线的形状和温度有关,当温度高时,任何一种气体都会呈现如 H_2 的曲线,当温度低时(低于该气体的玻义尔温度),任何一种气体也会呈现如CH_4 的曲线。一种气体玻义尔温度的高低,决定了这种气体液化的难易程度。由这些实验曲线,可以讨论实际气体和理想气体的差别。

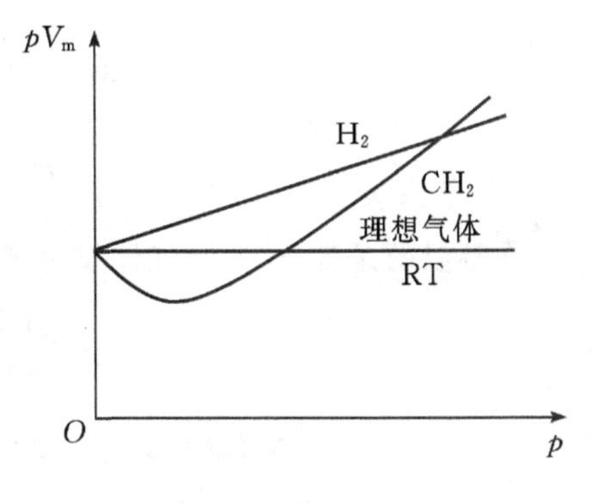

图 2-11　不同气体的 pV_m-p 等温线

对于实际气体,焓可以表示成温度与压力的函数。

$$H=H(T,p)$$

$$\mathrm{d}H=\left(\frac{\partial H}{\partial T}\right)_p\mathrm{d}T+\left(\frac{\partial H}{\partial p}\right)_T\mathrm{d}p$$

在节流膨胀过程中,$\mathrm{d}H=0$

$$\mu=\left(\frac{\partial T}{\partial p}\right)_H=\frac{-\left(\frac{\partial H}{\partial p}\right)_T}{\left(\frac{\partial H}{\partial T}\right)_p}=\frac{-\left\{\left(\frac{\partial U}{\partial p}\right)_T+\left[\frac{\partial(PV)}{\partial p}\right]_T\right\}}{C_p}=-\frac{\left(\frac{\partial U}{\partial p}\right)_T}{C_p}-\frac{\left[\frac{\partial(pV)}{\partial p}\right]_T}{C_p}$$

对理想气体来说$\left(\frac{\partial U}{\partial p}\right)_T=\left[\frac{\partial(pV)}{\partial p}\right]_T=0$，所以 $\mu=0$。

对于实际气体，由于实际气体分子之间的吸引力，恒温下膨胀时 $(\mathrm{d}p<0)$，内能增大$(\mathrm{d}U>0)$，所以$\left(\frac{\partial U}{\partial p}\right)_p<0$，即第一项为正值。第二项的符号，取决于$\left[\frac{\partial(pV)}{\partial p}\right]_T$，在压力不大时，由实验的结论可知$\left[\frac{\partial(pV)}{\partial p}\right]_T<0$，使第二项总的为正值，此时 $\mu>0$，节流膨胀时，温度降低。

在压力较大时，$\left[\frac{\partial(pV)}{\partial p}\right]_T>0$，使第二项为负值，当其负值可以抵消掉第一项的正值时，可使 μ 变为负值，节流膨胀时，温度升高。

2.7.4 实际气体的 ΔH 和 ΔU

范德华(Van der Waals)气体状态方程为

$$\left(p+\frac{a}{V_\mathrm{m}^2}\right)(V_\mathrm{m}-b)=RT$$

式中，a，b 为常数；$\frac{a}{V_\mathrm{m}^2}$是考虑气体分子之间的引力而对压力的校正，也称为内压力 $p_{内}$；b 是考虑分子的体积而对气体的体积的校正。如果选择合适的 a，b 的数值，可以用范德华气体状态方程表示某种实际气体的行为。在第 3 章中，借助于 Maxwell 关系式，会证明$\left(\frac{\partial U}{\partial V}\right)_T=\frac{a}{V_\mathrm{m}^2}=p_{内}$。实际气体热力学能的微分可以表示为

$$\mathrm{d}U_\mathrm{m}=\left(\frac{\partial U}{\partial T}\right)_{V_\mathrm{m}}\mathrm{d}T+\left(\frac{\partial U}{\partial V_\mathrm{m}}\right)_T\mathrm{d}V_\mathrm{m}=C_{\mathrm{m},V}\mathrm{d}T+\frac{a}{V_\mathrm{m}^2}\mathrm{d}V_\mathrm{m}$$

$$\Delta U_\mathrm{m}=\int_{T_1}^{T_1}C_{\mathrm{m},V}\mathrm{d}T+\int_{V_{\mathrm{m},1}}^{V_{\mathrm{m},2}}\frac{a}{V_\mathrm{m}^2}\mathrm{d}V_\mathrm{m}$$

$$\Delta H_\mathrm{m}=\int_{T_1}^{T_1}C_{\mathrm{m},V}\mathrm{d}T+\int_{V_{\mathrm{m},1}}^{V_{\mathrm{m},2}}\frac{a}{V_\mathrm{m}^2}\mathrm{d}V_\mathrm{m}+\Delta(pV_\mathrm{m})$$

在等温的条件下，实际气体发生了一个变化过程

$$\Delta U_\mathrm{m}=\int_{V_1}^{V_2}\frac{a}{V_\mathrm{m}^2}\mathrm{d}V=a\left(\frac{1}{V_{\mathrm{m},1}}-\frac{1}{V_{\mathrm{m},2}}\right)$$

$$\Delta H_\mathrm{m}=\Delta U_\mathrm{m}+\Delta(pV_\mathrm{m})=a\left(\frac{1}{V_{\mathrm{m},1}}-\frac{1}{V_{\mathrm{m},2}}\right)+\Delta(pV_\mathrm{m})$$

2.8 热化学

研究化学反应、溶解过程和聚集状态改变过程所伴随的热效应的化学分支学科称为热化学。热化学的研究具有重要意义，例如在生产实际中，反应速率和反应过程平衡受温度影响，而反应系统的温度和反应的热效应与热的传递有关。反应热、相变热的大小，与实际生产中的机械设备，热交换及经济效益密切相关。在热力学上，一些热力学函数改变量的计算，必须借助系统在过程吸放的热来计算。

热量测定的原理虽然简单，但要进行准确测量却非常困难。首先，热只有在不同的系统之

间有能量交换时才能被测量，这个过程热的散失难以避免。第二，温度与热的准确度量也是复杂的，需要建立在不同条件下的度量标准。需要创立新的量热理论方法，不断提高设备仪器的测量精度。这些都是物理化学工作者的重要的任务。

2.8.1　化学反应热效应

系统在不做非体积功的条件下，发生了化学反应之后，使系统的温度回到反应前的温度，在这个过程中系统吸收的热称为该反应的热效应。由于热效应是与途径有关的，必须指明反应的途径。在通常不指明的情况下，都指等压热效应 Q_p。

热效应一般是用氧弹式热量计测定的，将一定量的待测物质在氧弹中燃烧，过程放出的热被系统吸收，根据系统温度的变化和系统的热容量可以求算出等容反应热 Q_V。

等压热效应和等容热效应之间的关系可以由如下方法求得，结合图 2-12，由于 H 为状态函数，可得

$$\begin{aligned} Q_p &= \Delta_r H_{\mathrm{I}} = \Delta_r H_{\mathrm{II}} + \Delta H_{\mathrm{III}} \\ &= \Delta_r U_1 + V_1(p_2 - p_1) + \Delta H_{\mathrm{III}} \end{aligned} \tag{2.42}$$

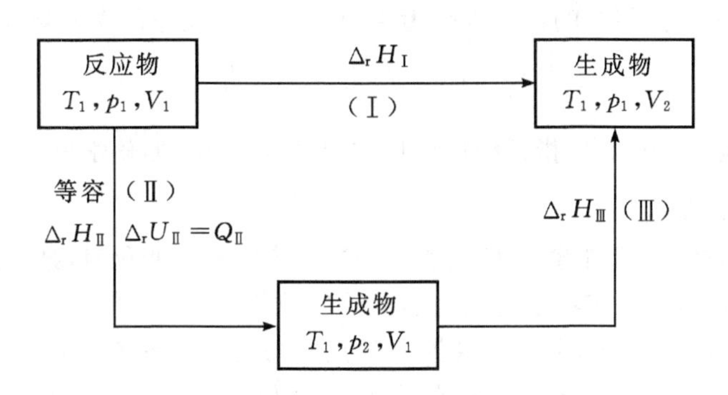

图 2-12　Q_p 与 Q_V 的关系

在压力不大的情况下，反应系统中的气体可看作理想气体，它的焓只是温度的函数，$\Delta H_{\mathrm{III}}=0$。对凝聚相，体积的变化随压力的变化很小，亦可视为零，所以 $\Delta H_{\mathrm{III}}=0$。关于 $V_1(p_2-p_1)$项，对于凝聚相，反应的前后变化不大，可视为零。反应前后的压力的变化可以认为是气体的物质的量的变化引起，式(2.42)可以写成

$$\Delta_r H = \Delta_r U + \Delta nRT \quad 或 \quad Q_p = Q_V = \Delta nRT \tag{2.43}$$

其中，Δn 是反应过程中气体的物质的量的变化。

2.8.2　反应进度

对于任意的化学反应，其反应的计量方程可以写成下述一般形式

$$0 = \sum_B \nu_B B \tag{2.44}$$

式中，B 表示反应物或生成物的化学式，ν_B 表示物质 B 的计量数，显然对反应物取负值，对生成物取正值。它是一个无量纲的纯数，可以是整数或分数，只是表示反应过程中各物质量之间的转化关系。注意：式(2.44) 不能写成 $\sum_B \nu_B B = 0$。

为了表示反应的程度，20 世纪初比利时科学家德康德(Dekonder)引入了反应进度(ξ)的概念。对于任意的化学反应

$$dD+eE+\cdots\rightarrow fF+gG+\cdots$$

反应进度的定义为

$$\xi=\frac{n_B(t)-n_B(0)}{\nu_B} \tag{2.45}$$

式中，$n_B(t)$是在 $t=t$ 时刻反应系统中 B 物质的量；$n_B(0)$是在 $t=0$ 时刻 B 物质的量。ξ 的量纲是 mol。根据定义，反应进度是和计量方程式相联系的。如一系统由 1 molN_2 和 3 molH_2 生成 2 mol NH_3 这个事实，反应方程可以有如下不同的写法

$$N_2(g)+3H_2(g)=2NH_3(g)$$

$$\frac{1}{2}N_2(g)+\frac{3}{2}H_2(g)=NH_3(g)$$

按式(2.45)计算反应进度，对第一个反应式，$\xi=1$，而以第二个反应式，$\xi=2$。同时，已知反应进度，也可以求算系统中某一时刻任一种物质的量

$$n_B(t)=n_B(0)+\nu_B\xi \tag{2.46}$$

一个反应的焓变必然决定于反应的进度，不同的反应进度，显然有不同的 $\Delta_r H$。当一个反应系统焓变为 $\Delta_r H$ 时，相应的反应进度为 ξ，两个相除为反应的摩尔焓变，记为 $\Delta_r H_m$，

$$\Delta_r H_m=\frac{\Delta_r H}{\xi}=\frac{\nu_B\Delta_r H}{\Delta n_B} \tag{2.47}$$

$\Delta_r H_m$ 的单位是 J・mol^{-1}，指系统按计量方程进行 1 mol 的化学反应的热效应。

2.8.3 标准摩尔焓变

热力学函数的数值是不知道的，而只能测量当系统的状态变化时，某一热力学函数的变化值。为了确定一种物质在一定状态的热力学函数的数值，需要选择一个参考状态。如同选取海平面为高度的零点后，人们就可以知道某一地点的高度了。在热力学上，这个参考状态就称标准状态，用符号“$\ominus$”表示。虽然标准状态的选取可以任意的，但应方便，合理，并易于接受。

1.标准状态的规定

标准压力规定为 100 kPa，用符号 $p^\ominus$ 表示。对于凝聚相，规定在温度为 T，压力为 $p^\ominus$ 下的纯液体或纯固体为其标准状态。对于气体，规定在温度为 T，压力为 $p^\ominus$ 下，具有理想气体性质的纯气体为其标准态。需要说明的是，标准态没有指定温度，即就是说，任何温度都可以有标准态。298.15 K 是一个常用的温度，书中附录中的物质的热力学数据一般都是在这个温度的数据，以后在不特别指出温度的情况下，就表示温度为 298.15 K。其次，对于气体来说，所规定的状态是一个假想的状态，实际气体在 $p^\ominus$ 下并不具有理想气体的特性，之所以这样规定，是因为这样的规定会给后面的计算带来方便。还需要说明的是，关于标准压力，以前的规定为 101.325 kPa，即 1 atm，现在根据 IUPAC 的推荐，将标准压力改为 100 kPa，但早先出版的书籍中采用 101.325 kPa 作为标准压力，阅读时要注意数据的换算。

2.标准摩尔焓变

处于标准状态条件下的反应物，按反应计量式进行反应进度为 1 mol 的反应，生成处于标准状态下的产物，在这个过程中系统的焓变为这个反应的标准摩尔函变，用 $\Delta_r H_m^\ominus(T)$ 表示。如 298.15 K 时反应

$$\begin{gathered}H_2(g,p^\ominus)+I_2(g,p^\ominus)=2HI(g,p^\ominus)\\ \Delta_r H_m^\ominus(298.15\ K)=-51.8\ kJ\cdot mol^{-1}\end{gathered} \tag{2.48}$$

就是指处于标准压力的纯 1 molH_2(g)与处于标准压力的纯 1 mol I_2(g)，完全反应生成了处于标准压力的纯2 mol HI(g)，在此过程系统的焓变为－51.8 kJ。需要强调的是：初始状态时两种反应物并没有混合，终态时生成了 2 mol 纯的 HI(g)。这里所说的反应的始态与终态和反应能不能完成无关，而只是说在确定了系统的始态和终态后，系统的焓变。以后所说的反应的标准摩尔热力学函数的变化都是这个意思。

2.8.4　热化学方程式

表示化学反应与热效应的关系的方程式称为热化学方程式。焓的变化量与其始终态是有关的，在书写热化学方程式时就需要将物种、物态(气态用“g”表示，液态用“l”表示，固态用“s”表示，如果是固态，可能有不同的晶形，这时还需要表明晶形)、温度、压力，组成表示清楚。如果温度是 298.15 K，压力是 100 kPa，可以不指明。式(2.48)就是一个完整的热化学方程式。

2.8.5　反应热的测量

实验上测量反应热的仪器叫热量计(见图 2－13)，其原理是将待测物质压片后放入氧弹内的坩埚中，注入约 1.5×10^6 Pa 的氧气，通电使其燃烧，燃烧过程放出的热通过氧弹被内桶的水吸收而使温度升高，用贝克曼温度计测定燃烧前后水温的变化，如果再测出整个系统的热容量，就可以求出燃烧过程放出的热。热量计外层恒温水夹套层，内部有按要求调好温度的水。里边为内桶，装入一定量的水，上边有盖板，由于恒温水套层和内桶水的温度相近，之间的空气层绝热性能好，测量过程热量的散失很小。在数据处理过程中应用适当的校正方法，可使测量的精度较高。

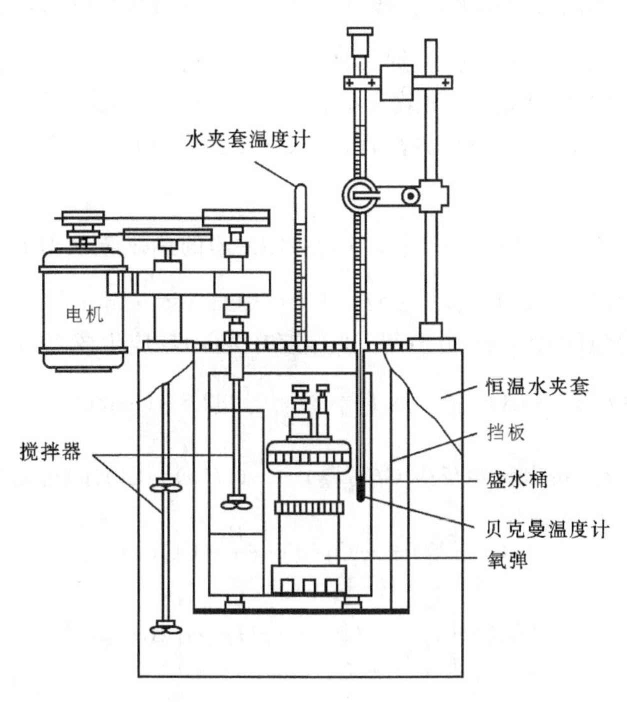

图 2－13　反应热的测量装置

由热量计测出的是定容热效应 $\Delta_r U$，通过 $\Delta_r U$ 和 $\Delta_r H$ 的关系，即式(2.43)，可能求出定压热效应 $\Delta_r H$。

【例 2-2】 正庚烷的燃烧反应为

$$C_7H_{16}(l)+11O_2(g)=7CO_2(g)+8H_2O(l)$$

298.15 K 时，在弹式热量计中 1.2500 g 正庚烷充分燃烧所放出的热为 60.089 kJ。使该反应在标准压力及 298.15 K 进行时的定压反应热效应 $\Delta_r H_m^\ominus(289\ \mathrm{K})$

解 正庚烷的摩尔质量 $M=100\times10^{-3}\ \mathrm{kg\cdot mol^{-1}}$，反应前正庚烷的摩尔质量

$$n(0)=\left(\frac{1.2500\times10^{-3}}{100\times10^{-3}}\right)\mathrm{mol}=0.0125\ \mathrm{mol}$$

烯燃烧后的反应进度

$$\xi=\frac{n-n(0)}{\nu}=\left(\frac{0-0.0125}{-1}\right)\mathrm{mol}=0.0125\ \mathrm{mol}$$

在弹式热量计是的燃烧为恒容反应，由 $\Delta_r U=-60.089\ \mathrm{kJ\cdot mol^{-1}}$

$$\Delta_r U_m^\ominus=\frac{\Delta_r U}{\xi}=\left(\frac{-60.089}{0.0125}\right)\mathrm{kJ\cdot mol^{-1}}=-4807\ \mathrm{kJ\cdot mol^{-1}}$$

由反应的计量方程式，反应前后气体物质的量的差值为 $\Delta\nu=-4$，由式(2.43)求反应的标准摩尔焓变($\Delta n=\Delta\nu$)

$$\begin{aligned}\Delta_r H_m^\ominus&=\Delta_r U_m^\ominus+\Delta nRT=(-4807-4\times8.314\times298)\ \mathrm{kJ\cdot mol^{-1}}\\&=-4817\ \mathrm{kJ\cdot mol^{-1}}\end{aligned}$$

2.8.6 盖斯(Hess)定律

并不是任何反应的热效应都可以直接测定，如反应 C(石墨)$+\frac{1}{2}O_2(g)=CO(g)$，很难保证在燃烧过程中不生成$CO_2(g)$。但根据式(2.13)，可以得到如下的结论：一个化学反应不管是一步完成的，还是多步完成的，其热效应都相等。这一规律称为盖斯(Hess)定律。有了盖斯定律，人们就可以通过代数运算的方法，由可以直接测定的反应的热效应，计算那些不容易直接测定的反应的热效应。

【例 2-3】 计算反应 C(石墨)$+\frac{1}{2}O_2(g)=CO(g)$的热效应 $\Delta_r H_m^\ominus$。已知：

(1)C(石墨)$+O_2(g)=CO_2(g)$ $\quad\Delta_r H_m^\ominus(1)=-393.5\ \mathrm{kJ\cdot mol^{-1}}$

由其他方法制得纯的 CO(g)，并测得 CO(g)和 O_2(g)反应生成 CO_2(g)的热效应为

(2)$CO(g)+\frac{1}{2}O_2(g)=CO_2(g)$ $\quad\Delta_r H_m^\ominus(2)=-282.8\ \mathrm{kJ\cdot mol^{-1}}$

解 根据盖斯定律，可以设想反应 C(石墨)$+\frac{1}{2}O_2(g)=CO(g)$可以经由以下几步完成

$$\begin{array}{ccc}\text{C(石墨)}+\frac{1}{2}O_2(g) & \xrightarrow{\Delta_r H_m} & CO(g)\\ \Delta_r H_m^\ominus(1)\downarrow +\frac{1}{2}O_2(g) & & -\frac{1}{2}O_2(g)\uparrow \Delta_r H_m^\ominus(2)\\ & \longrightarrow CO_2(g)\longrightarrow & \end{array}$$

显然，$\Delta_r H_m^\ominus=\Delta_r H_m^\ominus(1)-\Delta_r H_m^\ominus(2)=-393.5+282.8=-110.7\ \mathrm{kJ\cdot mol^{-1}}$

2.9 化学反应热效应 $\Delta_r H_m^\ominus$ 的计算

化学反应的标准摩尔热效应 $\Delta_r H_m^\ominus$ 等于在反应温度和标准条件下，生成物的焓之和与反

应物的焓之和的差值。但是一种物质的焓的绝对值是不知道的，为了有效地利用实验数据，方便地计算反应过程的焓变，人们用了一种相对的办法计算 $\Delta_r H_m^\ominus$。

2.9.1　标准摩尔生成焓

规定：在标准压力 $p^\ominus$ 及反应的温度下，由最稳定单质生成 1 mol 化合物的反应的热效应称为该化合物的标准摩尔生成焓，用“$\Delta_f H_m^\ominus$”表示。

有的物质的单质有几种，最稳定单质仅一种，这时需要特别指明。如碳有石墨和金刚石两种不同的单质，因为石墨比金刚石稳定，就选石墨为碳的最稳定单质。同样，磷有红磷和白磷两种单质，选择白磷为最稳定单质。

例如，如要求在 298.15 K 时，$H_2O(l)$的标准摩尔物成焓 $\Delta_f H_m^\ominus(298.15\ K, H_2O, l)$，实验可以测得反应

$$H_2(g, p^\ominus, 298.15\ K) + \frac{1}{2}O_2(g, p^\ominus, 298.15\ K) = H_2O(l, p^\ominus, 298.15\ K)$$

$$\Delta_r H_m^\ominus = -286.830\ kJ \cdot mol^{-1}$$

则有，$H_2O(l)$的标准摩尔生成焓

$$\Delta_r H_m^\ominus(H_2O, l, 298.15\ K) = -285.830\ kJ \cdot mol^{-1}$$

这里求出的 $H_2O(l)$的标准摩尔生成焓并不是它的真正的焓值，稳定单质的焓的绝对值也并不是零。这样规定之所以可行，是因为如果 $H_2(g, p^\ominus, 298.15\ K)$和$(1/2)O_2(g, p^\ominus, 298.15\ K)$不是零，例如有一个确定的数值，无疑是给 $H_2O(l, p^\ominus, 298.15\ K)$的标准摩尔生成焓也增加了同样的数值，但反应的热效应是不变的。

不是所有的化合物都能由稳定单质直接生成，这时可以应用盖斯定律通过反应式的组合求出该化合物的 $\Delta_f H_m^\ominus$。例如，不能由 C(石墨)，$H_2(g)$和 $O_2(g)$直接合成$CH_3COOH(l)$，但由 298.15 K 的下列化学反应。

$$(1)\ CH_3COOH(l) + 2O_2(g) = 2CO_2(g) + 2H_2O(l) \qquad \Delta_r H_m^\ominus(1)$$

$$(2)\ C(s) + O_2(g) = CO_2(g) \qquad \Delta_r H_m^\ominus(2)$$

$$(3)\ H_2(g) + \frac{1}{2}O_2(g) = H_2O(l) \qquad \Delta_r H_m^\ominus(3)$$

反应式[(2)+(3)]×2−1，得

$$2C(s) + 2H_2(g) + 2O_2(g) = CH_3COOH(l)$$

根据规定，这个反应的在 298.15 K 时的标准备摩尔热效应等于 $CH_3COOH(l)$的标准摩尔生成焓 $\Delta_f H_m^\ominus$，因此有

$$\Delta_f H_m^\ominus[CH_3COOH(l)] = \Delta_r H_m^\ominus = [\Delta_r H_m^\ominus(2) + \Delta_r H_m^\ominus(3)] \times 2 - \Delta_r H_m^\ominus(1)$$

由上述方法，可以求出任何物质的在 298.15 K 时的 $\Delta_f H_m^\ominus$，这些数据列在书后的附录中。由这些数据，可以求出任一反应在 298.15 K 时的 $\Delta_r H_m^\ominus$。即

$$\Delta_r H_m^\ominus = \sum_B \nu_B \Delta_f H_m^\ominus(B) \qquad (2.49)$$

2.9.2　标准摩尔离子生成焓

对于有离子参加的反应，要用类似于式(2.49)计算其标准摩尔焓变，应知道各种离子的标准摩尔生成焓。但由于溶液的电中性原则，一种离子是不能单独存在的，要求出一种离子的标准摩尔生成焓，就需要在化合物的标准摩尔生成焓的规定的基础上，再附加一条规定，选定某

一离子的标准摩尔生成焓为零，由此确定其他离子的标准摩尔生成焓。

规定:在无限稀释的水溶液中，氢离子的标准摩尔生成焓为零，即 $\Delta_f H_m^\ominus\{H^+(\infty,aq)\}=0$。这里符号"∞,aq"就是指无限稀释的水溶液，其实际含义是，在溶液中不断地加水稀释，当继续加水稀释其热效应为零时，这时的水溶液就是无限稀释的。已知 $\Delta_f H_m^\ominus(HCl,(g))=-92.31\ kJ\cdot mol^{-1}$，又由实验测得 HCl(g)的溶解过程

$$HCl(g)\xrightarrow{H_2O}H^+(\infty,aq)+Cl^-(\infty,aq)$$

的热效应 $\Delta_{sol}H_m^\ominus(298.15\ K)=-75.14\ kJ\cdot mol^{-1}$，由此可以得到

$$\Delta_{sol}H_m^\ominus(298.15\ K)=\Delta_f H_m^\ominus\{H^+(\infty,aq)\}+\Delta_f H_m^\ominus\{Cl(\infty,aq)\}-\Delta_f H_m^\ominus(HCl,g)$$

$$\begin{aligned}\Delta_f H_m^\ominus\{Cl(\infty,aq)\}&=\Delta_{sol}H_m^\ominus(298.15\ K)-\Delta_f H_m^\ominus\{H^+(\infty,aq)\}+\Delta_f H_m^\ominus(HCl,g)\\&=(-75.14-0-92.31)kJ\cdot mol^{-1}=-167.45\ kJ\cdot mol^{-1}\end{aligned}$$

知道了一种离子的标准摩尔生成焓，然后把这个离子和其他离子配对，采用类似的方法，可以求出其他离子的标准摩尔生成焓。各种离子在 298.15 K 时的标准摩尔生成焓列在书后的附录 6 中。

应用式(2.49)，可以求出有离子参加的反应的标准摩尔焓变。

【例 2-4】 已知 $\Delta_f H_m^\ominus(AgBr,s)=-100.37\ kJ\cdot mol^{-1}$，$\Delta_f H_m^\ominus\{Ag^+(\infty,aq)\}=105.579\ kJ\cdot mol^{-1}$，$\Delta_f H_m^\ominus\{Br^-(\infty,aq)\}=-121.55\ kJ\cdot mol^{-1}$，求反应$Ag^++Br^-=AgBr(s)$的标准摩尔焓变。

解 根据式(2.49)

$$\begin{aligned}\Delta_r H_m^\ominus&=\Delta_f H_m^\ominus(AgBr,s)-\Delta_f H_m^\ominus\{Ag^+(\infty,aq)\}-\Delta_f H_m^\ominus\{Br^-(\infty,aq)\}\\&=[-100.37-100.579+121.55]kJ\cdot mol^{-1}\\&=-84.40\ kJ\cdot mol^{-1}\end{aligned}$$

2.9.3 标准摩尔燃烧焓

规定:1 mol 物质在标准条件下完全燃烧时的焓变为这种物质的标准摩尔燃烧焓，用 $\Delta_c H_m^\ominus$ 表示。在这里，下标"c"表示燃烧。完全燃烧的含义是指化合物中的 C 转化为 $CO_2(g)$，H 转化为 $H_2O(l)$，S 转化为 $SO_2(g)$，N 转化为 $N_2(g)$等。常见物质 298.15 K 时的标准摩尔燃烧焓列在书后的附录 5 中。

由物质的 $\Delta_f H_m^\ominus$ 与 $\Delta_c H_m^\ominus$ 的关系，可知一个反应的标准摩尔焓变

$$\Delta_r H_m^\ominus=-\sum_B \nu_B\Delta_c H_m^\ominus(B) \tag{2.50}$$

【例 2-5】 由标准摩尔燃烧焓计算下列反应在 298.15 K 时的标准摩尔焓变 $\Delta_r H_m^\ominus$。

$$(COOH)_2(s)+2CH_3OH(l)=(COOCH_3)_2(l)+2H_2O(l)$$

已知：

$$\Delta_c H_m^\ominus((COOH)_2,l)=-246.0\ kJ\cdot mol^{-1}$$

$$\Delta_c H_m^\ominus(CH_3OH,l)=-726.5\ kJ\cdot mol^{-1}$$

$$\Delta_c H_m^\ominus((COOCH_3)_2,l)=-1678\ kJ\cdot mol^{-1}$$

解 根据式(2.50)

$$\begin{aligned}\Delta_r H_m^\ominus&=\Delta_c H_m^\ominus((COOH)_2,l)+2\Delta_c H_m^\ominus(CH_3OH,l)-\Delta_c H_m^\ominus((COOCH_3)_2,l)\\&=(-246.0+2\times(-726.5)+1678)kJ\cdot mol^{-1}\\&=-21\ kJ\cdot mol^{-1}\end{aligned}$$

2.9.4 自键焓估算反应焓变

化学反应的过程实质上是旧键的拆散和新键的生成过程，各种化学键的能量各不相同，这便是化学反应具有热效应的根本原因。如果能知道拆散各种化学键的能量，便能求出化学反应的焓变。拆散化合物中某一特定化学键使其成为气态原子或原子团所需的能量称为解离能，它是由光谱数据获得的。但由于影响化学键能量的因素很复杂，同一类型的化学键由于电子结构的不同，化学键的能量差别很大。如

$$H_2O(g)=H(g)+OH(g)\quad \Delta_r H_m(298.15)=502.1\ kJ\cdot mol^{-1}$$

$$OH(g)=O(g)+H(g)\quad \Delta_r H_m(298.15)=432.4\ kJ\cdot mol^{-1}$$

要把所有的化学键的解离能都列举出来，并用它来求算反应的焓变很不方便。但如果采用求平均值的方法，求出某一类化学键的解离能的平均值，用它计算反应的焓变，就非常方便。一类化学键的解离能的平均值称为键焓。如 O—H 键的键焓

$$\varepsilon_{H-O}=\frac{(502.1+432.4)\ kJ\cdot mol^{-1}}{2}=462.8\ kJ\cdot mol^{-1}$$

表 2-1 列出了一些键焓的数值。

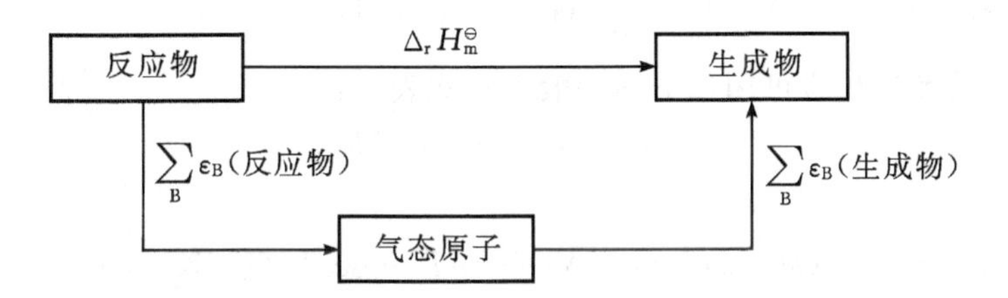

知道了键焓的数值，可以通过以下方法求出反应的热效应

$$\Delta_r H_m^\ominus=\sum_B \varepsilon_B(\text{反应物})-\sum_B \varepsilon_B(\text{生成物}) \tag{2.51}$$

表 2-1　298.15 K 时一些化学键的键焓值

键	ε/kJ · mol⁻¹	键	ε/kJ · mol⁻¹
H—H	435.9	S—S	230.0
C—C	346.0	Cl—Cl	242.1
C=C	610.0	C—H	413.0
C≡C	835.1	N—H	391.0
N—N	160.0	O—H	462.8
N≡N	944.7	S—H	350.0
O—O	150.0	Cl—Cl	340.0
O=O	498.3	P—Cl	330.0

2.10 反应热与温度的关系——基尔霍夫方程

生成焓，燃烧焓等热力学数据都是在 298.15 K 和 $p^\ominus$ 时的数据，由它们可以求出标准压力和相应温度下反应的标准摩尔焓变 $\Delta_r H_m^\ominus(298.15\ K)$。如果要求算在温度为 T 时的反应的标

准摩尔焓变 $\Delta_r H_m^\ominus(T)$，因为焓是状态函数，可以通过下列改变反应的途径的方法求出。

$$\begin{array}{ccc} aA+bB & \xrightarrow{\Delta_r H_m^\ominus(T)} & gG+hH \\ \downarrow \Delta H_1 & & \uparrow \Delta H_2 \\ aA+bB & \xrightarrow{\Delta_r H_m^\ominus(298\ K)} & gG+hH \end{array}$$

式中

$$\Delta H_1 = \int_T^{298.15} aC_{p,m}(A)\,dT + \int_T^{298.15} bC_{p,m}(B)\,dT \tag{2.52}$$

$$\Delta H_2 = \int_{298.15}^T gC_{p,m}(G)\,dT + \int_{298.15}^T hC_{p,m}(H)\,dT \tag{2.53}$$

$$\begin{aligned}\Delta_r H_m^\ominus(T) &= \Delta_r H_m^\ominus(298.15\ K) + \Delta H_1 + \Delta H_2 \\ &= \Delta_r H_m^\ominus(298.15\ K) + \int_T^{298}(aC_{p,m}(A)+bC_{p,m}(B))dT + \int_{298.15}^T (gC_{p,m}(G)+hC_{p,m}(H))dT \\ &= \Delta_r H_m^\ominus(298.15\ K) + \int_{298.15}^T \sum_B (\nu_B C_{p,m}(B))dT \end{aligned} \tag{2.54}$$

如果物质 B 的摩尔热容可用如下的一般表示式表示：

$$C_{p,m} = a + bT + c'T^2$$

令

$$\Delta C_p = \sum_B (\nu_B C_{p,m}(B)) = \Delta a + \Delta bT + \Delta c'T^2 (J \cdot K^{-1} \cdot mol^{-1}) \tag{2.55}$$

式(2.54) 可以写成

$$\Delta_r H_m^\ominus(T) = \Delta_r H_m^\ominus(298.15\ K) + \int_{298.15}^T \Delta C_p\,dT \tag{2.56}$$

式(2.56) 对 T 求偏导，得

$$\left(\frac{\partial \Delta_r H_m^\ominus(T)}{\partial T}\right)_T = \Delta C_p \tag{2.57}$$

式(2.55) 和式(2.56) 称为基尔霍夫(Kirchhoff) 定律。对式(2.56) 进行不定积分，得

$$\Delta_r H_m^\ominus(T) = \Delta aT + \frac{1}{2}\Delta bT^2 + \frac{1}{3}\Delta c'T^3 + 常数 \tag{2.58}$$

如知道反应在某一温度的摩尔焓变，代入式(2.58)，可以求出反应的摩尔焓变与温度的函数式。也可以利用定积分进行计算，求某一温度下反应的摩尔焓变。但应注意在实际计算时，ΔC_p 不一定具有式(2.55) 的形式，应根据实际情况确定积分函数。另外，当变温过程中有相变时，应分段进行积分。

【思考题 2-10】 在 $N_2(g)$ 和 $H_2(g)$ 的物质量的比为 1∶3 的反应条件下合成氨，实验测得在温度 T_1 和 T_2 时放出的热量分别为 $Q_p(T_1)$ 和 $Q_p(T_2)$，用基尔霍夫定律(即 $\Delta_r H_m(T_2) = \Delta_r H_m(T_2) + \int_{T_1}^{T_2} \Delta_r C_p\,dT$) 验证时，结果不符，试解释原因。

2.11 绝热反应

如果在反应过程进行得很快(如剧烈的燃烧反应过程，爆炸反应等)，系统反应产生的热

来不及散失，温度将会升高。为了计算反应系统终态的温度，可以将此过程近似看作绝热反应过程。绝热反应系统的最终温度可以通过如下方法计算：

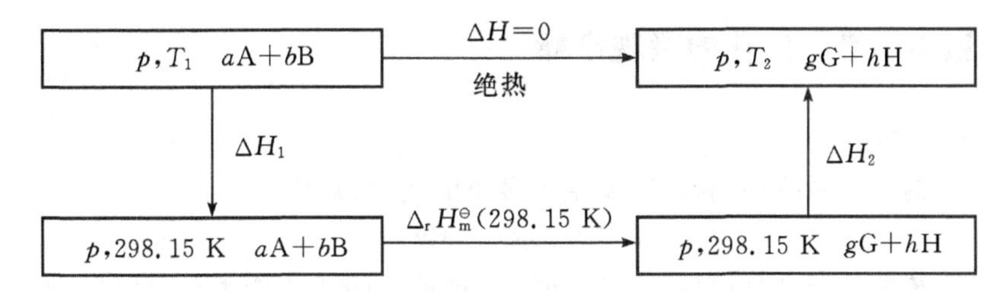

$$\Delta H = \Delta_r H_m^{\ominus}(298) + \Delta H_1 + \Delta H_2$$

$$0 = \Delta_r H_m^{\ominus}(298) - \int_{T_1}^{298} \sum_B \nu_B [C_{p,m}(B)]_{反应物} dT + \int_{2981}^{T_2} \sum_B [\nu_B C_{p,m}(B)]_{生成物} dT \quad (2.59)$$

此式为关于 T_2 的代数方程，解此方程可以求出 T_2。

【例 2-6】 用乙炔进行焊接时，是用乙炔与纯氧气反应产生高温的，试求在标准压力和 298.15 K 条件下，乙炔火焰的最高温度。

已知：

$$\Delta_f H_m^{\ominus}(C_2H_2, g) = 226.73\ kJ \cdot mol^{-1}$$

$$\Delta_f H_m^{\ominus}(H_2O, g) = -241.818\ kJ \cdot mol^{-1}$$

$$\Delta_f H_m^{\ominus}(CO_2, g) = -392.509\ kJ \cdot mol^{-1}$$

$$C_{p,m}(CO_2, g) = (44.22 + 8.79 \times 10^{-3} T/K) J \cdot mol^{-1} \cdot K^{-1}$$

$$C_{p,m}(H_2O, g) = (30.54 + 10.29 \times 10^{-3} T/K) J \cdot mol^{-1} \cdot K^{-1}$$

解　乙炔和纯氧气燃烧时的最高火焰温度

设计如下反应过程：

298.15 K $C_2H_2(g)+2.5O_3(g)$ —— ΔH，$p^{\ominus}$ 绝热 ——→ $T \quad 2CO_2(g)+H_2O(g)$

ΔH_1　$p^{\ominus}$ 等温反应　　　　ΔH_2　$p^{\ominus}$ 物理升温

298.15 K, $CO_2(g)+H_2O(g)$

$$\Delta H_1 + \Delta H_2 = 0$$

$$\begin{aligned}\Delta H_1 &= \Delta_f H_m^{\ominus}(H_2O, g) + 2\Delta_f H_m^{\ominus}(CO_2, g) - \Delta_f H_m^{\ominus}(C_2H_2, g)\\ &= (-241.818 - 2 \times 392.509 - 226.73) kJ \cdot mol^{-1}\\ &= -1253.57\ kJ \cdot mol^{-1}\end{aligned}$$

$$\begin{aligned}\Delta H_2 &= \int_{298.15}^{T} (2C_{p,m}(CO_2, g) + C_{p,m}(H_2O, g)))dT\\ &= \int_{298.15}^{T} (118.98 + 27.28 \times 10^{-3} T)dT\\ &= 118.98(T - 298.15) + 13.94 \times 10^{-3}(T^2 - 298.15^2)\\ &= 13.94 \times 10^{-3} T^2 + 118.98T - 36\ 713\end{aligned}$$

由此可以组成方程

$$13.94 \times 10^{-3} T^2 + 118.98T - 1\ 290\ 283 = 0$$

$$T = 6262\ \mathrm{K}$$

在实际的燃烧过程中，绝非是一个绝热过程，它的火焰温度要比这个计算结果低得多。

2.12 热力学第一定律的微观诠释

2.12.1 热力学能

在组成不变的封闭系统中，若状态发生了微小的变化，则热力学能

$$\mathrm{d}U = \delta Q + \delta W$$

假定组成系统的粒子（它可以是分子或原子）彼此之间的势能很小，可以忽略不计。这种系统就称为近独立子系统。设粒子的总数为 N ，分布在不同的能级上，并设在能级 ε_i 上的粒子为 n_i，则有

$$N = \sum_i n_i \quad U = \sum_i n_i \varepsilon_i \tag{2.60}$$

对上式微分，得

$$\mathrm{d}U = \sum_i n_i \mathrm{d}\varepsilon_i + \sum_i \varepsilon_i \mathrm{d}n_i \tag{2.61}$$

式中，等号右方第一项 $\sum_i n_i \mathrm{d}\varepsilon_i$ 是保持各能级上的粒子数不变，由于能级的改变会引起热力学能的变化；第二项 $\sum_i \varepsilon_i \mathrm{d}n$ 是能级不变，而能级上的粒子数发生改变会引起热力学能的变化值。对于组成不变的封闭系统，热力学能的改变只能是系统和环境之间发生了热和功形式的能量的交换。和热力学第一定律的数学表达式相比，显然式(2.61) 右方的两项必然是分别与热和功相联系的。这就是热力学能改变的本质。

2.12.2 功

功不是热力学函数，它属于力学性质。如果有力作用到系统的边界上，则边界的坐标就会改变，例如在 X 的方向上发生了 $\mathrm{d}x$ 的位移，作用为 f_i 力时，所做的功为：$\delta W_i = -f_i \mathrm{d}x_i$，总的功则为

$$\delta W_i = -\sum_i f_i \mathrm{d}x_i$$

由于对系统做了功（或系统靠外力而做功），系统的能量就要变化。在一般的情况下，粒子的能量是坐标$(x_1, x_2, \cdots, x_n)$的函数，即

$$\varepsilon_i = \varepsilon_i(x_1, x_2, \cdots, x_n)$$

在经典力学中，粒子的平动能可表示为

$$\varepsilon_i = \frac{1}{2} m_i (\dot{x}^2 + \dot{y}^2 + \dot{z}^2)$$

如果坐标改变，ε_i 也将变化

$$\mathrm{d}\varepsilon_i = \sum_i \frac{\partial \varepsilon_i}{\partial x_i} \mathrm{d}x_i$$

根据物理学的知识，$\delta\varepsilon_i = -f_i \delta x_i$，故能量梯度的负值$\left(-\frac{\partial \varepsilon_i}{\partial x_i}\right)$就是力，即

$$f_i = -\frac{\partial \varepsilon_i}{\partial x_i}$$

所以，当外参量改变时，对分布在各能级上的 n_i 个粒子所做的总功为

$$\delta W_i = -\sum_i n_i f_i \mathrm{d}x_i = \sum_i n_i \frac{\partial \varepsilon_i}{\partial x_i}\mathrm{d}x_i = \sum_i n_i \mathrm{d}\varepsilon_i \tag{2.62}$$

这表示功来源于能级的改变(升高或降低)，但各能级上粒子数不变而引起的能量的变化，它对应于式(2.61) 中的第一项。

2.12.3　热

式(2.61) 中等号右边第一项代表功，则第二项必然代表热，即

$$\delta Q = \sum_i \varepsilon_i \mathrm{d}n_i \tag{2.63}$$

热是由于粒子在能级上重新分布引起的热力学能的改变。当系统吸热时，高能级上分布的粒子数增加，低能级上的粒子数减少。当系统放热时，高能级上分布的粒子数减少，低能级上分布的粒子数增加，粒子数在能级上分布的改变在宏观上表现为吸热或放热。

2.12.4　热容——能量均分原理

由恒容热容的定义：　$C_V = \left(\frac{\partial U}{\partial T}\right)_V$

分子的热力学能是它内部能量的总和，其中包括平动、转动、振动，以及电子和核运动的能量。

$$\varepsilon = \varepsilon_t + \varepsilon_r + \varepsilon_v + \varepsilon_e + \varepsilon_n + \cdots \tag{2.64}$$

相应的 C_V 也是各种运动方式对热容的贡献的和。

由于电子和核的能级间隔大，在通常温度下，它们都处于基态，并且难以引起跃迁。故在常温下和温度无关，对 C_V 没有贡献，所以在式(2.64)中可以略去不予考虑。对于单原子分子，其热容只是平动运动的贡献。

单原子分子可以看作是刚性的球，它的平动在直角坐标系上，可分解为 x,y,z 三个方向的运动，因此分子在 x 方向的平动能的平均值 $\overline{E}_x$ 为

$$\overline{E}_x = \frac{1}{2}m\overline{v_x^2} \tag{2.65}$$

式中，$\overline{v_x^2}$ 代表 x 方向的速度平方的平均值。

根据气体分子运动论以及 Maxwell 的速度分布公式，可知

$$\overline{v_x^2} = \frac{kT}{m}$$

$$\overline{E}_x = \frac{1}{2}m\overline{v_x^2} = \frac{1}{2}kT$$

同理可得

$$\overline{E}_y = \overline{E}_z = \frac{1}{2}kT$$

一个分子的总平动能

$$\varepsilon_t = \frac{3}{2}kT \tag{2.66}$$

在式(2.66)中，分子的平动能共由三个平方项所组成。每个平方项对能量的贡献都是

$\frac{1}{2}kT$,如果把每个平方项叫做一个自由度,则能量是均匀分布在每一个平方项上,这就是能量均分原理。与此相对应的是,在平动运动时,每一个平方项对热容的贡献为$\frac{1}{2}k$。

对于 1 mol 气体来说,相应的

$$C_{V,\mathrm{m}}=\frac{3}{2}R \tag{2.67}$$

对于双原子分子来说,它的平动实质上是质心的运动,所以它的平动能以及平动对热容的贡献和单原子分子是一样的。

双原子分子除了整体的平动以外,还有转动和振动,由于振动能级间隔比较大,一般在常温下,其振动状态不会发生变化,对能级的贡献可以略去不计。双原子分子的转动,可以把它看成一个哑铃。分子绕一轴发生转动时的动能是$\frac{1}{2}I\omega^2$,I 是转动惯量,ω 是角速度,双原子的分子的转动的方式数为 2,有两个平方项,对热容的贡献为 k。所以双原子分子的热容为 $C_{V,\mathrm{m}}=\frac{5}{2}R$。

在比较高的温度时,还要考虑振动对热容的贡献。由于每一个振动有两个平动项,所以对双原子分子来说,只有一个振动方式,振动对热容的贡献为 k,所以双原子分子在高温时的热容为 $C_{V,\mathrm{m}}=\frac{7}{2}R$。

经典的能量均分原理的缺点是不能说明 $C_{V,\mathrm{m}}$ 与 T 的关系的,$C_{V,\mathrm{m}}$ 与 T 的关系只能由量子理论来解释。

习　题

1.设有一电炉丝浸于大量水中(见图题 1),接上电源,通电流一段时间。如果按下列几种情况作为系统,试问 ΔU,Q,W 为正为负还是零?

(1) 以电炉丝为系统;

(2) 以电炉丝和水为系统;

(3) 以电炉丝、水、电源及其他一切有影响的部分为系统。

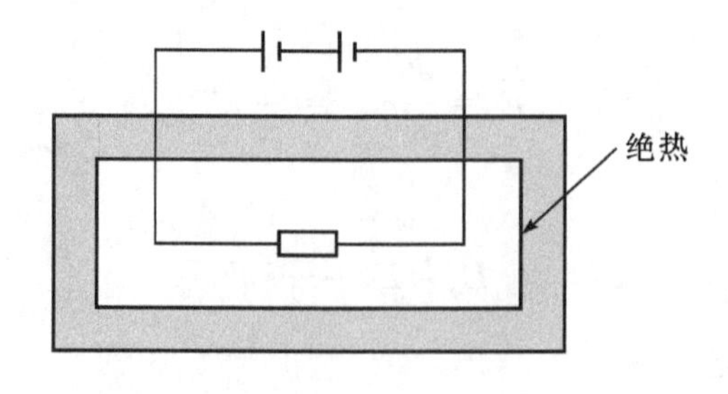

图题 1

[答案:略]

2.有 10 mol 的气体(设为理想气体),压力为 1000 kPa,温度为 300 K,分别求出等温时下列过程的功:

(1) 在空气压力为 100 kPa 时,体积胀大 1 dm^3。

(2) 在空气压力为 100 kPa 时,膨胀到气体压力也是 100 kPa 时。

(3) 等温可逆膨胀至气体压力为 100 kPa。

[答案:(1)−1 kJ; (2)−22 448 J; (3)−57 431 J]

3.在 291 K 和 100 kPa 下,1 mol Zn (s)溶于足量稀盐酸中,置换出 1 mol H_2(g),并放热 152 kJ。若以 Zn 和盐酸为系统,求该反应所做的功及系统热力学能的变化。

[答案:ΔU=154 419 J]

4. 101.325 kPa,373 K,1 mol 水变成同温度同压下的水蒸气。求该过程的热效应、膨胀功及热力学能变化。(已知在上述条件下水的气化热为 40 670 J·mol^{-1},且水蒸气可看成理想气体)

[答案:W=−3101 J, ΔU=37 569 J]

5.在 298.15 K 时,2 mol H_2的体积为 15 dm^3,此气体 (1) 在定温条件下(即始态和终态的温度相同),反抗外压为 10^5 Pa 时,膨胀到体积为 50 dm^3;(2) 在定温下,可逆膨胀到体积为 50 dm^3。试计算两种膨胀过程的功。

[答案:(1)W=−3500 J; (2)W=−5966 J]

6.计算 1 mol 理想气体在下列四个过程中所做的体积功。已知始态体积为 25 dm^3,终态体积为 100 dm^3;始态和终态温度均为 373.15 K。

(1) 向真空膨胀;

(2) 在外压恒定为气体终态的压力下膨胀;

(3) 先在外压恒定为体积等于 50 dm^3时气体的平衡压力下膨胀,当膨胀到 50 dm^3(此时温度仍为 373.15 K)以后,再在外压等于 100 dm^3时气体的平衡压力下膨胀;

(4) 定温可逆膨胀。

[答案:(1)W=0;(2)W=−2326 J;(3)W=−3101 J;(4)W=−4299 J]

7.已知在 273.15 K 和标准压力下,冰的密度为 0.917 g·cm^{-3},水的密度为 1 g·cm^{-3}。试计算在 273.15 K 及标准压力下,1 mol 冰融化成水所需之功。

[答案:W=0.165 J]

8.298.15 K 时体积为 10.0 dm^3的理想气体作等温膨胀,其压力从 5$p^\ominus$个大气压降低到 $p^\ominus$,问此过程所能做出的最大功是多少?

[答案:W=−8047 J]

9.有一桶理想气体,其物质的量为 10 mol,压力为 10$p^\ominus$,温度为 300 K,求:

(1) 在外压为 $p^\ominus$时体积膨胀了 1 dm^3,做了多少功?

(2) 在外压为 $p^\ominus$时体积膨胀到桶内外压力相等,做了多少功?

(3) 膨胀时外压总是比内压力小 dP,问在恒温膨胀到桶内压力降到 $p^\ominus$时,做了多少功?

(4) 若以空气为系统,理想气体为环境时,在上列情形(3)中,ΔU=?(设空气为非理想气体)

[答案: (1)W=−100 J;(2)W=−22.45 kJ;(3)W=57.44 kJ;(4)ΔU=0]

10.已知在 373 K 和 100 kPa 压力时,1 kg H_2O(l)的体积为 1.043 dm^3,1 kg H_2O(g)的体积为 1677 dm^3,H_2O(l)的摩尔气化焓变值 $\Delta_{vap}H_m$=40.69 kJ·mol^{-1}。当 1 mol H_2O(l)在 373 K 和外压 100 kPa 时完全蒸发成 H_2O(g),试求:

(1)蒸发过程中系统对环境所做的功；

(2)假定液态水的体积可忽略不计，试求蒸发过程中系统对环境所做的功，并计算所得结果的相对误差；

(3)假定把蒸汽看作理想气体，且略去液态水的体积，求系统所做的功；

(4)求(1)中变化的 $\Delta_{vap}U_m$，$\Delta_{vap}H_m$；

(5)解释为何蒸发的焓变大于系统所做的功。

[答案：(1) $-W=3057$ kJ；(2)0.065%；(3) $W=-3101$ kJ；(4) $\Delta_{vap}H_m=40.66\ kJ\cdot mol^{-1}$；$\Delta_{vap}U_m=37.60\ kJ\cdot mol^{-1}$]

11.1 mol 单原子理想气体，始态为 200 kPa、11.2 dm^3，经 $pT=$常数的可逆过程(即过程中 $pT=$常数)，压缩到终态为 400 kPa，已知气体的 $C_{V,m}=\frac{3}{2}R$。试求：

(1) 始态的体积和温度；

(2) ΔU 和 ΔH；

(3) 所做的功。

[答案：(1) $T_2=136.5$ K，$V_2=2.8\ dm^3$；(2) $\Delta U=-1702$ J，$\Delta U=-2973$ J；(3) $W=2270$ J]

12.在 298.15 K，将 50 g N_2，由 $p^\ominus$ 恒温可逆压缩到 $20p^\ominus$，试计算此过程的功。如果被压缩了的气体在反抗外压为 $p^\ominus$ 下作恒温膨胀回到原来状态，问此过程的功又是多少？

[答案：$W_1=13.26$ kJ，$W_2=-4.2$ kJ]

13.1 molCl_2 在恒压 $p^\ominus$ 下，由 298 K 加热到 1273 K。求膨胀过程的 Q 和 W。$C_{pCl_2}=36.69+1.05\times10^{-3}T-2.52\times10^{-5}T^2$ ($J\cdot mol^{-1}\cdot K^{-1}$)。

[答案：$Q=35.94$ kJ，$W=8.1$ kJ]

14.$dU=\left(\frac{\partial U}{\partial T}\right)_V dT+\left(\frac{\partial U}{\partial V}\right)_T dV$，由于 $\left(\frac{\partial U}{\partial T}\right)_V=C_V$，故前式可写为 $dU=C_V dT+\left(\frac{\partial U}{\partial V}\right)_T dV$。又因 $\delta Q=C_V dT$，故前式也可写为 $dU=\delta Q+\left(\frac{\partial U}{\partial V}\right)_T dV$，将此式与 $dU=\delta Q-p dV$ 比较，则有 $\left(\frac{\partial U}{\partial V}\right)_T=-p$，这一结论对吗？为什么？

15.已知 300 K 时，NH_3 的 $\left(\frac{\partial U_m}{\partial V}\right)_T=840\ J\cdot m^{-3}\cdot mol^{-1}$，$C_{V,m}=37.3\ J\cdot K^{-1}\cdot mol^{-1}$。当 1 mol NH_3 经一压缩过程，体积减小了 10 cm^3 而温度上升 2 K 时，试计算此过程的 ΔU。

[答案：$\Delta U=74.6$ J]

16.试证明对任何物质：

(1) $C_p-C_V=\left[\left(\frac{\partial U}{\partial V}\right)_T+p\right]\left(\frac{\partial V}{\partial T}\right)_p$，　　(2) $C_p-C_V=\left[V-\left(\frac{\partial H}{\partial p}\right)_T\right]\left(\frac{\partial p}{\partial T}\right)_V$。

17.已知：$C_V\ln\left(\frac{T_2}{T_1}\right)=-R\ln\left(\frac{V_2}{V_1}\right)$ 及 $C_p-C_V=R$，求证 $C_p\ln\left(\frac{T_2}{T_1}\right)=R\ln\left(\frac{p_2}{p_1}\right)$。

18.1 mol 单原子理想气体，初态为 202.65 kPa、298.15 K，现在使其体积分别经由以下两可逆过程增大到原体积的 2 倍，(1)等温可逆膨胀，(2)绝热可逆膨胀，分别计算上述两过程的 Q、W、ΔU、ΔH。

[答案：(1) $Q=1.72$ kJ，$W=-1.72$ kJ，$\Delta U=0$，$\Delta H=0$；(2) $Q=0$，$W=-1.38$ kJ，

$\Delta U=-1.38$ kJ, $\Delta H=-2.3$ kJ]

19.理想气体经可逆多方过程膨胀,过程方程式为 $pV^n=C$,式中 C,n 均为常数,$n>1$。

(1) 若 $n=2$,1 mol 气体从 V_1 膨胀到 V_2,温度由 $T_1=573$ K 到 $T_2=473$ K,求过程的功 W;

(2) 如果气体的 $C_{V,m}=20.9\ J \cdot K^{-1} \cdot mol^{-1}$,求过程的 Q、ΔU 和 ΔH。

[答案:(1)$W=-831.4$ J;(2)$Q=-1258.6$ J,$\Delta U=-2090$ J, $\Delta H=-2921.4$ J]

20.在 298 K 时,有一定量的单原子理想气体 ($C_{V,m}=\frac{3}{2}R$),从始态 2000 kPa 及 20 dm^3 经下列不同过程,膨胀到终态压力为 100 kPa,求各过程的 ΔU,ΔH,Q 及 W。

(1) 等温可逆膨胀;

(2) 绝热可逆膨胀;

(3) 以 $n=1.3$ 的多方过程可逆膨胀。

试在 $p-V$ 图上画出三种膨胀功的示意图,并比较三种功的大小。

[答案:(1)$\Delta U=\Delta H=0$,$Q=-W=121.4$ kJ;(2)$\Delta U=W=-42.46$ kJ, $\Delta H=-70.76$ kJ, $Q=0$;(3)$\Delta U=30.34$ kJ, $\Delta H=-50.56$ kJ, $Q=37.08$ kJ,$W=-67.42$ kJ]

21.证明$\left(\frac{\partial U}{\partial T}\right)_p=C_p-p\left(\frac{\partial V}{\partial T}\right)_p$,并证明对于理想气体有$\left(\frac{\partial H}{\partial V}\right)_T=0$,$\left(\frac{\partial C_V}{\partial V}\right)_T=0$

22.试从 $H=f(T,p)$出发,证明:若一定量某种气体从 298.15 K,$p^{\ominus}$ 等温压缩时,系统的焓增加,则气体在 298.15 K、$p^{\ominus}$ 下的节流膨胀系数(即 $J-T$ 系数) $\mu_{J\text{-}T}<0$。

23. 273.15 K、1013.25 kPa 的 10 dm^3 氧气经过

(1) 可逆绝热膨胀;

(2) 不可逆对抗恒定外压 101.3251 kPa 绝热膨胀,到最终压力为 101.3251 kPa。

求此二过程终态的温度、Q、W、ΔU 及 ΔH。(已知氧气的 $C_{p,m}=29.4\ J \cdot mol^{-1} \cdot K^{-1}$)。

[答案:(1)$T=141.5$ K, $Q=0$,$W=-12.4$ kJ, $\Delta U=-12.4$ kJ, $\Delta H=-17.3$ kJ;
(2)$T=218.5$ K, $Q=0$,$W=-5.14$ kJ, $\Delta U=-5.14$ kJ, $\Delta H=-7.16$ kJ]

24.已知任何物质的 $C_p-C_V=\frac{\alpha^2}{\beta}TV$,其中 α 为膨胀系数,β 为压缩系数。现已查得 298 K 时液体水的摩尔定容热容 $C_{V,m}=75.2\ J \cdot K^{-1} \cdot mol^{-1}$,$\alpha=2.1\times10^{-4}\ K^{-1}$,$\beta=4.44\times10^{-10}\ Pa^{-1}$,而水$V_m=18\times10^{-6}\ m^{-3} \cdot mol^{-1}$。试计算液体水在 298 K 时的 $C_{p,m}$。

[答案: $C_{p,m}=75.7\ J \cdot K^{-1} \cdot mol^{-1}$]

25.已知 CO_2 的 $\mu_{J\text{-}T}=1.07\times10^{-5}\ K \cdot Pa^{-1}$,$C_{p,m}=36.6\ J \cdot K^{-1} \cdot mol^{-1}$,试求算 50 gCO_2 在 298.15 K 下由 10^5 Pa 定温压缩到 10^6 Pa 时的 ΔH。如果实验气体是理想气体,则 ΔH 又应为何值?

[答案: $\Delta H=-401$ J,$\Delta H=0$]

26.有如下反应,设都在 298 K 和标准大气压力下进行,请比较各个反应的 ΔU 与 ΔH 的大小,并说明这差别主要是什么因素引起的。

(1) $C_{12}H_{22}O_{11}$(蔗糖)完全燃烧;

(2) $C_{10}H_8$(萘,s)完全氧化为苯二甲酸 $C_6H_4(COOH)_2$;

(3) 乙醇的完全燃烧;

(4) PbS(s)完全氧化为 PbO(s)和 SO_2(g)。

[答案:(1)$\Delta_r H_m = \Delta_r U_m$;(2)$\Delta_r H_m < \Delta_r U_m$;(3)$\Delta_r H_m < \Delta_r U_m$;(4)$\Delta_r H_m < \Delta_r U_m$]

27.已知下列反应在 298.15 K 时的热效应为

(1)$Na(s)+\frac{1}{2}Cl_2(g)═NaCl(s)$ $\Delta_r H_m^\ominus(1)═-441.0\ kJ\cdot mol^{-1}$

(2)$H_2(g)+S(s)+2O_2(g)═H_2SO_4(l)$ $\Delta_r H_m^\ominus(2)═-811.3\ kJ\cdot mol^{-1}$

(3)$2Na(s)+S(s)+2O_2(g)═Na_2SO_4(s)$ $\Delta_r H_m^\ominus(3)═-1383\ kJ\cdot mol^{-1}$

(4)$\frac{1}{2}H_2(g)+\frac{1}{2}Cl_2(g)═HCl(g)$ $\Delta_r H_m^\ominus(4)═-92.30\ kJ\cdot mol^{-1}$

计算反应 $2NaCl(s)+2H_2SO_4(l)═Na_2SO_4(s)+2HCl(g)$ 在 25 ℃ 的 $\Delta_r H_m^\ominus$ 和 $\Delta_r U_m^\ominus$。

[答案:$\Delta_r H_m^\ominus=65.70\ kJ\cdot mol^{-1}$,$\Delta_r U_m^\ominus=60.75\ kJ\cdot mol^{-1}$]

28. 在 298.15 K 及 100 kPa 压力下,设环丙烷、石墨及氢气的燃烧焓 $\Delta_c H_m^\ominus$(298.15 k) 分别为$-2092\ kJ\cdot mol^{-1}$、$-393.8\ kJ\cdot mol^{-1}$及$-285.84\ kJ\cdot mol^{-1}$。若已知丙烯 C_3H_6(g)的标准摩尔生成焓为 $\Delta_f H_m^\ominus$(298.15 K)$=20.15\ kJ\cdot mol^{-1}$,试求:

(1) 环丙烷的标准摩尔生成焓 $\Delta_f H_m^\ominus$(298.15 K);

(2) 环丙烷异构化变为丙烯的摩尔反应焓变值 $\Delta_r H_m^\ominus$(298.15 K)。

[答案: $\Delta_f H_m^\ominus(C_3H_6)=53.08\ kJ\cdot mol^{-1}$, $\Delta_r H_m^\ominus=-32.58\ kJ\cdot mol^{-1}$]

29. 291.15 K 时,乙醇和乙酸的燃烧热分别为$-1367.6\ kJ\cdot mol^{-1}$和$-871.5\ kJ\cdot mol^{-1}$,它们溶在大量水中分别放热 $11.21\ kJ\cdot mol^{-1}$ 及 $1464\ J\cdot mol^{-1}$,试计算 18 ℃时反应 $C_2H_5OH(aq)+O_2(g)=CH_3COOH(aq)+H_2O(l)$的热效应。

[答案: $\Delta_r H_m=-483.3\ kJ\cdot mol^{-1}$]

30. 根据以下数据,计算乙酸乙酯的标准摩尔生成焓 $\Delta_f H_m^\ominus(CH_3COOC_2H_5$, l,298.15 K)

$CH_3COOH(l)+C_2H_5OH(l)=CH_3COOC_2H_5(l)+H_2O(l)$

$\Delta_r H_m^\ominus$(298.15 K)$=-9.20\ kJ\cdot mol^{-1}$

乙酸和乙醇的标准摩尔生成焓 $\Delta_c H_m^\ominus$(298.15 K)分别为:$-874.54\ kJ\cdot mol^{-1}$ 和 $-1366\ kJ\cdot mol^{-1}$,CO_2(g)和 H_2O(l)的标准摩尔生成焓分别为:$-393.51\ kJ\cdot mol^{-1}$ 和 $-285.83\ kJ\cdot mol^{-1}$。

[答案:$\Delta_f H_m^\ominus(CH_3COOC_2H_5$, l)$=-486.06\ kJ\cdot mol^{-1}$]

31.已知反应:

(1) C(金刚石)$+O_2(g)═CO_2(g)$; $\Delta_r H_m^\ominus$(298 K)$=-395.4\ kJ\cdot mol^{-1}$

(2) C(石墨)$+O_2(g)═CO_2(g)$; $\Delta_r H_m^\ominus$(298 K)$=-393.5\ kJ\cdot mol^{-1}$

求 C(石墨)=C(金刚石)的 $\Delta_{trs} H_m^\ominus$(298 K)

[答案: $\Delta_{trs} H_m^\ominus$(298 K)$=1.93.5\ kJ\cdot mol^{-1}$]

32.利用附录中的数据,计算下列反应的 $\Delta_r H_m^\ominus$(298 K)

(1) $C_2H_4(g)+H_2(g)═C_2H_6(g)$;

(2) $3C_2H_2(g)═C_6H_6(l)$;

(3) $C_4H_{10}(g)═C_4H_8(g)+H_2(g)$;

(4) $C_4H_{10}(g)═C_4H_6(g)+2H_2(g)$;

[答案:(1) $-136.9\ kJ\cdot mol^{-1}$;(2)$631.2\ kJ\cdot mol^{-1}$;(3) $125.9\ kJ\cdot mol^{-1}$;(4)$236.6\ kJ\cdot mol^{-1}$]

33. 反应 C(石) + H_2O (g)$\longrightarrow$CO(g) + H_2(g)的 $\Delta_r H_m^\ominus$ = 133 kJ・mol^{-1}，求 398 K 时的 $\Delta_r H_m^\ominus$。

已知 $C_{p,m}(C)$ = 8.64 J・mol^{-1}·K^{-1}；　$C_{p,m}(H_2O(g))$ = 33.54 J・mol^{-1}·K^{-1}；

$C_{p,m}(CO(g))$ = 29.11 J・mol^{-1}·K^{-1}；　$C_{p,m}(H_2(g))$ = 28.0 J・mol^{-1}·K^{-1}。

[答案：$\Delta_r H_m^\ominus$(298K) = 134.5 kJ・mol^{-1}]

34.乙烯水合为乙醇的反应在 500 K 时进行，求其反应热效应。

CH_2═CH_2(g) + H_2O(g)$\longrightarrow$$C_2H_5OH$(g)，已知数据：

物质	$\Delta_f H_m^\ominus$/(kJ・mol^{-1})	$C_{p,m}$(J・mol^{-1}·K^{-1})
C_2H_5OH(g)	−235.3	19.07+212.7×10^{-3}T
CH_2═CH_2(g)	52.28	4.196+154.59×10^{-3}T
H_2O(g)	−241.84	30.00+10.71×10^{-3}T

[答案：$\Delta_r H_m^\ominus$(773 K) = −40.9 kJ・mol^{-1}]

35.在 298.15 K，液体水的生成焓为−285.8 kJ・mol^{-1}，又知在 298.15 K 至 373.15 K 的温度区间内，H_2(g)、O_2(g)、H_2O(l)的平均摩尔定压热容分别为 28.83 J・k^{-1}mol^{-1}、29.16 J・k^{-1}mol^{-1}、75.31 J・K^{-1}・mol^{-1}，试计算 373.15 K 时液体水的生成焓。

[答案：$\Delta_f H_m^\ominus$(373.15 K) = −283 kJ・mol^{-1}]

36.反应 N_2(g)+3H_2(g)$\longrightarrow$2NH_3(g)在 298 K 时反应焓 $\Delta_r H_m^\ominus$(298 K) = −92.38 kJ・mol^{-1}，又知：

$$C_{p,m}(N_2)=(26.98+5.912\times10^{-3}\frac{T}{K}-3.376\times10^{-7}\frac{T^2}{K^2})\text{J}\cdot\text{K}^{-1}\cdot\text{mol}^{-1}$$

$$C_{p,m}(H_2)=(29.07-0.837\times10^{-3}\frac{T}{K}+20.12\times10^{-7}\frac{T^2}{K^2})\text{J}\cdot\text{K}^{-1}\cdot\text{mol}^{-1}$$

$$C_{p,m}(NH_3)=(25.89+33.00\times10^{-3}\frac{T}{K}-30.46\times10^{-7}\frac{T^2}{K^2})\text{J}\cdot\text{K}^{-1}\cdot\text{mol}^{-1}$$

试计算此反应在 398 K 的反应焓。

[答案：$\Delta_r H_m^\ominus$(398 K) = −96.59 kJ・mol^{-1}]

37.试计算在 298.15 K 及标准压力下，1 mol 液态水蒸发成水蒸气的气化焓。已知 373.15 K 及标准压力下液态水的气化焓为 2259 J·g^{-1}，在此温度区间内，水和水蒸气的平均摩尔定压热容分别为 75.3 J·K^{-1}・mol^{-1}及 33.2 J·K^{-1}・mol^{-1}。

[答案：$\Delta_{vap} H_m^\ominus$(298 K) = 43.8 kJ・mol^{-1}]

38.反应 $H_2(g)+\frac{1}{2}O_2(g)$═H_2O(l)，在 298 K 和标准压力下的摩尔反应焓变为 $\Delta_r H_m^\ominus$(298.15 K) = −285.84 kJ・mol^{-1}。试计算该反应在 800 K 时进行的摩尔反应焓变。已知 H_2O (l)在 373 K 和标准压力下的摩尔蒸发焓为 $\Delta_{vap} H_m^\ominus$(373 K) = 40.65 kJ・mol^{-1}

$C_{p,m}(H_2,g)$ = 29.07 J・K^{-1}・mol^{-1}+(8.36×10^{-4}J・K^{-2}・mol^{-1})T

$C_{p,m}(O_2,g)$ = 36.16 J・K^{-1}・mol^{-1}+(8.45×10^{-4}J・K^{-2}・mol^{-1})T

$C_{p,m}(H_2O,g)$ = 30.00 J・K^{-1}・mol^{-1}+(10.7×10^{-3}J・K^{-2}・mol^{-1})T

$C_{p,m}(H_2O,l)$ = 75.26 J・K^{-1}・mol^{-1}

[答案：$\Delta_{vap} H_m^\ominus$(800 K) = −247.6 kJ・mol^{-1}]

39.某工厂生成氯气的方法如下：将比例为 1∶2 的 291 K 的氧气和氯化氢混合物连续地通过一个 386 ℃的催化塔。如果气体混合物通得很慢，在塔中几乎可以达成平衡，即有 80％的 HCl 转化成 Cl_2 和 $H_2O(g)$。试求欲使催化塔温度保持不变，则每通过 1 mol HCl 时，需从系统取出多少热？

［答案：约 23 kJ］

第3章　热力学第二定律

【本章要求】

(1)了解自发过程的共同特征，熵的统计意义，卡诺循环与卡诺定律。

(2)理解热力学第二定律，熵的概念，克劳修斯不等式，热力学第三定律，各热力学函数作为过程方向和限度判据的特定条件。

(3)掌握热力学函数 S、A、G 的定义，热力学基本方程，热力学函数间重要关系式，熟练计算各种常见过程 ΔS、ΔG、ΔA。

【背景问题】

(1)太阳是一个巨大的自然资源，太阳能的利用受到哪些因素的制约？

(2)太阳能光化学转换所需的光催化剂有什么要求？

引　言

热力学第一定律指出系统在发生状态变化时，必须满足能量守恒的原则以及不同形式的能量之间相互转化的关系，但并没有揭示推动系统变化的内在动力。如已知熟悉的化学反应

$$2H(g)+O_2(g)=2H_2O(l)$$

在 $p^\ominus$ 及 298.15 K 时，其 $\Delta_r H_m^\ominus=-285.83\ kJ\cdot mol^{-1}$。即正向进行 1 mol 的反应，系统放热 285.83 kJ，逆向进行 1 mol 的反应，系统必吸热 285.83 kJ，这就是热力学第一定律的要求。但这个反应的正向是可以自发进行的，而逆向是不能自发进行的，虽然都满足热力学第一定律。看来，不违反热力学第一定律的过程并不一定都能进行。决定系统变化方向的因素是什么，历史上对这方面的研究较多。19 世纪，汤姆逊(Thomson)和贝塞路(Berthelor)基于大多数自发反应都是放热反应的现象，将反应热作为反应的推动力。这种说法有一定的道理，但又有些片面，因为有的吸热反应仍可以自发进行。另外，除了化学反应系统，还有各种各样发生物理变化的系统，它们的变化也是单向的。如水可以从高处流向低处，热可以从高温物体传向低温物体，两种气体的混合，等等。虽然各种系统的变化千差万别，但变化的单向性是它们的共同特征。在这些系统中，一定会有一个共同的因素，决定着系统变化的方向，对这个问题的回答就是热力学第二定律。

19 世纪提高蒸汽机效率的研究推动了热力学第二定律的发现。1924 年法国工程师卡诺(Carnot)设计了一种循环，即卡诺循环，以永动机无法实现和“热质说”证明了卡诺定理，求出了热机的最大效率。1848 年，英国的开尔文(Kelvin)重新研究了卡诺定理，他认为虽然卡诺定理的证明方法是错误的，但得到的结论是正确的。1850 年，克劳修斯(Clausius)对热机过程，特别是卡诺循环进行了精心研究，他发现证明卡诺定理需要一个新的热力学定律，并提出了热力学第二定律的克劳修斯陈述。1851 年，开尔文也得出了热力学第二定律，其内容就是

对第二类永动机的否定。1854 年，克劳修斯最先提出了熵的概念，进一步发展了热力学理论。由于引进了熵的概念，使热力学第二定律公式化，应用更为广泛了。

虽然第二定律是从研究热功转化问题开始的，但其结果却具有普遍意义。因为尽管自然界发生的过程各不相同，但过程的单向性以及根源又有共同之处。对于不同的系统，都可以热力学定律为依据，确定其变化、方向和限度。如在化学上，用它来确定化学反应的方向与达到平衡的状态。

3.1 自发过程的共同特征

“自发变化”指的是不需要外力的推动，系统能自动发生的变化。自发变化的逆过程不可能是自发变化，必须有外力的推动才能进行，称为不自发变化。可以随意列举出许多自发变化的例子。①物体从高处落下，这是一个自发的变化过程，而它的逆过程，物体从低处自动升高到高处，是不可能自动完成的；②热从高温物体传向低温物体，是一个自发的变化过程，它的逆过程，热从低温物体传向高温物体，也是不能自动完成的；③化学反应过程，如氢气和氧气反应生成水，是一个自发过程，而它的逆过程，水分解为氢气和氧气，是不能自动发生的；④气体向真空的膨胀过程，是自发过程，它的逆过程，膨胀了的气体，自动地体积变小，收缩到原来的体积，也是不可能发生的。实际任何变化过程，都会发现它们都具有其逆过程不能自动进行的特点。

自发过程是可逆的吗？这就要看能用什么办法，使上面所讲的发生自发变化的系统复原后，给环境留下了什么影响，以及这些影响可否消除。在物体从高处落下的过程中，势能转化为动能，最后动能为零，转化为等量的热。假如这些热可以转化为等量的功，而不引起其他变化，就可以用这些功将物体推到原来的高度，而且不给环境留下任何影响。其他的三个例子也可以用环境做功的方法，推动变化了的系统恢复原状，并假设使热转化为等量的功从而使环境恢复原状。但这个假设成立吗？热力学第二定律对这个问题作出了明确回答，功可以转化为等量的热，而热不能全部转化为功而不引起其他变化。既然功和热之间的转化是不可逆的，上述几个例子中，为使系统恢复原状，环境付出了功，得到了热，这个影响无论如何是无法消除的，则自发变化就不可能是一个可逆过程，这就是自发变化的共同特征。

在第 2 章中，曾经对可逆过程有一个严格的热力学定义，同时说明可逆过程是一个推动力和阻力相差无穷小，进行得无限缓慢，发生一个有限的变化，需要无限长时间的过程。自然界进行的任何实际过程，都不可能是无限缓慢的，因此也都是不可逆过程。

可逆过程虽然实际不存在，但其概念在热力学中极为重要。由于在可逆过程进行时，系统做功最大(即环境做功最小)，也就是效率最高。以可逆过程作为标准，比较实际过程与可逆过程接近的程度，并判断一个设想的过程能否进行。因为当设想的过程进行时，如系统做的功比对应的可逆过程做的功还多的时候，这个过程自然就是不能进行的了。

3.2 热力学第二定律的经典表述

热力学第二定律实际上是对自发过程单向性根源的概括表述，它有两种说法。

(1)克劳修斯说法：不可能使热从低温物体传向高温物体而不引起其他变化。

(2)开尔文说法：不可能只从单一热源吸热使之全部转化为功而不引起其他变化。

两种说法都以在不引起其他变化的条件下，不可能做到某一件事来表述热力学第二定律。在这里，条件极为重要。在克劳修斯说法中，并不是说热不能从低温物体传向高温物体，而是说在不引起其他变化的前提下，热不能从低温物体传向高温物体。实际上，制冷机工作时，热就是从低温物体传向高温物体，但在这个过程中，产生了其他变化，即需要环境对系统做功，又将这部分功转化为热，这个影响是不能消除的。开尔文说法也并不是说从单一热源吸热，不可能全部转化为功，而是说在不引起其他变化的条件下做不到这一点。在理想气体的等温膨胀中，$\Delta U=0$，系统将从环境吸的热全部转化为功。但在这个过程中，也引起了其他变化，即理想气体的体积增大了，而增大了的体积是不能自动收缩到原来的体积的。

热力学的两种说法是等效的，从一种说法可以导出另一种说法，或者如果一种说法不成立，则另一种也不成立。如假定克劳修斯说法不成立，即热可以从低温物体传向高温物体而不引起其他变化，则可以证明开尔文说法也必不成立。如图 3-1 所示，可以设想有一个工作于温度为 T_h 的高温热源和温度为 T_c 的低温热源之间的热机 R，它从高温热源吸热 Q_h，向低温热源放热 Q_c，对环境做功 W。根据假设，低温热源得到的热 Q_c 又可以自动地传到高温热源，而不引起其他变化，这样总的效果是，热机 R 仅从高温热源取热 $|Q_h-Q_c|$，全部转化为功而没有引起其他变化，即开尔文说法不成立。

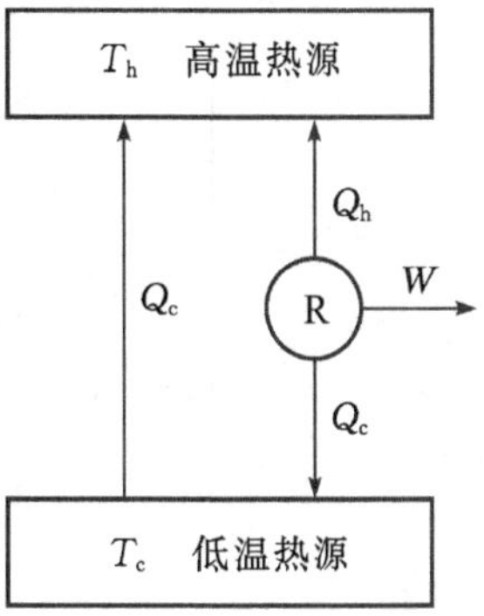

图 3-1　热力学第二定律两种说法等效性说明

通常热力学第二定律也用与第一定律类似的方法表述：只从一个热源吸热全部转化为功而不引起其他变化的机器称为第二类永动机，而这样的机器不能制造。第二类永动机有别于第一类永动机，后者是不需要环境供给能量，本身能量也不减少，而可以不断对外做功的机器。第二类永动机并不违反热力学第一定律，之所以称为永动机，是因为这个机器可以自动地从海洋或大气环境等这样无限大热源吸取取之不竭的热，将其转化为功。如果它成立，工作时实际也不需要额外提供能量，即可获得源源不断的动力供给。这种机器之所以不能制造，是因为人们找不到另一个无限大的低温热源。

在 3.1 节中，列举了几个例子，说明不可逆性是自发变化的共同特征。尽管热力学讨论的系统可以是千差万别的，其变化过程也可以是多种多样的，但当透过这些表面的差异，分析其不可逆性的根源时，就会发现它们之间存在的共性，就是热力学第二定律所表达的热功转化的不可逆性。对于热力学讨论的系统，要确定变化的可能性或方向性，总可以通过一定手续，将变化过程与热和功之间的转化联系起来，用热力学第二定律直接判断过程的可能性与方向性。但这样做似乎太抽象，有时候会很不方便，如果能将热力学第二定律和系统的某个性质联系起来，通过这些性质或性质的改变量的计算，判断系统变化过程的可能性或方向性，就会非常方便。要做到这一点，需要用系统的性质描述热力学第二定律，即得到它的数学表达式。在下面几节中，将从热力学第二定律的文字表述出发，经过一系列的推理过程，得出它的数学表达式，并求出在不同的条件下判断过程方向性与可能性的依据——热力学判据。

3.3　卡诺循环与卡诺定理

3.3.1　卡诺循环

1.卡诺热机的效率

18 世纪蒸汽机的诞生为工业提供了万能的原动力，它在工作时，从高温热源吸热，将一部分转化为功，又将一部分热传给低温热源，但当时热机的效率仅为 3%，人们迫切需要提高热机的效率。在不断提高热机效率的改进中，首先需要知道在一定的条件下，热机效率提高的空间还有多大，也就是说，热机效率的极限是多少。为了解决这个问题，1824 年法国工程师卡诺(Carnot)设计了一个理想的热机循环过程，与实际热机相同，这个循环过程都工作于高温热源与低温热源之间，不同之处在于构成循环的任一步骤都是可逆的。这种理想的热机称为卡诺热机或可逆热机，而这种循环称为卡诺循环。

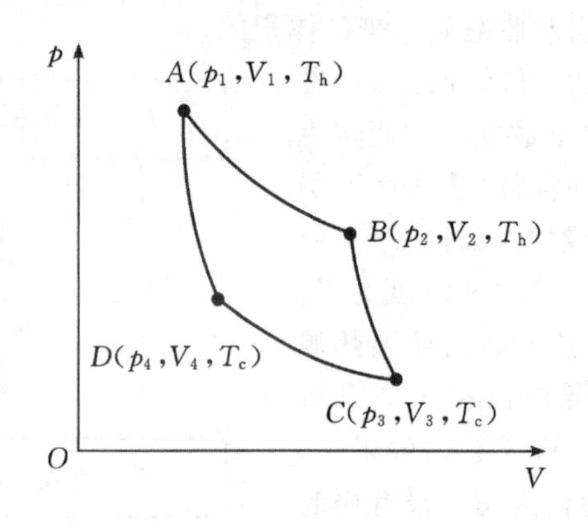

图 3-2 卡诺循环

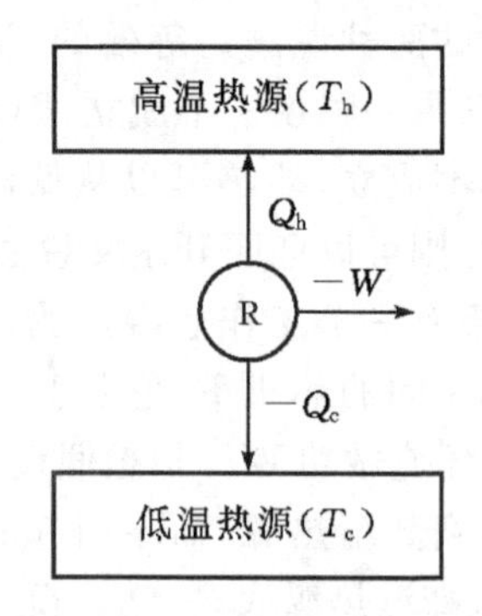

图 3-3 卡诺热机的效率

卡诺循环的过程及热功转换情况用图 3-2 和图 3-3 表示。假设有两个无限大的热源，高温热源的温度为 T_h，低温热源的温度为 T_c，在一个无摩擦、无质量的理想气缸中有 1 mol 理想气体，进行可逆地膨胀和压缩，由此构成了卡诺热机。如图 3-2 所示，该热机的工作过程是：系统从 $A(p_1,V_1,T_h)$ 状态经等温可逆膨胀到 $B(p_2,V_2,T_h)$ 状态，然后经绝热可逆膨胀到 $C(p_3,V_3,T_c)$，再和低温热源接触在 T_c 温度下等温可逆压缩至 $D(p_4,V_4,T_c)$，最后经绝热可逆压缩回到初始的 $A(p_1,V_1,T_h)$ 状态，完成整个的循环过程。经过一个循环，所做的功可计算如下：

过程 1 在 T_h 温度进行定温可逆膨胀，系统由 $A(p_1,V_1,T_h)$ 变化为 $B(p_2,V_2,T_h)$，故

$$\Delta U_1=0 \qquad -W_1=Q_1=RT_h\ln\frac{V_2}{V_1}$$

过程 2 绝热可逆膨胀，系统由 $B(p_2,V_2,T_h)$ 变化为 $C(p_3,V_3,T_c)$，故

$$Q_2=0 \qquad -W_2=-\Delta U_2=C_{V,m}(T_h-T_c)$$

过程 3 在 T_c 温度进行定温可逆压缩，系统由 $C(p_3,V_3,T_c)$ 变化为 $D(p_4,V_4,T_c)$，故

$$\Delta U_3=0 \qquad -W_3=Q_3=RT_c\ln\frac{V_4}{V_3}$$

过程 4 绝热可逆压缩，系统由 $D(p_4,V_4,T_c)$ 变化为 $A(p_1,V_1,T_h)$，故

$$Q_4=0 \qquad -W_4=-\Delta U_4=C_{V,m}(T_c-T_h)$$

经过一个循环，热机做的功的总和为(W_2 与 W_4 抵消)

$$\begin{aligned}-W&=-(W_1+W_2+W_3+W_4)\\&=-(W_1+W_3)\\&=\left(RT_h\ln\frac{V_2}{V_1}+RT_c\ln\frac{V_4}{V_3}\right)\end{aligned} \tag{3.1}$$

由于状态 B 与状态 C，状态 D 与状态 A 分别由两条可逆绝热线相联系，由理想气体的绝

热可逆过程方程,得到

$$T_hV_2^{\gamma-1}=T_cV_3^{\gamma-1}$$
$$T_hV_1^{\gamma-1}=T_cV_4^{\gamma-1} \tag{3.2}$$

两式相除,得$\dfrac{V_2}{V_1}=\dfrac{V_3}{V_4}$,代入式(3.1),得到

$$-W=R(T_h-T_c)\ln\frac{V_2}{V_1} \tag{3.3}$$

卡诺热机的效率为经过一个循环,热机对环境做的功与从高温热源所吸的热的比值

$$\eta=\frac{-W}{Q_1}=\frac{R(T_h-T_c)\ln\dfrac{V_2}{V_1}}{RT_h\ln\dfrac{V_2}{V_1}}=\frac{T_h-T_c}{T_h} \tag{3.4}$$

从式(3.4)可以看出,卡诺热机的效率与两个热源温度的差值 T_h-T_c有关,这个数值越大,热机的效率就越高。如果两个热源的温度相同,即 $T_h=T_c$,则热机的效率为零,也就是说,只从一个热源吸热,将其全部转化为功的热机是不会做功的。这个结论也明确了提高热机效率的方法,即应提高高温热源的温度,降低低温热源的温度。但在通常情况下,热机做功时,低温热源其实就是大气环境,它的温度是无法改变的,因此提高热机的效率就归结为提高高温热源的温度。内燃机由于将燃烧引入气缸的内部,使气缸内的温度(即高温热源的温度)大大提高,因此内燃机的效率比蒸汽机有了很大的提高。

根据热力学第一定律,热机在一个循环过程中做的功为吸的热的总和 Q_1+Q_3,其效率也可以表示为

$$\eta=\frac{Q_1+Q_3}{Q_1} \tag{3.5}$$

将式(3.4)与式(3.5)相比较,可以得到

$$\frac{Q_1}{T_h}+\frac{Q_3}{T_c}=0 \tag{3.6}$$

如果用 T_1,T_2分别表示高温热源与低温热源的温度,用 Q_1,Q_2分别表示热机从高温热源与低温热源所吸的热,则式(3.6)可用更一般的方法表示

$$\frac{Q_1}{T_1}+\frac{Q_2}{T_2}=0 \tag{3.7}$$

式(3.7)中各项都是热与温度的商,称之为热温商。该式可以用文字表述为:卡诺循环的热温商之和为零。这是一个非常重要的结论,由此出发,可以引出熵的概念。注意式(3.7)中 T_1,T_2是热源的温度,即环境的温度,而不是系统的温度,在有的过程中,系统可能没有一个确定的温度。

2.卡诺循环的逆过程——制冷

如果将卡诺循环反转,即沿图 3-2 中的 $ADCBA$ 的方向进行循环,就成为理想的制冷机。经过一个循环,环境从低温热源吸热 Q_c,环境对系统做功 W,将 Q_h的热放入高温热源。制冷机的冷冻系数可以表示为

$$\beta=\frac{Q_c}{W}=\frac{Q_h-Q_h\eta}{Q_h\eta}=\frac{1-\eta}{\eta}=\frac{T_c}{T_h-T_c} \tag{3.8}$$

【例 3-1】 在冬天为了保持室内温度为 293.15 K，采用电炉补充热量，如果用空调制热取暖，假定室外的气温为 273.15 K，两种方法所消耗的电能最多相差多少倍？

解 采用电炉取暖，所需的电能就是需要补充的热量，即 $W_1=|Q|$。如果用空调制热取暖，相当于作为制冷机，在环境做电功的条件下，从室外（低温热源）吸热 Q'，将 $|Q|=Q'+W_2$ 的热传给室内（高温热源），此时所需的电能为 W_2。在题给的条件和最理想的情况下，冷冻系数为

$$\beta=\frac{T_c}{T_h-T_c}=\frac{273.15}{293.15-273.15}=13.66$$

$$\frac{W_1}{W_2}=\frac{|Q'+W_2|}{W_2}=\frac{W_2\beta+W_2}{W_2}=\beta+1=14.66$$

即使用电炉的能耗最多是使用空调取暖的能耗的 14.66 倍。

3.3.2 卡诺定理

求出了可逆机（即卡诺热机）的效率，还没有解决热机的最大效率问题，卡诺机是一种特殊的循环，只有和所有类型的热机相比，明确它的效率是最高的，才能确定热机的最大效率。其次，卡诺热机的工作物质是理想气体，还需说明这种可逆机的工作效率是否与工作介质无关。卡诺定理对这两个问题作出了明确的回答。卡诺定理可表述为：

(1)工作于相同的高温热源与相同的低温热源之间的任意热机的效率，不会大于可逆机。否则将违反热力学第二定律。

(2)可逆热机的效率与工作物质无关。否则将违反热力学第二定律。

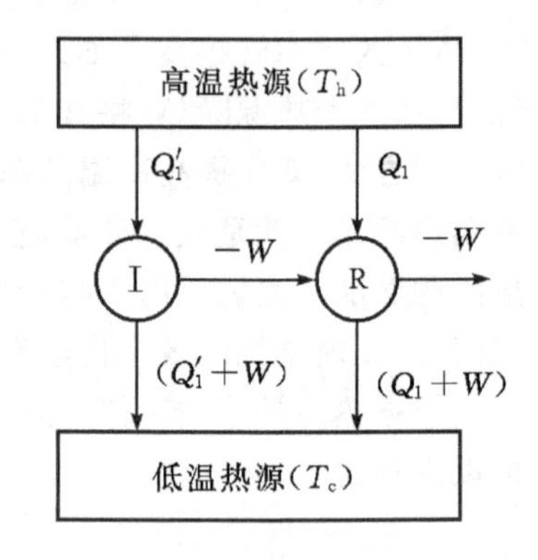

图 3-4 可逆机效率最大的证明

卡诺定理的证明，可以用反证法。设在温度为 T_h 的高温热源与温度为 T_c 的低温热源之间工作着一个可逆热机 R 与一个任意热机 I，可逆热机 R 在工作时，从高温热源吸热 Q_1，对环境做功 $-W$，向低温热源放热 (Q_1+W)；而任意热机在工作时，从高温热源吸热 Q_1'，对环境做功亦为 $-W$，向低温热源放热 $(Q_1'+W)$，如图 3-4 所示（在这里，仍然按热机吸热为正，对热机做功为正的规定设定）。假如卡诺定理的第(1)条不成立，即任意热机 I 的效率大于可逆机 R 的效率，即

$$\eta_I>\eta_R \tag{3.9}$$

根据以上假定，当两个热机做相同数量的功 $-W$ 时，可逆机从高温热源吸的热将大于任意机吸的热，即 $Q_1>Q_1'$，同样，可逆机向低温热源放的热也将大于任意机放的热，即

$$(Q_1+W)>(Q_1'+W) \tag{3.10}$$

若以任意机 I 工作做功 $(-W)$ 带动可逆机 R 反向循环，此时可逆机为制冷机。可逆机在反向工作时将从低温热源吸热 (Q_1+W)，向高温热源放热 $(-Q_1)$。两个热机联合工作的结果，任意热机做的功和可逆热机耗的功相互抵消，根据式(3.8)，从低温热源取热

$$(Q_1+W)-(Q_1'+W)=Q_1-Q_1'>0 \tag{3.11}$$

高温热源得热亦为 $Q_1 - Q_1' > 0$。两个热机联合工作的结果，热 $Q_1 - Q_1' > 0$ 从低温热源自动传向高温热源，而没有引起其他变化，这是违反热力学第二定律的，是不成立的。因此只有

$$\eta_{\mathrm{I}} \leqslant \eta_{\mathrm{R}} \tag{3.12}$$

这就证明了卡诺定理的第(1)条。请读者思考，能否用卡诺热机代替任意热机反转，得出不同的结论？

卡诺定理第(2)条的证明也可以采用类似的方法。设两个以不同物质作为工作物质的可逆机 $\mathrm{R_1}$、$\mathrm{R_2}$，工作于相同的高温热源与相同的低温热源之间。若以 $\mathrm{R_1}$ 带动 $\mathrm{R_2}$ 使其逆转，则有

$$\eta_{\mathrm{R_1}} \leqslant \eta_{\mathrm{R_2}} \tag{3.13}$$

反之，若以若以 $\mathrm{R_2}$ 带动 $\mathrm{R_1}$ 使其逆转，则有

$$\eta_{\mathrm{R_2}} \leqslant \eta_{\mathrm{R_1}} \tag{3.14}$$

要同时满足式(3.11)和式(3.12)，只有

$$\eta_{\mathrm{R_2}} = \eta_{\mathrm{R_1}} \tag{3.15}$$

这就证明了卡诺定理的第(2)条。

3.4　熵的概念

3.4.1　克劳修斯原理——可逆循环过程热温商

在卡诺循环过程中，得到

$$\frac{Q_1}{T_1} + \frac{Q_2}{T_2} = 0$$

式中，T_1，T_2分别是卡诺循环中两个热源的温度。

现在需要将这个式子应用于任意的可逆循环，得到克劳修斯等式。如图 3-5(a)中的闭合曲线表示一个任意的可逆循环过程，考虑其中的一部分曲线 LOP 和 $SO'R$，过 O 和 O'分别画两条等温线 MN 和 TQ，再画两条绝热线 MV 和 XY，同时调节两条绝热线的位置使$\triangle LOM$ 与$\triangle ONP$ 的面积相等，使$\triangle RO'Q$ 与$\triangle O'ST$ 的面积相等。这样，两条等温线与两条绝热线就构成了一个小的卡诺循环。在闭合曲线上从 L 到 P 的变化过程可用始终态相同的 $LMONP$ 表示，虽然路径不同，但功和热是相同的。因为，始终态相同，ΔU 相同，由于两个三角形的面积相同，做的功相同，所以从环境吸的热亦相同。同样，在闭合曲线上从 S 到 R 的变化过程可用始终态相同的 $LMONP$ 表示，其效果也一样。这里需要说明的是，沿闭合曲线的实际过程需要无数个温度连续变化的热源。而沿设想的卡诺循环路径变化仅有两个热源，不过这不影响对问题的讨论，因为当两条绝热线无限接近的时候，两种不同路径的热源的温度就无限接近了。通过这样的方法，闭合曲线的一部分(从 L 到 N 和从 S 到 R)就可以用一个小的卡诺循环代替了，并且在极限情况下，热功效应、系统热力学能的变化及热源的温度都相同。采取同样的方法，可以用无数个卡诺循环代替整个的闭合曲线(如图 3-5(b)所示)，而且两个相邻的卡诺循环的绝热线(图中的虚线)由于变化方向相反而相互抵消，实际上是用锯齿形线代替了表示任意可逆循环过程的闭合曲线。而且当相邻的两条绝热线无限靠近时，闭合的锯齿形线就无限靠近闭合的光滑曲线。而可逆循环过程的热温商的和就是所有的卡诺循环的热

温商的和的加和。由于每一卡诺循环的热温商的和为零，由此可以得到一个重要的结论，任意可逆循环的热温商的和为零。即

$$\oint\left(\frac{\delta Q}{T}\right)_{\mathrm{R}}=0 \quad 或 \quad \sum_i\left(\frac{\delta Q_i}{T_i}\right)_{\mathrm{R}}=0 \tag{3.16}$$

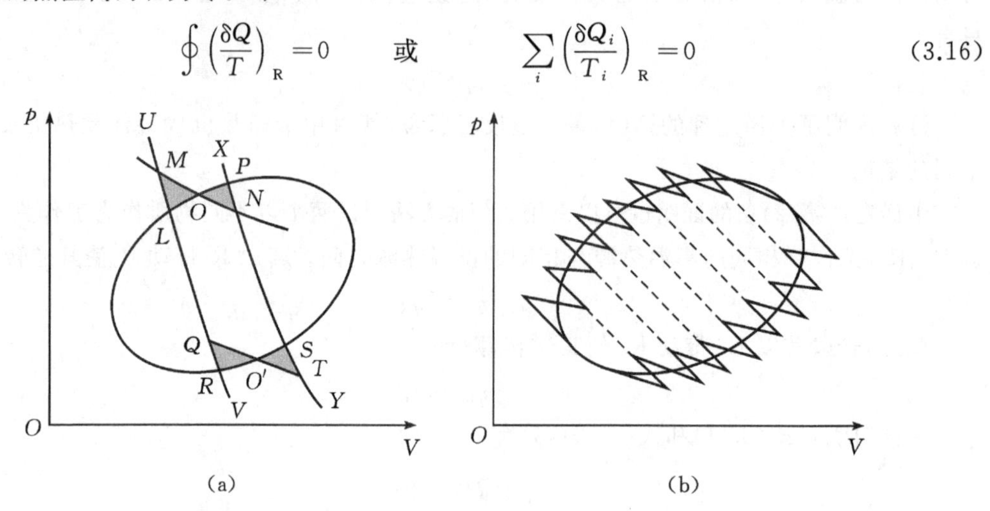

图 3-5　由一系列卡诺循环组成任意的可逆循环

在式(3.16)中，下标“R”表示可逆。这个式子称为克劳修斯等式。

3.4.2　可逆过程热温商——熵变

如果任意的可逆循环是由两个可逆过程构成的，如图 3-6 所示，系统由状态 A 经路径 R_1 可逆地变化到状态 B，再由状态 B 经路径 R_2 可逆变化到状态 A，这两个过程构成一个可逆的循环过程，由式(3.16)可知，整个循环过程的热温高之和为零

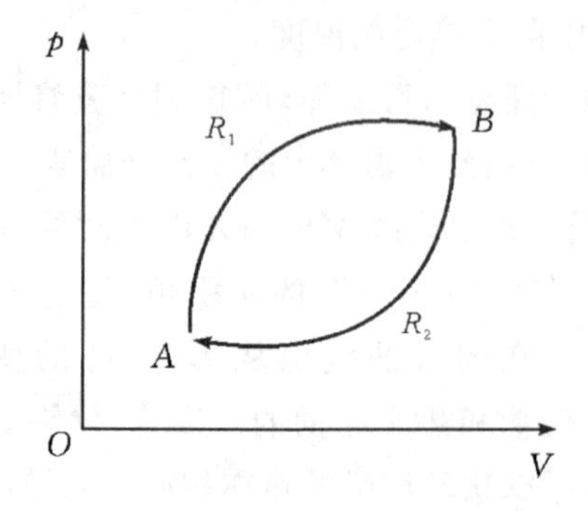

图 3-6　任意的可逆循环过程

$$\sum_{A\to B\to A}\left(\frac{\delta Q_i}{T_i}\right)_{\mathrm{R}}=0 \tag{3.17}$$

由于这可逆的循环过程是由两个过程构成的，式(3.17)可写成

$$\sum_A^B\left(\frac{\delta Q_i}{T_i}\right)_{R1}+\sum_B^A\left(\frac{\delta Q_i}{T_i}\right)_{R2}=0 \tag{3.18}$$

这个式子也可以写成

$$\sum_A^B\left(\frac{\delta Q_i}{T_i}\right)_{R1}=-\sum_B^A\left(\frac{\delta Q_i}{T_i}\right)_{R2} \quad 或 \quad \sum_A^B\left(\frac{\delta Q_i}{T_i}\right)_{R1}=\sum_A^B\left(\frac{\delta Q_i}{T_i}\right)_{R2} \tag{3.19}$$

式(3.19)说明,系统经可逆过程 R_1 从 A 变化到 B 的热温商的和与经可逆过程 R_2 从 A 变化到 B 的热温商的和相等,即系统的可逆过程的热温商的和与路径无关。这是一个状态性质的变化量所具有的特点。也就是说,可逆过程的热温商的和应是系统的一个性质的改变量,由此,克劳修斯定义了一个系统的性质,称为"熵",用符号"S"表示。如系统经历了一个变化过程,其熵变应表示为

$$S_B - S_A = \Delta S_{A\to B} = \sum_A^B \left(\frac{\delta Q_i}{T_i}\right)_R \quad 或\ \Delta S_{A\to B} = \int_A^B \left(\frac{\delta Q_i}{T_i}\right)_R \tag{3.20}$$

如系统发生了一个微小的变化,式(3.20)也可以写成

$$\mathrm{d}S = \left(\frac{\delta Q_i}{T_i}\right)_R \tag{3.21}$$

式(3.20)和式(3.21)为熵变的计算式,也称为熵的热力学定义,式中的下标"R"表示可逆过程。熵(S)与热力学能(U),焓(H)一样,都是系统的性质,是状态的函数,当系统的状态一定时,其熵就有一定的数值,当系统的状态改变时,其熵变 ΔS 就是两个状态熵的差值。需要说明的是,虽然熵的计算式是根据可逆过程引出的,但由于熵是状态函数,只要系统发生了状态变化,不管这个变化是可逆的还是不可逆的,其熵变都是定值,不随路径而变化。根据式(3.20)和式(3.21),熵的单位应是 $\mathrm{J \cdot K^{-1}}$。

3.5　克劳修斯不等式与熵增加原理

3.5.1　不可逆过程的热温商

由卡诺定理的第(1)条,在相同的高温热源与相同的低温热源工作的任意热机的效率 η_I 不可能大于可逆机的效率 η_R。如果是一个不可逆热机,则

$$\eta_I < \eta_R$$

$$\eta_I = \frac{Q_h + Q_c}{Q_h} = 1 + \frac{Q_c}{Q_h}; \qquad \eta_R = \frac{T_h - T_c}{T_h} = 1 - \frac{T_c}{T_h}$$

$$1 + \frac{Q_c}{Q_h} < 1 - \frac{T_c}{T_h};$$

或有

$$\frac{Q_h}{T_h} + \frac{Q_c}{T_c} < 0$$

即不可逆热机的循环的热温商之和小于零。现设系统从 A 状态经不可逆过程Ⅰ变化到 B 状态,再经可逆过程R变化到 A 状态(见图3-7)。由于该循环有一段是不可逆过程,整个循环即为不可逆。仿照3.4节的方法,用无数个微小的不可逆热机的循环代替上述不可逆循环过程,这个不可逆循环的热温商的和应为所有的不可逆热机的热温商的和的加和。即上述不可逆循环是由两个过程构成的,因此有

$$\sum_A^B \left(\frac{\delta Q_i}{T_i}\right)_I + \sum_B^A \left(\frac{\delta Q_i}{T_i}\right)_R < 0 \tag{3.23}$$

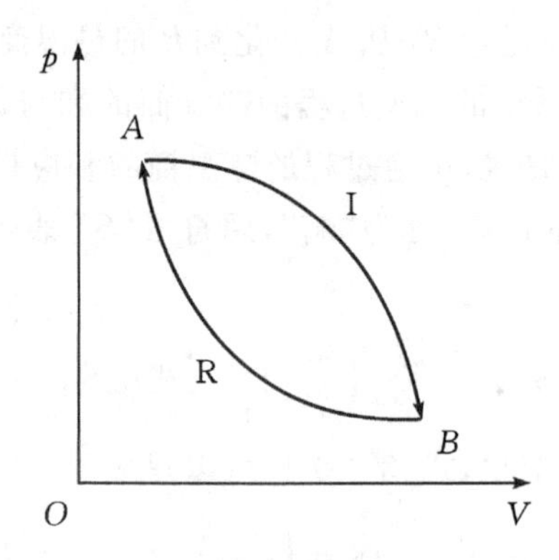

图 3-7 不可逆循环过程

由于在上述循环中,由 B 到 A 是可逆过程,其变化方向可以改变为由 A 到 B,式(3.23) 可以写成

$$\sum_{A}^{B}\left(\frac{\delta Q_i}{T_i}\right)_{\mathrm{I}} < \sum_{A}^{B}\left(\frac{\delta Q_i}{T_i}\right)_{\mathrm{R}} \tag{3.24}$$

根据熵变的计算式,式(3.24) 的右边就是系统由 A 到 B 的熵变,该式可以写成

$$S_B - S_A = \Delta S_{A\to B} > \sum_{A}^{B}\left(\frac{\delta Q_i}{T_i}\right)_{\mathrm{I}} \tag{3.25}$$

即对一个始终态确定的状态变化来说,系统的熵变要大于相同始终态的不可逆过程的热温商。需要说明的是,绝不能将式(3.25) 说成是可逆过程的 ΔS 大于不可逆过程的 ΔS。首先,熵是状态函数,它的变化值只与始终态有关,而和途径无关;第二,根据熵变的计算式(3.20) 和式(3.21),只有可逆过程的热温商的和称为系统的熵变,不可逆过程的热温商不是熵变,它只是热温商。

3.5.2 克劳修斯不等式 —— 热力学第二定律的数学表达式

将式(3.20) 与式(3.25) 合并,得

$$S_B - S_A = \Delta S \geqslant \sum_{A}^{B}\left(\frac{\delta Q_i}{T_i}\right) \tag{3.26}$$

将这个式子应用于微小的变化过程,则得到

$$\mathrm{d}S \geqslant \frac{\delta Q}{T} \tag{3.27}$$

式(3.26)、式(3.27)称为克劳修斯不等式,也称第二定律的数学表达式。式中 $\mathrm{d}S$ 是系统的熵的微变,δQ 是实际过程中系统吸收的热,T 是热源的温度,$\delta Q/T$ 是系统实际过程的热温商。这两个式子可以作为判断一个过程是可逆的,不可逆的,还是不可能进行的判据,也叫"熵判据"。这两个式子的含义是:

(1)如果系统进行了一个过程,实际的热温商与系统的熵变相等,该过程就是一个可逆过程。

(2)如果系统进行一个过程时,实际的热温商小于系统的熵变,该过程就是一个不可逆过程。

(3)如果人们给系统设计了一个确定路径的变化过程,该过程进行时,实际的热温商大于对应过程的熵变,是不符合热力学第二定律数学表达式的,则这个过程就是不能进行的。

结合可逆过程的定义,很容易理解第二定律的数学表达式,找到它与第二定律文字表述的

直接联系。可逆过程是阻力与推动力相差无穷小，系统温度与环境温度相差无穷小，系统无限接近平衡，极缓慢的变化过程。如系统进行了一个可逆过程，环境对系统做功最小，系统就一定吸热最大(由 $\Delta U=Q+W$，始终态确定时，ΔU 为定值，当 W 最小时，Q 最大)，且因为是可逆传热，环境温度和系统温度相同，其值也是最低的，即可逆过程的热温商是最大的。根据熵变的计算式，此时系统在实际过程的热温商之和就是系统的熵变。当不可逆过程进行时，环境做功大于可逆过程的功，系统吸热一定小于可逆过程所吸的热。而且当系统吸热时，环境的温度不会低于系统的温度，其热温商必小于相应过程的熵变。系统实际过程的热温商会不会大于系统的熵变呢，是不可能的。因为如果这样，环境做的功一定小于可逆过程的功，即系统做的功大于可逆过程的功，或系统吸热时，环境的温度比系统的温度还低，必然得到热全部转化为功或热从低温物体传向高温物体而不引起其他变化的结果，是违反热力学第二定律的。

3.5.2　熵增加原理

将式(3.27)用于绝热系统，则得到

$$\mathrm{d}S_{绝热}\geqslant 0 \tag{3.28}$$

即绝热系统的熵不会减少，这就是熵增加原理。当绝热系统进行可逆变化时，其熵变为零；当发生不可逆变化时，其熵变大于零；绝热系统不会发生熵减小的变化过程。由此结论，可知当绝热系统从 A 状态进行不可逆变化过程到 B 状态后，再不可能通过绝热过程回到 A 状态。

一个隔离系统必定是绝热系统，因此对隔离系统，则有

$$\mathrm{d}S_{隔离}\geqslant 0 \tag{3.29}$$

即隔离系统的熵永远不会减少，这是熵增加原理的另一种说法。对于一个隔离系统，外界不能对它施加任何影响，如果它原来处于不平衡的 A 状态，它就会向平衡的 B 状态变化，而且这个变化过程是自发进行的，系统的熵变必大于零。如果一个隔离系统从一个平衡态到另一个平衡态变化，将一定是以可逆的方式进行的，其系统的熵变等于零。

实际的隔离系统是没有的，经常把要研究的系统与环境合并成一个假想的隔离系统，这个隔离系统的熵变就是要研究的系统的熵变与环境的熵变的和

$$\mathrm{d}S_{系统}+\mathrm{d}S_{环境}\geqslant 0 \tag{3.30}$$

由此判断系统变化过程的方向性。

3.6　熵变的计算及其应用

由热力学第二定律的数学表达式，即式(3.26)或式(3.27)，就可以对变化的方向性和可能性作出判断。这就需要比较系统的熵变和系统在实际过程的热温商。当环境的温度是定值时，实际过程的热温商是容易计算的。在系统熵变的计算中，要把握住熵是状态函数，其改变量只和始终态有关，而与途径无关的特点，依据熵变的计算式，沿着可逆路径求其热温商的和。

3.6.1　定温过程的熵变

在定温过程中，其熵变等于系统在可逆过程吸收的热除以温度。对于理想气体的定温过程，$\Delta U=0, Q=-W=nRT\ln\dfrac{V_2}{V_1}=nRT\ln\dfrac{p_1}{p_2}$，因此有

$$\Delta S=nR\ln\frac{V_2}{V_1}=nR\ln\frac{p_1}{p_2} \tag{2.31}$$

【例 3-2】 (1) 1 mol 理想气体在定温下可逆膨胀使体积加倍,计算过程的熵变。(2)上述气体在定温下向真空膨胀使体积加倍,求系统的熵变,并判断过程的可逆性。

解 (1) 由式(2.26)知,理想气体在定温过程

$$\Delta S = nR\ln\frac{V_2}{V_1} = (1\times 8.314\ln 2)\ \mathrm{J\cdot K^{-1}} = 5.76\ \mathrm{J\cdot K^{-1}}$$

(2) 由于熵是状态函数,向真空膨胀时,始终态相同。

$$\Delta S = 5.76\ \mathrm{J\cdot mol^{-1}}$$

理想气体向真空膨胀,$Q=-W=0$,其热温商 $Q/T=0$,$\Delta S>Q/T$,此过程为不可逆过程。

【例 3-3】 在恒温 298.15 K 时,一个体积为 V 的盒子,中间用隔板一分为二,左边放 1 mol O_2(g),右边放 1 mol N_2(g),将隔板抽去,两种气体将均匀混合,假如将两种气体都看作理想气体,求定温混合过程的熵变。

解 这个混合过程是不可逆过程,应设计可逆的混合过程计算其熵变 ΔS。如图 3-8 所示,可设想在隔板的两边各有一个无形的活塞,右边的 O_2活塞只接受 O_2的压力,N_2对它不起作用,左边的 N_2活塞只接受 N_2的压力,而 O_2对它不起作用。如盒子和 298.15 K 的大热源接触,分别在两种气体的推动下进行定温可逆膨胀,从而混合,则这样的过程就是可逆的混合过程。因为用系统在混合过程做的功推动活塞可以使混合了的气体回到原来的分离状态,而不给环境留下任何影响。这个混合过程的熵变

$$\Delta S = \Delta S_{O_2} + \Delta S_{N_2} = 2R\ln 2 = 11.53\ \mathrm{J\cdot K^{-1}}$$

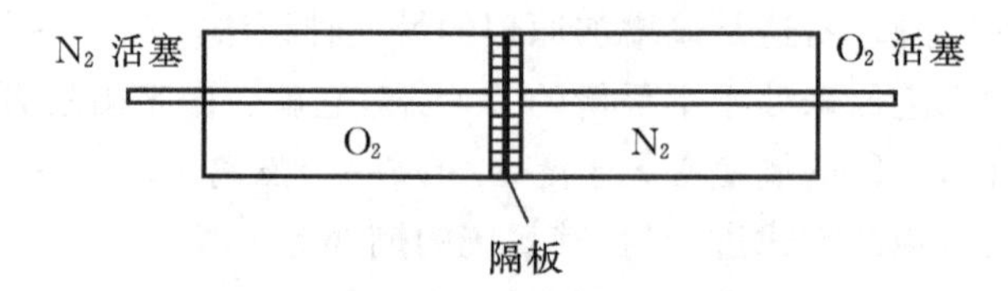

图 3-8 两种气体的可逆混合过程

3.6.2 定压或定容变温过程的熵变

系统在变温过程的熵变,应用熵变的计算式 $\mathrm{d}S=\delta Q_r/T$ 进行计算。系统温度从 T_1 到 T_2 的可逆变温过程中,需要无数个热源,每个热源的温度相差无穷小,系统依次和这些热源接触,温度从 T_1变为终态温度 T_2,如图 3-9 所示。在图中,如系统依次从右向左和所有的热源接触,温度将会从 T_2变到 T_1,将所吸的热还给热源,使系统和环境都恢复原状。定容和定压变温途径是常遇到的变温方式。

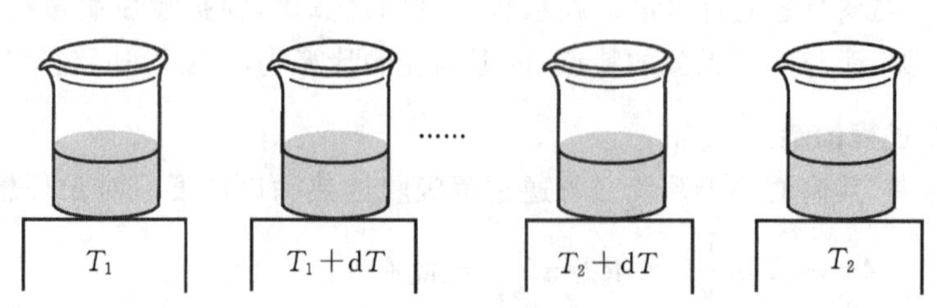

图 3-9 可逆的变温过程

(1) 在定容的条件下

$$\delta Q_V = C_V \mathrm{d}T, \qquad \mathrm{d}S = \frac{C_V \mathrm{d}T}{T}$$

$$\Delta S = \int_{T_1}^{T_2} \frac{C_V \mathrm{d}T}{T} \tag{3.32}$$

(2) 在定压的条件下，

$$\delta Q_p = C_p \mathrm{d}T, \qquad \mathrm{d}S = \frac{C_p \mathrm{d}T}{T}$$

$$\Delta S = \int_{T_1}^{T_2} \frac{C_p \mathrm{d}T}{T} \tag{3.33}$$

【例 3-4】　一定量的理想气体由状态 $A(p_1, V_1, T_1)$ 变化到状态 $B(p_2, V_2, T_2)$，由不同的途径计算熵变，并证明由不同的途径计算的熵变是相同的。

证明　如图 3-10 所示，分别沿两条可逆路径计算状态变化过程的熵变。

途径 (1)，先在 T_1 下由 A 状态定温可逆膨胀到 C 状态，再在定容条件下由状态 C 升温到状态 B。

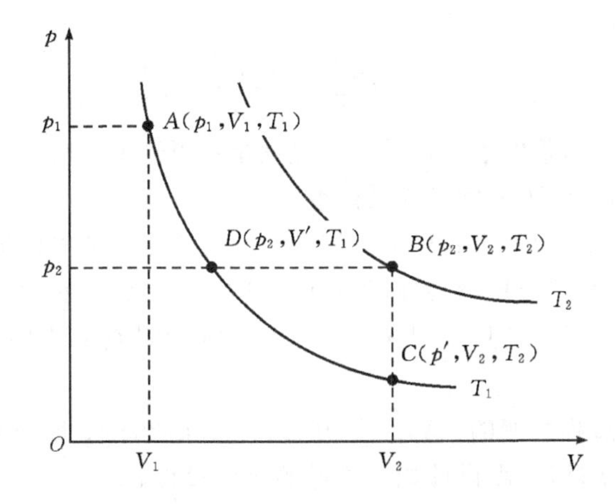

图 3-10　由不同的途径求算熵变

$$\Delta S = \Delta S_{A\to C} + \Delta S_{C\to B} = nR\ln\frac{V_2}{V_1} + \int_{T_1}^{T_2} \frac{nC_{V,\mathrm{m}}}{T}\mathrm{d}T \tag{1}$$

途径 (2)，先在 T_1 下由 A 状态定温可逆膨胀到 D 状态，再在定压条件下由状态 D 升温到状态 B。

$$\Delta S = \Delta S_{A\to D} + \Delta S_{D\to B} = nR\ln\frac{V'}{V_1} + \int_{T_1}^{T_2} \frac{nC_{p,\mathrm{m}}}{T}\mathrm{d}T \tag{2}$$

由理想气体的定压摩尔热容与定容摩尔热容之间的关系

$$C_{p,\mathrm{m}} = C_{V,\mathrm{m}} + R \tag{3}$$

将式(3) 代入式(2)

$$\Delta S = \Delta S_{A\to D} + \Delta S_{D\to B} = nR\ln\frac{T_2 V'}{T_1 V_1} + \int_{T_1}^{T_2} \frac{nC_{V,\mathrm{m}}}{T}\mathrm{d}T \tag{4}$$

再由理想气体状态方程，可以证得式(4) 与式(1) 相等。

【例 3-5】 在 $p^{\ominus}$ 及 298.15 K 下的 1 mol H_2O (l) 与温度为 348.15 K 的大热源接触，最后达成热平衡，求此过程的熵变，并判断过程的可逆性。已知 $H_2O(l)$ 的定压摩尔热容 $C_{p,m}=75.30\ J \cdot mol^{-1} \cdot K^{-1}$。

解 系统的熵变

$$\Delta S = \int_{298.15}^{348.15} \frac{nC_{p,m}(l)}{T_{环}} dT = \left(75.3 \ln \frac{348.15}{298.15}\right) J \cdot K^{-1} = 11.67\ J \cdot K^{-1}$$

$$\Delta H = \int_{298.15}^{348.15} nC_{p,m} dT = (75.30 \times 50) J = 3765\ J$$

系统在实际过程的热温商 $\dfrac{Q}{T_{环}} = \dfrac{3765}{348.15}\ J \cdot K^{-1} = 10.81\ J \cdot K^{-1}$

$\Delta S - \dfrac{Q}{T_{环}} > 0$，此过程为不可逆过程。（注：熵变计算中的 $T_{环}$ 与实际过程热温商计算式中的 $T_{环}$ 是不一样的）

3.6.3 相变过程的熵变

在定温定压两相平衡条件下，进行的无限缓慢的相变过程是可逆的相变过程。在此时 $Q_r = \Delta H$（ΔH 为相变焓）

$$\Delta S = \frac{\Delta H}{T} = \frac{n\Delta H_m}{T} \tag{3.34}$$

在两相不能平衡共存的条件下进行的相变过程是不可逆的相变过程。这时就需设计始终态相同的可逆相变过程，并沿可逆路径求其熵变。

【例 3-6】 在 101.325 kPa，268.15 K 下的 1 mol 过冷水变成同温同压下的冰的过程的熵变，并与实际过程的热温熵进行比较，判断过程的可逆性。已知水和冰的定压摩尔热容分别为 $75.312\ J \cdot K^{-1} \cdot mol^{-1}$ 和 $37.656\ J \cdot K^{-1} \cdot mol^{-1}$，在正常凝固点 273.15 K，冰的摩尔熔化焓为 $6024.96\ J \cdot mol^{-1}$。

解 (1) 系统相变过程熵变的计算。在 101.325 kPa，268.15 K 下水与冰不能平衡共存，这个相变不是可逆的相变过程，需设计如下可逆的相变过程。

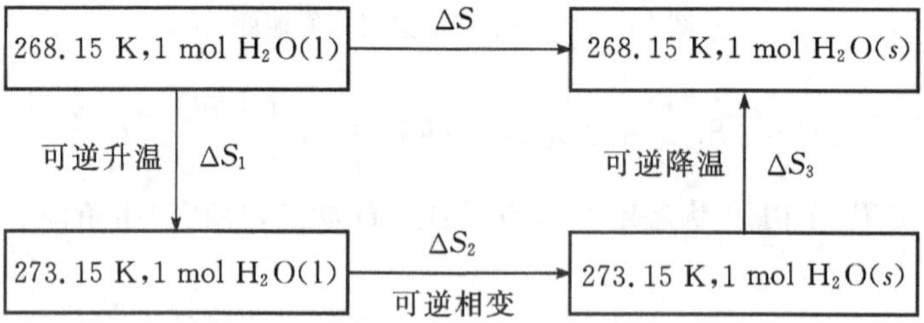

268.15 K，1 mol $H_2O(l)$ —— ΔS → 268.15 K，1 mol $H_2O(s)$

可逆升温 ΔS_1 ↓　　　↑ 可逆降温 ΔS_3

273.15 K，1 mol $H_2O(l)$ —— ΔS_2 可逆相变 → 273.15 K，1 mol $H_2O(s)$

$$\begin{aligned}\Delta S &= \Delta S_1 + \Delta S_2 + \Delta S_3 \\ &= \left[nC_{p,m}(l) \ln \frac{T_2}{T_1} - \frac{n\Delta_{fus}H_m^{\ominus}}{T_{fus}} + nC_{p,m}(s) \ln \frac{T_1}{T_2}\right] \\ &= \left[1 \times 75.312 \ln \frac{273.15}{268.15} - \frac{1 \times 6024.96}{273.15} + 1 \times 37.656 \ln \frac{268.15}{273.15}\right] J \cdot K^{-1} \\ &= -21.362\ J \cdot K^{-1}\end{aligned}$$

(2) 实际过程的热温熵的求算。根据基尔霍夫方程，先求在 268.15 K 相变时系统的热

效应

$$\Delta H(268.15\ \text{K}) = -\Delta_{\text{fus}}H_{\text{m}}^{\ominus}(273.15\ \text{K}) + \int_{273.15}^{268.15}\Delta C_p \mathrm{d}T$$
$$= [-6024.96 + (37.656 - 75.312) \times (268.15 - 273.15)]\ \text{J}$$
$$= -5986.68\ \text{J}$$
$$\frac{Q}{T} = \left(-\frac{5986.68}{268.15}\right) = -22.326\ \text{J} \cdot \text{K}^{-1}$$

$\Delta S - \dfrac{Q}{T} > 0$,此过程是不可逆过程。

【思考题 3-1】 试分别以 $T-p$，$T-S$，$U-S$，$S-V$ 及 $T-H$ 为坐标,画出理想气体卡诺循环的图形。

【思考题 3-2】 1 mol 单原子分子理想气体的始态为 298.15 K 和 5×101.325 kPa。

(1) 经绝热可逆膨胀过程,气体的压力变为 101.325 kPa,此过程的$\Delta S_1 = 0$；

(2) 在外压 101.325 kPa 下,经恒外压绝热膨胀至气体压力为 101.325 kPa,此过程的$\Delta S_2 > 0$；

(3) 将过程 (2) 的终态作为系统的始态,在外压 5×101.325 kPa 下,经恒外压、绝热压缩至气体压力为 5 $p^{\ominus}$,此过程的$\Delta S_3 > 0$。

试问：

(A)　过程(1)和过程(2)的始态相同,终态压力也相同,为什么熵的变化不同？即 $\Delta S_1 = 0$，$\Delta S_2 > 0$,这样的结论是否有问题？请论证之。

(B)　过程(3)的始态就是过程(2)的终态，过程(3)的终态压力就是过程(2)的始态压力，为什么两者的 ΔS 都大于零,即 $\Delta S_2 > 0$,$\Delta S_3 > 0$,这样的结论是否有问题？

【思考题 3-3】 任何气体经不可逆绝热膨胀时，其内能和温度都要降低,但熵值增加。对吗？任何气体如进行绝热节流膨胀,气体的温度一定降低,但焓值不变。对吗？

【思考题 3-4】 将下列不可逆过程设计为可逆过程。

(1)理想气体从压力 p_1 向真空膨胀为压力 p_2；

(2)将两块温度分别为 T_1、T_2的铁块($T_1 > T_2$)相接触,最后温度为 T；

(3)水真空蒸发为同温,同压的气,设水在该温度时的饱和蒸气压为 p，

$$H_2O(\text{l}, 303\ \text{K}, 100\ \text{kPa}) \longrightarrow H_2O(\text{g}, 303\ \text{K}, 100\ \text{kPa})$$

(4)理想气体从 p_1，V_1，T_1经不可逆过程到达 p_2，V_2，T_2,可设计几条可逆路线,画出示意图。

【思考题 3-5】 试判断下列计算 ΔS 的方法是否正确？

(1)某一化学反应的热效应为 $\Delta_r H_{\text{m}}^{\ominus}$,被反应温度 T 除,即得此反应的 $\Delta_r S_{\text{m}}^{\ominus}$。

(2)在定温下用电炉加热某物质,温度从 T_1 到 T_2,根据熵变的计算式:$\mathrm{d}S = \delta Q / T_{环}$,该物质在被加热过中的熵变为 $\Delta S = \int_{T_1}^{T_2} \frac{C_p}{T}\mathrm{d}T$,式中 T 应为电炉丝的温度。

3.7　熵的统计意义与规定熵的计算

3.7.1　热力学第二定律的本质

热力学是一种唯象理论,它以宏观现象的观察与实验为基础,探讨热力学系统的性质变化

与联系以及它们与热和功转化之间的关系，确定系统的平衡状态与变化的趋势。这种理论具有高度的可靠性与普遍性，但也有其局限性。就是它只能回答其“然”，而不回答其“所以然”。热力学系统是由大量的微观粒子构成的，而粒子的基本特性决定了它们所构成的系统的热力学性质。第二定律所表述的热功转化不可逆性的微观根源是什么，热力学本身是不能回答的，而对这种问题的回答必须借助统计热力学。

热功转换的不可逆性是由微观粒子的基体特性决定的。无规则的热运动是微观粒子的基本属性，这种无规则的热运动和粒子之间的相互作用和碰撞又使粒子的能量呈现出按某种规律的分布。对系统做功的过程，就是将粒子的规则运动转变为无规则运动的过程。如对系统做体积功，活塞推动时，总是向某一特定方向碰撞气体分子，而在这一方向得到动量的分子又由于它们之间的碰撞转化为无规则的热运动。就其将规则运动转化为无规则运动来说，各种功转化为热的过程如摩擦生热，热电效应等都是相同的。从这一点上讲，功转化为热是不受限制的。但是大量无规则运动的粒子是绝对不会自发进行定向运动的，要让它们进行定向运动，必须有外力的推动或系统约束的阻力减小，这就必然对环境产生某种影响。热转化为功是要借助于热机的，它可以吸收环境的热将其转化为功，但工作物质的体积增大了，由于大量粒子不具有进行定向运动的特性，增大了的体积难以自动收缩到原来状态，必须用外力推动。假如气体分子有自动“凝聚”的特性，则卡诺热机的效率就可以是 1 了。从这里可以看出，正是由于微观粒子的这些基本特性，决定了宏观系统热功转化的不可逆性。

当一个隔离系统处于不平衡状态时，必然有某种定向运动的潜力存在(如在隔离系统中各部分的温度不同，高温部分的较高动能的粒子就会定向地和低温部分较低动能的粒子相互碰撞，最后达到平均动能相同)，这种潜力的发挥使得微观粒子进行某种定向运动，而这种定向运动又会转化为无规则的热运动，使热运动更加剧烈，使粒子的状态更加混乱。宏观的由不平衡向平衡的变化过程，微观上则是由不太混乱到更加混乱的过程，热力学第二定律就是用熵增大表示了这种混乱程度的增大过程。熵的物理意义是什么，熵就是系统混乱度的度量。

微观粒子的基本特性决定了定向运动转化为大量粒子无规则运动的单向性，决定了热功转化的不可逆性，决定了隔离系统熵不能减小的宏观事实，这就是第二定律所阐述的不可逆性的本质。

3.7.2 热力学概率与熵——玻兹曼公式

考虑一个宏观状态确定的热力学系统，内部的粒子都在各自运动，并且由于粒子之间的相互碰撞，就一个粒子来说，它的能量和运动在不停变化，大量粒子构成系统的微观状态瞬息万变。如果用一个相机连续拍摄系统内粒子的运动状态，会发现每一张照片都不相同。每一张照片都代表着系统的一个微观状态，一个确定的宏观状态对应的微观状态的数目称为微观状态数，也称为宏观系统的热力学概率，用“Ω”表示。

为了说明系统的宏观性质与微观状态的关系，可以考虑 4 个按 A，B，C，D 编号的完全相同的小球在箱子的两边可能的分配方式的数目。显然，这种随机的分配方式与气体分子的无规则运动产生的结果完全相同。可能的分配方式的数目，即这个系统的微观状态数为 $2^4=16$。图 3-11 所示是小球在箱子两边的分配状况。根据统计热力学的基本假定，每一个微观状态出现的概率是相同的。在这个例子中，每一个花样出现的概率应是 1/16。由此而知，两边各出现 2 个小球的概率最大，为 6/16。而 4 个小球全在某一边的概率为 1/16。当小球的数目增大时，总的微观状态数迅速增多，当箱子有 10^{24} 个小球时（如一个箱子有大量的气体分子），总的微观状态的数目为 $2^{10^{24}}$，而所有小球出现在一边的概率为 $2^{10^{24}}$ 的倒数，这是一个接近零的数。

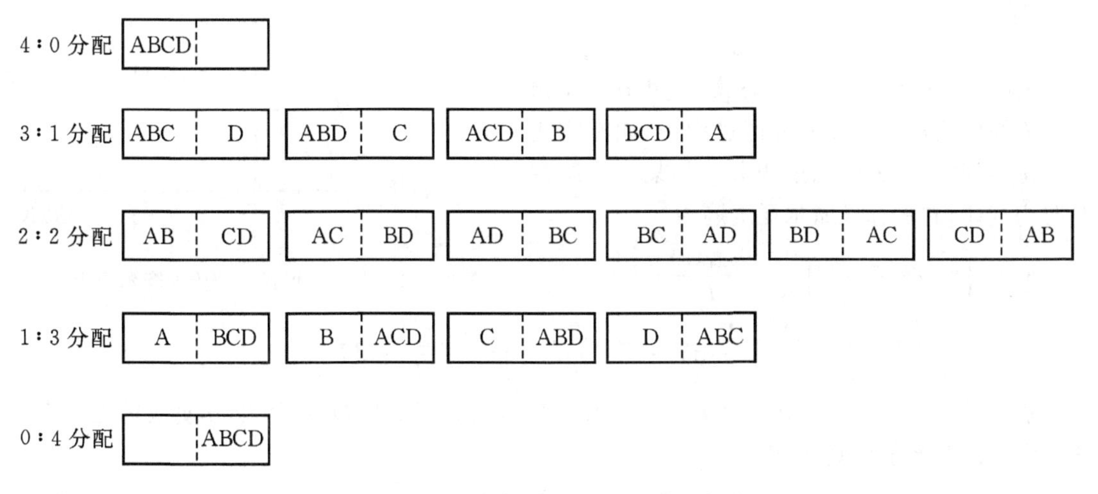

图 3-11　小球在箱子两边的分配状况

小球在某一侧是较为有序的状态，这个状态对应的微观状态数为 1，而均匀分布在两侧是较有混乱的状态，它对应的微观状态数为 2^{1024}。系统总是从微观状态数少的状态自发地变为微观状态数多的状态。由热力学的结论可知，系统总是熵值小的状态自发地变为熵值大的状态，统计热力学证明，熵与系统的微观状态数之间的关系为

$$S = k\ln\Omega \tag{3.35}$$

式(3.35)为玻兹曼(Boltzmann)公式，式中 $k=R/L$ 是玻兹曼常数。从上边的例子可以看出，热力学与统计热力学用不同的方式表达了自发过程的不可逆性，热力学说自发过程的逆过程不可能进行，而统计热力学则说这个可能性极小。

3.7.3　热力学第三定律与规定熵的计算

在物质的温度不断降低的过程中，其混乱度也随之降低，熵值也会变小。如对一种物质来说，液体的摩尔熵比气体的摩尔熵小，而固体的摩尔熵又比液体的小。在固体内，每一个粒子都在平衡位置附近振动。当固体温度降低时，振动的强度减小，熵也变小。

20 世纪初，人们在研究低温下的化学反应时，发现了热力学第三定律，它的内容是：在绝对零度时，任何纯物质的完美晶体的熵为零。

应注意在这里所说的是纯物质和完美晶体，所谓纯物质，就不包括固溶体，所谓完美晶体，就不包括玻璃态物质，也不包括有任何不规则排列的晶体。只有对这些晶体来说，在绝对零度时，其熵值才为零。

有了热力学第三定律，再由熵变的计算式，就可以求出在某一特定温度时，一种物质的摩尔熵值。称为摩尔规定熵，用“S_m”表示。由于在标准条件下物质的摩尔规定熵值为

$$\Delta S_m^\ominus(0\rightarrow T)=\Delta S_m^\ominus(T)-\Delta S_m^\ominus(0)=\int_0^T \frac{C_{p,m}}{T}\mathrm{d}T \tag{3.36}$$

由于规定了 $\Delta S_m^\ominus(0)$ 为零，$\Delta S_m^\ominus(T)$ 可以通过实验测定的物质在不同温度下的摩尔热容，由图解法求得。在零度到 20 K 范围内物质的摩尔热容不易测定，可以使用德拜公式进行计算，德拜公式为

$$C_{m,V}=C_{m,p}=\alpha T^3 \quad (3.37)$$

式(3.37)称为德拜立方公式，式中α为和物质有关的特性常数。在变温的过程中，如有物相的变化，需要进行分段图解积分。如某一物质在 T 时为气体，它的标准摩尔规定熵为

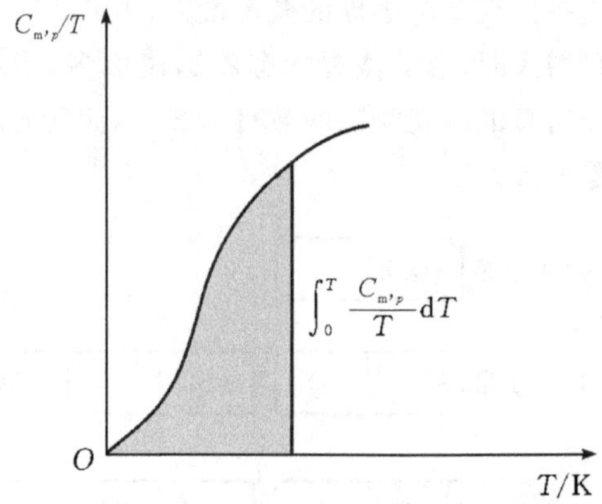

图 3-12 由图解积式求物质的摩尔规定熵

$$S_m^\ominus=\int_0^{T^*}\alpha T^2 dT+\int_{T^*}^{T_{fus}}\frac{C_{p,m}(s)}{T}dT+\frac{\Delta_{fus}H_m^\ominus}{T_{fus}}+\int_{T_{fus}}^{T_b}\frac{C_{p,m}(l)}{T}dT+\frac{\Delta_{vap}H_m^\ominus}{T_b}+\int_{T_b}^{T}\frac{C_{p,m}(g)}{T}dT$$

附录列出了一些物质在 298.15 K 的标准摩尔熵，有了这些数据，可以方便地求出一个化学反应的标准摩尔熵变 $\Delta_r S_m^\ominus$

$$\Delta_r S_m^\ominus=\sum_B \nu_B S_m^\ominus(B) \quad (3.37)$$

附录列出的标准摩尔熵是 298.15 K 的数据，由式(3.37) 只能求出在这个温度下反应的标准摩尔熵变。对于其他温度反应的标准摩尔熵变，可以由式(3.37) 结合式(3.33) 求出在温度 T 时反应的标准摩尔熵变

$$\Delta_r S_m^\ominus(T)=\Delta_r S_m^\ominus(298.15\ K)+\int_{298.16\ K}^{T}\frac{\Delta C_p}{T}dT \quad (3.38)$$

【思考题 3-6】 试根据熵的统计意义，判断下列定温、定压过程中，熵值的变化，是大于零，小于零还是等于零，为什么？

(1)水蒸气凝结为水；

(2)气体在固体表面上吸附；

(3)碳酸钙加热分解为氧化钙和二氧化碳；

(4)HCl(g)溶解于水中形成盐酸溶液；

(5)1 dm^3 $N_2(p,T)$ + 1 dm^3 $O_2(p,T)\to$2 dm^3 O_2与 N_2的温合气体(p,T)；

(6)1 dm^3 $N_2(p,T)$ + 1 dm^3 $O_2(p,T)\to$1 dm^3 O_2与 N_2的温合气体(p,T)。

3.8 亥姆霍兹函数和吉布斯函数

用热力学第二定律的数学表达式解决热力学的一般问题的时候，除了要计算系统的熵变，还要计算环境的熵变，就显得不太方便。由于多数变化都是在等温等压或等温等容条件下进行的，需要引入新的热力学函数，得出在这些条件下的判据，以便仅仅通过对系统的状态函数的计算，就可以确定系统的平衡状态或变化的方向。

由克劳修斯不等式

$$dS-\frac{\delta Q}{T_{环}}\geqslant 0$$

式中，δQ 是系统在实际过程所吸的热。将热力学第一定律的公式 $dU=\delta Q-p_{外}dV+\delta W_f$ 代入，得

$$T_{环}dS-dU\geqslant p_{外}dV-\delta W_f \tag{3.39}$$

式(3.39)称为第一、二定律的联合公式，在不同的条件下，可以转变成不同的形式。

3.8.1 定温定容系统

在定温条件下，$T_{环}=T=T_1=T_2$，可用系统的温度代替环境的温度，式(3.39)可以写成

$$-d(U-TS)\geqslant p_{外}dV-\delta W_f \tag{3.40}$$

定义亥姆霍兹(Helmholtz)函数(或称亥姆霍兹自由能，也称为功函)

$$A=U-TS \tag{3.41}$$

式(3.40)可以写成

$$-dA\geqslant p_{外}dV-\delta W_f \tag{3.42}$$

式中，$p_{外}dV-\delta W_f$ 表示系统在定温条件下做的所有功。

式(3.42)的含义是，在定温条件下，系统亥姆霍兹函数的减小大于或等于系统做的所有的功。

在定温定容条件下，式(3.40)变为

$$-dA\geqslant -\delta W_f \tag{3.43}$$

式(3.43)的含义是在定温定容条件下，系统亥姆霍兹函数的减小大于或等于系统做的非体积功。

在定温定容及不做非体积功的条件下，式(3.40)变为

$$-dA\geqslant 0 \tag{3.44}$$

式(3.44)的含义是在定温定容及不做非体积功的条件下，系统只能向其亥姆霍兹函数降低的方向变化。

在式(3.42)，式(3.43)，式(3.44)中的等式表示可逆，不等式表示不可逆，系统不会发生不符合上述式子的过程。

3.8.2 定温定压系统

在定温定压条件下，$T_{环}=T=T_1=T_2$，$p_{外}=p=p_1=p_2$，可用系统的温度代替环境的温度，用系统的压力代替外压，(3.39)式可以写成

$$-d(U+pV-TS)\geqslant -\delta W_f \tag{3.45}$$

定义吉布斯(Gibbs)函数(或称吉布斯自由能)

$$G=U+PV-TS \tag{3.46}$$

式(3.45)可以写成

$$-dG\geqslant -\delta W_f \tag{3.47}$$

式(3.47)的含义是在定温定压条件下，系统吉布斯函数的降低值大于或等于系统在此过程做的非体积功。

在定温定压及不做非体积功的条件下，式(3.45)可写成

$$-dG\geqslant 0 \tag{3.48}$$

式(3.48)的含义是在定温定压及不做非体积的条件下，系统只能向其亥吉布斯函数降低的方向变化。

式(3.42)、式(3.43)、式(3.44)、式(3.47)及式(3.48)为在不同条件下的热力学判据。当系

统发生的过程是可逆过程时，用等号；发生不可逆过程时，用大于号；不符合这些判据的过程是不能进行的。对这几个式子也可如此理解：亥姆霍兹函数，吉布斯函数的降低值也可以看作系统在不同的条件下“做功的能力”，当过程进行时，这种做功的能力发挥出来了，也就是做了系统该做的“最大功”，过程就是可逆的。如果有做功能力而不做功或少做功，就是不可逆的。因为要使系统恢复原状，环境最少需要消耗原来获得的最大功。如果系统原来已做了最大功，环境用这些最大功便可使系统恢复原状，而不给环境留下任何影响，当然就是可逆的。如果不做功或少做功，当环境推动系统复原时，就要多耗费功，而得到了热，就给环境留下了难以消除的影响，因此就是不可逆的。系统实际做的功不会大于它做功的能力，否则将违反热力学第二定律。

在一定的条件下，环境对系统做功，可以使系统的亥姆霍兹函数或吉布斯函数增大，如将式(3.47)写成

$$dG \leqslant \delta W_f \tag{3.49}$$

其意为在定温定压条件下，环境做功($\delta W_f > 0, dG > 0$)，系统的吉布斯函数将增大。如电解时，环境对系统做电功，系统吉布斯函数增大，发生自发反应的逆反应，但环境做的功不会小于吉布斯函数的增加值。从这里可以看出，系统做功时，它不会做出多于其能力的功，而耗功时，不会小于其该消耗的功，即所得少于所当得，所费多于所当费。

3.9 判据总结

以前的讨论中，介绍了五个热力学函数 U，H，S，A 和 G。在这五个热力学函数中，热力学能和熵是最基本的，而其他是衍生的。熵具有特殊的地位，热力学一切变化方向和平衡状态的判据，都来自对系统的熵的讨论。现将各热力学判据总结如下：

(1)熵判据　对于绝热的或孤立的系统

$$dS \geqslant 0$$

熵判据也可以由热力学第一定律及第二定律的联合公式(3.39)导出，对隔离的系统，U 及 V 不变，环境也不会做非体积功，所以熵判据也可以写成

$$dS_{U,V} \geqslant 0 \tag{3.50}$$

(2)亥姆霍兹自由能判据

$$\begin{aligned}(-dA)_T &\geqslant p_{外}\, dV - \delta W_f \\ (-dA)_{T,V} &\geqslant -\delta W_f \\ (-dA)_{T,V,W_f=0} &\geqslant 0\end{aligned} \tag{3.51}$$

(3) 吉布斯自由能判据

$$\begin{aligned}(-dG)_{T,p} &\geqslant -\delta W_f \\ (-dG)_{T,p,W_f=0} &\geqslant 0\end{aligned} \tag{3.52}$$

(4)其他判据

除了这些判据，由热力学第一定律及第二定律的联合公式(3.39)与可以导出热力学能判据和焓判据。如在 S 及 V 不变时，由式(3.39)可以得到

$$\begin{aligned}(-dU)_{S,V} &\geqslant -\delta W_f \\ (-dU)_{S,V,W_f=0} &\geqslant 0\end{aligned} \tag{3.53}$$

在 S 及 p 不变时，由式(3.39)可以得到

$$(-\mathrm{d}H)_{S,p} \geqslant -\delta W_{\mathrm{f}}$$
$$(-\mathrm{d}H)_{S,p,W_{\mathrm{f}}=0} \geqslant 0 \tag{3.54}$$

3.10 热力学函数一些重要关系式

3.10.1 热力学函数间关系

前边介绍的五个热力学函数 U, H, S, A 和 G,除了 U 和 S 以外,其他三个热力学函数都是通过这两个函数与系统的其他性质组合而得到的。它们之间的关系可以用如下的公式表示:

$$H=U+pV$$
$$A=U-TS$$
$$G=H-TS=U-TS+pV=A+pV$$

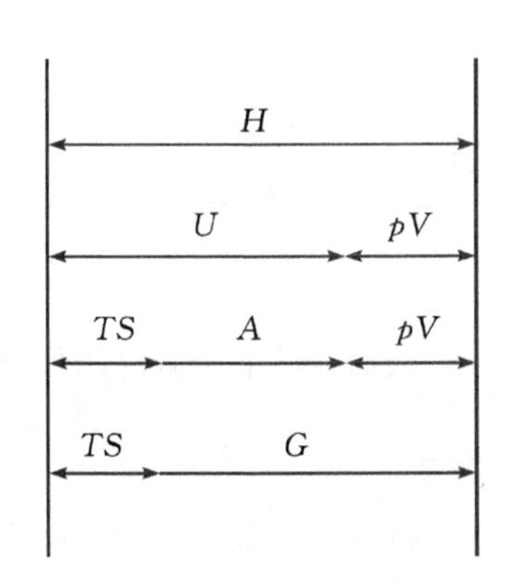

图 3-13　热力学函数之间的关系

3.10.2 热力学基本公式

在可逆及不做非体积功的条件下,式(3.39) $T_{环}\mathrm{d}S-\mathrm{d}U \geqslant p_{外}\mathrm{d}V-\delta W_{\mathrm{f}}$ 可以写成

$$\mathrm{d}U=T\mathrm{d}S-p\mathrm{d}V \tag{3.55}$$

式(3.55)是第一、第二定律的联合公式在施加了可逆及不做非体功的条件下得出的,由此可知它只适合于不做非体积功的封闭系统在进行可逆过程的热力学能的改变量的求算。从另一方面说,这个微分式将 U 表示成以 S,V 两个变量的函数,它们都是系统的性质,当发生不可逆变化时,式(3.55)的积分都存在,而且求出的 ΔU 又与途径无关,所以它仍可以用于双变量系统(无化学变化与相变化的均相封闭系统)进行的不可逆过程的 ΔU 的求算。下边得到的微分式也具有同样的特点。

对 $H=U+pV$ 进行微分,并将式(3.55)代入,可得

$$\mathrm{d}H=T\mathrm{d}S+V\mathrm{d}p \tag{3.56}$$

同样,对 A,G 的定积式进行微分,并进行有关取代,可得

$$\mathrm{d}A=-S\mathrm{d}T-p\mathrm{d}V \tag{3.57}$$

$$\mathrm{d}G=-S\mathrm{d}T+V\mathrm{d}p \tag{3.58}$$

这些微分式为热力学的基本公式,在进行热力学计算时比较重要,但必须沿着可逆路线进行积分。

由上边的几个微分式还可以产生几个有用的关系式,例如

$$T=\left(\frac{\partial U}{\partial S}\right)_V=\left(\frac{\partial H}{\partial S}\right)_p$$

$$p=-\left(\frac{\partial U}{\partial V}\right)_S=-\left(\frac{\partial A}{\partial V}\right)_T$$

$$V=\left(\frac{\partial H}{\partial p}\right)_S=\left(\frac{\partial G}{\partial p}\right)_T \tag{3.59}$$

$$S=-\left(\frac{\partial A}{\partial T}\right)_V=\left(\frac{\partial G}{\partial T}\right)_p$$

3.10.3 麦克斯韦关系式

设 Z 为一状态性质，它是 x，y 两个参量的函数，因为 $\mathrm{d}Z$ 是全微分，它可以表示为

$$\mathrm{d}Z=\left(\frac{\partial Z}{\partial x}\right)_y \mathrm{d}x+\left(\frac{\partial Z}{\partial y}\right)_x \mathrm{d}y=M\mathrm{d}x+N\mathrm{d}y$$

式中，$M=\left(\frac{\partial Z}{\partial x}\right)_y$，$N=\left(\frac{\partial Z}{\partial y}\right)_x$ 是 Z 的一阶偏导，它的二阶偏导为

$$\left(\frac{\partial M}{\partial y}\right)_x=\frac{\partial^2 Z}{\partial y\partial x} \qquad \left(\frac{\partial N}{\partial x}\right)_y=\frac{\partial^2 Z}{\partial x\partial y}$$

根据数学上全微分的性质，其二阶导数与求导次序无关，即

$$\left(\frac{\partial M}{\partial y}\right)_x=\left(\frac{\partial N}{\partial x}\right)_y$$

将这种关系应用于式(3.55)到式(3.58)的四个微分式，可得到

$$\left(\frac{\partial T}{\partial V}\right)_S=-\left(\frac{\partial p}{\partial S}\right)_V \tag{3.60}$$

$$\left(\frac{\partial T}{\partial p}\right)_S=\left(\frac{\partial V}{\partial S}\right)_p \tag{3.61}$$

$$\left(\frac{\partial S}{\partial V}\right)_T=\left(\frac{\partial p}{\partial T}\right)_V \tag{3.62}$$

$$-\left(\frac{\partial S}{\partial p}\right)_T=\left(\frac{\partial V}{\partial T}\right)_p \tag{3.63}$$

这四个微分等式称为麦克斯韦关系式，它们的特点是用容易测定的性质如 T，V，p 的偏微分表示难以测定的量的偏微分，在热力学中有非常重要的意义。

3.10.4 应用举例

(1) 求 T 不变时，U 随 V 的变化关系。

由公式 $\mathrm{d}U=T\mathrm{d}S-p\mathrm{d}V$，在 T 不变时两边同除以 $\mathrm{d}V$，可得

$$\left(\frac{\partial U}{\partial V}\right)_T=T\left(\frac{\partial S}{\partial V}\right)_T-p$$

将式(3.62)代入，得

$$\left(\frac{\partial U}{\partial V}\right)_T=T\left(\frac{\partial p}{\partial T}\right)_V-p \tag{3.63}$$

将理想气体状态方程代入后得

$$\left(\frac{\partial U}{\partial V}\right)_T=0$$

将范德华气体状态方程代入后得

$$\left(\frac{\partial U}{\partial V}\right)_T=\frac{a}{V_{\mathrm{m}}^2} \tag{3.64}$$

如范德华气体从状态 $A(T_1,V_1,p_1)$ 变化到 $B(T_2,V_2,p_2)$，其摩尔热力学能的变化为

$$\Delta U_{\mathrm{m}}=\int_{T_1}^{T_2} C_{V,\mathrm{m}}\mathrm{d}T+\int_{V_{\mathrm{m},1}}^{V_{\mathrm{m},2}}\frac{a}{V_{\mathrm{m}}^2}\mathrm{d}V$$

(2) 设：$S=S(T,P)$，系统从状态 $A(T_1,V_1,p_1)$ 变化到 $B(T_2,V_2,p_2)$，求系统熵的

变化。

对系统熵的表示式进行微分，得

$$dS=\left(\frac{\partial S}{\partial T}\right)_p dT+\left(\frac{\partial S}{\partial p}\right)_T dp$$

因为$\left(\frac{\partial S}{\partial T}\right)_p=\frac{C_p}{T}$，并由式(3.63)，$dS=\frac{C_p}{T}dT-\left(\frac{\partial V}{\partial T}\right)_p dp$，则有

$$\Delta S=\int_{T_1}^{T_2}\frac{C_p}{T}dT-\int_{p_1}^{p_2}\left(\frac{\partial V}{\partial T}\right)_p dp$$

(3) 证明$\left(\frac{\partial C_p}{\partial p}\right)_T=-T\left(\frac{\partial^2 V}{\partial T^2}\right)_p$。

由 $C_p=\left(\frac{\partial H}{\partial T}\right)_p$，$\left(\frac{\partial C_p}{\partial p}\right)_T=\left[\frac{\partial}{\partial p}\left(\frac{\partial H}{\partial T}\right)_p\right]_T=\left[\frac{\partial}{\partial T}\left(\frac{\partial H}{\partial p}\right)_T\right]_p$，再由式(3.56)，式(3.63)得

$$\left(\frac{\partial H}{\partial p}\right)_T=V-T\left(\frac{\partial V}{\partial T}\right)_p$$

因此有

$$\left(\frac{\partial C_p}{\partial p}\right)_T=\left(\frac{\partial V}{\partial T}\right)_p-\left(\frac{\partial V}{\partial T}\right)_p-T\left(\frac{\partial^2 V}{\partial T^2}\right)_p=-T\left(\frac{\partial^2 V}{\partial T^2}\right)_p$$

3.11　ΔG 的计算与应用

许多变化过程都是在大气压力下进行的，需要用 ΔG 判断变化过程可逆性和确定平衡状态，ΔG 的计算变得比较重要。应用热力学的基本公式可以方便地计算系统发生状态变化时的 ΔG。因为这些等式是在可逆的条件下得到的，计算时要沿着可逆路径进行积分。当然，结合热力学判据，应用可逆条件也可以计算 ΔG。

3.11.1　简单状态变化定温过程 ΔG

由公式

$$dG=-SdT+Vdp$$

当温度不变时，$dT=0$，上式可以写成

$$dG=Vdp$$

对于理想气体，当在温度为 T 的条件下，压力 $p^\ominus$ 从变化 p 到，其吉布斯自由能的变化为

$$\Delta G=G(T,p)-G(T,p)+RT\ln\frac{p_2}{p_1}$$

上式也可以写成

$$G(T,p)=G(T,p)+RT\ln\frac{p_2}{p_1}$$

【例 3-7】 300 K 时，1 mol 想气体从 $10.0p^\ominus$ 等温等外压 $1.0\ p^\ominus$ 膨胀到终态，求该过程的 ΔU、ΔH、ΔS、ΔA、ΔG，并判断此过程是否可逆。

解　因理想气体的 U 和 H，只是温度的函数，温度不变，故

$$\Delta U=0$$

$$\Delta S=R\ln\frac{p_1}{p_2}=\left(8.314\ln\frac{10p^\ominus}{1p^\ominus}\right)\mathrm{J\cdot K^{-1}}=19.14\ \mathrm{J\cdot K^{-1}}$$

$$\Delta A=-\int p\,\mathrm{d}V=-RT\ln\frac{p_1}{p_2}=\left(8.314\times 300\ln\frac{10p^{\ominus}}{1p^{\ominus}}\right)\mathrm{J}=-5743\ \mathrm{J}$$

$$\Delta G=\Delta A+\Delta(pV)=\Delta A=-5643\ \mathrm{J}$$

这个过程是一个等温过程，由亥姆霍兹函数判据。这个过程做的功

$$W=-p^{\ominus}(V_2-V_1)=-p^{\ominus}\left(\frac{RT}{p_2}-\frac{RT}{p_1}\right)=-RTp^{\ominus}\left(\frac{1}{p^{\ominus}}-\frac{1}{10p^{\ominus}}\right)=-RT(1-0.1)=-2245\ \mathrm{J}$$

由于$-\Delta A>-W_e$，根据式(3.41)，此过程是一个不可逆过程。

3.11.2 相变过程 ΔG

在定温定压及不做非体积功的可逆相变过程中，$\Delta S=\Delta H/T=0$，$\Delta G=\Delta H-T\Delta S=0$。对不可逆相变过程，要设计可逆路径，沿可逆路径计算该过程的 ΔG。

【例 3-8】 已知在 298.15 K 及标准压力下有如下数据

物质	$S_m^{\ominus}/\mathrm{J\cdot K^{-1}\cdot mol^{-1}}$	$\Delta_c H_m^{\ominus}/\mathrm{kJ\cdot mol^{-1}}$	$\rho/\mathrm{kg\cdot m^3}$
C(石墨)	6.6940	−393.514	2.260×10^3
C(金刚石)	2.4388	−395.410	3.513×10^3

(1) 求 298.15 K 及标准压力下石墨变成金刚石的 $\Delta_{trs}G_m^{\ominus}$，并判断过程是否可逆。

(2) 在 298.15 K 及多大压力下，石墨可以变成金刚石？

解 (1) $\Delta_{trs}H_m^{\ominus}=\Delta_c H_m^{\ominus}(石墨)-\Delta_c H_m^{\ominus}(金刚石)=-393.514+395.410=1.896\ \mathrm{kJ\cdot mol^{-1}}$

$$\Delta_{trs}S_m^{\ominus}=S_m^{\ominus}(金刚石)-S_m^{\ominus}(石墨)=2.4388-5.6940=-3.2552\ \mathrm{J\cdot K^{-1}\cdot mol^{-1}}$$

$$\Delta_{trs}G_m^{\ominus}=\Delta_{trs}H_m^{\ominus}-T\Delta_{trs}S_m^{\ominus}=1896+298.15\times3.2552=2866.5\ \mathrm{J\cdot mol^{-1}}$$

$\Delta_{trs}G_m^{\ominus}>0$，在 298.15 K 及标准压力下此转变不可能进行。

(2) 设在压为 p 时石墨可以转变为金刚石

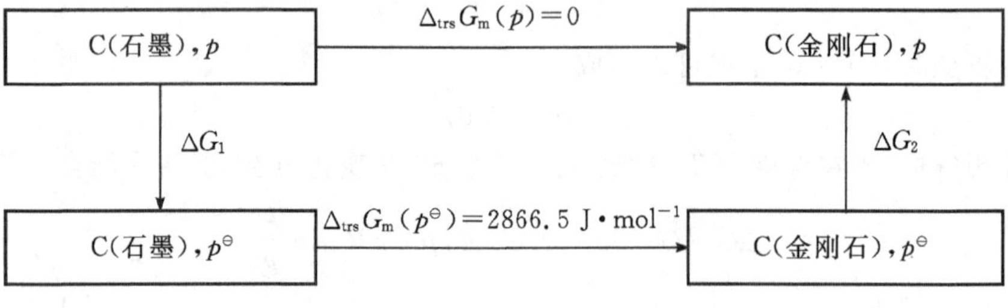

C(石墨)，p —— $\Delta_{trs}G_m(p)=0$ → C(金刚石)，p

↓ ΔG_1 ↑ ΔG_2

C(石墨)，$p^{\ominus}$ —— $\Delta_{trs}G_m(p^{\ominus})=2866.5\ \mathrm{J\cdot mol^{-1}}$ → C(金刚石)，$p^{\ominus}$

$$\Delta G_1+\Delta G_2+\Delta_{trs}G_{m2}^{\ominus}=0$$

$$\int_{p^{\ominus}}^{p}[V_m(金)-V_m(石)]\mathrm{d}p=-2866.6\ \mathrm{J\cdot mol^{-1}}$$

$$12\times10^{-6}\times\left(\frac{1}{3.513}-\frac{1}{2.260}\right)(p-p^{\ominus})=-2866.6\ \mathrm{J\cdot mol^{-1}}$$

$$p=1.51\times10^9\ \mathrm{Pa}$$

【例 3-9】 求在 $p^{\ominus}$，298.15 K 下，1 mol 水汽化为水蒸气过程的 ΔG。已知在 298.15 K 时水的饱和蒸气压为 3168 Pa，水的摩尔体积为 0.018 $\mathrm{dm^3\cdot mol^{-1}}$。

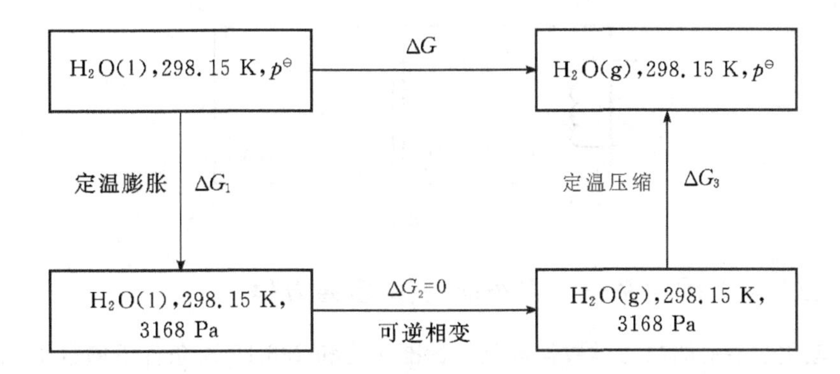

解 在 $p^\ominus$，298.15 K 下，水的汽化过程不是可逆的相变过程，应设计可逆过程来计算 ΔG

$$\begin{aligned}\Delta G &= \Delta G_1 + \Delta G_2 + \Delta G_3 \\ &= \int_{10^5}^{3168} V_m(l)\,dp + 0 + \int_{3168}^{10^5} V_m(g)\,dp \\ &= 18\times 10^{-6}(3168-10^5) + 8.314\times 298.15\ln\frac{10^5}{3168} \\ &= 8556\ \mathrm{J}\end{aligned}$$

3.11.3 化学反应 ΔG

化学反应过程的 $\Delta_r G_m$ 的求算，可先根据已知条件求出 $\Delta_r H_m$ 和 $\Delta_r S_m$，然后根据公式 $\Delta_r G_m = \Delta_r H_m - T\Delta_r S_m$ 进行计算。

【思考题 3-7】 将一玻璃球放入真空容器中，球中已封入 1 mol $H_2O(l)$（101.325 kPa，373.15 K），真空容器内部恰好容纳 1 mol 的 $H_2O(g)$（101.325 kPa，373.15 K），若保持整个体系的温度为 373.15 K，小球被击破后，水全部汽化成水蒸气，计算 Q、W、ΔU、ΔH、ΔS、ΔG、ΔF。根据计算结果判断，这一过程是自发的吗？用哪一个热力学性质作为判据？试说明之。

已知水在 101.3 kPa，373 K 时的汽化热为 40 668.5 $\mathrm{J\cdot mol^{-1}}$。

【思考题 3-8】 试证明：温度为 T，压力为 p 的数种纯理想气体，混合成温度 T，总压力仍为 p 的混合理想气体时，过程的 ΔG 必小于零。

【思考题 3-9】 373 K，$2p^\ominus$ 的水蒸气可以维持一段时间，但这是一种亚稳平衡态，称作过饱和态，它可自发地凝聚，过程是：

$$H_2O\ (g,\ 373\ K,\ 202.650\ kPa) \longrightarrow H_2O\ (l,\ 373\ K,\ 202.650\ kPa)$$

求这个过程的 $\Delta S_m^\ominus$，$\Delta G_m^\ominus$。已知水的摩尔汽化焓 $\Delta H_m^\ominus$ 为 40.60 $\mathrm{kJ\cdot mol^{-1}}$，假设水蒸气为理想气体，液态水是不可压缩的。

【思考题 3-10】 一绝热容器正中有一无摩擦、无质量的绝热活塞，两边各装有 298 K，101.325 kPa 的 1 mol 理想气体，$C_{p,m}=(7/2)R$，左边有一电阻丝缓慢加热，活塞慢慢向右移动，当右边压力为 202.650 kPa 时停止加热，求此时两边的温度 $T_左$，$T_右$ 和过程中的总内能改变 ΔU 及熵的变化 ΔS（电阻丝本身的变化可以忽略）。

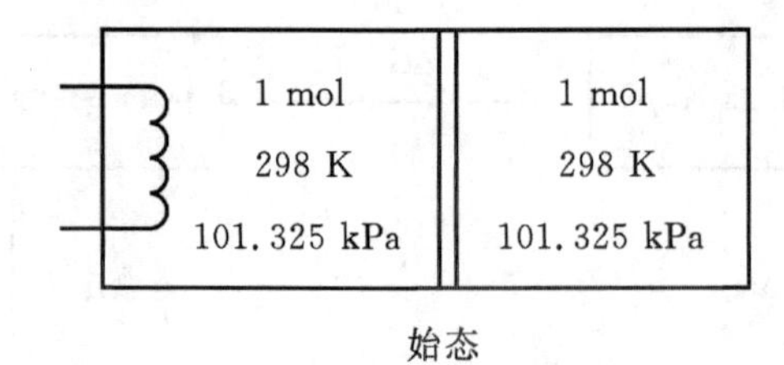

始态

3.12 ΔG 与 T 的关系——吉布斯-亥姆霍兹方程

一般物理化学手册的热力学数据都是在标准压力和 298.15 K 条件下的数据，由它们可以求出在该条件下化学反应或相变过程的 ΔG，当变化过程是在其他温度进行时，其 ΔG 可由下边的方法计算。

由热力学的基本公式

$$\mathrm{d}G=-S\mathrm{d}T+V\mathrm{d}p \quad 或 \quad \mathrm{d}\Delta G=-\Delta S\mathrm{d}T+\Delta V\mathrm{d}p$$

则有

$$\left(\frac{\partial \Delta G}{\partial T}\right)_p=-\Delta S \tag{3.65}$$

将 $\Delta G=\Delta H-T\Delta S$ 代入式(3.59)，可得

$$T\left(\frac{\partial \Delta G}{\partial T}\right)_p=\Delta H-\Delta S \tag{3.66}$$

利用微分公式，式(3.60)可以写成

$$\left(\frac{\partial (\Delta G/T)}{\partial T}\right)_p=-\frac{\Delta H}{T^2} \tag{3.67}$$

式(3.67)为吉布斯-亥姆霍兹公式，通过这个公式可以由一个温度下变化的 ΔG 求算另一个温度下变化的 ΔG。如反应的 $\Delta_r H_m$ 不随温度变化时，对式(3.61)进行积分

$$\int_{\frac{\Delta_r G(2T_1)}{T_1}}^{\frac{\Delta_r G(T_2)}{T_2}}\mathrm{d}\left(\frac{\Delta_r G}{T}\right)=-\int\frac{\Delta_r H}{T^2}\mathrm{d}T$$

$$\frac{\Delta_r G(T_2)}{T_2}-\frac{\Delta_r G(T_1)}{T_1}=-\Delta_r H\left(\frac{T_2-T_1}{T_2 T_1}\right) \tag{3.68}$$

如果 $\Delta_r H_m$ 是温度的函数，就需要将 $\Delta_r H_m(T)$ 的函数式代入式(3.67)进行积分。

【例 3-10】 合成氨的反应 $\frac{1}{2}N_2(g)+\frac{3}{2}H_2(g)=NH_3(g)$，在 298.15 K 的标准摩尔吉布斯函数的焓变 $\Delta_r G_m^\ominus=-16.45\ \mathrm{kJ\cdot mol^{-1}}$，反应的标准摩尔焓变 $\Delta_r H_m^\ominus=-46.11\ \mathrm{kJ\cdot mol^{-1}}$，并假定不随温度变化，试求在 1000 k 时的 $\Delta_r G_m^\ominus(1000\ \mathrm{K})$。

解 式(3.67)，将其移项后积分，得式(3.68)，代入已知数据，得

$$\frac{\Delta_r G_m^\ominus(1000\ \mathrm{K})}{1000\ \mathrm{K}}-\frac{-16.45\ \mathrm{kJ\cdot mol^{-1}}}{298\ .15\ \mathrm{K}}=46.11\left(\frac{1000-298.15}{1000\times 298.15}\right)\mathrm{kJ\cdot mol^{-1}\cdot K^{-1}}$$

$$\Delta_r G_m^\ominus(1000\ \mathrm{K})=1000\times\left[46.11\left(\frac{1000-298.15}{1000\times 298.15}\right)-\frac{16.45}{298.15}\right]\mathrm{kJ\cdot mol^{-1}}$$

$$=53.37\ \mathrm{kJ\cdot mol^{-1}}$$

习　题

1.某一热机的低温热源温度为 313 K，若高温热源温度为（1）373 K（101 325 Pa 下水的沸点）；（2）438 K（5 MPa 下水的沸点）。试分别计算卡诺循环的热机效率。

［答案：（1）$\eta=0.16$；（2）$\eta=0.285$］

2.某电冰箱内的温度为 273 K，室温为 298 K，今欲使 1000 g 温度为 273 K 的水变成冰，问最少需做多少功？已知 273 K 时冰的熔化焓为 333.4 $J\cdot g^{-1}$。

［答案：30531 J］

3.试以 T 为纵坐标，S 为横坐标，画出卡诺循环的 $T-S$ 图，并证明线条所围的面积就是系统吸收的热，数值上等于对环境做的功。

4.1 mol 单原子理想气体，可逆的沿 $T=\alpha V$（α为常数）的途径，自 273 K 升温到 573 K，求此过程的 W、ΔU、ΔS。

［答案：$W=-2.49$ kJ；$\Delta U=3.74$ kJ；$\Delta S=15.40\ J\cdot K^{-1}$］

5.有 5 mol 某双原子理想气体，已知其 $C_{V,m}=2.5R$，从始态 400 K，200 kPa，经绝热可逆压缩至 400 kPa 后，再真空膨胀至 200 kPa，求整个过程的 Q、W、ΔU、ΔH 和 ΔS。

［答案：$Q=0$，$W=\Delta U=50.715$ kJ；$\Delta H=71.00$ kJ；$\Delta S=-28.81\ J\cdot K^{-1}$］

6.在绝热容器中，将 0.10 kg、283 K 的水与 0.20 kg、313 K 的水相混合，求混合过程的熵变。设水的平均比热为 4.184 $kJ\cdot K^{-1}\cdot kg^{-1}$。

［答案：$\Delta S=1.38\ J\cdot K^{-1}$］

7.10 g H_2（假设为理想气体）在 300 K、5×10^5 Pa 时，在保持温度为 300 K 恒定外压为 10^6 Pa下进行压缩，终态压力为 10^6 Pa（需注意此过程为不可逆过程），试求算此过程的 ΔS，并与实际过程的热温商进行比较。

［答案：$\Delta S=-28.8\ J\cdot K^{-1}$；$Q/T=-41.6\ J\cdot K^{-1}$］

8. 5 mol 双原子分子理想气体在定容条件下由 175 ℃冷却到 25 ℃，试求这一过程的 ΔS。

［答案：$\Delta S=-42.4\ J\cdot K^{-1}$］

9.试证明 1 mol 理想气体在任意过程中的熵变均可用下列公式计算：

（1）$\Delta S=C_{V,m}\ln\frac{T_2}{T_1}+R\ln\frac{V_2}{V_1}$

（2）$\Delta S=C_{p,m}\ln\frac{T_2}{T_1}-R\ln\frac{p_2}{p_1}$

（3）$\Delta S=C_{p,m}\ln\frac{V_2}{V_1}+C_{V,m}\ln\frac{p_2}{p_1}$

（提示：从热力学第一定律 $dU=\delta Q_r-p\,dV$ 及热力学第二定律 $dS=\frac{\delta Q}{T}$ 出发，结合理想气体的热力学特征来证明）

10. 12 g 氧从 293 K 冷却到 233 K，同时压力从 10^5 Pa 变化到 60×10^5 Pa。如果氧的定压摩尔热容是 29.2 $J\cdot mol^{-1}\cdot K^{-1}$，求 ΔS 是多少？

［答案：$\Delta S=-15.28\ J\cdot K^{-1}$］

11.将 10 A 的电流经过 10 Ω的电阻 10 s,最初电阻的温度为 283 K,假设电阻的质量是 10 g,c_p=1.00 J·g^{-1}·K^{-1},求电阻的 ΔS 和环境的 ΔS。

[答案:$\Delta S_{电阻}=15.12$ J·K^{-1},$\Delta S_{环}=0$]

12.工业上将铜件锻造以后常常需要淬火,有一次将一块质量为 3.8 kg 温度为 700 K 的铸钢放在 13.6 kg、温度为 294 K 的油中淬火,已知油的热容为 2.51 J·g^{-1}·K^{-1},钢的热容为 0.502 J·g^{-1}·K^{-1},试计算(1)钢的 ΔS;(2)油的 ΔS;(3)总的 ΔS。

(提示:假设在淬火时,钢和油来不及与周围环境发生热交换,先求出油和钢的终态温度)

[答案:$\Delta S_{钢}=-1.52\times10^3$ J·K^{-1};$\Delta S_{油}=2.41\times10^3$ J·K^{-1};$\Delta S_{总}=900$ J·K^{-1}]

13. 将 1 mol 苯 C_6H_6(l)在正常沸点 353 K 和 101.3 kPa 压力下,向真空蒸发为同温、同压的蒸气,已知在该条件下,苯的摩尔气化焓 $\Delta_{vap}H_m=30.77$ kJ·mol^{-1},设气体为理想气体。试求:(1) 该过程的 Q 和 W;

(2)苯的摩尔气化熵 $\Delta_{vap}S_m$ 和摩尔气化 Gibbs 自由能 $\Delta_{vap}G_m$;

(3) 环境的熵变 $\Delta S_{环}$;

(4) 根据以上结果,判断上述过程的可逆性。

[答案:(1)$W=0$, $Q=27.836$ J·mol^{-1};(2)$\Delta_{vap}S_m=87.167$ J·K^{-1}·mol^{-1}, $\Delta_{vap}G_m^{\ominus}=0$;

(3)$\Delta_{环}S_m=-78.86$ J·K^{-1}·mol^{-1};(4)不可逆]

14.某一化学反应,在 298 K 和标准压力下进行,当反应的进度为 1 mol 时,放热 40.0 kJ,若使反应通过可逆电池来完成,反应进度相同,则吸热 4.0 kJ。

(1)计算反应进度为时的熵变 Δ_rS_m。

(2)当反应不通过可逆电池完成时,求环境的熵变和隔离系统的总熵变,从隔离系统的总熵变说明了什么问题?

(3)计算系统可能做的最大功的值。

[答案:(1)$\Delta_rS_m=13.42$ J·K^{-1}·mol^{-1};(2)$\Delta_{环}S=134.2$ J·K^{-1};

$\Delta_{隔离}S=147.6$ J·K^{-1}(3)$W_{max}=-44\ 000$ J]

15. 某实际气体的状态方程为 $pV_m=RT+\alpha p$,其中 α 为常数。1 mol 该气体在恒定的温度 T 下,经可逆过程由 p_1变到 p_2。试用 T,p_1,p_2 表示过程的 W、Q、ΔU、ΔH、ΔS、ΔA 和 ΔG。

16. 已知 Hg(s)的熔点为 234 K,熔化焓为 2343 J·g^{-1},$C_{p,m}$(Hg,l)=(29.7−0.0067(T/K))J·K^{-1}·mol^{-1},$C_{p,m}$(Hg,s)=26.78 J·K^{-1}·mol^{-1},试求 323 K 的 Hg(l)和 223 K 的 Hg(s)的摩尔熵之差值。

[答案:$\Delta S_m=2.02\times10^3$ J·K^{-1}·mol^{-1}]

17. 计算下列各恒温过程的熵变(气体为理想气体):

(1)1 mol 体积为 V 的 N_2与 1 mol 体积为 V 的 Ar 混合,成为体积为 $2V$ 的混合气体;

(2)1 mol 体积为 V 的 N_2与 1 mol 体积为 V 的 Ar 混合,成为体积为 V 的混合气体;

(3)1 mol 体积为 V 的 N_2与 1 mol 体积为 V 的 N_2合并成 2 mol 体积为 $2V$ 的 N_2;

(4)1 mol 体积为 V 的 N_2与 1 mol 体积为 V 的 N_2合并成 2 mol 体积为 V 的 N_2。

18.将 1 kg,263 K 的雪投入盛有 303 K,5 kg 水的绝热容器中,如果将雪和水作为系统,试计算此过程的 ΔS,已知 273.15 K 时冰的摩尔熔化焓为 6025 J·mol^{-1},冰的比热为

37.7 $J \cdot mol^{-1} \cdot K^{-1}$，水的定压摩尔热容 75.3 $J \cdot mol^{-1} \cdot K^{-1}$。

[答案：110 $J \cdot K^{-1}$]

19.利用标准状态下 298.15 K 的熵值数据，计算下列反应在标准压力下及 298.15 K 条件下的摩尔熵变。

(1) $\frac{1}{2}H_2(g)+\frac{1}{2}Cl_2(g)=HCl(g)$

(2) $CH_3COOH(l)+2O_2(g)=2CO_2(g)+2H_2O(l)$

[答案：(1) $\Delta_r S_m^{\ominus}=10.04\ J \cdot K^{-1} \cdot mol^{-1}$；(2) $\Delta_r S_m^{\ominus}=-2.7\ J \cdot K^{-1} \cdot mol^{-1}$]

20.证明下列各式：

(1) $\left(\frac{\partial U}{\partial T}\right)_p=C_p-p\left(\frac{\partial V}{\partial T}\right)_p$；　(2) $\left(\frac{\partial U}{\partial V}\right)_p=C_p\left(\frac{\partial T}{\partial V}\right)_p-p$

(3) $\left(\frac{\partial U}{\partial p}\right)_V=C_V\left(\frac{\partial T}{\partial p}\right)_V$；　(4) $\left(\frac{\partial H}{\partial V}\right)_p=C_p\left(\frac{\partial T}{\partial V}\right)_p$

(5) $\left(\frac{\partial U}{\partial p}\right)_T=-T\left(\frac{\partial V}{\partial T}\right)_p-p\left(\frac{\partial V}{\partial p}\right)_T$；　(6) $\left(\frac{\partial H}{\partial V}\right)_T=T\left(\frac{\partial p}{\partial T}\right)_V+V\left(\frac{\partial p}{\partial V}\right)_T$

21.试证明：

(1) $\left(\frac{\partial C_V}{\partial V}\right)_T=T\left(\frac{\partial^2 p}{\partial T^2}\right)_V$；　(2) $\left(\frac{\partial C_p}{\partial p}\right)_T=-T\left(\frac{\partial^2 V}{\partial T^2}\right)_p$

22. 试证明气体的焦耳系数有下列关系式：$\left(\frac{\partial T}{\partial V}\right)_U=\frac{p-T\left(\frac{\partial p}{\partial T}\right)_V}{C_V}$，并证明对理想气体来说，$\left(\frac{\partial T}{\partial V}\right)_U=0$，对范德华气体来说，$\left(\frac{\partial T}{\partial V}\right)_U=-\frac{1}{C_V}\cdot\frac{a}{V_m^2}$。

23. 对理想气体，试证明：$\frac{\left(\frac{\partial U}{\partial V}\right)_S\left(\frac{\partial H}{\partial p}\right)_S}{\left(\frac{\partial U}{\partial S}\right)_V}=-nR$。

24.若已知在 298.15 K 和 101 325 Pa 下，反应：$H_2(g)+0.5O_2(g)=H_2O(l)$ 直接进行 1 mol，放热 285.90 kJ，在可逆电池中进行时放热 48.62 kJ。(1)求上述反应的逆反应(依然在 298.15 K 和 101 325 Pa 的条件下)的 ΔH、ΔS、ΔG；(2)要使逆反应发生，环境最少需付出多少电功？为什么？

[答案：(1) $\Delta H=285.90$ kJ，$\Delta S=163.07\ J \cdot K^{-1}$，$\Delta G=237.28$ kJ；(2) 237.28 kJ]

25.用合适的判据证明：

(1)在 373 K 和 200 kPa 压力下，$H_2O(l)$ 比 $H_2O(g)$ 更稳定；

(2)在 263 K 和 100 kPa 压力下，$H_2O(s)$ 比 $H_2O(l)$ 更稳定。

26. 101.325 kPa 下，HgI_2 的红、黄两种晶体的晶型转变温度为 400 K，已知由红色 HgI_2 转变为黄色的 HgI_2 时，转变焓为 1250 $J \cdot mol^{-1}$，体积变化为 $-5.4\ cm^3 \cdot mol^{-1}$，试求压力为 10 MPa时的晶型转变温度。(假定转变焓和体积变化不随温度变化)

[答案：417 K]

27.已知在 298.15 K,乙炔、氢、乙烷的标准摩尔熵分别为 200.8 $J\cdot mol^{-1}\cdot K^{-1}$、130.6 $J\cdot mol^{-1}\cdot K^{-1}$、229.5 $J\cdot mol^{-1}\cdot K^{-1}$。若反应在 298.15 K 下进行,计算下述反应过程的熵变:

$$C_2H_2(g)+2H_2(g)\rightarrow C_2H_6(g)$$

若反应在 500 K 下恒温进行,计算反应的 $\Delta_r S_m^\ominus(500\ K)$。

	$C_2H_2(g)$	$H_2(g)$	$C_2H_6(g)$
$\Delta S_m^\ominus(J\cdot mol^{-1}\cdot K^{-1})$	200.8	130.6	229.5
$C_{p,m}(J\cdot mol^{-1}\cdot K^{-1})$	49.29	27.54	65.79

[答案:$\Delta_r S_m^\ominus(500\ K)=-252.5\ J\cdot mol^{-1}\cdot K^{-1}$]

28.298.15 K,1 mol N_2从 10 L 自由膨胀到 100 L,求 ΔU、ΔH、ΔS、ΔA、ΔG。假定 N_2为理想气体。

[答案:$\Delta U=0,\Delta H=0,\Delta S=19.15\ J\cdot K^{-1},\Delta A=\Delta G=-5709\ J$]

29. 将 1 mol 固体碘 $I_2(s)$从 298 K,100 kPa 的始态,转变为 457 K,100 kPa 的 $I_2(g)$,计算在 457 K 时 $I_2(g)$的标准摩尔熵和过程的熵变。已知 $I_2(s)$在 298 K,100 kPa 时的标准摩尔熵 $S_m(I_2,s,298\ K)=116.14\ J\cdot K^{-1}\cdot mol^{-1}$,熔点为 387 K,标准摩尔熔化焓 $\Delta_{fus}H_m(I_2,s)=15.66\ kJ\cdot mol^{-1}$。设在 298～387 K 的温度区间内,固体与液体碘的摩尔比定压热容分别为 $C_{p,m}(I_2,s)=54.68\ J\cdot K^{-1}\cdot mol^{-1}$,$C_{p,m}(I_2,l)=79.59\ J\cdot K^{-1}\cdot mol^{-1}$,碘的沸点 457 K 时的摩尔汽化焓为 $\Delta_{vap}H_m(I_2,l)=25.52\ kJ\cdot mol^{-1}$。

[答案:$\Delta S=122.8\ J\cdot K^{-1}$,$S_m^\ominus(I_2,g,457\ K)=239.5\ J\cdot K^{-1}\cdot mol^{-1}$]

30.保证压力为标准压力,计算丙酮蒸气在 1000 K 时的标准摩尔熵值。已知在 298 K 时丙酮蒸气的标准摩尔熵值 $S_m^\ominus(298\ K)=294.9\ J\cdot K^{-1}\cdot mol^{-1}$,在 273～1500 K 的温度区间内,丙酮蒸气的定压摩尔热容 $C_{p,m}^\ominus$与温度的关系式为

$$C_{p,m}^\ominus=[22.47+201.8\times10^{-3}\left(\frac{T}{K}\right)-63.5\times10^{-6}\left(\frac{T}{K}\right)^2)]J\cdot K^{-1}\cdot mol^{-1}$$

[答案:$S_m^\ominus(1000\ K)=435.9\ J\cdot K^{-1}\cdot mol^{-1}$]

31.在 268.15 K 时,过冷液体苯的蒸气压为 2632 Pa,而固体苯的蒸气压为 2280 Pa。已知 1 mol 过冷液体苯在 268.15 K 凝固时 $\Delta S_m^\ominus=-35.65\ J\cdot K^{-1}\cdot mol^{-1}$,气体为理想气体,求该凝固过程的 ΔG 及 ΔH。

[答案:$\Delta G=-320\ J$, $\Delta H=-9874\ J$]

32. 在 298 K 及标准压力下有下列相变:$CaCO_3$(文石)$\rightarrow CaCO_3$(方解石),已知此过程 $\Delta_{trs}G_m^\ominus=-800\ J\cdot mol^{-1}$,$\Delta_{trs}V_m^\ominus=2.75\ cm^3\cdot mol^{-1}$。试问在 298 K 时最少需多大压力方能使文石成为稳定相。

[答案:2.91×10^8 Pa]

33.试判断在 283 K 及标准压力下,白锡、灰锡哪一种晶形稳定。已知在 298 K 及标准压力下有下列数据:

物质	$\Delta_r H_m^\ominus/(J \cdot mol^{-1})$	$S_m^\ominus/(J \cdot K^{-1} \cdot mol^{-1})$	$C_{p,m}/(J \cdot K^{-1} \cdot mol^{-1})$
白锡	0	52.30	26.15
灰锡	−2197	44.76	25.73

[答案:灰锡]

34.在 298.15 K 和标准压力下,反应:

$$\frac{1}{2}H_2(g)+\frac{1}{2}Cl_2(g) = HCl(g)$$

已知 $\Delta_r H_m^\ominus(298\ K)=-92.307\ kJ \cdot mol^{-1}$,$\Delta_r G_m^\ominus(298\ K)=-95.265\ kJ \cdot mol^{-1}$,若反应在 1600 K 下进行,其他条件不变,试求 $\Delta_r G_m^\ominus(1600\ K)$。有关物质的定压摩尔热容数据如下:

$C_{p,m}(H_2,g)=27.28+3.26\times10^{-3}(T/K)+0.502\times10^{-5}(T^2/K^2)J \cdot mol^{-1} \cdot K^{-1}$

$C_{p,m}(Cl_2,g)=36.69+1.05\times10^{-3}(T/K)+2.52\times10^{-5}(T^2/K^2)J \cdot mol^{-1} \cdot K^{-1}$

$C_{p,m}(HCl,g)=26.53+2.45\times10^{-3}(T/K)+0.081\times10^{-5}(T^2/K^2)J \cdot mol^{-1} \cdot K^{-1}$

[答案:$\Delta_r G_m^\ominus(1600\ K)=-102.64\ kJ \cdot mol^{-1}$]

第4章　多组分系统热力学及其在溶液中的应用

【本章要求】

1.了解描述多组分系统概念意义以及相互间联系；对逸度、活度、标准态、非理想程度、分配定律有所熟知；

2.理解偏摩尔量与化学势、拉乌尔定律与亨利定律的区别与联系，熟知各种物质化学势表示式；

3.掌握偏摩尔量、化学势集合公式，运用化学势判据判断过程自发性；

4.理解稀溶液的依数性，掌握未知物摩尔质量相关计算。

【背景问题】

(1)在多组分系统热力学中，溶液和混合物有什么异同？

(2)物质B的物质的量浓度和质量摩尔浓度各有什么特点？电化学中为什么常用质量摩尔浓度表示多组分系统的组成？

(3)在101.325 kPa下，往纯水中加入少量NaCl，与纯水比较，此稀溶液的沸点，凝固点会怎样变化？

(4)荷兰化学家范特霍夫(van't Hoff)在1901年因何贡献成为第一位诺贝尔化学奖的获得者？

(5)反渗透技术是当今先进和节能有效的一种膜分离技术，其对海水淡化和废水处理的原理是什么？

引　言

前面讨论的热力学系统多数是纯物质，即单组分系统。描述单组分单相封闭系统的状态，只需要两个状态性质如 T 和 p 即可。而在实际中时常遇到多种物质组成的系统，如混合气体、液体混合物、溶液等，称为多组分系统。多组分系统可以是单相的，也可以是多相的。这里主要讨论多组分单相封闭系统的热力学性质。

4.1　混合物和溶液

多组分单相封闭系统是由两种或两种以上物质以分子大小的微粒相互均匀混合形成的均相系统。它可以是气相、液相或固相。为了在热力学上讨论或处理问题方便，把多组分系统分为两大类：一类是混合物，另一类是溶液。

混合物是指含有一种以上组分的多组分均相系统。在热力学上对混合物中的任一组分都可以用同样的方法进行处理，比如，它们有相同的标准态，有相同的化学势的表示式，服从相同的经验定律(如拉乌尔定律)等,即对任一组分热力学的处理结果也适用于其他组分。混合物按聚集状态可以分为气态混合物、液态混合物和固态混合物等。混合物有理想混合物和非理想混合物之分。

溶液是指含有一种以上组分的液相或固相。溶液有溶质、溶剂之分,它们在热力学上有不同的处理方法,有不同的标准态,有不同的化学势表示式,服从经验定律也不同(例如溶剂服从拉乌尔(Raoult)定律,溶质服从亨利(Henry)定律。通常气体或固体溶入液体中所形成的均相系统,将气体或固体称为溶质,将液体称为溶剂;如果是一种或多种液体溶入另一种液体中形成的均相系统,则将数量少的液体称为溶质,数量多的液体称为溶剂。溶液分为固态溶液和液态溶液,但没有气态溶液。溶质又有电解质和非电解质之分,本章只讨论非电解质。

对多组分系统,为描述它的状态,除使用温度、压力和体积外,还应标明各组分的浓度,其表示方法有多种,常见的几种浓度表示方法列在表 4-1。

表 4-1　常见的几种浓度

名称	表示式	定义	单位
物质 B 的质量浓度 ρ_B	$\rho_B = m(B)/V$	物质 B 的质量与混合物的体积之比	$kg \cdot m^{-3}$
物质 B 的质量分数 w_B	$w_B = m(B)/\sum_A m_A$	物质 B 的质量与混合物的质量之比	单位为 1
物质 B 的摩尔分数 x_B	$x_B = n_B/\sum_A n_A$	物质 B 物质的量与混合物的物质的量之比	单位为 1
物质 B 的物质的量浓度 c_B	$c_B = n_B/V$	物质 B 的物质的量除以混合物的体积	$mol \cdot L^{-1}$
物质 B 的质量摩尔浓度 m_B	$m_B = n_B/m(A)$	溶液中溶质 B 的物质的量除以溶剂的质量	$mol \cdot kg^{-1}$

c_B、x_B、m_B 之间的关系如下:

由于　$V=\dfrac{n_AM_A+n_BM_B}{\rho}$,　$c_B=\dfrac{n_B}{V}$,　$m_B=\dfrac{n_B}{n_AM_A}$

$$x_B=\frac{c_BM_A}{\rho-c_BM_B+c_BM_A}=\frac{m_BM_A}{1+m_BM_A} \tag{4.1}$$

在溶液很稀时,式(4.1)可简化为:

$$x_B=\frac{c_BM_A}{\rho}=m_BM_A \tag{4.2}$$

式(4.1)中,ρ(单位:$kg \cdot dm^{-3}$)为溶液的密度;M_A、M_B(单位:$kg \cdot mol^{-1}$)为物质 A、B 的摩尔质量;c_B(单位:$mol \cdot L^{-1}$)为物质 B 物量的量浓度,其随温度 T 而变化;溶液的体积 V 与 T,p,x_x,x_2,…,x_k 有关。

【例 4-1】　在 298 K 时,有 0.10 kg 质量分数为 0.0947 的 H_2SO_4(B)溶液,其密度为 $1.0603\times10^3 kg \cdot m^{-3}$。在该温度下纯水(A)的密度为 997.1 $kg \cdot m^{-3}$。已知,$M(H_2SO_4)$=0.09808 $kg \cdot mol^{-1}$,求(1)H_2SO_4的质量摩尔浓度 m_B;(2)H_2SO_4的物质的量浓度 c_B;(3)H_2SO_4的物质的量分数 x_B。

解　(1)$m_B=\dfrac{n_B}{m(A)}=\dfrac{m_B/M_B}{m(A)}$

$$=\frac{0.0947\times0.10\ \text{kg}/0.09808\ \text{kg}\cdot\text{mol}^{-1}}{(1-0.947)\times0.1\ \text{kg}}$$

$$=1.067\ \text{mol}\cdot\text{kg}^{-1}$$

(2) $$c_B=\frac{n_B}{V}=\frac{m_B/M_B}{m_{溶液}/\rho_{溶液}}=\frac{0.0947\times0.10\ \text{kg}/0.09808\ \text{kg}\cdot\text{mol}^{-1}}{0.1\ \text{kg}/1.0603\times10^3\ \text{kg}\cdot\text{m}^{-3}}$$

$$=\frac{0.0947\times0.10\ \text{kg}/0.09808\ \text{kg}\cdot\text{mol}^{-1}}{0.1\ \text{kg}/1.0603\times10^3\ \text{kg}\cdot\text{m}^{-3}}$$

$$=1.024\times10^3\ \text{mol}\cdot\text{m}^{-3}$$

$$=1.024\ \text{mol}\cdot\text{L}^{-1}$$

(3) $$x_B=\frac{n_B}{n_A+n_B}$$

$$=\frac{0.0947\times0.10\ \text{kg}/0.09808\ \text{kg}\cdot\text{mol}^{-1}}{(1-0.947)\times0.1\ \text{kg}/0.01802\ \text{kg}\cdot\text{mol}^{-1}+0.0947\times0.10\ \text{kg}/0.09808\ \text{kg}\cdot\text{mol}^{-1}}$$

$$=0.01886$$

4.2 偏摩尔量

在以前的章节中，主要讨论单组分(或组成不变的)均相封闭系统，只需用两个变量如(T，p)就可以描述系统的状态。为了区别于多组分系统，将单组分系统中的一些广度性质如 V、U、H、S、A 和 G 的右上角都标上"*"号。例如，用 $V_{m,B}^*$、$U_{m,B}^*$、$H_{m,B}^*$、$S_{m,B}^*$、$A_{m,B}^*$、$G_{m,B}^*$分别表示组分 B 的摩尔体积、摩尔热力学能、摩尔焓、摩尔熵、摩尔 Helmholtz 自由能、摩尔 Gibbs 自由能。对于多组分系统，各物质的量 n_B也成为决定系统状态的一个变量，它直接影响一些广度性质的数值。现以体积为例，对于单组分系统，1 mol 物质 B 的体积为 $V_{m,B}^*$，则 2 mol 物质 B 的体积为：

$$V=1\ \text{mol}\times V_{m,B}^*+1\ \text{mol}\times V_{m,B}^*=2\ \text{mol}\times V_{m,B}^*$$

这说明单组分系统的广度性质体积 V 具有加和性，其他广度性质也是如此。但是对于多组分系统，情况就要复杂一些。例如，将 n_1 液体 1 和 n_2 液体 2 混合，所得的二组分均相系统的体积与混合前体积的加和出现两种情况：一种是相等，另一种是不等，用公式表示为：

$$V=n_1V_{m,1}^*+n_2V_{m,2}^*$$

$$V\neq n_1V_{m,1}^*+n_2V_{m,2}^*$$

第一种情况说明物质 1 和物质 2 的性质近似，混合过程中分子与分子之间的作用力几乎不变，所以体积也没有发生变化，它们形成了理想的液态混合物。第二种情况说明物质 1 和物质 2 的性质有差异，其作用力 $f_{1\text{-}1}$或 $f_{2\text{-}2}$不同于 $f_{1\text{-}2}$，混合中由于作用力发生变化，体积也发生变化，它们形成溶液时，溶液的体积不等于溶质和溶剂在混合前体积的加和。不仅体积如此，其他具有广度性质的热力学函数均如此。本章讨论的是第二种情况，例如，在 298 K、100 kPa 时，将 50 g 乙醇(63.35 cm^3)与 50 g 水(50.20 cm^3)相混合，混合前总体积为 113.55 cm^3，混合后体积仅为 109.43 cm^3，体积相差 4.12 cm^3。而且其混合比例不同，差值也不同。这种现象不仅表现在体积这个性质上，在其他热力学广度性质上也发生，这个事实反映了每一种物质对所形成的混合物热力学量与单独存在时不同，且其差别随组成而变。因此，在讨论两种或两种以上的物质形成的均相多组分系统时，必须引入新的概念来代替对于纯物质所用的物质广度性质的摩尔量如摩尔体积等概念，也就是要把各组分的物质的量也作为变量，这个引入的概念就是偏摩尔量。

4.2.1　偏摩尔量的定义

设有一个多组分均相系统由 1，2，3，…，k 个组分组成，系统的任一个广度性质 Z（例 V、U、H、S、A 和 G 等）除了与温度、压力有关以外，还与系统中所含各组分的物质的量 n_1、n_2、…、n_k 有关，写成函数的形式为：

$$Z=Z(T,p,n_1,n_2,\cdots,n_k)$$

当系统的状态发生任意无限小量的变化时，全微分 dZ 可以表示为：

$$\mathrm{d}Z=\left(\frac{\partial Z}{\partial T}\right)_{p,n1,n2,\cdots,n_k}\mathrm{d}T+\left(\frac{\partial Z}{\partial p}\right)_{T,n1,n2,\cdots,nk}\mathrm{d}p$$
$$+\left(\frac{\partial Z}{\partial n_1}\right)_{T,p,n2,n3\cdots,n_k}\mathrm{d}n_1+\left(\frac{\partial Z}{\partial n_2}\right)_{T,p,n1,n3\cdots,n\mathrm{k}}\mathrm{d}n_2+\cdots+\left(\frac{\partial Z}{\partial n_\mathrm{k}}\right)_{T,p,n_1,n_2\cdots,n_{k-1}}\mathrm{d}n_k \tag{4.3}$$

在等温等压下，式(4.3)可写为：

$$\mathrm{d}Z=\sum_{\mathrm{B}=1}^{k}\left(\frac{\partial Z}{\partial n_\mathrm{B}}\right)_{T,p,n_\mathrm{C}(\mathrm{C}\neq\mathrm{B})}\mathrm{d}n_\mathrm{B} \tag{4.4}$$

偏摩尔量的定义：

$$Z_\mathrm{B}=\left(\frac{\partial Z}{\partial n_\mathrm{B}}\right)_{T,p,n\mathrm{C}(\mathrm{C}\neq\mathrm{B})} \tag{4.5}$$

Z_B称为物质 B 的某种广度性质 Z 的偏摩尔量，它的物理意义是在等温、等压条件下，保持除 B 以外的其余组分 n_C(C≠B)不变，由于组分 B 的物质的量 n_B 发生微小的变化所引起系统的广度性质 Z 随组分 B 的物质的量 n_B 的变化率。或相当于在等温、等压条件下，在大量的系统中，保持除 B 以外的其余组分 n_C 不变，加入 1 mol B 时所引起该广度性质 Z 的改变量。常见的偏摩尔量有：偏摩尔热力学能 U_B、偏摩尔焓 H_B、偏摩尔熵 S_B、偏摩尔亥姆霍兹自由能 A_B 和偏摩尔吉布斯自由能 G_B等，它们相应的定义式为：

$$V_\mathrm{B}=\left(\frac{\partial V}{\partial n_\mathrm{B}}\right)_{T,p,n_\mathrm{C}(\mathrm{C}\neq\mathrm{B})}\qquad U_\mathrm{B}=\left(\frac{\partial U}{\partial n_\mathrm{B}}\right)_{T,p,n_\mathrm{C}(\mathrm{C}\neq\mathrm{B})}$$
$$H_\mathrm{B}=\left(\frac{\partial H}{\partial n_\mathrm{B}}\right)_{T,p,nC(C\neq B)}\qquad S_\mathrm{B}=\left(\frac{\partial S}{\partial n_\mathrm{B}}\right)_{T,p,n_\mathrm{C}(\mathrm{C}\neq\mathrm{B})}$$
$$A_\mathrm{B}=\left(\frac{\partial A}{\partial n_\mathrm{B}}\right)_{T,p,nC(C\neq B)}\qquad G_\mathrm{B}=\left(\frac{\partial G}{\partial n_\mathrm{B}}\right)_{T,p,n_\mathrm{C}(\mathrm{C}\neq\mathrm{B})} \tag{4.6}$$

使用偏摩尔量时应必须注意：

(1)只有广度性质才有偏摩尔量，强度性质没有偏摩尔量。这是因为只有广度性质才与组分的量有关，强度性质不随物质的量的改变而改变。

(2)只有等温、等压、保持除 B 以外的所有组分物质的量不变的条件下，某广度性质 Z 对组分 B 的物质的量的偏微分才是偏摩尔量。其他条件如在等温、等容或等熵、等压的条件下进行偏微分如$\left(\frac{\partial Z}{\partial n_\mathrm{B}}\right)_{T,V,n_\mathrm{C}(\mathrm{C}=\mathrm{B})}$、$\left(\frac{\partial Z}{\partial n_\mathrm{B}}\right)_{S,V,n_\mathrm{C}(\mathrm{C}=\mathrm{B})}$等，就不称为偏摩尔量。

(3)偏摩尔量与摩尔量一样，都是系统的强度性质，因为它是两个广度性质之比，偏摩尔量的数量与系统所含物质的总量和绝对值无关，只与相对量有关。

(4)偏摩尔量不仅与温度、压力有关，而且与各组分的相对含量(浓度)有关。在温度、压力不变的条件下，系统的浓度不同，则各物质的偏摩尔量就不同；如果浓度不变，则各物质的偏摩尔量也不变。显然对于只有一种组分的系统，即纯物质的偏摩尔量 Z_B就是它的摩尔量 $Z_{m,B}^*$，如 $V_B=V_{m,B}^*$。

(5)偏摩尔量在少数情况下可能是负值。例如，在大量无限稀释的 $MgSO_4$溶液中，继续加入 1 mol $MgSO_4$时，溶液体积缩小了 1.4 cm^3，此时，溶质 $MgSO_4$的 V_B为负值，即 $V_B=-1.4\ cm^3\cdot mol^{-1}$。在处理热力学问题时，无须知道在系统中各组分占有的体积(或其他容量因素)的绝对值，只要知道当物质溶入溶液时这些量的改变值就够了。

(6)偏摩尔 Gibbs 自由能又称化学势，并用符号 μ_B 表示。即：

$$\mu_B=G_B=\left(\frac{\partial G}{\partial n_B}\right)_{T,p,n_C(C\neq B)}$$

将式(4.5)代入式(4.4)，得：

$$dZ=\sum_{B=1}^{k} Z_B dn_B \tag{4.7}$$

4.2.2 偏摩尔量的集合公式

偏摩尔量是强度性质，与混合物的浓度有关，而与混合物的总量无关。如果按照原始系统中各物质的比例，同时加入 1,2,…,k，由于是按原比例同时加入的，所以在过程中系统的浓度保持不变，因此各组分的偏摩尔量 Z_B 的数值也不改变。如果保持温度和压力不变，式(4.7) 积分，得：

$$\begin{aligned}Z&=Z_1\int_0^{n_1}dn_1+Z_2\int_0^{n_2}dn_2+\cdots+Z_k\int_0^{n_k}dn_k\\&=n_1Z_1+n_2Z_2+\cdots+n_kZ_k=\sum_{B=1}^{k}n_BZ_B\end{aligned} \tag{4.8}$$

式(4.8) 称为偏摩尔量的集合公式(或加和公式)。这个公式说明了系统中各个广度性质的总值与各组分偏摩尔量之间的关系。本节曾指出，在多组分系统中，任一广度性质一般不等于混合前各纯物质所具有的对应广度性质的加和。偏摩尔量的集合公式表明了系统的各广度性质的总值等于各组分的偏摩尔量与其物质的量的乘积之和。例如，一个系统只有两个组分 1 和 2，则系统的体积等于这两个组分的物质的量 n_1 和 n_2 分别乘以对应的偏摩尔体积 V_1 和 V_2 的加和，即：

$$V=n_1V_1+n_2V_2$$

如果写成更一般的形式，多组分系统的任一广度性质都可以表示为：

$$V=\sum_{B=1}^{k}n_BV_B \qquad U=\sum_{B=1}^{k}n_BU_B$$

$$H=\sum_{B=1}^{k}n_BH_B \qquad S=\sum_{B=1}^{k}n_BS_B$$

$$A=\sum_{B=1}^{k}n_BA_B \qquad G=\sum_{B=1}^{k}n_BG_B=\sum_{B=1}^{k}n_B\mu_B$$

4.2.3　偏摩尔量的求法

用实验方法测定偏摩尔量的原理主要是根据其定义、集合公式等，具体求算方法有

1.解析法

在一定温度和压力下，固定物质 1 的物质的量 n_1，以不同物质 2 的物质的量 n_2 溶入其中，实验测定相应的广度性质如体积 V，根据 $V-n_2$ 数据作曲线或拟合成解析式，从 $V=V(n_2)$ 求偏微商 $\left(\frac{\partial V}{\partial n_2}\right)_{T,p,n_1}$ 即得 V_2。

2.图解法

若已知溶液的性质与组成的关系，例如已知在某一定温度和压力时的溶剂 1 中含有不同数量的溶质 2 时的体积，则可构成 $V-n_2$ 关系，得到一条实验曲线，如图 4-1 所示，曲线上某点的切线的斜率 $\left(\frac{\partial V}{\partial n_2}\right)_{T,p,n_1}$ 即为该浓度时溶质的偏摩尔体积 V_2。

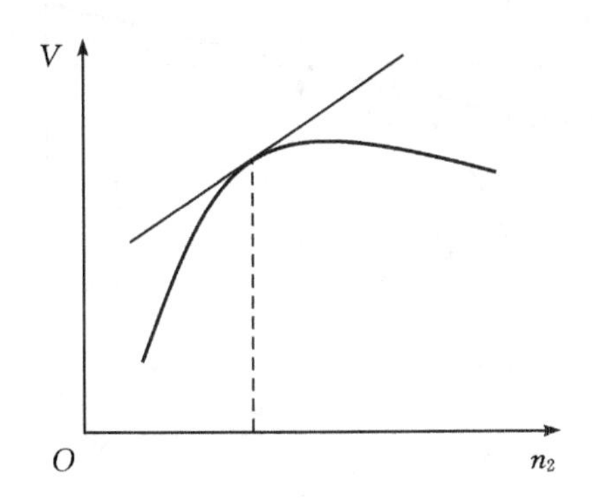

图 4-1　图解法求偏摩尔体积

3.截距法

以二组分系统的偏摩尔体积为例：

根据偏摩尔量的集合公式

$$V=n_1V_1+n_2V_2$$

将混合物的平均摩尔体积 V_m 定义为：

$$V_m=\frac{V}{n_1+n_2}$$

式(1)进行微分，得：

$$dV_m=\frac{dV}{n_1+n_2}-V\frac{dn_1}{(n_1+n_2)^2} \tag{4.9}$$

因

$$x_2=\frac{n_2}{n_1+n_2}$$

微分得：

$$dx_2=\frac{-n_2 dn_1}{(n_1+n_2)^2}=-x_2\frac{dn_1}{(n_1+n_2)} \tag{4.10}$$

由式(4.9)和式(4.10)，得：

$$x_2 \frac{\partial V_m}{\partial x_2} = -\frac{\partial V}{\partial n_1} + \frac{V}{n_1+n_2} = -V_1 + V_m$$

移项得：

$$V_1 = V_m - x_2 \left(\frac{\partial V_m}{\partial x_2}\right)_{T,p} \tag{4.11}$$

同理

$$V_2 = V_m - x_2 \left(\frac{\partial V_m}{\partial x_1}\right)_{T,p} \tag{4.12}$$

通过实验求出不同 x_2 时的 V_m，作 $V_m - x_2$ 曲线，如图 4-2 所示。根据式(4.11)和式(4.12)，在某一浓度 x_2 处作曲线之切线 QR，切线在 $x_2=0$ 及 $x_2=1$ 时纵轴上之截距 OQ 和 $O'R$ 分别为所求的偏摩尔体积 V_1 及 V_2。通过截距法在一次作图中同时可获得两个组分 1、2 的偏摩尔体积。

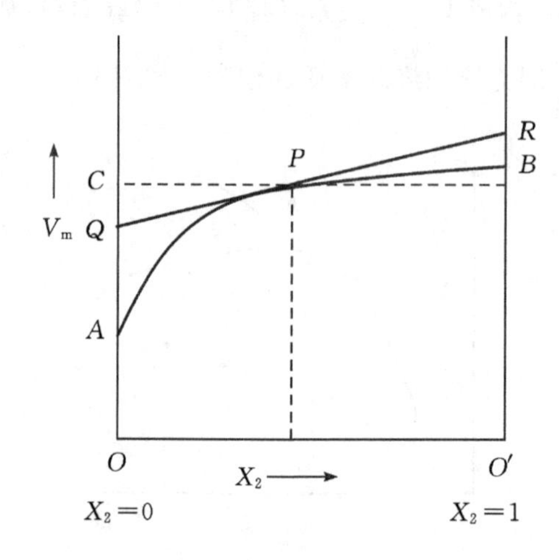

图 4-2　截距求法偏摩尔体积

【例 4-2】 298 K、$p^\ominus$，固定溶剂水的量($V_1^*=1000\ \text{cm}^3$，$n_1=55.344$ mol)，以不同的物质的量溶质(NaCl)n_2 溶于其中，测定体积，根据实验数据拟合成方程式为

$$V=\{1001.38+16.6253(n_2/\text{mol})+1.7738\ (n_2/\text{mol})^{3/2}+0.1194\ (n_2/\text{mol})^2\}\text{cm}^3 \tag{1}$$

分别求溶液中溶剂水和溶质 NaCl 的偏摩尔体积 V_1 和 V_2 表示式。

解　根据偏摩尔量的定义式，可得 $V_2 - n_2$ 的关系式

$$V_2=\left(\frac{\partial V}{\partial n_2}\right)_{T,p,n_1}=\{16.6253+2.6607\ (n_2/\text{mol})^{1/2}+0.2388(n_2/\text{mol})\}\text{cm}^3\cdot\text{mol}^{-1} \tag{2}$$

又根据偏摩尔量的集合公式 $V=n_1V_1+n_2V_2$，可得 $V_1 - n_2$ 的关系式

$$V_1=\frac{(V-n_2V_2)}{n_1}=\{18.094-0.01603\ (n_2/\text{mol})^{3/2}-0.002157\ (n_2/\text{mol})^2\}\text{cm}^3\cdot\text{mol}^{-1} \tag{3}$$

由式(2)及式(3)可以求各个浓度时的 V_1 及 V_2。

【例 4-3】 有一水(A)和乙醇(B)形成的均相混合物，水的摩尔分数 x_A 为 0.4，乙醇的偏摩尔体积 V_B 为 57.5 $\text{cm}^3\cdot\text{mol}^{-1}$，混合物的密度 ρ 为 0.8494 $\text{g}\cdot\text{cm}^{-3}$。试计算此混合物中水的偏摩尔体积 V_A。

解　取水和乙醇的均相混合物的总物质的量 1 mol 为基准，则：

$$n_A=0.4\ \text{mol} \qquad n_B=0.6\ \text{mol}$$

$$V=\frac{m}{\rho}=\frac{n_A M_A+n_B M_B}{\rho}$$
$$=\frac{0.4\ \text{mol}\times 18\ \text{g}\cdot\text{mol}^{-1}+0.6\ \text{mol}\times 46\ \text{g}\cdot\text{mol}^{-1}}{0.8494\ \text{g}\cdot\text{cm}^{-3}}$$
$$=40.97\ \text{cm}^3$$

根据偏摩尔量的集合公式

$$V=n_A V_A+n_B V_B$$
$$V_A=\frac{V-n_B V_B}{n_A}$$
$$=\frac{40.97\ \text{cm}^3-0.6\ \text{mol}\times 357.5\ \text{cm}^3\cdot\text{mol}^{-1}}{0.4\ \text{mol}}$$
$$=16.18\ \text{cm}^3\cdot\text{mol}^{-1}$$

4.2.4 吉布斯-杜亥姆(Gibbs - Duhem)公式

在均相系统中,各组分的偏摩尔量除了遵从偏摩尔量的集合公式外,还有另一个重要的关系式,即吉布斯-杜亥姆公式,在讨论的多组分系统的问题时,这是一个很有用的公式。

在一定温度和一定压力下,对式(4.8)微分,得:

$$\mathrm{d}Z=\sum_{B=1}^{k}Z_B\mathrm{d}n_B+\sum_{B=1}^{k}n_B\mathrm{d}Z_B$$

与式(4.7) 比较,得:

$$\sum_{B=1}^{k}n_B\mathrm{d}Z_B=0 \tag{4.13}$$

等式两边除以混合物总的物质的量,得:

$$\sum_{B=1}^{k}x_B\mathrm{d}Z_B=0 \tag{4.14}$$

式(4.13)和式(4.14)都称为吉布斯-杜亥姆公式,这些公式都只有在 T,p 恒定时才成立。以二组分系统为例,则式(4.14)为:

$$x_1\mathrm{d}Z_1+x_2\mathrm{d}Z_2=0$$

这些式子表明偏摩尔量之间不是彼此无关的,而是具有一定的联系,当一个组分的偏摩尔量增加时,另一个组分的偏摩尔量必将减少,即表现为互为盈亏的关系。

【思考题 4-1】 某溶液中物质 B 的偏摩尔体积是否是 1 mol 物质 B 在溶液中所占的体积? 为什么?

【思考题 4-2】 多组分系统中某组分的偏摩尔体积如纯组分的摩尔体积一样,一定不会小于零,对吗?

4.3 化学势

4.3.1 化学势的定义

由于实际所遇到的系统常常会有质量或各组分含量的变化,为了方便地处理敞开系统或组成可变的封闭系统的热力学关系式,吉布斯(Gibbs,1830—1903,美国物理学家和化学家)和路易斯(Lewis,1875—1946,美国化学家)引入了化学势的概念。化学势是一个极为重要的热力学函数，它在溶液、相平衡、化学平衡等讨论中应用极为频繁，化学势是在将热力学原理引向化学领域过程中起桥梁作用的热力学函数，因此对其概念及运算要正确地掌握。

在多组分均相系统中，系统的任何热力学性质不但是 p,V,T,U,H 和 S 等热力学函数中任意两个独立变量的函数，同时也是各组成的物质的量的函数，在 4 个热力学基本公式中要增加变量 n_B。

1. 热力学能 U

热力学能 U 是广度性质，如果系统中含有物质 $1,2,\cdots,k$，其物质的量分别为 $n_1,n_2,\cdots,n_k$，则：

$$U=U(S,V,n_1,n_2,\cdots,n_k)$$

写成全微分的形式为：

$$dU=\left(\frac{\partial U}{\partial S}\right)_{T,n_B}dS+\left(\frac{\partial U}{\partial V}\right)_{S,n_B}dV+\sum_{B=1}^{k}\left(\frac{\partial U}{\partial n_B}\right)_{S,V,n_C(C\neq B)}dn_B$$

令

$$\mu_B=\left(\frac{\partial U}{\partial n_B}\right)_{S,V,n_C(C\neq B)} \tag{4.15}$$

μ_B 称为物质 B 的化学势。

对于组成不变的均相系统，根据其热力学基本公式，则有：

$$\left(\frac{\partial U}{\partial S}\right)_{V,n_B}=T,\qquad \left(\frac{\partial U}{\partial V}\right)_{S,n_B}=-p$$

式(4.15)可写成：

$$dU=TdS-pdV+\sum_{B=1}^{k}\mu_B dn_B \tag{4.16}$$

2. Gibbs 自由能 G

由定义

$$G=H-TS=U+pV-TS$$

$$dG=dU+pdV+Vdp-TdS-SdT$$

将式(4.16)代入后，得：

$$dG=SdT+Vdp+\sum_{B=1}^{k}\mu_B dn_B \tag{4.17}$$

在多组分系统中，进一步考虑组成的变化对 Gibbs 自由能的影响，则：

$$G=G(T,p,n_1,n_2,\cdots,n_k)$$

写成全微分的形式为：

$$dG=\left(\frac{\partial G}{\partial T}\right)_{p,n_B}dT+\left(\frac{\partial G}{\partial p}\right)_{T,n_B}dp+\sum_{B=1}^{k}\left(\frac{\partial G}{\partial n_B}\right)_{T,p,n_C(C\neq B)}dn_B$$

即

$$dG=SdT+Vdp+\sum_{B=1}^{k}\left(\frac{\partial G}{\partial n_B}\right)_{T,p,n_C(C\neq B)}dn_B \tag{4.18}$$

比较式(4.17)和式(4.18)，得：

$$\mu_B=\left(\frac{\partial G}{\partial n_B}\right)_{T,p,n_C(C\neq B)}$$

这是化学势 μ_B 的狭义定义。这个狭义的化学势用得最多，因为在生产实际或科学研究中，等温、等压的条件最普遍，所以常用 Gibbs 自由能的变化来判断反应自发进行的方向和限度。以后讲到化学势，若没有特别说明，都是指这个狭义的化学势。

利用上述类似的方法，可以得到化学势的另一些表示式。即：

$$\mu_B=\left(\frac{\partial U}{\partial n_B}\right)_{S,V,n_C(C\neq B)}=\left(\frac{\partial H}{\partial n_B}\right)_{S,P,n_C(C\neq B)}=\left(\frac{\partial A}{\partial n_B}\right)_{T,V,n_C(C\neq B)}=\left(\frac{\partial G}{\partial n_B}\right)_{T,P,n_C(C\neq B)} \tag{4.19}$$

式(4.19)中，4 个偏微商都叫化学势。其物理意义为在保持某热力学函数相应两个特征变量和除 B 以外其他组分组成不变的情况下，该热力学函数随其物质的量 n_B 的变化率，这是化学势 μ_B 广义定义。

由化学势 μ_B(单位：$J\cdot mol^{-1}$)定义式可知，化学势是状态函数，是强度性质，其绝对值不能确定。特别应指出，化学势总是对某物质某相态而言，绝对没有所谓系统的化学势。当然，对多相系统来说，也不能笼统地说组分 B 的化学势，如冰与水共存的系统，有 $\mu_{H_2O}(s,T,p)$ 及 $\mu_{H_2O}(l,T,p)$，不能笼统地说，水的化学势 $\mu_{H_2O}(T,p)$ 而不指明相态。

引入化学势 μ_B 后，多组分均相系统的热力学基本公式可写为：

$$\begin{aligned} dU&=TdS-pdV+\sum_{B=1}^{k}\mu_B dn_B &\text{(a)}\\ dH&=TdS+Vdp+\sum_{B=1}^{k}\mu_B dn_B &\text{(b)}\\ dA&=-SdT-pdV+\sum_{B=1}^{k}\mu_B dn_B &\text{(c)}\\ dG&=-SdT+Vdp+\sum_{B=1}^{k}\mu_B dn_B &\text{(d)}\end{aligned} \tag{4.20}$$

4.3.2　化学势判据

前面已经讨论，不同条件下组成不变的系统($W_f=0$)，过程自发性的判据分别为：

$$dU_{S,V}\leqslant 0;dH_{S,p}\leqslant 0;dA_{T,V}\leqslant 0;dG_{T,p}\leqslant 0$$

根据式(4.20)，在以上各特定条件下，过程自发性的判据均可表达为：

$$\sum_{B=1}^{k}\mu_B dn_B\leqslant 0 \tag{4.21}$$

式中，“<”表示过程具有自发性；“=”表示处于平衡。

通常，在等温、等压下，式(4.20)(d) 可简化为：

$$dG=\sum_{B=1}^{k}\mu_B dn_B \tag{4.22}$$

已知等温、等压且 $W_f=0$ 的条件下，dG 常作为判断变化自发进行的方向和限度的判据，即：

$$\sum_{B=1}^{k}\mu_B dn_B\begin{cases}<0\text{自发}\\=0\text{ 平衡}\end{cases} \tag{4.23}$$

式(4.23)称为化学势判据，被广泛应用于等温等压下，判断相变和化学变化的方向和限度。

4.3.3　化学势在相平衡中的应用

1.化学势在相平衡中的应用

设系统有 α 和 β 两相，两相均为多组分，在等温、等压下，如图 4－3 所示，有 dn_B 的物质 B

从 β 相转移到了 α 相，根据式(4.22)，则 α 相的 Gibbs 自由能变化为：

$$dG^{\alpha}=\mu_B^{\alpha}dn_B$$

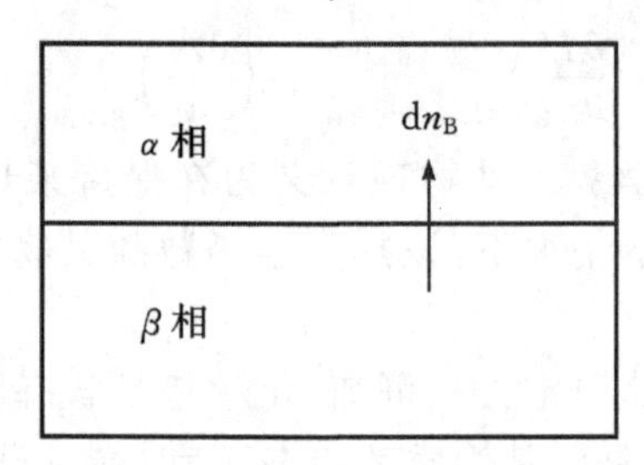

图 4-3 相间转移

而 β 相的 Gibbs 自由能变化为：

$$dG^{\beta}=-\mu_B^{\beta}dn_B$$

此时系统 Gibbs 自由能的总变化为：

$$dG=dG^{\alpha}+dG^{\beta}=(\mu_B^{\alpha}-\mu_B^{\beta})dn_B$$

如果上述相转移达到平衡，则：

$$dG=0$$

因 $dn_B\neq 0$ 故 $\mu_B^{\alpha}=\mu_B^{\beta}$ (4.24)

这表明，多组分多相系统多相平衡的条件为："除系统中各相的温度和压力必须相等以外，各组分在各相中的化学势亦必须相等"。即：

$$\mu_B^{\alpha}=\mu_B^{\beta}=\cdots=\mu_B^{\gamma} \tag{4.25}$$

如果上述的转移过程是自发进行的，则 $(dG)_{T,p}<0$，式(4.21)中，因 $dn_B>0$，则：

$$\mu_B^{\alpha}<\mu_B^{\beta} \tag{4.26}$$

由此可见，自发变化的方向是物质 B 从 μ_B 较大的相流向 μ_B 较小的相，直到物质 B 在两相中的化学势 μ_B 相等时为止。因此，化学势的高低决定物质在相变中转移的方向和限度，可以将化学势看成为物质在两相中转移的推动力。

2. 化学势在化学平衡中的应用

对于化学反应 $0=\sum_B \nu_B B$

当反应在等温等压且 $W_f=0$ 的条件下进行时，

$$(dG)_{T,p}=\sum_B \mu_B dn_B=\sum_B \nu_B\mu_B d\xi$$

因为 $d\xi>0$

所以当 $(dG)_{T,p}=0$ 时，$\sum_B \nu_B\mu_B=0$，化学平衡的条件；

当 $(dG)_{T,p}<0$ 时，$\sum_B \nu_B\mu_B<0$，正向反应自发进行；

当 $(dG)_{T,p}>0$ 时，$\sum_B \nu_B\mu_B>0$，逆向反应自发进行。

以任意反应 $dD+eE+\cdots=gG+hH+\cdots$ 为例，

如果 $g\mu_G+h\mu_H+\cdots=d\mu_D+e\mu_E+\cdots$，化学反应达平衡；

如果 $g\mu_G+h\mu_H+\cdots<d\mu_D+e\mu_E+\cdots$，反应向右进行；

如果 $g\mu_G + h\mu_H + \cdots > d\mu_D + e\mu_E + \cdots$，反应向左进行。

4.3.4　化学势与温度、压力的关系

1.化学势与温度的关系

$$\left(\frac{\partial \mu_B}{\partial T}\right)_{p,n_B,n_C} = \left[\frac{\partial}{\partial T}\left(\frac{\partial G}{\partial n_B}\right)_{T,p,n_C}\right]_{p,n_B,n_C} = \left[\frac{\partial}{\partial n_B}\left(\frac{\partial G}{\partial T}\right)_{p,n_B,n_C}\right]_{T,p,n_C} = \left[\frac{\partial(-S)}{\partial n_B}\right]_{T,p,n_C} = -S_B$$

即

$$\left(\frac{\partial \mu_B}{\partial T}\right)_{p,n_B,n_C} = -S_B \tag{4.27}$$

对于纯组分系统，根据基本公式，$dG = -SdT + Vdp$

$$\left(\frac{\partial G_m}{\partial T}\right)_p = -S_m^*$$

所以化学势与温度的关系与纯组分的摩尔吉布斯自由能与温度的关系公式形式完全相同，只是多组分系统公式中是偏摩尔量，而纯组分系统公式中是摩尔量。

2.化学势与压力的关系

$$\left(\frac{\partial \mu_B}{\partial p}\right)_{T,n_B,n_C} = \left[\frac{\partial}{\partial p}\left(\frac{\partial G}{\partial n_B}\right)_{T,p,n_C}\right]_{T,n_B,n_C} = \left[\frac{\partial}{\partial n_B}\left(\frac{\partial G}{\partial p}\right)_{T,n_B,n_C}\right]_{T,p,n_C} = \left(\frac{\partial V}{\partial n_B}\right)_{T,p,n_C} = V_B$$

即

$$\left(\frac{\partial \mu_B}{\partial p}\right)_{T,n_B,n_C} = V_B \tag{4.28}$$

对于纯组分系统基本公式，则有：

$$\left(\frac{\partial G_m}{\partial p}\right)_T = V_m^*$$

由此可见，化学势与压力的关系与纯组分摩尔吉布斯自由能与压力的关系式形式也完全相同。

注意偏摩尔量和化学势的区别与联系如下：

(1) $G_B = \left(\frac{\partial G}{\partial n_B}\right)_{T,p,n_C(C\neq B)}$ 既是偏摩尔吉布斯自由能 G_B，又称化学势 μ_B。

(2)凡是广度性质都有偏摩尔量，如 V, U, S, H, A, G 等，而化学势仅以 U, H, A, G 来定义。

(3)偏摩尔量(或化学势)是状态函数，是强度性质，总是对某物质在某一相态的偏摩尔量(或化学势)，不存在系统的偏摩尔量(或化学势)。

【思考题 4-3】　对于纯组分，其化学势就等于其吉布斯自由能吗？

【思考题 4-4】　在下列偏微分公式中，哪些表示偏摩尔量，哪些表示化学势，哪些什么都不是？

A. $\left(\frac{\partial G}{\partial n_B}\right)_{T,p,n_C}$　B. $\left(\frac{\partial G}{\partial n_B}\right)_{T,V,n_C}$　C. $\left(\frac{\partial U}{\partial n_B}\right)_{S,V,n_C}$　D. $\left(\frac{\partial A}{\partial n_B}\right)_{T,p,n_C}$

E. $\left(\frac{\partial H}{\partial n_B}\right)_{T,p,n_C}$　F. $\left(\frac{\partial H}{\partial n_B}\right)_{S,p,n_C}$　G. $\left(\frac{\partial U}{\partial n_B}\right)_{S,T,n_C}$　H. $\left(\frac{\partial A}{\partial n_B}\right)_{T,V,n_C}$

4.4　气体物质的化学势

气体是化学系统的重要组成部分，由于其均匀、结构简单，将热力学基本理论应用于气体系统可以获得鲜明而又简洁的规律，因此气体是热力学理论系统应用和检验最有成效的对象之一。通常，更因为许多化学反应是在气相中进行的，所以需要知道气体混合物中各组分的化

学势，这是进一步了解溶液中各组分的化学势的基础。

4.4.1 纯组分理想气体的化学势

从式(4.28)可以看出一定温度时化学势与压力的关系。对于纯组分理想气体，其偏摩尔体积 V_B就等于摩尔体积 V_m，得：

$$\left(\frac{\partial \mu_B}{\partial p}\right)_{T,n_B,n_C}=V_m$$

移项积分，在温度 T 时，压力从标准压力 $p^\ominus$ 积分到系统的实际压力 p，则得：

$$\mu(T,p)=\mu^\ominus(T)+RT\ln\frac{p}{p^\ominus} \tag{4.29}$$

式中，$\mu(T,p)$是该理想气体的化学势，它是 T,p 的函数；$\mu^\ominus(T)$是在压力为标准压力 $p^\ominus$ 和温度为 T 时该理想气体的化学势，由于压力已经指定为标准压力，故它仅是温度的函数。这个状态就是气体的标准态，它的数值与气体的种类与温度有关。

式(4.29)简写为：

$$\mu=\mu^\ominus(T)+RT\ln\frac{p}{p^\ominus} \tag{4.30}$$

4.4.2 混合理想气体的化学势

图 4-4 中左方是处于温度 T、压力 p 状态的k 种混合理想气体，右方是纯理想气体 B，设中间的半透膜 M 只允许 B 气体通过，并设半透膜可以导热，以维持双方温度相同。

达到平衡时，根据力学平衡条件，能透过半透膜的气体 B，它在膜两边的分压相等，即：

$$p_B=p_B^*$$

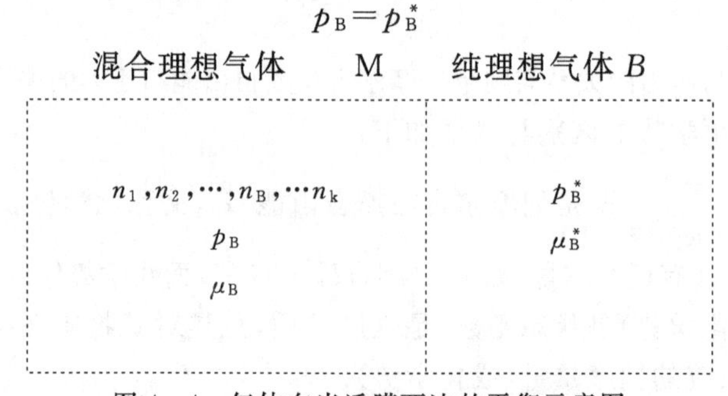

图 4-4 气体在半透膜两边的平衡示意图

根据相平衡条件，半透膜两边气体 B 的化学势相等，即：

$$\mu_B=\mu_B^*$$

根据式(4.30)，右方气体 B 的化学势为：

$$\mu_B^*=\mu_B^\ominus(T)+RT\ln\frac{p_B^*}{p^\ominus}$$

所以左方混合气体中 B 的化学势为：

$$\mu_B=\mu_B^\ominus(T)+RT\ln\frac{p_B}{p^\ominus} \tag{4.31}$$

式(4.31)就是理想气体混合物中任一组分 B 的化学势表示式，这个公式可以作为理想气体混合物的热力学定义式，即在气体混合物中任一组分 B 的化学势可以用这个公式表示，它就是理想气体混合物。

根据道尔顿分压定律，$p_B = p x_B$，代入式(4.31)，得：

$$\mu_B(T,p) = \mu_B^{\ominus}(T) + RT\ln\frac{p}{p^{\ominus}} + RT\ln x_B = \mu_B^{*}(T,p) + RT\ln x_B \tag{4.32}$$

式(4.32)中，x_B 是理想气体混合物中组分 B 的摩尔分数；$\mu_B^{*}(T,p)$是纯理想气体 B 在温度 T，压力 p 时的化学势，这个状态当然不是标准态。

4.4.3　实际气体的化学势

实际气体可以是理想气体，也可以不是理想气体，理想气体是从实际气体的行为抽象出的的概念，在低压或高温时的实际气体接近理想气体行为。对理想气体的化学势已得到了统一而简单的表示式，如式(4.31)。但是对于非理想气体系统则不然，由于其状态方程复杂，导致化学势表示式具有多样性。为了能反映非理想气体的性质而又具有理想气体化学势公式简单统一的形式，路易斯提出了逸度的概念。

1.只有一种实际气体

对于实际气体，特别是压力比较高时，其状态性质不满足理想气体状态方程，因此就不能用式(4.31)或(4.32)表示其化学势。为了解决此困难路易斯提出一个简单的修正的办法，将实际气体的压力 p 乘以一个因子 γ 进行校正，并称校正后的压力为逸度，用符号 f 表示。即：

$$f = \gamma \cdot p \tag{4.33}$$

γ 称为“逸度因子”，所以，

$$\gamma = \frac{f}{p}$$

逸度因子 γ 表示该气体与理想气体偏差的程度，其数值不仅与气体的特性有关，还与气体的温度和压力有关。一般来说，温度一定时，压力较小，逸度因子 $\gamma < 1$；当压力很大时，逸度因子 $\gamma > 1$；当压力趋于零时，实际气体的行为接近理想气体的行为，这时 $\gamma \to 1$。

将式(4.30)中的压力 p 用逸度 f 代换后，即得到实际气体的化学势为：

$$\mu = \mu^{\ominus}(T) + RT\ln\frac{f}{p^{\ominus}} \tag{4.34}$$

值得注意的是，按照 Lewis 的办法，用式(4.34)表示实际气体的化学势时，校正的是实际气体的压力，而没有改变 $\mu^{\ominus}$，所以 $\mu^{\ominus}$ 依然是理想气体的标准态化学势，即，$\mu^{\ominus}$ 是该气体的压力等于标准压力 $p^{\ominus}$，且符合理想气体行为时的化学势，亦称为标准态化学势。它亦仅是温度 T 的函数。可见，实际气体的标准态是选取温度 T 及标准压力 $p^{\ominus}$ 下假想的纯理想气体为标准态。

因此，要表示实际气体的化学势，必须知道在压力 p 时该气体的逸度 f 值。若能知道某实际气体的状态方程，原则上就可以找出该气体的逸度 f 和压力 p 之间的关系。

【例 4-4】　已知某实际气体的状态方程为 $pV_m = RT + \alpha p$，其中 α 为常数，求该气体逸度 f 的表达式。

解　根据$\left(\frac{\partial \mu}{\partial p}\right)_T = V_m$，代入实际气体的状态方程并作不定积分，得：

$$\mu = \int V_m \mathrm{d}p = \int\left(\frac{RT}{p} + \alpha\right)\mathrm{d}p = RT\ln p + \alpha p + I \tag{1}$$

上式中，I 是积分常数，可以由边界条件求得，当 $p \to 0$ 时，为理想气体，则式(1)为

$$\mu=\mu^{\ominus}(T)+RT\ln\frac{p}{p^{\ominus}}=RT\ln p+I \tag{2}$$

由式(2)，得

$$I=\mu^{\ominus}(T)-RT\ln p^{\ominus} \tag{3}$$

将式(3)代入式(1)，并整理后得到该实际气体化学势的表示式为：

$$\mu=\mu^{\ominus}(T)+RT\ln\frac{p}{p^{\ominus}}+\alpha p \tag{4}$$

令

$$RT\ln\gamma=\alpha p \tag{5}$$

将式(5)代入式(4)，得

$$\mu=\mu^{\ominus}(T)+RT\ln\frac{p\gamma}{p^{\ominus}} \tag{6}$$

令

$$f=\gamma\cdot p$$

f 为逸度，γ 为逸度因子($p\to0,\gamma\to1,f=p$)，则式(6)为：

$$\mu=\mu^{\ominus}(T)+RT\ln\frac{f}{p^{\ominus}} \tag{7}$$

比较式(7)和式 (4)，得

$$RT\ln f=RT\ln p+\alpha p \tag{8}$$

即

$$f=p\mathrm{e}^{\frac{\alpha p}{RT}} \tag{9}$$

式(9)就是该实际气体逸度 f 和压力 p 之间的关系，此式可以计算该实际气体在任意压力下的逸度 f。

求只有一种气体逸度因子的方法较多，除了上例可从状态方程求得外，还有图解法、对比状态法、近似法等。

2.实际气体混合物

理想气体混合物中任一组分 B 的化学势与该组分的分压之间的关系为：

$$\mu_{\mathrm{B}}=\mu_{\mathrm{B}}^{\ominus}(T)+RT\ln\frac{p_{\mathrm{B}}}{p^{\ominus}}$$

要表示实际气体混合物中任一组分 B 的化学势，同样，根据半透膜平衡原理，当平衡时，半透膜两边组分 B 的化学势相等，从而可导出非理想气体混合物中任一组分的化学势为：

$$\mu_{\mathrm{B}}=\mu_{\mathrm{B}}^{\ominus}(T)+RT\ln\frac{f_{\mathrm{B}}}{p^{\ominus}} \tag{4.35}$$

式中，f_{B} 是实际气体混合物中组分 B 的逸度。

对于混合非理想气体，Lewis - Randall 提出一个近似规则，即：

$$f_{\mathrm{B}}=f_{\mathrm{B}}^{*}x_{\mathrm{B}} \tag{4.36}$$

式中，x_{B} 是 B 组分在混合气体中的摩尔分数；f_{B}^{*} 是同温度时，纯 B 组分在其压力等于混合气体总压时的逸度，而纯 B 组分的逸度求算前面已提及。此近似规则对一些常见气体，可近似使用到压力为标准压力 $p^{\ominus}$ 的大约 100 倍。

4.5 两个经验定律

稀溶液的两个经验定律——拉乌尔定律和亨利定律，都是实践的总结，这两个定律在溶液热力学的发展中起着重要的作用。

4.5.1　拉乌尔(Raoult)定律

实验表明,当溶质溶入溶剂中时,将使溶剂的蒸气压降低。1887 年拉乌尔在归纳了大量实验结果的基础上,得出了溶液中溶剂的蒸气压与组成之间的关系,称之为拉乌尔定律。即:在一定温度下,稀溶液中溶剂的蒸气压 p_A 等于同温下纯溶剂的饱和蒸气压 p_A^* 与溶液中溶剂的摩尔分数 x_A 的乘积,数学式为:

$$p_A=p_A^* x_A \tag{4.37}$$

该定律的适用范围由实验确定,稀溶液时溶剂的蒸气压服从拉乌尔定律。

如果稀溶液中只有一种溶质 B,则 $x_A+x_B=1$,式(4.37)又可表示为:

$$p_A=p_A^*(1-x_B) \quad 或 \quad \frac{p_A^*-p_A}{p_A^*}=x_B \tag{4.38}$$

即溶剂蒸气压的降低值($p_A^*-p_A$)与纯溶剂的蒸气压之比等于溶质的摩尔分数 x_B,溶质的摩尔分数 x_B 越大,则溶剂蒸气压的降低值($p_A^*-p_A$)也越大,这可以看作是拉乌尔定律的另一种形式。

一般来说,只有稀溶液中的溶剂才能较准确地遵守拉乌尔定律。因为在稀溶液中,溶剂分子之间的引力受溶质分子的影响很小,即溶剂分子周围的环境与纯溶剂几乎相同,所以溶剂的蒸气压仅与单位体积溶液中溶剂的分子数(即浓度)有关而与溶质分子的性质无关。因此,p_A 正比于 x_A,且其比例系数为 p_A^*。但当溶液浓度变大时,溶质分子对溶剂分子之间的引力就有显著的影响。因此,溶剂的蒸气压就不仅与溶剂的浓度有关,还与溶质的性质有关。故溶剂的蒸气压与其摩尔分数不成正比关系,即不遵守拉乌尔定律。

使用拉乌尔定律时必须注意,这个定律是用来计算稀溶液中溶剂的蒸气压。若溶剂分子本身有缔合现象(如水分子通常发生缔合),在计算溶剂的摩尔质量时,其摩尔质量仍用气态分子的摩尔质量,即水的摩尔质量仍用 18 g·mol^{-1}。拉乌尔定律最初是从不挥发的非电解质溶液中总结出来的经验定律,后来才推广到溶质、溶剂都是液态的系统。例如,有两种液态物质 A 和 B 构成的液态混合物,则分别有

$$p_A=p_A^* x_A \qquad\qquad p_B=p_B^* x_B$$

拉乌尔定律是稀溶液的最基本的经验定律之一,稀溶液的其他性质如凝固点降低、沸点升高和产生渗透压等都可以用溶剂的蒸气压降低来解释。

4.5.2　亨利定律

根据实验发现,气体物质在液体中的溶解度随气体的平衡压力的增大而增加,随温度升高而减少。1803 年亨利根据大量的实验结果总结出稀溶液的另一重要经验定律:在一定温度和平衡状态下,气体在液体中的溶解度与该气体在液面上的平衡分压 p_B 成正比。如果溶质 B 的浓度用摩尔分数 x_B 表示,则亨利定律的数学表示式为:

$$p_B=k_{x,B}x_B \tag{4.39}$$

式中,p_B 是平衡时气体 B 在溶液表面上的分压;$k_{x,B}$ 是气体 B 的浓度用 x_B 表示时的比例系数,称为亨利系数,其数值取决于温度、压力以及溶质与溶剂的性质。这一规律虽然是从研究气体溶解度中得到的,但对挥发性溶质亦适用。

表 4-2 中列出了一些气体在 298 K 时溶解于水和苯中的亨利系数。可见亨利系数的数

值一般都比较大，表明一定平衡压力下气体溶质的溶解度一般都很小。亨利系数的数值越大，则溶质的溶解度越小。

表 4-2　298 K 时一些气体在水和苯中的亨利系数 k_x/Pa

溶质	水	苯
H_2	7.12×10^9	3.67×10^8
N_2	8.68×10^9	2.39×10^8
O_2	4.40×10^9	
CO	5.79×10^9	1.63×10^8
CO_2	1.67×10^8	1.14×10^7
CH_4	4.19×10^7	5.69×10^7
C_2H_2	1.35×10^8	
C_2H_4	1.16×10^9	
C_2H_6	3.07×10^9	

如果溶质 B 的浓度用质量摩尔浓度 m_B 表示或用物质的量浓度 c_B 表示，则相应的亨利定律表示为：

$$p_B=k_{m,B}m_B \tag{4.40}$$

$$p_B=k_{c,B}c_B \tag{4.41}$$

式中，$k_{m,B}$和 $k_{c,B}$是与浓度表示对应的亨利系数。因为 3 种浓度的表示方法不同，数值和单位都不同，所以这 3 种亨利系数的数值和单位也不相同。其关系为：

$$k_{x,B}=(1/M_A)k_{m,B}=(\rho_0/M_A)k_{c,B}$$

使用亨利定律应注意问题如下：

(1)在式(4.39)至式(4.41)中，p_B 是气体 B 在液面上的分压力。如果溶液中溶有多种气体，在总压不大时，亨利定律能分别适用于每一种气体，近似认为与其他气体的分压无关。

(2)溶质在气相和在溶液中必须具有相同的分子状态。如果溶质分子在溶液中发生聚合、解离或与溶剂形成了化合物时，此时可认为发生了化学反应，应由化学平衡规律来解决。而对于在溶液中未发生聚合、解离的部分可应用亨利定律。如 HCl、NH_3、H_2S、SO_2等气体溶解于水后，它们都存在不同程度的解离。此时，不能以液相中溶质的总浓度来计算气相平衡分压，而只能用液相中尚未解离的分子状态的物质浓度。例如 SO_2(g)溶于 $CHCl_3$，因分子状态未发生变化，可以直接应用亨利定律，而溶于水中则不然，因为

$$\begin{array}{ccccc} SO_2(g) = & SO_2(l)+H_2O(l) = & H_2SO_3 = & H^+ + & HSO_3^- \\ p_{SO_2} & m(1-\alpha) & m(\alpha-\beta) & m\beta & m\beta \end{array}$$

即未解离的 SO_2(l)浓度为 $m(1-\alpha)$，故拉乌尔定律为：

$$p_{SO_2}=k_m m(1-\alpha)$$

(3)溶液浓度越稀，对亨利定律符合得越好。升高温度或降低气体的分压，使气体在溶剂中的溶解度下降，溶液变稀，能更好地服从亨利定律。

【例 4-5】 在 298 K，已知纯液体 A 和 B 的饱和蒸气压分别为 $p_A^*=5\times10^4$ Pa，$p_B^*=$

6×10^4 Pa。假设 A 和 B 能形成理想的液态混合物，在液相中 x_A 为 0.4 时，求与之达成平衡的气相中 B 的摩尔分数 y_B 的值。

解　理想的液态混合物每个组分在全部浓度范围内服从拉乌尔定律，B 在气相的分压为：

$$p_B = p_B^* x_B = p_B^*(1-x_A) = 6\times10^4\ \text{Pa}\times(1-0.4) = 3.6\times10^4\ \text{Pa}$$

气体的总压等于 A 和 B 的分压之和，即：

$$p = p_A + p_B = p_A^* x_A + p_B = 5\times10^4\ \text{Pa}\times0.4 + 3.6\times10^4\ \text{Pa} = 5.6\times10^4\ \text{Pa}$$

气相中 B 的摩尔分数 y_B 为：

$$y_B = \frac{p_B}{p} = \frac{3.6\times10^4\ \text{Pa}}{5.6\times10^4\ \text{Pa}} = 0.64$$

【例 4－6】　如果溶液上方 CO_2 的平衡分压为标准压力 $p^{\ominus}$，计算 298 K 时 CO_2 在水中的溶解度。

解　查表得 $k_x(CO_2)=1.67\times10^8$ Pa，由亨利定律 $p_B=k_{x,B}x_B$ 得：

$$x(CO_2) = \frac{p(CO_2)}{k_x} = \frac{1.00\times10^5\ \text{Pa}}{1.67\times10^8\ \text{Pa}} = 5.99\times10^{-4}$$

计算表明，298 K 时，气相中 CO_2 分压已经达到标准压力，但在溶液中 1 万个分子中，找到 CO_2 分子的数目平均不足 6 个。这进一步说明，CO_2 要从溶液中挥发到气相，所克服的分子间引力完全不是 CO_2 与 CO_2 之间的力，而是 CO_2 与水分子之间的力。

拉乌尔定律和亨利定律形式上虽然相似，但实际上不同，可以对比如下：

1.两个定律之间的联系

拉乌尔定律和亨利定律都是一定温度下稀溶液的气、液平衡规律，描述稀溶液中某组分在气相的平衡分压与其在液相中的浓度之间的关系，适用于组分在气、液两相分子状态相同的情况。

2.两个定律之间的区别

(1)对象不同。拉乌尔定律 $p_A=p_A^* x_A$ 针对稀溶液中的溶剂 A，而亨利定律 $p_B=k_{x,B}x_B$ 针对溶质 B；

(2)比例系数不同。拉乌尔定律为 p_A^*，意义明确，而亨利定律 $k_{x,B}$ 为假想态；

(3)自变量取值范围不同。拉乌尔定律 $x_A\approx1$，而亨利定律 $x_B\approx0$；

(4)自变量限制不同。拉乌尔定律只能是 x_A，而亨利定律可以是各种浓度如 x_B，m_B，c_B；

(5)作用力不同。拉乌尔定律取决于 A－A 作用，而亨利定律取决于 A－B 作用；

3.注意区分 p_A^*，$k_{x,B}$，p_B^* 三者之间关系

当为纯物质时，$x_A\to1$ 时，$p_A=p_A^*$；而 $x_B\to1$ 时，$p_B=k_{x,B}\neq p_B^*$，即与溶剂不同，亨利常数 $k_{x,B}$ 并不等于纯溶质在该温度时的饱和蒸气压 p_B^*，这是因为溶质分子与溶剂分子的相互作用力不同所造成的。如果溶剂在一定条件下可以纯态存在，而对挥发性溶质在溶液中总存在溶剂分子的作用，当溶剂分子对溶质分子的作用力大于溶质分子间的作用时，则 $k_{x,B}<p_B^*$，反之则 $k_{x,B}>p_B^*$。只有当溶剂分子与溶质分子的作用力等于溶质分子间或溶剂分子间作用力时，$k_{x,B}\approx p_B^*$，这时拉乌尔定律与亨利定律就没有了区别，这就理想液态混合物。

【思考题 4－6】　已知在 303 K 时，O，Xe，C_2H_4 三种气体在水中的亨利系数分别为 4.69×10^6 kPa，1.33×10^6 kPa，1.26×10^6 kPa，则在相同的平衡压力下，这三种气体在水中的溶解度(用 x_B 表示)的大小关系如何?

4.6 理想液态混合物中物质的化学势

理想液态混合物和理想气体一样，也是一个极限概念，它能以极其简单的形式总结混合物的一般规律。在实际中只能近似存在。但因其服从的规律较为简单，并且从理想液态混合物得到的关系式，只要作适当的修正，就能用之于实际溶液。

4.6.1 理想液态混合物的定义

1.宏观定义

在一定温度和压力下，任一组分在全部浓度范围内都符合拉乌尔定律的液态混合物称为理想液态混合物。这是宏观上对理想液态混合物的定义，用公式表示为：

$$p_B = p_B^* x_B \tag{4.42}$$

式中，p_B^* 和 p_B 分别是混合物中任一组分 B 在纯态时饱和蒸气压和在混合物中的蒸气压。

2.微观定义

从分子模型上看，理想液态混合物各组分的分子大小及作用力，彼此近似或相等，即：$f_{A\text{-}A} \approx f_{B\text{-}B} \approx f_{A\text{-}B}$。当一种组分的分子被另一种组分的分子取代时，没有能量的变化或空间结构的变化。换言之，当各组分混合时没有焓变和体积的变化，即 $\Delta_{mix}H = 0$，$\Delta_{mix}V = 0$，这是理想液态混合物的微观定义。

严格讲，真正的理想液态混合物是不存在的。除了同位素化合物混合物、光学异构的混合物、立体异构的混合物以及紧邻同系物的混合物等可以(或近似地)看作理想液态混合物外，有些化学性质接近的混合物，也可形成较好的理想液态混合物，如苯-甲苯、Fe－Mn 或 Ag－Au 熔融体等。

4.6.2 理想液态混合物中物质的化学势

根据理想液态混合物的定义，可以导出其中任一组分化学势的表示式。

设温度 T 时，当理想液态混合物与其蒸气达平衡时，理想液态混合物中任一组分 B 与气相中该组分的化学势相等，即：

$$\mu_B(l) = \mu_B(g) \tag{4.43}$$

若与理想液态混合物成平衡的总蒸气压力 p 不大，蒸气可近似作为是理想气体混合物处理，则组分 B 在气相中的化学势可以用理想气体混合物中任一组分 B 的化学势表示，得

$$\mu_B(l) = \mu_B(g) = \mu_B^*(g) + RT\ln\frac{p_B}{p^\ominus} \tag{4.44}$$

对于理想液态混合物，任一组分都服从拉乌尔定律，$p_B = p_B^* x_B$，式中 p_B^* 是纯 B 的蒸气压。将 p_B 代入式(4.44)，得：

$$\mu_B(l) = \mu_B(g) = \mu_B^\ominus(g) + RT\ln\frac{p_B^*}{p^\ominus} + RT\ln x_B \tag{4.45}$$

对于纯的液相，$x_B = 1$，故在温度 T，压力 p 时，式(4.45)为：

$$\mu_B^*(l) = \mu_B^\ominus(g) + RT\ln\frac{p_B^*}{p^\ominus} \tag{4.46}$$

将 $\mu_B^*(l)$ 的表示式 (4.46)代入式(4.45)，得：

$$\mu_B(l) = \mu_B^*(l) + RT\ln x_B \tag{4.47}$$

式(4.47)中，$\mu_B^*(l)$是纯液体在温度 T 和压力 p 时的化学势，此压力并不是标准压力，故 $\mu_B^*(l)$并

非是纯 B 液体的标准态化学势。

根据 GB 3102.8－1993 规定，液体 B 无论是纯态还是在混合物中，都选择温度为 T、压力为标准压力 $p^{\ominus}$ 的纯液态 B 作为标准态，用符号表示为 $\mu_{B}^{\ominus}(l)$。

对于纯液体 B，已知 $\left(\dfrac{\partial \mu_{B}}{\partial p}\right)_{T,n_B,n_C}=V_{B}$，对此式从标准压力 $p^{\ominus}$ 到压力 p 进行积分，得：

$$\mu_{B}^{*}(l)=\mu^{B}(l)+\int_{p^{\ominus}}^{p}\left(\frac{\partial \mu_{B}}{\partial p}\right)_{T}dp=\mu_{B}^{\ominus}(l)+\int_{p^{\ominus}}^{p}V_{B}(l)dp \tag{4.48}$$

通常 p 与 $p^{\ominus}$ 的差别不是很大，故可以将积分项忽略，于是式(4.46)可写作

$$\mu_{B}(l)=\mu_{B}^{\ominus}(l)+RT\ln x_{B} \tag{4.49}$$

式(4.49)就是理想液态混合物中任一组分的化学势表示式，在全部浓度范围内都能使用。式中 $\mu_{B}^{\ominus}(l)$仅是温度 T 的函数，是液体 B 的标准态化学势。

为了在热力学上对气态、液态和固态混合物作统一处理，式(4.49)也作为理想液态混合物的热力学定义。即任一组分在全部浓度范围内都遵守 $\mu_{B}(l)=\mu_{B}^{\ominus}(l)+RT\ln x_{B}$ 的液态混合物称为理想液态混合物。需要说明的是这一定义与认为任一组分在全部浓度范围内都符合拉乌尔定律的为理想液态混合物的定义是有差别的，一般之所以不直接从式(4.49)定义理想液态混合物，而从拉乌尔定律出发，在于强调热力学的实验背景。

4.6.3　理想液态混合物的通性

纯物质在等温等压下混合形成理想液态混合物的过程中，一些状态函数的改变量，如，$\Delta_{mix}V$，$\Delta_{mix}H$，$\Delta_{mix}S$ 和 $\Delta_{mix}G$ 可以根据式(4.47)推导出来。

1. $\Delta_{mix}V=0$

由几种纯液体混合形成理想液态混合物时，总体积等于各纯组分的体积之和，混合过程中没有体积额外增加或减少。根据化学势与压力的关系及式(4.28)，得：

$$V_{B}=\left(\frac{\partial \mu_{B}}{\partial p}\right)_{T,n_B,n_C}=\left\{\frac{\partial \mu_{B}^{*}(T,p)}{\partial p}\right\}_{T,n_B,n_C}=V_{m,B}^{*}$$

即理想液态混合物中某组分的偏摩尔体积等于该组分(纯组分)的摩尔体积，所以混合前后体积不变，即 $\Delta_{mix}V=0$。可用式表示为：

$$\Delta_{mix}V=V_{混合后}-V_{混合前}=\sum_{B}n_{B}V_{B}-\sum_{B}n_{B}V_{m,B}^{*}=0 \tag{4.50}$$

2. $\Delta_{mix}H=0$

由几种纯液体混合形成理想液态混合物时，没有热效应，混合前后各物质的焓值不变。根据式(4.47)，在等式两端同除以温度 T，得：

$$\frac{\mu_{B}(l)}{T}=\frac{\mu_{B}^{*}(l)}{T}+R\ln x_{B}$$

对温度 T 微分，得：

$$\left[\frac{\partial \dfrac{\mu_{B}(l)}{T}}{\partial T}\right]_{p,n_B,n_C}=\left[\frac{\partial \dfrac{\mu_{B}^{*}(l)}{T}}{\partial T}\right]_{p,n_B,n_C}$$

根据吉布斯-亥姆霍兹公式，得：

$$H_{B}=H_{m,B}^{*}$$

即理想液态混合物中某组分的偏摩尔焓等于该组分(纯组分)的摩尔焓。所以混合前后总焓

不变,不产生热效应,可用式表示为:

$$\Delta_{\text{mix}} H = H_{\text{混合后}} - H_{\text{混合前}} = \sum_{\text{B}} n_{\text{B}} H_{\text{B}} - \sum_{\text{B}} n_{\text{B}} H^{*}_{\text{m,B}} = 0 \tag{4.51}$$

3. $\Delta_{\text{mix}}S > 0$

具有理想的混合熵。即混合过程中是自发过程,混合熵大于零。

根据式(4.47),等式两端同时对温度 T 求偏微商,得:

$$\left(\frac{\partial \mu_{\text{B}}(\text{l})}{\partial T}\right)_{p,n_{\text{B}},n_{\text{C}}} = \left(\frac{\partial \mu^{*}_{\text{B}}(\text{l})}{\partial T}\right)_{p,n_{\text{B}},n_{\text{C}}} + R\ln x_{\text{B}}$$

所以

$$-S_{\text{B}} = -S^{*}_{\text{m,B}} + R\ln x_{\text{B}}$$

移项得

$$S_{\text{B}} - S^{*}_{\text{m,B}} = -R\ln x_{\text{B}}$$

则

$$\Delta_{\text{mix}} S = S_{\text{混合后}} - S_{\text{混合前}} = \sum_{\text{B}} n_{\text{B}} S_{\text{B}} - \sum_{\text{B}} n_{\text{B}} S^{*}_{\text{m,B}} = -R\sum_{\text{B}} n_{\text{B}}\ln x_{\text{B}}$$

由于 $x_{\text{B}} < 1$,所以 $\Delta_{\text{mix}} S = -R\sum_{\text{B}} n_{\text{B}}\ln x_{\text{B}} > 0$,即混合熵大于零。

4. $\Delta_{\text{mix}}G < 0$

在等温、等压下的混合过程是自发过程,混合时吉布斯自由能的变化值小于零。根据吉布斯自由能的热力学定义式 $G = H - TS$,有:

$$\Delta_{\text{mix}} G = \Delta_{\text{mix}} H - T\Delta_{\text{mix}} S \tag{4.52}$$

因为 $\Delta_{\text{mix}} H = 0$,所以,

$$\Delta_{\text{mix}} G = -T\Delta_{\text{mix}} S = RT\sum_{\text{B}} n_{\text{B}}\ln x_{\text{B}} \tag{4.53}$$

由于 $x_{\text{B}} < 1$,所以 $\Delta_{\text{mix}} G = RT\sum_{\text{B}} n_{\text{B}}\ln x_{\text{B}} < 0$,即混合吉布斯自由能小于零。

如图 4-5 所示,以 $\frac{\Delta_{\text{mix}} S_{\text{m}}}{R}$,$\frac{\Delta_{\text{mix}} H_{\text{m}}}{RT}$,$\frac{\Delta_{\text{mix}} G_{\text{m}}}{RT}$ 分别对 x_{B} 作图,从图可知,两种性质上相似的纯物质等温等压混合形成理想液态混合物时,$\Delta_{\text{mix}} G<0$,因而能完全互溶。由于 $\Delta_{\text{mix}} H=0$,$\Delta_{\text{mix}} G=-T\Delta_{\text{mix}} S$,即 $\Delta_{\text{mix}} G$ 完全是由熵函数所决定,这些为相似相溶原理提供了热力学依据。

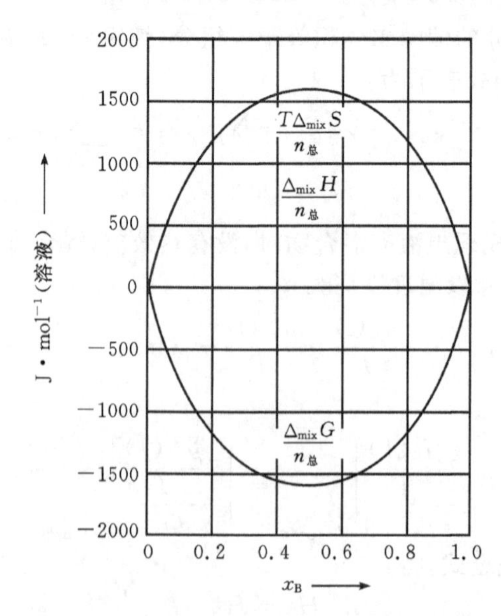

图 4-5 理想二元液态混合物的混合摩尔量与组成的关系

如果 $\Delta_{mix}H \neq 0$,则 $\Delta_{mix}G$ 由熵函数和焓两个因素所决定。当 $\Delta_{mix}H < T\Delta_{mix}S$ 时,$\Delta_{mix}G < 0$,等温等压下能互溶;当 $\Delta_{mix}H > T\Delta_{mix}S$ 时,$\Delta_{mix}G > 0$,两物质就难溶或不互溶。

5.对于理想液态混合物,可以证明拉乌尔定律和亨利定律没有区别

设在等温等压下,某理想液态混合物的气相和液相达到两相平衡,有:

$$\mu_B(l) = \mu_B(g)$$

根据理想液态混合物中任一组分化学势表示式(4.47)及混合理想气体中任一组分化学势表示式(4.31),有:

$$\mu_B^*(l) + RT\ln x_B = \mu_B^{\ominus}(T) + RT\ln\frac{p_B}{p^{\ominus}}$$

移项得:

$$\frac{p_B/p^{\ominus}}{x_B} = \exp\left[\frac{\mu_B^*(T,p) - \mu_B^{\ominus}(T)}{RT}\right]$$

在等温等压下,等式右端为常数,令其等于 k_B,则:

$$\frac{p_B}{x_B} = k_B p^{\ominus} = k_{x,B}$$

即

$$p_B = k_{x,B}x_B$$

这就是亨利定律。当 $x_B = 1$ 时,则 $p_B^* = k_{x,B}$,所以,

$$p_B = p_B^* x_B$$

这就是拉乌尔定律。即从热力学的角度,对于理想液态混合物,拉乌尔定律和亨利定律没有区别。

【思考题 4-7】 理想液态混合物同理想气体一样,分子间没有作用力,所以 $\Delta_{mix}U = 0$,这样理解对不对?

4.7　理想稀溶液中物质的化学势

4.7.1　理想稀溶液的定义

经验表明,两种挥发性物质溶剂和溶质组成一溶液时,在浓度很稀时若溶剂服从拉乌尔定律,则溶质就服从亨利定律;若溶剂不服从拉乌尔定律,则溶质亦不服从亨利定律。“在一定温度、压力和浓度范围内,溶剂服从拉乌尔定律,溶质服从亨利定律的溶液称为理想稀溶液”。这就是理想稀溶液的定义,以下简称稀溶液。值得注意的是,化学热力学中的稀溶液并不仅仅是指浓度很小的溶液。如果某溶液尽管浓度很小,但溶剂不服从拉乌尔定律,溶质也不服从亨利定律,那么该溶液仍不能称为理想稀溶液。显然,不同类型的理想稀溶液,其浓度范围是不相同的。以二组分稀溶液为例,设 A 为溶剂,B 为溶质,则:

$$p_A = p_A^* x_A \qquad p_B = k_{x,B}x_B$$

由于稀溶液有溶剂和溶质之分,它们服从的经验定律不同,标准态不同,化学势表示式不同,因而要分别进行处理。

4.7.2　理想稀溶液中物质的化学势

1.溶剂的化学势

理想稀溶液中溶剂 A 服从拉乌尔定律,因此化学势表示式的导出方法与理想液态混合物

中任一组分 B 化学势的导出方法相似，溶剂 A 的化学势表示式为：

$$\mu_A=\mu_A^*(T,p)+RT\ln x_A \tag{4.54}$$

式中，$\mu_A^*(T,p)$是在 T、p 时纯溶剂 A(即 $x_A=1$)的化学势。如果压力不是太高，忽略压力对溶剂体积的影响，近似认为 $\mu_A^*(T,p)\approx\mu_A^{\ominus}(T)$，则式(4.54)为：

$$\mu_A=\mu_A^{\ominus}(T)+RT\ln x_A \tag{4.55}$$

稀溶液中溶剂 A 的标准态就是温度为 T、压力为标准压力 $p^{\ominus}$ 下的纯溶剂。

2.溶质的化学势

理想稀溶液中溶质 B 的化学势表示式要稍复杂一些，因为当溶质的浓度用不同的方法表示时，其标准态的选择也不同。

(1)浓度用摩尔分数 x_B 表示。当溶液与气相达成平衡时，溶质 B 的化学势 μ_B 为：

$$\mu_B(\text{sln})=\mu_B(\text{g})=\mu_B^*(\text{g})+RT\ln\frac{p_B}{p^{\ominus}} \tag{4.56}$$

在稀溶液中，溶质服从亨利定律，$p_B=k_{x,B}x_B$，代入式(4.56)，得：

$$\mu_B(\text{sln})=\mu_B(\text{g})=\mu_B^*(\text{g})+RT\ln\frac{k_{x,B}}{p^{\ominus}}+RT\ln x_B$$

令 $$\mu_{B,x}^*(T,p)=\mu_B^*(\text{g})+RT\ln\frac{k_{x,B}}{p^{\ominus}}$$ 则：

$$\mu_B(\text{sln})=\mu_{B,x}^*(T,p)+RT\ln x_B \tag{4.57}$$

简写为 $$\mu_B=\mu_{B,x}^*(T,p)+RT\ln x_B \tag{4.58}$$

式(4.58)中，$\mu_{B,x}^*(T,p)$是温度 T、压力 p 时函数，一定温度一定压力下有定值。在该式中 $\mu_{B,x}^*(T,p)$可看作是 $x_B=1$，且服从亨利定律的那个假想状态的化学势，相当于图 4-6 中 R 点的化学势。这个状态实际上是不存在的，是将亨利定律的线性关系外推而得到的。在 x_B 从 0～1 的整个浓度区间内溶质不可能都服从亨利定律，纯 B 的实际状态是由图 4-6 中 W 点表示。引进这样一个实际并不存在的假想状态作为溶质浓度用 x_B 表示时的标准态（或参考态），并不影响以后的讨论或计算，因为在求这些差值时，有关标准的项都消去了。

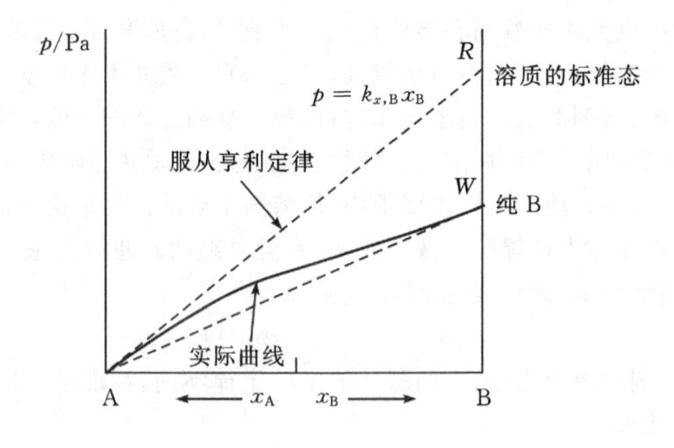

图 4-6　溶液中溶质的标准态(浓度为 x_B)

(2)溶质浓度用质量摩尔浓度 m_B 表示。亨利定律为 $p_B=k_{m,B}m_B$，用相似的处理方法得到溶质 B 化学势的表示式为：

$$\mu_B=\mu_B^*(g)+RT\ln\frac{k_{m,B}}{p^\ominus}+RT\ln\frac{m_B}{m^\ominus}=\mu_{B,m}^{\square}(T,p)+RT\ln\frac{m_B}{m^\ominus} \tag{4.59}$$

式(4.59)中，$\mu_{B,m}^{\square}(T,p)$是 $m_B=1\ mol\cdot kg^{-1}$，且服从亨利定律的那个假想状态的化学势；溶质浓度用质量摩尔浓度 m_B 表示时的标准态见图 4-7。

(3)溶质浓度用物质的量浓度 c_B 表示。亨利定律为 $p_B=k_{c,B}c_B$，溶质 B 化学势的表示式为

$$\mu_B=\mu_B^*(g)+RT\ln\frac{k_{c,B}}{p^\ominus}+RT\ln\frac{c_B}{c^\ominus}=\mu_{B,c}^{\triangle}(T,p)+RT\ln\frac{c_B}{c^\ominus} \tag{4.60}$$

式中，$\mu_{B,c}^{\triangle}(T,p)$是 $c_B=1\ mol\cdot dm^{-3}$，且服从亨利定律的那个假想状态的化学势，溶质浓度用物质的量浓度 c_B 表示时的标准态如图 4-8 所示。

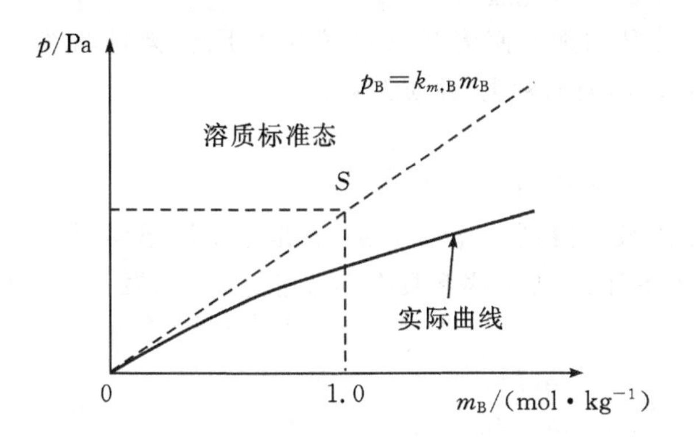

图 4-7　溶液中溶质的标准态(浓度为 m_B)

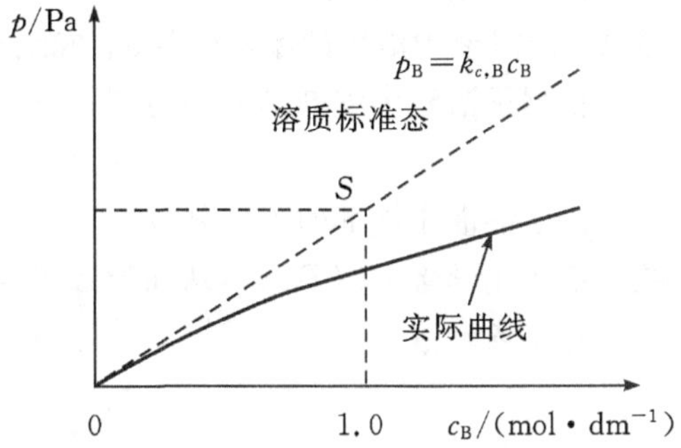

图 4-8　溶液中溶质的标准态(浓度为 c_B)

显然，由于溶液中溶质的浓度表示方法不同，这 3 个假想的标准态 $\mu_{B,x}^*(T,p)$、$\mu_{B,m}^{\square}(T,p)$、$\mu_{B,c}^{\triangle}(T,p)$的数值彼此不可能相等。但同一溶液中的溶质，不管浓度用何种方法表示，其化学势 μ_B 是相同的。

理想液态混合物与理想稀溶液是研究溶液热力学时两个典型而又有区别的理论模型，它们的化学势公式在形式上相似，本质上有差别，其对比见表 4-3。

表 4-3　理想液态混合物与理想稀溶液的比较

	理想液态混合物	理想稀溶液	
		溶剂 A	溶质 B
化学势公式	$\mu_B(l)=\mu_B^*(l)+RT\ln x_B$	$\mu_A=\mu_A^*(T,p)+RT\ln x_A$	$\mu_B=\mu_{B,x}^*(T,p)+RT\ln x_B$
适用范围	x_B:0～1	$x_A\to 1$	$x_B\to 0$
标准态	与混合物 T,p 相同的纯液体 B	与溶液 T,p 相同的纯液体 A	在 T,p 条件下具有亨利常数值的蒸气压的纯物质 B 的假想态

【思考题 4-8】　溶液的化学势等于溶液中各组分的化学势之和，对吗？

【思考题 4-9】　试归纳气体、液态混合物和溶液中各物质的标准态，指出哪些是真实态？哪些是假想态？指出各自的参考态是何状态？

4.8 稀溶液的依数性

将一非挥发性溶质溶于溶剂中，溶液的蒸气压力比纯溶剂的蒸气压降低，溶液的沸点比纯溶剂的沸点升高，溶液的凝固点比纯溶剂的凝固点降低，在溶液和纯溶剂之间产生渗透压。对理想稀溶液来说，当指定溶剂的种类和数量后，“蒸气压下降”“沸点升高”“凝固点降低”“渗透压”的数值仅仅与溶质的质点数目有关，而与溶质的种类无关，所以称之为依数性。

4.8.1 蒸气压降低

根据稀溶液中溶剂服从拉乌尔定律

$$p_A = p_A^* x_A \qquad 或 \qquad \frac{p_A^* - p_A}{p_A^*} = x_B$$

设 $\Delta p = p_A^* - p_A$，则有 $\Delta p = p_A^* x_B$，即溶质 B 的加入使溶剂 A 的蒸气压下降，降低的数值 Δp 与溶液中溶质的摩尔分数 x_B 成正比，而与溶质的种类、性质无关。

根据稀溶液中溶剂 A 的化学势表示式

$$\mu_A = \mu_A^*(T, p) + RT\ln x_A$$

由于溶液中溶剂的摩尔分数 $x_A < 1$，所以溶液中溶剂的化学势 μ_A 总是小于同温同压下纯溶剂的化学势 $\mu_A^*(T, p)$，从而导致了凝固点下降、沸点升高和具有渗透压等依数性质。

对于稀溶液

$$\frac{p_A^* - p_A}{p_A^*} = x_B \approx \frac{n_B}{n_A} = \frac{m_B M_A}{m_A M_B} \tag{4.61}$$

$$M_B = M_A \frac{m_B}{m_A} \frac{p_A^*}{p_A^* - p_A} \tag{4.62}$$

根据式(4.62)，利用蒸气压降低值可以测定挥发性溶质的摩尔质量，也可以确定溶质在该溶剂中的存在形态。

4.8.2 凝固点降低

溶液的凝固点是指从溶液中析出固体时固体与溶液呈平衡时的温度。析出固体有两种情形：一种是从溶液中析出固体纯溶剂；另一种是饱和稀溶液中同时析出溶剂 A 和溶质 B 的固溶体。分别讨论如下：

1.析出纯溶剂固体

假定溶剂和溶质不生成固溶体，析出的固态是纯溶剂。如图 4-9 所示，图中 3 条实线 OA、OB 和 OC 分别为纯物质的 g-l、g-s 和 l-s 两相平衡线，O 为三相点。OA 线下方的虚线 $O'A'$ 为一定浓度溶液中溶剂的蒸气压与温度的关系。OC 线左方的虚线 $O'C'$ 为一定浓度溶液的凝固点随外压的变化关系。在恒定大气压下，点 D 所对应的温度为纯物质的凝固点 T_f^*，点 D' 所对应的温度为一定浓度溶液的凝固点 T_f。显然，$T_f^* > T_f$，所以溶液的凝固点下降，$\Delta T_f = T_f^* - T_f$ 称为凝固点降低值。

在溶液的凝固点，固态纯溶剂与溶液呈平衡，故固态纯溶剂的化学势与溶液中溶剂的化学势必然相等。即：

$$\mu_{A(s)}^*(T.p) = \mu_{A(sln)}(T, p, x_A)$$

根据

$$\mu_{A\ (sln)}(T, p, x_A) = \mu_A^*(T, p) + RT\ln x_A$$

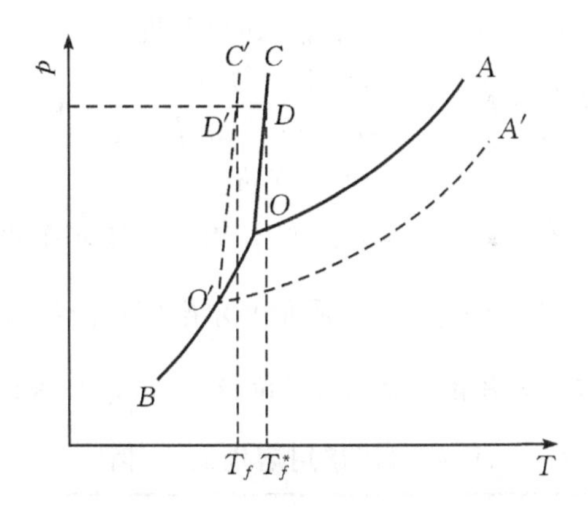

图 4-9　溶液的凝固点下降示意图

则　　$$\mu_{A(s)}^*(T,p)=\mu_A^*(T,p)+RT\ln x_A$$

简写为　　$$\mu_A^*(s)=\mu_A^*(l)+RT\ln x_A$$

所以　　$$\ln x_A=\frac{\mu_A^*(s)-\mu_A^*(l)}{RT}=\frac{\Delta G_m}{RT}$$

式中，ΔG_m 是由液态纯溶剂凝固为固态纯溶剂时的摩尔吉布斯自由能的改变值。在等压下，上式对温度 T 求偏微商，并根据吉布斯-亥姆霍兹公式，得：

$$\left(\frac{\partial \ln x_A}{\partial T}\right)_p=\frac{1}{R}\left[\frac{\partial}{\partial T}\left(\frac{\Delta G_m}{T}\right)\right]_p=-\frac{\Delta H_m}{RT^2}$$

式中，ΔH_m 就是纯溶剂的摩尔凝固焓，若忽略压力对它的影响，就可以用纯溶剂的摩尔熔化焓 $\Delta_{fus}H_{m,A}^*$ 代替 $-\Delta H_m$。设纯溶剂($x_A=1$)的凝固点为 T_f^*，浓度为 x_A 时溶液的凝固点为 T_f，对上式积分，得：

$$\int_1^{x_A}\mathrm{d}\ln x_A=\int_{T_f^*}^{T_f}\frac{\Delta_{fus}H_{m,A}^*}{RT^2}$$

若温度变化不大时，将 $\Delta_{fus}H_{m,A}^*$ 看成与温度 T 无关，则有：

$$\ln x_A=\frac{\Delta_{fus}H_{m,A}^*}{R}\left(\frac{1}{T_f^*}-\frac{1}{T_f}\right)\tag{4.63}$$

式(4.63)可用于求理想稀溶液或理想液态混合物的凝固点。对于理想稀溶液，由于 x_B 很小，式(4.63)还可以进一步近似处理为：

$$\ln x_A=\frac{\Delta_{fus}H_{m,A}^*}{R}\left(\frac{1}{T_f^*}-\frac{1}{T_f}\right)=\frac{\Delta_{fus}H_{m,A}^*}{R}\left(\frac{T_f-T_f^*}{T_f^*T_f}\right)\approx\frac{\Delta_{fus}H_{m,A}^*}{R}\left(\frac{-\Delta T_f}{(T_f^*)^2}\right)$$

即　　$$-\ln x_A=\frac{\Delta_{fus}H_{m,A}^*}{R(T_f^*)^2}\cdot\Delta T_f$$

当 x_B 很小时　　$$-\ln x_A=-\ln(1-x_B)\approx x_B\approx\frac{n_B}{n_A}$$

则有　　$$\Delta T_f=\frac{R(T_f^*)^2}{\Delta_{fus}H_{m,A}^*}\cdot\frac{n_B}{n_A}\tag{4.64}$$

式(4.64)就是稀溶液凝固点降低公式。

设在质量为 m(A)(单位:kg)的溶剂中溶有溶质 m(B)(单位:kg)，并以 M_A 和 M_B 分别表

示 A 和 B 的摩尔质量(单位:kg · mol^{-1}),由式(4.64)可得:

$$\Delta T_f = \frac{R\,(T_f^*)^2}{\Delta_{fus} H_{m,A}^*} \cdot M_A \cdot \frac{m(B)}{M_B m(A)} = \frac{R\,(T_f^*)^2}{\Delta_{fus} H_{m,A}^*} \cdot M_A \cdot m_B = k_f m_B$$

即

$$\Delta T_f = k_f m_B \tag{4.65}$$

式(4.65)只能用于稀溶液。式中 m_B 为溶质 B 的质量摩尔浓度(单位:mol · kg^{-1}),$k_f = \frac{R\,(T_f^*)^2}{\Delta_{fus} H_{m,A}^*} \cdot M_A$(单位:K · mol^{-1} · kg),称为质量摩尔凝固点降低常数,简称凝固点降低常数,其数值只与溶剂的性质有关。常用溶剂的 k_f(单位:K · mol^{-1} · kg)值见表 4-4。

表 4-4 常用溶剂的 k_f 值

溶 剂	冰点/℃	k_f/K · mol^{-1} · kg
水	0.00	1.86
乙酸	16.7	3.90
苯	5.5	5.12
萘	80.2	6.94
溴仿	7.8	14.4
苯酚	42	7.27
樟脑	198.4	40
环己烷	6.5	20.2
1,4 二氧六环	10.5	20.0
硫酸	10.5	6.81

式(4.65)的重要应用之一是利用实验测定凝固点降低值 ΔT_f,查出 k_f,就可求算溶质的摩尔质量 M_B。为此,将式(4.65)写成另一种较为方便的形式:

$$\Delta T_f = k_f m_B = k_f \frac{m(B)}{M_B m(A)} \tag{4.66}$$

则

$$M_B = k_f \frac{m(B)}{\Delta T_f m(A)}$$

式中,m(A)和 m(B)分别为溶液中溶剂和溶质的质量。所以根据实验测得 ΔT_f,利用 k_f 值,就可求算 M_B。另外,通过式(4.65)还可以测定液体的纯度(总杂质含量),测定溶质在溶剂中的缔合状态,测定溶剂(包括熔融金属作溶剂)的熔化焓等。

应当指出,式(4.65)的适用条件是:①必须是理想稀溶液;②析出的固体必须是纯固体溶剂,而不是溶剂和溶质的固溶体。否则上述结论不能适用。但上述结论对非挥发溶质或挥发性溶质均可适用。

2.析出溶剂 A 和溶质 B 的固溶体

如果溶质在某溶剂的溶解度有限,已经达到饱和溶解度再凝固析出溶剂时,溶质必然同时析出。如果析出的溶质是以原子或分子状态在固相中分散,形成组成均匀的固溶体,则平衡时溶剂在固液两相的化学势必然相等。

设在 T,p 时固液两相平衡，即：

$$组分 A(在溶液中)=(组分 A 在固溶体中)$$

$$\mu_A(l)(T,p,x_A)=\mu'_A(T,p,x'_A)$$

式中，x_A 和 x'_A 分别表示 A 在液相和固相中的浓度。在定压下，

若溶液的浓度　$x_A \to x_A + dx_A$

则固溶体的浓度　$x'_A \to x'_A + dx'_A$

溶液的凝固点　$T \to T + dT$

固液两相重新建立平衡　$\mu_A(l) + d\mu_A(l) = \mu'_A + d\mu'_A$

因为平衡时　$\mu_A(l) = \mu'_A$

所以　$d\mu_A(l) = d\mu'_A$

$$\frac{\partial \mu_A(l)}{\partial T}dT + \frac{\partial \mu_A(l)}{\partial x_A}dx_A = \frac{\partial \mu'_A}{\partial T}dT + \frac{\partial \mu'_A}{\partial x'_A}dx'_A$$

假定固溶体是理想固态混合物，则：

$$\mu'_A = \mu_A^*(T,p) + RT\ln x'_A$$

代入上式，得：

$$-S_A dT + RT\frac{dx_A}{x_A} = -S'_A dT + RT\frac{dx'_A}{x'_A}$$

移项，得：

$$\frac{dx_A}{x_A} - \frac{dx'_A}{x'_A} = \frac{(S_A - S'_A)dT}{RT} = \frac{\Delta_{fus}H_{m,A}}{RT^2}dT$$

式中，$\Delta_{fus}H_{m,A}$ 是 1 mol 溶剂由固溶体熔入溶液时的熔化焓。

上式积分，得：

$$\int_1^{x_A}\frac{dx_A}{x_A} + \int_1^{x'_A}\frac{dx'_A}{x'_A} = \int_{T_f^*}^{T_f}\frac{\Delta_{fus}H_{m,A}}{RT^2}dT$$

假定温度变化不大时，$\Delta_{fus}H_{m,A}$ 可看作常数，则：

$$\ln\frac{x_A}{x'_A} = \frac{\Delta_{fus}H_{m,A}}{R}\left(\frac{1}{T_f^*} - \frac{1}{T_f}\right) = -\frac{\Delta_{fus}H_{m,A}}{R}\left(\frac{T_f^* - T_f}{T_f^* T_f}\right)$$

令凝固点降低值　$\Delta T_f = T_f^* - T_f$，且 $T_f^* T_f \approx (T_f^*)^2$

则溶液的凝固点改变的公式为：

$$\Delta T_f = T_f^* - T_f = \frac{R(T_f^*)^2}{\Delta_{fus}H_{m,A}}\ln\frac{x'_A}{x_A} \tag{4.67}$$

由式(4.67)可见，该溶液的凝固点是下降还是上升，完全取决于 A 在两相中的相对浓度 x_A 和 x'_A。在式(4.67)中。

如果 $x'_A > x_A$，即固相中 A 的浓度较液相中大，则 $\Delta T_f > 0$，凝固点降低；

如果 $x'_A < x_A$，即固相中 A 的浓度较液相中小，则 $\Delta T_f < 0$，凝固点升高。

4.8.3　沸点升高

1.溶质是非挥发性的

沸点是指液体的蒸气压等于外压时温度。根据拉乌尔定律，在一定温度时，当溶液中含有非挥发性溶质，溶液的蒸气压总是比纯溶剂低，所以溶液的沸点比纯溶剂高。如图 4－10 所

示，B^*C^* 和 BC 分别是纯溶剂和溶液的的蒸气压曲线，由于溶液的的蒸气压比纯溶剂的蒸气压低，所以 BC 线在 B^*C^* 线之下。当外压为 $p^\ominus$ 时，纯溶剂的沸点为 T_b^*，溶液的沸点为 T_b，显然，$T_b > T_b^*$，所以溶液的沸点升高，其沸点升高值为 $\Delta T_b = T_b - T_b^*$。

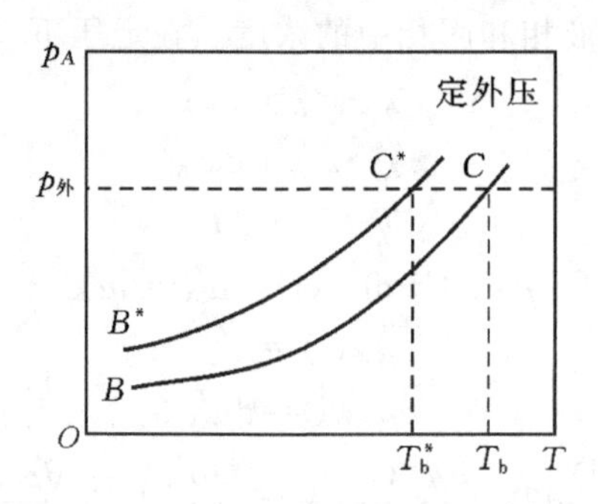

图 4-10 溶液沸点升高示意图

当溶液与其蒸气呈气-液两相平衡时

$$\mu^*_{A(l)}(T,p,x_A)=\mu_{A(g)}(T,p)$$

同理

$$\Delta T_b=\frac{R\ (T_b^*)^2}{\Delta_{vap}H^*_{m,A}}\cdot\frac{n_B}{n_A}=k_b m_B \tag{4.68}$$

式中，m_B 为溶质 B 的质量摩尔浓度，$mol \cdot kg^{-1}$；$k_b=\dfrac{R\ (T_b^*)^2}{\Delta_{vap}H^*_{m,A}}\cdot M_A$，称为质量摩尔沸点升高常数，简称沸点升高常数，其数值只与溶剂的性质有关，$K \cdot mol^{-1} \cdot kg$；常用溶剂的 k_b 值见表 4-5。

表 4-5 常用溶剂的 k_b 值

溶　剂	沸点/℃	k_b/K · mol^{-1} · kg
水	100	0.51
乙醇	78.4	1.22
苯	80.1	2.53
二硫化碳	46.3	2.37
乙醚	34.6	2.02
氯仿	61.3	3.63

与析出固体纯溶剂的凝固点降低公式的情况相似，式(4.68)的适用条件是：①必须是理想稀溶液；②溶质是非挥发性的。

2. *溶剂 A 和溶质 B 都是挥发性的*

如果溶剂 A 和溶质 B 都是挥发性的稀溶液，沸点不一定升高。当溶液与其蒸气成平衡时，A、B 两个组分既存在于气相中，也存在于液相中，平衡时溶剂 A 在溶液中和在气相的化学势必然相等。

设在 T，p 时气液两相平衡，即：

组分 A(在溶液中)＝组分 A(在气相中)

$$\mu_A(l)(T,p,x_A)=\mu'_A(g)(T,p,y_A)$$

式中，x_A 和 y_A 分别表示 A 在液相中的和气相中的浓度。

在定压下，若溶液的浓度有 dx_A 的改变，与之平衡的气相的浓度也有 dy_A 的改变，同时溶液的沸点由 $T \to T+dT$，重新建立气液两相平衡，则：

$$\mu_A(l)+d\mu_A(l)=\mu_A(g)+d\mu_A(g)$$

因为平衡时

$$\mu_A(l)=\mu_A(g)$$

所以

$$d\mu_A(l)=d\mu_A(g)$$

$$\frac{\partial\mu_A(l)}{\partial T}dT+\frac{\partial\mu_A(l)}{\partial x_A}dx_A=\frac{\partial\mu_A(g)}{\partial T}dT+\frac{\partial\mu_A(g)}{\partial y_A}dy_A$$

假定液相是理想液态混合物，气相是理想气体混合物，则：

$$-S_A(l)dT+RT\frac{dx_A}{x_A}=-S_A(g)dT+RT\frac{dy_A}{y_A}$$

移项并积分，得：

$$-\int_1^{x_A}\frac{dx_A}{x_A}-\int_1^{y_A}\frac{dy_A}{y_A}=\int_{T_b^*}^{T_b}\frac{\Delta_{vap}H^*{}_{m,A}}{RT^2}dT$$

对于稀溶液

$$\ln x_A=\ln(1-\sum_B y_B)\approx-\sum_B x_B$$

同理

$$\ln y_A=-\sum_B y_B$$

式中，$\Delta_{vap}H^*_{m,A}$ 是 1 mol 溶剂的气化焓，若温度变化不大时，$\Delta_{vap}H^*_{m,A}$ 可看作常数，且

$$\Delta T_b=T_b^*-T_b,\ T_b^*T_b\approx(T_b^*)^2$$

则积分结果简化后，为：

$$\sum_B x_B-\sum_B y_B=\frac{\Delta_{vap}H^*_{m,A}}{R\ (T_b^*)^2}\Delta T_b$$

上式重排，得：

$$\Delta T_b=\frac{R\ (T_b^*)^2}{\Delta_{vap}H^*_{m,A}}\sum_B x_B\left(1-\frac{\sum_B y_B}{\sum_B x_B}\right)$$

对于 A，B 所组成的二组分系统

$$\Delta T_b=\frac{R\ (T_b^*)^2}{\Delta_{vap}H^*_{m,A}}x_B\left(1-\frac{y_B}{x_B}\right)$$

若溶剂 A 的质量是 1 kg，可以推导出沸点改变的公式为：

$$\Delta T_b\approx\frac{R\ (T_b^*)^2}{\Delta_{vap}H^*_{m,A}}\cdot M_A m_B\left(1-\frac{y_B}{x_B}\right)=k_b m_B\left(1-\frac{y_B}{x_B}\right) \tag{4.69}$$

式中，x_B 和 y_B 分别表示溶质 B 在液相中和气相的浓度。

如果 $y_B<x_B$，即气相中 B 的浓度较液相中小，则 $\Delta T_f>0$，则溶液的沸点上升；

如果 $y_B>x_B$，即气相中 B 的浓度较液相中大，则 $\Delta T_f<0$，则溶液的沸点下降。

以上这些规律在讨论二组分气液平衡相图时具有指导作用。

4.8.4　渗透压

如图 4-11(a)所示，在一个连通器的中间，有一半透膜，半透膜的左侧注入纯溶剂，右侧注入相同溶剂的稀溶液。半透膜应具有一定的刚性，可以承受膜两边的压差而不变形，并且有

导热性,保持膜两侧的温度相等。常用的半透膜有天然的,如动物膀胱和肠衣,也有人工合成的,如火胶棉等,它们的共同特点是对透过的物质有选择性,有的只允许小分子、离子透过,不允许大分子、胶粒透过。此装置中半透膜只允许溶剂分子通过,溶质分子则不能通过。

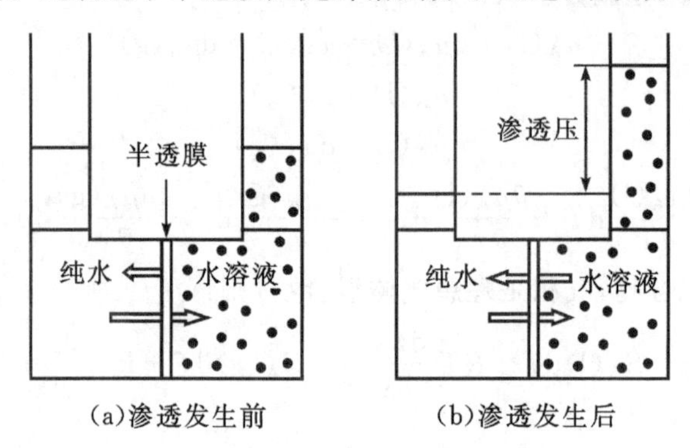

图 4-11 渗透压示意图

纯溶剂的化学势 $$\mu_A^* = \mu_A(g) = \mu_A^{\ominus}(g) + RT\ln\frac{p_A^*}{p^{\ominus}} \tag{4.70}$$

溶液中溶剂的化学势 $$\mu_A = \mu_A(g) = \mu_A^{\ominus}(g) + RT\ln\frac{p_A}{p^{\ominus}} \tag{4.71}$$

式中,p_A^* 和 p_A 分别表示纯溶剂和溶液中溶剂的蒸气压。

由于 $p_A^* > p_A$,则 $\mu_A^* > \mu_A$。所以溶剂分子可通过半透膜进入溶液,使右侧的液面不断升高,这种现象称为渗透现象。当压力达到一定值时,在单位时间在半透膜两侧从两个相反方向通过半透膜的溶剂分子数相等,此时渗透达到平衡,两侧液面不再发生变化,两侧液面高度差为 h,如图 4.11(b)所示。这种平衡状态下的压差 ρgh 就是该溶液的渗透压,用符号 Π 表示。为了阻止溶剂分子向右侧溶液中扩散即渗透,需要在溶液上方施加额外的压力 ρgh,以增加其蒸气压,使半透膜两侧溶剂的化学势相等,宏观上溶剂分子不再向右侧渗透而达到平衡。这个额外的压力就等于渗透压 Π。

渗透压是溶液本身固有的性质之一,任何溶液都有渗透压。但是如果没有半透膜将溶液与纯溶剂隔开,渗透压则无法体现。渗透现象在动植物的生命过程中占有重要地位。植物和动物细胞壁起着半透膜的作用。若细胞外部液体中溶质的浓度大于细胞内部液体溶质的浓度,则细胞将会由于渗透失去液体收而缩;如果外部液体比内部液体稀,则它一定扩散进入细胞。由于这种扩散结果,细胞可能破裂。在等渗(等渗透压)溶液中,例如,含有大约 0.9% NaCl 的生理盐水,细胞不受渗透作用的影响。因此,静脉注射必须使用与血液等渗的溶液。

渗透压公式推导如下:

平衡时 $$\mu_A^* = \mu_A + \int_p^{p+\Pi}\left(\frac{\partial \mu_A}{\partial p}\right)_T dp = \mu_A + \int_p^{p+\Pi} V_A dp \tag{4.72}$$

式中,V_A 为溶液中溶剂的偏摩尔体积。假定其受压力的影响可忽略不计,式(4.72)进行积分,得:

$$\mu_A^* = \mu_A + \Pi V_A \tag{4.73}$$

将式(4.70)和式(4.71)代入式(4.73),得:

$$\Pi V_A = RT\ln\frac{p_A^*}{p_A} \tag{4.74}$$

根据稀溶液中溶剂服从 Raoult 定律，即 $p_A = p_A^* x_A$，上式可写为：

$$\Pi V_A = -RT\ln x_A \tag{4.75}$$

对于稀溶液

$$-\ln x_A = -\ln(1-x_B) \approx x_B \approx \frac{n_B}{n_A} \tag{4.76}$$

将式(4.76)代入式(4.75)中，并整理，得：

$$n_A \Pi V_A = n_B RT$$

对于稀溶液，认为 $V_A \approx V_{m,A}^*$，故 $n_A V_A = n_A V_{m,A}^* = V_A^* \approx V$，代入上式

$$\Pi V = n_B RT \qquad \text{或} \quad \Pi = \frac{n_B}{V}RT = c_B RT \tag{4.77}$$

式中，V 为溶液的体积，m^3；C_B 为溶液中溶质的浓度，$mol \cdot m^{-3}$。

式(4.77)只适用于稀溶液，称为范特霍夫渗透压公式，此式还可写成：

$$\Pi = \frac{m(B)}{VM_B}RT = \frac{\rho_B}{M_B}RT \qquad \text{或} \qquad \frac{\Pi}{\rho_B} = \frac{RT}{M_B} \tag{4.78}$$

式中，ρ_B 为溶质 B 的质量浓度，$kg \cdot m^{-3}$。

1945 年，麦克米兰(Mc Milllan)和麦耶尔(Mayer)对于非电解质高分子溶液的渗透压提出了一个更精确的公式

$$\Pi = RT\left(\frac{\rho}{M_B} + B\rho^2 + D\rho^3 + \cdots\right)$$

式中，ρ 为质量浓度，$g \cdot cm^{-3}$；B，D 为常数；M_B 为高分子的平均摩尔质量。在稀溶液中，可以忽略去第三项，得：

$$\frac{\Pi}{\rho} = \frac{RT}{M_B} + RTB\rho \tag{4.79}$$

以 $\frac{\Pi}{\rho}$-ρ 作图法，可以得到一直线，将直线外推到 $\rho = 0$，从直线截距 $\frac{RT}{M_B}$ 可求算高分子的平均摩尔质量。

稀溶液的依数性提供了测定化合物摩尔质量的途径。如对于 293 K、浓度为 0.001 $mol \cdot kg^{-1}$ 水溶液的依数性数值对比如下：

· 蒸气压下降 $\Delta p_A \approx 3 \times 10^{-2}$ Pa

· 凝固点降低 $\Delta T_f \approx 0.002$ K

· 渗透压 $\Pi \approx 2.4$ kPa

由计算结果可知，稀溶液的依数性中渗透压最为灵敏。所以从理论上，测定溶质的摩尔质量用渗透压法最为精确。尽管渗透压较易测量，但从技术上制备一份理想的半透膜并不容易，高分子合成化学的发展提供了合成满足特种需要的半透膜的可能性，尤其对高分子溶质，由于溶质分子比溶剂分子相对较大，制备真正的半透膜不是很困难，因此用渗透压法测量高分子化合物的摩尔质量已成为常用的方法。

如果在溶液一侧施加比渗透压更大的压力，则溶剂分子会从溶液一侧通过半透膜渗透到纯溶剂一侧，这就是反渗透现象。渗透和反渗透现象有着广泛的应用。人体的肾功能即反渗透作用，因为血液中的糖分远高于尿液中的糖分，但人体的肾通过反渗透功能阻碍血中糖分进入尿液。如果肾功能不健全者，血液中的糖分会进入尿液，造成尿液中血糖过高而形成糖尿

病。反渗透可用于海水淡化或工业废水处理，反渗透的关键问题是要制备合格的、性能优良的半透膜。随着高分子合成技术的发展，适应特殊需要的半透膜如能解决，渗透技术将会得到广泛的应用。

依数性小结

(1)研究稀溶液“蒸气压下降”“沸点升高”“凝固点降低”“渗透压”，可得到一些共同规律。

①都是纯溶剂相(蒸气、固相及液相)与溶液中溶剂达到相平衡。

②稀溶液蒸气压下降、沸点升高、凝固点降低及渗透压都只与溶液中溶质的浓度有关，而与溶质的种类无关，这就是依数性的根据。

③在稀溶液中沸点升高、凝固点降低及渗透压等依数性质都出于一个原因，即溶液蒸气压下降。联系 4 种依数性之间的关系为

$$-\ln x_A \approx x_B = \frac{p_A^* - p_A}{p_A^*} = \frac{\Delta_{vap} H_{m,A}^{\ominus}}{R}\left(\frac{1}{T_b^*} - \frac{1}{T_b}\right) = \frac{\Delta_{fus} H_{m,A}^{\ominus}}{R}\left(\frac{1}{T_f} - \frac{1}{T_f^*}\right) = \frac{\Pi V_{m,A}^*}{RT} \quad (4.80)$$

(2)稀溶液的依数性公式及其应用见表 4-6。

表 4-6 稀溶液的依数性及应用

依数性	依数性公式	应用	适用条件
蒸气压下降 $\Delta p_A = p_A^* - p_A$	$\Delta p_A = p_A^* x_B$	$M_B = M_A \dfrac{m_B}{m_A} \dfrac{p_A^*}{\Delta p_A}$	①非挥发性溶质 ②析出固体纯溶剂 ③稀溶液
沸点升高 $\Delta T_b = T_b - T_b^*$	$\Delta T_b = k_b m_B$	$M_B = k_b \dfrac{m(B)}{\Delta T_b m(A)}$	
凝固点降低 $\Delta T_f = T_f^* - T_f$	$\Delta T_f = k_f m_B$	$M_B = k_f \dfrac{m(B)}{\Delta T_f m(A)}$	
渗透压 Π	$\Pi V = n_B RT$	$M_B = \dfrac{m(B)}{\Pi V} RT = \dfrac{\rho_B}{\Pi} RT$	

【例 4-7】 有一个化学式未知的碳氢化合物，元素分析结果表明，碳与氢的质量分数依次为 0.9434 和 0.0566，今将该化合物 0.5455 g 溶解在 200 g CCl_4 中，未知物不挥发，试写出其化学式。

解 根据式(4.61)

$$\frac{p_A^* - p_A}{p_A^*} = x_B \approx \frac{n_B}{n_A} = \frac{m_B M_A}{m_A M_B}$$

$$M_B = M_A \frac{m_B}{m_A} \frac{p_A^*}{p_A^* - p_A} = 154.00\ g \cdot mol^{-1} \times \frac{0.5455\ g}{25.00\ g} \times \frac{11401\ Pa}{(11401 - 11189)\ Pa} = 180.5\ g \cdot mol^{-1}$$

$$\frac{n_C}{n_H} = \frac{0.5934/12}{0.0566/1.008} = \frac{7}{5}$$

根据 $$x(7 \times 12.00 + 5 \times 1.008) = 180.5$$

则 $$x = 2$$

故未知化合物的化学式为 $C_{14}H_{10}$。

【例 4-8】 在 25.0 g 苯中溶入 0.245 g 苯甲酸，实验测得凝固点降低值 $\Delta T_f = 0.205$ K。已知苯甲酸的摩尔质量为 0.122 kg · mol^{-1}，苯的 k_f 值为 5.12 K · mol^{-1} · kg，试求苯甲酸分子在苯溶剂中的存在状态。

解 根据 $$\Delta T_f = k_f m_B = k_f \frac{m(B)}{M_B m(A)}$$

得

$$M_B = k_f \frac{m(B)}{\Delta T_f m(A)} = 5.12\ K \cdot mol^{-1} \cdot kg \times \frac{0.245 \times 10^3\ kg}{0.205\ K \times 25.0 \times 10^3\ kg} = 0.245\ kg \cdot mol^{-1}$$

所求算的摩尔质量近似为苯甲酸摩尔质量的 2 倍，所以苯甲酸在苯中以二聚分子形式存在。

【思考题 4－10】 稀溶液的凝固点一定比纯溶剂低。稀溶液的沸点也一定比纯溶剂高。对吗？

【思考题 4－11】 在相同温度和压力下，浓度都是 0.01 $mol \cdot kg^{-1}$ 的食糖、食盐和尿素水溶液的渗透压相等。对吗？

4.9 非理想溶液中物质的化学势

4.9.1 实际液态混合物对理想液态混合物的偏差

由于组成混合物的各组分性质差异较大，其中任一组分在整个浓度范围内对拉乌尔定律发生偏差，这种偏差可以是正，也可以是负，这种混合物称为非理想液态混合物。

对理想液态混合物来说，任一组分均服从拉乌尔定律，从微观上，这种混合物中不同分子之间的引力和同种分子之间的引力相同，而且在形成混合物时没有体积变化和热效应。但是类似理想液体混合物的系统毕竟仍是少数，大多数液态混合物由于不同分子之间的引力和同种分子之间的引力有明显不同，或不同分子之间发生化学作用，混合物中各物质的分子所处的情况与在纯态时很不相同，所以在形成混合物时往往伴随有体积变化和热效应，此种液态混合物就是非理想液态混合物。显然，非理想液态混合物不服从拉乌尔定律，它们对理想液态混合物的偏差常见的有两种情况。

1.正偏差

当实际液态混合物在一定浓度时的蒸气压比同浓度理想液态混合物的蒸气压大，即实际蒸气压大于拉乌尔定律的计算值，这种情况为正偏差。实验表明，当液态混合中某物质发生正偏差时，另一种物质一般也发生正偏差。因此混合物的总蒸气压也发生正偏差。由纯物质混合形成具有正偏差的混合物时，往往发生吸热现象。在具有正偏差的混合物中，各物质的化学势大于同浓度时理想液态混合物中各物质的化学势。产生正偏差的原因是由 A 分子和 B 分子之间的吸引力小于 A 和 A 及 B 和 B 分子间的吸引力。此外，当形成混合物时，A 分子发生解离，也容易产生正偏差。在很大正偏差的情况下，总蒸气压图会出现最高点，属于这一类型的系统有C_6H_6—CH_3COCH_3，CH_3OH—H_2O等。

2.负偏差

当实际液态混合物的蒸气压小于拉乌尔定律的计算值，这种情况为负偏差。实验表明，当液态混合中某物质发生负偏差时，另一种物质一般也发生负偏差。因此混合物的总蒸气压也发生负偏差。在具有负偏差的混合物中，各物质的化学势小于同浓度时理想液态混合物中各物质的化学势。对产生这些负偏差的微观解释是由于 A 和 B 分子之间的吸引力大于 A 和 A 及 B 和 B 分子间的吸引力，特别是 A 和 B 分子之间由于化学作用形成化合物，发生缔合，则会产生负偏差。由纯物质混合形成具有负偏差的混合物时，往往发生放热现象。在很大负偏差情况下，总蒸气压图会出现最低点，属于这一类型的系统有$CHCl_3$—CH_3COCH_3，CH_3COOH—H_2O 等。比如$CHCl_3$—CH_3COCH_3系统分子间会形成氢键而缔合产生负偏差。

4.9.2 非理想液态混合中物质的化学势及活度

为了处理非理想液态混合物，1907年，路易斯仿照实际气体提出逸度的概念，用活度α_B来代替x_B使非理想液态混合物的化学势表示式和理想液态混合物一致。理想液态混合物无溶质和溶剂之分，任一组分B的化学势可以表示为：

$$\mu_B=\mu_B^*(T,p)+RT\ln x_B \tag{4.81}$$

在推导该公式时曾引用拉乌尔定律，即：$\dfrac{p_B}{p_B^*}=x_B$

对于非理想液态混合物，拉乌尔定律修正为：

$$\frac{p_B}{p_B^*}=\gamma_{x,B}x_B \tag{4.82}$$

对于非理想液态混合物，式(4.81)应修正为：

$$\mu_B=\mu_B^*(T,p)+RT\ln\gamma_{x,B}x_B \tag{4.83}$$

定义

$$\alpha_{x,B}=\gamma_{x,B}x_B,\ \lim_{x_B\to 1}\gamma_{x,B}=1 \tag{4.84}$$

式中，$\alpha_{x,B}$称为组成用摩尔分数表示的相对活度，是量纲一的量；$\gamma_{x,B}$称为组成用摩尔分数表示的活度因子或活度系数，它表明非理想液态混合物与理想液态混合物的偏差程度，也是量纲一的量。对理想液态混合物来说，$\gamma_{x,B}=1$，即$\alpha_{x,B}=x_B$；蒸气压呈正偏差的液态混合物，$\alpha_{x,B}>x_B$，故$\gamma_{x,B}>1$；蒸气压呈负偏差的液态混合物，$\alpha_{x,B}<x_B$，故$\gamma_{x,B}<1$。

将式(4.84)代入式(4.83)，得：

$$\mu_B=\mu_B^*(T,p)+RT\ln\alpha_{x,B} \tag{4.85}$$

式(4.85)表示非理想液态混合物中任一组分B的化学势，式中校正的仅仅是组分B的浓度，而没有改变标准态化学势$\mu_B^*(T,p)$，所以式(4.85)中$\mu_B^*(T,p)$依然是理想液态混合物中组分B的标准态化学势，即，$\mu_B^*(T,p)$是$x_B=1$，$\gamma_{x,B}=1$即$\alpha_{x,B}=1$的那个状态的化学势，这个状态就是纯组分B，这是一个真实的状态。

比较式(4.85)与式(4.81)可见，其形式相同，即非理想液态混合物与理想液态混合物中任一组分B化学势的表示式是一样的。但式(4.85)比式(4.81)更具有普遍意义，它可以用于理想或非理想液态混合物。

4.9.3 非理想稀溶液中物质的化学势及活度

非理想稀溶液中溶剂不符合拉乌尔定律，溶质也不符合亨利定律。为了使非理想稀溶液中溶剂和溶质的化学势表示式与理想溶液中的形式相同，也以活度代替浓度。

1.非理想稀溶液中溶剂A的化学势

对于非理想稀溶液中的溶剂A，其组成多用摩尔分数x_A表示，对拉乌尔定律修正，和处理非理想液态混合物中任一组分B的方法相同，因此总是用式(4.84)表示活度或活度因子，即：

$$\alpha_{x,A}=\gamma_{x,A}x_A,\ \lim_{x_B\to 1}\gamma_{x,A}=1 \tag{4.86}$$

所以，在温度T和压力p时，非理想稀溶液中的溶剂A的化学势表示式与式(4.82)形式一样，即：

$$\mu_A=\mu_A^*(T,p)+RT\ln\alpha_{x,A} \tag{4.87}$$

式(4.84)中，$\mu_A^*(T,p)$是$x_A=1$，$\gamma_{x,A}=1$即$\alpha_{x,A}=1$纯溶剂A的化学势。这也是一个真

实的状态。

2. 非理想稀溶液中溶质 B 的化学势

对于非理想稀溶液中的溶质 B,若浓度采用不同的方法表示时,其标准态有所不同,则溶质的化学势也有不同的形式。

(1)溶质浓度用摩尔分数 x_B 表示。

当气液两相平衡时,

$$\mu_B(sln)=\mu_B(g)=\mu_B^*(g)+RT\ln\frac{p_B}{p^\ominus} \tag{4.88}$$

在理想稀溶液中,溶质服从亨利定律

$$p_B=k_{x,B}x_B$$

在非理想稀溶液中,溶质不服从亨利定律,修正后为:

$$p_B=k_{x,B}\gamma_{x,B}x_B=k_{x,B}\alpha_{x,B} \tag{4.89}$$

$$\alpha_{x,B}=\gamma_{x,B}x_B,\quad \lim_{x_B\to 0}\gamma_{x,B}=1$$

式中,$\alpha_{x,B}$是溶质 B 浓度用摩尔分数表示的活度,是量纲一的量,$\gamma_{x,B}$是溶质 B 浓度用摩尔分数表示的活度因子或活度系数,也是量纲一的量。当浓度极稀时,$\gamma_{x,B}\to 1$,$\alpha_{x,B}\approx x_B$。

将式(4.89)代入式(4.88)中,得:

$$\mu_B(sln)=\mu_B(g)=\mu_B^*(g)+RT\ln\left(\frac{k_{x,B}}{p^\ominus}\right)+RT\ln\alpha_{x,B}$$

令

$$\mu_{B,x}^*(T,p)=\mu_B^*(g)+RT\ln\frac{k_{x,B}}{p^\ominus}$$

则:

$$\mu_B(sln)=\mu_{B,x}^*(T,p)+RT\ln\alpha_B \tag{4.90}$$

简写为

$$\mu_B=\mu_{B,x}^*(T,p)+RT\ln\alpha_B \tag{4.91}$$

式(4.91)中,$\mu_{B,x}^*(T,p)$是温度 T、压力 p 时可看作是 $x_B=1$,$\gamma_{x,B}=1$ 即 $\alpha_{x,B}=1$ 仍服从亨利定律的那个假想状态的化学势。

(2)溶质浓度用质量摩尔浓度 m_B 表示。

当溶质浓度用质量摩尔浓度 m_B 表示时,在非理想稀溶液中,溶质不服从亨利定律。同理亨利定律修正为 $p_B=k_{m,B}\gamma_{m,B}m_B$

令

$$\alpha_{m,B}=\gamma_{m,B}\frac{m_B}{m^\ominus}\qquad(\alpha_{m,B}\text{为量纲一的量})$$

且

$$\lim_{m_B\to 0}\gamma_{m,B}=1$$

用相似的处理方法得到非理想稀溶液中溶质 B 的化学势表示式为:

$$\mu_B=\mu_{B,m}^{\square}(T,p)+RT\ln\alpha_{m,B} \tag{4.92}$$

式(4.92)中,$\mu_{B,m}^{\square}(T,p)$是 $m_B=1\ mol\cdot kg^{-1}$,$\gamma_{m,B}=1$ 即 $\alpha_{m,B}=1$ 时,且服从亨利定律的那个假想状态的化学势。

(3)溶质浓度用物质的量浓度 c_B 表示。

当溶质浓度用物质的量浓度 c_B 表示时,亨利定律修正为 $p_B=k_{c,B}\gamma_{c,B}c_B$,处理方法与上面相同,在非理想稀溶液中溶质 B 化学势的表示式为:

$$\mu_B=\mu_{B,c}^{\triangle}(T,p)+RT\ln\alpha_{c,B} \tag{4.93}$$

式(4.93)中，$\mu_{B,c}^{\triangle}(T,p)$是 $c_B=1\ mol\cdot dm^{-3}$，$\gamma_{c,B}=1$ 即 $\alpha_{c,B}=1$ 时，且服从亨利定律的那个假想状态的化学势。

总之，对于非理想稀溶液，引入活度的概念以后，其化学势仍保留理想稀溶液中化学势的表示形式。但是 $\mu_{B,x}^{*}(T,p)$、$\mu_{B,m}^{\square}(T,p)$、$\mu_{B,c}^{\triangle}(T,p)$都不是标准态，它们都是 T,p 的函数，而且数值也不等。显然，由于溶液中溶质的浓度表示方法不同，这 3 个假想的标准态 $\mu_{B,x}^{*}(T,p)$、$\mu_{B,m}^{\square}(T,p)$、$\mu_{B,c}^{\triangle}(T,p)$的数值彼此不可能相等。但同一溶液中的溶质，不管浓度用何种方法表示，其化学势 μ_B 都是相同的。

4.9.4 活度的求算

活度和活度因子的计算方法很多，介绍其中几种。

1.蒸气压法

对溶剂 A 来说，根据式(4.86)，有：

$$\frac{p_A}{p_A^*}=\gamma_{x,A}x_A=\alpha_{x,A}$$

则

$$\alpha_{x,A}=\frac{p_A}{p_A^*}\qquad \gamma_{x,A}=\frac{p_A}{p_A^* x_A}\tag{4.94}$$

式(4.94)中，p_A 为蒸气压的实验值。

对溶质 B 来说，根据式(4.89)，有：

$$p_B=k_{x,B}\gamma_{x,B}x_B=k_{x,B}\alpha_{x,B}$$

则

$$\alpha_{x,B}=\frac{p_B}{k_{x,B}}\qquad \gamma_{x,B}=\frac{p_B}{k_{x,B}x_B}\tag{4.95}$$

式(4.95)中，p_B 为蒸气压的实验值。如果溶液中溶质的浓度用 c_B 或 m_B 表示，其讨论方法类似。

2.凝固点降低法

式(4.63)可用于求理想稀溶液或理想液态混合物的凝固点 T_f，即：

$$\ln x_A=\frac{\Delta_{fus}H_{m,A}^{\ominus}}{R}\left(\frac{1}{T_f^*}-\frac{1}{T_f}\right)$$

对于任意的溶液，同样假定温度 T 对 $\Delta_{fus}H_{m,A}^{\ominus}$影响不大，则：

$$\ln\alpha_A=\frac{\Delta_{fus}H_{m,A}^{\ominus}}{R}\left(\frac{1}{T_f^*}-\frac{1}{T_f}\right)=-\frac{\Delta_{fus}H_{m,A}^{\ominus}}{R\ (T_f^*)^2}\Delta T_f\tag{4.96}$$

式中，$\Delta T_f=T_f^*-T_f$，通过实验测定凝固点降低值 ΔT_f，可计算出该浓度下溶剂的活度 α_A，然后根据 $\alpha_{x,A}=\gamma_{x,A}x_A$，即可求得溶剂的活度因子 $\gamma_{x,A}$。

同理，可以由沸点升高法或渗透压法求算溶液中溶剂的活度 α_A，进一步求得其活度因子 γ_A。

$$\ln\alpha_A=\frac{\Delta_{vap}H_{m,A}^{\ominus}}{R}\left(\frac{1}{T_b}-\frac{1}{T_b^*}\right)\tag{4.97}$$

$$\ln\alpha_A=-\frac{\Pi V_{m,A}^*}{RT}\tag{4.98}$$

关于溶液中溶质的活度 α_B 的求算比较繁杂一些，不再详细介绍。

【例 4-9】 实验测定某水溶液的凝固点为－15 ℃，求该溶液中水的活度以及 298 K 时该溶液的渗透压。已知冰的熔化热 $\Delta_{fus}H_m^{\ominus}=6025\ kJ\cdot mol^{-1}$，设其为与温度无关的常数。

解　水的正常凝固点为 $T_f^*=273\ K$，水溶液的凝固点为 $T_f=(273-15)K=258\ K$

$$\ln\alpha_A=\frac{\Delta_{fus}H_{m,A}^{\ominus}}{R}\left(\frac{1}{T_f^*}-\frac{1}{T_f}\right)=\frac{6025\times10^3\ J\cdot mol^{-1}}{8.314\ J\cdot K^{-1}\cdot mol^{-1}}\left(\frac{1}{273\ K}-\frac{1}{258\ K}\right)=-0.1543$$

所以水的活度为 $\alpha_A=0.857$

纯水的摩尔体积为$V_{m,A}^*=18\ cm^3\cdot mol^{-1}=18\times10^{-5}\ m^3\cdot mol^{-1}$。

根据
$$\ln\alpha_A=-\frac{\Pi V_{m,A}^*}{RT}$$

则 298 K 时该溶液的渗透压 Π 为：$\Pi=1.946\times10^3\ kPa$。

【思考题 4-12】 当溶质溶于某溶剂中形成一定浓度的溶液时，若溶质 B 的浓度可以分别用 x_B,m_B,c_B 表示，下列说法中哪一个正确？

A.溶质的活度数据相同　　B.溶质的活度系数数据相同

C.溶质的化学势数据相同　　D.溶质的各标准态化学势数据相同

4.10　分配定律——溶质在两互不相溶液相中的分配

实验证明，“在定温、定压下，如果一种物质溶解在两个同时存在的互不相溶的液体中，达到平衡后，该物质在两相中的浓度之比等于常数”，称为分配定律。用公式表示为

$$\frac{C_B^{\alpha}}{C_B^{\beta}}=K\quad 或\quad \frac{m_B^{\alpha}}{m_B^{\beta}}=K' \tag{4.99}$$

式(4.99)中，C_B^{α},C_B^{β} 分别为溶质 B 在溶剂 α 和 β 相中物质的量浓度；m_B^{α},m_B^{β} 分别为溶质 B 在溶剂 α 和 β 相中质量摩尔浓度。K,K'称为分配系数。影响分配系数 K 的因素有温度、压力、溶质的性质和两种溶剂的性质等。当浓度不太时，该式能很好地符合实验结果。

这个经验定律可以从热力学得到证明。令 $\mu_B^{\alpha},\mu_B^{\beta}$ 分别代表 α 和 β 两相中溶质 B 的化学势，在一定温度和压力下，当达到两相平衡时

$$\mu_B^{\alpha}=\mu_B^{\beta}$$

因为
$$\mu_B^{\alpha}=\mu_B^*(\alpha)+RT\ln\alpha_B^{\alpha}$$
$$\mu_B^{\beta}=\mu_B^*(\beta)+RT\ln\alpha_B^{\beta}$$

所以
$$\mu_B^*(\alpha)+RT\ln\alpha_B^{\alpha}=\mu_B^*(\beta)+RT\ln\alpha_B^{\beta}$$

则
$$\frac{\alpha_B^{\alpha}}{\alpha_B^{\beta}}=\exp\left(\frac{\mu_B^*(\beta)-\mu_B^*(\alpha)}{RT}\right)=K(T,p) \tag{4.100}$$

如果溶质 B 在溶剂 α 和 β 两相中的浓度不大，则可看作活度与浓度在数值上相等，就得到式(4.99)。需要注意，如果溶质在任一溶剂中有缔合或解离现象，则分配定律只能适用于在溶剂中分子形态相同的部分。

利用分配定律可以计算有关萃取效率问题。用某一与原溶剂互不相溶的溶剂 A 从大量的某溶液中抽取其中的溶质 B。假定该溶质 B 在两溶剂中没有缔合或解离现象，也没有化学反应等。设在体积为 V(单位为 cm^3)的溶液中含有溶质 B 的质量为 $m(B)$(单位为 g)，若萃取 n 次，每次用体积为 $V(A)$的新鲜溶剂，则最后原溶液中所剩溶质的质量 $m(B,n)$为：

$$m(B,n)=m(B)\left(\frac{KV}{KV+V(A)}\right)^n \tag{4.101}$$

被抽取的溶质的质量为：

$$m(\mathrm{B})-m(\mathrm{B},n)=m(\mathrm{B})-m(\mathrm{B})\left(\frac{KV}{KV+V(\mathrm{A})}\right)^n$$

$$=m(\mathrm{B})\left[1-\left(\frac{KV}{KV+V(\mathrm{A})}\right)^n\right] \quad (4.102)$$

式中，$m(\mathrm{B},n)$——萃取 n 次后原溶液中所剩溶质的质量，g；

$m(\mathrm{B})$——原溶液中含有溶质 B 的质量，g；

K——溶质在两溶剂中的分配系数；

V——溶液的体积，cm^3；

$V(\mathrm{A})$——每次萃取所用新鲜溶剂的体积，cm^3；

n——萃取次数。

【例 4-10】 在水中含有某物质 100 g，在 298 K 时，用 1.0 dm^3 乙醚萃取一次，可得该物质 66.7 g。试求：

(1)该物质在水和乙醚之间的分配系数；

(2)若用 1.0 dm^3 乙醚分 10 次萃取，能萃取出该物质的质量。

解：已知溶质的质量 $m_{\mathrm{B}}=100$ g，溶液的体积 $V=1.0\ \mathrm{dm}^3$，萃取液的体积

(1)根据 $$m(\mathrm{B},n)=m(\mathrm{B})\left(\frac{KV}{KV+V(\mathrm{A})}\right)^n$$

一次萃取时，$n=1$，则

$$(100-66.7\ \mathrm{g})=100\ \mathrm{g}\times\left(\frac{K\times1.0\ \mathrm{dm}^3}{K\times1.0\ \mathrm{dm}^3+1.0\ \mathrm{dm}^3}\right)$$

$$K=0.5$$

(2)$n=10$ 时，

$$m(\mathrm{B},10)=m(\mathrm{B})\left(\frac{KV}{KV+V(\mathrm{A})}\right)^{10}$$

$$=100\ \mathrm{g}\times\left(\frac{0.5\times1.0\ \mathrm{dm}^3}{0.5\times1.0\ \mathrm{dm}^3+1.0\ \mathrm{dm}^3}\right)^{10}$$

$$=16.15\ \mathrm{g}$$

被萃取出的溶质的物质为

$$100\ \mathrm{g}-16.15\ \mathrm{g}=83.85\ \mathrm{g}$$

可见，多次萃取比一次萃取的效率高。

总之，分配定律的主要应用于：

(1)可以讨论萃取的效率问题。例如，已知分配系数 K，可以计算出要把溶液中有用溶质降到某一程度，需用一定体积的萃取剂萃取多少次(即萃取次数 n)才能达到。

(2)由计算可知，当用作萃取剂溶剂的数量有限时，则将溶剂分为若干分，分批萃取要比全部溶剂一次萃取的效率高。

习　题

1.若 x_{B} 为物质 B 的摩尔分数，m_{B} 为物质 B 的质量摩尔浓度，c_{B} 为物质 B 的物量的量浓度。

(1)证明 x_B, m_B, c_B 3 种浓度表示法之间的关系如下

$$x_B = \frac{c_B M_A}{\rho - c_B M_B + c_B M_A} = \frac{m_B M_A}{1 + m_B M_A}$$

式中，ρ 为溶液的密度，$kg \cdot dm^{-3}$；M_A、M_B 为物质 A、B 的摩尔质量，$kg \cdot mol^{-1}$。

(2)证明当溶液很稀时，有如下关系

$$x_B = \frac{c_B M_A}{\rho_0} = m_B M_A$$

式中，ρ_0 为纯溶剂的密度，$kg \cdot dm^{-3}$。

2.298 K 和 $p^\ominus$ 标准压力下，甲醇(B)和水(A)混合物中甲醇的摩尔分数 x_B 为 0.4。如果往大量的此混合物中加 1 mol 水，混合物的体积增加 17.35 cm^3。如果往大量的此混合物中加 1 mol 甲醇，混合物的体积增加 39.01 cm^3。已知 25 ℃和标准压力下甲醇的密度为 0.7911 $g \cdot cm^{-3}$，水的密度为 0.9971 $g \cdot cm^{-3}$。试计算

(1)将 0.4 mol 的甲醇和 0.6 mol 水混合时，此混合物的体积为多少？

(2)此混合过程体积的变化又为多少？

[答案：26.01 cm^3；1.00 cm^3]

3.在 298 K 时和标准压力下，含甲醇(B)的摩尔分数 x_B 为 0.458 的水溶液的密度为 0.8946 $g \cdot cm^{-3}$。甲醇的偏摩尔体积 $V_B = 39.80\ cm^3 \cdot mol^{-1}$，试求该水溶液中水(A)的偏摩尔体积 V_A。

[答案：16.72 $cm^3 \cdot mol^{-1}$]

4.在 298 K 和标准压力下，甲醇(B)的摩尔分数 x_B 为 0.30 的水溶液中，水(A)和甲醇(B)的偏摩尔体积分别为 $V_A = 17.765\ cm^3 \cdot mol^{-1}$，$V_B = 38.632\ cm^3 \cdot mol^{-1}$。已知在该条件下，水和甲醇的摩尔体积分别为，$V^*_{m,A} = 18.068\ cm^3 \cdot mol^{-1}$，$V^*_{m,B} = 40.722\ cm^3 \cdot mol^{-1}$。现在需要配制上述水溶液 1000 cm^3，试求：

(1)需要纯水和纯甲醇的体积；

(2)混合前后体积的变化值。

[答案：526.43 cm^3，508.50 cm^3；34.93 cm^3]

5.试证明定温定压条件下存在下列关系：

$$\sum_B n_B dZ_B = 0$$

6.在 298 K 和标准压力下，溶质 NaCl(s)(B)溶于 1.0 kg H_2O(l)(A)中，所得溶液的体积 V 与溶入 NaCl(s)(B)的物质的量 n_2 之间的关系式为

$$V = \{1001.38 + 16.6253(n_2/mol) + 1.7738\ (n_2/mol)^{3/2} + 0.1194\ (n_2/mol)^2\}cm^3$$

试求：(1)H_2O(l)(A)和 NaCl(s)(B)的偏摩尔体积与 n_2 之间的关系；

(2)$n_2 = 0.5$ mol 时，H_2O(l)(A)和 NaCl(s)(B)的偏摩尔体积。

(3)在无限稀释时，H_2O(l)(A)和 NaCl(s)(B)的偏摩尔体积。

[答案：(1)$V_2 = \{16.625 + 2.661\ (n_2/mol)^{1/2} + 0.238(n_2/mol)\}cm^3 \cdot mol^{-1}$，

$V_1 = \{18.041 - 1.598 \times 10^{-2}(n_2/mol)^{3/2} - 2.144 \times 10^{-3}(n_2/mol)^2\}cm^3 \cdot mol^{-1}$；

(2) $V_2 = 18.626\ cm^3 \cdot mol^{-1}$，$V_1 = 18.035\ cm^3 \cdot mol^{-1}$；

(3)$V_2 = 16.625\ cm^3 \cdot mol^{-1}$，$V_1 = 18.041\ cm^3 \cdot mol^{-1}$]

7.在 293 K 时,氨的水溶液 A 中 NH_3 与 H_2O 的量之比为 1∶8.5,溶液 A 上方 NH_3 的分压为 10.64 kPa;氨的水溶液 B 中 NH_3 与 H_2O 的量之比为 1∶21,溶液 B 上方的分压为 3.597 kPa。试求在相同温度下:

(1)从大量的溶液 A 中转移 1 mol NH_3(g)到大量的溶液 B 中的 ΔG;

(2)将处于标准压力下的 1 mol NH_3(g)溶于大量的溶液 B 中的 ΔG。

[答案:$-2642\ J \cdot mol^{-1}$;$-8100\ J \cdot mol^{-1}$]

8.若一实际气体的状态方程为

$$pV_m = RT + Ap + Bp^2$$

试证明该气体的逸度计算公式为

$$\ln f = \ln p + \frac{1}{RT}(Ap + \frac{Bp^2}{2})$$

9.在 298 K 时,纯 A 与纯 B 可形成理想的混合物,试计算如下两种情况下所需的最小功值。

(1)从大量的等物质的量的纯 A 与纯 B 形成的理想混合物中,分出 1 mol 纯 A;

(2)从纯 A 与纯 B 各为 2 mol 所形成的理想混合物中,分出 1 mol 纯 A。

[答案:1717 J;2138 J]

10.在 413 K 时,纯 C_6H_5Cl(l)和纯 C_6H_5Br(l)的蒸气压分别为 125.24 kPa 和 66.10 kPa。假定两种液体形成某理想液态混合物,在 101.325 kPa 和 413 K 时沸腾。试求:

(1)沸腾时理想液态混合物的组成;

(2)沸腾时液面上蒸气的组成。

[答案:0.5957,0.4043;0.7363,0.2637]

11.液体 A 与液体 B 能形成理想液态混合物,在 343 K 时,1 mol 纯 A 与 2 mol 纯 B 形成的理想液态混合物的总蒸气压为 50.66 kPa,若在液态混合物中再加入 3 mol 纯 A,则液态混合物的总蒸气压为 70.93 kPa。试求:

(1)纯 A 与纯 B 的饱和蒸气压;

(2)对第一种理想液态混合物,在对应的气相中 A 与 B 各自的摩尔分数。

[答案:$p_A^* = 91.20$ kPa,$p_B^* = 30.39$ kPa;0.6,0.4]

12.在 80.3 K 时,氧的蒸气压为 3.13 kPa,氮的蒸气压为 144.7 kPa,设空气由 21%的氧和 7%的氮组成(体积百分数),并认为液态空气是理想液态混合物,试问:

(1)在 80.3 K 时最少加多少压力才能使空气全部液化?

(2)求液化开始和终止时气相和液相的组成。

[答案:(1)114.97 kPa;(2)液化开始时气相的组成为 $y_{O_2} = 0.21$,$y_{N_2} = 0.79$,
液化终止时液相的组成为 $x_{O_2} = 0.21$,$x_{N_2} = 0.79$,
液化开始时液相的组成为 $x_{O_2} = 0.925$,$x_{N_2} = 0.075$,
液化终止时气相的组成为 $y_{O_2} = 0.006$,$y_{N_2} = 0.994$]

13.在 298 K 时,纯苯(A)和纯甲苯(B)的蒸气压分别为 9.96 kPa 和 2.97 kPa,今以等质量的苯和甲苯混合形成理想液态混合物,试求:

(1)与液态混合物对应的气相中,苯和甲苯的分压;

(2)液面上蒸气的总压力。

[答案:$p_A = 5.39$ kPa,$p_B = 1.36$ kPa;$p = 6.75$ kPa]

14.HCl 溶于氯苯中的亨利系数 $k_m=4.44\times10^4\ Pa\cdot kg\cdot mol^{-1}$。试求当氯苯溶液中含 HCl 达质量比为 1.00%时，HCl 溶液上面的分压为多少？

[答案：1.23×10^4 Pa]

15.293 K 时，HCl(g) 溶于 C_6H_6(l)中，形成理想稀溶液。当达到气液两相平衡时，液相中 HCl 的摩尔分数为 0.0385，气相中 C_6H_6(g)的摩尔分数为 0.095，已知 293 K 时，C_6H_6(l)的饱和蒸气压为 10.01 kPa。试求：

(1)气液两相平衡时，气相的总压。

(2)293 K，HCl(g) 在苯溶液中的亨利常数 $k_{x,B}$。

[答案：101.316 kPa ；2381.56 kPa]

16.在室温下，液体 A 与液体 B 能形成理想液体混合物。现有一混合物的蒸气相，其中 A 的摩尔分数为 0.4，把它放在一个带活塞的汽缸内，在室温下将气缸缓慢压缩。已知液体 A 与液体 B 的饱和蒸气压分别为 $p_A^*=40.0$ kPa，$p_B^*=120.0$ kPa。试求：

(1)当液体开始出现时，气缸内气体的总压。

(2)欲使该液体在正常沸点下沸腾，理想液态混合物的组成。

(3)当气缸内气体全部液化后，再开始汽化时气体的组成。

[答案：66.66 kPa；$x'_A=0.25$，$x'_B=0.75$；$y_A=0.182$ ，$y_B=0.818$]

17.在 298 K 和标准压力下，有 1 mol A 和 1 mol B 形成理想的液态混合物，试求混合过程的 $\Delta_{mix}V$，$\Delta_{mix}H$，$\Delta_{mix}U$，$\Delta_{mix}S$ 和 $\Delta_{mix}G$。

[答案：0；0；0；11.53 $J\cdot K^{-1}$；－3436 J]

18.某溶液为 22.5 g 水中含有 0.450 g 尿素。该溶液的沸点为 100.17 ℃。求水的沸点升高常数 k_b，并与理论值 0.513 $K\cdot kg\cdot mol^{-1}$相比较。

[答案：0.510 $K\cdot kg\cdot mol^{-1}$]

19.设某一新合成的有机物 R，其中含碳、氢和氧的质量分数分别为 $w_C=0.632$，$w_H=0.088$，$w_O=0.280$。今将 0.0702 g 该有机物溶于 0.804 g 樟脑中，其凝固点比纯樟脑下降了 15.5 K。试求该有机物的摩尔质量及其化学分子式。已知樟脑的凝固点降低常数为 $k_f=40.0\ K\cdot kg\cdot mol^{-1}$。(由于樟脑的凝固点降低常数较大，虽然溶质的用量较少，但凝固点降低值仍较大，相对于沸点升高的实验，其准确度较高)。

[答案：$C_{12}H_{20}O_4$]

20.含有溶质 A 的质量为 m 的 1 kg 溶剂沸点升高 ΔT_b，已知沸点升高常数为 k_b，但 A 在溶液中发生部分二聚，即 $2A=A_2$，试证明其浓度平衡常数 K_c 为：

$$K_c=\frac{k_b(k_bm-\Delta T_b)}{(2\Delta T_b-k_bm)^2}$$

21.将 12.2 g 苯甲酸溶于 100 g 乙醇中，使乙醇的沸点升高了 1.13 K。若将这些苯甲酸溶于 100 g 苯中，则苯的沸点升高了 1.36 K。计算苯甲酸在这两种溶剂中的摩尔质量。计算结果说明了什么问题？已知在乙醇中的沸点升高常数 $k_b=1.19\ K\cdot kg\cdot mol^{-1}$。在苯中 $k_b=2.60\ K\cdot kg\cdot mol^{-1}$。

[答案：0.128 $kg\cdot mol^{-1}$； 0.233 $kg\cdot mol^{-1}$；苯甲酸在苯中以双分子缔合形式存在]

22.在 300.2 K 时，将葡萄糖($C_6H_{12}O_6$)溶于水中，得葡萄糖的质量分数为 0.044 的溶液。试求：

(1)该溶液的渗透压。

(2)若用葡萄糖不能透过的半透膜将溶液和纯水隔开，试问在溶液一方需要多高的水柱才能使之平衡。设这时溶液的密度为 $1.015\times10^3\ kg\cdot m^{-3}$。已知水和汞的密度分别为 $10^3\ kg\cdot m^{-3}$ 和 $13.6\times10^3\ kg\cdot m^{-3}$。

[答案：6.189×10^5 Pa；63.15 m]

23.(1)人类血浆的凝固点为－0.5℃(272.65 K)，求在 37℃(310.15 K)时血浆的渗透压。已知水的凝固点降低常数 $k_f=1.86\ K\cdot kg\cdot mol^{-1}$，血浆的密度近似等于水的密度，为 $1\times10^3 kg\cdot m^{-3}$。

(2)假设某人在 310.15 K 时其血浆的渗透压为 729.54 kPa，试计算葡萄糖等渗溶液的质量摩尔浓度。

[答案：692.8 kPa ；0.2829 $mol\cdot kg^{-1}$]

24.吸烟对人体有害，香烟中主要含有致癌物质尼古丁。经分析得知其中含 H 的质量分数为 0.093，含 C 的质量分数为 0.720，含 N 的质量分数为 0.187。现将 0.60 g 尼古丁溶于 12.0 g水中，所得溶液在标准压力下的凝固点为－0.62 ℃，试确定该物质的分子式(已知水的凝固点降低常数为 $k_f=1.86\ K\cdot kg\cdot mol^{-1}$)。

[答案：$C_9H_{14}N_2$]

25.在 298 K 和 101.325 kPa 的大气压力下，将 0.05 mol 的非电解质溶于 1.0 kg 纯水中，所得溶液的凝固点下降了 0.093 K。试求：

(1)水的凝固点下降常数 k_f；

(2)冰的摩尔升华焓变 $\Delta_{sub}H_m$。已知水在 298 K 时的摩尔气化焓变 $\Delta_{vap}H_m=44.01\ kJ\cdot mol^{-1}$，$T_f^*=273.15$ K。

[答案：$k_f=1.86\ K\cdot kg\cdot mol^{-1}$；$\Delta_{sub}H_{m,A}=50.01\ kJ\cdot mol^{-1}$]

26.在 298 K，101.325 kPa 的大气压下，将少量非挥发性、不解离的溶质 B 溶于溶剂 A 中，所得稀溶液析出冰的温度为 271.7 K。试求：

(1)稀溶液的正常沸点 T_b；

(2)在 298 K 时溶液的蒸气压；

(3)该温度时溶液的渗透压。

[答案：$T_b=373.55$ K；$p_A=3.123$ kPa；$\Pi=1.93\times10^6$ Pa]

27.将摩尔质量 M_1 为 $0.1101\ kg\cdot mol^{-1}$ 的不挥发物质 B_1 2.220×10^{-3} kg 溶于 0.1 kg 水(A)中，沸点升高 0.105 K。若再加入摩尔质量未知的另一种不挥发物质 B_2 2.160×10^{-3} kg，沸点又升高 0.107 K。试计算：

(1)水的沸点升高常数 k_b；

(2)B_2 的摩尔质量 M_2；

(3)水的摩尔蒸发焓 $\Delta_{vap}H_m$；

(4)求该溶液在 298 K 时的蒸气压 p_1(设该溶液为理想稀溶液)。

[答案：$k_b=0.5207\ K\cdot kg\cdot mol^{-1}$；$M_B=0.1051\ kg\cdot mol^{-1}$；39.99 $kJ\cdot mol^{-1}$；3919 Pa]

28.在 300 K 时，液态 A 的蒸气压为 37.33 kPa，液态 B 的蒸气压为 22.66 kPa。当 2 mol A 与 2 mol B 混合后，液面上蒸气的总压为 50.66 kPa，在蒸气中 A 的摩尔分数为 0.60，假定蒸气为理想气体。试求：

(1)溶液中 A 和 B 的活度；

(2)溶液中 A 和 B 的活度因子；

(3)实际混合过程中的 Gibbs 自由能变值；

(4)如果理形成理想液态混合物，求混合过程中的 Gibbs 自由能变值。

[答案：$\alpha_{x,A}=0.8143$，$\alpha_{x,B}=0.8943$；$\gamma_{x,A}=1.63$，$\gamma_{x,B}=1.79$；-1582 J；-6915 J]

29.在 288 K 时，1 mol NaOH(s)溶在 4.559 mL 的纯水中所成溶液的蒸气压为 596.5 Pa，在该温度下，纯水的蒸气压为 1705 Pa。试求：

(1)溶液中水的活度；

(2)在溶液和在纯水中，水的化学势的差值。

[答案：$\alpha_{x,A}=0.3498$；2515 J·mol^{-1}]

30.262.5 K 时，在 1.0 kg 水中溶解 3.30 mol 的 KCl(s)，形成饱和溶液，在该温度与饱和溶液与冰平衡共存。若以纯水为标准态，试计算饱和溶液中水的活度和活度因子。已知冰的摩尔熔化焓变为 $\Delta_{fus}H_m=6025$ J·mol^{-1}。

[答案：$\alpha_{x,A}=0.8985$，$\gamma_{x,A}=0.9519$]

31.在 323 K，乙酸(A)和苯(B)组成溶液，随着溶液中组分 A 的摩尔分数的变化，其对应的气相 A 和 B 的分压 p_A 和 p_B 由实验测定的数据列于下表：

x_A	0	0.0835	0.2973	0.6604	0.9931	1.00
p_A/Pa	—	1535	3306	5360	7293	7333
p_B/Pa	35197	33277	28158	18012	466.6	—

设蒸气为理想气体，当乙酸在液相中的摩尔分数为 0.6604 时，

(1)以拉乌尔定律为基准，分别求 A 和 B 的活度和活度因子；

(2)以亨利定律为基准，求苯(B)的活度和活度因子；

(3)求 323 K 时，上述系统的混合 Gibbs 自由能 $\Delta_{mix}G$。

[答案：$\alpha_{x,A}=0.7309$，$\gamma_{x,A}=1.107$，$\alpha_{x,B}=0.5117$，$\gamma_{x,B}=1.507$；$\alpha_{x,B}=0.2664$，$\gamma_{x,B}=0.784$；-1587 J]

32.293 K 时，某有机酸在水和乙醚的分配系数 $K=0.4$。今有该有机酸 5 g，溶于 0.10 dm^3 的水中，并设乙醚在萃取前已被水饱和，萃取时不再有乙醚溶于水。计算：

(1)每次用 0.02 dm^3 乙醚萃取，连续萃取两次，计算留在水中的有机酸的质量；

(2)若用 0.04 dm^3 乙醚萃取一次，求留在水中有机酸的质量。

[答案：2.22 g；2.50 g]

第5章　化学平衡

【本章要求】

(1)了解标准平衡常数、等温方程式的导出；

(2)理解平衡常数表达式，理想气体 $K^{\ominus}$、K_p、K_x、K_c 之间的关系，$\Delta_r G_m$、$\Delta_r G_m^{\ominus}$ 与 $\Delta_f G_m^{\ominus}$ 的意义，温度、压力和惰性气体对平衡的影响；

(3)掌握平衡常数及平衡组成的计算，运用反应的 $\Delta_r G_m$ 与 $\Delta_r G_m^{\ominus}$ 的判断过程的方向和限度。

【背景问题】

(1)化学反应能够进行到底吗？为什么？

(2)化学反应平衡状态是什么样的状态？

(3)化学反应达到化学平衡以后，宏观和微观特征有何区别？

(4)日常生活中，用纯碱去除油污时，用热水比用冷水效果好，怎样用化学平衡移动的原理去解释？

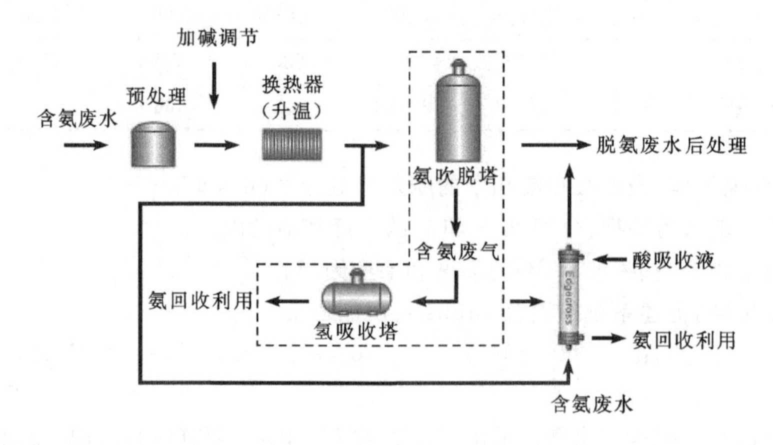

引　言

大多数化学反应都能同时向正逆两个方向进行，这种反应被称为对峙反应(可逆反应)。在一定条件(浓度、温度和压力等)下，当正逆两个方向的反应速度相等时，体系就达到了平衡状态。对于不同的反应体系来说，虽然达到平衡状态所需时间各不相同，但它们有其共同的特点，即平衡后体系中各物质的数量或浓度不随时间而变化，且产物和反应物的相对数量之间具有一定的比值关系。只要外界条件不变，平衡状态不随时间而变化；只有外界条件改变，平衡状态才发生变化。因此，化学平衡状态从宏观上看表现为静态，而从微观上看仍是一种动态平衡。

然而，在实际工作和生产中，对于一个化学反应，我们不仅要关心它能否进行，还要关心反应究竟向哪个方向进行，限度有多大等问题。人们通过实验发现，在一定条件下，不同化学反应的反应限度不相同，甚至同一化学反应在不同的条件下，反应限度也会存在很大差别。那么,究竟是什么因素在决定反应的限度?一个反应究竟能完成到怎样的程度?能否从理论上加以预示?浓度、温度、压力等外界条件对反应限度有什么影响?如何控制反应条件,使反应朝我们需要的方向进行?如何通过控制外界条件来控制反应限度,以提高化工产品产量等问题?解决这些问题,对于化学及冶金工业等生产有重要实际意义。以上这些问题的解决仍然依赖于热力学,需要将热力学基本原理和规律应用于化学反应。本章中将根据热力学第二定律的一些结论来处理化学平衡问题,讨论平衡常数的测定和计算方法,以及化学平衡的影响因素。

5.1　化学反应的方向和限度

5.1.1　化学反应的限度

根据多组分系统的热力学基本方程

$$dG = -SdT + Vdp + \sum_B \mu_B dn_B$$

在等温、等压条件下

$$(dG)_{T,p} = \sum_B \mu_B dn_B \tag{5.1}$$

根据反应进度的定义 $d\xi = dn_B/\nu_B$,则 $dn_B = \nu_B d\xi$,代入式(5.1)

$$(dG)_{T,p} = \sum_B \nu_B \mu_B d\xi$$

则

$$\left(\frac{\partial G}{\partial \xi}\right)_{T,p} = \sum_B \nu_B \mu_B \tag{5.2}$$

当 $\xi = 1$ mol 时,式(5.2)可以写成

$$(dG)_{T,p} = \sum_B \nu_B \mu_B \tag{5.3}$$

式(5.3)指在等温等压时,且保持各物质化学势不变的条件下,在一个巨大的体系中进行一个单位的化学反应时体系吉布斯自由能增量,将其记为 $\Delta_r G_m$,则

$$\Delta_r G_m = \left(\frac{\partial G}{\partial \xi}\right)_{T,p} = \sum_B \nu_B \mu_B \tag{5.4}$$

在式(5.4)中,$\Delta_r G_m$ 为反应吉布斯自由能变化值。由于 $\sum_B \nu_B \mu_B$ 是系统某一状态的性质,所以 $\Delta_r G_m$ 是一个瞬时量,是针对特定状态而言的。$\Delta_r G_m$ 指在等温等压条件下,系统中发生了微小变化所引起体系吉布斯自由能的变化值与反应速度的变化值之比,即 $\left(\frac{\partial G}{\partial T}\right)_{T,p}$,$\Delta_r G_m$ 的量纲是 $J \cdot mol^{-1}$。$\left(\frac{\partial G}{\partial T}\right)_{T,p}$、$\Delta_r G_m$ 和 $\sum_B \nu_B \mu_B$ 都可以作为化学反应的方向与限度的判据,并且是完全等效的。

若以系统的吉布斯自由能为纵坐标,反应进度为横坐标,可得到图 5-1,R 点为反应物的吉布斯自由能,p 点为生成物的吉布斯自由能,ξ_e 是化学反应达到平衡时的反应进度。在反应的起始阶段,$\left(\frac{\partial G}{\partial \xi}\right) < 0$,即 $\sum_B \nu_B \mu_B < 0$、$\Delta_r G_m < 0$,此时反应物化学势总和大于产物化学势总和,则化学反应将自发向右进行。到达 E 点时,$\left(\frac{\partial G}{\partial \xi}\right) = 0$,即 $\sum_B \nu_B \mu_B = 0$、$\Delta_r G_m = 0$,此时反

应物与产物的化学势总和相等，故此时化学反应达到了化学平衡。反应经过 E 点以后，$\left(\frac{\partial G}{\partial \xi}\right)>0$，此时 $\sum_{B} \nu_{B}\mu_{B}>0$、$\Delta_r G_m>0$，即产物的化学势总和大于反应物的化学势总和，因此反应自发向左进行（逆反应自发进行）。

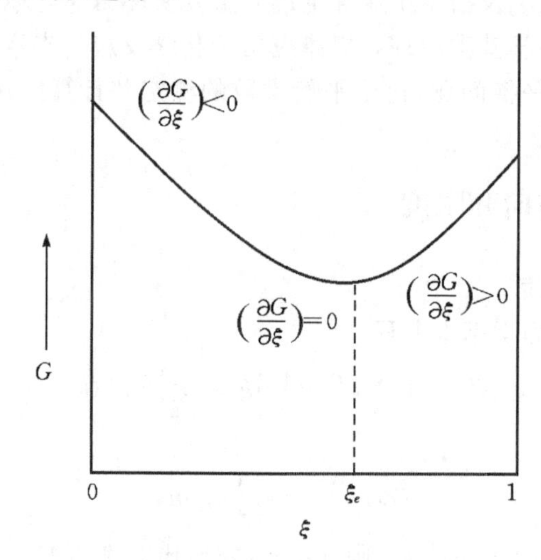

图 5－1　反应系统吉布斯自由能随反应进速变化示意图

5.1.2　化学反应等温式

假设有一理想气体参与的化学反应

$$aA(g)+bB(g)=gG(g)+hH(g)$$

当反应达到平衡时，有 $g\mu_G+h\mu_H=a\mu_A+b\mu_B$，因为 A、B、G 和 H 均为理想气体，根据理想气体化学势的表示式 $\mu_B=\mu_B^{\ominus}+RT\ln(p_B/p^{\ominus})$，则上式可写为

$$g\mu_G^{\ominus}+gRT\ln(p_G/p^{\ominus})+h\mu_H^{\ominus}+hRT\ln(p_H/p^{\ominus})=a\mu_A^{\ominus}+aRT\ln(p_A/p^{\ominus})+b\mu_B^{\ominus}+bRT\ln(p_B/p^{\ominus})$$

即

$$\ln\frac{(p_G/p^{\ominus})^g\ (p_H/p^{\ominus})^h}{(p_A/p^{\ominus})^a\ (p_B/p^{\ominus})^b}=-\frac{1}{RT}(g\mu_G^{\ominus}+h\mu_H^{\ominus}-a\mu_A^{\ominus}-b\mu_B^{\ominus}) \tag{5.5}$$

式中，p_B 为 B 物质在平衡时的分压。因为等式右边各项都是温度的函数，因此在温度一定时，等式右边为常数。故

$$\frac{(p_G/p^{\ominus})^g\ (p_H/p^{\ominus})^h}{(p_A/p^{\ominus})^a\ (p_B/p^{\ominus})^b}=\text{常数}=K^{\ominus} \tag{5.6}$$

上面的比例式称为反应的“标准平衡常数”，用 $K^{\ominus}$ 表示。由上式可见，标准平衡常数 $K^{\ominus}$ 是无量纲的量。若令

$$g\mu_G^{\ominus}+h\mu_H^{\ominus}-a\mu_A^{\ominus}-b\mu_B^{\ominus}=\Delta_r G_m^{\ominus} \tag{5.7}$$

则式(5.7)可以表示为

$$\Delta_r G_m^{\ominus}=-RT\ln K^{\ominus} \tag{5.8}$$

式中，$\Delta_r G_m^{\ominus}$ 指产物和反应物均处于标准状态时，产物的吉布斯函数与反应物的吉布斯函数之差，故称为反应的“标准吉布斯函数变化”。

假若上述反应在定温定压条件下进行，其中各分压是任意的，并非平衡状态的分压。那么，当此反应进行时，反应系统的吉布斯函数变化为

$$\Delta_r G_m=(g\mu_G+h\mu_H)-(a\mu_A+b\mu_B)$$

$$=(g\mu_G^{\ominus}+h\mu_H^{\ominus}-a\mu_A^{\ominus}-b\mu_B^{\ominus})+RT\ln\frac{(p'_G/p^{\ominus})^g\ (p'_H/p^{\ominus})^h}{(p'_A/p^{\ominus})^a\ (p'_B/p^{\ominus})^b}$$

令 $$Q_p=\frac{(p'_G/p^{\ominus})^g\ (p'_H/p^{\ominus})^h}{(p'_A/p^{\ominus})^a\ (p'_B/p^{\ominus})^b}$$

将式(5.7)和式(5.8)代入，则

$$\Delta_r G_m=\Delta_r G_m^{\ominus}+RT\ln Q_p \tag{5.9}$$

或

$$\Delta_r G_m=-RT\ln K^{\ominus}+RT\ln Q_p \tag{5.10}$$

式(5.9)称为范特霍夫等温方程。

将上面的结论推广至任意化学反应，只需用 a_B 代替 $p_B/p^{\ominus}$。在不同场合，可以赋予 a_B 不同的含义：对于理想气体，a_B 表示 $p_B/p^{\ominus}$；对于实际气体，a_B 表示 $f_B/p^{\ominus}$；对于理想液态混合物，a_B 表示 x_B；对于非理想溶液，a_B 就表示活度。因此，等温方程可统一表示为：

$$\Delta_r G_m=\Delta_r G_m^{\ominus}(T)+RT\ln Q_a \tag{5.11}$$

式中，Q_a 称为“活度商”。

由于在定温定压下，某一热力学过程的 $\Delta G<0$，过程能自发进行；$\Delta G>0$，过程不能自发进行；$\Delta G=0$，过程已达平衡。所以对于任意反应，根据等温方程式知：

若　$Q_a<K$　$\Delta_r G_m<0$　反应正向自发进行

若　$Q_a>K$　$\Delta_r G_m>0$　反应逆向自发进行

若　$Q_a=K$　$\Delta_r G_m=0$　反应达平衡

【例 5-1】 有一理想气体反应 $CO(g)+H_2(g)\rightleftharpoons CO_2(g)+H_2(g)$，在 973 K 时，$K^{\ominus}=0.71$，

试问：(1)各物质的分压均为 1.5×10^5 Pa 时，此反应能否自发进行？

(2)若增加反应物压力，使 $p_{CO}=1.0\times10^6$ Pa，$p_{H_2O}=5.0\times10^5$ Pa，$p_{CO_2}=p_{H_2}=1.5\times10^5$ Pa，该反应能否自发进行？

解　(1) 根据 $\Delta_r G_m^{\ominus}=-RT\ln K^{\ominus}=-8.314\times973.2\times\ln0.71=2.77\ \mathrm{kJ\cdot mol^{-1}}$

由等温方程 $\Delta_r G_m=\Delta_r G_m^{\ominus}+RT\ln Q_p$

$$=-8.314\times973\times\ln0.71+8.314\times973\times\ln\frac{1.5\times10^5\times1.5\times10^5}{1.5\times10^5\times1.5\times10^5}$$

$$=2.77\times10^3\ \mathrm{J\cdot mol^{-1}}$$

由于 $\Delta_r G_m=2.77\times10^3\ \mathrm{J\cdot mol^{-1}}>0$，反应不能正向自发进行。

(2)当 $p_{CO}=1.0\times10^6$ Pa，$p_{H_2O}=5.0\times10^5$ Pa，$p_{CO_2}=p_{H_2}=1.5\times10^5$ Pa 时

$$\Delta_r G_m=-8.314\times973\times\ln0.71+8.314\times973\times\ln\frac{1.5\times10^5\times1.5\times10^5}{1.0\times10^6\times5.0\times10^5}$$

$$=-22.3\times10^3\ \mathrm{J\cdot mol^{-1}}$$

由于 $\Delta_r G_m=-22.3\times10^3\ \mathrm{J\cdot mol^{-1}}<0$

故此反应可自发正向进行。

5.2　反应的标准吉布斯自由能变化

5.2.1　化学反应的 $\Delta_r G_m$ 和 $\Delta_r G_m^{\ominus}$

对于任一化学反应，其化学反应的等温方程

$$\Delta_r G_m=\Delta_r G_m^{\ominus}+RT\ln Q_a$$

上式中 $\Delta_r G_m = \sum_B \nu_B \mu_B$，表示指定条件下反应的吉布斯自由能变化；$\Delta_r G_m^\ominus = \sum_B \nu_B \mu_B^\ominus$ 则表示标准状态下反应的吉布斯自由能变化。显然，$\Delta_r G_m$ 与 $\Delta_r G_m^\ominus$ 的意义不同，物质的标准态化学势 $\mu_B^\ominus$ 只是温度的函数，所以取决于化学反应本性的 $\Delta_r G_m^\ominus$ 也只是温度的函数。一旦选定标准态，指定温度下的任何化学反应的 $\Delta_r G_m^\ominus$ 皆为常数。然而，$\Delta_r G_m$ 不是常数，它还与反应体系所处的实际状态有关，即与活度商 Q_a 有关。在指定的温度和压力下，根据 $\Delta_r G_m$ 的正负来判断化学反应自发进行的方向，而 $\Delta_r G_m^\ominus$ 一般不能用来判断化学反应自发进行的方向。

在化学反应中，$\Delta_r G_m^\ominus$ 具有特别重要的意义，下面列举 $\Delta_r G_m^\ominus$ 的一些应用：

1.计算标准平衡常数

根据公式 $\Delta_r G_m^\ominus = -RT\ln K^\ominus$，可以计算反应的标准平衡常数。由于 $K^\ominus$ 可以指示反应的限度，所以 $\Delta_r G_m^\ominus$ 也是指示反应限度的量。

2.从已知反应的 $\Delta_r G_m^\ominus$ 计算未知反应的 $\Delta_r G_m^\ominus$

如已知下述反应

$$① \ C(s) + O_2(g) \longrightarrow CO_2(g) \qquad \Delta_r G_m^\ominus①$$

$$② \ CO(g) + \frac{1}{2}O_2(g) \longrightarrow CO_2(g) \qquad \Delta_r G_m^\ominus②$$

$$③ \ C(s) + \frac{1}{2}O_2(g) \longrightarrow CO(g) \qquad \Delta_r G_m^\ominus③$$

反应③的平衡常数很难直接测定，因为在碳的氧化过程中，很难控制氧化程度使碳停留在 CO 而不生成 CO_2，但反应③=反应①−反应②，如已知 $\Delta_r G_m^\ominus$①和 $\Delta_r G_m^\ominus$②，则可利用 $\Delta_r G_m^\ominus$③= $\Delta_r G_m^\ominus$①−$\Delta_r G_m^\ominus$②求得 $\Delta_r G_m^\ominus$③，进而获得反应③的平衡常数。

3.利用 $\Delta_r G_m^\ominus$ 估算反应的可能性

一般情况下，$\Delta_r G_m^\ominus$ 虽然不能作为判断反应方向的判据，但由化学反应等温式可知，若 $\Delta_r G_m^\ominus$ 的绝对值很大，则 $\Delta_r G_m$ 值的正负基本取决于 $\Delta_r G_m^\ominus$ 的正负，除非 Q_a 很大或者很小，这往往是实际生活中很难实现的。例如反应 $Zn(s) + \frac{1}{2}O_2(g) \rightleftharpoons ZnO(s)$，在 298 K 时 $\Delta_r G_m^\ominus$ 为 $-318.2\ kJ \cdot mol^{-1}$。欲使此反应不能正向进行，$Q_p$ 必须大于 6×10^{55}，即 O_2 的分压要小于 3.2×10^{-107} Pa，才能使 $\Delta_r G_m^\ominus>0$。实际上这是不可能实现的，所以根据 $\Delta_r G_m^\ominus$ 的数值，可以判断在室温下该反应能够自发进行，而且能够反应得很彻底。

同理，若 $\Delta_r G_m^\ominus$ 是一个很大的正值，则在一般情况下 $\Delta_r G_m^\ominus$ 也为正值，很难通过改变 Q_p 的数值使 $\Delta_r G_m^\ominus$ 改变符号，即该反应在给定的条件下正向不能自发进行。那么究竟 $\Delta_r G_m^\ominus$ 的数值要正到多少才能用来估计反应的可能性呢？目前还没有明确的标准，一般认为当 $\Delta_r G_m^\ominus> 41.84\ kJ \cdot mol^{-1}$ 时，即可认为该反应正向不可能自发进行；当 $0<\Delta_r G_m^\ominus<41.84\ kJ \cdot mol^{-1}$ 时，有可能可以通过改变外界条件进而改变 Q_p 值，使得反应朝着人们预期的方向进行；当 $\Delta_r G_m^\ominus<0$ 时，反应可以正向自发进行。

根据 $\Delta_r G_m^\ominus$ 可以计算反应平衡常数，估计反应的可能性等，如何计算反应的 $\Delta_r G_m^\ominus$ 呢？常见的方法有：

①由反应的标准平衡常数计算；

②通过已知反应的 $\Delta_r G_m^\ominus$ 计算所研究反应的 $\Delta_r G_m^\ominus$；

③根据公式 $\Delta_r G_m^\ominus = \Delta_r H_m^\ominus - T\Delta_r S_m^\ominus$ 计算，其中 $\Delta_r H_m^\ominus$ 和 $\Delta_r S_m^\ominus$ 分别为反应的标准摩尔焓变和标准摩尔熵变；

④根据公式 $\Delta_r G_m^\ominus = -nE^\ominus F$ 计算，其中 $E^\ominus$ 为可逆电池标准电动势，F 为法拉第常数，n 为电池反应中得失的电子数；

⑤利用统计热力学方法计算。

获得 $\Delta_r G_m^\ominus$ 一个简单而又通用的方法是仿效热化学中计算反应热的方法，即选定某种状态作为标准态来定义物质的标准摩尔生成吉布斯自由能，然后根据状态函数的性质来计算反应的 $\Delta_r G_m^\ominus$。

5.2.2　物质的标准摩尔生成吉布斯自由能

在一定温度下，处于标准态时，各种最稳定单质的标准摩尔生成吉布斯自由能为零，那么由最稳定单质生成 1 mol 的某物质时反应的标准吉布斯自由能 $\Delta_r G_m^\ominus$ 即为该物质的标准摩尔吉布斯生成自由能，用符号 $\Delta_f G_m^\ominus$ 表示。

例如在 298.15 K 时，反应

$$C(s, p^\ominus) + O_2(g, p^\ominus) \longrightarrow CO_2(g, p^\ominus)$$

的 $\Delta_r G_m^\ominus = -39438\ kJ \cdot mol^{-1}$，由于石墨和氧气皆为最稳定单质，因此

$$\Delta_f G_m^\ominus[CO_2(g, 298.15\ K)] = \Delta_r G_m^\ominus = -394.38\ kJ \cdot mol^{-1}$$

由于吉布斯自由能是状态函数，因此可以利用 $\Delta_f G_m^\ominus$ 来计算反应的 $\Delta_r G_m^\ominus$。对于任一反应

$$aA + bB \rightleftharpoons gG + hH$$

$$\Delta_r G_m^\ominus = [g\Delta_f G_m^\ominus(G) + h\Delta_f G_m^\ominus(H)] - [a\Delta_f G_m^\ominus(A) + b\Delta_f G_m^\ominus(B)] = \sum_B \nu_B \Delta_f G_m^\ominus(B)$$

【例 5－2】　计算碳的氧化反应

$$C(石墨) + CO_2(g) \longrightarrow 2CO(g)$$

计算在 298.15 K 和 1273.15 K 时的标准摩尔吉布斯自由能变化值。

解　已知

T/K	$\Delta_f G_m^\ominus[CO_2(g)]/(kJ \cdot mol^{-1})$	$\Delta_f G_m^\ominus[CO(g)]/(kJ \cdot mol^{-1})$
298.15	−394.38	−137.27
1273.15	−395.20	−223.30

$$\begin{aligned}\Delta_r G_m^\ominus(298.15\ K) &= 2\Delta_f G_m^\ominus[CO(g)] - \Delta_f G_m^\ominus[CO_2(g)] - \Delta_f G_m^\ominus[C(石墨)] \\ &= (-2\times137.27 + 394.38 - 0)kJ \cdot mol^{-1} \\ &= 119.84\ kJ \cdot mol^{-1}\end{aligned}$$

可见，该反应在 298.15 K 时的 $\Delta_r G_m^\ominus$ 是一个很大的正值，因此碳的氧化反应在该温度下是不可能自发进行的，改变各物质的分压也难使 $Q_p < K_p^\ominus$。但当温度改变时，有 $\Delta_f G_m^\ominus(1273.15K) = (-2\times223.30 + 395.20 - 0) = -51.40\ kJ \cdot mol^{-1}$。

该反应在 1273.15 K 下的 $\Delta_f G_m^\ominus$ 是一个较大的负值，可见当温度升高时，原来不能自发进行的反应，又可以正向自发进行了。

【思考题 5－1】　什么是标准摩尔生成吉布斯自由能？

【思考题 5-2】 因为 $\Delta_r G_m^\ominus = -RT\ln K$，所以 $\Delta_r G_m^\ominus$ 是平衡状态时的吉布斯自由能的变化值，这个说法正确吗？为什么？

【思考题 5-3】 反应的 $\Delta_r G_m$ 和 $\Delta_r G_m^\ominus$ 有何异同？如何理解它们各自的物理意义？

【思考题 5-4】 在一定的温度、压力且不做非体积功的条件下，若某反应的 $\Delta_r G_m > 0$，能否研制出一种催化剂使反应正向进行？

5.3 平衡常数的各种表示法

由于化学反应的平衡常数与参加反应各物质的标准态化学势密切相关，所以 $K^\ominus$ 称为标准平衡常数。按照习惯，平衡常数还有其他的表示形式，我们统称为经验平衡常数，简称平衡常数。标准平衡常数没有量纲，而平衡常数有时具有一定的量纲。对于指定的反应，其标准平衡常数与各种形式的平衡常数之间存在确定的换算关系。

5.3.1 气相反应

(1) 对于理想气体反应($aA+bB \rightleftharpoons gG+hH$)，其标准平衡常数表示为

$$K = \frac{(p_G/p^\ominus)^g (p_H/p^\ominus)^h}{(p_A/p^\ominus)^a (p_B/p^\ominus)^b} = \prod (p_i/p^\ominus)^{\nu_B}$$

将上式简化：

$$K^\ominus = \frac{p_G^g p_H^h}{p_A^a p_B^b} (p^\ominus)^{-[(g+h)-(a+b)]} = \prod_i p_B{}^{\nu_B} (p^\ominus)^{-\Delta\nu} \tag{5.12}$$

$\Delta\nu = [(g+h)-(a+b)]$，$\Delta\nu$ 表示产物和反应物的计量数总和之差。

若令：

$$K_p = \prod_B p_B{}^{\nu_B} \tag{5.13}$$

式中，p_B是各物质的平衡分压；K_p是用分压表示的平衡常数。

$$K^\ominus = K_p (p^\ominus)^{-\Delta\nu} \tag{5.14}$$

当 $\Delta\nu_B \neq 0$，K_p就有量纲，单位为$(\mathrm{Pa})^{\Delta\nu}$。

由于气态物质的标准化学势 $\mu_B^\ominus$ 仅仅是温度的函数，故气相反应的 $K^\ominus$ 也仅是温度的函数。由上式可见，K_p也是温度的函数，与系统压力无关。

由于理想气体的分压与系统总压有下列关系：

$$p_B = p x_B$$

$$K_p = \prod_B (p x_B)^{\nu_B} = (\prod_B x_B{}^{\nu_B}) p^{\Delta\nu} = K_x p^{\Delta\nu}$$

故

$$K_x = \prod_B x_B{}^{\nu_B} = K_p p^{-\Delta\nu} \tag{5.15}$$

式中，x_B为各物质平衡时的物质的量分数；K_x是用物质的量分数表示的平衡常数。可以看出，K_x不仅是温度的函数，还是系统总压力 p 的函数。另由于 x_i无量纲，所以 K_x亦无量纲。

对于理想气体气相反应，物质的 B 的分压又可以表示为 $p_B = c_B RT = (c_B/c^\ominus) \cdot c^\ominus RT$，代入式(5.15)得

$$K_p^\ominus = \prod_B (p_B/p^\ominus)^{\nu_B} = \prod_B \left(\frac{c_B}{c^\ominus} \cdot \frac{c^\ominus RT}{p^\ominus}\right)^{\nu_B} = \left[\prod_B \left(\frac{c_B}{c^\ominus}\right)^{\nu_B} \cdot \left(\frac{c^\ominus RT}{p^\ominus}\right)^{\sum_B \nu_B}\right] \tag{5.16}$$

令

$$K_c^\ominus = \prod_B \left(\frac{c_B}{c^\ominus}\right)^{\nu_B} \tag{5.17}$$

$K_c^\ominus$ 为以物质的量浓度表示的平衡常数，于是上式变为

$$K_p^{\ominus}=K_c^{\ominus}\left(\frac{c^{\ominus}RT}{p^{\ominus}}\right)^{\sum_B \nu_B} \tag{5.18}$$

由于 $K_p^{\ominus}$ 仅仅是温度的函数，故 $K_c^{\ominus}$ 也仅仅为温度和函数。

(2) 对于非理想气体进行的化学反应($aA+bB \rightleftharpoons gG+hH$)，则标准平衡常数为

$$K_f^{\ominus}=\frac{(f_G/p^{\ominus})^g(f_H/p^{\ominus})^h}{(f_A/p^{\ominus})^a(f_B/p^{\ominus})^b}=\prod(f_i/p^{\ominus})^{\nu_B}$$

式中，$K_f^{\ominus}$ 为系统的标准平衡常数，其无量纲，此时，$\Delta_r G^{\ominus}=-RT\ln K_f^{\ominus}$。

非理想气体参与的化学反应的其他平衡常数表示方法与理想气体反应各种平衡常数形式相似，只需将压力 p 换为逸度 f 即可。

【例 5-3】 298 K，10^5 Pa 时，有理想气体反应：

$$4HCl(g)+O_2(g) = 2Cl_2(g)+2H_2O(g)$$

求该反应的标准平衡常数 $K^{\ominus}$ 和平衡常数 K_p 和 K_x。

解　查表得 298 K 时

$$\Delta_f G_m^{\ominus}(HCl,\ g)=-95.265\ kJ\cdot mol^{-1}$$

$$\Delta_f G_m^{\ominus}(H_2O,\ g)=-228.597\ kJ\cdot mol^{-1}$$

所以该反应

$$\Delta_r G_m^{\ominus}=2\Delta_f G_m^{\ominus}(H_2O,g)-4\Delta_f G_m^{\ominus}(HCl,g)=-76.134\ kJ\cdot mol^{-1}$$

$$故\ K^{\ominus}=\exp\left(\frac{-\Delta_r G_m^{\ominus}}{RT}\right)=\exp\left(\frac{76.134\times 10^3}{8.314\times 298}\right)=2.216\times 10^{13}$$

根据式(5.12)可得：$K_p=K^{\ominus}(p^{\ominus})^{\Delta\nu}=2.216\times 10^{13}\times(10^5\,Pa)^{-1}=2.216\times 10^8\ Pa^{-1}$

根据式(5.13)可得：$K_x=K_p p^{-\Delta\nu}=2.216\times 10^8\ Pa^{-1}\times 10^5\,Pa=2.216\times 10^{13}$

5.3.2　液相反应的平衡常数

如果反应系统是理想的液态混合物，当反应达到平衡时，

根据
$$-\sum_B \nu_B\mu_B^{\ominus}(l)=RT\ln\prod_B(x_B)^{\nu_B}$$

则
$$K_x^{\ominus}=\prod_B(x_B)^{\nu_B} \tag{5.19}$$

$K_x^{\ominus}$ 是理想液态混合物反应系统的标准平衡常数，下标 x 表明混合物组成用摩尔分数表示，其余分析与气态反应相同。

如果对拉乌尔定律有偏差，是一个非理想的液态混合物，则用活度 a_B 代替摩尔分数 x_B，可以得到用活度表示的标准平衡常数的表示式

$$K_a^{\ominus}=\prod_B(a_B)^{\nu_B} \tag{5.20}$$

式中，a_B 表示平衡时物质 B 的活度，$a_B=\gamma_{\pm B}x_B$，$\gamma_{\pm B}$ 是用浓度用摩尔分数表示时的活度因子。

如果反应是在理想的稀溶液中进行，并假定溶剂不参与反应，也忽略压力对凝聚态系统的影响，则当溶质的浓度用质量摩尔浓度 m_B 或用物质的量浓度 c_B 表示时，其相应的标准平衡常数表示式为

$$K_m^{\ominus}=\prod_B\left(\frac{m_B}{m^{\ominus}}\right)^{\nu_B} \tag{5.21}$$

$$K_c^{\ominus}=\prod_B\left(\frac{c_B}{c^{\ominus}}\right)^{\nu_B} \tag{5.22}$$

式中，$m^{\ominus}=1\ \mathrm{mol\cdot kg^{-1}}$；$c^{\ominus}=1\ \mathrm{mol\cdot L^{-1}}$。如果溶质的行为对理想状态有偏差，则用相应的活度 $a_{m,B}$ 或 $a_{c,B}$ 代替浓度，可以得到对应的平衡常数表示，这在电解质溶液中应用较多。

5.3.3 有凝聚相参与的气体反应平衡常数

如果一个反应系统中，既有液态或固态物质，又有气态物质参与，则这种反应被称为复相化学反应。为了简便起见，设凝聚相(指固相或液相)处于纯态，又忽略压力对凝聚相的影响，则所有凝聚相化学势近似等于其标准态化学势，即 $\mu_B(T,p)\approx\mu_B(T)$。又设气相是理想气体混合物或是单种理想气体，则这种反应的标准平衡常数只与气相物质的压力有关。

例如 $CaCO_3(s)$ ═══ $CaO(s)+CO_2(g)$，设固态为纯固体，气体为理想气体

则 $\Delta_r G_m=\sum_B \nu_B\mu_B=\mu(CaO,s)+\mu(CO_2,g)-\mu(CaCO_3,s)$

$$=\mu(CaO,s)+\mu(CO_2,g)+RT\ln\frac{p_{CO_2}}{p^{\ominus}}-\mu^{\ominus}(CaCO_3,s)$$

$$=\sum_B \nu_B\mu_B^{\ominus}+RT\ln\frac{p_{CO_2}}{p^{\ominus}}$$

当化学反应达到平衡时，$\Delta_r G_m=0$，则

$$-\sum \nu_B\mu_B^{\ominus}=RT\ln\frac{p_{CO_2}}{p^{\ominus}} \tag{5.23}$$

根据标准平衡常数的定义，得

$$K_p^{\ominus}=\frac{p_{CO_2}}{p^{\ominus}} \tag{5.24}$$

因此，对于复相系统的化学反应，其标准平衡常数常数与纯的凝聚相物质无关，只与气相物质的压力有关，此时，p_{CO_2} 称为碳酸钙在此温度下的解离压力。

若分解反应的产物不止一种气体，则气体产物的总压力为解离压力。同样假定气体形成理想的气体混合物，例如，NH_4Cl 分解反应

$$NH_4Cl(s) ═══ NH_3(g)+HCl(g)$$

令 $p=p_{NH_3}+p_{HCl}$，又因为 $p_{NH_3}=p_{HCl}$ 则

$$K_p^{\ominus}=\prod_B\left(\frac{p_B}{p^{\ominus}}\right)^{\nu B}=\frac{p_{NH_3}}{p^{\ominus}}\cdot\frac{p_{HCl}}{p^{\ominus}}=\left(\frac{1}{2}\frac{p}{p^{\ominus}}\right)\cdot\left(\frac{1}{2}\frac{p}{p^{\ominus}}\right)=\frac{1}{4}\left(\frac{p}{p^{\ominus}}\right)^2 \tag{5.25}$$

【思考题 5-5】 什么是复相化学发应？其平衡常数有何特征？

【思考题 5-6】 什么是解离压力？

【例 5-4】 将固体 NH_4HS 放在 25 ℃的抽空容器中，求 NH_4HS 分解达到平衡时，容器内的压力为多少？如果容器中原来已盛有气体 H_2S，其压力为 4.00×10^4 Pa，则达到平衡时容器内的总压力又将是多少？

解 NH_4HS 的分解反应为：$NH_4HS(s)$ ═══ $NH_3(g)+H_2S(g)$

查表可得，298 K 时

$$\Delta_f G_m^{\ominus}(NH_4HS,\ s)=-55.17\ \mathrm{kJ\cdot mol^{-1}}$$

$$\Delta_f G_m^{\ominus}(H_2S,\ g)=-33.02\ \mathrm{kJ\cdot mol^{-1}}$$

$$\Delta_f G_m^{\ominus}(NH_3,\ g)=-16.64\ \mathrm{kJ\cdot mol^{-1}}$$

所以，分解反应 $\Delta_r G_m^{\ominus}$ 为：

$$\Delta_r G_m^{\ominus}=\Delta_f G_m^{\ominus}(H_2S,g)+\Delta_f G_m^{\ominus}(NH_3,g)-\Delta_f G_m^{\ominus}(NH_4HS,g)=5.51\ \mathrm{kJ\cdot mol^{-1}}$$

$$K^{\ominus}=\exp\left(\frac{-5.51\times10^{3}}{8.314\times298}\right)=0.108$$

由式(4.25),此时容器内的压力:

$$p=(4K^{\ominus})^{1/2}p^{\ominus}=[(4\times0.108)^{1/2}\times1.00\times10^{5}]\text{Pa}=6.67\times10^{4}\ \text{Pa}$$

如果原来容器中已有 4.00×10^{4} Pa 的 H_2S 气体,则不能运用式(5.25),而应运用式(5.24)。设平衡时,$p_{NH_3}=x$,则 $p_{H_2S}=x+4.00\times10^{4}$ Pa,此时温度仍然是 298 K,$K^{\ominus}$ 不变,所以

$$K^{\ominus}=\frac{p_{NH_3}}{p^{\ominus}}\cdot\frac{p_{H_2S}}{p^{\ominus}}=\frac{x}{p}\cdot\frac{x+4.00\times10^{4}}{p^{\ominus}}=0.108$$

$$\text{即 } x^{2}+4.00\times10^{4}x-1.08\times10^{9}=0$$

$$x=1.29\times10^{4}$$

$$p_{NH_3}=1.29\times10^{4}\,\text{Pa}$$

$$p_{H_2S}=x+4.00\times10^{4}\ \text{Pa}=5.29\times10^{4}\ \text{Pa}$$

此时容器内的总压力应为

$$p=p_{NH_3}+p_{H_2S}=6.58\times10^{4}\ \text{Pa}$$

5.3.4 平衡常数与化学反应式的关系

由于 $\Delta_rG_m^{\ominus}=-RT\ln K^{\ominus}$,$\Delta_rG_m^{\ominus}$ 为反应进度 $\xi=1$ mol 时的标准吉布斯自由能的变化值,故 $\Delta_rG_m^{\ominus}$ 的值与反应进度有关,因而 $K^{\ominus}$ 的值也与化学反应方程式的写法有关。例如,氢气与氧气化合生成水的反应,下面两种写法都是正确的,$\Delta_rG_m^{\ominus}$ 与 $K^{\ominus}$ 值却不一样。

$$H_2(g)+\frac{1}{2}O_2(g)=\!=\!=H_2O(l)\ \Delta_rG_m^{\ominus}(1),\ K_1^{\ominus}$$

$$2H_2(g)+O_2(g)=\!=\!=2H_2O(l)\ \Delta_rG_m^{\ominus}(2),\ K_2^{\ominus}$$

当反应进度为 1 mol 时,显然两者之间存在着下列关系

$$\Delta_rG_m^{\ominus}(2)=2\Delta_rG_m^{\ominus}(1)\qquad K_2^{\ominus}=(K_1^{\ominus})^{2}$$

从平衡常数表示式可以看出,上述关系式对于各种经验平衡常数亦适用。这说明,如果一个化学反应方程式的计量系数加倍,反应的 $\Delta_rG_m^{\ominus}$ 亦随之加倍,而各种平衡常数则呈指数关系增加。

【思考题 5-7】 若用下列两个化学计量方程来表示合成氨反应,两者的 $\Delta_rG_m^{\ominus}$ 和 $K^{\ominus}$ 的关系如何?

$$3H_2+N_2=\!=\!=2\,NH_3(g)$$

$$\frac{3}{2}H_2+\frac{1}{2}N_2=\!=\!=NH_3(g)$$

【思考题 5-8】 反应 $N_2O_4=\!=\!=2NO_2$ 既可以在气相中进行,也可在 CCl_4 或 $CHCl_3$ 为容积的溶液中进行。若都利用物质的量浓度表示平衡常数 K_c,在相同的温度时,这三种情况的 K_c 是否相同,为什么?

5.4 平衡常数的实验测定与应用

5.4.1 平衡常数的测定

标准平衡常数的值可以根据实验测定已达平衡的反应系统中各物质的平衡压力或浓度等

参数来计算。测定前首先要判断反应是否已经达到平衡。一个已达平衡状态的反应系统具有如下特点：

(1)保持反应条件不变的情况下,系统组成不随时间而变化；

(2)在一定温度下,反应无论从正向还是从逆向趋近平衡,所得平衡组成都相同；

(3)在同样的反应条件下,改变原料的配比,所得平衡常数均相等。

实验测定平衡常数的方法可分为物理和化学方法两大类：

(1)物理方法。测定平衡系统的物理性质,如折光率、电导率、吸光度、密度、压力、浊度或体积等,然后计算出平衡常数。物理方法不会影响系统的平衡组成,是一种无损检测方法。

(2)化学方法。采用骤冷、取出催化剂或者冲稀等方法强行使反应停留在原来的平衡状态,采用化学分析方法直接测定平衡系统的组成,然后计算出平衡常数。

【例 5-5】 某体积可变的容器中放入 1.564 g N_2O_4气体,此化合物在 298 K 时部分解离。实验测得在标准压力下,容器的体积为 0.485 L^{-1}。求 N_2O_4 的解离度 α 及解离反应的 $K^\ominus$ 和 $\Delta_r G_m^\ominus$(系统中气体可当作理想气体处理)。

解 N_2O_4 的解离反应为

$$N_2O_4(g) = 2N_2O_4(g)$$

设反应前的物质的量为： n 0

平衡时物质的量为： $n(1-\alpha)$ $2n\alpha$

反应前 N_2O_4 的物质的量为：$n=\dfrac{1.564}{92.0}=0.017$ mol

解离平衡时系统内总的物质的量为：$n_{总}=n(1-\alpha)+2n\alpha=n(1+\alpha)$

根据理想气体状态方程式可得：$pV=n_{总}RT=n(1+\alpha)$

故 N_2O_4 的解离度为：$\alpha=\dfrac{pV}{nRT}-1=\dfrac{101325\times0.485\times10^{-3}}{0.017\times8.314\times298}-1=0.167$

$$K^\ominus=n=\frac{n_{NO_2}^2}{n_{N_2O_4}}=\frac{(2n\alpha)^2}{n(1-\alpha)}=\frac{4n\alpha^2}{n(1-\alpha)}$$

$$K^\ominus=K_n\left(\frac{p}{n_{总}\,p}\right)^{\Delta\nu}=\frac{4n\alpha^2}{n(1-\alpha)}\times\frac{1}{n(1+\alpha)}=\frac{4\alpha^2}{1-\alpha^2}=0.115$$

$$\Delta_r G_m^\ominus=-RT\ln K^\ominus=(-8.314\times298\times\ln0.115)\ \mathrm{J\cdot mol^{-1}}=5.36\times10^3\ \mathrm{J\cdot mol^{-1}}$$

查表可得：298 K 时

$$\Delta_f G_m^\ominus(NO_2,\ g)=51.84\ \mathrm{kJ\cdot mol^{-1}}$$

$$\Delta_f G_m^\ominus(N_2O_4,\ g)=98.286\ \mathrm{kJ\cdot mol^{-1}}$$

故该反应 $\Delta_r G_m^\ominus=(2\times51.84-98.286)\ \mathrm{J\cdot mol^{-1}}=5.394\times10^3\ \mathrm{J\cdot mol^{-1}}$

由 $\Delta_f G_m^\ominus$ 计算而来的 $\Delta_r G_m^\ominus$ 与利用 K 算得的 $\Delta_r G_m^\ominus$ 较吻合。

5.4.2 平衡转化率及平衡组成计算

运用热力学数据计算标准平衡常数,再根据标准平衡常数计算平衡系统混合物的组成,是平衡常数最常见的应用。根据计算值获得的平衡组成是在反应条件下的最高产量,虽然实际生产中不可能超越平衡常数许可的范围,但可以采用一些措施尽可能使实际生产趋近于理论允许的极大值。

平衡转化率是指反应系统达到平衡后,反应转化为产物的物质的量与投入的反应物的物

质的量之比，通常用分数表示。如果反应物不止一种，一般选择较贵的原料的平衡转化率代表整个反应的平衡转化率。例如反应

$$aA+bB \rightleftharpoons gG+hH$$

$$t=0 \quad n_{A,0} \quad n_{B,0}$$

$$t=t_e \quad n_{A,e} \quad n_{B,e}$$

$$a_A=\frac{n_{A,0}-n_{A,e}}{n_{A,0}}$$

a_A表示 A 物质的平衡转化率，是理论转化率，延长反应时间或加入催化剂都不会超越这个理论值。催化剂一般只能加快反应速率，使系统尽快达到平衡，而不能改变系统的平衡组成。

由于反应在接近平衡时，速率越来越慢，工业上为了提高单位时间内的产量，往往在反应未达平衡时，就将系统撤离反应室，再加入新的反应原料。将未达平衡的反应系统进行分离，未反应的原料重新使用。所以工业上的转化率仅指离开反应室的系统中，已经转化的反应物与投入的反应物之间的比例，由于未达到平衡状态，所以实际的转化率要小于平衡转化率。

【例 5-6】 在 400 K 时，下列反应的 $K^{\ominus}$ 为 0.1

$$C_2H_4(g)+H_2O(g) \longrightarrow C_2H_5OH(g)$$

若反应开始时反应物的物质的量之比为 1∶1，计算在该温度下，总压为 1×10^6 Pa 时，$C_2H_4(g)$的平衡转化率，并计算平衡系统中各物质的摩尔分数。设所有气体为理想气体，并且形成了理想气体混合物。

解：设 $C_2H_4(g)$的平衡转化率为 α，则

$$C_2H_4(g)+H_2O(g)=C_2H_5OH(g)$$

$$t=0 \qquad 1 \qquad 1 \qquad 0$$

$$t=t_e \qquad 1-\alpha \qquad 1-\alpha \qquad \alpha$$

在 t_e时刻，系统已经达到平衡，此时系统中总的物质的量为$(1-\alpha)+(1-\alpha)+\alpha=2-\alpha$。此时系统的标准平衡常数为：

$$K^{\ominus}=K_x\left(\frac{p}{p^{\ominus}}\right)^{\Delta\nu}=\frac{\frac{\alpha}{2-\alpha}}{\left(\frac{1-\alpha}{2-\alpha}\right)^2}\left(\frac{1\times10^6}{1\times10^5}\right)^{-1}=0.1$$

解之得：　$\alpha=0.293 \qquad 2-\alpha=1.707$

故系统平衡时，各物质的摩尔分数分别为

$$x(C_2H_4,g)=\frac{1-\alpha}{2-\alpha}=0.414$$

$$x(H_2O,g)=\frac{1-\alpha}{2-\alpha}=0.414$$

$$x(C_2H_5OH,g)=\frac{\alpha}{2-\alpha}=0.172$$

5.5 影响化学平衡的因素

影响化学平衡的因素很多，如改变温度、压力以及添加惰性气体等都能使已经达到化学平

衡的反应系统发生移动，当然也可以通过改变一些外界因素使已经达到平衡的系统重新达到平衡。下面我们将就影响平衡的主要因素进行讨论。

5.5.1 温度对平衡的影响

温度对平衡的影响与其他因素有所不同，因为标准平衡常数 $K^\ominus$ 是温度的函数，所以改变温度时，$K^\ominus$ 的值要发生变化，因而改变了平衡组成和反应物理论转化率，而压力以及惰性气体等一般只影响平衡的组成，不改变平衡常数的值。

因此，研究温度对平衡的影响，实质上就是要定量地研究温度对平衡常数 $K^\ominus$ 的影响。

由于 $\Delta_r G_m^\ominus = -RT\ln K^\ominus$，故 $\dfrac{\Delta_r G_m^\ominus}{T} = -R\ln K^\ominus$

在定压下对 T 求偏微商：

$$\left[\frac{\partial\left(\frac{\Delta_r G_m^\ominus}{T}\right)}{\partial T}\right]_p = -\frac{\Delta_r H_m^\ominus}{T^2}$$

将吉布斯–亥姆霍兹方程代入上式可得：

$$\left(\frac{\partial \ln K^\ominus}{\partial T}\right)_p = \frac{\Delta_r H_m^\ominus}{RT^2} \tag{5.26}$$

上式为任一反应的标准平衡常数随温度的变化率。$\Delta_r H_m^\ominus$ 是反应在定压下的标准摩尔焓变。

由式(5.26)我们可以看出 $K^\ominus$ 随温度变化的趋势：

对于吸热反应，$\Delta_r H_m^\ominus > 0$，由于 $\dfrac{d\ln K^\ominus}{dT} > 0$，温度升高将有 $dT > 0$，$d\ln K^\ominus > 0$，因此 $K^\ominus$ 增大，反应向生成产物的方向移动，有利于正向反应的进行。

对于放热反应，$\Delta_r H_m^\ominus < 0$，由于 $\dfrac{d\ln K^\ominus}{dT} < 0$，温度升高将有 $dT > 0$，$d\ln K^\ominus < 0$，因此 $K^\ominus$ 减小，反应向生成反应物的方向移动，有利于逆向反应的进行。

对于 $\Delta_r H_m^\ominus = 0$ 的反应，T 不影响平衡。

总之，对于 $\Delta_r H_m^\ominus > 0$ 的反应，升温有利于正反应；对于 $\Delta_r H_m^\ominus < 0$ 的反应，降温有利于正反应。

如果假定在一定的温度区间内，$\Delta_r H_m^\ominus$ 值可以近似看作不随温度的变化而变，在对 vant't Hoff 微分式进行积分时，可将 $\Delta_r H_m^\ominus$ 视作常数，则对(5.26)式不定积分可得：

$$\ln K^\ominus = -\frac{\Delta_r H_m^\ominus}{RT} + C \tag{5.27}$$

若作不定积分可得：

$$\ln\frac{K^\ominus(T_2)}{K^\ominus(T_1)} = \frac{\Delta_r H_m^\ominus}{R}\left(\frac{1}{T_1} - \frac{1}{T_2}\right) \tag{5.28}$$

上式为 vant't Hoff 公式的定积分形式。如果已知不同温度下的平衡常数值，则可用上式计算 $\Delta_r H_m^\ominus$。如果已知 $\Delta_r H_m^\ominus$ 值和某一温度的平衡常数，则可计算另一温度下的平衡常数值。

【例 5-7】 反应 $NH_4Cl(g) = NH_3(g) + HCl(g)$ 的平衡常数在 250～400 K 温度范围内为 $\ln K^\ominus = 37.32 - \dfrac{21020}{T/K}$。试计算 300 K 时，反应的 $\Delta_r G_m^\ominus$、$\Delta_r H_m^\ominus$ 和 $\Delta_r S_m^\ominus$。

解　在 300 K 时，$\ln K^{\ominus}=37.32-\dfrac{21020}{300}=-32.75$

$$\Delta_r G_m^{\ominus}=-RT\ln K=-8.314\times300\times(-32.75)\text{J}\cdot\text{mol}^{-1}=81.685\ \text{kJ}\cdot\text{mol}^{-1}$$

$$\Delta_r H_m^{\ominus}=21020\times R=(8.314\times21020)\text{J}\cdot\text{mol}^{-1}=174.76\ \text{kJ}\cdot\text{mol}^{-1}$$

因为 $\Delta_r G_m^{\ominus}=\Delta_r H_m^{\ominus}-T\Delta_r S_m^{\ominus}$，故

$$\Delta_r S_m^{\ominus}=\frac{\Delta_r H_m^{\ominus}-\Delta_r G_m^{\ominus}}{T}=\frac{174.76-81.677\ \text{kJ}\cdot\text{mol}^{-1}}{300\ \text{K}}=310.3\ \text{J}\cdot\text{K}^{-1}\cdot\text{mol}^{-1}$$

5.5.2　压力对平衡的影响

对理想气体反应，标准平衡常数 $K^{\ominus}$ 只是温度的函数，与压力无关，所以改变压力对平衡常数值没有影响，但可能会改变平衡的组成。由于凝聚相体积受压力影响极小，通常忽略压力对固相或液相反应平衡常数的影响。这里只讨论压力对有理想气体参与的化学反应的化学平衡的影响。

已知理想气体混合物反应的 $K^{\ominus}$ 的表示式为

$$K_p^{\ominus}=\prod_B\left(\frac{p_B}{p^{\ominus}}\right)^{\nu_B}=\prod_B(x_B)_e^{\nu_B}\times\left(\frac{p}{p^{\ominus}}\right)^{\nu_B}$$

由于 $p_B=px_B$，p 为总压。

如果 $\sum\nu_B>0$，即反应气体分子数增加，增加总压，$\left(\dfrac{p}{p^{\ominus}}\right)^{\nu_B}$ 项增大，而 $K_p^{\ominus}$ 值不变，则 $(x_B)^{\nu_B}$ 项要变小，故产物在反应混合物中所占比例要下降，所以增加总压，对气体分子数增加的反应不利。

如果 $\sum\nu_B<0$，即反应气体分子数减少，增加总压，$\left(\dfrac{p}{p^{\ominus}}\right)^{\nu_B}$ 项下降，而 $(x_B)^{\nu_B}$ 项要变大，故产物在反应混合物中所占比例要上升，所以增加总压，对气体分子数增加的反应有利。

如果 $\sum\nu_B=0$，即反应气体分子数不变，增加总压，$\left(\dfrac{p}{p^{\ominus}}\right)^{\nu_B}$ 项不变，则 $(x_B)^{\nu_B}$ 项也不变，故压力对于平衡组成没有影响。

以上就可以从理论上对勒夏特勒经验规律得以解释。

【例 5-8】　在温度 T 和 10^5 Pa 压力下。反应 $N_2O_4(g)=\!=\!=2NO_2(g)$ 的解离度 α 为 0.5。若保持反应温度不变，压力增大到 10^6 Pa，试计算此时的解离度。

解

	$N_2O_4(g)$	$=\!=\!=2NO_2(g)$	
$t=0$	1	0	
$t=t_e$	$1-\alpha$	2α	总量 $1+\alpha$

$$K^{\ominus}=\prod_B\left(\frac{p}{p^{\ominus}}\right)_e^{\Delta\nu}=\frac{\left(\dfrac{2\alpha}{1+\alpha}\dfrac{p}{p^{\ominus}}\right)^2}{\left(\dfrac{1-\alpha}{1+\alpha}\dfrac{p}{p^{\ominus}}\right)}=\frac{4\alpha^2}{1-\alpha^2}\frac{p}{p^{\ominus}}$$

当解离度 $\alpha=0.5$，$p=10^5$ Pa 时，该温度下反应的标准平衡常数为

$$K^{\ominus}=\frac{4\times0.5^2}{1-0.5^2}\frac{1\times10^5}{1\times10^5}=1.33$$

当 $p=10^6$ Pa 时，$K^{\ominus}$ 不变，代入 $K^{\ominus}$ 的计算式，计算 α 值

$$1.33=\frac{4\alpha^2}{1-\alpha^2}\times 10$$

解之得：$\alpha=0.18$

该反应为气体分子数增加的反应，在温度不变、压力增大10倍时。解离度由0.50降为0.18，对正向反应不利。

5.5.3 惰性气体对平衡的影响

凡是存在于反应体系之中，但不参加某化学反应的气体，就是该反应的“惰性气体”。惰性气体的存在，并不能改变标准平衡常数 $K^\ominus$ 值，但是同样可以影响平衡的组成。

已知 $K_p^\ominus=\prod_B\left(\frac{p_B}{p^\ominus}\right)^{\nu_B}$，$p_B=px_B=p\frac{n_B}{\sum n_B}$

故
$$K_p^\ominus=\prod_B(n_B)^{\nu_B}\times\left[\frac{p}{\sum n_B p}\right]^{\sum n_B} \tag{5.29}$$

在温度和压力一定时，$K_p^\ominus$ 和总压为定值，增加惰性气体，会影响 $\sum n_B$ 值，从而影响 $\prod_B(n_B)^{\nu_B}$ 值，若 $\sum n_B>0$，气体分子数增加，当加入惰性气体后，$\sum n_B$ 增大，$\left[\frac{p}{\sum n_B p}\right]^{\sum n_B}$ 变小，而 $K_p^\ominus$ 值不变，则 $\prod_B(n_B)^{\nu_B}$ 值变大，产物比例增大，有利于正向反应。这相当于对气体起到了稀释作用，与降压效果相同。

若 $\sum n_B<0$，气体分子数减小，当加入惰性气体后，$\sum n_B$ 增大，$\left[\frac{p}{\sum n_B p}\right]^{\sum n_B}$ 变大，而则 $\prod_B(n_B)^{\nu_B}$ 值变小，产物比例变小，不利于正向反应。因此在合成氨工业中，原料中带入惰性气体后要定期消除，以免对产物氨有影响。

若 $\sum n_B=0$，惰性气体加入不会影响平衡的组成。

【例5-9】 在873 K，10^5 Pa压力下，乙苯脱氢制苯乙烯反应的标准平衡常数为0.178。若乙苯与 $H_2O(g)$ 的比例为1∶9，求该温度下乙苯的最大转化率。若不加 $H_2O(g)$，乙苯的转化率为多少？

解 $C_6H_5-C_2H_5(g)=\!=\!=C_6H_5-CH=\!=\!=CH_2(g)+H_2(g)$

	$C_6H_5-C_2H_5(g)$	$C_6H_5-CH=CH_2(g)$	$H_2(g)$
$t=0$	1	0	0
$t=t_e$	$1-\alpha$	α	α

总物质的量为：$(1-\alpha)+\alpha+\alpha+9=10+\alpha$

$$K^\ominus=K_x\left(\frac{p}{p^\ominus}\right)^{\Delta\nu}$$

$$0.178=\frac{\left(\frac{\alpha}{10+\alpha}\right)^2}{\frac{1-\alpha}{10+\alpha}}\left(\frac{1\times10^5}{1\times10^5}\right)=\frac{\alpha^2}{(1+\alpha)(10+\alpha)}$$

解之得：$\alpha=0.725$。

若系统中不加 $H_2O(g)$，系统中总量为 $1+\alpha$，则

$$0.178=\frac{\left(\frac{\alpha}{1+\alpha}\right)^2}{\frac{1-\alpha}{1+\alpha}}\left(\frac{1\times10^5}{1\times10^5}\right)=\frac{\alpha^2}{1-\alpha^2}$$

解之得：$\alpha=0.389$。

显然，对气体分子数增加的反应，加入不参与反应的惰性气体 $H_2O(g)$，产物的平衡转化率增大，对正向反应有利。

【思考题 5－9】 工业上制备水煤气的反应如下式：

$$C(s)+H_2O(g)=\!=\!=CO(g)+H_2(g)\quad \Delta_f H_m=133.5\ kJ\cdot mol^{-1}$$

设反应在 673 K 时达到平衡，试讨论下列因素对平衡的影响。

(1)增加碳的含量；

(2)提高反应温度；

(3)增加系统的总压力；

(4)增加水气分压；

(5)增加氢气分压。

【思考题 5－10】 五氯化磷的分解反应为$PCl_5(g)=\!=\!=Cl_2(g)+PCl_3(g)$ 讨论下列因素对于五氯化磷解离度的影响。

(1)降低气体总压；

(2)通入氮气，保持压力不变，使体积增加一倍；

(3)通入氮气，保持体积不变，使压力增加一倍；

(4)通入氯气，保持体积不变，使压力增加一倍。

习　题

1.理想气体反应$2SO_2(g)+O_2(g)\rightleftharpoons 2SO_3(g)$在 1000 K 时的 $K_p^\ominus=3.45$。试计算 SO_2、O_2和 SO_3的分压分别为 2.03×10^4 Pa、1.01×10^4 Pa 和 1.01×10^5 Pa 的混合气体中，发生上述反应的 $\Delta_r G_m^\ominus$，并判断反应自发进行的方向。若 SO_2、O_2和 SO_3的分压分别为 2.03×10^4 Pa、1.01×10^4 Pa，欲使反应正向进行，则 SO_3的分压最大不得超过多少？

[答案：$\Delta_r G_m^\ominus=3.56\times10^4\ J\cdot mol^{-1}$，$p=1.19\times10^4$ Pa]

2.Ag 可能受到 $H_2S(g)$的腐蚀而发生下面的反应

$$H_2S(g)+2Ag(s)\rightleftharpoons Ag_2S(s)+H_2(g)$$

在 298.15 K 和 1.01×10^5 Pa 时，将 A 放在由 H_2和 H_2S 组成的混合气体中，问：(1)是否可能发生 Ag 的腐蚀？(2)混合气体中，H_2S 的摩尔分数低于多少，才不致发生 Ag 的腐蚀？

[答案：(1) $\Delta_r G_m<0$，会腐蚀；(2) 5.1%]

3.298.2 K 时，有潮湿空气与 $Na_2HPO_4\cdot7H_2O(s)$接触，试问空气的湿度应等于多少，才能使 $Na_2HPO_4\cdot7H_2O(s)$：(1)不发生变化；(2)失去水分(风化)；(3)吸收水分(潮解)。已知 $Na_2HPO_4\cdot12H_2O$—$Na_2HPO_4\cdot7H_2O$；$Na_2HPO_4\cdot7H_2O$—$Na_2HPO_4\cdot2H_2O$；$Na_2HPO_4\cdot2H_2O$—$Na_2HPO_4\cdot7H_2O$ 平衡共存时的水蒸气压力分别为 2.547 kPa、1.935 kPa 和 1.037 kPa，298.2 K 时纯水的蒸汽压为 3.171 kPa。

[答案：(1) 61.07%≤湿度≤80.32%；(2) 湿度<61.07%；(3) 湿度>80.32%]

4.通常钢瓶中所装的压缩 N_2 中含有少量 O_2。在实验室中欲除去 O_2，可将气体通过高温下的铜粉，使之发生如下反应：

$$2Cu(s)+\frac{1}{2}O_2(g)=CuO(s)$$

已知该反应的 $\Delta_f G_m^\ominus/(kJ \cdot mol^{-1})=-166.73+0.06301\ T/K$。若在 873.2 K 时欲使反应达到平衡。经此纯化后，在氯气中剩余氧的浓度为多少？

[答案：$6.0\times10^{-13}\ mol \cdot m^{-3}$]

5.潮湿的 $Ag_2CO_3(s)$ 于 383 K 在空气流中干燥失水，计算空气中 CO_2 的分压为多大时才能阻止 Ag_2CO_3 分解，各物质在 298.15 K 时，$S_m^\ominus$ 和 $\Delta_f H_m^\ominus$ 如下表所示：

物质	$Ag_2CO_3(s)$	Ag_2O (g)	$CO_2(g)$
$S_m^\ominus/(J \cdot K^{-1} \cdot mol^{-1})$	167.86	121.76	213.80
$\Delta_f H_m^\ominus/(kJ \cdot mol^{-1})$	−501.662	−30.586	−393.514
$C_{p,m}/(J \cdot K^{-1} \cdot mol^{-1})$	109.62	65.69	37.66

[答案：$p_{CO_2}\geqslant1565$ Pa]

6.$PCl_5(g)$分解反应：$PCl_5(g)$══$PCl_3(g)+Cl_2(g)$在 473 K 时，$K^\ominus=0.312$，试计算

(1)473 K 时、100 kPa 时，PCl_5的解离度；

(2)计算物质的量之比为 1∶5 的 PCl_5与 Cl_2混合物，473 K、100 kPa 时达到平衡时 PCl_5的解离度。

[答案：(1) 0.49；(2) 0.27]

7.在真空的容器中放入固态 NH_4HS，298 K 时分解为 $NH_3(g)$与 $H_2S(g)$，平衡时容器内的压力为 66.66 kPa。

(1)当放入 NH_4HS 时，容器内已有在 39.99 kPa 的 H_2S 气体，计算平衡时容器中的压力；

(2) 容器内原有 6.666 kPa 的 NH_3气体，需要加多大压力的 H_2S 气体，才能形成 NH_4HS?

[答案：(1) 77.71 kPa；(2)$p_{H_2S}>166.7$ kPa]

8.已知下列热力学数据：

物质	金刚石	石墨
$\Delta_c H_m^\ominus(298\ K)/(kJ \cdot mol^{-1})$	−395.3	−393.4
$S_m^\ominus(298\ K)/(J \cdot K^{-1} \cdot mol^{-1})$	2.43	5.69
$\rho/(kg \cdot dm^{-3})$	3.513	2.26

计算：(1)在 298 K 时，由石墨转化为金刚石的标准摩尔吉布斯自由能；

(2)根据热力学计算说明单纯依靠提高温度得不到金刚石，而加压则可以(设密度和熵不随温度和压力变化)；

(3)计算 298 K 时石墨转化为金刚石的平衡压力。

[答案：(1)2.871 $kJ \cdot mol^{-1}$；(2)略；(3)1.51×10^9 Pa]

9.物质 A 按下列反应分解：3A(g)══B(g)+C(g)，A、B、C 均为理想气体。在压力为

100 kPa,温度为 300 K 时测得有 40%解离,在等压下将温度升高 10 K,解离度增加 41%,求该反应的焓变。

[答案:$\Delta_r H_m^\ominus=7.145\ kJ\cdot mol^{-1}$]

10.已知 Ag_2O 及 ZnO 在 1000 K 时分解压力分别为 240 kPa 及 15.7 kPa。问此温度下:

(1)哪一种氧化物容易分解?

(2)若把纯 Zn 及纯 Ag 置于空气中是否都容易被氧化?

(3)若把纯 Zn、Ag、ZnO 和 Ag_2O 放在一起,反应如何进行?

(4)反应 $ZnO(s)+2Ag(s)=Zn(s)+Ag_2O(s)$ 的 $\Delta_f H_m^\ominus=242.09\ kJ\cdot mol^{-1}$,升高温度时,有利于哪种氧化物的分解?

[答案:(1)Ag_2O 容易分解;(2)Ag 不易氧化;(3)$Zn+Ag_2O$ ══ $Ag+ZnO$;(4)ZnO]

11.在 400~500 K,反应 $PCl_5(g)$ ══ $PCl_3(g)+Cl_2(g)$ 的标准吉布斯自由能变化可由下式给出:$\Delta_r G_m^\ominus=[83.68\times10^3-33.43\ T/K\times\lg(T/K)-72.26(T/K)]\ J\cdot mol^{-1}$。计算此反应在 450 K 时的 $\Delta_r G_m^\ominus$、$\Delta_r H_m^\ominus$、$\Delta_r S_m^\ominus$ 及 $K^\ominus$。

[答案:$\Delta_r G_m^\ominus=11.25\ kJ\cdot mol^{-1}$,$\Delta_r H_m^\ominus=90.21\ kJ\cdot mol^{-1}$,
$\Delta_r S_m^\ominus=175.5\ Jk^{-1}\cdot mol^{-1}$,$K^\ominus=0.049$]

12.在 630 K 时,反应 $2HgO(s)$ ══ $2Hg(g)+O_2(g)$ 的 $\Delta_r G_m^\ominus=44.3\ kJ\cdot mol^{-1}$。

(1)求上述反应的标准平衡常数 $K_p^\ominus$;

(2)求 630 K 时 HgO(s)的分解压力;

(3)若将 HgO(s)投入到 630 K,1.103×10^5 Pa 的纯 $O_2(g)$ 的定体积容器中,在该温度下使其达到平衡,求与 HgO(s)呈平衡的气相中 Hg(g)的分压力。

[答案:(1)$K_p^\ominus=2.12\times10^{-4}$;(2)$p=11.42$ kPa;(3)$p(Hg)=1.48$ kPa]

13.$N_2O_4(g)$解离反应的平衡常数,在 298 K 时为 0.143,338 K 时为 2.64,试计算:

(1)$N_2O_4(g)$的摩尔解离焓;

(2)在 318 K,100 kPa 下,$N_2O_4(g)$的解离度。

[答案:(1)$\Delta_r H_m^\ominus=61.04\ kJ\cdot mol^{-1}$;(2)$\alpha=0.38$]

14.设在某一温度下,有一定量的 $PCl_5(g)$ 在标准压力 $p^\ominus$ 下的体积为 1 dm^3,在此情况下,$PCl_5(g)$的解离度为 0.5。通过计算说明在下列几种情况下,$PCl_5(g)$的解离度是增大还是减小。

(1)使气体的总压减低,直到体积增加到 2 dm^3;

(2)通入氮气,使体积增加到 2 dm^3,而压力仍为 100 kPa;

(3)通入氮气,使压力增加 200 kPa 到,而体积仍为 1 dm^3;

(4)通入氯气,使压力增加 200 kPa 到,而体积仍为 1 dm^3。

[答案:(1)$\alpha=62\%$,解离度增加;(2)$\alpha=62\%$,解离度增加;
(3)不变;(4)$\alpha=20\%$,解离度下降]

15.已知 $Hg_2Cl_2(s)$和 AgCl(s)在水中的饱和度分别为 $6.5\times10^{-7}\ mol\cdot L^{-1}$ 和 $1.3\times10^{-5}\ mol\cdot L^{-1}$,其 $\Delta_f G_m^\ominus$ 分别为 $-210.66\ kJ\cdot mol^{-1}$ 和 $-109.7\ kJ\cdot mol^{-1}$。求在 298 K 时反应 $2Ag(s)+Hg_2Cl_2(aq)$ ══ $2AgCl(aq)+2Hg(l)$ 的标准平衡常数。

[答案:9.0×10^{-3}]

16.已知 $Br_2(g)$的 $\Delta_f H_m^\ominus$(298 K)和 $\Delta_f G_m^\ominus$(298 K)分别为 $30.7\ kJ\cdot mol^{-1}$ 和 $3.14\ kJ\cdot mol^{-1}$。

(1) 计算液态溴在 298 K 时的蒸气压；

(2) 近似计算液态溴在 323 K 时的蒸气压；

(3) 近似计算在标准压力下的液态溴的沸点。

[答案：(1) 28.1 kPa；(2) 73.3 kPa；(3) 332 K]

17.CoO 能被氢或 CO 还原为 Co，在 994 K、100 kPa 时，以 H_2还原，测得平衡气相中 H_2的体积分数 $\varphi(H_2)=0.025$；以 CO 还原，测得气相中 H_2的体积分数 $\varphi(CO)=0.019$。计算此温度下反应$CO(g)+H_2O(g)=CO_2(g)+H_2(g)$的 $K^{\ominus}$。

[答案：1.33]

18.在 448～688 K 温度区间内，用分光光度法研究了下列气相反应：I_2＋环戊烯══2HI＋环戊二烯，得到 $K_p^{\ominus}$ 与温度的关系为：$\ln K_p^{\ominus}=17.39-\dfrac{51034}{4.575T}$。计算

(1)573 K 时，反应的 $\Delta_r G_m^{\ominus}$、$\Delta_r H_m^{\ominus}$、$\Delta_r S_m^{\ominus}$；

(2)若开始时用等量的 I_2和环戊烯混合，温度为 573 K，起始总压为 100 kPa，试求平衡后 I_2的分压；

(3)若起始压力为 1000 kPa，试求平衡后 I_2的分压。

[答案：(1)9.87 kJ・mol^{-1}、92.74 kJ・mol^{-1}、144.6 J・K^{-1}・mol^{-1}；
(2)34.94 kPa；(3)423.64 kPa]

19.水合硫酸铜的脱水反应$CuSO_4\cdot 3H_2O=CuSO_4(s)+3H_2O(g)$，在 298 K 时的标准平衡常数 $K_p^{\ominus}=10^{-6}$，为了使 0.01 mol $CuSO_4$(s)完全转变为 $CuSO_4\cdot 3H_2O$(s)，问在 298 K 的 2 dm^{3}容器中加入水蒸气的量至少应是多少？

[答案：3.08×10^{-2}mol]

20.反应 $LiCl\cdot 3NH_3(s)=LiCl\cdot NH_3(s)+2NH_3(g)$，在 313 K 时，$K_p^{\ominus}=9\times 10^{10}$。313 K，5 dm^{3}容器内含 0.1 mol $LiCl\cdot NH_3$，试问需要通入多少 NH_3(g)，才能使 $LiCl\cdot NH_3$完全变成 $LiCl\cdot 3NH_3$？

[答案：57526 mol]

21.环已烷和甲基环戊烷之间有异构化作用：$C_6H_{12}(l)=C_5H_9CH_3(l)$，异构化反应的平衡常数与温度有如下的关系：

$$\ln K=4.814-\frac{17120\ \mathrm{J\cdot mol^{-1}}}{RT}$$

试求 298 K 时异构化反应的熵变。

[答案：40.02 J・K・mol^{-1}]

22.下列转化作用 HgS(红)══HgS(黑)的 $\Delta_{trs}G_m^{\ominus}=4.184\times(4100-6.09\,T/K)\ \mathrm{J\cdot mol^{-1}}$

问：(1)在 373 K 时哪一种 HgS 较为稳定？

(2)求该反应的转化温度。

[答案：(1)HgS(红)稳定；(2)673 K]

23.1000 K、101.325 kPa 时，反应$2SO_3(g)=2SO_2(g)+O_2(g)$的 $K_c=3.54\ \mathrm{mol\cdot m^{-3}}$。

(1)求此反应的 K_p和 K_x；

(2)求反应$SO_3(g)=SO_2(g)+\frac{1}{2}O_2(g)$的 K_p和 K_x。

[答案：(1)$K_p=29.43$ kPa 、$K_x=0.29$；(2) $K_p=171.6\ \mathrm{Pa^{1/2}}$、$K_x=0.539$]

24.现有某气相反应，证明

$$\left(\frac{\partial \ln K_c^{\ominus}}{\partial T}\right)_p=\frac{\Delta_r U_m^{\ominus}}{RT^2}$$

25.在 973 K 时，已知反应$CO_2(g)+C(s)$══$2CO(g)$的 $K_p=90180$ Pa，试计算该反应的 $K_p^{\ominus}$ 和 K_c。

[答案：$K_p^{\ominus}=0.89$　$K_c=11.15\ mol\cdot m^{-3}$]

26.温度为 T 在体积为 V 的容器中，充入 1 mol H_2，3 mol I_2，设平衡后有 x mol HI 生成。若加入 2 mol H_2，则平衡后 HI 的物质的量为 $2x$ mol，试计算 K_p值。

[答案：4]

27.已知反应$(CH_3)_2CHOH(g)$══$(CH_3)_2CO(g)+H_2(g)$的 $\Delta_r C_{p,m}=16.72\ J\cdot K^{-1}\cdot mol^{-1}$，在 457.4 K 时 $K_p^{\ominus}=0.36$，在 298.15 K 时的 $\Delta_r H_m^{\ominus}=61.5\ kJ\cdot mol^{-1}$。

(1)写出 $\ln K_p^{\ominus}=f(T)$的函数关系；

(2)求 500 K 时的 $K_p^{\ominus}$ 值。

[答案：(1)$\ln K_p^{\ominus}=0.656+2.013\lg T-\dfrac{2951}{T}$；(2)1.52]

28.液态 Br_2在 331.4 K 时沸腾，$Br_2(l)$在 282.5 K 时的蒸汽压为 13.33 kPa，计算 298.2 K 时，$Br_2(g)$的标准摩尔生成吉布斯自由能。

[答案：3.23 $kJ\cdot mol^{-1}$]

29.已知斜方硫转变为单斜硫的热 $\Delta_{trs}H_m^{\ominus}(T)=[212+15.4\times10^{-4}(T/K)^2]\ J\cdot mol^{-1}$，单斜硫的标准生成吉布斯函数 $\Delta_f G_m^{\ominus}(T)=75.5\ J\cdot mol^{-1}$，斜方硫为稳定单质。试求算在标准压力下斜方硫转变为单斜硫的最低温度。

[答案：371 K]

30.298.15 K 时，有 0.01 kg 的 $N_2O_4(g)$，压力为 202.65 kPa，现把它全转化成 $NO_2(g)$，压力为 30.40 kPa，求该过程中的 $\Delta_r G$。

[答案：$-250\ J\cdot mol^{-1}$]

第6章 相平衡

【本章学习要求】

(1)掌握相律、克劳修斯-克拉佩龙(Clausius-Clapeyron)方程的推导,了解克劳修斯-克拉佩龙方程、相律在相平衡中的应用。

(2)掌握相图绘制常用方法,溶解度法、热分析法、步冷曲线法。

(3)认识常见单组分、双组分和三组分相图,明确相图各区、线、点的意义,掌握杠杆规则,根据相图指出过程所发生的相变、各相的相对量,应用相图分离提纯物质。

【背景问题】

(1)什么是相律?相律在相平衡中如何应用?

(2)什么是相图?相图在实际应用中有何用处?

引 言

相平衡作为热力学在化学领域中的重要应用之一,它是物理化学的重要组成部分,同时研究多相体系的相平衡对化工生产中的分离提纯有着重要的意义。本章着重阐述相平衡的两个主要内容:相律和相图。

相律是吉布斯根据热力学原理得出的多相平衡体系的基本定律,也是物理化学中最具有普遍性的规律之一。它研究的是平衡体系中相数、组分数、自由度以及其他影响因素之间的关系。相律遵循热力学的一切规律,即相律能准确描述宏观体系,但不能解释体系内部的分子状态、平衡过程发生的机理以及达到平衡所需的时间等。

相图是用几何方法描述多相体系的状态与体系的浓度、温度、压力等变量的关系的图谱。从相图上可以了解在某温度、压力条件下,系统处于相平衡时存在哪几个相、各相的具体情况,以及当条件改变时各相的变化趋势等,因此相图是分离提纯的重要依据。

6.1 基本概念

6.1.1 相

相(phase)就是体系内部具有相同物理性质和化学性质的完全均匀一致的部分。相与相之间存在很明显的分界面,越过此界面时,物理或化学性质会发生突跃。系统中所包含的相的数目称为相数,用符号 Φ 表示。通常在体系中的成相规律是:

(1)由于任何气体均能以分子为基本单元按任意比例均匀混合,其物理性质和化学性质都是一致的,所以无论体系内有多少种气体,相数都为 1;

(2)液体视互溶程度不同可分为一相、两相或三相共存于一个平衡体系中;

(3)一种固体一个相,但固态溶液为一相;

(4)与体系平衡无关的物质,如玻璃容器、可以不予考虑的气体、杂质等都不能算为体系的相数。

6.1.2　组分数

体系中所含化学物质的种类数称为物种数，用符号 S 表示。计算体系中的物种数时如果一种物质分布在不同相时只能算一个物种。

构成平衡体系的所有各相所需要的最少的独立物种数称为独立组分数，简称组分数，用符号 C 表示。

系统的组分数不等于系统的物种数，如果一个相平衡系统由 S 种化学物质组成，由于各物质之间存在着化学平衡关系和浓度(量)的比例关系，所以要从物种数 S 中减去独立的化学平衡数 R 以及浓度限制条件数 R' 才能得到独立组分数。用公式表示为：

$$C=S-R-R' \tag{6.1}$$

下面分别用以下几个例子说明独立的化学平衡数 R 和独立的限制条件数 R' 的含义。

【例题 6-1】　某系统中发生下列三对平衡反应：

(1)$CO(g)+H_2O(g)═CO_2(g)+H_2(g)$

(2)$CO(g)+\frac{1}{2}O_2(g)═CO_2(g)$

(3)$H_2(g)+\frac{1}{2}O_2(g)═H_2O(g)$

解　该系统中总的物种数 $S=5$，因为反应(2)＝反应(1)＋反应(3)，所以三个反应方程中只有两个是独立的，即 $R=2$，物种之间没有其他独立的限制条件，即 $R'=0$，所以

$$C=5-2-0=3。$$

【例题 6-2】　在一定的温度下，碳酸钙在真空容器中发生分解反应：

$$CaCO3(s)\rightleftharpoons CaO(s)+CO2(g)$$

解　虽然系统中的物种数为 3，但是这三种物质受化学平衡的制约，系统中仅有两种物质的数量可独立改变，因此独立组分数减少 1，即 $R=1$。要注意的是，虽然产物 CaO 和 CO_2 在计量系数上是相等的，但是两者处于不同的相，不存在浓度限制条件，即 $R'=0$。所以

$$C=3-1-0=2。$$

【例题 6-3】　在一定的温度下，$NH_4HCO_3(s)$ 在真空容器中分解达成平衡

$$NH4HCO_3(s)═NH_3(g)+H_2O(g)+CO_2(g)$$

解　由于 $NH_3(g)$、$H_2O(g)$ 和 $CO_2(g)$ 在同一相中，且 $n(NH_3)=n(H_2O)$ 和 $n(H_2O)=n(CO_2)$，因此存在两个浓度限制条件，即 $R'=2$，$C=4-1-2=1$。

值得注意的是，计算独立组分数时涉及的化学平衡反应是指在所讨论的条件下能实现的、独立的化学平衡，如常温常压且无催化剂的条件下，由 N_2、H_2 和 NH_3 三种气体组成的系统，由于实际上是并不能进行的反应，故该系统的独立组分数为 3。

系统的物种数 S 可因考虑问题的角度不同而异，但平衡系统中的组分数 C 却是固定不变的。如：NH_4Cl 的水溶液，若不考虑 NH_4Cl 的解离，其 C＝S＝2；若考虑到 NH_4Cl 的解离，则 $S=4(NH_4Cl, H_2O, NH_4^+, Cl^-)$，然而由于存在一对电离平衡：$NH_4Cl(s)═NH4^++Cl^-$，$R=1$，且 NH_4^+ 和 Cl^- 的物质的量相等，即 $R'=1$，所以独立组分数仍为 $2(C=4-1-1=2)$。

6.1.3　自由度

在一定的范围内可以独立改变而不会引起相态变化的系统强度性质的数目，或者说确定

体系的平衡状态所需的最少独立强度变量，即为系统的自由度数，用符号 f 表示。如：对于纯水体系，在一定的范围内，温度和压力这两个强度变量均可随意改变，而不影响水的相态（液态水）的变化，因此该系统的自由度 $f=2$（温度和压力）。而对于水的气液两相平衡系统，因为压力和温度之间存在函数关系，即在一定的温度下水有固定的饱和蒸气压，所以在维持两个相态不变的情况下，只要改变温度和压力两者中的任意一个，另一个也随之改变，所以对于该系统的自由度数 $f=1$。对于多组分多相体系，单凭经验确定其自由度数的多少就很困难，为了确定该复杂体系的自由度数就需要借助相律。

【思考题 6-1】 指出下列平衡系统中的物种数、组分数、相数和自由度数。

(1)含有 Na^+，K^+，SO_4^{2-}，NO_3^- 四种离子的均匀水溶液；

(2)NaCl 水溶液与纯水分置于某半透膜两边，达渗透平衡；

(3)$NH_4Cl(s)$在含有一定量的 $NH_3(g)$的容器中，分解成 $NH_3(g)$和 $HCl(g)$达平衡；

(4)纯碳酸钙固体在真空容器中分解。

6.2 相律

6.2.1 多相体系平衡的条件

体系内部含有不止一个相就称为多相体系，在整个封闭的多相体系中，相与相之间应该是互相敞开的，即在它们之间可以有热的交换、功的传递以及物质的交流。

在体系内部只有体积功的情况下，如果体系的所有性质都不随时间而改变，则体系就处于热力学的平衡状态。热力学的平衡状态包括热平衡、力平衡、相平衡和化学平衡。下面我们分别讨论这四种平衡的条件。

1.热平衡条件

设体系由 α、β 两相组成，在体系的组成、总体积及内能不变的条件下，有微量的热 δQ 自 α 相流入 β 相，引起体系的熵变为 $dS=dS^\alpha+dS^\beta$，体系达到平衡后的熵变为 0，则有 $-\frac{\delta Q}{T^\alpha}+\frac{\delta Q}{T^\beta}=0$，从而 $T^\alpha=T^\beta$，即平衡时两相的温度相等，这就是多相体系的热平衡条件。

2.力平衡条件

在体系的组成、温度以及总体积均不变的情况下，若 α 相膨胀了 dV^α，β 相收缩了 dV^β，体系达平衡时 $dF=dF^\alpha+dF^\beta=0$，或 $dF=-p^\alpha dV^\alpha-p^\beta dV^\beta=0$。因为 $dV^\alpha=-dV^\beta$，所以 $p^\alpha=p^\beta$，这就是多相体系的力平衡条件。

3.相平衡条件

对于任意相平衡系统，在体系的组成、温度和压力均不变的情况下，任意物质 B 在它所存在的所有相中的化学势必相等，即 $\mu_B(1)=\mu_B(2)=\cdots=\mu_B(n)$，这就是多相体系的相平衡条件。

这里要注意的是，多相体系中的有些物质并不一定存在所有相中，如：在一密闭容器中的蔗糖水溶液与其蒸气达到平衡，由于蔗糖为非挥发性溶质，也就是气相中无蔗糖，所以该系统气液平衡的条件为：$\mu(H_2O,l)=\mu(H_2O,g)$。

4.化学平衡条件

在 T、p 都不变的多相体系中，化学反应达到平衡时有 $\sum_B \nu_B\mu_B=0$，这就是多相体系的化学平衡条件。

6.2.2 相律的推导

对于一个含有 S 种物质，Φ 个相的封闭体系，至少要确定多少个独立变量才能描述平衡体系的状态？由于这些变量并不是完全独立的，它们之间存在着一定的关系，因此我们需要知道独立的强度变量有多少。假定：

(1) 体系中的每种物质存在于每一个相中；

(2) 体系中各相的温度和压力都相等；

(3) 不考虑表面效应、电场、磁场等对体系平衡性质的影响。

则描述系统相平衡性质的变量有 T、p 以及每一种物质在 Φ 各相中的浓度，由于有 $\sum_{B} x_B = 1$ 的关系存在，因此，体系内总的变量数是 $\Phi(S-1)+2$。

由于系统达到相平衡的条件是各种物质在各相中的化学势相等，即：$\mu_1^\alpha = \mu_1^\beta = \cdots = \mu_1^\Phi$

$$\mu_2^\alpha = \mu_2^\beta = \cdots = \mu_2^\Phi$$

$$\vdots$$

$$\mu_S^\alpha = \mu_S^\beta = \cdots = \mu_S^\Phi$$

对每一种物质来说，有 $\Phi-1$ 个化学势相等的方程式，整个系统有 S 种物质，因此共有 $S(\Phi-1)$ 个化学势相等的方程式。如果 S 种物质之间存在着 R 对互相独立的化学平衡，且各物质之间还存在着 R' 个浓度限制条件，则关联各变量的关系式总数为 $S(\Phi-1)+R+R'$。

根据自由度的定义：

$$\begin{aligned} f &= \text{描述平衡体系的总变数} - \text{平衡时变量之间必须满足的关系式的数目} \\ &= \Phi(S-1)+2-[S(\Phi-1)+R+R'] \\ &= S-R-R'-\Phi+2 \\ &= C-\Phi+2 \end{aligned} \tag{6.2}$$

上式就是吉布斯(Gibbs)相律的数学表达式。式中数字“2”来源于体系的温度和压力，若体系的温度或压力恒定，则相律可以写成

$$f^* = C-\Phi+1 \tag{6.3}$$

其中 $f^* = f-1$，我们将它称为条件自由度。

此外，如果考虑到除温度，压力外，其他因素(如：电场、磁场、重力场等)对体系平衡的影响，我们可以用“n”(影响体系平衡状态的外界因素的个数)代替“2”，则相律的表达式变为

$$f = C-\Phi+n \tag{6.4}$$

另外，在相律的推导过程中我们假定每一种物质在每一相中都存在，虽然这种假设常常不符合实际情况，但是在实际当中并不妨碍式(6.4)的运用，因为若在某一相中少了一种物质，即少一个浓度变数，化学势相等的关系式也会少一个，结果互相抵消。

通过相律给出平衡体系的自由度和相数后，可以帮助我们研究多组分多相的复杂系统，如：判断从实验得出的相图是否正确；在平衡体系中最多能有几个相共存等。虽然我们不能通过相律得出具体的相平衡数据，但是它在具体知识不够的情况下可以告诉人们定性的结果，指出定量解决问题的线索。因此，相律在相平衡的研究中具有非常重要的指导意义。

6.2.3 相律的应用

【例题 6-4】 碳酸钠与水可组成三种化合物：$Na_2CO_3 \cdot H_2O$，$Na_2CO_3 \cdot 7H_2O$，Na_2

$CO_3 \cdot 10H_2O$，试说明：

(1)压力一定时，最多可以同时平衡几个相？

(2)在 101.325 kPa 下，可与碳酸钠水溶液和冰共存的含水盐最多有几种？

(3)在 303.15 K 时，能与水蒸气平衡共存的含水盐最多可以有几种？

解 (1)压力一定时，相律公式变为 $f^*=C-\Phi+1$，则 $\Phi=C-f^*+1$，显然当条件自由度 f^* 为 0 时，平衡体系的相数最多，此时 $\Phi=C+1$。

在碳酸钠与水的平衡体系中物种数 S 为 5，存在形成三种水合物的三个平衡反应 $R=3$，$R'=0$，因此 $C=S-R-R'=5-3-0=2$，所以 $\Phi=C+1=2+1=3$，即压力一定时，最多可以同时平衡 3 个相。

(2)在 101.325 kPa 下，最多有一种含水盐与碳酸钠水溶液、冰共存。

(3)温度恒定与压力一定时的情形相同，即最多有 3 个相平衡共存，即与水蒸气平衡共存的含水盐最多有两种。

【例 6-5】 在一个真空密封容器中，放有过量的固态 NH_4I，并进行下列分解反应：

$$NH_4I(s) \rightleftharpoons NH_3(g) + HI(g)$$

当系统达平衡时，求此系统的组分数 C、相数 Φ 和自由度数 f。

解 组分数 $C=S-R-R'=3-1-1=1$；相数 $\Phi=2$；自由度数 $f=C-\Phi+2=1-2+2=1$

【例题 6-6】 将 $CaCO_3(s)$ 置于一真空密封容器中，并进行下列分解反应：

$$CaCO_3(s) \rightleftharpoons CaO(s) + CO_2(g)$$

当系统达到平衡时，求其组分数 C、相数 Φ 和自由度数 f。

解 组分数 $C=S-R-R'=3-1-0=2$

相数 $\Phi=3$

自由度数 $f=C-\Phi+2=2-3+2=1$

【思考题 6-2】 用相律解释：水和水蒸气在某温度下平衡共存，若在温度不变的情况下将系统的体积增大一倍，蒸汽压力是否改变。若系统内全是水蒸气，体积增大一倍，压力是否改变。

【思考题 6-3】 在同一温度下，某研究系统中有两相共存，但它们的压力不等，能否达成平衡？

6.3 单组分系统相平衡

组分数 $C=1$ 的系统就为单组分系统，此时相律表达式为 $f=1-\Phi+2=3-\Phi$，由于体系的相数至少为 1，所以自由度最多为 2，即温度和压力可以独立变动。单组分体系中最常见的就是两相平衡共存的问题，即体系中有二相，此时自由度为 1，也就是温度和压力中只有一个可以独立变动，两者之间存在着某种函数关系，这个函数关系就是克拉佩龙方程。

6.3.1 克劳修斯-克拉佩龙方程

1.克拉佩龙方程

在一定的温度 T 和压力 p 下，某一纯物质 B 的 α 相和 β 相平衡共存

$$B(\alpha, T, p) \rightleftharpoons B(\beta, T, p)$$

$$G_B(\alpha, T, p) \rightleftharpoons G_B(\beta, T, p)$$

当两相达平衡时，$G=G_B(\alpha,T,p)-G_B(\beta,T,p)=0$，即

$$G_B(\alpha,T,p)=G_B(\beta,T,p)$$

若温度发生微变 dT，系统的压力相应改变 dp 后，在新的条件下两相仍呈平衡。此过程两相的吉布斯函数变必然相等，即

$$G_B(\alpha,T,p)+dG_B(\alpha)=G_B(\beta,T,p)+dG_B(\beta)$$

得

$$dG_B(\alpha)=dG_B(\beta)$$

根据热力学的基本方程有式 $dG=Vdp-SdT$，得

$$V_\alpha dp-S_\alpha dT=V_\beta dp-S_\beta dT$$

$$\frac{dp}{dT}=\frac{S_\beta-S_\alpha}{V_\beta-V_\alpha}=\frac{\Delta S}{\Delta V}$$

由于相变为可逆相变，因此 $\Delta S=\Delta H/T$，将此式代入上式得

$$\frac{dp}{dT}=\frac{\Delta H}{T\Delta V}\tag{6.5}$$

式(6.5)称为克拉佩龙方程，此式表示纯物质的任意两相平衡时，平衡压力随平衡温度变化的变化率，该式可适用于任何纯物质的两相平衡系统。

2.克劳修斯-克拉佩龙方程

对于有气相参加的两相平衡(液、气或固、气)体系，固体或液体的体积与气体相比可以忽略不计，同时将蒸气视为理想气体，则克拉佩龙方程式可以进一步简化为

$$\frac{dp}{dT}=\frac{\Delta H}{TV_g}=\frac{\Delta H}{T\left(\frac{nRT}{p}\right)}$$

当 n 等于 1 mol 时，移项后得

$$\frac{d\ln p}{dT}=\frac{\Delta H_m}{RT^2}\tag{6.6}$$

上式即为克劳修斯-克拉佩龙方程。此式可适用于气、液和气、固两相平衡系统，若假定 ΔH_m 与温度无关，或温度范围很小，ΔH_m 可看作常数，将式(6.6)作不定积分得

$$\ln p=-\frac{\Delta H_m}{R}\cdot\frac{1}{T}+C'\tag{6.7}$$

式(6.7)也可写作

$$\lg p=-\frac{B}{T}+C\tag{6.8}$$

式(6.8)作为早期的一个经验公式在这里得到证明。即某物质在不同温度下的饱和蒸气压的对数 $\lg p$ 对 $1/T$ 作图，可得一条直线，直线斜率为 $-B=-\frac{\Delta H_m}{2.303R}$，通过该式可以求得该物质的摩尔相变焓。

若对式(6.6)作定积分，则得

$$\ln\frac{p_2}{p_1}=\frac{\Delta H_m}{R}\left(\frac{1}{T_1}-\frac{1}{T_2}\right)\tag{6.9}$$

【例 6-7】 已知 273.15 K 下，冰的摩尔熔化焓 $\Delta_{fus}H_m=6008\ J\cdot mol^{-1}$，摩尔体积 $V_m(s)=19.652\times10^{-6}\ m^3\cdot mol^{-1}$；水的摩尔体积 $V_m(l)=18.018\times10^{-6}\ m^3\cdot mol^{-1}$。在 p(环境)=

101.325 kPa 时冰的熔点为 273.15 K。试计算 273.15 K 下，水的凝固点每降低 1 K 所需的平衡外压变化 Δp 应为多少？

解 $\Delta_{fus}V_m = V_m(l) - V_m(s)$

$= 18.018\times10^{-6}\ m^3\cdot mol^{-1} - 19.652\times10^{-6}\ m^3\cdot mol^{-1}$

$= -1.634\times10^{-6}\ m^3\cdot mol^{-1}$

$$\Delta p = \frac{\Delta_{fus}H_m \ln(T_2/T_1)}{\Delta_{fus}V_m}$$

$$= \frac{6008\times\ln(272.15/273.15)}{-1.634\times10^{-6}}\ Pa$$

$$= 13.49\times10^6\ Pa$$

即水的凝固点每降低 1 K 需增加 13.49 MPa 的压力。

【思考题 6－4】 克拉佩龙方程有什么用途？在应用于解决液⇌气、固⇌气两相平衡时做了哪些近似假设？

【思考题 6－5】

家庭使用高压锅时，为什么应在常压下沸腾一段时间之后再装上泄压阀？

6.3.2 水的相图

相图又称为状态图，它是表达多相体系的状态随着温度、压力、组成等强度性质的变化而变化的几何图形，是根据实验数据在相律的指导下绘制的。由于单组分系统的最大自由度为 2，所以单组分体系的相平衡关系通常用 $p-T$ 图来描述。本节以水的相图(见图 6－1)为例来分析单组分系统水的相平衡状态。整个相图由三个相区、三条线和一个点构成。

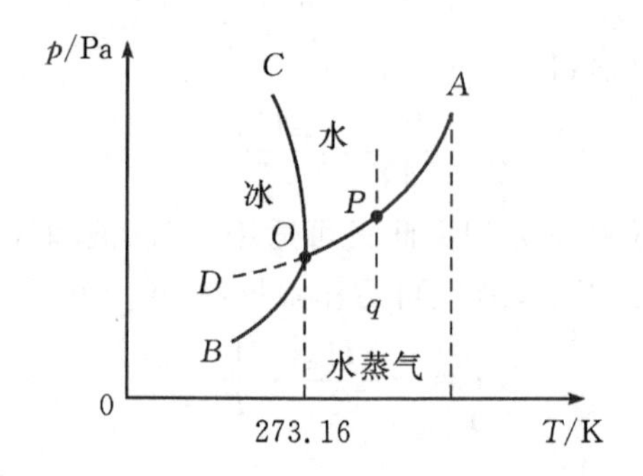

图 6－1 水的相图

(1) 三个相区，图中 OB、OC、OA 三条线将图分成三个区域："冰""水""水蒸气"，在这三个区域内温度和压力可以有限度的独立改变而不会引起相的变化。

(2) 图中的 OB、OC、OA 三条线是水的两相平衡线，这三条曲线的坡度均可由克劳修斯-克拉佩龙方程式或克拉佩龙方程式求得。

OA 是气-液两相平衡线，即水蒸气和水的平衡曲线。它不能任意延长，终止于临界点 A($T=647$ K，$p=2.2\times10^7$ Pa)。在临界点液体的密度和气体的密度相等，此时气-液界面消失。当温度高于临界温度时，则不能用加压的方法使水蒸气液化。

OB 是气-固两相平衡线，即冰的饱和蒸气压曲线或升华曲线，理论上可延长到绝对零度(0 K)附近。

OC 是液-固两相平衡线，即冰的熔点曲线。OC 线不能无限向上延伸，因为当 C 点延长至压力大于 2×10^8 Pa 时，相图变得比较复杂，有不同结构的冰生成。

(3) OD 是 AO 的延长线，表示过冷水的饱和水蒸气曲线。由于在相同温度下，过冷水的蒸气压大于冰的蒸气压，则过冷水的化学势高于冰的化学势，因此一旦外界对系统有干扰，水就会立即变成冰，这种不稳定的平衡称为亚稳平衡。

(4) O 点是水蒸气、水和冰三相的交点，称为三相点，此时气-液-固三相共存，$\Phi=3$，$f=0$，在这点上的温度和压力为确定值($T=273.16$ K，$p=610.62$ Pa)，它是一个无变量体系。

另外，要注意的是三相点并不是冰点。三相点是纯物质的气、液、固三相平衡点，即将纯物质放入密闭且无其他物质的洁净容器中进行测试后得到的。而冰点是指在一定的外压下，液、固两相平衡的温度。外压改变，冰点也会随之改变。以水为例，水的三相点的温度和压力分别为 273.16 K，610.62 Pa，而水的冰点的温度和压力分别为 273.15 K，101325 Pa。

6.4 二组分系统的相图及其应用

对于二组分体系，$C=2$，$f=C-\Phi+2=2-\Phi+2=4-\Phi$，由于我们讨论的体系至少有一相，因此自由度最多等于 3，即系统的状态由三个独立变量所决定，我们通常采用温度、压力和组成作为三个独立变量。完整的相图应该是包括这三个独立变量的三维立体图，但由于立体图无论是在绘制上还是使用上都很不方便，因此我们通常指定一个变量为常量，从而得到立体图形的截面图：$p-x$ 图、$T-x$ 图和 $p-T$ 图，这一节我们主要讨论常见的 $p-x$ 图和 $T-x$ 图。

二组分系统的相图种类很多，这里我们主要介绍几种典型的液液系和固液系体系的相图：①完全互溶双液系；② 部分互溶双液系；③ 完全不互溶双液系；④ 简单低共熔混合物的固-液系统；⑤ 有化合物生成的固-液系统；⑥ 有固溶体生成的固-液系统。

6.4.1 完全互溶双液系

凡是能以任意比例混溶的二组分理想溶液(理想液态混合物)，一般都是理想的完全互溶双液系。如苯和甲苯、邻二氯苯和对二氯苯、正己烷与正庚烷或同位素的混合物等结构相似的化合物均可形成这种双液系。

1.$p-x$ 图

以甲苯-苯为例(见图 6-2)，由于甲苯-苯的二元系统为理想溶液，所以该系统服从拉乌尔定律，即在稀溶液中，溶剂的蒸气压等于同温度下纯溶剂的蒸气压与溶液中溶剂摩尔分数的乘积。它的数学表达式为

$$p_A=p_A^*x_A \tag{6.10}$$

$$p_B=p_B^*x_B=p_B^*(1-x_A) \tag{6.11}$$

$$p=p_A+p_B=p_A^*+(p_B^*-p_A^*)x_B \tag{6.12}$$

式中，p_A^*、p_B^* 分别是该温度下纯 A(苯)、纯 B(甲苯)的蒸气压；x_A 和 x_B 分别是溶液中组分 A(苯)和 B(甲苯)的摩尔分数。

利用式(6.12)计算出在一定的温度下，每一个液相组成 x_B 所对应的系统总压的数值，由于 $x_A+x_B=1$，所以对应每一个 x_B 的 x_A 值就能求出，将 x_B 和 x_A 值代入式(6.10)和式(6.11)就能得到每一个组分的分压值。在 $p-x$ 图上，若以 p、p_A、p_B 对 A 的摩尔分数 x_A 作图，即可得到三条直线(见图 6-2)。

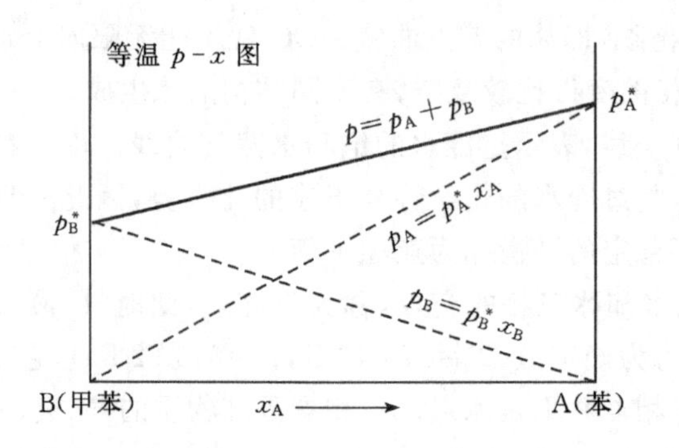

图 6-2 理想液态混合物甲苯和苯的 $p-x$ 图

在二组分理想液态混合物中，由于两个组分的蒸气压不同，因此当气、液两相平衡时，两相的组成也不相同。通常我们将纯组分蒸气压较大的组分成为易挥发组分，而纯组分蒸气压较小的组分为难挥发组分。显然，易挥发组分在气相中的相对含量大于它在液相中的相对含量。根据道尔顿分压定律及拉乌尔定律，将气相的摩尔分数用 y 表示，则有

$$y_A=\frac{p_A}{p}=\frac{p_A^* x_A}{p} \tag{6.13}$$

$$y_B=\frac{p_B}{p}=\frac{p_B^* x_B}{p} \tag{6.14}$$

由于同温度下纯甲苯的蒸气压比纯苯的蒸气压小，因此甲苯(B)为难挥发组分，苯(A)为易挥发组分，则有 $y_A>x_A, y_B<x_B$。如果把液相组成 x 和气相组成 y 画在同一张图上，则可得到 $p-x-y$ 图(见图 6-3)，从图中可知，在等温条件下，$p-x-y$ 图分为三个区域，它们分别是液相区(液相线之上)、气相区(气相线之下)，气-液两相平衡(液相线和气相线之间的梭形区内)。

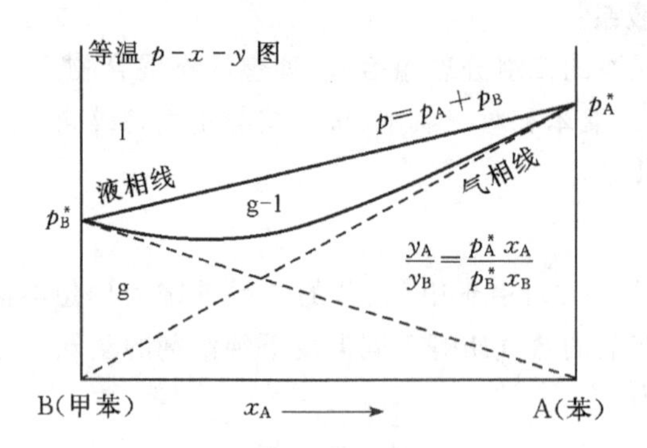

图 6-3 理想液态混合物的 $p-x-y$ 图

从图 6-3 也可看出二组分理想液态混合物的 $p-x$ 图上的液相线总在气相线之上，且液相线为一直线，而气相线为一曲线。

2. $T-x$ 图(沸点-组成图)

当体系的压力为大气压力时，气液两相的平衡温度就是体系的正常沸点，所以 $T-x$ 图又称为沸点-组成图。在实际生活当中的化学反应和分离过程都是在常压条件下进行，因此 $T-x$ 图相比 $p-x$ 图更为有用。$T-x$ 图可以直接根据实验数据绘制，也可以由已知的 $p-x$ 图求得。

图 6-4(a)的图为已知的苯与甲苯混合溶液在 4 个不同温度时的 $p-x$ 图。从该图压力

为 $p^{\ominus}$ 处做一水平线，与各不同温度时的液相组成线分别交于 x_1，x_2，x_3 和 x_4 各点，这些点代表了组成与沸点之间的关系，即组成为 x_1 的液体在 381 K 时沸腾，组成为 x_2 的液体在373 K时沸腾，其余类推。

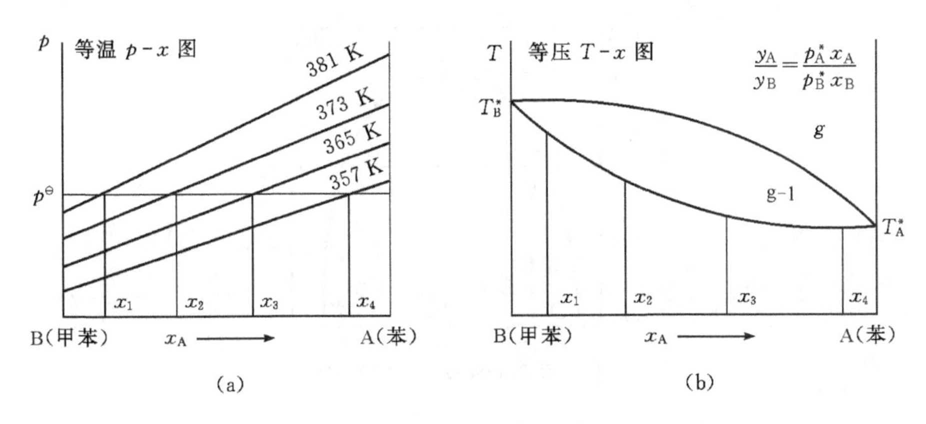

图 6－4　由 $p-x$ 图绘制 $T-x$ 图

把组成与沸点的关系标在图 6－4(b)中就得到了 $T-x$ 图的液相线，再根据式(6.13)和式(6.14)求出对应的气相线。如图 6－5 所示，在等压的条件下，组成为 x_1 的混合物加热到 T_1 时混合物开始沸腾，并有大量气泡产生，我们将温度 T_1 称为此混合物的泡点。液相线表示的是不同组成液态混合物的泡点与组成之间的关系，因此液相线又称为泡点线。若将组成为 F 的气相混合物等压降温至 E 点时，蒸气开始凝结并析出液滴，此点即称为露点。同理，气相线亦称为露点线。

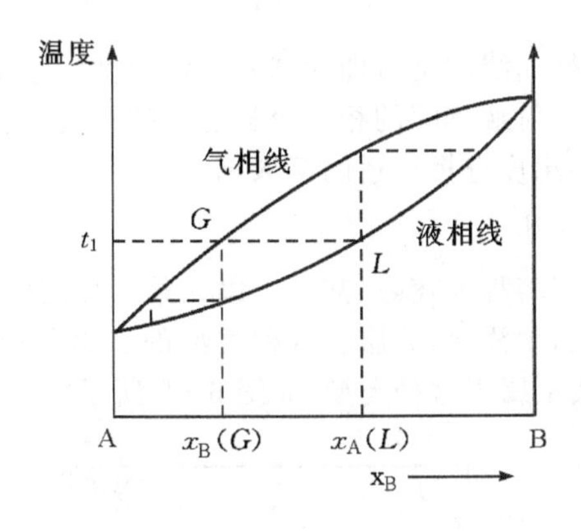

图 6－5　$T-x$ 图

6.4.2　部分互溶双液系

当两纯液体的性质相差较大时，它们在某些温度下的互溶度都很小，只有当其中一组分的含量很小时，两液体才能完全混溶，此类体系就称为部分互溶双液系，它们的 $T-x$ 图分为以下几种类型。

1.具有最高会溶温度的类型

对于二组分液体，低温下二者的互溶程度较小，随着温度的升高它们的互溶程度也增加，两者可以完全互溶所要达到的温度即为最高会溶温度。下面以水-苯胺体系为例来分析该种类型的二组分混合溶液。如图 6－6 所示，随着苯胺在水中的含量增加，溶液由苯胺在水中的不饱和溶液渐变为苯胺在水中的饱和溶液(D),继续加入苯胺,体系会形成两个液层,下层是水中饱和了苯胺,称为水层;上层是苯胺中饱和了水,称为苯胺层。这两层平衡共存,称为共轭溶液。若继续加入苯胺,体系又将变为单相,即水在苯胺中的不饱和溶液。

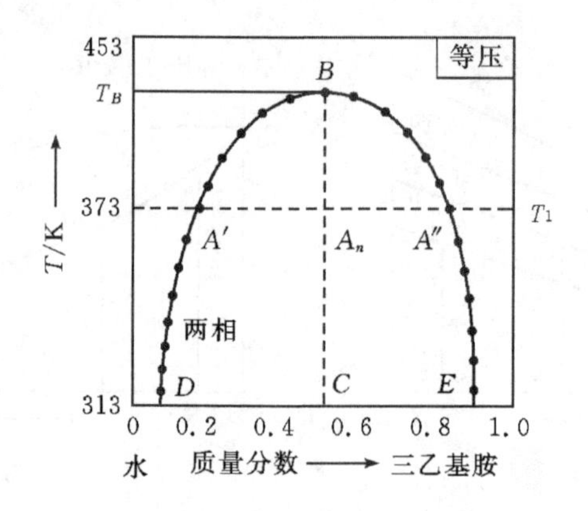

图 6-6 水-苯胺的溶解度图

升高温度,苯胺在水中的溶解度沿 $DA'B$ 线上升,水在苯胺中的溶解度沿 $EA''B$ 线上升。两液层的组成逐渐接近,达到 B 点时,液层之间的相界面消失,变成了一个均匀的液相,此温度称为最高临界会溶温度 T_B。温度高于 T_B,水和苯胺可无限混溶。曲线 DBE 形成了一个帽形区:帽形区外,溶液为单一液相;帽形区内,溶液分为两相。

在 373 K 时,两层的组成分别为 A' 和 A'',称为共轭层,A' 和 A'' 称为共轭配对点。A_n 是共轭层组成的平均值。

所有平均值的连线与平衡曲线的交点即为临界会溶温度(T_B)。

会溶温度的高低反映了一对液体间的相互溶解能力的强弱,会溶温度越低,两液体间的互溶性越好,因此可以利用会溶温度选择合适的萃取剂。

2.具有最低会溶温度的类型

两种液态物质在低温下互溶程度较好,甚至可以在某一温度以下完全互溶,但是随着温度的升高,互溶程度反而降低,出现浑浊、分层。这种类型的二组分溶液称为具有最低会溶温度的体系。水-三乙基胺的双液系属于这种类型,如图 6-7 所示。

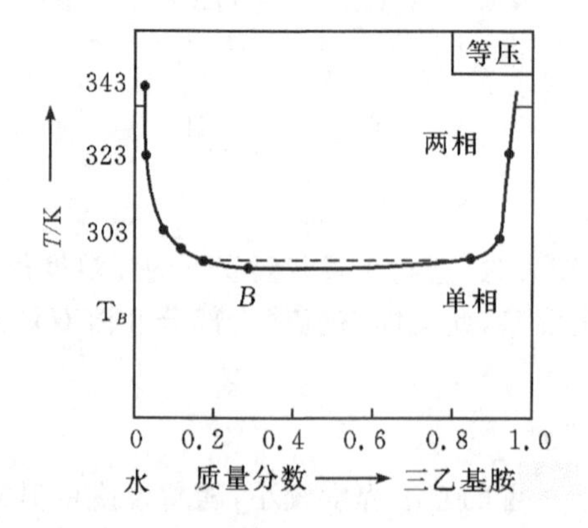

图 6-7 水-三乙基胺的溶解度图

在 T_B 温度(约为 291.2 K)以下,两者可以任意比例互溶,升高温度,互溶程度下降,形成两组分部分互溶的共轭溶液。

3.同时具有最高、最低会溶温度的类型

如图 6－8 所示为水和烟碱的溶解度图,该对液体具有完全封闭的溶解度曲线,在最低会溶温度(约 334 K)以下和在最高会溶温度(约 481 K)以上,两液体可完全互溶,而在这两个温度之间只能部分互溶,为两相区。

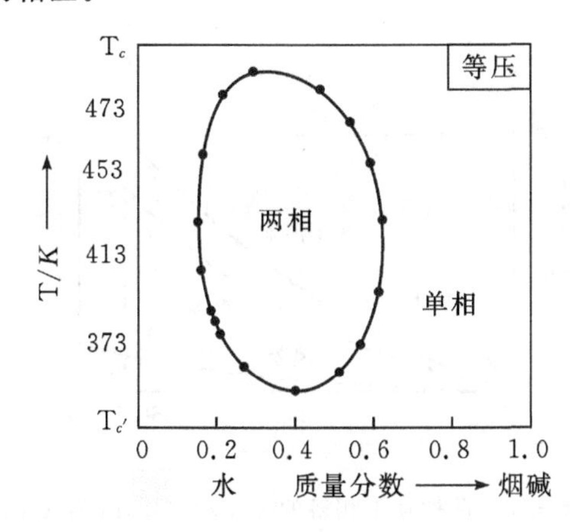

图 6－8　水-烟碱的溶解度图

4.不具有会溶温度的类型

一对液体在它们作为溶液所存在的温度范围内一直是彼此部分互溶的体系就称为不具有会溶温度的二组分溶液类型。如图 6－9 所示,乙醚与水组成的双液系,在它们能以液相存在的温度区间内,一直是彼此部分互溶,因此该体系不具有会溶温度。

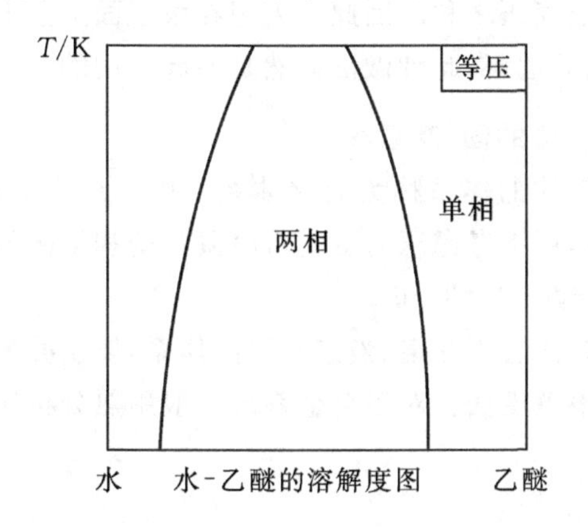

图 6－9　水-乙醚的溶解度图

【思考题 6－6】　分配系数是研究萃取剂萃取效果的一个重要参数,其值是大好还是小好？为什么？

6.4.3　完全不互溶双液系

两种完全不互溶的液体严格来讲是不存在的。但是,如果两种液体彼此互溶程度极小,以致可忽略不计,则可近似地将其视为完全不互溶的双液系。如液体 A 与 B 共存时,各组分的蒸气压与单独存在时一样，液面上的总蒸气压等于两纯组分饱和蒸气压之和，即 $p=p_A^*+p_B^*$。

可见在指定的温度下，不论其相对数量如何，完全不互溶双液系的总蒸气压恒大于任一组分的蒸气压，因此这种双液系的沸点恒低于任一组分的沸点（系统的蒸汽压等于外压时，液体开始沸腾，此时温度就为系统的沸点）。在实际生产生活当中，人们常用此性质来降低有机蒸馏的温度。

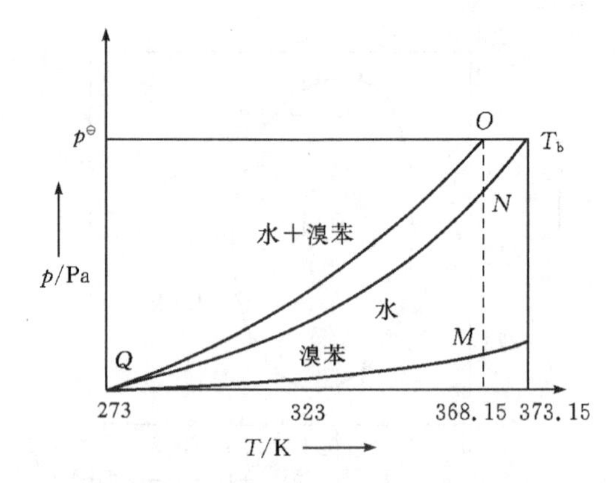

图 6－10 两种互不相溶的液体水-溴苯的蒸气压图

以水-溴苯体系为例，两者的互溶程度极小，可近似认为完全不互溶体系。如图 6－10 所示，溴苯、水、水＋溴苯三种系统的蒸气压随温度变化的曲线。从图中可知，水＋溴苯体系的沸点(368.15 K)低于纯水和纯溴苯的沸点。因此在 368.15 K 时就可将水蒸气和溴苯蒸气同时馏出。由于水和溴苯两者互不相溶，分层明显，因此很容易从馏出物中分离出溴苯。

水和汞也可近似看作是完全不互溶的双液系，其液面上的饱和蒸气压等于同温度下汞的饱和蒸气压与纯水的饱和蒸气压之和。因此有人想在汞表面上盖上一层水来降低汞蒸气的蒸发，从而减少汞蒸气对人们的危害，此种做法显然是不起作用的。

6.4.4 简单低共熔混合物的固-液系统

固-液体系，即不包括气体的体系称为凝聚体系。由于压力对凝聚系统的相平衡影响很小，所以当压力变化不大时，可不考虑压力变化对凝聚系统相平衡的影响。对于二组分凝聚系统，相律可表示为 $f^*=C-\Phi+1=3-\Phi$。

简单的低共熔混合物是固态不互熔、液态互熔的体系，属于凝聚体系的一种。绘制相图的方法常用的有热分析法和溶解度法。对于合金系统一般用热分析法，而对于盐-水系统一般用溶解度法。

1.热分析法

热分析法的基本原理是根据体系在冷却或加热过程中，系统温度随时间的变化情况来判断系统中相态的变化的方法。下面以 Cd－Bi 混合物为例来介绍用热分析法绘制相图。

将一定比例的固体镉 Cd 和固体铋 Bi 混合物加热熔化，随后使之缓慢均匀冷却，记录冷却过程中系统的温度与时间，以温度为纵坐标，时间为横坐标作图，所得到的 $T-t$ 曲线称为步冷曲线。

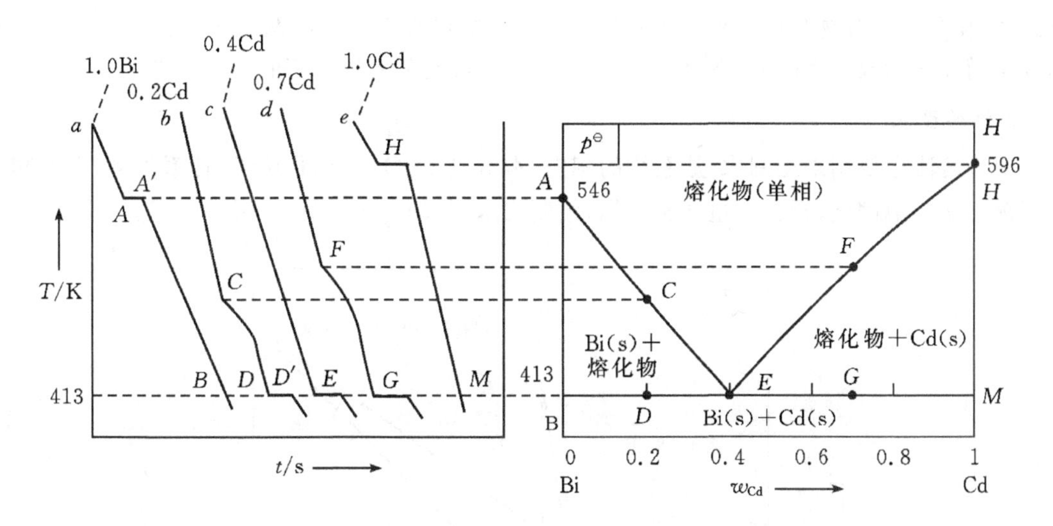

图 6-11　Cd-Bi 二元系统的步冷曲线和相图

常压下分别将含 Cd 为 0、20%、40%、70%、100%的五种 Cd-Bi 混合物样品加热至熔融状态，并使其自行冷却，分别记录这五种样品在不同时间下的温度值，并分别作出它们的步冷曲线。如图 6-11 所示，a、b、c、d、e 分别是含 Cd 为 0、20%、40%、70%、100%的 Cd-Bi 混合物的步冷曲线。其中当纯 Bi(a)的温度降至 546 K 时，曲线出现水平线段，这是因为液体 Bi 在该温度下开始凝固，凝固热抵消了自然散热，因而体系温度不变，此时 $f^*=C-\Phi+1=1-2+1=0$。546 K 即为 Bi 的熔点。同理，在步冷曲线 e 上的平台温度 596 K 即是纯 Cd 的熔点。

b 线是含 20%Cd 和 80%Bi 的二元混合物的步冷曲线，将熔化物冷却时，系统的温度随着平滑曲线 b 下降，当冷却到相当于 C 点的温度时，熔化物对于组分 Bi 来说已达到饱和，此时开始有 Bi 固体析出，由于系统放出凝固热，使体系的冷却速率变慢，曲线的坡度改变，在 C 点出现转折点，此时 $f^*=C-\Phi+1=2-2+1=1$，且由于 Bi 固体的不断析出，使熔液中 Cd 的含量增高，所以系统的温度继续下降，当温度降至 D 点时，Cd 固体也开始析出，此时由于 Bi 和 Cd 固体同时析出，即同时放出凝固热，所以在步冷曲线上出现了水平线段，$f^*=C-\Phi+1=2-3+1=0$。在 D 点以下，系统完全凝固，$f^*=C-\Phi+1=2-2+1=1$。

步冷曲线 d 和 b 的情形相似，主要的不同是在 F 点析出的是 Cd 固体，而 Bi 固体在 G 点开始析出。当二元混合物中 Cd 的含量为 40%时，该系统的步冷曲线如图 6-11 中曲线 c 所示，当温度下降至 E 点时，两种金属同时析出，三相共存，$f^*=C-\Phi+1=2-3+1=0$，步冷曲线上出现水平线段，在此之前并不析出 Cd 或 Bi。

将上述五条步冷曲线中固体开始析出的点(A、C、E、F、H)和全部凝固的点(D、E、G)在 $T-x$ 坐标上表示出来，并将上述点分别连接起来，便得到 Bi-Cd 的 $T-x$ 图。

图上有 4 个相区：AEH 线以上是熔液的单相区；ABE 以内为固体 Bi 和熔液的两相区；HEM 以内是固体 Cd 和熔液的两相区；BEM 线以下为固体 Bi 和固体 Cd 的两相区。

三条多相平衡线：曲线 AE 和 EH 分别是纯固态 Bi 和 Cd 与熔液呈平衡时的液相线；线 BM 是固体 Bi、固体 Cd 和熔液的三相平衡线。

三个特殊点：A 点和 H 点分别是纯 Bi(s) 和纯 Cd(s)的熔点；E 点是三相共存点，因为它比纯 Cd 或纯 Bi 的熔点都低，所以又称为低共熔点，在该点析出的混合物称为低共熔混合物。

在这里，低共熔混合物是由两种固体 Cd 和 Bi 均匀的混合在一起的两相机械混合物。E 点的温度会随外压的改变而改变，在这 $T-x$ 图上，E 点仅是某一压力下的一个结点。

2.溶解度法

溶解度法主要用来绘制水-盐系统的相图，本节以 $H_2O-(NH_4)_2SO_4$ 体系为例，在不同温度下测定盐的溶解度，根据大量实验数据，绘制出水-盐的 $T-x$ 图(见图 6-12)。

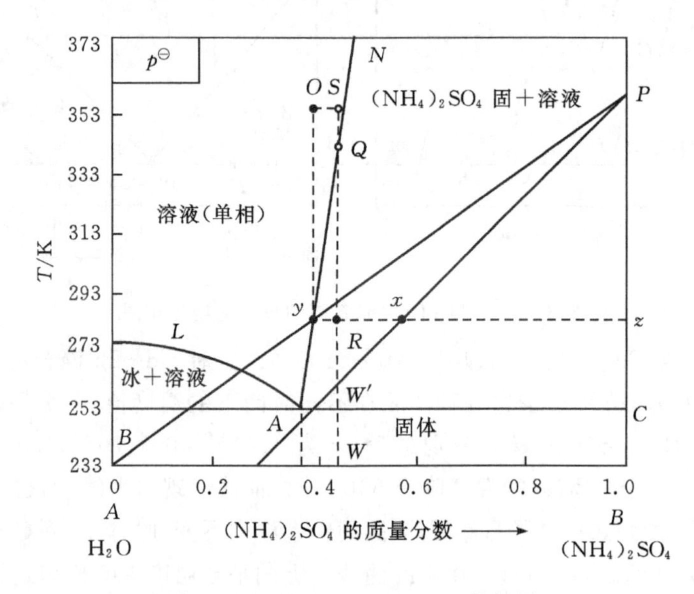

图 6-12 $H_2O-(NH_4)_2SO_4$的相图

从图 6-12 中可知，该相图有四个相区：LAN 以上为溶液单相区；LAB 以内是冰和溶液的两相区；NAC 以上是$(NH_4)_2SO_4$(s)和溶液的两相区；BAC 线以下则为冰与$(NH_4)_2SO_4$(s)的两相区。

图中有三条曲线：LA 线是冰和溶液两相共存时，溶液的组成曲线，也称为冰点下降曲线。AN 线是$(NH_4)_2SO_4$(s)和溶液两相共存时，溶液的组成曲线，也称为盐的溶解度曲线。BAC 线是冰、$(NH_4)_2SO_4$(s)和溶液的三相共存线。

图中有两个特殊点：L 点是冰的熔点。由于盐的熔点极高，受溶解度和水的沸点限制，所以在图上无法标出。A 点是冰、$(NH_4)_2SO_4$(s)和溶液三相共存点。在 A 点以左的溶液组成冷却时先析出冰，而在 A 点以右者冷却时先析出$(NH_4)_2SO_4$(s)。

类似的水盐体系还有 $H_2O-NaCl$(s)(低共熔点为 252.0 K)、$H_2O-CaCl_2$(s)(低共熔点为 218.0 K)、H_2O-KCl(s)(低共熔点为 262.5 K)、H_2O-NH_4Cl(s)(低共熔点为 257.8 K)。按照最低共熔点的组成来配冰和盐的量就可得到不同的低温冷冻液，这在化工生产和科学研究中具有重要的作用。例如：在冬天，为防止路面结冰，可以撒上盐。

6.4.5 有化合物生成的固-液系统

有些二组分系统，两个组分之间能以某种比例化合形成一种新的化合物。如果形成的化合物在升温过程中能够稳定存在，直到其熔点都不分解，即熔化后的溶液与固相组成相同的固体化合物称为稳定化合物。若两个组分形成的化合物在升温过程中表现出不稳定性，在到达其熔点之前便发生分解，这类化合物就叫作不稳定化合物。下面分别对这两种类型进行探讨。

1.生成稳定化合物的体系

属于这种类型的还有 $CuCl(s)-FeCl_3(s)$，$Au(s)-2Fe(s)$，$CuCl_2-KCl$ 等。下面以 $CuCl(s)-FeCl_3(s)$ 为例，如图 6-13 所示，CuCl(A)与 $FeCl_3$(B)可形成化合物 C($CuCl\cdot FeCl_3$)，图中 H 点是化合物 C 的熔点，在 C 中加入 A 或 B 组分都会导致熔点的降低。这张相图可以看作是由 A 与 C(左边部分)和 C 与 B(右边部分)的两张简单的低共熔相图合并而成，这类相图的分析与简单的二元低共熔相图类似。

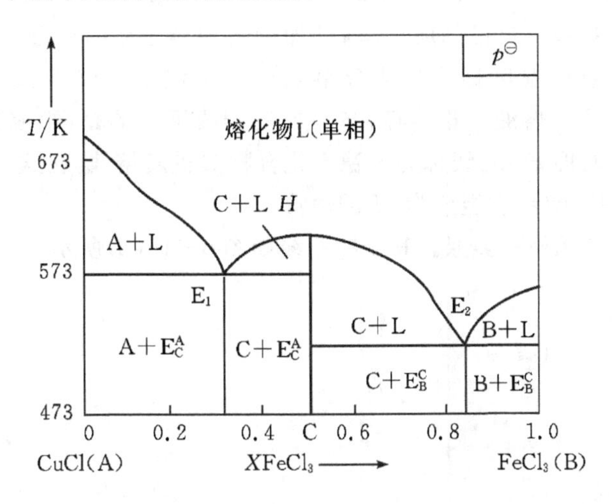

E—低共熔点；L—熔化物。

图 6-13　$CuCl-FeCl_3$ 的相图

有些盐类或无机酸与水可形成含不同结晶水的水合物，这类体系也属于生成稳定化合物的体系，如：$FeCl_3-H_2O$，$H_2SO_4-H_2O$ 等都属于生成稳定水合物的体系。本节以 H_2O 与 H_2SO_4 体系为例，H_2O 和 H_2SO_4 能形成三种稳定的水合物：$H_2SO_4\cdot 4H_2O(C_1)$、$H_2SO_4\cdot 2H_2O(C_2)$ 和 $H_2SO_4\cdot H_2O(C_3)$，如图 6-14 所示，这张相图可以看作由 4 张简单的二元低共熔相图合并而成。如需得到某一种水合物，溶液浓度必须控制在某一范围之内。

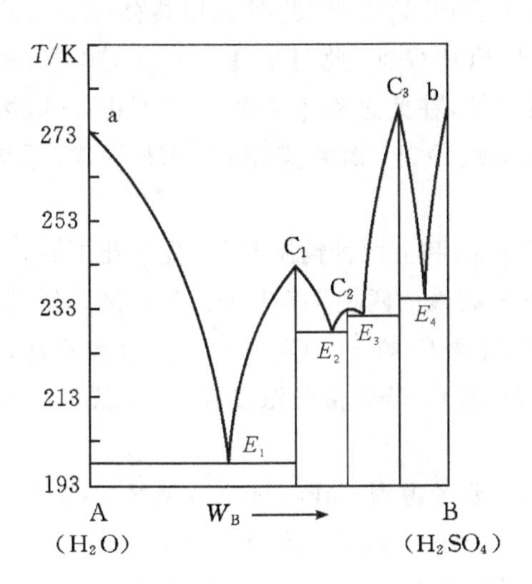

图 6-14　$H_2O-H_2SO_4$ 的相图

从图上可知这三种水合物都有自己的凝固点。纯硫酸的凝固点在 283 K 左右，因此在冬天，纯硫酸很容易凝结成固体，而纯硫酸与一水化合物的低共熔点在 235 K，所以在冬天用管道运送硫酸时应适当稀释，防止硫酸冻结而堵塞管道。

2.生成不稳定化合物的体系

属于这类体系的有：CaF_2-CaCl_2，$Au-Sb_2$，$2KCl-CuCl_2$ 和 K－Na 等。下面以 CaF_2-CaCl_2 为例（见图 6－15），在 CaF_2(A)与 $CaCl_2$(B)相图上（见图 6－15(a)），C 是 A 和 B 生成的不稳定化合物。因为 C 没有自己的熔点，将 C 加热到 *O* 点温度时即分解成 CaF_2(s)和组成为 *N* 的熔液，我们将 *O* 点的温度称为异成分熔点或转熔温度。*FON* 线为三相平衡线，即由 A(s)、C(s)和组成为 *N* 的熔液三相共存，与一般三相线不同的是：组成为 *N* 的熔液在端点，而不是在中间。也有人将 *FON* 线称为不稳定化合物 C 的转熔线，在这个温度时，C(s)将转化为组成与它不同的固体 A(s)和组成为 *N* 的熔液。

相区分析与简单二元相图类似。其步冷曲线如图 6－15(b)所示。

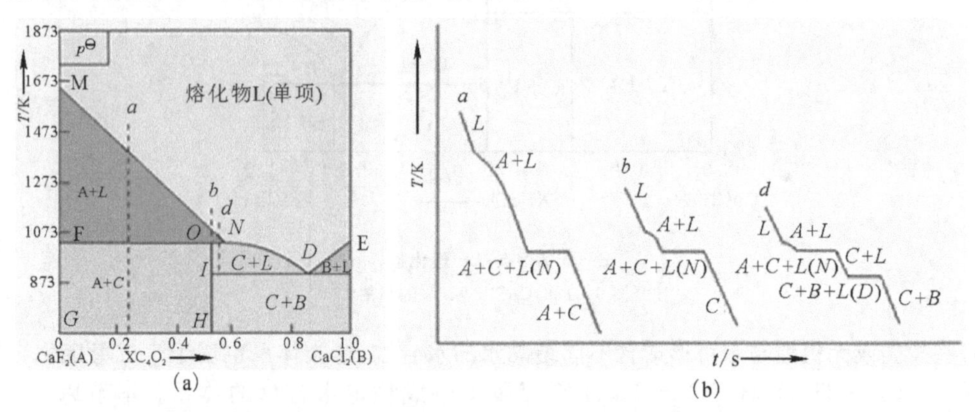

图 6－15 CaF_2-CaCl_2 的步冷曲线和相图

若将处在 *a* 点的熔液冷却，首先析出固体 A(CaF_2)，熔液的组成沿 *MN* 线下降，当与 *NF* 线三相平衡线相交时，C(s)开始析出，此时三相共存(CaF_2(s)－$CaCl_2 \cdot CaF_2$(s)组成 *N* 熔液)，继续冷却，系统进入 *FOHG* 区，此时熔液与部分 CaF_2 形成化合物而导致熔液消失。

若将处在 *b* 点的熔液冷却，在此过程中首先析出 CaF_2(s)，熔液的成分沿 *MN* 线下降，到达 *NF* 线时三相共存，继续冷却，物系点沿线 *OH* 下降，系统由单相的固体化合物 C 组成。

若将处在 *d* 点的熔液冷却，和上两种情况类似，先析出 CaF_2(s)，然后是三相平衡。继续冷却时，物系点进入化合物和熔液的两相平衡区（*ONDI* 区），继续下降至 *ID* 线上时，三相平衡（组成为 *D* 的熔液——化合物 C(s)－$CaCl_2$(s)）。再继续冷却，物系点进入化合物 C(s)与 $CaCl_2$(s)两相平衡区（*KIHJ* 区）。若熔液的浓度在 *N* 点以右，其步冷情况与前述的简单的低共熔点的相图大致相同。

如果要得到纯化合物 C，要考虑到 CaF_2-CaCl_2 系统冷却过程中所经历的过程。要将原始熔液浓度调节在 *ND* 之间，温度在两条三相线之间。

【思考题 6－7】 热分析法制 Bi－Cd 体系相图时，若取五份组成不同但质量相同的溶液作步冷曲线，各步冷曲线上水平线段的长度是否相同？为什么？

6.4.6　有固溶体生成的固-液系统

1.完全互溶固溶体系统

两个组分在固态和液态时均能彼此按任意比例互溶而不生成化合物，也不存在低共熔点的固态混合物称为完全互溶固溶体。属于这种类型的有 Au－Ag，Cu－Ni，Cu－Au，Co－Ni 等。

以 Au－Ag 相图为例(见图 6－16)，上部高温区是两组分熔液的单相区，下部低温区是两组分固态混合物或固溶体的单相区，梭形区内是固熔体和液态混合物的两相平衡区，上面是液相组成线，下面是固相组成线。

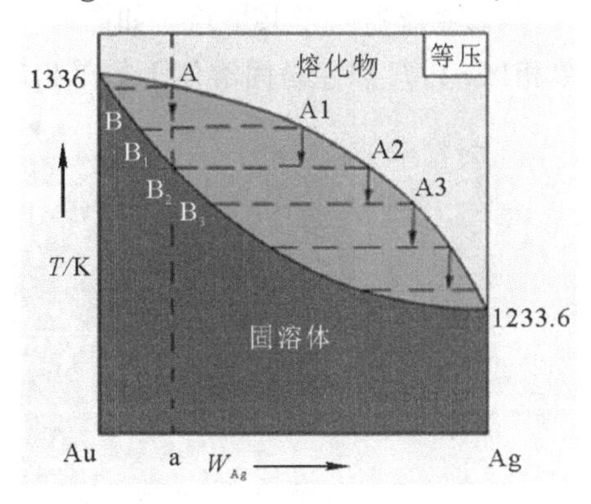

图 6－16　Au－Ag 相图

当物系从 A 点冷却进入两相区，析出由 A 和 B 组成的固溶体。由于 Au 的熔点高于 Ag，因此液相中含 Ag 较多，固相中含 Au 较多。继续冷却，液相组成沿 AA_1A_2线方向移动，当物系冷却至 B_2点时，系统进入固溶体单相区。

实际上由于二组分熔液在冷凝时的降温过程不是极端缓慢，因而固体呈枝状析出：较早析出的晶体含高熔点组分较多，形成枝晶，后析出的晶体含低熔点组分较多，填充在最早析出的枝晶之间，这种现象称为枝晶偏析。

由于固相组织的不均匀性会影响合金的性能。为了使固相合金内部组成更均一，就把合金加热到接近熔点的温度，并保持一定时间，使内部组分充分扩散，趋于均一，然后缓慢冷却，这种过程称为退火。这是金属工件制造工艺中的一个重要工序。而在金属热处理加工过程中使金属突然冷却，使之来不及发生相变，系统保持高温时的结构状态的工序称为淬火。例如，某些钢铁刀具经淬火后可提高硬度。

完全互溶固溶体系统有时会偏离理想状态，在固液相图上出现最高恒熔点(此种情况较少)或最低恒熔点的情况，这与二组分液态混合物的气-液相图上出现最高或最低恒沸点的情况类似。当两种组分的粒子大小和晶体结构不完全相同时，它们的 $T-x$ 图上会出现最低点或最高点，如图 6－17 所示。

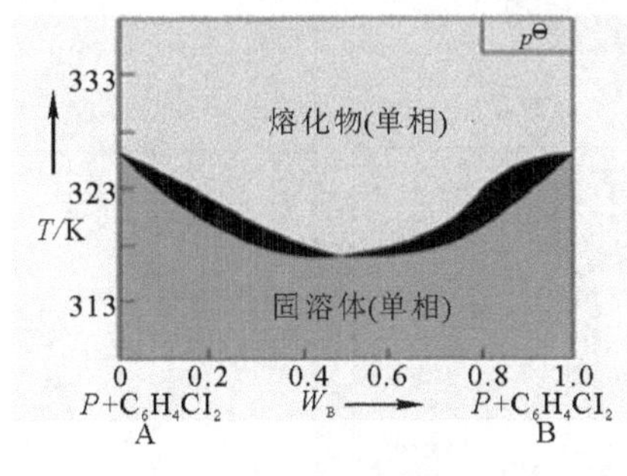

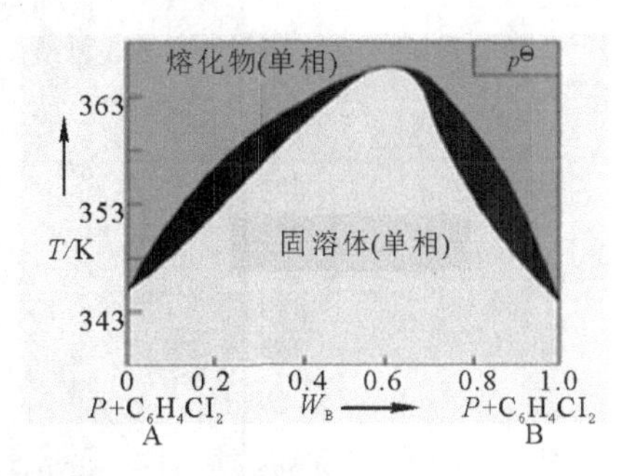

图 6－17　具有最低恒熔点和最高恒熔点的完全互溶固溶体的相图

例如：Na_2CO_3－K_2CO_3，KCl－KBr，Ag－Sb，Cu－Au 等体系会出现最低点。但出现最高点的体系较少。

2.部分互溶固溶体系统

两个组分在液态可无限混溶，而在固态仅在一定浓度范围内互溶，形成类似于部分互溶双液系的帽形区。在帽形区外，是固溶体单相，在帽形区内，是两种固溶体两相共存。对于这一类相图，介绍其中两种类型。

(1)系统有一低共熔点。如图 6－18 所示，在相图上有三个单相区：*AEB* 线以上是熔液的单相区；*AJF* 以左是固溶体Ⅰ的单相区；*BCG* 以右是固溶体Ⅱ的单相区。

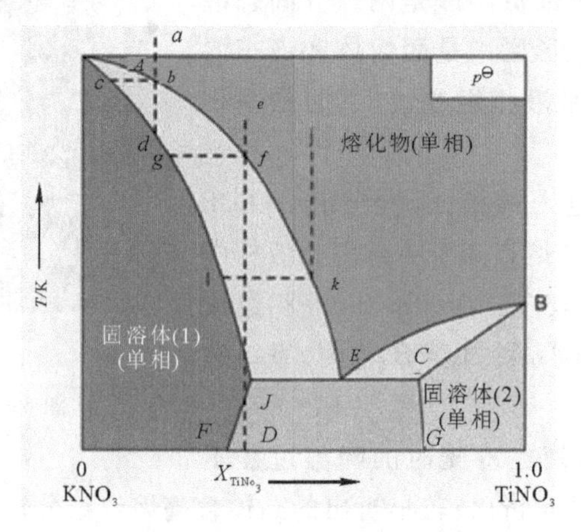

部分互溶且有低共溶点

图 6－18 KNO_3-TiNO_3 相图

有三个两相区：*AEJ* 区是熔液和固溶体Ⅰ的两相平衡区；*BEC* 区是熔液和固溶体Ⅱ的两相平衡区；*FJECG* 区是固溶体Ⅰ和Ⅱ两相共存的平衡区。

AE、*BE* 是液相组成线；*AJ*、*BC* 是固溶体组成线；*JEC* 线为三相共存线(Ⅰ、Ⅱ和组成为 *E* 的熔液三相共存)，*E* 点即为Ⅰ、Ⅱ的低共熔点。

(2)系统有一转熔温度。如图 6－19 所示，在相图上有三个单相区：*BCA* 线以左是熔液的单相区；*ADF* 区是固溶体Ⅰ的单相区；*BEG* 以右是固溶体Ⅱ的单相区。

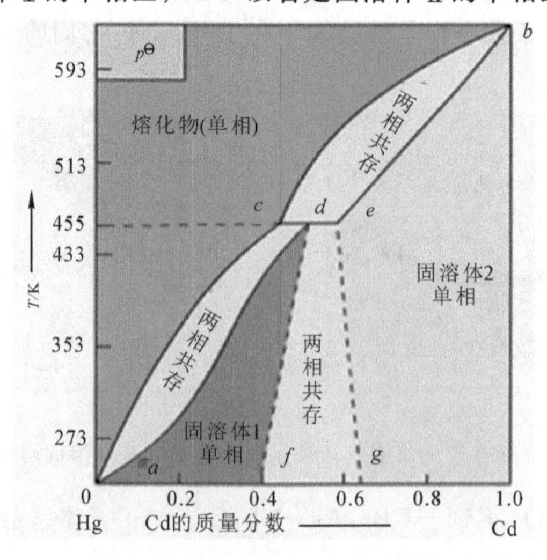

图 6－19 Hg－Cd 系统的相图

有三个两相区：BCE 区域是熔液和固溶体Ⅱ的两相共存区；ACD 区是熔液和固溶体Ⅰ的两相共存区；$FDEG$ 区是固溶体Ⅰ和Ⅱ两相共存的平衡区(因为这种平衡组成曲线实验较难测定，故用虚线表示)。

一条三相线：线 CDE 是熔液(组成为 C)、固溶体Ⅰ(组成为 D)和固溶体Ⅱ(组成为 E)的三相共存线。

CDE 对应的温度就称为转熔温度，即温度升到 455 K 时，固溶体Ⅰ消失，转化为组成为 C 的熔液和组成为 E 的固溶体Ⅱ，即 s(Ⅰ)→l(C)+s(Ⅱ)。

【思考题 6-8】 请说明在固液平衡体系中，稳定化合物、不稳定化合物与固溶体三者之间的区别，它们的相图各有何特征？

【思考题 6-9】 有两种物质 A 和 B，其熔点分别为 353.15 K 和 423.15 K，能形成稳定化合物 AB(熔点为 373.15 K)及不稳定化合物 AB_3，AB_3 于 383.15 K 时分解，得到固体 B 及含 B 为 0.68(摩尔分数，下同)的液态混合物。已知该系统有两个最低共熔点(0.18，343.15 K)和(0.54，369.15 K)。

(1)试画出该系统相图的大致形状；

(2)有 1 mol 含 B 0.80 的混合物冷却，问首先析出的物质是什么？最多可得到多少该物质？

6.5　三组分系统

6.5.1　三角坐标组成表示法

在三组分系统中，根据相律，有 $f=C-\Phi+2=5-\Phi$，由于系统至少有一个相，所以此时的自由度 $f=4$，这四个自由度分别为温度、压力和任意两个组分的浓度(如 x_1、x_2)，用三维空间的立体模型无法表示这种相图。当恒定压力(或温度)时 $f^*=3$，此时三组分的相图可以用等边三角棱柱体表示，底面等边三角形表示三组分的组成，柱高表示压力或温度，如图 6-20 所示。用三维立体图表示相图很不方便，所以在讨论三组分系统相平衡中常常制作恒温又恒压的相图，即 $f^{**}=2$，此时的相图可用平面图形表示。

最常用的三组分平面相图是等边三角形坐标图，如图 6-21 所示，等边三角形上的三个顶点分别表示纯组分 A、B 和 C，三条边 AB、BC、CA 上的点分别代表 $A-B$、$B-C$、$C-A$ 二组分系统。三角形内部的任一点都代表一个三组分体系。

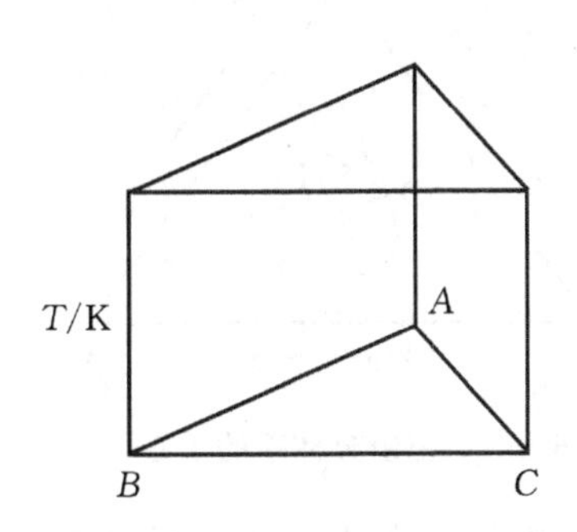

图 6-20　三组分体系相图

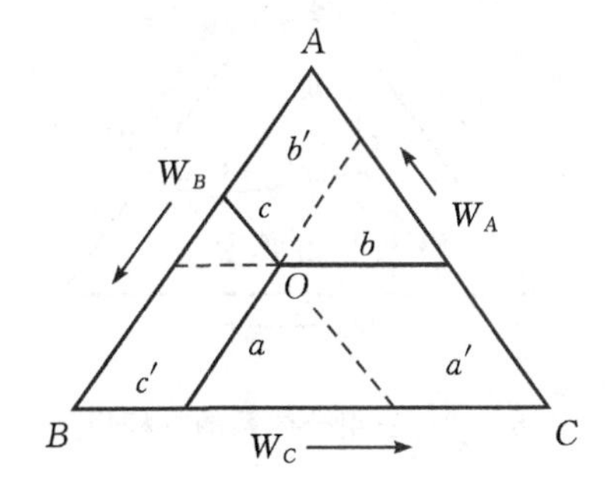

图 6-21　三组分体系的成分表示法

取三角形内部任一点 O，作平行于各边的平行线，在各边上的截距就代表对应顶点组分的含量，即 a'，b'，c'分别代表 A，B，C 在 O 中的含量。显然 $a'+b'+c'=a+b+c=1$。

用等边三角形表示三组分系统的相图时，有如下几个规律：

(1)平行于任一边的任意一条线上的所有物系点，具有相同的顶角组分含量。如图 6-22 所示，在平行于 BC 线上的物系点 d，e，f 中 A 组分的含量相同。

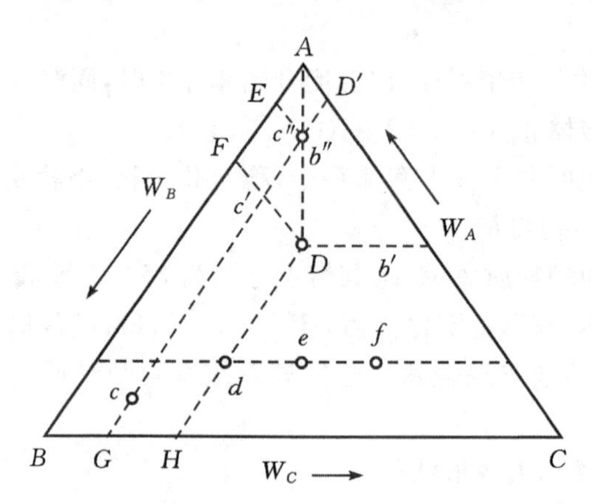

图 6-22　三组分体系的组成表示法

(2)过某一顶点的任一条线上的所有物系点中其余两顶点组分的含量之比相等。如图 6-22 所示的 AD 线上，$c''/b''=c'/b'$。且过顶点的任一条线上的物系点离顶点越近，代表该物系点中含顶点组分的含量越多；越远，含量越少。例如，AD 线上，D'中含 A 多，D 中含 A 少。

(3)如图 6-23 所示，如果代表两个三个组分体系的 D 点和 E 点合二为一，则新体系的物系点 O 必在 D 和 E 连线上。且哪个物系含量多，O 点就靠近那个物系点。O 点的位置可用杠杆规则求算：$m_D : m_E = OD : OE$（m_D，m_E分别代表混合前的 D 和 E 的质量）

(4)由三个三组分体系 D，E，F 混合而成的一个新的三组分系统，其物系点落在这三点组成三角形的重心位置，即 H 点，如图 6-24 所示。使用杠杆规则首先求出 D，E 混合后新体系的物系点 G，再求出 G，F 混合后的新体系的物系点 H，则 H 就是由 D，E，F 所构成的新系统的重心。

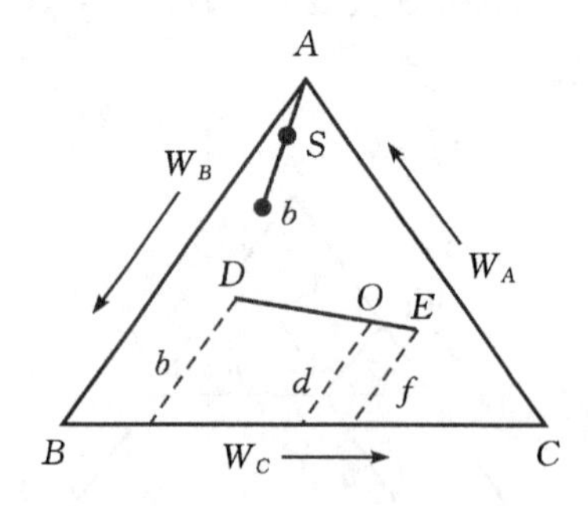

图 6-23　三组分体系的杠杆规则

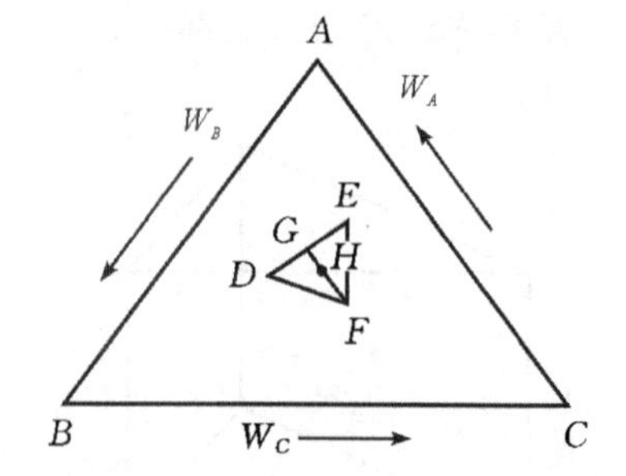

图 6-24　三组分体系的重心规则

(5)如图 6-23 所示，假设当三组分液相体系 S 中析出 A 组分时，剩余液相组成沿 AS 延长线变化，到达 b 点时，可以用杠杆规则求算析出 A 的质量：$m_A AS = m_B bS$。从上式可看出当在 b 中加入 A 组分时，物系点会沿 bA 方向向 A 移动。

6.5.2　部分互溶三组分系统

由于在三种液体组成的三组分系统中，如果这三种液体彼此完全不互溶，则整个三角坐标图中均是三相区；而如果这三种液体可以完全互溶，则整个三角坐标图中为溶液单相。因此我们只需探讨三种液体部分互溶的情况。例如有三种液体 A、B 和 C，它们两两组成三个液对：$A-B$、$B-C$ 和 $C-A$，此时部分互溶的情况分为三种类型：有一对部分互溶的体系，其他两对完全互溶；有两对部分互溶的体系，另外一对完全互溶；三对都为部分互溶的体系。

1.有一对部分互溶的体系

由醋酸(A)、氯仿(B)和水(C)组成的三液体体系就为这种类型：氯仿-水部分互溶，而醋酸-氯仿和醋酸-水能无限混溶。

如图 6－25 所示，由氯仿和水的二组分系统构成三角坐标图的底边，当氯仿中含有少量水(Ba 段)以及水中含有少量氯仿时(bC 段)，溶液都为均相，而当水在氯仿中过饱和以及氯仿在水中过饱和时(ab 段)，体系由 a、b 两种溶液共存，称之为共轭溶液。

若在物系点为 c 的体系中加入醋酸，则物系点沿虚线 cA 向上移动，到达 c_1 时的两相组成为 a_1 和 b_1，由于醋酸在两层中并非等量分配，所以连接线 a_1b_1 一般情况下不与底边平行。在系统中继续加入醋酸，B、C 两组分的互溶度增加，连接线缩短，最后缩为一点 O，该点就称为临界点或等温会溶点，此时两层溶液的界面消失，变成了均匀的单相溶液。组成帽形区的 aOb 曲线称为双结线。

若将有一对部分互溶的三液体体系画成等边三角棱柱体，以温度为纵坐标，如图 6－26 所示，升高温度后两相共存的区域将逐渐缩小，最后缩为一点 K，体系变为均一单相溶液。

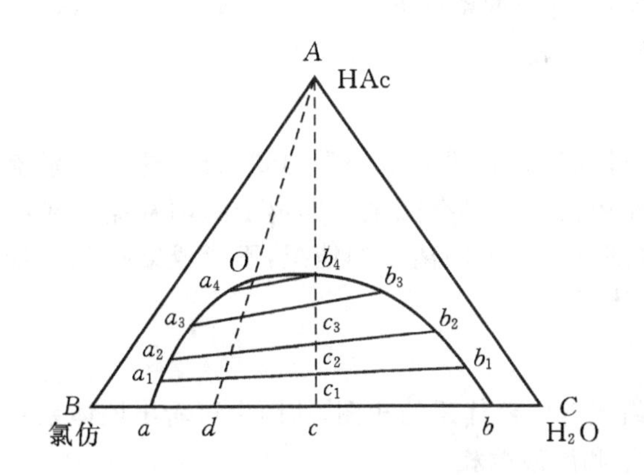

图 6－25　有一对部分互溶的相图

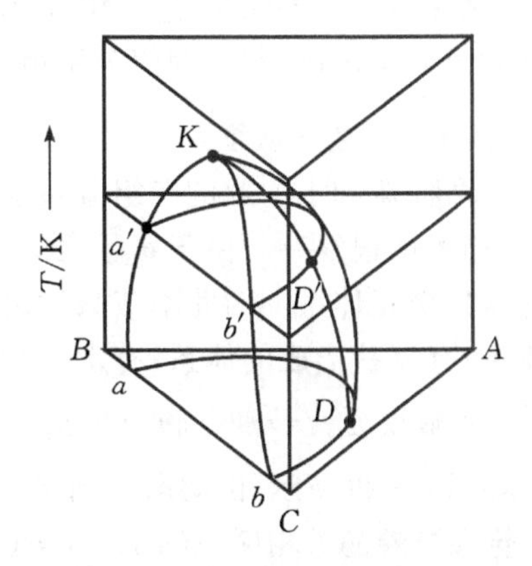

图 6－26　有一对部分互溶的温度组成图

2.有两对部分互溶体系

由乙烯腈(A)、水(B)和乙醇(C)组成的三液系就属于这种类型，乙烯腈－水和乙烯腈－乙醇只能部分互溶，而水－乙醇可无限混溶，在相图上出现了两个帽形区，如图 6－27(a)所示。帽形区以外是溶液的单相区。

帽形区的大小会随温度的上升而缩小，当降低温度时，部分互溶区域会扩大，最后两个区域互相重合，如图 6－27(b)所示。

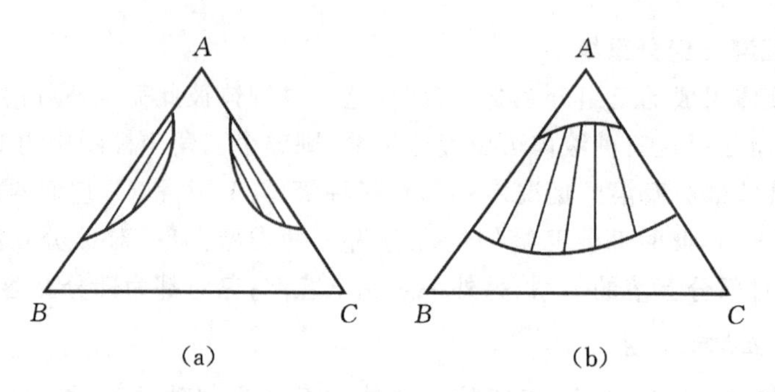

图 6-27 乙烯腈(A)、水(B)和乙醇(C)的相图

3.有三对部分互溶体系

由乙烯腈(A)、水(B)和乙醚(C)组成的三液系中，三个液体对彼此都只能部分互溶，因此在它们的相图上(见图 6-28(a))有三个部分互溶的两相区。帽形区以外是完全互溶的单相区。若温度降得相当低，三个帽形区会扩大至重叠(见图 6-28(b))。靠近顶点 A、B、C 的三小块区域为单相区，区域 $A'A''DE$、$B'B''FD$ 和 $C'C''EF$ 是两相区，区域 DEF 是三相区，由于在等温、等压的条件下，$f^{**}=C-\Phi=0$，所以这三个溶液的组成是定值，它们的值分别由 D、E、F 三点表示。

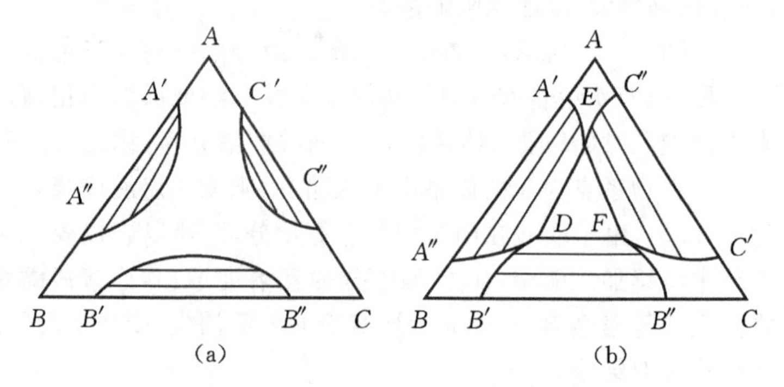

图 6-28 乙烯腈(A)—水(B)—乙醚(C)的相图

6.5.3 二盐一水系统

由两种盐和水构成的三组分系统在生产过程和科学研究中经常遇到，属于这类的系统有很多，相图也很复杂。由于离子之间的交互作用会使得具有完全不同离子的两种盐形成不止两种盐的交互体系。因此本节只讨论两种盐都有一个共同离子的情况：不形成复盐和水合物的体系；有复盐形成的体系；有水合物形成的体系。

1.不形成复盐和水合物的体系

如图 6-29 所示，由固态 B 和 C，水(A)组成的固液体系的相图，从图中可看出该体系有一个不饱和溶液的单相区 $ADFE$；有 B(s)与其饱和溶液两相共存 BDF 区域和 C(s)与其饱和溶液两相共存的 CEF 区域两个两相区；一个由 B(s)，C(s)与组成为 F 的饱和溶液三相共存(BFC)的三相区；有 DF(B 在含有 C 的水溶液中的溶解度曲线)和 EF(C 在含有 B 的水溶液中的溶解度曲线)两条特殊线；一个饱和溶液与 B(s)，C(s)三相共存的三相点；多条 B 与 DF、C 与 EF 的连接线。

下面举例说明如何利用相图进行相变分析，并就盐类提纯方面的问题进行讨论。Q 是 B 和 C 两种盐类的混合物，现分析如何将 B 从 Q 中分离出来。

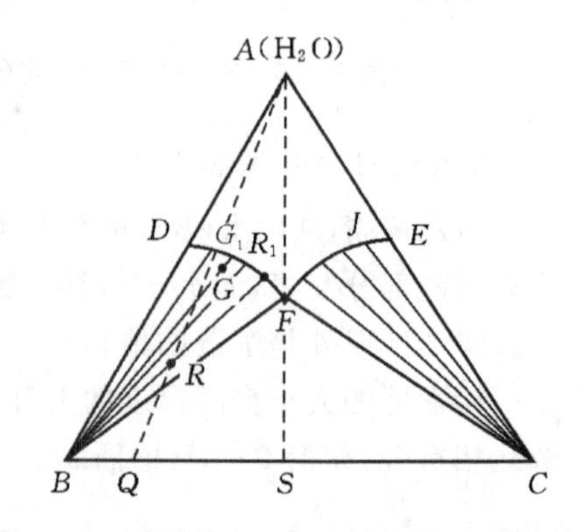

图 6-29 不形成复盐和水合物体系的相图

往系统中加水，使物系点 Q 沿 QA 方向向上移动，当物系点到达 R 点时，C(s)全部溶解，此时停止加水，将系统过滤，烘干，便得到纯 B(s)。

若物系点在 AS 线右边，则用这种方法只能得到纯 C(s)。

属于这一类型的体系有：NH_4Cl—NH_4NO_3—H_2O，KNO_3—$NaNO_3$—H_2O，$NaCl$—$NaNO_3$—H_2O，NH_4Cl—$(NH_4)_2SO_4$—H_2O 等。

2.有复盐生成的体系

当 B，C 可以生成稳定的复盐 D 时，则其相图如图 6-30 所示。从图上可知体系有一个不饱和溶液的单相区（$AEFGH$）；三个两相区（BEF，DFG 和 CGH）；两个三相区（BFD 和 DGC）；三条溶解度曲线（EF，FG 和 GH）；两个三相点（F 和 G）。如果连线 AD 将相图一分为二，则变为两个简单的二盐-水体系。

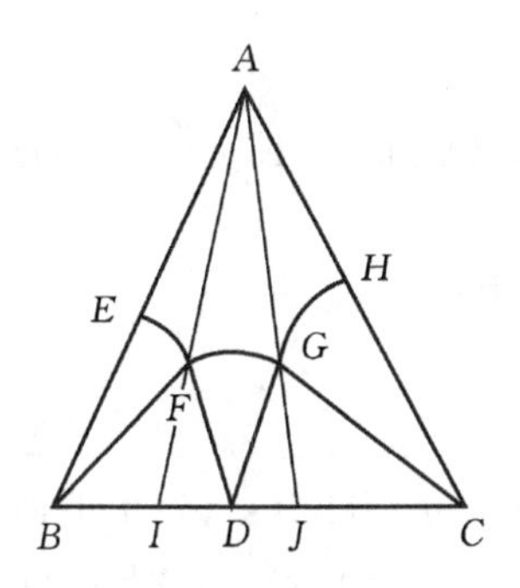

图 6-30　有复盐形成体系的相图

属于这一类型的体系还有 Na_2SO_4—K_2SO_4—H_2O 体系，NH_4NO_3—$AgNO_3$—H_2O 体系等。

3.有水合物生成的体系

假设组分 B 与水(A)可形成水和物 D，相图如图 6-31 所示，D 表示水合物的组成，E 点是 D(s)在纯水中的饱和溶解度，当加入 C(s)时，溶解度沿 EF 线变化。BDC 区是 B(s)，D(s)和 C(s)的三固相共存区。属于这类体系的有Na_2SO_4—$NaCl$—H_2O等。

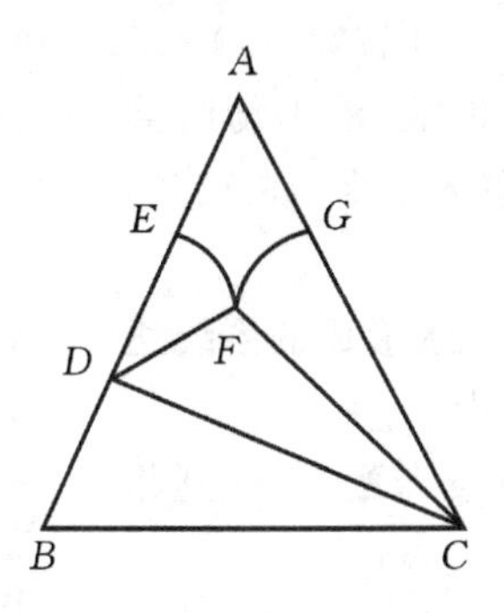

图 6-31　有水合物形成的体系

【思考题 6-10】

在实验中，常用冰与盐的混合物作为制冷剂。当将食盐放入 273.15 K 的冰-水平衡系统时，为什么会自动降温？降温的程度是否有限制？为什么？这种制冷系统最多有几相？

习 题

1.指出下列平衡系统中的独立组分数、相数和自由度数。

(1) $NH_4HS(s)$和任意量的$NH_3(g)$和$H_2S(g)$混合达到平衡；

(2) $I_2(s)$与其蒸气成平衡；

(3) $MgCO_3(s)$与其分解产物$MgO(s)$和$CO_2(g)$成平衡；

[答案:(1) 2,2,2;(2) 1,2,1;(3) 2,3,1]

2.通常在大气压力为101.3 kPa时,水的沸点为373 K,而在海拔很高的高原上,当大气压力降为66.9 kPa时,这时水的沸点为多少？已知水的标准摩尔气化焓为40.67 $kJ \cdot mol^{-1}$,并设其与温度无关。

[答案:361.56 K]

3.某种溜冰鞋下面冰刀与冰的接触面为:长7.62 cm,宽2.45×10^{-3}cm。若某运动员的体重为60 kg,试求：

(1)运动员施加于冰面的总压力；

(2)在该压力下冰的熔点。

[答:(1) 1.58×10^{-8} Pa;(2) 262.2 K]

4.在一个抽空的容器中放入过量的$NH_4I(s)$,发生下列反应并达到平衡：

$$NH_4I(g) \longrightarrow NH_3(g)+HI(g) \qquad 2HI(g) \longrightarrow H_2(g)+I_2(g)$$

此反应系统的自由度f为多少？

[答案:1]

5. 已知液体甲苯(A)和液体苯(B)在363.15 K时的饱和蒸气压分别为$p_A^*=54.22$ kPa和$p_B^*=136.12$ kPa。两者可形成理想液态混合物。今有系统组成为$x_{B,0}=0.3$的甲苯-苯混合物5 mol,在363.15 K下成气-液两相平衡,若气相组成为$y_B=0.4556$,求：

(1)平衡时液相组成x_B及系统的压力p；

(2)平衡时气、液两相的物质的量$n(g)$,$n(l)$。

[答案:(1) 0.250,74.70 kPa;(2) 1.216 mol,3.784 mol]

6.已知水-苯酚系统在303.15 K液-液平衡时共轭溶液的组成w(苯酚)为:L_1(苯酚溶于水),8.75%;L_2(水溶于苯酚),69.9%。

(1)在303 K,100 g苯酚和200 g水形成的系统达液-液平衡时,两液相的质量各为多少？

(2)在上述系统中若再加入100 g苯酚,又达到相平衡时,两液相的质量各变到多少？

[答案:(1) $m_1=179.6$ g,$m_2=120.4$ g;(2) $m_1=130.2$ g,$m_2=269.8$ g]

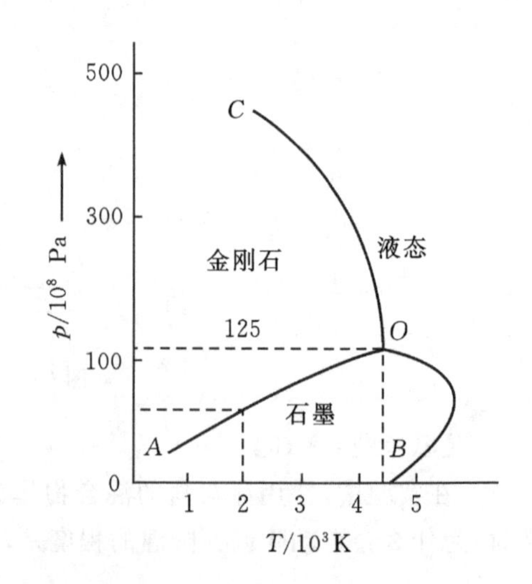

7.图6-33是碳的相图,试根据该图回答下列问题。

(1)说明曲线OA、OB、OC分别代表什么？

(2)说明 O 点的含义；

(3)碳在室温及 101.325 kPa 下，以什么状态稳定存在？

(4)在 2000 K 时，增加压力，使石墨转变成金刚石是一个放热反应，试从相图判断两者的体积 V_m 哪个大？

(5)试从相图上估计 2000 K 时，将石墨转变成金刚石需要多大压力？

[答案：(1) OA 线表示石墨、金刚石晶型转化的两相平衡共存线；
OB 线为石墨和液态碳的固液平衡共存线；
OC 线为金刚石和液态碳的固液平衡共存线；
(2)点 O 是三条曲线的交点，即三相点；
(3)碳在室温及 101.325 kPa 下以石墨的形式存在；
(4) V_m(金)$<V_m$(石)　(5) 5.2×10^9 Pa]

8. 水-异丁醇系统液相部分互溶。在 101.325 kPa 下，系统的共沸点为 362.85 K。气(g)-液(l_1)-液(l_2)三相平衡时的组成 w(异丁醇)依次为：70.0%、8.7%和 85.0%。今由 350 g 水和 150 g 异丁醇形成的系统在 101.325 kPa 压力下由室温加热，问：

(1) 温度刚要达到共沸点时，系统处于相平衡时存在哪些相？其质量各为多少？

(2) 当温度由共沸点刚有上升趋势时，系统处于相平衡时存在哪些相？其质量各为多少？

[答案：(1) $m_1=360.4$ g，$m_2=139.6$ g；(2) $m(g)=173.5$ g，$m(l_1)=326.25$ g]

9. 为了将含非挥发性杂质的甲苯提纯，在 86.0 kPa 压力下用水蒸气蒸馏。已知：在此压力下该系统的共沸点为 353.15 kPa，此时水的饱和蒸气压为 47.3 kPa。试求：

(1) 气相的组成(含甲苯的摩尔分数)；

(2) 欲蒸出 100 kg 纯甲苯，需要消耗水蒸气多少 kg？

[答案：(1) 0.45；(2) 23.9 kg]

10. 水(A)与氯苯(B)互溶度极小，故对氯苯进行蒸汽蒸馏。在 101.3 kPa 的空气中，系统的共沸点为 365 K，这时氯苯的蒸汽分压为 29 kPa，试求：

(1)气相中氯苯的含量 y_B；

(2)欲蒸出 1000 kg 纯氯苯，需消耗多少水蒸气？已知氯苯的摩尔质量为 $112.5\ g\cdot mol^{-1}$。

[答案：(1) 0.286；(2) 398.9 kg]

11. 293.15 K 某有机酸在水和乙醚中的分配系数为 0.4。今有该有机酸 5 g 溶于 100 cm^3 水中形成的溶液：

(1) 若用 40 cm^3 乙醚一次萃取(所用乙醚已事先被水饱和，因此萃取时不会有水溶于乙醚)，求水中还剩下多少有机酸？

(2) 将 40 cm^3 乙醚分成两份，每次用 20 cm^3 乙醚萃取，连续萃取两次，问水中还剩下多少有机酸？

[答案：(1) 2.5 g；(2) 2.22 g]

12.CO_2 的压力为 101.325 kPa，293.15 K 和 313.15 K 下，1 kg 水中可分别溶解 CO_2 0.0386 mol 和 0.0227 mol，如用只能承受压力 202650 Pa 的瓶子装含有 CO_2 的饮料，则在 293.15 K 下充装时，CO_2 的最大压力为多少才能保证这种瓶装饮料可在 313.15 K 下存放？(假设溶质服从亨利定律)

[答案：$p_{B,max}=119.175$ kPa]

13. 在 101.325 kPa、846.15 K 时，α -石英变为 β -石英过程的摩尔相变焓 $\Delta_{frs}H_m(\alpha \longrightarrow \beta)=-447.92\ J\cdot mol^{-1}$，相应的摩尔体积变化为 $\Delta V_m(SiO_2)=-2.0\times10^{-7}\ m^3\cdot mol^{-1}$。在温度变化范围不大的条件下，$\alpha$ -石英$\longrightarrow$$\beta$ -石英过程的 $\Delta_{frs}H_m$ 和 ΔV_m 皆可视为常数。若温度上升到 846.50 K，要维持 α 和 β 两相平衡，必须对系统施加多大的外压？

[答案：p(外)$=1027.52$ kPa]

14.101.325 kPa 下水(A)-醋酸(B)系统的气、液平衡数据如下：

T/K	373.15	375.25	377.55	380.65	386.95	391.25
x_B	0	0.30	0.500	0.700	0.900	1.000
y_B	0	0.185	0.374	0.575	0.833	1.000

(1)画出气、液平衡的温度组成图；

(2)从图上找出组成 $x_B=0.800$ 时液相的泡点；

(3)从图上找出组成为 $y_B=0.800$ 时气相的露点；

(4) 378.15 K 时气、液平衡两相的组成各是多少？

[答案：(1) 略；(2) 383.35 K；(3) 385.95 K；(4) $x_B=0.544$，$y_B=0.417$]

15. $SiO_2-Al_2O_3$系统高温区间的相图如图所示。高温下，SiO_2有白硅石鳞石英两种晶型，AB 是其转晶线，AB 线之上为白硅石，之下为鳞石英。化合物 M 组成为 $3SiO_2\cdot 2Al_2O_3$。

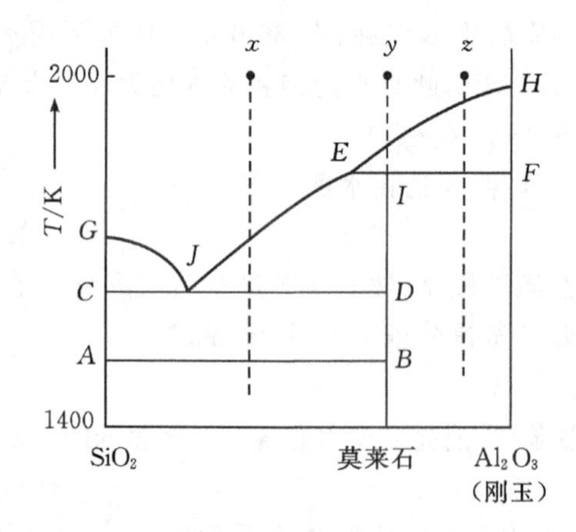

(1) 指出各相区的稳定相以及三相线的相平衡关系；

(2) 绘出图中状态点为 x，y，z 的样品的冷却曲线。

16.金属铅 Pb(s)和 Ag(s)的熔点分别为 600 K 和 1233 K，它们在 578 K 时形成低共熔混合物。已知 Pb(s)熔化时的摩尔熔化焓变为 $4858\ J\cdot mol^{-1}$，设溶液是理想溶液，试计算低共熔混合物的组成(用摩尔分数表示)。

[答案：$x_{Pb}=0.963$，$x_{Ag}=0.037$]

17.在 101.325 kPa 时使水蒸气通入固态碘(I_2)和水的混合物，蒸馏进行的温度为371.6 K，使馏出的蒸气凝结。分析馏出物的组成，已知每 0.10 kg 水中有 0.0819 kg 碘。试计算该温度时固态碘的蒸气压。

[答案：5564 Pa]

18.$NaCl-H_2O$ 所形成的二组分体系，在 252 K 时有一个低共溶点，此时冰、$NaCl\cdot 2H_2O$(固)和浓度为 22.3%(质量百分数，下同)的 NaCl 水溶液平衡共存。在 264 K 时不稳定化合物

($NaCl\cdot 2H_2O$)分解,生成无水 NaCl 和 27%的 NaCl 水溶液。已知无水 NaCl 在水中的溶解度受温度的影响不大(当温度升高时,溶解度略有增加)。

(1) 试绘出相图,并指出各部分存在的相平衡。

(2) 若有 1.00 kg 28%的 NaCl 水溶液,由 433 K 冷到 263 K,问在此过程中最多能析出多少纯 NaCl?

[答案:(1) 略;(2) 0.0137 kg]

19.利用下列数据,粗略地描绘出 Mg - Cu 二组分凝聚系统相图,并标出各区的稳定相。Mg 与 Cu 的熔点分别为 921.15 K、1358.15 K。两者可形成两种稳定化合物 Mg_2Cu、$MgCu_2$,其熔点依次为 853.15 K、1073.15 K。两种金属与两种化合物四者之间形成三种低共熔混合物。低共熔混合物的组成(含 Cu 的质量分数)及对应的低共熔点 Cu:0.35,653.15 K;Cu:0.66,833.15 K;Cu:0.906,953.15 K。

20.Ni - Cu 体系从高温逐渐冷却时,得到下列数据,试画出相图。并指出各部分存在的相。

Ni 的质量百分数	0	10	40	70	100
开始结晶的温度/K	1356	1413	1543	1648	1725
结晶终了的温度/K	1356	1373	1458	1583	1725

(1) 今有含 50%Ni 的合金,使之从 1673 K 冷到 1473 K,问在什么温度开始有固体析出?此时析出的固相的组成为何?最后一滴熔化物凝结时的温度是多少?此时液态熔化物的组成为何?

(2) 把浓度为 30% Ni 的合金 0.25 kg 冷到 1473 K 时,试问 Ni 在熔化物和固溶体中的数量各为若干?

[答案:(1) 1583 K,70% Ni;1498 K,27% Ni;(2) 0.035 kg,0.040 kg]

21.某高原地区大气压力只有 61.33 kPa,如将下列四种物质在该地区加热,问哪种物质将直接升华?

物质		汞	苯	氯苯	氩
三相点的温度	T/K	234.28	278.62	550.2	93.0
三相点的压力	p/Pa	1.69×10^{-4}	4813	5.73×10^{4}	6.87×10^{4}

[答案:氩]

22.Pb(熔点 600 K)和 Ag(熔点 1233 K)在 588 K 时形成低共熔混合物。已知 Pb 熔化时吸热 4858 $J\cdot mol^{-1}$。设溶液是理想溶液,试计算低共熔混合物的组成。

[答案:$x_{Pb}=0.964$,$x_{Ag}=0.036$]

23.已知铅的熔点是 600.15 K,锑的熔点是 904.15 K,现制出下列六种铅锑合金,并作出步冷曲线,其转折点或水平线段温度为:

合金成分 $w_B\times100$	转折点(或水平线段)温度/K	合金成分 $w_B\times100$	转折点(或水平线段)温度/K
5Sb - 95Pb	569.15 和 519.15	20Sb - 80Pb	553.15 和 519.15
10Sb - 90Pb	533.15 和 519.15	40Sb - 60Pb	666.15 和 519.15
13Sb - 87Pb	519.15	80Sb - 20Pb	843.15 和 519.15

试绘制铅-锑相图，并标明相图中各区域所存在的相和自由度数。

24.实验室中某有机试剂因失去标签而难以辨认，但已知它可能是硝基苯或甲苯。今对此试剂进行水蒸气蒸馏，测知在大气压力下混合物的沸点为 372.15 K，馏出物冷却分离称量得：$m(H_2O)=40.8$ g，m(有机物)$=10.0$ g。已知水在正常沸点时，$\Delta_{vap}H_m=109\ J\cdot K^{-1}mol^{-1}$。试判断该化合物为何物。

[答案：硝基苯]

25. 固态完全互溶、具有最高熔点的 A－B 二组分凝聚系统相图如下图。指出各相区的相平衡关系、各条线的意义并绘出状态点为 a、b 的样品的冷却曲线。

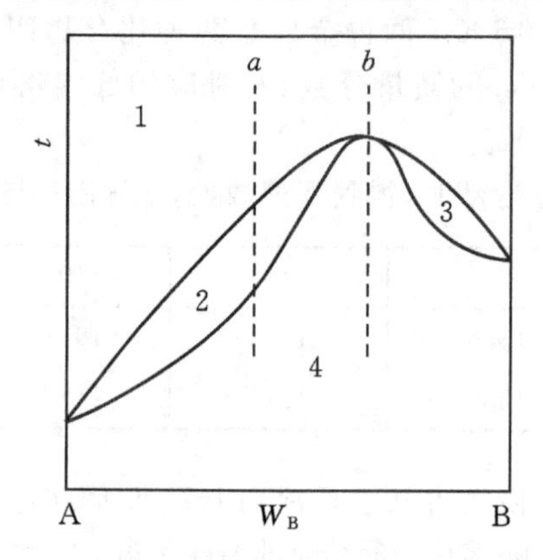

26.某 A－B 二组分凝聚系统相图，其中 C 为不稳定化合物。

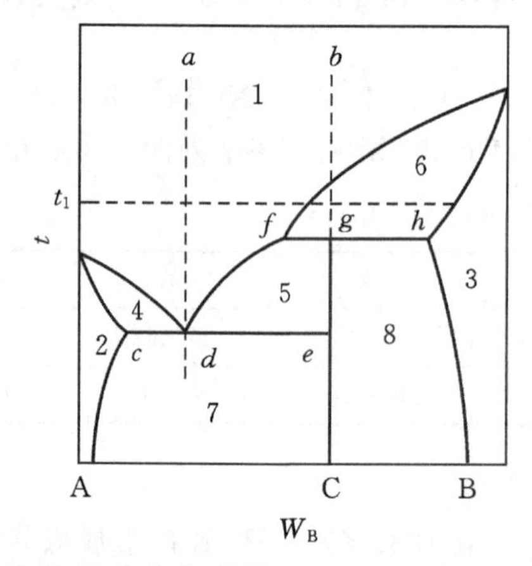

(1) 标出图中各相区的稳定相和自由度数；

(2) 指出图中的三相线及相平衡关系；

(3) 绘出图中状态点为 a，b 的样品的冷却曲线，注明冷却过程相变化情况；

(4) 将 5 kg 处于 b 点的样品冷却至 t_1，系统中液态物质与析出固态物质的质量各为多少？

[答案：(1)、(2)、(3)略；(4) $m(l)=3.33$ kg，$m(s)=1.67$ kg]

27. A－B 二组分凝聚系统相图如下图所示：

(1) 试写出 1、2、3、4、5 各相区的稳定相；

(2)试写出各三相线上的相平衡关系；

(3) 绘出通过图中 a,b 两个系统点的冷却曲线形状,并注明冷却过程的相变化情况。

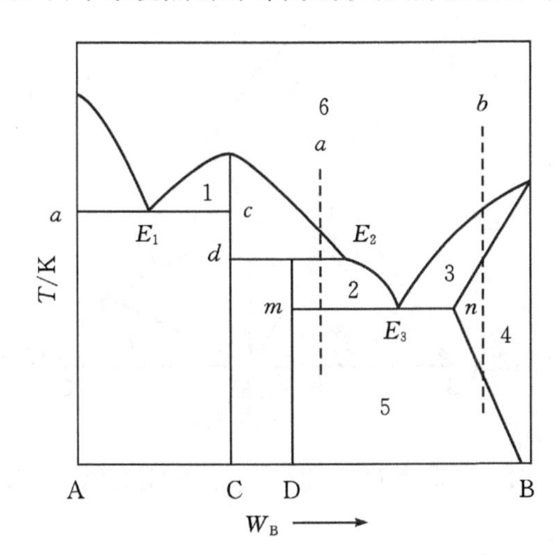

28. $UF_4(s)$,$UF_4(l)$的蒸气压与温度的关系分别由如下两个方程表示,试计算 $UF_4(s)$,$UF_4(l)$,$UF_4(g)$三相共存时的温度和压力。

$$\ln\frac{p(UF_4,s)}{Pa}=41.67-\frac{10017\ K}{T}$$

$$\ln\frac{p(UF_4,l)}{Pa}=29.43-\frac{5899.5\ K}{T}$$

[答案:336.4 K,146.23 kPa]

29.根据所示的 $KNO_3-NaNO_3-H_2O$ 三组分系统在定温下的相图,回答如下问题:

(1) 指出各相区存在的相和条件自由度;

(2) 有 10 kg KNO_3,$NaNO_3(s)$混合盐,含 $KNO_3(s)$的质量分数为 0.70,含 $NaNO_3(s)$的质量分数为 0.30,对混合盐加水搅拌,最后留下的是哪种盐的晶体?

(3) 如果再对混合盐加 10 kg 水,所得的平衡系有哪几相组成?

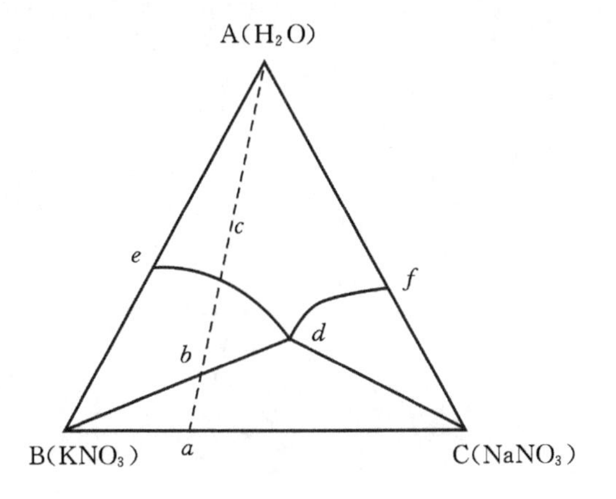

[答案:(1) 略;(2) KNO_3;(3) 不饱和溶液的单相区]

30.根据所示的$(NH_4)_2SO_4-Li_2SO_4-H_2O$ 三组分系统在 298 K 时的相图:

(1) 指出各区域存在的相和条件自由度;

(2) 若将组成相当于 x,y,z 点所代表的物系,在 298 K 时等温蒸发,最先析出哪种盐的晶体?并写出复盐和水合盐的分子式。

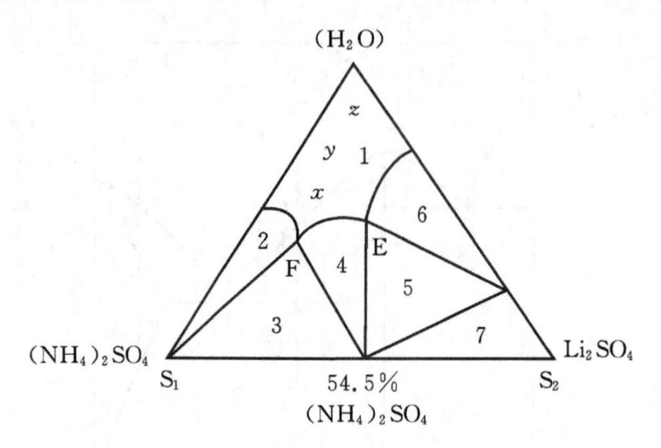

[答案:(1)略;(2) x:B[$(NH_4)_2SO_4$],y:$(NH_4)_2SO_4 \cdot Li_2SO_4$,$z$:$H_2SO_4 \cdot H_2O$]

第7章　统计热力学

【本章要求】

(1)了解统计系统分类和热力学基本假设,最概然分布与摘取最大项原理,配分函数定义及意义,配分函数的析因子性质。

(2)理解不同系统配分函数,配分函数与热力学函数的关系,学会各种配分函数计算方法,用配分函数计算简单分子热力学函数。

(3)掌握 Boltzmann 分布定律及各物理量意义与适用条件。

【背景问题】

(1) 如何从微观角度阐述系统发生变化的根本原因?

(2) 什么是统计热力学?统计热力学的研究对象是什么?

引　言

物质的宏观性质是微观粒子运动的客观反映,而热力学无法从物质的微观结构来解释系统的宏观性质,进而从根本上解释系统为什么发生变化。统计热力学把系统的宏观性质看成是相应微观性质的统计平均值,从而弥补了热力学的这一缺陷。统计热力学的目的是:从组成系统微观粒子的结构性质出发,用统计力学的方法阐明系统宏观热力学规律的微观实质,计算平衡系统的热力学性质,进而揭示物质宏观运动的本质。

7.1　概论

7.1.1　统计热力学研究的对象和方法

统计热力学的研究对象同热力学一样,都是以大量微观粒子所组成的宏观系统。但热力学是根据从经验归纳得到的三大基本定律,通过演绎推理的方法,确定系统变化的方向和达到平衡时的状态。其不考虑物质的微观结构和微观运动形态,因此只能得到联系各种宏观性质的一般规律,而不能给出微观性质与宏观性质之间的联系。而统计热力学则是用统计学的方法,根据物质的微观结构和微观运动形态,获得物质的相关宏观性质。因此,统计热力学好比一座桥梁,把系统的宏观性质和微观性质联系起来,沟通了热力学、动力学与量子力学,使物理化学成为一门完整的学科。

统计力学的研究方法是微观的方法,它根据统计单位(微粒)的力学性质如速度、动量、位置、振动、转动等,用统计的方法来推求系统的热力学性质,例如压力、热容、熵等热力学函数。统计力学建立了体系的微观性质和宏观性质之间的联系。从这个意义上,统计力学又可称为统计热力学。

相对于热力学,统计力学对系统的认识更加深刻。它不但可以确定系统的性质、变化的方向和限度,而且还能确定系统性质的微观根源。应用统计热力学的方法处理简单系统,其结果是令人满意的。但是统计热力学也有其自身的局限性，由于统计力学要从微观粒子的基本运动特性出发，从而确定系统的状态，这就有一个对微观粒子运动行为的认识问题。由于人们对于物质结构的认识不断深化，不断地修改充实物质结构的模型，所以对统计理论和统计方法也要随之进行相应的修改，因此统计理论是不断发展和完善的。同时物质结构的模型本身也有近似性，所以由此得到的结论也有一定的近似性。

统计力学的发展可分为两大阶段：经典统计力学和量子统计力学。最早使用的统计方法是由玻耳兹曼(Boltzmann)以经典力学为基础建立的，分子的运动由坐标和动量的连续变化来描述，因此称为经典统计法。1900 年普朗克(Max Planck)提出了量子论，将能量量子化的概念引入统计热力学，对经典统计进行了某些修正，发展成为初期的量子统计法。1924 年量子力学出现以后，经典统计力学中不但其所依赖的力学基础要改变，而且所用的统计方法也需要改变。由此而产生了玻色-爱因斯坦(Bose-Einstein)统计和费米-狄拉克(Fermi-Dirac)统计，这两种统计方法分别适用于不同的体系。但是这两种统计方法都可以在一定的条件下通过适当的近似得到玻耳兹曼统计。

本章的内容就是简要介绍玻耳兹曼统计热力学的基本原理和应用。玻耳兹曼统计有时也称为麦克斯韦(Maxwell)-玻耳兹曼统计，但习惯上简称为玻耳兹曼统计。这里所介绍的玻耳兹曼统计并不采用最原始的经典统计法，而是先用能量量子化的概念建立一些公式，然后再根据情况过渡到经典统计所能适用的公式。

7.1.2 统计系统的分类

在统计热力学中，按照构成系统的微观粒子(称为“统计单位”)的不同特性，可以将系统分为不同的类型。

按照统计单位(粒子)是否可以分辨(或区分)，把系统分为定位系统(或称为定域子系统)和非定位系统(或称为离域子系统)。前者的粒子可以彼此分辨，而后者的粒子彼此不能分辨。例如，处于无序运动中的气体分子彼此无法区别，因此是非定位系统；晶体中的粒子在固定的晶格位置上做振动运动，每个位置可以依据想象给予不同的编号从而加以区分，所以晶体是定位系统。

按照系统中的粒子之间是否有相互作用，系统又可以分为近独立粒子系统(或称为独立粒子系统)和非独立粒子系统(或称为相依粒子系统)。前者粒子之间的相互作用非常微弱，可以忽略不计，系统的总能量等于各个粒子的能量 ε_i 之和，即

$$U=\sum_{i=1}^{N}N_i\varepsilon_i \tag{7.1}$$

例如，理想气体系统就是独立粒子系统的最好例子。后者粒子之间的相互作用不能忽略，如高压下的实际气体系统，其总能量除了包括每个粒子自身的能量 ε_i 外，还应该包含粒子之间相互作用的位能 $U_{\rm p}$，其中 $U_{\rm p}$ 是与各粒子坐标的函数，即

$$U=\sum_{i=1}^{N}N_i\varepsilon_i+U_{\rm p}=\sum_{i=1}^{N}N_i\varepsilon_i+U_1(x_1,y_1,z_1,\cdots,x_N,y_N,z_N) \tag{7.2}$$

显然，粒子之间绝对无相互作用的体系是不存在的，但可以把哪些粒子之间的相互作用非常微弱可以忽略不计的系统，如低压下的气体，作为独立粒子系统进行处理。本章只讨论独立粒子系统，以下如果不做特别注明，都是指独立粒子系统而言的。

7.1.3 统计热力学的基本假定

系统的热力学概率(Ω)是指系统在一定宏观状态下的微观状态数，根据 $S=k\ln\Omega$(后面的

玻耳兹曼定律有相关介绍)，知道了 Ω 就能求得 S。熵函数 S 是(U, V, N)的函数，所以系统的总微观状态数 Ω 也是(U, V, N)的函数。对于有 N 个分子的系统，问题在于要找出在总能量(U)和体积(V)固定的条件下，系统有多少微观状态数(体积的大小可影响各能级之间的间隔，以后讨论平动能时，可以看到体积对能级的影响)？另一个问题是不同的微观状态出现的概率如何？

在统计热力学中有一个基本假定，其不能从其他理论得到证明，但能从实践中归纳抽象得出，并且其推论已经或者可以从实践中得到验证。其内容是：对于(U, V, N)确定的系统即宏观状态一定的系统，任何一个可能出现的微观状态都具有相同的数学概率。即：若系统的总微观状态数为 Ω，则其中每一个微观状态出现的概率 P 都等于 $1/\Omega$。若某种分布的微观状态数是 Ω_x，则这种分布出现的概率 P_x 为：$P_x=\Omega_x/\Omega$。

等概率的基本假定显然是合理的。我们没有理由认为在相同的(U, V, N)情况下，某一个微观状态出现的机会与其他微观状态不同。因此，这一假定也称为“等概率假定”。统计热力学的整个理论框架都是建立在这一基本假定的基础之上的。

需要指出的是，等概率假定的出发点是认为系统的热力学性质是所有可能出现的微观状态的统计平均。当我们对系统进行宏观测量时，需要一定的时间，在此时间内，系统将经历所有可能的微观状态。因此，宏观测得的某个物理量实际上是很多微观量的平均值，其中每个微观状态所提供的相应微观量对平均值的贡献都是相同的。

【思考题 7-1】 热力学概率和数学概率是一个概念吗？它们之间有什么联系？

7.2　玻耳兹曼分布

有了等概率假定作为统计热力学的框架基础，还要找到一个合适的方法，将系统的宏观状态和微观状态联系起来。统计力学中采用研究分布的方法，才使由微观状态过渡到宏观状态变得可以操作。

7.2.1　玻耳兹曼定律

根据经典热力学，当一个孤立系统达到热力学平衡时，系统内的(U, V, N)都已确定，同时系统的状态函数熵(S)也必然确定，因此 $S=S(U,V,N)$。根据统计热力学，对于(U, V, N)确定的系统，其总的微观状态数 Ω 也有确定值，即 $\Omega=\Omega(U,V,N)$。因此反映系统宏观性质的熵 S 和反映系统微观性质的总微观状态数 Ω 之间必然存在着一定的函数关系。玻耳兹曼提出如下的关系式：

$$S=k\ln\Omega \tag{7.3}$$

这就是著名的玻耳兹曼熵定理。式中 k 称为玻耳兹曼常数，其值是 $1.380658\times10^{-23}\,\mathrm{J\cdot K^{-1}}$。熵 S 是宏观量，Ω 是微观量，这个公式成为联系宏观与微观性质的重要桥梁。这个公式使经典热力学和统计热力学联系起来，奠定了统计热力学的基础。

7.2.2　玻耳兹曼分布

一个由 N 个可以区分的独立分子构成的系统，分子间的相互作用力可以忽略不计。对于(U, V, N)确定的独立粒子系统，分子的能级是量子化的，即为 $\varepsilon_1,\varepsilon_2,\cdots,\varepsilon_i$。由于分子在运动中不断互相交换能量，所以 N 个分子可以有不同的分布方式。该系统可能的分布方式有：

能级　$\varepsilon_1,\varepsilon_2,\varepsilon_3,\cdots,\varepsilon_i$

一种分布在各能级上的粒子数　$N_1,N_2,N_3,\cdots,N_i$

另一种分布在各能级上的粒子数 $N'_1, N'_2, N'_3, \cdots, N'_i$

显然,对于(U, V, N)确定的体系,无论哪一种分布方式都必须同时满足以下两个条件:

$$\sum_{i=1}^{N} N_i = N \tag{7.4}$$

$$\sum_{i=1}^{N} N_i \varepsilon_i = U \tag{7.5}$$

其中一种分布方式的微观状态数可以通过下述方法求出:这相当于将 N 个不同的粒子分成若干组,第一组 N_1 个,第二组 N_2 个,第三组 N_3 个,……,第 i 组 N_i 个,那么可能出现的排列组合的数目即为这种分布的微观状态数 t。

$$t = \frac{N!}{\prod_i N_i!} \tag{7.6}$$

而系统总的微观状态数 Ω 是各种不同分布的微观状态数之和。

$$\Omega = \sum_{\substack{\sum_i N_i = N \\ \sum_i N_i \varepsilon_i = U}} t_i = \sum_{\substack{\sum_i N_i = N \\ \sum_i N_i \varepsilon_i = U}} \frac{N!}{\prod_i N_i!} \tag{7.7}$$

根据该式要准确求出体系的总微观状态数 Ω 是办不到的,也是不必要的。因为粒子数目庞大的体系,其分布类型很多。在这些所有可能的分布中,只有一种分布类型所拥有的微观状态数最多,根据等概率假设,这种分布出现的概率也最大,这种分布称为最概然分布,也称为最可几分布或玻耳兹曼分布。据此,在式(7.7)的求和项中有一项的值最大,用 t_m 表示。由于 t_m 所提供的微观状态数最多,因此可以忽略其他求和项,用 t_m 近似地代表 Ω。进一步令 n 代表式(7.7)中求和的项数,则显然有如下关系:

$$t_m \leqslant \Omega \leqslant n t_m \tag{7.8}$$

式(7.8)取自然对数后,得式

$$\ln t_m \leqslant \ln \Omega \leqslant \ln n + \ln t_m \tag{7.9}$$

由于 $n \ll t_m$,所以 $\ln n \ll \ln t_m$,因此式(7.9)最右方一项可以略去 $\ln n$ 项,于是有

$$\ln \Omega \approx \ln t_m \tag{7.10}$$

由式(7.10)可见,对于由大量粒子构成的系统,$\ln \Omega$ 可由 $\ln t_m$ 来代替,即系统宏观状态所拥有的总微观状态数的对数可以由最概然分布所拥有的微观状态数的对数来代替,其余各种分布的微观状态数可以忽略不计。这一方法称为摘取最大项原理。

(U, V, N)确定的系统达到平衡状态时,系统中粒子的分布方式称为平衡分布。对于粒子数目十分大的系统(通常研究的系统约有 10^{23} 个微粒,因此都可以看成是这种系统),最概然分布所拥有的微观状态数最多,出现的概率也最大,因此它可以代表体系处于热力学平衡状态时的一切分布状态。也就是说,系统的平衡分布就是最概然分布所代表的分布。求最概然分布,是统计热力学的核心问题。只要求出 t_m,便可近似得出系统总的微观状态数 Ω,进而根据玻耳兹曼定律,求出体系的热力学函数 S。

需要说明的是,和其他分布出现的概率相比,最概然分布出现的概率虽然最大,但它实际出现的概率却是极小的。之所以可以用它代表平衡分布,是因为在所有可能的分布中,和最概然分布有实质差别的分布出现的概率是很小很小的,系统总是徘徊于与最概然分布没有实质差别的那些分布之中。这就是可用最概然分布代表平衡分布的含义。

那么当系统处于最概然分布时,系统所拥有的微观状态数是多少?从式(7.6)可以看出,

一种分布的微观状态数 t 是各能级上粒子数目 N_i 的函数，那么求 t_m 就变成在式(7.4)和式(7.5)的条件限制下，如何选择 N_i 才能使式(7.6)有最大值 t_m。因为 $\ln t$ 是 t 的单调函数，所以当 t 有极大值时，$\ln t$ 也必为极大值。在式(7.6)中，变数 N_i 是以阶乘的形式出现的，所以将该式两边取对数，并引用斯特林(Stirling)近似(后面有详细介绍)，得

$$\begin{aligned}\ln t &= \ln N! - \sum \ln N_i! \\ &= N\ln N - N - \sum N_i \ln N_i + \sum N_i \end{aligned} \tag{7.11}$$

于是问题又进一步转换为在式(7.4)和式(7.5)的条件限制下，如何选择 N_i 才能使式(7.11)有最大值 $\ln t_m$。这可通过拉格朗日(Lagrange)乘因子法求出。t 是 N_i 的函数，必然 $\ln t$ 也是 N_i 的函数，即 $\ln t = f(N_1, N_2, N_3, \cdots, N_i)$。对 $\ln t$ 微分，得

$$\mathrm{d}\ln t = \frac{\partial \ln t}{\partial N_1}\mathrm{d}N_1 + \frac{\partial \ln t}{\partial N_2}\mathrm{d}N_2 + \frac{\partial \ln t}{\partial N_3}\mathrm{d}N_3 + \cdots + \frac{\partial \ln t}{\partial N_i}\mathrm{d}N_i \tag{7.12}$$

再对两个条件式(7.4)和式(7.5)分别微分，得

$$\mathrm{d}N_1 + \mathrm{d}N_2 + \mathrm{d}N_3 + \cdots + \mathrm{d}N_i = 0 \tag{7.13}$$

$$\varepsilon_1 \mathrm{d}N_1 + \varepsilon_2 \mathrm{d}N_2 + \varepsilon_3 \mathrm{d}N_3 + \cdots + \varepsilon_i \mathrm{d}N_i = 0 \tag{7.14}$$

利用拉格朗日乘因子法，式(7.13)和式(7.14)分别乘以因子 α 和 β(α 和 β 是待定的拉格朗日因子)，和式(7.12)进行相加。如果 t 有极值，则应该有

$$\begin{aligned}&\left[\frac{\partial \ln t}{\partial N_1} + \alpha + \beta\varepsilon_1\right]\mathrm{d}N_1 + \left[\frac{\partial \ln t}{\partial N_2} + \alpha + \beta\varepsilon_2\right]\mathrm{d}N_2 + \left[\frac{\partial \ln t}{\partial N_3} + \alpha + \beta\varepsilon_3\right]\mathrm{d}N_3 + \cdots + \\ &\left[\frac{\partial \ln t}{\partial N_i} + \alpha + \beta\varepsilon_i\right]\mathrm{d}N = 0\end{aligned} \tag{7.15}$$

由于 α 和 β 可以是任意的，同时 N_i 是独立变量，所以式(7.15)中的括号项等于零，即

$$\left[\frac{\partial \ln t}{\partial N_i} + \alpha + \beta\varepsilon_i\right] = 0 \tag{7.16}$$

将式(7.11)对 N_i 进行微分，得

$$\frac{\partial \ln t}{\partial N_i} = \frac{\partial}{\partial N_i}\left[N\ln N - N - \sum N_i \ln N_i! + \sum N_i\right] = -\ln N_i \tag{7.17}$$

将式(7.17) 代入式(7.16)，得

$$\ln N_i^* = \alpha + \beta\varepsilon_i \text{或} N_i^* = \mathrm{e}^{\alpha+\beta\varepsilon_i} \tag{7.18}$$

这就是最概然分布时，第 i 能级上的粒子数的表达式。因为它不同于其他的分布，故用上标"$*$"加以区别。式中 α、β 为两个待定的常数，还需要求出来。

1.α，β 值的推导

由已知条件：$\sum_i N_i^* = N$ 和 $N_i^* = \mathrm{e}^{\alpha+\beta\varepsilon_i}$，得出

$$\mathrm{e}^{\alpha}\sum_i \mathrm{e}^{\beta\varepsilon_i} = N \text{，或 } \mathrm{e}^{\alpha} = \frac{N}{\sum_i \mathrm{e}^{\beta\varepsilon_i}} \text{，或 } \alpha = \ln N - \ln\sum_i \mathrm{e}^{\beta\varepsilon_i}$$

将推出的 α 值代入式(7.18)，得

$$N_i^* = \frac{N\mathrm{e}^{\beta\varepsilon_i}}{\sum_i \mathrm{e}^{\beta\varepsilon_i}} \tag{7.19}$$

至此 α 已经消去了，下面还要求出 β 值。

将式(7.10)、式(7.11) 和式(7.19) 代入玻耳兹曼熵定理 $S = k\ln\Omega$ 中，得

$$
\begin{aligned}
S &= k\ln\Omega \approx k\ln t_{\mathrm{m}} \\
&= k\left[N\ln N - N - \sum_i N_i^* \ln N_i^* + \sum_i N_i^*\right] \\
&= k\left[N\ln N - \sum_i N_i^* \ln N_i^*\right] \qquad (\text{因为} \sum_i N_i^* = N) \\
&= k\left[N\ln N - \sum_i N_i^* (\alpha + \beta\varepsilon_i)\right] \qquad (\text{因为 } N_i^* = \mathrm{e}^{\alpha+\beta\varepsilon_i}) \\
&= k\left[N\ln N - \alpha\sum_i N_i^* - \beta\varepsilon_i \sum_i N_i^*\right] \\
&= k[N\ln N - \alpha N - \beta U] \qquad (\text{因为 } N_i^* = \mathrm{e}^{\alpha+\beta\varepsilon_i}, \varepsilon_i\sum_i N_i^* = U) \\
&= kN\ln\sum_i \mathrm{e}^{\beta\varepsilon_i} - k\beta U \qquad (\text{因为 } \alpha = \ln N - \ln\sum_i \mathrm{e}^{\beta\varepsilon_i})
\end{aligned}
\tag{7.20}
$$

由式(7.20)可以看出 S 是(U, β, N)的函数，又已知 S 是(U, V, N)的函数，所以可知上式是一个复合函数，$S = S[N, U, \beta(U, V)]$。当 N 值一定时，根据复合函数的偏微分公式对式(7.20)求偏微商，得

$$
\begin{aligned}
\left(\frac{\partial S}{\partial U}\right)_{V,N} &= \left(\frac{\partial S}{\partial U}\right)_{\beta,N} + \left(\frac{\partial S}{\partial \beta}\right)_{U,N}\left(\frac{\partial \beta}{\partial U}\right)_{V,N} \\
&= -k\beta + k\left[\frac{\partial}{\partial\beta}\left(N\ln\sum_i \mathrm{e}^{\beta\varepsilon_i}\right) - U\right]_{U,N}\left(\frac{\partial \beta}{\partial U}\right)_{V,N} \\
&= -k\beta + k\left[N\frac{\frac{\partial}{\partial\beta}\left(\sum_i \mathrm{e}^{\beta\varepsilon_i}\right)}{\sum_i \mathrm{e}^{\beta\varepsilon_i}} - U\right]_{U,N}\left(\frac{\partial \beta}{\partial U}\right)_{V,N} \\
&= -k\beta + k\left[N\frac{\sum_i \varepsilon_i \mathrm{e}^{\beta\varepsilon_i}}{\sum_i \mathrm{e}^{\beta\varepsilon_i}} - U\right]_{U,N}\left(\frac{\partial \beta}{\partial U}\right)_{V,N} \\
&= -k\beta + k\left[N\frac{\sum_i \varepsilon_i \mathrm{e}^{\beta\varepsilon_i}}{\sum_i \mathrm{e}^{\beta\varepsilon_i}} \cdot \frac{\mathrm{e}^{\alpha}}{\mathrm{e}^{\alpha}} - U\right]_{U,N}\left(\frac{\partial \beta}{\partial U}\right)_{V,N} \\
&= -k\beta + k\left[N\frac{\sum_i \varepsilon_i N_i^*}{\sum_i N_i^*} - U\right]_{U,N}\left(\frac{\partial \beta}{\partial U}\right)_{V,N} \qquad (\text{因为 } N_i^* = \mathrm{e}^{\alpha+\beta\varepsilon_i}) \\
&= -k\beta + k\,[U - U]_{U,N}\left(\frac{\partial \beta}{\partial U}\right)_{V,N} \\
&= -k\beta
\end{aligned}
$$

又根据热力学的基本公式 $\mathrm{d}U = T\mathrm{d}S - p\mathrm{d}V$，知$\left(\frac{\partial S}{\partial U}\right)_{V,N} = \frac{1}{T}$

比较上面两式，得

$$
\beta = -\frac{1}{kT} \tag{7.21}
$$

至此，β 值解出。将其代入式(7.19)，得

$$N_i^* = N \frac{e^{\frac{-\varepsilon i}{kT}}}{\sum_i e^{\frac{-\varepsilon i}{kT}}} \tag{7.22}$$

这就是玻耳兹曼分布公式，凡是符合该公式的分布方式称为玻耳兹曼分布。

【思考题 7-2】 由大量独立粒子构成的系统，为什么可以用最概然分布代替平衡分布？

2.简并度对玻耳兹曼分布公式的影响

以上推导玻耳兹曼分布公式时，假定了所有的能级都是非简并的，即每一个能级只对应一个量子状态。实际上每一个能级中可能有若干个不同的量子状态存在，因此在量子力学中引入了简并度的概念。某一能级可能有的微观状态数称为该能级的简并度（也称为统计权重或退化度），用符号 g_i 表示。

一个由 N 个可以区分的独立分子构成的系统，分子的能级为 $\varepsilon_1, \varepsilon_2, \cdots, \varepsilon_i$。各能级又分别有 $g_1, g_2, \cdots, g_i$ 个微观状态。那么该系统可能的分布微观状态数又有多少呢？

能级	$\varepsilon_1, \varepsilon_2, \varepsilon_3, \cdots, \varepsilon_i$
各能级的简并度	$g_1, g_2, g_3, \cdots, g_i$
分布在各能级上的粒子数	$N_1, N_2, N_3, \cdots, N_i$
另一种分布在各能级上的粒子数	$N_1', N_2', N_3', \cdots, N_i'$

我们采用同不考虑简并度时一样的排列组合方法，得出某种可能的分布方式所拥有的微观状态数为：

$$t = N! \prod_i \frac{g_i^{N_i}}{N_i!} \tag{7.23}$$

系统所有可能的分布方式为：

$$\Omega = \sum_i N! \prod_i \frac{g_i^{N_i}}{N_i!} \tag{7.24}$$

与以前的处理方法一样，采用最概然分布，斯特林近似和拉格朗日（Lagrange）乘因子法，得出定位系统的玻耳兹曼分布公式为：

$$N_i^* = N \frac{g_i e^{\frac{-\varepsilon i}{kT}}}{\sum_i g_i e^{\frac{-\varepsilon i}{kT}}} \tag{7.25}$$

式(7.25) 和式(7.22) 基本上是一样的，只是多了一个相应的简并度 g_i。

3.非定位系统的玻耳兹曼分布

非定位系统和定位系统的区别就是后者的统计单位可以区分，而前者的统计单位不能区分。玻耳兹曼一开始假定分子都是可以区分的，因此所导出的公式只能适用于定位系统。对于非定位系统，玻耳兹曼分布公式应做一定的修正。

一个含有 N 个不可区分分子的系统，其所有可能的分布方式为：

$$\Omega = \frac{1}{N!} \sum_i N! \prod_i \frac{g_i^{N_i}}{N_i!} \tag{7.26}$$

即在含有 N 个可区分分子的系统所有可能的分布方式数（式(7.24)）上除以 $N!$，也就是说，含有相同粒子数的定位系统和非定位系统，前者的总微观状态数是后者的 $N!$ 倍。

与定位系统的处理方法一样，采用最概然分布，斯特林近似和拉格朗日乘因子法，得出非定位系统的玻耳兹曼分布公式为：

$$N_i^* = N \frac{g_i e^{\frac{-\varepsilon i}{kT}}}{\sum_i g_i e^{\frac{-\varepsilon i}{kT}}} \tag{7.27}$$

式(7.27) 和式(7.25) 是一样的。由此可见，无论定位系统和非定位系统，玻耳兹曼分布公式是一样的。

7.2.3 斯特林近似

斯特林近似是统计热力学中常用的一种近似计算方法，用它可以计算一个大数的阶乘的对数。

当 N 很大时($N \gg 1$)， $\ln N! = N\ln N - N$ (7.28)

该式称为斯特林近似公式。该公式的推导过程如下：

$$\begin{aligned} \ln N! &= \ln[N(N-1)(N-2)\cdots 1] \\ &= \ln 1 + \ln 2 + \cdots + \ln(N-2) + \ln(N-1) + \ln N \\ &= \sum_{i=1}^{N} \ln i \end{aligned}$$

当 N 值很大时，该式的加和号可写作积分式：

$$\ln N! = \int_1^N \ln x \, dx$$

用分部积分法，令 $u = \ln x, v = x$，则 $du = d\ln x, dv = dx$

$$\begin{aligned} \ln N! &= \int_1^N \ln x \, dx \\ &= [x\ln x]_1^N - \int_1^N x \frac{1}{x} dx \\ &= N\ln N - N + 1 \\ &\approx N\ln N - N \end{aligned}$$

即 $$\ln N! \approx N\ln N - N \tag{7.28}$$

式(7.28) 也可以写作 $$N! \approx N^N e^{-N} = \left(\frac{N}{e}\right)^N \tag{7.29}$$

更精确的结果是 $$N! \approx N^N e^{-N} \sqrt{2\pi N}\left[1 + \frac{1}{12N} + \frac{1}{288N^2} + \cdots\right] \tag{7.30}$$

$$\begin{aligned} \ln N! &= \ln\left[\sqrt{2\pi N}\left(\frac{N}{e}\right)^N\right] \\ &= \frac{1}{2}\ln 2\pi + \frac{1}{2}\ln N + N\ln N - N \end{aligned} \tag{7.31}$$

【思考题 7-3】 对于一个(U, V, N) 确定的热力学体系，以下哪些描述是正确的，哪些是不正确的，为什么？

(1) 体系有确定的总微观状态数；

(2) 体系中各个能级的能量和简并度一定；

(3) 分子在各个能级上的分布数是一定的。

7.3　分子配分函数

7.3.1　分子配分函数的物理意义

在玻耳兹曼分布式(7.25) 中,定义

$$q=\sum_i g_i\exp(-\frac{\varepsilon_i}{kT}) \tag{7.32}$$

其中,q 称为分子(或粒子) 配分函数;指数项 $\exp(-\frac{\varepsilon_i}{kT})$ 称为玻耳兹曼因子。因此玻耳兹曼分布式(7.25) 可以写成更常见的形式:

$$N_i=\frac{N}{q}g_i\exp(-\frac{\varepsilon_i}{kT}) \tag{7.33}$$

从定义可以看出,q 是粒子微观性质的反映,它与粒子的能级 ε_i 和简并度 g_i 有关。因此 q 是一个微观量,当系统的 U、V、N 确定时,q 有定值。按照玻耳兹曼分布公式,在 ε_i 和 ε_j 两个能级上分布的粒子数 N_i 和 N_j 之比为:

$$\frac{N_i}{N_j}=\frac{g_i\exp[-\varepsilon_i/(kT)]}{g_j\exp[-\varepsilon_j/(kT)]} \tag{7.34}$$

这也是玻耳兹曼分布式的另外一种形式。

粒子配分函数 q 就是粒子在所有可能能级的有效量子态数的总和,故可称其为总有效量子态数。粒子配分函数在统计热力学中具有重要意义,其数值由构成系统的微粒的性质以及系统的温度和体积决定,也可以由微粒的基本物质结构常数计算得到。而系统的各种热力学量都可以通过 q 来计算。这样一来,系统的各种热力学量(宏观性质) 都可以间接地由构成系统的微粒的基本物质结构常数(微观性质) 计算得到。

7.3.2　能量标度零点的选择

量子力学证明,分子的各种运动均存在零点能效应,即在基态时的能量不为零,各种能级的能量值都与零点能的选择有关。关于零点能的选择一般有两种方式:

(1) 绝对零点标度 —— 选择共同的零点。对于涉及多种物质共存的系统,各种物质的零点能效应不同,因此必须规定一个公共的能量坐标原点,即选择共同的零点,才能准确表示出各种物质间的能量差。这样,粒子的各种运动形式基态能量不为零,而是具有一定的数值 ε_0。

(2) 相对零点标度 —— 选择各种运动形式自身的基态能量为能量标度的零点。这样,粒子基态的能量值就规定为零:$\varepsilon_0=0$。

对于能级 i 的能量 ε_i 在两种标度下的关系为:$\varepsilon_i'=\varepsilon_i-\varepsilon_0$。

1.对配分函数的影响

当采用绝对零点标度,即选定基态的能量为 $\varepsilon_0(\neq 0)$ 时,其配分函数 q 为:

$$\begin{aligned}q&=\sum g_i\exp(-\varepsilon_i/kT)\\&=g_0\exp(-\varepsilon_0/kT)+g_1\exp(-\varepsilon_i/kT)+\cdots\\&=\exp(-\varepsilon_0/kT)\left[g_0+g_1\exp\left(-\frac{\varepsilon_1-\varepsilon_0}{kT}\right)+\cdots\right]\\&=\exp(-\varepsilon_0/kT)\left[\sum g_i\exp\left(-\frac{\varepsilon_i-\varepsilon_0}{kT}\right)\right]\qquad(i=0,1,2,\cdots)\end{aligned} \tag{7.35}$$

当采用相对零点标度，即选定各运动形式自身基态的能量为 0 时，其相应的配分函数 q' 为：

$$q' = \sum g_i \exp(-\varepsilon'_i/kT) = \sum g_i \exp\left(-\frac{\varepsilon_i - \varepsilon_0}{kT}\right) \qquad (i=0,1,2,\cdots) \tag{7.36}$$

故
$$q = q' \cdot \exp(-\varepsilon_0/kT) \tag{7.37}$$

对式(7.37)两边取自然对数 $\ln q = \ln q' - \varepsilon_0/kT$ (7.38)

式(7.38)表明选择不同的能量零点会影响配分函数的值，但是能量零点的选择对计算玻耳兹曼分布中任意能级上微粒的分布数没有影响。对于平动和转动，因为平动零点能近似为零，转动零点能为零，所以在一般温度范围内，两种零点能的选择对其配分函数没有影响。而振动零点能不为零，所以不同的零点能选择所得的振动配分函数的值不同。核运动和电子运动的基态能相对都比较大，所以零点能的选择方式对其相应的配分函数也有影响。

2.对热力学函数表达式的影响

在热力学函数的计算中，通常是计算它们的改变量而不是本身，所以无论采用哪种零点能的方式，所得的结果都是一样的。如若要通过微粒的配分函数计算热力学函数的数值时，选用不同的零点能，所得的结果就不一样了。能量零点的选择对热力学函数的影响如下。

(1) 热力学能 U。

$$\begin{aligned}U &= NkT^2\left(\frac{\partial \ln q}{\partial T}\right)_{V,N} \\ &= NkT^2\left[\frac{\partial(\ln q' - \varepsilon_0/kT)}{\partial T}\right]_{V,N} \\ &= NkT^2\left(\frac{\partial \ln q'}{\partial T}\right)_{V,N} + NkT^2 \times \frac{\varepsilon_0}{kT^2} \\ &= NkT^2\left(\frac{\partial \ln q'}{\partial T}\right)_{V,N} + U_0\end{aligned}$$

式中，U_0表示全部分子都处于基态时系统的能量。可见，零点能的选择对热力学能的表达式产生影响，两者相差一个 U_0项。但是，不管零点能如何选择，却不会影响 ΔU。由于 H、A、G 均与 U 有关，所以，零点能的选择对这三种热力学函数的统计表达式都会产生影响，即用 q'代替 q 时，在 H、A、G 的表达式中都应增加一个 U_0项，但同样也不会影响 ΔH、ΔA、ΔG 的计算。

(2)熵 S。

$$\begin{aligned}S &= Nk\ln q + NkT(\partial \ln q/\partial T)_{V,N} \\ &= Nk(\ln q' - \varepsilon_0/kT) + NkT\left[\frac{\partial(\ln q' - \varepsilon_0/kT)}{\partial T}\right]_{V,N} \\ &= Nk\ln q' - \frac{N\varepsilon_0}{T} + NkT\left(\frac{\partial \ln q'}{\partial T}\right)_{V,N} + \frac{N\varepsilon_0}{T} \\ &= Nk\ln q' + NkT\left(\frac{\partial \ln q'}{\partial T}\right)_{V,N}\end{aligned}$$

由此可见，零点能的选取对熵 S 没有任何影响。用类似的方法可以证明，零点能的选择对热容 C_V也没有影响。

【思考题 7 - 4】

(1) 能量零点的不同选择方式会影响哪些热力学函数?

(2) 当考虑粒子是否可分辨时,哪些热力学函数会受到影响?

7.3.3　分子配分函数与热力学函数的关系

系统的各种热力学性质都可以通过配分函数计算得到,这是统计热力学的重要任务之一。

1. 热力学能 U

将式(7.32)代入条件式(7.5),得

$$U=\sum_i N_i\varepsilon_i=\frac{N}{q}\sum_i g_i\varepsilon_i\exp\left(-\frac{\varepsilon_i}{kT}\right) \tag{7.39}$$

由于能级的大小与体积有关,所以当系统的体积 V 确定时,能级 ε_i 和简并度 g_i 都可视为常数,由此可得:

$$\frac{\partial}{\partial T}\left[g_i\exp(-\frac{\varepsilon_i}{kT})\right]_V=g_i(-\frac{\varepsilon_i}{k})(-\frac{1}{T^2})\exp(-\frac{\varepsilon_i}{kT})=\frac{1}{kT^2}g_i\varepsilon_i\exp(-\frac{\varepsilon_i}{kT})$$

所以,
$$g_i\varepsilon_i\exp(-\frac{\varepsilon_i}{kT})=kT^2\frac{\partial}{\partial T}\left[g_i\exp(-\frac{\varepsilon_i}{kT})\right]_V$$

对上式进行求和,得

$$\begin{aligned}\sum_i g_i\varepsilon_i\exp(-\frac{\varepsilon_i}{kT})&=\sum_i kT^2\frac{\partial}{\partial T}\left[g_i\exp(-\frac{\varepsilon_i}{kT})\right]_V\\&=kT^2\frac{\partial}{\partial T}\sum_i\left[g_i\exp(-\frac{\varepsilon_i}{kT})\right]_V\\&=kT^2\left(\frac{\partial q}{\partial T}\right)_V\end{aligned} \tag{7.40}$$

将式(7.40)代入式(7.39),得 $U=\frac{N}{q}kT^2\left(\frac{\partial q}{\partial T}\right)_V$ 或 $U=NkT^2\left(\frac{\partial \ln q}{\partial T}\right)_V$　(7.41)

2. 熵 S

将式(7.21)代入式(7.20),并利用配分函数 q 的定义,得

$$\begin{aligned}S&=kN\ln\sum_i e^{\beta\varepsilon_i}-k\beta U\\&=kN\ln\sum_i e^{(-\frac{1}{kT})\varepsilon_i}-k(-\frac{1}{kT})U\\&=kN\ln\sum_i e^{-\frac{\varepsilon_i}{kT}}+\frac{U}{T}\\&=kN\ln q+\frac{U}{T}\\&=kN\ln q+NkT\left(\frac{\partial \ln q}{\partial T}\right)_V\end{aligned} \tag{7.42}$$

3. 亥姆霍兹自由能 A

根据亥姆霍兹自由能的定义式 $A=U-TS$,得

$$A=-kNT\ln q=-kT\ln q^N \tag{7.43}$$

4.吉布斯自由能 G

由式(7.43)知
$$P=-\left(\frac{\partial A}{\partial V}\right)_{T,N}=kNT\left(\frac{\partial \ln q}{\partial V}\right)_{T,N} \tag{7.44}$$

根据吉布斯自由能的定义式 $G=A+PV$,得
$$G=-kNT\ln q+kNTV\left(\frac{\partial \ln q}{\partial V}\right)_{T,N} \tag{7.45}$$

5.焓 H

根据焓的定义式 $H=U+PV$,得
$$H=NkT^2\left(\frac{\partial \ln q}{\partial T}\right)_{V,N}+kNTV\left(\frac{\partial \ln q}{\partial V}\right)_{T,N} \tag{7.46}$$

6.定容热容 C_V

$$C_V=\left(\frac{\partial U}{\partial T}\right)_V=\frac{\partial}{\partial T}\left[NkT^2\left(\frac{\partial \ln q}{\partial T}\right)_{V,N}\right]_V \tag{7.47}$$

以上所给出的都是定位系统的诸热力学函数与配分函数的关系。对于非定位系统,也可以用同样的方法导出其热力学函数的表达式。表 7-1 中汇总了定位和非定位系统中各个热力学函数的统计表达式。从表中可以看出,在两种系统中,U、H、C_V 的表达式相同,而 S、A、G 的表达式则相差一个常数项。这是由于两种系统的微观状态数不同,导致 S 不同;而 A、G 是包含 S 的复合函数,所以亦有所不同。但在求这些热力学量的改变值时,这些常数项会互相消去而不影响计算结果。而 U、H、C_V 只与体系的能量有关,与粒子是否可以区分无关,故有相同的表达式。

表 7-1 定位和非定位系统中热力学函数的统计表达式

热力学函数	定位系统	非定位系统
U	$U=NkT^2\left(\frac{\partial \ln q}{\partial T}\right)_V$	$U=NkT^2\left(\frac{\partial \ln q}{\partial T}\right)_V$
S	$S=k\ln q^N+NkT\left(\frac{\partial \ln q}{\partial T}\right)_V$	$S=k\ln\frac{q^N}{N!}+NkT\left(\frac{\partial \ln q}{\partial T}\right)_V$
A	$A=-kT\ln q^N$	$A=-kT\ln\frac{q^N}{N!}$
G	$G=-kT\ln q^N+kNTV\left(\frac{\partial \ln q}{\partial V}\right)_{T,N}$	$G=-kT\ln\frac{q^N}{N!}+kNTV\left(\frac{\partial \ln q}{\partial V}\right)_{T,N}$
H	$H=NkT^2\left(\frac{\partial \ln q}{\partial T}\right)_{V,N}+kNTV\left(\frac{\partial \ln q}{\partial V}\right)_{T,N}$	$H=NkT^2\left(\frac{\partial \ln q}{\partial T}\right)_{V,N}+kNTV\left(\frac{\partial \ln q}{\partial V}\right)_{T,N}$
C_V	$C_V=\frac{\partial}{\partial T}\left[NkT^2\left(\frac{\partial \ln q}{\partial T}\right)_{V,N}\right]_V$	$C_V=\frac{\partial}{\partial T}\left[NkT^2\left(\frac{\partial \ln q}{\partial T}\right)_{V,N}\right]_V$

7.3.4 分子配分函数的析因子性质

$q=\sum_i g_i\exp(-\frac{\varepsilon_i}{kT})$ 对于独立粒子系统有两个近似(也称分子配分函数的析因子性质的先决条件):一是系统中每个粒子的运动相互独立;二是每个粒子自身存在的各种运动形式也

是相互独立的。因此处于某一能级 ε_i 上的一个粒子它所具有的能量应是其各种运动形式的能量之和：

$$\varepsilon_i = \varepsilon_{i,\mathrm{t}} + \varepsilon_{i,\mathrm{r}} + \varepsilon_{i,\mathrm{v}} + \varepsilon_{i,e} + \varepsilon_{i,\mathrm{n}} \tag{7.48}$$

式中,各项依次为粒子在能级 ε_i 上的平动能、转动能、振动能、电子运动能、原子核自旋运动的能量。粒子在此能级上具有的简并度 g_i 应等于其各种运动形式简并度之乘积：

$$g_i = g_{i,\mathrm{t}} \cdot g_{i,\mathrm{r}} \cdot g_{i,\mathrm{v}} \cdot g_{i,\mathrm{e}} \cdot g_{i,\mathrm{n}} \tag{7.49}$$

将上述关系代入粒子配分函数 q 的定义式得：

$$\begin{aligned} q &= \sum_i g_i \exp(-\frac{\varepsilon_i}{kT}) \\ &= \sum_i g_{i,\mathrm{t}} \cdot g_{i,\mathrm{r}} \cdot g_{i,\mathrm{v}} \cdot g_{i,\mathrm{e}} \cdot g_{i,\mathrm{n}} \cdot \exp(-\frac{\varepsilon_{i,\mathrm{t}} + \varepsilon_{i,\mathrm{r}} + \varepsilon_{i,\mathrm{v}} + \varepsilon_{i,\mathrm{e}} + \varepsilon_{i,\mathrm{n}}}{kT}) \end{aligned} \tag{7.50}$$

从数学上可以证明,几个独立变数的乘积之和等于各变数求和的乘积,因此上式可写为：

$$\begin{aligned} q &= \sum_i g_i \exp(-\frac{\varepsilon_i}{kT}) \\ &= \left[\sum_i g_{i,\mathrm{t}} \exp(-\frac{\varepsilon_{i,\mathrm{t}}}{kT})\right] \cdot \left[\sum_i g_{i,\mathrm{r}} \exp(-\frac{\varepsilon_{i,\mathrm{r}}}{kT})\right] \cdot \left[\sum_i g_{i,\mathrm{v}} \exp(-\frac{\varepsilon_{i,\mathrm{v}}}{kT})\right] \cdot \\ &\quad \left[\sum_i g_{i,\mathrm{e}} \exp(-\frac{\varepsilon_{i,\mathrm{e}}}{kT})\right] \cdot \left[\sum_i g_{i,\mathrm{n}} \exp(-\frac{\varepsilon_{i,\mathrm{n}}}{kT})\right] \end{aligned} \tag{7.51}$$

令：

$\sum_i g_{i,\mathrm{t}} \exp(-\frac{\varepsilon_{i,\mathrm{t}}}{kT}) = q_\mathrm{t}$,称为平动配分函数

$\sum_i g_{i,\mathrm{r}} \exp(-\frac{\varepsilon_{i,\mathrm{r}}}{kT}) = q_\mathrm{r}$,称为转动配分函数

$\sum_i g_{i,\mathrm{v}} \exp(-\frac{\varepsilon_{i,\mathrm{v}}}{kT}) = q_\mathrm{v}$,称为振动配分函数

$\sum_i g_{i,\mathrm{e}} \exp(-\frac{\varepsilon_{i,\mathrm{e}}}{\mathrm{k}T}) = q_\mathrm{e}$,称为电子配分函数

$\sum_i g_{i,\mathrm{n}} \exp(-\frac{\varepsilon_{i,\mathrm{n}}}{kT}) = q_\mathrm{n}$,称为原子核配分函数

式(7.51) 也可以写作：　$q = q_\mathrm{t} \cdot q_\mathrm{r} \cdot q_\mathrm{v} \cdot q_\mathrm{e} \cdot q_\mathrm{n}$　(7.52)

由于平动是分子的整体运动,造成粒子的空间位移;转动、振动、电子运动、原子核自旋运动则与分子内部运动有关,所以式(7.52) 也可以写作:$q = q_\mathrm{t} \cdot q_\mathrm{int}$,其中 q_int 称为分子的内配分函数,$q_\mathrm{int} = q_\mathrm{r} \cdot q_\mathrm{v} \cdot q_\mathrm{e} \cdot q_\mathrm{n}$。

由以上公式可见,可以将分子配分函数分解为粒子的各种运动形式各自配分函数的乘积,这一规律叫作配分函数的析因子性质。据此,只要求得粒子各种运动形式的配分函数 q_x(x 代表各种运动形式),进而得 q,再由 q 与热力学函数的统计关系式便可求得系统的热力学量。

【思考题 7－5】

(1) 什么是粒子配分函数？配分函数有无量纲？它代表的物理意义是什么？

(2) 为什么说配分函数是联系体系宏观性质和微观状态的桥梁？它发挥着怎样的重要作用？

(3) 分子运动的形式有哪几种？单原子分子和双原子分子的运动形式有什么不同？

7.4 分子配分函数的求算及应用

7.4.1 平动配分函数

将三维平动子的能量表达式 $\varepsilon_{i,t}=\frac{h^2}{8m}\left(\frac{n_x^2}{a^2}+\frac{n_y^2}{b^2}+\frac{n_z^2}{c^2}\right)$ 代入粒子的平动配分函数 q_t，得：

$$q_t=\sum g_{i,t}\exp(-\varepsilon_{i,t}/kT)=\sum_{n_x=1}^{\infty}\sum_{n_y=1}^{\infty}\sum_{n_z=1}^{\infty}\exp[-\frac{h^2}{8mkT}(\frac{n_x^2}{a^2}+\frac{n_y^2}{b^2}+\frac{n_z^2}{c^2})]$$

$$=\sum_{n_x=1}^{\infty}\exp(-\frac{n_x^2h^2}{8mkTa^2})\cdot\sum_{n_y=1}\exp(-\frac{n_y^2h^2}{8mkTb^2})\cdot\sum_{n_z=1}\exp(-\frac{n_z^2h^2}{8mkTc^2})=q_{t,x}\cdot q_{t,y}\cdot q_{t,z}$$

其中，$q_{t,x}$，$q_{t,y}$，$q_{t,z}$ 分别表示粒子在 x、y、z 三个坐标方向上运动的一维平动配分函数。这里需要指出的是，第一等式中 $g_{i,t}$ 是 ε_i 的简并度。因同一能级的 n_x、n_y、n_z 可以不同，而有不同的微观状态数，其求和是对所有的能级，故等式中存在 $g_{i,t}$ 项。而第二和第三等式中的求和是对所有的量子态 n_x、n_y、n_z 求和，它已经包括了全部可能的微观状态，因此等式中就不再出现 $g_{i,t}$ 了。

为了运算方便，令$\frac{h^2}{8mkTa^2}=\alpha^2$，则 $q_{t,x}=\sum_{n_x=1}^{\infty}\exp(-\alpha^2n_x^2)$。对通常温度和体积的理想气体，$\alpha^2\ll1$。例如在300 K，$a=0.1$ m 条件下的 H_2($m=3.32\times10^{-27}$ kg)，其 $\alpha^2=3.96\times10^{-19}$。对其他分子，其 α^2 更小(因 m 增大)，即平动能级间隔更小，能级非常密集，可以认为是连续变化的，故可用积分代替式中的求和，于是有：

$$q_{t,x}=\int_1^{\infty}\exp(-\alpha^2n_x^2)\mathrm{d}n_x\approx\int_0^{\infty}\exp(-\alpha^2n_x^2)\mathrm{d}n_x$$

引用积分公式$\int_0^{\infty}\exp(-\beta n_x^2)\mathrm{d}x=\frac{1}{2}\sqrt{\frac{\pi}{\beta}}$ 可得：

$$q_{t,x}=\frac{1}{2}(\frac{\pi}{\alpha^2})^{1/2}=\frac{\sqrt{\pi}}{2\alpha}=(2\pi mkT)^{1/2}\frac{a}{h}$$

用相同的方法可以得到 $q_{t,y}$、$q_{t,z}$ 与之类似的公式，所以：

$$q_t=q_{t,x}\cdot q_{t,y}\cdot q_{t,z}=(\frac{2\pi mkT}{h^2})^{3/2}\cdot V \tag{7.53}$$

由上式可见，q_t 除了与粒子本身大小有关外，还与系统的温度 T、体积 V 有关，故也与压力 p 有关。

7.4.2 转动配分函数

可把双原子或多原子分子看作是一个绕质心转动的刚性转子，其转动能按量子力学理论是量子化的：$\varepsilon_{i,r}=\frac{J(J+1)h^2}{8\pi^2I}$，相应的简并度为 $g_{i,r}=2J+1$。于是，转动配分函数 q_r 的表达式为：

$$q_r=\sum g_{i,r}\exp(-\varepsilon_{i,r}/kT)$$

$$=\sum(2J+1)\exp(-\frac{J(J+1)h^2}{8\pi^2IkT})$$

令 $\Theta_r=\frac{h^2}{8\pi^2Ik}$，它具有温度量纲，且反映分子本身的结构特征，故称为分子的转动特征温度。代入上式，得：

$$q_r = \sum (2J+1)\exp(\frac{-J(J+1)\Theta_r}{T})$$

在温度不是太低，I 不是太大的情况下（一般要求 $T > 5\Theta_r$），上式中相邻求和项的值非常接近，可将转动能级作为连续处理，即可用积分号代替求和号来计算 q_r。得：

$$q_r = \int_0^\infty (2J+1)\exp[\frac{-J(J+1)\Theta_r}{T}]\mathrm{d}J$$

进一步令：$x = J(J+1)$，$\mathrm{d}x = (J+1)\mathrm{d}J$，代入上式得：

$$q_r = \int_0^\infty \exp(-x\Theta_r/T)\mathrm{d}x = \frac{T}{\Theta_r} = \frac{8\pi^2 IkT}{h^2} \tag{7.54}$$

若 $\Theta_r/T \leqslant 0.01$，按积分式所得 q_r 的误差在 0.1% 之内。

对于转动特征温度比较高的分子，应该用下式计算 q_r。

$$q_r = \frac{T}{\Theta_r}(1 + \frac{\Theta_r}{3T} + \cdots) \tag{7.55}$$

式 (7.54) 只适用于异核双原子分子(AB)。对于同核双原子分子，分子每转动 180°，分子的位行就复原一次；换句话说，分子每转动 360°，其微观状态就会重复两次。所以同核双原子分子的配分函数就比异核双原子分子少了一半。因此，在这里引入校正因子 σ，称为对称数，其意义是分子经过刚性转动一周后，所出现的不可分辨的几何位置数。即分子绕对称轴转动一周，分子构型复原的次数。这样，式(7.54) 可写为：

$$q_r = \frac{T}{\sigma\Theta_r} = \frac{8\pi^2 IkT}{\sigma h^2} \tag{7.56}$$

显然，同核双原子分子的 $\sigma = 2$，异核双原子分子的 $\sigma = 1$。

对于线型多原子分子，其转动配分函数 q_r 也可用式 (7.56) 计算。对于非线型多原子分子，其转动配分函数为：

$$q_r = \frac{8\pi^2(2\pi kT)^{3/2}}{\sigma h^2} \cdot (I_x I_y I_z)^{1/2} \tag{7.57}$$

式中，I_x、I_y、I_z 分别是沿 x、y、z 轴的转动惯量。

【例 7-1】 已知CO的转动惯量 $I = 1.45 \times 10^{-46}\ \mathrm{kg \cdot m^2}$，计算 298.15 K 时的转动特征温度 Θ_r 及转动配分函数 q_r。

解： $\Theta_r = \dfrac{h^2}{8\pi^2 Ik} = \dfrac{(6.62 \times 10^{-34}\mathrm{J \cdot S})^2}{8\pi^2 \times (1.45 \times 10^{-46}\mathrm{kg \cdot m^2}) \times 1.38 \times 10^{-23}\mathrm{J \cdot K^{-1}}} = 2.78\ \mathrm{K}$

$$q_r = \frac{T}{\sigma\Theta_r} = \frac{298.15\ K}{1 \times 2.78\ K} = 107.5$$

7.4.3　振动配分函数

由于双原子分子相对比较简单，因此这里仍然先讨论双原子分子。当它作轻微振动时，只有一种振动频率，可以用简谐振子模型作近似处理。量子力学给出的其许可能级及简并度分别为：$\varepsilon_{v,v} = (v + \frac{1}{2})h\upsilon$，$g_{i,v} = 1$。相应的振动配分函数：

$$q_v = \sum g_{i,v}\exp(\frac{-\varepsilon_{i,v}}{kT}) = \sum \exp[\frac{-(v+\frac{1}{2})h\upsilon}{kT}]$$

令 $\Theta_v = \frac{h\upsilon}{k}$，它也具有温度的单位，称为分子的振动特征温度。代入上式，得：

$$q_v = \sum \exp[-(v+\frac{1}{2})\Theta_v/T] \tag{7.58}$$

Θ_v的值取决于分子的本性(即其振动频率 υ)，可由分子振动光谱求得。Θ_v是一个非常重要的物理量，它越大，表明处于激发态($v>0$)上的分子数比例越小。例如 CO 的 $\upsilon=\bar{\upsilon}\cdot C=216800\ \text{m}^{-1}\times3\times10^8\ \text{m}\cdot\text{s}^{-1}=6.504\times10^{13}\text{s}^{-1}$，

$$\Theta_v = \frac{h\upsilon}{k} = \frac{6.62\times10^{-34}\ \text{J}\cdot\text{s}\times6.504\times10^{13}\ \text{s}^{-1}}{1.3806\times10^{-23}\ \text{J}\cdot\text{K}^{-1}} = 3117\ \text{K}$$

由此可见，一般分子的振动特征温度都在几千摄氏度，远高于通常温度。因此，在室温下 $\exp(-\frac{\Theta v}{T})\ll1$，$\exp(-\frac{\Theta v}{T})\ll1$。由于振动能级间隔太大；同时振动量子数 v 的数值也不能取得过大(因为 v 过大时分子会失去简谐性)。因此，对振动能级不能作连续变化处理，即不能用积分来代替求和。由于不能积分，故将式(7.58)展开为：

$$q_v = \exp(\frac{-\Theta_v}{2T}) + \exp(\frac{-3\Theta_v}{2T}) + \exp(\frac{-5\Theta_v}{2T}) + \cdots \frac{\text{d}y}{\text{d}x}$$

$$= \exp(\frac{-\Theta_v}{2T}) \cdot \left\{1+\exp(\frac{-\Theta_v}{T}) + [\exp(\frac{-\Theta_v}{T})]^2 + \cdots\right\}$$

设 $x=\exp(-\Theta_v/T)$，上式大括号中为：$1+x+x^2+\cdots=\sum x^d (d=0,1,2,\cdots)$。由于 $x\ll1$，此为无穷(小)级数，其值为：$\sum x^d=(1-x)^{-1}$。代入上式得：

$$q_v = \frac{\exp(\frac{-\Theta_v}{2T})}{1-\exp(\frac{-\Theta_v}{T})} \tag{7.59}$$

若规定基态振动能级 $v=0$ 振动能为零，即 $\varepsilon_{v,0}=\frac{1}{2}h\upsilon=0$，则振动配分函数 q'_v：

$$q'_v = \frac{1}{1-\exp\left(-\frac{h\upsilon}{kT}\right)} = [\frac{1}{1-\exp(\frac{-\Theta_v}{T})}] \tag{7.60}$$

因此，当知道双原子分子的振动频率(或波数 $\bar{\nu}=\nu/c$)和系统的温度后，便可计算其振动配分函数 q_v 或 q'_v。例如 CO 在 300 K 时的 q_v 及 q'_v：

$$q_v = \frac{\exp(\frac{-\Theta_v}{2T})}{1-\exp(\frac{-\Theta_v}{T})}$$

$$= \text{e}^{-5.203}[1-\text{e}^{-10.407}]^{-1} = \frac{0.0055}{1-3.03\times10^{-5}} = 0.0055$$

$$q'_v = [\frac{1}{1-\exp(\frac{-\Theta_v}{T})}] = 1.000$$

尚需指出，上述只适用于双原子分子，因为它只有一个振动模式。对于多原子分子，要考

虑振动自由度。设分子中有 n 个原子，每个原子的位置需要 x、y、z 三个坐标参数来描述，那么分子的总自由度为 $3n$。决定分子质心的平动需要三个自由度，所以分子内部的自由度为 $(3n-3)$。对于线型分子 AB，只要知道 θ 和 φ 两个角度（见图 7－1），就决定了分子整体的空间取向，所以其转动自由度为 2，剩余的 $(3n-5)$ 个则为其振动自由度。而对于非线型分子，需要 3 个角度（欧勒角）才能决定分子整体骨架的空间取向，也就是说其转动自由度为 3，所以其振动自由度 $=3n-6$。

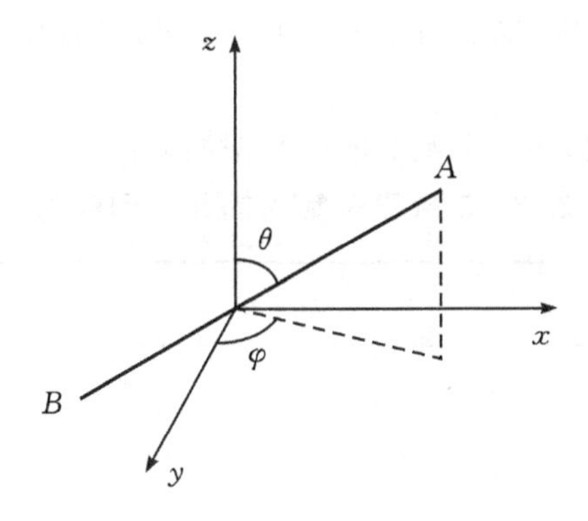

图 7－1　双原子分子在空间中的取向

由于多原子分子的振动可视为在各个振动自由度上彼此独立的简谐振动的线性叠加。因此，多原子分子的振动配分函数为：

（1）线型多原子分子：

$$q_v=\prod_{i=1}^{3n-5}\frac{\exp(\frac{-\Theta_v}{2T})}{1-\exp(\frac{-\Theta_v}{T})} \tag{7.61}$$

（2）非线型多原子分子：

$$q_v=\prod_{i=1}^{3n-6}\frac{\exp(\frac{-\Theta_v}{2T})}{1-\exp(\frac{-\Theta_v}{T})} \tag{7.62}$$

【思考题 7－6】　在推导平动配分函数的计算公式时，采用了积分代替求和；而在推导振动配分函数的计算公式时，却不能用积分代替求和。这是为什么？

7.4.4　电子配分函数和核配分函数

1.电子配分函数

分子或原子中的电子都处于 MO 或 AO 中运动，其能级为 $\varepsilon_{i,e}$，相应的电子配分函数为：

$$\begin{aligned}q_e&=\sum_i g_{i,e}\exp(-\frac{\varepsilon_{i,e}}{kT})\\&=g_{0,e}\exp(-\frac{\varepsilon_{0,e}}{kT})+g_{1,e}\exp(-\frac{\varepsilon_{1,e}}{kT})+\cdots\\&=g_{0,e}\exp(-\frac{\varepsilon_{0,e}}{kT})\left[1+\frac{g_{1,e}}{g_{0,e}}\exp(-\frac{\varepsilon_{1,e}-\varepsilon_{0,e}}{kT})+\cdots\right]\end{aligned} \tag{7.63}$$

通常情况下，大多数分子中的电子基态与第一激发态的能级间隔很大（大约 400 kJ · mol^{-1}）。因此，在一般温度（$T < 500$ K）下，电子处于基态，而各激发态对配分函数的贡献则可忽略。故：$q_e \approx g_{0,e}\exp(-\frac{\varepsilon_{0,e}}{kT})$。若把基态能量指定为零，则 $q'_e = g_{0,e}$。电子绕核运动的总动量矩也是量子化的，动量矩沿某一选定的轴上的分量，可以取值的范围是 $-j \sim +j$，即 $(2j+1)$ 个不同的取向，所以基态的简并度为 $(2j+1)$。

但也应提及，在有些原子中，电子的基态与第一激发态的能级间隔并不太大，此时 q_e 表达式中的第二项不能省略。

【例 7－2】 在 1000 K 时，单原子氟的实验数据如下：

表 7－2 单原子氟的简并度和能量

	j	$g^e(=2j+1)$	$(\sigma = \frac{\varepsilon}{hc})/cm^{-1}$
基态	3/2	4	0.00
第一激发态	1/2	2	404.0
第二激发态	5/2	6	102 406.5

上表中，σ 是波数，c 是光速，λ 是波长，ν 是频率。几者之间的关系是，$\sigma = \frac{1}{\lambda} = \frac{\upsilon}{c} = \frac{h\upsilon}{hc} = \frac{\varepsilon}{hc}$（此式表明波数与能量的关系）。

$$
\begin{aligned}
q_e &= g_{0,e}\exp(-\frac{\varepsilon_{0,e}}{kT}) + g_{1,e}\exp(-\frac{\varepsilon_{1,e}}{kT}) + g_{2,e}\exp(-\frac{\varepsilon_{2,e}}{kT}) + \cdots \\
&= 4\exp(-\frac{\varepsilon_{0,e}}{hc} \cdot \frac{hc}{kT}) + 2\exp(-\frac{\varepsilon_{1,e}}{hc} \cdot \frac{hc}{kT}) + 6\exp(-\frac{\varepsilon_{2,e}}{hc} \cdot \frac{hc}{kT}) + \cdots \\
&= 4\exp(-\sigma_0 \cdot \frac{hc}{kT}) + 2\exp(-\sigma_1 \cdot \frac{hc}{kT}) + 6\exp(-\sigma_2 \cdot \frac{hc}{kT}) + \cdots \\
&= 4e^0 + 2e^{-0.5183} + 6e^{-147.4} \\
&= 5.118
\end{aligned}
$$

根据玻耳兹曼分布律：$\frac{Ni}{N} = \frac{g_i\exp(-\frac{\varepsilon i}{kT})}{q}$

电子分配在基态上的分数为

$$\frac{N_0}{N} = \frac{g_0}{q} = \frac{4}{5.118} = 0.782$$

电子分配在第一激发态上的分数为

$$\frac{N_1}{N} = \frac{g_1\exp(-\frac{\varepsilon_1}{kT})}{q} = \frac{2e^{-0.5183}}{5.118} = 0.218$$

电子分配在第二激发态上的分数为

$$\frac{N_2}{N}=\frac{g_2\exp(-\frac{\varepsilon_2}{kT})}{q}=\frac{6\mathrm{e}^{-147.4}}{5.118}\approx 0$$

【思考题 7－7】 电子配分函数 q_e在什么情况下可以近似等于最低能级的简并度 $g_{0,e}$？

2.核配分函数

由于核配分函数来源于自旋，所以核配分函数也常被称为核自旋配分函数。

$$\begin{aligned}q_n&=\sum_i g_{i,n}\exp\left(-\frac{\varepsilon_{i,n}}{kT}\right)\\&=g_{0,n}\exp\left(-\frac{\varepsilon_{0,n}}{kT}\right)+g_{1,n}\exp\left(-\frac{\varepsilon_{1,n}}{kT}\right)+\cdots\\&=g_{0,n}\exp\left(-\frac{\varepsilon_{0,n}}{kT}\right)\left[1+\frac{g_{1,n}}{g_{0,n}}\exp\left(-\frac{\varepsilon_{1,n}-\varepsilon_{0,n}}{kT}\right)+\cdots\right]\end{aligned}$$

式中，$\varepsilon_{0,n}$是基态的能量。由于原子核的能级间隔相差非常大，所以在通常情况下，上式中的第二项及以后的项都可以忽略不计，即

$$q_n=g_{0,n}\exp\left(-\frac{\varepsilon_{0,n}}{kT}\right) \tag{7.64}$$

事实上，除了核反应以外，在一般的物理和化学过程中，原子核总是处于基态而不发生变化。若将核基态能级选作能量零点（零点能），即 $\varepsilon_{0,n}=0$，则上式又可以进一步简化成

$$q_n=g_{0,n} \tag{7.65}$$

核能级的简并度来源于原子核的自旋作用。在外加磁场中，它有不同的取向，但是核自旋的磁矩很小，所以自旋方向不同的各态之间没有特别显著的能量差别。只有在超级精细的结构中，才能反映出这一点微小的差别。如果核自旋的量子数为 s_n，那么核自旋的简并度则为 $(2s_n+1)$。多原子分子的核配分函数等于各个原子的核配分函数的乘积：

$$\begin{aligned}q_n&=(2s_n+1)(2s_n'+1)(2s_n'+1)\cdots\\&=\prod_i(2s_n+1)_i\end{aligned} \tag{7.66}$$

7.4.5　分子的全配分函数

将我们之前讨论的分子各种运动形式的配分函数合并起来就得到分子的全配分函数。根据配分函数的定义，

$$\begin{aligned}q&=\sum_i g_i\exp(-\frac{\varepsilon_i}{kT})\\&=\sum_i g_{i,t}\cdot g_{i,r}\cdot g_{i,v}\cdot g_{i,e}\cdot g_{i,n}\cdot\exp(-\frac{\varepsilon_{i,t}+\varepsilon_{i,r}+\varepsilon_{i,v}+\varepsilon_{i,e}+\varepsilon_{i,n}}{kT})\\&=\left[\sum_i g_{i,t}\exp(-\frac{\varepsilon_{i,t}}{kT})\right]\cdot\left[\sum_i g_{i,r}\exp(-\frac{\varepsilon_{i,r}}{kT})\right]\cdot\left[\sum_i g_{i,v}\exp(-\frac{\varepsilon_{i,v}}{kT})\right]\cdot\\&\quad\left[\sum_i g_{i,e}\exp(-\frac{\varepsilon_{i,e}}{kT})\right]\cdot\left[\sum_i g_{i,n}\exp(-\frac{\varepsilon_{i,n}}{kT})\right]\\&=q_t\cdot q_r\cdot q_v\cdot q_e\cdot q_n\end{aligned}$$

单原子分子的全配分函数

$$q=\left[\left(\frac{2\pi mkT}{h^2}\right)^{3/2}\cdot V\right]\left[g_{0,\mathrm{e}}\exp\left(-\frac{\varepsilon_{0,\mathrm{e}}}{kT}\right)\right]\left[g_{0,\mathrm{n}}\exp\left(-\frac{\varepsilon_{0,\mathrm{n}}}{kT}\right)\right]$$

双原子分子的全配分函数

$$q=\left[\left(\frac{2\pi mkT}{h^2}\right)^{3/2}\cdot V\right]\left[\frac{8\pi^2 IkT}{\sigma h^2}\right]\left[\frac{\exp\left(\frac{-\Theta_\mathrm{v}}{2T}\right)}{1-\exp\left(\frac{-\Theta_\mathrm{v}}{T}\right)}\right]\left[g_{0,\mathrm{e}}\exp\left(-\frac{\varepsilon_{0,\mathrm{e}}}{kT}\right)\right]\left[g_{0,\mathrm{n}}\exp\left(-\frac{\varepsilon_{0,\mathrm{n}}}{kT}\right)\right]$$

线型分子的全配分函数

$$q=\left[\left(\frac{2\pi mkT}{h^2}\right)^{3/2}\cdot V\right]\left[\frac{8\pi^2 IkT}{\sigma h^2}\right]\left[\prod_{i=1}^{3n-5}\frac{\exp\left(\frac{-\Theta_\mathrm{v}}{2T}\right)}{1-\exp\left(\frac{-\Theta_\mathrm{v}}{T}\right)}\right]\left[g_{0,\mathrm{e}}\exp\left(-\frac{\varepsilon_{0,\mathrm{e}}}{kT}\right)\right]\left[g_{0,\mathrm{n}}\exp\left(-\frac{\varepsilon_{0,\mathrm{n}}}{kT}\right)\right]$$

非线型分子的全配分函数

$$q=\left[\left(\frac{2\pi mkT}{h^2}\right)^{3/2}\cdot V\right]\left[\frac{8\pi^2 IkT}{\sigma h^2}\cdot(I_xI_yI_z)^{1/2}\right]\left[\prod_{i=1}^{3n-6}\frac{\exp\left(\frac{-\Theta_\mathrm{v}}{2T}\right)}{1-\exp\left(\frac{-\Theta_\mathrm{v}}{T}\right)}\right]$$

$$\left[g_{0,\mathrm{e}}\exp\left(-\frac{\varepsilon_{0,\mathrm{e}}}{kT}\right)\right]\left[g_{0,\mathrm{n}}\exp\left(-\frac{\varepsilon_{0,\mathrm{n}}}{kT}\right)\right]$$

这些公式中包含着一些微观物理量，比如振动频率 ν、转动惯量 I 和各能级的简并度 g 等，这些数据可以从光谱中获得，从而可以求出分子的配分函数。然后再通过以下两个公式与热力学函数联系起来：

$$A=-kT\ln q^N\text{（定位系统）}$$

$$A=-kT\ln\frac{q^N}{N!}\text{（非定位系统）}$$

有了亥姆霍兹自由能 A，就能进一步求出其他热力学函数。这就是统计热力学的重要任务。

【思考题 7-8】 下面关于分子全配分函数的描述，以下哪些描述是正确的，哪些是不正确的？

（1）在一般的物理化学问题中，分子的全配分函数不考虑核配分函数；

（2）单原子分子的全配分函数不考虑转动和振动配分函数；

（3）双原子分子的全配分函数不考虑电子和核配分函数。

习　题

1.现有 5 个白色小球和 5 个黑色小球，将它们放在两个不同的盒子当中，要求每个盒子中均放置 5 个小球。问一共有多少种放法？

［答案：6］

2.某一系统由 3 个一维谐振子组成，这 3 个谐振子分别围绕着 3 个定点做振动，系统的总能量为 $\frac{11}{2}h\nu$。试列出该系统所有可能的能级分布方式。

[答案：Ⅰ：$\nu_1=0, \varepsilon_{v,1}=\frac{1}{2}h\nu$；$\nu_2=0, \varepsilon_{\nu,2}=\frac{1}{2}h\nu$；$\nu_3=4, \varepsilon_{\nu,3}=\frac{9}{2}h\nu$

Ⅱ：$\nu_1=0, \varepsilon_{v,1}=\frac{1}{2}h\nu$；$\nu_2=1, \varepsilon_{\nu,2}=\frac{3}{2}h\nu$；$\nu_3=3, \varepsilon_{\nu,3}=\frac{7}{2}h\nu$

Ⅲ：$\nu_1=0, \varepsilon_{v,1}=\frac{1}{2}h\nu$；$\nu_2=2, \varepsilon_{\nu,2}=\frac{5}{2}h\nu$；$\nu_3=2, \varepsilon_{\nu,3}=\frac{5}{2}h\nu$

Ⅳ：$\nu_1=1, \varepsilon_{v,1}=\frac{3}{2}h\nu$；$\nu_2=1, \varepsilon_{\nu,2}=\frac{3}{2}h\nu$；$\nu_3=2, \varepsilon_{\nu,3}=\frac{5}{2}h\nu$]

3.某平动能级的 $n_x^2+n_y^2+n_z^2=45$，试求该能级的简并度。

[答案：6]

4.设有一个极大数目的三维平动子组成的粒子体系，运动于边长为 a 的立方容器内，体系的体积、粒子质量和温度有如下的关系：$\frac{h^2}{8ma^2}=0.10kT$，求处于能级 $\varepsilon_1=\frac{9h^2}{4ma^2}$ 和 $\varepsilon_2=\frac{27h^2}{8ma^2}$ 上粒子数目的比值 $\frac{N_1}{N_2}$ 是多少？

[答案：1.84]

5.当 Cl_2 分子第一激发态能量等于 kT 时，第一激发态对其配分函数的贡献已经变得很重要，请计算 Cl_2 分子的转动能量等于 kT 时的温度。已知 Cl_2 的核间距为 1.988×10^{-10} m。

[答案：0.7 K]

6.对于双原子气体分子，设基态振动能为零，$e^x\approx1+x$。试证明：

(1) $U_r=NkT$

(2) $U_v=NkT$

7.某单原子理想气体的配分函数 q 具有下列形式 $q=Vf(T)$，试导出理想气体的状态方程。

[答案：$PV_m=RT$]

8.已知 H_2 和 I_2 的摩尔质量和转动特征温度分别为

物质	$M/(\text{kg}\cdot\text{mol}^{-1})$	Θ_r/K
H_2	2.0×10^{-3}	85.4
I_2	253.8×10^{-3}	0.054

试求在 298 K 时，H_2 和 I_2 分子的平动摩尔热力学能、转动摩尔热力学能和振动摩尔热力学能。

[答案：H_2：3716.36 J·mol^{-1}，2477.57 J·mol^{-1}，25357.7 J·mol^{-1}；

I_2：3716.36 J·mol^{-1}，2477.57 J·mol^{-1}，2697.1 J·mol^{-1}]

9.已知某分子的第一电子激发态比基态能量高 400 kJ·mol^{-1}，且基态和第一激发态都是非简并的，试计算在 300 K 时，第一激发态分子所占的分数？

[答案：2.2×10^{-70}]

10.某单原子理想气体的配分函数 $q=\left(\frac{2\pi mkT}{h^2}\right)^{3/2}\cdot V$，试导出压力 p 和内能 U 的表示

式，以及理想气体的状态方程。

[答案：$P=\frac{kNT}{V}$，$U=\frac{3}{2}kNT$，$PV_m=RT$]

11.某物质 X 是理想气体，每个分子中含有 n 个原子。在 273.2 K 时，X(g)与 N_2(g)的 $C_{v,m}$ 值相同，在这个温度下振动的贡献可以忽略。当升高温度后，X(g)的 $C_{v,m}$ 值比 N_2(g)的 $C_{v,m}$ 值大 $3R$，从这些信息计算 n 等于多少，X 是什么形状的分子。

[答案：$n=3$，三原子线型分子]

12.计算 N_2 分子在 298.15 K，101.325 kPa 时的摩尔熵，已知 N_2 转动特征温度和振动特征温度分别为 2.86 K 和 3340 K(忽略电子与核自旋运动的贡献)。

[答案：191.49 $J\cdot mol^{-1}\cdot K^{-1}$]

13.已知 CO 气体分子的转动惯量 $I=1.45\times10^{-46}\ kg\cdot m^2$，试求当转动量子数分别为 4 和 3 时两能级的能量差 $\Delta\varepsilon$。并求 $T=300$ K 时的 $\Delta\varepsilon/kT$。

[答案：3.077×10^{-22} J，7.429×10^{-2}]

14.用统计热力学的方法证明：在等温条件下，系统的压力由 p_1 变到 p_2 时，1 mol 单原子理想气体的熵变 $\Delta S=R\ln(p_1/p_2)$。

15.在 298 K 时，$p^\ominus$ 下，1 mol 理想气体 O_2(g)放在体积为 V 的容器中。试计算：O_2(g)的平动配分函数。

[答案：4.33×10^{30}]

16.2000 K 时，异核双原子分子 AB 的振动配分函数为 1.25，求

(1) 振动特征温度；

(2) 处于振动基态能级上的分布数 N_0/N。

[答案：3219 K，0.80]

17.已知在 298 K 时，$p^\ominus$ 下，单原子 Na 蒸气的规定熵为：153.35 $J\cdot mol^{-1}\cdot K^{-1}$，其平动熵为 147.84 $J\cdot mol^{-1}\cdot K^{-1}$。如果 Na 原子的电子运动处于基态能级，试求 Na 原子基态能级的简并度？假设单原子 Na 蒸气为理想气体，并且核运动对熵没有贡献。

[答案：2]

18.N_2 和 CO 的相对分子质量非常接近，转动惯量的差别也极小，在 298 K 时，振动和电子运动都处于基态。但是二者的标准摩尔熵却有一定的差别，N_2 的标准摩尔熵为 191.6 $J\cdot mol^{-1}\cdot K^{-1}$，CO 的标准摩尔熵为 197.6 $J\cdot mol^{-1}\cdot K^{-1}$。试分析其原因。

19.已知 HBr 分子在转动基态上的平均核间距离 $r=1.414\times10^{-10}$ m。试求：

(1) HBr 分子的转动惯量、转动特征温度；

(2) 在 298 K 时，HBr 分子的转动配分函数以及摩尔转动熵。

[答案：$3.31\times10^{-47}\ kg\cdot m^2$，12.1 K；24.63，35 $J\cdot mol^{-1}\cdot K^{-1}$]

20.已知气态 I 原子的 $g_{e,0}=2$，$g_{e,1}=2$，电子第一激发态与基态能量之差为 1.510×10^{-20} J，试计算在 1000 K 时气态 I 原子的电子配分函数以及在第一激发态的电子分布数与总的电子数之比。

[答案：2.67；0.2509]

第 8 章　电解质溶液

【本章要求】

(1)了解迁移数、电迁移率、电导率、摩尔电导率的意义以及之间的关系，强电解质溶液理论基本假设以及德拜-休克尔(Debye-Hückel)公式的意义。

(2)理解离子平均活度、平均活度因子及计算方法，熟悉离子独立移动定律及电导测定的一些应用。

(3)掌握电化学基本概念和电解定律，电导率、摩尔电导率计算以及其与浓度的关系。

【背景问题】

(1)电解质溶液导电是物理过程还是化学过程？原理是什么？

(2)水锂电是当今锂电池研发的前沿和方向之一，它是用普通的水溶液来替换传统锂电池中的有机电解质溶液，水溶液锂电池体系有何特点？

引　言

电化学是研究化学现象与电现象之间的相互关系以及化学能与电能相互转化规律的学科。电化学是物理化学的一个重要组成部分，与无机化学、分析化学、有机化学等学科相互关联，因为电化学反应包括了一切氧化还原反应。其涉及领域十分广泛，从日常生活、生产实际直至基础理论研究，都会经常遇到电化学问题。

化学现象与电现象的联系，化学能与电能的转化，都需要一定的条件(即要提供一定的装置和介质)。例如，化学能转变为电能必须通过原电池来完成，电能转变成化学能则需要借助于电解池来完成。无论是原电池还是电解池，都必须包含有电解质溶液和电极两个部分。

由于材料、能源、信息、生命、环境对电化学技术的要求，电化学新体系和新材料的研究将有较大的发展。目前可预见的有：①纳米材料的电化学合成；②纳米电子学中元器件、集成电路板、纳米电池、纳米光源的电化学制备；③微系统、芯片实验室的电化学加工以及界面动电现象在驱动微液流中的应用；④电动汽车的化学电源和信息产业的配套电源；⑤氢能源的电解制备；⑥太阳能利用实用化中的固态光电化学电池和光催化合成；⑦消除环境污染的光催化技术和电化学技术；⑧玻璃、陶瓷、织物等的自洁、杀菌技术中的光催化和光诱导表面能技术；⑨生物大分子、活性小分子、药物分子的电化学研究；⑩微型电化学传感器的研制。

电化学的内容非常广泛，已形成一门独立的科学，本书中主要讨论电化学中的一些基本原理和共同规律。

8.1　电化学基本概念

8.1.1　导体

能导电的物质称为导体。根据导电的机理不同，导体可分为两类。

1.第一类导体

第一类导体又称电子导体，靠自由电子的定向运动导电，如金属。导电时导体本身不发生变化，可能发生温度变化。温度升高会导致导体内部质点热运动加剧，阻碍自由电子的定向移动，从而导致电阻增大，导电能力降低。

2.第二类导体

第二类导体又称离子导体，靠离子的定向迁移导电，如电解质溶液、熔融电解质和固体电解质。导电时，导体本身发生氧化-还原作用。因为电子不能穿过溶液，所以，在电极表面必须有接受电子或释放电子的物质，电子才能流通。这类导体在温度升高时，由于溶液黏度降低，离子运动速率加快，使得导电能力增加。

当电池中(包括电解池和原电池)有电流通过时，第一类导体中的电子和第二类导体中的离子在电场的作用下都做定向移动，同时，在电极与溶液接触的界面上分别发生电子交换，并伴随化学能和电能的相互转换。因此，电解质溶液的联系导电过程必须在电化学装置中实现。

8.1.2 电极的命名

关于电化学装置的电极命名法，目前各书刊尚不统一。为避免混乱，本书采用如下规定：

(1)电势较低的电极称为负极，电势较高的电极称为正极；

(2)发生氧化反应的电极为阳极，发生还原反应的电极为阴极；

(3)习惯上，对原电池常用正极和负极命名，对电解池常用阳极和阴极命名。正、负极和阴、阳极的对应关系见表 8-1。

表 8-1 电极命名的对应关系

反应	原电池		电解池	
氧化反应	阳极	负极	阳极	负极
还原反应	阴极	正极	阴极	正极

8.1.3 原电池与电解池

原电池是将与伏特计(或电流计)相连的两个电极插入到电解质溶液中，将化学能转变为电能。图 8-1 所示的是丹尼尔(Daniell)电池，是一种最简单的原电池。

在 Zn 电极上发生氧化反应，故 Zn 电极是阳极。在 Cu 电极上自动发生还原反应，故 Cu 电极是阴极，其反应如下。

阳极发生氧化作用： $$Zn(s) \longrightarrow Zn^{2+}(aq) + 2e^- \tag{8.1}$$

阴极发生还原作用： $$Cu^{2+}(aq) + 2e^- \longrightarrow Cu(s) \tag{8.2}$$

电解池外电源直接与插入电解质溶液中的两个电极相连，电能转变为化学能。图 8-2 所示的是电解 $CuCl_2$ 的电解池。

阳极发生氧化作用： $$2Cl^-(aq) \longrightarrow Cl_2(g) + 2e^- \tag{8.3}$$

阴极发生还原作用： $$Cu^{2+}(aq) + 2e^- \longrightarrow Cu(s) \tag{8.4}$$

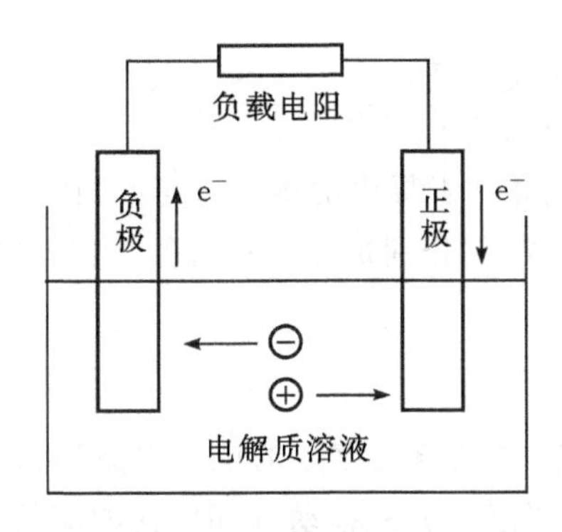

图 8-1　丹尼尔电池

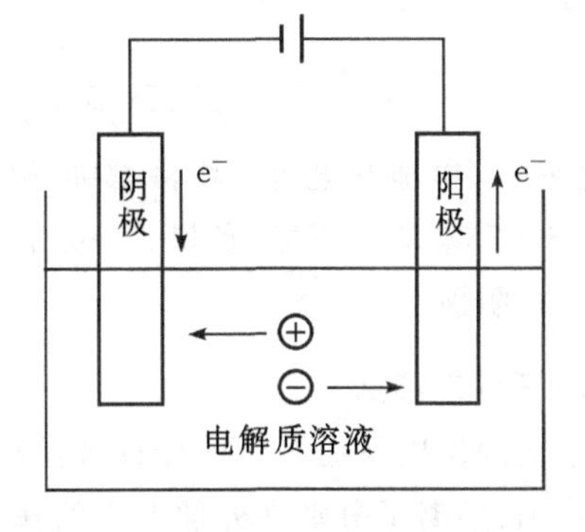

图 8-2　电解池

8.1.4　法拉第电解定律

法拉第(Faraday)在研究电解作用时，归纳多次实验结果，于 1883 年总结出一条基本规律，称为法拉第定律。实际上，该定律对电解反应和电池反应都是适用的。

法拉第定律的主要内容是：当电流通过电解质溶液时，通过电极的电荷量与发生电极反应的物质的量成正比。

电流流过电极是通过氧化还原反应实现的，通过的电量越多，说明电极与溶液界面得失电子的数目越多，参与氧化还原反应的物质的量必然越多，因为电子所带的电量是一定值。1 mol电子所带电量的绝对值称为法拉第常数，用 F 表示：

$$F=L\mathrm{e}=6.02\times10^{23}\times1.602\times10^{-19}=96484.6\ \mathrm{C\cdot mol^{-1}}\approx96500\ \mathrm{C\cdot mol^{-1}} \tag{8.5}$$

式中，L 为阿伏伽德罗常数；e 是一个电子所带的电量。

由于不同离子的价态变化不同，发生 1 mol 物质的电极反应所需的电子数不同，直接影响到通过电极的电量大小。例如，1 mol Cu^{2+} 在电极上还原为 Cu 需要 2 mol 的电子，而 1 mol Ag^+ 在电极上还原为 Ag 仅需 1 mol 电子，所以通过电极的电量除了与发生电极反应的物质的量有关，还与发生反应离子的价数有关，所以法拉第定律的表达式为：

$$Q=nzF \tag{8.6}$$

式中，n 为发生电极反应的物质的量；z 为电极反应式中的电子计量数；F 为法拉第常数。

法拉第定律在任何温度和压力下均可适用，没有使用的限制条件。而且实验愈精确，所得结果与法拉第定律吻合愈好，此类定律在科学上并不多见。因此，人们常常从电解过程中电极上析出或溶解的物质的量来精确推算所通过的电荷量，所用装置称为电量计或库仑计。常用的有铜电量计、银电量计和气体电量计等。

在实际电解时，电极上常发生副反应或次级反应。例如电解食盐溶液时，在阳极上所生成的氯气，有一部分溶解在溶液中发生次级反应而生成次氯酸盐和次氯酸。因此要析出一定质量的某一物质时，实际所消耗的电荷量要比按照法拉第定律计算所需的理论电荷量多一些。此二者的比值称为电流效率，通常用百分数表示。

当析出一定数量的某物质时，

$$\text{电流效率}=\frac{\text{按法拉第定律计算所需理论电荷量}}{\text{实际所消耗的电荷量}}\times100\% \tag{8.7}$$

或者当通过一定电荷量后，

$$电流效率=\frac{电极上产物的实际质量}{按法拉第定律计算应获得的产物质量}\times 100\% \tag{8.8}$$

【思考题 8-1】电池和电解质溶液都能导电，试述两者导电的本质有何不同？

【思考题 8-2】电池中正极、负极、阴极、阳极的定义分别是什么？为什么在原电池中负极是阳极而正极是阴极？

8.1.5 离子的迁移数

离子在电场的作用下而发生的迁移现象称为离子的电迁移。通电于电解质溶液后，溶液中承担导电的阴、阳离子分别在外加电场的作用下向正、负极移动，同时，在相应的电极-溶液界面上发生氧化或还原反应。在同一时间间隔内，任一截面所通过的电量是相等的。即通过金属导线的电量，等于通过任一电极表面的电量，也就是任一电极反应得失电子的电量。

假定有1F电量通过HCl溶液，则在阴极有1 mol H^+还原成0.5 mol H_2，同时在阳极上有1 mol Cl^-氧化成0.5 mol Cl_2，两电极均有1F电量通过。由于在电路中各个截面上所通过的电量必然相等，因此在电解质溶液中，与电流方向垂直的任何一个截面上通过的电量必然是1F。这1F电量是由在电场力作用下向阴极移动的H^+和向阳极移动的Cl^-共同传输的，也就是说通过截面的H^+和Cl^-共同传输的电量，而不是1F H^+和Cl^-分别传输1F的电量。即，通过电极-溶液界面的电量与通过溶液任一垂直截面的电量是相等的，但在电极上放电的某种离子的数量与在该溶液中通过某截面的该种离子的数量是不同的。

每一种离子所传输的电荷量在通过溶液的总电荷量中所占的分数，称为该种离子的迁移数，用符号t表示。对于指含有正、负离子各一种的电解质溶液来说：

$$正离子迁移数\ t_+=\frac{正离子传输的电荷量\ Q_+}{总电荷量\ Q} \tag{8.9}$$

$$负离子迁移数\ t_-=\frac{负离子传输的电荷量\ Q_-}{总电荷量\ Q} \tag{8.10}$$

而$t_+ + t_- = 1$。

离子的迁移数除了与离子的本性、溶剂的性质有关外，还与离子的迁移速率有关。二者究竟是什么关系呢？

如图8-3所示，假设在面积A为1 m^2的两个电极之间盛有一电解质溶液，此溶液中的正、负离子的浓度分别为c_+和c_-（单位为$mol \cdot m^{-3}$），正、负离子价数分别为z_+和z_-，两电极间距离为l（单位为m）。外加电压为V。在此条件下，正、负离子的迁移速率分别为r_+和r_-。则每秒内通过任意截面的正离子运载的电量为

$Q_+ = c_+ z_+ r_+ AF$，通过负离子运载的电量为$Q_- = c_- z_- r_- AF$，通过的总电量为$Q = Q_+ + Q_-$。由于任何电解质均有$c_+ z_+ = c_- z_-$的关系存在，所以

$$t_+ = \frac{Q_+}{Q} = \frac{r_+}{r_+ + r_-} \tag{8.11}$$

$$t_- = \frac{Q_-}{Q} = \frac{r_-}{r_+ + r_-} \tag{8.12}$$

由此可以看出，离子的迁移数与离子的迁移速率成正比。

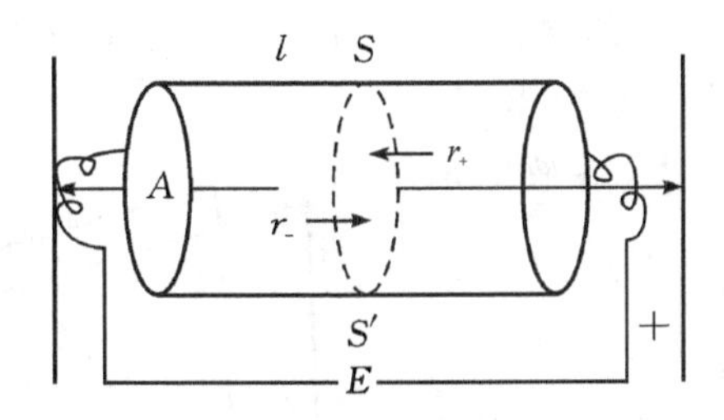

图 8-3　离子速率与传输电荷量的关系

表 8-2 是在 298 K 时一些电解质溶液在不同浓度下正离子的迁移数。

表 8-2　298 K 时水溶液中一些正离子的迁移数

电解质	$c/(\mathrm{mol\cdot dm^{-3}})$				
	0.01	0.02	0.05	0.10	0.20
HCl	0.825	0.827	0.829	0.831	0.834
KCl	0.490	0.490	0.490	0.490	0.498
NaCl	0.392	0.390	0.388	0.385	0.382
LiCl	0.329	0.326	0.321	0.317	0.311
NH_4Cl	0.491	0.491	0.491	0.491	0.491
KBr	0.483	0.483	0.483	0.483	0.484
KI	0.488	0.488	0.488	0.488	0.488
$AgNO_3$	0.465	0.465	0.466	0.468	—
KNO_3	0.508	0.509	0.509	0.510	0.512
NaAc	0.554	0.555	0.557	0.559	0.561

8.2　电解质溶液的电导

8.2.1　电导、电导率和摩尔电导率

电化学系统的基本结构为[电极/电解液/电极]的夹心结构。夹在两电极间的电解质，通过阴、阳离子分别向阳极和阴极的定向移动，完成了电荷的传输。电解质溶液和金属导体一样，存在下列关系：

(1)溶液的电阻 R、外加电压 V 和通过溶液的电流 I 服从欧姆定律，即 $V=IR$；

(2)溶液的电阻 R 与两电极间的距离 l 成正比，而与进入溶液的电极面积 A 成反比，即 $R=\rho\cdot\dfrac{l}{A}$。ρ 称为电阻率，即两电极相距 1 m、电极面积为 1 m^2时溶液的电阻，单位为 $\Omega\cdot\mathrm{m}$。

不过，对于电解质溶液，常常用溶液的电导 G 或电导率 κ 来表示溶液的导电能力。电导和电阻互为倒数关系：

$$G=\frac{1}{R}=\frac{1}{\rho}\cdot\frac{A}{l}=\kappa\cdot\frac{A}{l} \tag{8.13}$$

电导 G 以 S(西门子)为单位。

电阻率的倒数是电导率 κ，κ 的单位为 $S \cdot m^{-1}$。电导率 κ 的物理意义是电极面积各位 $1\ m^2$、两电极间相距 $1\ m$ 时溶液的电导。溶液的电导率与电解质的种类、溶液的浓度及温度等因素有关。

$$\kappa=\frac{1}{\rho}=G \cdot \frac{l}{A} \tag{8.14}$$

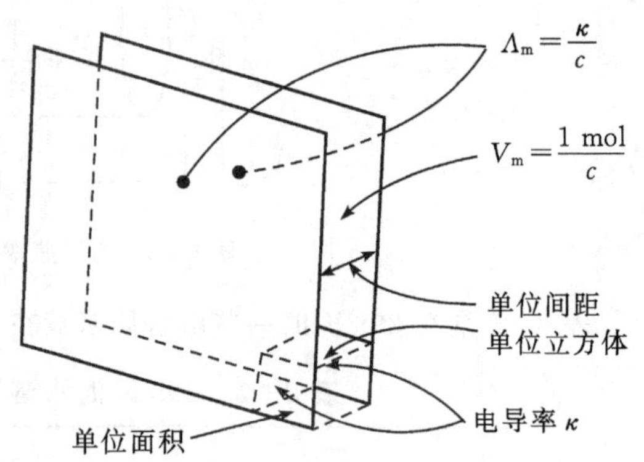

图 8-4　摩尔电导率的定义

电导和电导率都不便于比较不同电解质导电能力的强弱，为了比较不同电解质导电能力的强弱，引入摩尔电导率的概念。摩尔电导率是指把含有 1 mol 电解质的溶液置于相距 1 m 的两个平行板电极之间时溶液的电导(如图 8-4 所示)。以符号 Λ_m 表示，单位为 $S \cdot m^2 \cdot mol^{-1}$。按照 Λ_m 的定义有

$$\Lambda_m=\kappa \cdot \frac{A}{l}=\kappa \cdot V_m=\frac{\kappa}{c} \tag{8.15}$$

8.2.2　电导率、摩尔电导率与浓度的关系

电解质溶液的电导率及摩尔电导率均随溶液浓度的变化而变化，但强、弱电解质的变化规律不尽相同。图 8-5 给出了几种强、弱电解质电导率随浓度的变化关系。由图可以看出，对强电解质来说，溶液的电导率随溶液浓度的增加而增加，当达到一个极值点后，随着浓度的增加而减小。这是因为随着浓度的增加，单位体积溶液中的离子数目不断增加，因而电导率增加；但是当浓度超过一极值点的时候，由于溶液中离子数目的增加而导致正、负离子间的引力明显增大，限制了离子的导电能力。

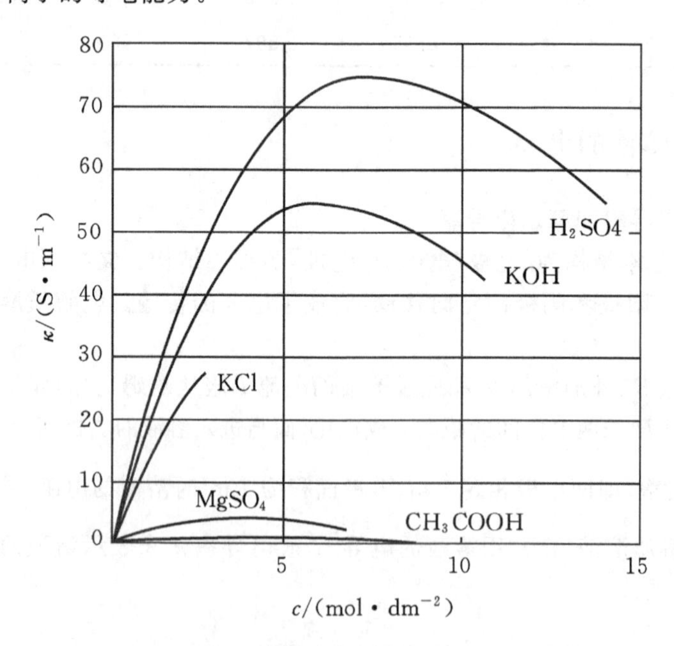

图 8-5　几种强、弱电解质电导率随浓度的变化关系

对弱电解质来说，溶液的电导率随浓度的增加而略有增加，但变化并不显著。这是因为弱电解质溶液增加的同时，电离度减小，溶液中离子的数目变化不大。

与电导率变化规律不同的是，无论强电解质还是弱电解质，溶液的摩尔电导率均随浓度增加而减小。一些电解质的摩尔电导率随浓度的变化规律如图 8-6 所示。

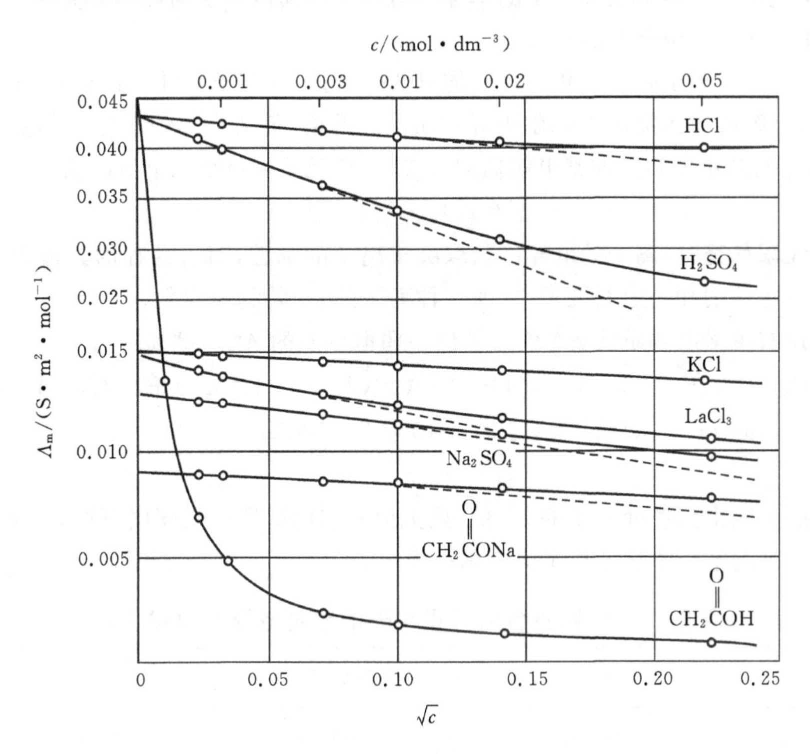

图 8-6　电解质的摩尔电导率随浓度的变化规律

由图 8-6 可以看出，强电解质与弱电解质的摩尔电导率随浓度变化的规律也是不同的。

对强电解质来说，随着浓度的下降，摩尔电导率很快接近极限值——无限稀释摩尔电导率 Λ_m^∞。在较低的浓度范围内，强电解质的摩尔电导率 Λ_m 与物质的量浓度之间 c 之间有下列经验关系：

$$\Lambda_m=\Lambda_m^\infty(1-\beta\sqrt{c}) \tag{8.16}$$

式中，β 为常数。在浓度极稀时，强电解质的 Λ_m 与 $c^{1/2}$ 几乎呈线性关系。将直线外推至与纵坐标相交处即得到溶液在无限稀释时的摩尔电导率 Λ_m^∞。但对弱电解质来说，在溶液稀释过程中，Λ_m 的变化比较剧烈，即使在浓度很稀时，摩尔电导率与 Λ_m^∞ 相差甚远，Λ_m 与 c 之间的关系不符合式(8.16)。所以不能用外推法求得弱电解质的 Λ_m^∞。

强、弱电解质的 Λ_m 与 c 之间的关系为什么会存在这种差别？根据摩尔电导率的定义，溶液在稀释过程中两电极之间的电解质数量并没有减少，仅仅是溶液的体积增大了。强电解质溶液在稀释过程中 Λ_m 变化不大，因为参加导电的离子数目并没有变化，仅仅是随着浓度的下降，离子间引力变小，离子迁移速率略有增加，导致 Λ_m 略有增加。而弱电解质溶液在稀释过程中，电极之间的电解质数量未变，但电离度却大为增加，致使参加导电的离子数目大为增加，因此 Λ_m 随浓度的降低而显著增大。

8.2.3 离子独立运动定律及离子摩尔电导率

科尔劳乌施(Kohlrausch)在研究极稀溶液的摩尔电导率时得出离子独立运动定律:在无限稀释时,所有电解质都全部电离,而且离子间一切相互作用均可忽略,因此离子在一定电场作用下的迁移速率只取决于该种离子的本性而与共存的其他离子的性质无关。

这一定律可从以下两个方面理解。

(1)无限稀释时,离子间一切相互作用均可忽略,每一种离子是独立运动的,不受其他离子的影响。所以电解质的无限稀释摩尔电导率 Λ_m^∞ 应是正、负离子单独对电导的贡献——离子摩尔电导率 λ_m^∞ 的简单加和。如某电解质$M_{v+}A_{v-}$,其无限稀释摩尔电导率为

$$\Lambda_m^\infty = v_+\lambda_{m,+}^\infty + v_-\lambda_{m,-}^\infty \tag{8.17}$$

(2)由于无限稀释时,离子的电导率只取决于离子的本性,而与共存的其他离子的性质无关。因此,在一定溶剂和一定温度下,任何一种离子的 λ_m^∞ 均为一定值。

因此,利用有关强电解质的 Λ_m^∞ 值可求出一弱电解质的 Λ_m^∞。例如:

$$\Lambda_m^\infty(\text{HAc}) = \lambda_m^\infty(\text{H}^+) + \lambda_m^\infty(\text{Ac}^-) = \lambda_m^\infty(\text{H}^+) + \lambda_m^\infty(\text{Cl}^-) + \lambda_m^\infty(\text{Na}^+) + \lambda_m^\infty(\text{Ac}^-) - \lambda_m^\infty(\text{Na}^+) - \lambda_m^\infty(\text{Cl}^-) = \Lambda_m^\infty(\text{HCl}) + \Lambda_m^\infty(\text{NaAc}) - \Lambda_m^\infty(\text{NaCl}) \tag{8.18}$$

由此可见,若能得到各种离子的 λ_m^∞ 值,则无论对强电解质还是弱电解质,求算 Λ_m^∞ 将十分方便。表 8-3 列出了一些常见离子的摩尔电导率 λ_m^∞。

表 8-3 无限稀释时常见离子的摩尔电导率(298 K)

正离子	$\lambda_m^\infty/(10^{-2}\text{S}\cdot\text{m}^2\cdot\text{mol}^{-1})$	负离子	$\lambda_m^\infty/(10^{-2}\text{S}\cdot\text{m}^2\cdot\text{mol}^{-1})$
H^+	3.4982	OH^-	1.98
Tl^+	0.747	Br^-	0.784
K^+	0.7352	I^-	0.768
NH_4^+	0.734	Cl^-	0.7634
Ag^+	0.1692	NO_3^-	0.7144
Na^+	0.5011	ClO_4^-	0.68
Li^+	0.3869	ClO_3^-	0.64
Cu^{2+}	1.08	MnO_4^-	0.62
Zn^{2+}	1.08	HCO_3^-	0.4448
Cd^{2+}	1.08	Ac^-	0.409
Mg^{2+}	1.0612	$C_2O_4^{2-}$	0.480
Ca^{2+}	1.190	SO_4^{2-}	1.596
Ba^{2+}	1.2728	CO_3^-	1.66
Sr^{2+}	1.1892	$Fe(CN)_6^{3-}$	3.030
La^{3+}	2.088	$Fe(CN)_6^{4-}$	4.42

从表 8-3 可以看出，H^+ 和 OH^- 的 λ_m^∞ 比其他离子的 λ_m^∞ 要高出好几倍，说明水溶液中，H^+ 和 OH^- 在电场力的作用下运动速率特别快，这种异常的现象只在水溶液中出现。如图 8-7所示，H^+ 和 OH^- 在电场力的作用下，在相邻水分子间以链式传递，其效果表现为 H^+ 和 OH^- 以很快的速率向两极迁移，导致 H^+ 和 OH^- 的 λ_m^∞ 数值很高。

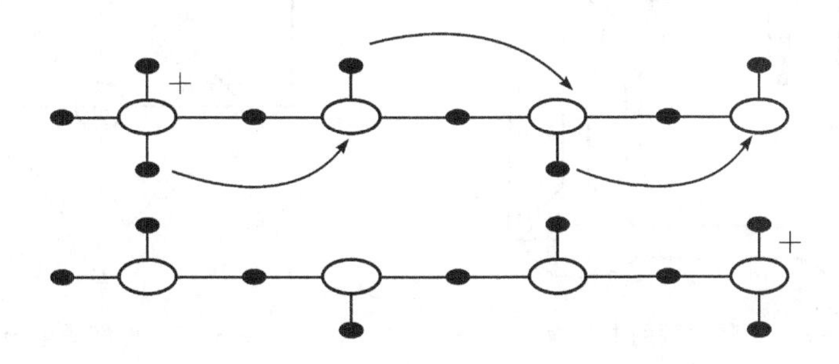

图 8-7　H^+ 在相邻水分子间的传递方式

【思考题 8-3】

在电解质溶液中，电导率和摩尔电导率三者之间有什么关系？知道其关系后有何用处？

【思考题 8-4】

怎样分别求出强电解质和弱电解质的极限摩尔电导率？为什么要用不同的方法？

【思考题 8-5】

离子摩尔电导率、离子迁移率和离子迁移数三者之间有何关系？知道其关系后有何用处？

【思考题 8-6】

在某电解质溶液中，若有 i 种离子存在，则溶液的总电导应为：$G=\frac{1}{R_1}+\frac{1}{R_2}\cdots+\frac{1}{R_i}$ 还是 $G=\frac{1}{\sum R_i}$？为什么？

【思考题 8-7】

无论是离子电导率还是离子迁移率，氢离子和氢氧根离子都比其他离子大得多，试解释这是为什么？在水溶液中带有相同电荷数的离子如：Li^+、Na^+、K^+、…，它们的迁移速度随着离子半径增大反而也增大，这是为什么？

8.2.4　电导的测定

电导的测定在实验中实际上是测定电阻，而电导率的测定必须知道电极面积以及电极之间的距离，将待测溶液充入具有两个固定的铂片或者铂黑电极的电导池中，如图 8-8 所示。将电导池如图 8-9 所示连入惠斯登（Wheatstone）电桥的一臂，测定其中溶液的电阻，然后求倒数得到电导值。使用一定频率的交流电，一般以 1000 Hz 左右为宜，因为用直流电将使溶液因发生电极反应而改变浓度，致使测量失真。用交流电，前半周期的电极反应被后半周期的作用相抵消，因此测量较为准确。图中，R_1、R_3、R_4 为可变电阻，C_1 为可变电容，I 为 1000 Hz 的交流电源。通过调节可变电阻 R_1、R_3、R_4 以及可变电容 C_1，达到平衡时，检流计 H 的电流为零，这时所测电池的电阻 $R_x=\frac{R_1R_2}{R_3}$。因此被测溶液的电导 $G=\frac{1}{R}=\frac{R_3}{R_1R_2}$。

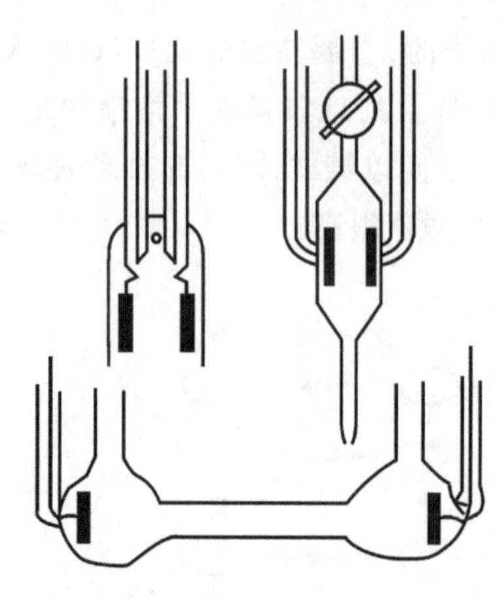
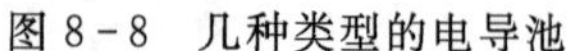

图 8-8 几种类型的电导池

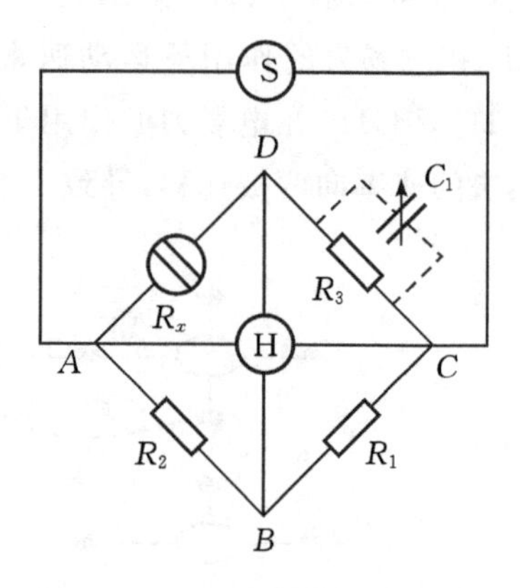

图 8-9 电解质电导测定

溶液的电导率按式(8.14)进行求算。但是电导池中两极之间的距离 l 以及电极面积 A 很难测量准确。通常把已知电阻率的溶液(一般使用 KCl 水溶液作标准溶液)注入电导池中,就可以确定$\frac{l}{A}$的值,这个值称为电导池常数,用 K_{cell} 表示,单位是 m^{-1},即

$$R=\rho\frac{l}{A}=\rho K_{cell} \tag{8.19}$$

$$K_{cell}=\frac{1}{\rho}R=\kappa R \tag{8.20}$$

若已知该电解质溶液的物质的量浓度,则依据式(8.5)可以求出其摩尔电导率。常用的 KCl 标准溶液的电导率列于表 8-4。

表 8-4 氯化钾溶液的电导率

$c/(mol\cdot dm^{-3})$	电导率 $\kappa/(S\cdot m^{-1})$		
	273 K	291 K	298 K
0.01	0.077364	0.122052	0.140877
0.10	0.71379	1.11667	1.28560
1.00	6.5176	9.7838	11.1342

【例题 8-1】在 298 K 时,一电导池中盛以 0.01 $mol\cdot dm^{-3}$ KCl 溶液,电阻为 150.00 Ω;盛以 0.01 $mol\cdot dm^{-3}$ HCl 溶液,电阻为 51.40 Ω。试求 0.01 $mol\cdot dm^{-3}$ HCl 溶液的电导率和摩尔电导率。

解 从表 8-4 查得 298 K 时 0.01 $mol\cdot dm^{-3}$ KCl 的 $\kappa=0.140877\ S\cdot m^{-1}$,由式得 $K_{cell}=\frac{1}{\rho}R=\kappa R$,$K_{cell}=0.140877\times150.00=21.13\ m^{-1}$。

所以 298 K 时 0.01 $mol\cdot dm^{-3}$ HCl 溶液的电导率和摩尔电导率分别为

$$\Lambda_m=\frac{\kappa}{c}=\frac{0.4111}{1000}\times0.1=0.04111\ S\cdot m^2\cdot mol^{-1}$$

$$\kappa = GK_{cell} = \frac{21.13}{51.40} = 0.4111\ S \cdot m^{-1}$$

8.2.5　电导测定的应用示例

1.检验水的纯度

普通蒸馏水的电导率约为 $1\times10^{-3}\ S\cdot m^{-1}$，重蒸馏水(蒸馏水经用 $KMnO_4$ 和 KOH 溶液处理以除去 CO_2 及有机杂质，然后在石英器皿中重新蒸馏1～2次)和去离子水的电导率小于 $1\times10^{-4} S\cdot m^{-1}$。由于水本身有微弱的解离，$H_2O \rightleftharpoons H^+ + OH^-$，故虽然经过反复蒸馏，仍有一定的电导。理论上计算纯水的电导率应为 $5.5\times10^{-6} S\cdot m^{-1}$。在半导体工业或涉及电导测量的研究中，需要高纯度的水，即"电导水"，水的电导率要求在 $1\times10^{-4} S\cdot m^{-1}$ 以下。所以只要测定水的电导率，就可知道其纯度是否符合要求。

2.求算弱电解质的电离度 α 及电离平衡常数 Kc

在溶液中，弱电解质部分电离，电离的阴、阳离子承担了传输电量的任务。因此，对弱电解质来说，无限稀释时的摩尔电导率 Λ_m^∞ 反映了该电解质全部电离且离子间没有相互作用时的导电能力，可用离子的摩尔电导率相加得到。而一定浓度下的摩尔电导率 Λ_m 反映的是部分电离且离子间存在一定相互作用时的导电能力。由此可见，一定浓度下电解质的摩尔电导率 Λ_m 和无限稀释时的摩尔电导率 Λ_m^∞ 是有差别的。引起这种差别的原因，一是弱电解质的部分电离，二是离子间的相互作用。如果一电解质的电离度比较小，电离产生的离子浓度较低，使离子间作用力可忽略不计，那么 Λ_m 和 Λ_m^∞ 的差别可近似看成是由部分电离与全部电离产生的离子数目不同所致，所以弱电解质的电离度 α 可表示为

$$\alpha = \frac{\Lambda_m}{\Lambda_m^\infty} \tag{8.21}$$

设电解质为MA型(1-1价型或2-2价型)，电解质的起始浓度为 c，则

$$MA \longrightarrow M^+ + A^-$$

	MA	M^+	A^-
起始时	c	0	0
平衡时	$c(1-\alpha)$	$c\alpha$	$c\alpha$

式(8.21)代入 $K_c = \frac{c\alpha^2}{1-\alpha}$ 得

$$K_c = \frac{c\Lambda_m^2}{\Lambda_m^\infty(\Lambda_m^\infty - \Lambda_m)} \tag{8.22}$$

该式称为奥斯特瓦尔德(Ostwald)稀释定律。实验证明，弱电解质的电离度 α 越小，该式越精确。

【例题8-2】 298 K时测得浓度为 $0.100\ mol\cdot dm^{-3}$ HAc溶液的 Λ_m 为 $5.201\times10^{-4} S\cdot m^2\cdot mol^{-1}$。求HAc溶液在该浓度下的电离度 α 及电离平衡常数 K_c。

解　查表得298 K时HAc溶液的 Λ_m^∞ 为 $0.039071 S\cdot m^2\cdot mol^{-1}$，因此

$$\alpha = \frac{\Lambda_m}{\Lambda_m^\infty} = \frac{5.201\times10^{-4}}{0.039071} = 0.01331$$

$$K_c = \frac{c\alpha^2}{1-\alpha} = \frac{0.1000\times0.01331^2}{1-0.01331} = 1.795\times10^{-5}\ mol\cdot dm^{-3}$$

3.求算难溶盐的溶解度及溶度积

一些难溶盐，如 $BaSO_4$、AgCl 和 $AgIO_3$ 等在水中的溶解度很小，其浓度很难直接测定，但可用电导法求得。步骤大致为：用一预先测知了电导率 κ_{H_2O} 的高纯水，配制待测微溶盐的饱和溶液，然后测定此饱和溶液的电导率 κ，显然测出值是盐和水的电导率之和，所以

$$\kappa_{盐}=\kappa-\kappa_{H_2O} \tag{8.23}$$

由于难溶盐的溶解度很小，一旦溶解，则溶解的部分完全电离，此时的摩尔电导率 Λ_m 接近于无限稀释摩尔电导率 Λ_m^∞，相关的数据可以从有关的手册中查到。根据式(8.5)，该盐的饱和溶液的浓度 c 为

$$c=\frac{\kappa(盐)}{\Lambda_m^\infty(盐)} \tag{8.24}$$

【例题 8-3】298 K 时，测得 $BaSO_4$ 饱和水溶液的电导率为 $3.590\times10^{-4}\ S\cdot m^{-1}$。已知在该温度下，水的电导率为 $0.618\times10^{-4}\ S\cdot m^{-1}$。试求 $BaSO_4$ 在该温度下的溶解度和溶度积。

解：

$$\Lambda_{m,BaSO_4}\approx\Lambda_{m,BaSO_4}^\infty=\lambda_{m,Ba^{2+}}^\infty+\lambda_{m,SO_4^{2-}}^\infty=1.2728\times10^{-2}+1.596\times10^{-2}=2.8688\times10^{-2}\ S\cdot m^{-1}$$

$$\kappa_{BaSO_4}=\kappa_{溶液}-\kappa_{H_2O}=(3.590-0.618)\times10^{-4}=2.972\times10^{-4}\ S\cdot m^{-1}$$

$$c=\frac{\kappa_{BaSO_4}}{\Lambda_{m,BaSO_4}^\infty}=\frac{2.972\times10^{-4}}{2.8688\times10^{-2}}=1.035\times10^{-5}\ mol\cdot dm^{-3}=\approx1.035\times10^{-5}\ mol\cdot kg^{-1}$$

习惯上溶解度也常以 S 表示，以 $g\cdot dm^{-3}$ 为单位。

$$S=M_{BaSO_4}\times c=0.233\times1.035\times10^{-5}=2.412\times10^{-3}\ g\cdot dm^{-3}$$

$$K_{sp}=\left(\frac{c}{c^\ominus}\right)^2=(1.035\times10^{-5})^2=1.07\times10^{-10}$$

4.电导滴定

利用滴定过程中溶液电导变化的转折来确定滴定终点的方法，称为电导滴定。电导滴定可用于酸碱中和、生成沉淀、氧化还原等各类滴定反应。当溶液有颜色，不便利用指示剂时，电导滴定的方法显得更加方便、有效。

以强碱 NaOH 滴定强酸 HCl 为例，其滴定结果以溶液的电导对加碱的体积作图，如图 8-10 所示中的曲线 ABC。加入 NaOH 以前，溶液中只有 HCl 一种电解质，溶液中因 H^+ 有较大的 λ_m^∞ 而表现出较高的电导。随着 NaOH 溶液的加入，由于 H^+ 和 OH^- 结合成 H_2O，溶液中 Na^+ 取代了 H^+ 而具有较低的电导，溶液电导将逐渐降低。达到滴定终点时，溶液电导应为最低。越过终点后，由于 NaOH 的存在，其中 OH^- 的 λ_m^∞ 较大，所以溶液的电导又急骤增高。

若以强碱 NaOH 滴定弱酸 HAc，则测定曲线如图 8-10 所示中的 $A'B'C'$。因 HAc 是弱酸，电导率较小，随着碱液的加入，弱酸逐渐被完全电离的盐 NaAc 所代替，因此溶液的电导逐渐增加。当超过了滴定终点，碱过量时，因具有较高电导率的 OH^- 增加而使溶液的电导迅速增大。

电导测定的应用除上述几方面以外尚有很多，如求算盐类水解度，测定反应速率，某些工业过程利用电导信号实现自动控制，医学上依据电导区分人的健康皮肤和不健康皮肤等。在此不再详述。

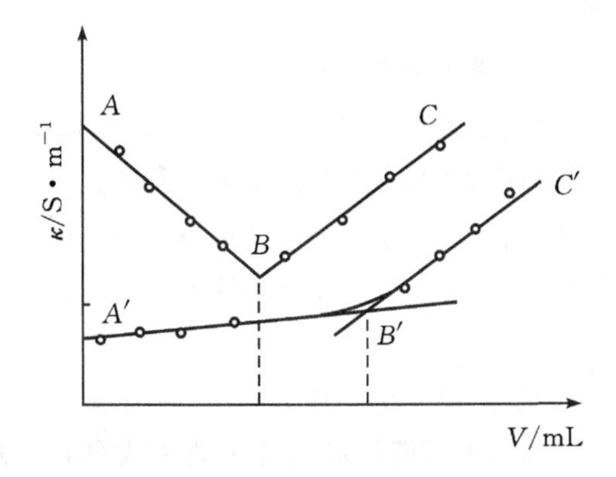

图 8-10　酸碱电导滴定

【思考题 8-8】

影响难溶盐溶解度主要哪些因素？试讨论 AgCl 在下列电解质溶液中的溶解度大小，按由小到大的次序排列出来。

(1)0.1 mol·dm^{-3} $NaNO_3$；　(2)0.1 mol·dm^{-3} NaCl；

(3)H_2O；　(4)0.1 mol·dm^{-3} $Ca(NO_3)_2$

【思考题 8-9】电导测定在生产实际中有那些应用？并举例说明之。

8.3　电解质的平均活度和平均活度系数

8.3.1　电解质的平均活度和平均活度系数

当溶液的浓度用质量摩尔浓度表示时，理想溶液中某一组分的化学势为：

$$\mu_B=\mu_{\mathrm{m}}^{\ominus}(T)+RT\ln\frac{m_B}{m^{\ominus}} \tag{8.25}$$

而非理想溶液中某一组分的化学势为：

$$\mu_B=\mu_{\mathrm{m}}^{\ominus}(T)+RT\ln\gamma_{\mathrm{m},B}\frac{m_B}{m^{\ominus}}=\mu_{\mathrm{m}}^{\ominus}(T)+RT\ln a_{\mathrm{m},B} \tag{8.26}$$

这是对于非电解质溶液。若为电解质溶液，则情况复杂得多。

强电解质溶于水后，几乎全部电离成正、负离子，且离子间存在着静电引力。因此，对于正、负离子分别有

$$\mu_+=\mu_+^{\ominus}+RT\ln a_+ \tag{8.27}$$

$$\mu_-=\mu_-^{\ominus}+RT\ln a_- \tag{8.28}$$

式中，μ_+、μ_-、$\mu_+^{\ominus}$、$\mu_-^{\ominus}$、a_+、a_-分别表示正、负离子的化学势、标准态的化学势以及活度。当溶液中离子的浓度用质量摩尔浓度表示时：

$$a_+=\gamma_+\frac{m_+}{m^{\ominus}} \tag{8.29}$$

$$a_-=\gamma_-\frac{m_-}{m^{\ominus}} \tag{8.30}$$

式中，γ_+、γ_-、m_+、m_-分别表示正、负离子的活度系数及离子的质量摩尔浓度。那么电解质

整体的化学势与 μ_+、μ_- 关系如何？

任一强电解质 $M_{v_+}A_{v_-}$，在溶液中完全电离：

$$M_{v+}A_{v-}(a) \rightarrow v_+M^{z+}(a_+) + v_-A^{z-}(a_-)$$

依据电解质的化学势可用各离子的化学势之和来表示，即

$$\mu = v_+\mu_+ + v_-\mu_- \quad \mu^\ominus = v_+\mu_+^\ominus + v_-\mu_-^\ominus$$

$$\mu = v_+\mu_+ + v_-\mu_- = (v_+\mu_+^\ominus + v_-\mu_-^\ominus) + RT\ln(a_+^{v_+}a_-^{v_-}) = \mu^\ominus(T) + RT\ln a \tag{8.31}$$

所以 $a = a_+^{v_+}a_-^{v_-}$

这就是电解质的活度 a 与正、负离子的活度 a_+、a_- 的关系。

但是，由于溶液总是电中性的，不可能制成只有正离子或只有负离子单独存在的溶液，因此单独离子的活度及活度系数均无法直接由实验测量。实验直接测量得到的只能是离子的平均活度 $a_\pm$、离子的平均活度系数 $\gamma_\pm$ 以及与之相关的平均质量摩尔浓度 $m_\pm$。

对强电解质 $M_{v_+}A_{v_-}$ 来说，令 $v_+ + v_- = v$，定义其离子平均活度 $a_\pm$ 为

$$a_\pm^v = a_+^{v+}a_-^{v-} \tag{8.32}$$

离子的平均活度 $a_\pm$ 与离子平均质量摩尔浓度 $m_\pm$ 及离子的平均活度系数 $\gamma_\pm$ 的关系为

$$a_\pm = \gamma_\pm \frac{m_\pm}{m^\ominus} \tag{8.33}$$

将浓度与活度的关系代入可得

$$\left(\gamma_\pm \frac{m_\pm}{m^\ominus}\right)^v = \left(\gamma_+ \frac{m_+}{m^\ominus}\right)^{v+} \left(\gamma - \frac{m_-}{m^\ominus}\right)^{v-}$$

即

$$\gamma_\pm^v m_\pm^v = (\gamma_+^{v_+}\gamma_-^{v_-})(m_+^{v_+}m_-^{v_-})$$

所以

$$\gamma_\pm = (\gamma_+^{v_+}\gamma_-^{v_-})^{1/v} \tag{8.34}$$

$$m_\pm = (m_+^{v_+}m_-^{v_-})^{1/v} \tag{8.35}$$

应注意的是，如上定义的离子平均活度、离子平均活度系数和离子平均质量摩尔浓度都是几何平均值。

离子平均质量摩尔浓度$m_\pm$与电解质质量摩尔浓度 m 的关系如何呢？对强电解质 $M_{v+}A_{v-}$ 来说，若电解质质量摩尔浓度为 m，由于强电解质全部电离，正离子浓度 $m_+ = v_+m$，负离子浓度 $m_- = v_-m$，代入式(8.35)

$$m_\pm = (m_+^{v_+}m_-^{v_-})^{1/v} = (v_+^{v_+}v_-^{v_-})^{1/v}m \tag{8.36}$$

其中，v 及 v_+、v_- 可由电解质类型 $M_{v_+}A_{v_-}$ 来确定，$m_\pm$ 可根据 m 及 v_+、v_- 计算。

例如，对于电解质 Na_2SO_4 的水溶液，当其质量摩尔浓度为 m 时，

$$m_\pm = \sqrt[3]{4m} \quad \gamma_\pm = (\gamma_+^2\gamma_-)^{1/3}$$

$$a_\pm = \gamma_\pm \frac{\sqrt[3]{4m}}{m^\ominus} \quad a = a_\pm^3 = 4\gamma_\pm^3\left(\frac{m}{m^\ominus}\right)^3$$

为了处理问题的方便，现将各种价型电解质的 a、m 及 $\gamma_\pm$、$m_\pm$ 间的关系列于表 8－5。

表 8-5　不同价型电解质的 a、m 及 $\gamma_\pm$、$m_\pm$ 间的关系

价型	例子	$\gamma_\pm$	$m_\pm=(v_+^{v_+}v_-^{v_-})^{1/v}m$	$a=a_\pm^v=\gamma_\pm^v\left(\frac{m_\pm}{m^\ominus}\right)^v$
非电解质	蔗糖	—	—	$\gamma\left(\frac{m}{m^\ominus}\right)$
1—1	KCl	$(\gamma_+\gamma_-)^{\frac{1}{2}}$	m	$\gamma_\pm\left(\frac{m}{m^\ominus}\right)^2$
2—2	$ZnSO_4$			
3—3	$LaFe(CN)_6$			
2—1	$CaCl_2$	$(\gamma_+\gamma_-^2)^{\frac{1}{3}}$	$4^{\frac{1}{3}}m$	$4\gamma_\pm^3\left(\frac{m}{m^\ominus}\right)^3$
1—2	Na_2SO_4	$(\gamma_+^2\gamma_-)^{\frac{1}{3}}$	$4^{\frac{1}{3}}m$	$4\gamma_\pm^3\left(\frac{m}{m^\ominus}\right)^3$
3—1	$LaCl_3$	$(\gamma_+\gamma_-^3)^{\frac{1}{4}}$	$27^{\frac{1}{4}}m$	$27\gamma_\pm^4\left(\frac{m}{m^\ominus}\right)^4$
1—3	$K_3Fe(CN)_6$	$(\gamma_+^3\gamma_-)^{\frac{1}{4}}$	$27^{\frac{1}{4}}m$	$27\gamma_\pm^4\left(\frac{m}{m^\ominus}\right)^4$
4—1	$Th(NO_3)_4$	$(\gamma_+\gamma_-^4)^{\frac{1}{5}}$	$256^{\frac{1}{5}}m$	$256\gamma_\pm^5\left(\frac{m}{m^\ominus}\right)^5$
1—4	$K_4Fe(CN)_6$	$(\gamma_+^4\gamma_-)^{\frac{1}{5}}$	$256^{\frac{1}{5}}m$	$256\gamma_\pm^5\left(\frac{m}{m^\ominus}\right)^5$
3—2	$Al_2(SO_4)_3$	$(\gamma_+^2\gamma_-^3)^{\frac{1}{5}}$	$108^{\frac{1}{5}}m$	$108\gamma_\pm^5\left(\frac{m}{m^\ominus}\right)^5$

$\gamma_\pm$可由实验直接测量,常用的实验方法有蒸汽压法、冰点降低法及电动势法等。采用各种不同的方法测定强电解质离子的 $\gamma_\pm$,一般所得结果都能吻合得较好。大量实验结果表明,在稀溶液的情况下,影响强电解质离子平均活度系数 $\gamma_\pm$ 的主要因素是离子的浓度和离子价数,而且离子价数比浓度的影响更显著。据此,在 1921 年,路易斯(Lewis)提出“离子强度”的概念。

8.3.2　离子强度

离子强度(ionic strength)I 定义为溶液中每种离子的质量摩尔浓度 m_B 乘该离子的价数 z_B 的平方所得各项之和的一半,用公式表示为

$$I=\frac{1}{2}\sum_B m_B z_B^2 \tag{8.37}$$

式中,m 是离子的质量摩尔浓度;z 是离子价数;B 是指溶液中某种离子。

路易斯根据实验进一步指出,活度系数和离子强度的关系在稀溶液范围内符合如下经验公式:

$$\ln\gamma_\pm=-A'\sqrt{I} \tag{8.38}$$

在指定温度和溶剂时,A'为常数。在稀溶液中,影响电解质离子平均活度系数$\gamma_\pm$的不是该电解质离子的本性,而是与溶液中所有离子的浓度及价数有关的离子强度。某电解质若处于离子强度相同的不同溶液中,尽管该电解质在各溶液中浓度可能不一样,但其$\gamma_\pm$却相同。

8.4 强电解质溶液理论

8.4.1 强电解质溶液的离子互吸理论

实验发现，电解质溶液的依数性比同浓度非电解质的数值大得多，为解释电解质稀溶液的这一现象，1923年，德拜（Debye，1884—1966）和休克尔（Hückel）提出了强电解质离子互吸理论，认为强电解质在稀溶液中完全电离，其与理想情况的偏差主要是由离子间的静电作用引起的。

为了分析离子间引力和离子热运动的关系，德拜和休克尔提出了离子氛（ionic atmosphere）模型。可以这样设想，正、负离子之间的静电吸引力要使离子像在晶格中那样有规则地排列，但离子在溶液中的热运动又要使离子混乱地分布，由于热运动不足以抵消静电引力的影响，所以在溶液中离子虽然不能有规则地排列，但势必形成这样的情况：在一个正离子周围，负离子出现的概率要比正离子大；同理，在一个负离子周围，负离子出现的概率要比正离子大。也就是说，在强电解质溶液中，每一个离子的周围，以统计力学的观点来分析，带相反电荷的离子相对集中，因此反电荷过剩，形成了一个反电荷的氛围，成为“离子氛”。每一个离子都作为“中心离子”而被带有相反电荷的离子氛所包围；同时，每一个离子又对构成另一个或若干个电性相反的中心离子外围离子做出贡献。在没有外加电场作用时，离子氛球形对称地分布在中心离子周围，离子氛的总电量与中心离子电量相等，如图8－11所示。

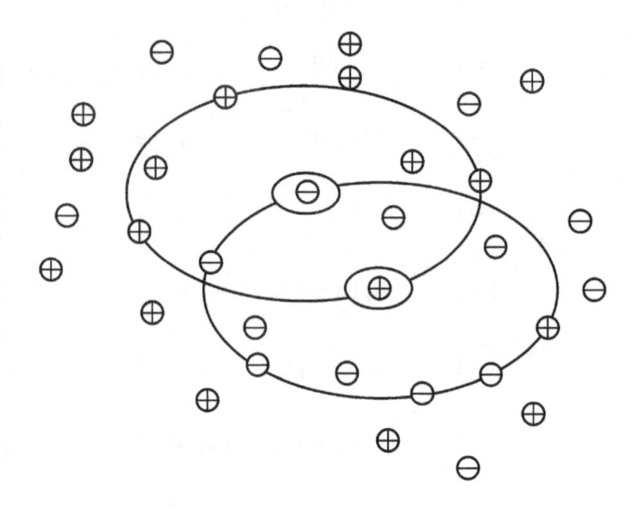

图8－11　离子氛示意图

德拜和休克尔根据离子氛的概念，成功地把电解质溶液中众多离子之间错综复杂的相互作用主要归结为各中心离子与其周围离子氛的静电引力作用，从而使电解质溶液的理论分析大大简化。并且，根据静电理论和玻尔兹曼分布，推导出强电解质稀溶液中离子活度因子的计算公式，

$$\lg\gamma_i = -Az_i^2\sqrt{I} \tag{8.39}$$

式中，z_i是i离子的电荷；I是离子强度；A是与温度、溶剂有关的常数。例如，在水溶液中，

$A(298\ \mathrm{K})=1.172\ \mathrm{kg^{\frac{1}{2}}\cdot mol^{-\frac{1}{2}}}$　　$A(273\ \mathrm{K})=1.123\ \mathrm{kg^{\frac{1}{2}}\cdot mol^{-\frac{1}{2}}}$，

式(8.39)称为德拜-休克尔活度系数极限公式。“极限”二字是指因推导过程中所引入的一些条件使该公式只能在接近无限稀释时才严格成立。

由于单独离子的活度系数无法直接测定，因此要验证式(8.39)是否正确，须将它转换成离子平均活度系数的表达式。根据$\gamma_\pm$与γ_+、γ_-的关系，并考虑到$\nu_+z_+=|\nu_-z_-|$（电中性）条件，可有

$$\nu\ln\gamma_\pm=\nu_+\ln\gamma_+ +\nu_-\ln\gamma_- = -A\nu_+z_+^2\sqrt{I}-A\nu_-z_-^2\sqrt{I}=-(\nu_+ +\nu_-)A|z_+z_-|\sqrt{I}$$

即

$$\ln\gamma_{\pm} = -A\,|z_{+}z_{-}|\sqrt{I} \tag{8.40}$$

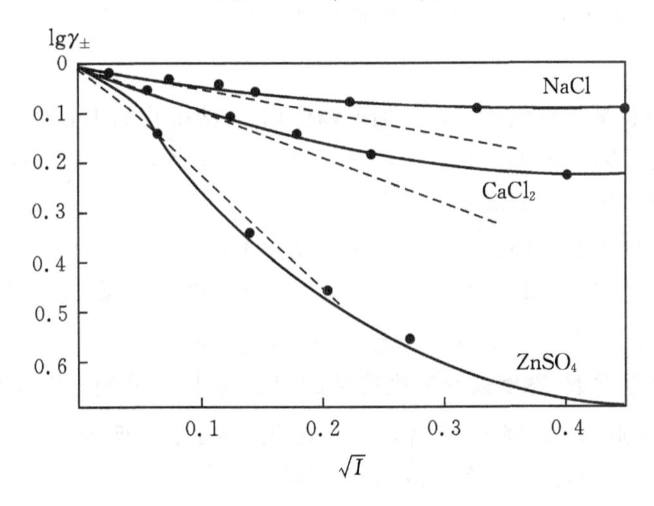

图 8－12　德拜-休克尔极限公式的验证

依据上式，$\ln\gamma_{\pm}$ 对 $\sqrt{I}$ 作图应呈直线，其斜率是 $A\,|z_{+}z_{-}|$，这已得到了实验结果的证实。图 8－12 中虚线是德拜-休克尔公式预期的结果，实线是实验测定的结果。由图可以看出在稀溶液范围内虚线与实线能较好地吻合，说明德拜-休克尔理论反映了强电解质稀溶液的客观情况。极限公式能适用的范围是离子强度大约为 0.01 $\text{mol}\cdot\text{kg}^{-1}$ 以下的溶液。当溶液的离子强度加大时，虚线和实线偏离渐趋明显，需要对德拜-休克尔极限公式加以修正，或提出新的理论。

8.4.2　德拜-休克尔-昂萨格(Debye-Hückel-Onsager)电导理论

1927 年，昂萨格(Onsager)将德拜-休克尔理论应用到有外加电场作用的电解质溶液，把科尔劳乌施电导率与浓度平方根之间的线性关系提高到理论阶段，对式(8.16)作出了理论解释，这就形成了德拜-休克尔-昂萨格电导理论。

在无限稀释时，离子间相距甚远，静电作用可以忽略不计，此时可以认为没有离子氛形成，每个离子都不受其他离子的影响，电解质所表现出的导电能力是 $\Lambda_{\text{m}}^{\infty}$。但在低浓度的电解质溶液中，中心离子受到周围离子氛的影响，迁移速率降低，因此导电能力下降为 Λ_{m}。离子氛影响中心离子的迁移速率，进而影响电解质导电能力的因素主要有以下两个方面。现以中心离子带正电的情况为例略作说明。

1.弛豫效应

在无外加电场作用的平衡状态下，负离子氛球对称地分布在中心正离子周围，如图8－11所示。而当中心正离子在外电场作用下向阴极迁移时，其外围离子氛部分地被破坏了，如图 8－13 所示。由于离子间的静电作用力仍存在，仍有恢复平衡的趋势，所以中心正离子的前方有重建新的负离子氛的趋势，而在其后方，旧离子氛有拆散的趋势。由于重建与拆散离子氛都需要时间，因此在不断前进着的中心正离子周围只能形成

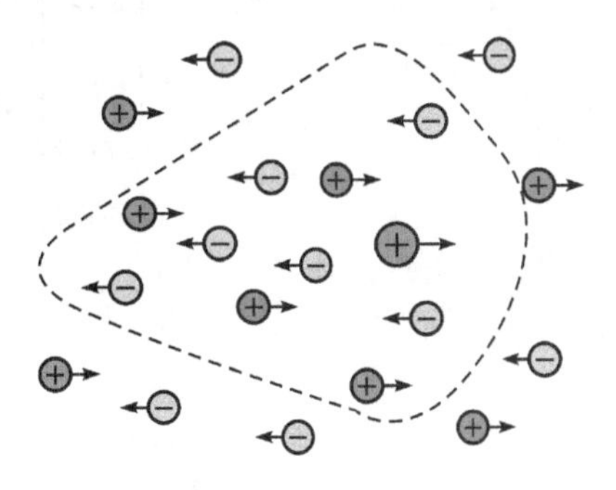

图 8－13　不对称离子氛示意图

一个不对称离子氛。这种不对称的离子氛对中心离子在电场中的运动产生了一种阻力，通常称为弛豫力。它使得离子的运动速度降低，因而使摩尔电导率降低。

2. 电泳效应

在溶液中，离子总是溶剂化的。在外加电场作用下，溶剂化的中心离子与溶剂化的离子氛中的离子向相反方向移动，增加了黏滞力，阻碍了离子的运动，这种影响称为电泳效应。它降低了离子的迁移速率，因而也使摩尔电导率下降。

根据上述分析，利用静电理论可导出电解质摩尔电导率 Λ_m 与其浓度平方根的$\sqrt{c}$ 的线性函数关系，即德拜-休克尔-昂萨格电导公式。对 1-1 型电解质来说，该公式为

$$\Lambda_m = \Lambda_m^\infty - (p + q\Lambda_m^\infty)\sqrt{c} \tag{8.41}$$

式中，p 是与溶剂介电常数、黏度以及温度有关的因子；q 是与溶剂介电常数及温度有关的因子。前者是电泳效应造成 Λ_m 降低，后者是弛豫效应造成 Λ_m 降低，都与成$\sqrt{c}$ 成正比。在稀溶液中，当温度、溶剂一定时，p 和 q 有定值，故上式可写为

$$\Lambda_m = \Lambda_m^\infty - A\sqrt{c} \tag{8.42}$$

式中，A 为常数，这就是科尔劳乌施的与 Λ_m 与$\sqrt{c}$ 的经验公式。

式(8.41)的正确性已被实验所证实。图 8－14 中各圆点是实验数据，虚线是德拜-休克尔-昂萨格电导公式所预期的结果。由图看出，当浓度较低时，该电导公式与实验结果吻合得很好；当浓度增大时，按电导公式计算得的Λ_m 比实验值小些，原因之一是推导公式时把离子当作点电荷看待，未考虑离子有一定大小。当对此加以修正后，可获得更加满意的结果。

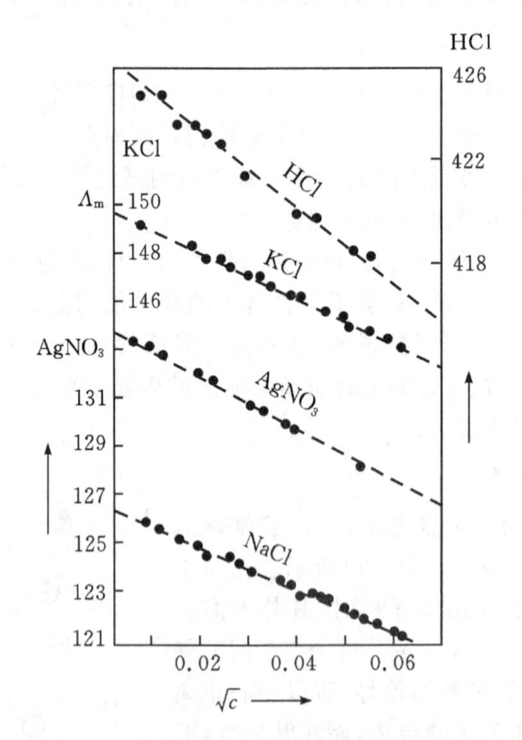

图 8－14 德拜-休克尔-昂萨格电导公式的验证

【思考题 8－10】为什么要引入离子强度的概念？为什么强电解质溶液的活度系数要用

$r_{\pm}$表示？在用德拜-休克尔公式计算 $r_{\pm}$时有何限制条件？在什么时候要用修正的德拜-休克尔公式？

习　题

1.为电解食盐水溶液制取 NaOH，通过一定时间的电流后，得到含 NaOH $1\ mol \cdot dm^{-3}$的溶液 $0.6\ dm^3$。同时在与之串联的铜库仑计上析出 30.4 g Cu。试问得到的 NaOH 是理论值的百分之几？($M_{Cu}=63.546\ g \cdot mol^{-1}$，$M_{NaOH}=40\ g \cdot mol^{-1}$)

[答案：62.7%]

2.用电流强度为 5 A 的直流电来电解稀 H_2SO_4溶液，在 300 K，$p^{\ominus}$ 压力下如欲获得 $1\times10^{-3}\ m^3$氧气和 $1\times10^{-3}\ m^3$氢气，需分别通电多少时间？已知在该温度下的水的蒸气压为 3565 Pa。

[答案：50.42 min；25.21 min]

3.用银电极来电解 $AgNO_3$水溶液，通电一定时间后在阴极上有 0.078 g 的银沉积出来。经分析知道阳极部含有 $AgNO_3$ 0.236 g、H_2O 23.14 g。已知原来所用溶液的浓度为每克水中溶有 $AgNO_3$ 0.00739 g，试求 Ag^+ 和 NO_3^- 的迁移数。

[答案：$t(Ag^+)=0.471$；$t_{NO_3^-}=0.529$]

4.298 K 时用 Ag+AgCl 为电极，电解 KCl 的水溶液，通电前 $w_{KCl}=0.14941\%$，通电后在质量为 120.99 g 的阴极部溶液中 $w_{KCl}=0.19404\%$，串联在电路中的银库仑计中有 160.24 mg Ag 沉积出来，求 K^+ 和 Cl^- 的迁移数。

[答案：$t_{K^+}=0.487$，$t_{Cl^-}=0.513$]

5.电导池用 $0.01\ mol \cdot dm^{-3}$标准 KCl 溶液标定时，其电阻为 189 Ω，用 $0.01\ mol \cdot dm^{-3}$的氨水溶液测其电阻值为 2460 Ω。用下列该浓度下的离子摩尔电导率数据计算氨水的解离常数。

$\lambda_m(K^+)=73.5\times10^{-4}\ S \cdot m^2 \cdot mol^{-1}$，$\lambda_m(Cl^-)=76.4\times10^{-4}\ S \cdot m^2 \cdot mol^{-1}$，

$\lambda_m(NH_4^+)=73.4\times10^{-4}\ S \cdot m^2 \cdot mol^{-1}$，$\lambda_m(OH^-)=196.6\times10^{-4}\ S \cdot m^2 \cdot mol^{-1}$。

[答案：$K=1.79\times10^{-5}$]

6.298 K 时，$0.1\ mol \cdot dm^{-3}$的 KCl 的电导率为 $1.289\ S \cdot m^{-1}$，用某一电导池测得 $0.1\ mol \cdot dm^{-3}$的 KCl 的电阻为 24.69 Ω，$0.01\ mol \cdot dm^{-3}$的 HAc 溶液的电阻为 1982 Ω，试求该 HAc 溶液的摩尔电导率和电离常数。

已知：$\Lambda_m^{\infty}(HAc)=390.72\times10^{-4}\ S \cdot m^2 \cdot mol^{-1}$。

[答案：$K=1.8\times10^{-5}$]

7.在 298 K 时 $BaSO_4$的饱和水溶液的电导率是 $4.58\times10^{-4}\ S \cdot m^{-1}$，所用水的电导率是 $1.52\times10^{-4}\ S \cdot m^{-1}$。求 $BaSO_4$在水中饱和溶液的浓度(单位：$mol \cdot dm^{-3}$)和溶度积。已知 298 K 无限稀释时 1/2 Ba^{2+} 和 1/2 SO_4^{2-} 的离子摩尔电导率分别为 $63.6\times10^{-4}\ S \cdot m^2 \cdot mol^{-1}$和 $79.8\times10^{-4}\ S \cdot m^2 \cdot mol^{-1}$。

[答案：$c(BaSO_4)=1.7\times10^{-5}\ mol \cdot dm^{-3}$，$K_{sp}=1.14\times10^{-10}$]

8.已知 298 K 时水的离子积 $K_w=1.008\times10^{-14}(mol \cdot dm^{-3})^2$，NaOH、HCl 和 NaCl 的 Λ_m^{∞}分别等于 $0.02478\ S \cdot m^2 \cdot mol^{-1}$，$0.042616\ S \cdot m^2 \cdot mol^{-1}$和 $0.012645\ S \cdot m^2 \cdot mol^{-1}$，求 298

K时水的电导率。

[答案：$k(H_2O)=5.497\times10^{-6}\ S\cdot m^{-1}$]

9.已知298 K时0.05 $mol\cdot dm^{-3}$ CH_3COOH溶液的电导率为$3.68\times10^{-2}\ S\cdot m^{-1}$，计算$CH_3COOH$的解离度$\alpha$及解离常数$K$。

(已知：$\lambda_m^{\infty}(H^+)=349.82\times10^{-4}\ S\cdot m^2\cdot mol^{-1}$，$\lambda_m^{\infty}(CH_3COO^-)=40.9\times10^{-4}\ S\cdot m^2\cdot mol^{-1}$)

[答案：$\alpha=0.01884$　$K=1.809\times10^{-5}$]

10.某电导池内装有两个直径为4.00×10^{-2} m相互平行的银电极，电极之间距离为12.00×10^{-2} m，若在电导池内盛满浓度为0.1 $mol\cdot dm^{-3}$的$AgNO_3$溶液，施以20 V的电压，则所得电流强度为0.1976 A。试计算电导池常数，溶液的电导、电导率和摩尔电导率。

[答案：$G=9.88\times10^{-3}\ \Omega^{-1}$，$K_{cell}=95.54\ m^{-1}$，$k=0.9439\ \Omega^{-1}\cdot m^{-1}$，
$\Lambda_m=9.439\times10^{-3}\ S\cdot m^2\cdot mol^{-1}$]

11.实验测得$BaSO_4$饱和水溶液在25 ℃时的电导率为$3.590\times10^{-4}\ S\cdot m^{-1}$，配溶液所用水的电导率为$0.618\times10^{-4}\ S\cdot m^{-1}$，已知$Ba^{2+}$和$SO_4^{2-}$无限稀释时的离子摩尔电导率分别为$1.2728\times10^{-2}\ S\cdot m^2\cdot mol^{-1}$与$1.60\times10^{-2}\ S\cdot m^2\cdot mol^{-1}$(假定溶解的$BaSO_4$在溶液中全部解离)。计算25 ℃时$BaSO_4$的溶度积。

[答案：$K_{sp}=1.07\times10^{-10}$]

12.已测得高纯化的蒸馏水在25 ℃时的电导率为$5.8\times10^{-6}\ S\cdot m^{-1}$，已知HAc，NaOH及NaAc的无限稀释摩尔电导率Λ_m^{∞}分别为：$3.907\times10^{-2}\ S\cdot m^2\cdot mol^{-1}$、$2.481\times10^{-2}\ S\cdot m^2\cdot mol^{-1}$，$0.91\times10^{-2}\ S\cdot m^2\cdot mol^{-1}$，求水的离子积$K_w^{\ominus}$。

[答案：$K_w^{\ominus}=1.12\times10^{-14}$]

13.298 K时，某一电导池中充以0.1 $mol\cdot dm^{-3}$的KCl溶液(其$k=0.14114\ S\cdot m^{-1}$)，其电阻为525 Ω，若在电导池内充以0.10 $mol\cdot dm^{-3}$的$NH_3\cdot H_2O$溶液时，电阻为2030 Ω。

(1)求该$NH_3\cdot H_2O$溶液的解离度；

(2)若该电导池充以纯水，电阻应为若干？

已知这时纯水的电导率为$2\times10^{-4}\ S\cdot m^{-1}$；$\lambda_m^{\infty}(OH^-)=1.98\times10^{-2}\ S\cdot m^2\cdot mol^{-1}$；$\lambda_m^{\infty}(NH_4^+)=73.4\times10^{-4}\ S\cdot m^2\cdot mol^{-1}$。

[答案：(1)$\alpha=0.01345$；　(2)$R(H_2O)=3.705\times10^5\ \Omega$]

14.0.1 $mol\cdot dm^{-3}$ NaOH溶液的电导率是2.21 $S\cdot m^{-1}$，将同体积的0.1 $mol\cdot dm^{-3}$ HCl加到NaOH溶液中，电导率降低变成0.56 $S\cdot m^{-1}$，计算：

(1)NaOH的摩尔电导率；

(2)NaCl的摩尔电导率。

[答案：(1)$\Lambda_m(NaOH)=2.21\times10^{-2}\ S\cdot m^2\cdot mol^{-1}$；
(2)$\Lambda_m(NaCl)=1.12\times10^{-2}\ S\cdot m^2\cdot mol^{-1}$]

15.298 K时测得$SrSO_4$饱和水溶液的电导率为$1.48\times10^{-2}\ S\cdot m^{-1}$，该温度时水的电导率为$1.5\times10^{-4}\ S\cdot m^{-1}$，计算$SrSO_4$在水中的溶解度。

已知：$\lambda_m^{\infty}\left(\frac{1}{2}Sr^{2+}\right)=5.946\times10^{-3}\ S\cdot m^2\cdot mol^{-1}$，$\lambda_m^{\infty}\left(\frac{1}{2}SO_4^{2-}\right)=7.98\times10^{-3}\ S\cdot m^2\cdot mol^{-1}$。

[答案：0.0967]

16.298 K时，NaCl、NaOH和NH_4Cl的Λ_m^∞分别为108.6×10^{-4}，217.2×10^{-4}和129.8×10^{-4} $S\cdot m^2\cdot mol^{-1}$；0.1和0.01 $mol\cdot dm^{-3}$的$NH_3\cdot H_2O$的Λ_m分别为3.09×10^{-4}和9.62×10^{-4} $S\cdot m^2\cdot mol^{-1}$。试根据上述数据求$NH_3\cdot H_2O$两种不同浓度的解离度和解离常数。

[答案：$\alpha(0.1\ mol\cdot dm^3)=0.01296$，$K(0.1\ mol\cdot dm^3)=1.702\times10^{-5}$；
$\alpha(0.01\ mol\cdot dm^3)=0.04035$，$K(0.01\ mol\cdot dm^3)=1.696\times10^{-5}$]

17.在291 K时0.1 $mol\cdot dm^{-3}$的HAc溶液的电导率为0.0471 $\Omega^{-1}\cdot m^{-1}$，0.001 $mol\cdot dm^{-3}$ NaAc溶液的电导率为7.81×10^{-3} $\Omega^{-1}\cdot m^{-1}$，设NaAc全部电离。求上述醋酸溶液中HAc的离解度。已知H^+和Na^+的无限稀释摩尔电导率分别为3.498×10^{-2}和4.44×10^{-3} $\Omega^{-1}\cdot m^2\cdot mol^{-1}$。

[答案：$\alpha=0.0134$]

18.已知$BaSO_4$饱和溶液的电导率为3.06×10^{-4} $\Omega^{-1}\cdot m^{-1}$，$BaSO_4$的无限稀释电导率为1.43×10^{-2} $\Omega^{-1}\cdot m^2\cdot mol^{-1}$。试求：(1)在298 K时$BaSO_4$饱和溶液的浓度；(2)$BaSO_4$的$K_{sp}$，设活度系数都为1。

[答案：(1)$c=2.14\times10^{-5}$ $mol\cdot dm^{-3}$；　(2)$K_{sp}=1.14\times10^{-10}$]

19.在298 K时，某浓度为0.2 $mol\cdot dm^{-3}$的电解质溶液在电导池中测得其电阻为100 Ω，已知该电导池常数$K_{电池}$为206 m^{-1}，求该电解质溶液的电导率和摩尔电导率。

[答案：$k=2.06$ $\Omega^{-1}\cdot m^{-1}$，$\Lambda_m=1.03\times10^{-2}$ $\Omega^{-1}\cdot m^2$]

20.某盛有0.1 $mol\cdot dm^{-3}$ KCl溶液的电导池，测得其电阻为85 Ω，用该电导池盛0.052 $mol\cdot dm^{-3}$某电解质溶液时测得电阻为96 Ω。试计算该电解质的摩尔电导率，已知0.1 $mol\cdot dm^{-3}$溶液的电导率为1.29 $\Omega^{-1}\cdot m^{-1}$。

[答案：$\Lambda_m=0.022$ $\Omega^{-1}\cdot m^2\cdot mol^{-1}$]

21.某浓度为0.1 $mol\cdot dm^{-3}$的电解质溶液在300 K时测得其电阻为60 Ω，所用电导池电极的大小为0.85 cm×1.4 cm，电极间的距离为1 cm。试计算：

(1)电导池常数K；

(2)溶液的电阻率；

(3)溶液的电导率；

(4)溶液的摩尔电导率。

[答案：(1)$K_{电池}=84.0$ m^{-1}；　(2)$\rho=0.714$ $\Omega\cdot m$；
(3)$k=1.4$ $\Omega^{-1}\cdot m^{-1}$；　(4)$\Lambda_m=1.4\times10^{-2}$ $\Omega^{-1}\cdot m^2\cdot mol^{-1}$]

22.含有0.01 $mol\cdot dm^{-3}$ KCl及0.02 $mol\cdot dm^{-3}$ ACl(ACl为强电解质)的水溶液的电导率是0.382 $\Omega^{-1}\cdot m^{-1}$，如果K^+及Cl^-的摩尔电导率分别为0.0074，0.0076 $\Omega^{-1}\cdot m^2\cdot mol^{-1}$，试求$A^+$离子的摩尔电导率(因浓度很小，假定离子独立运动定律适用)。

[答案：$\lambda(A^+)=0.004$ $\Omega^{-1}\cdot m^2\cdot mol^{-1}$]

23.已知25 ℃时，AgBr(s)的溶度积$K_{sp}=6.3\times10^{-13}$，同温下用来配制AgBr饱和水溶液的纯水电导率为5.497×10^{-6} $S\cdot m^{-1}$，试求该AgBr饱和水溶液的电导率。已知25 ℃时：$\Lambda_m^\infty(Ag^+)=61.92\times10^{-4}$ $S\cdot m^2\cdot mol^{-1}$，$\Lambda_m^\infty(Br^-)=78.4\times10^{-4}$ $S\cdot m^2\cdot mol^{-1}$。

[答案：κ(AgBr溶液)$=1.663\times10^{-5}$ $S\cdot m^{-1}$]

24.已知25 ℃时，纯水的电导率$k=5.50\times10^{-6}$ $S\cdot m^{-1}$，无限稀释时H^+及OH^-的摩尔电导率分别为349.82×10^{-4}及198.0×10^{-4} $S\cdot m^2\cdot mol^{-1}$，纯水的密度$\rho=997.07$ $kg\cdot m^{-3}$，试求水的离子积K_w。

[答案：$K_w=1.008\times10^{-14}$]

25.在工业上，习惯把经过离子交换剂处理过的水称为“去离子水”。常用水的电导率来鉴别水的纯度。25 ℃时纯水电导率的理论值为多少？已知 $349.82\times10^{-4}\ S\cdot m^2\cdot mol^{-1}$，$\Lambda_m^\infty(OH^-)=198.0\times10^{-4}\ S\cdot m^2\cdot mol^{-1}$，水的离子积 K_w(25 ℃)$=1.008\times10^{-14}$($c^\ominus=1\ mol\cdot dm^{-3}$)。

[答案：$\kappa(H_2O)=5.5\times10^{-6}\ S\cdot m^{-1}$]

26.$BaSO_4$饱和水溶液的电导率在 25 ℃时为 $4.58\times10^{-4}\ S\cdot m^{-1}$，所用水的电导率为 $1.52\times10^{-4}\ S\cdot m^{-1}$，试求 $BaSO_4$对水的溶解度（以 $mol\cdot dm^{-3}$或 $g\cdot dm^{-3}$为单位）及溶度积。已知：$\Lambda_m^\infty\left(\frac{1}{2}Ba^{2+}\right)=63.6\times10^{-4}\ S\cdot m^2\cdot mol^{-1}$，$\Lambda_m^\infty\left(\frac{1}{2}SO_4^{2-}\right)=79.8\times10^{-4}\ S\cdot m^2\cdot mol^{-1}$。

[答案：$c(BaSO_4)=2.5\times10^{-3}\ g\cdot dm^{-3}$，$K_{sp}=1.14\times10^{-10}mol^2\cdot dm^{-6}$]

27.乙胺($C_2H_5NH_2$)溶于水形成 $C_2H_5NH_3OH$。今有 1 mol 乙胺溶于水制成 16 dm^3溶液，所生成的 $C_2H_5NH_3OH$ 是弱电解质，按下式解离：$C_2H_5NH_3OH \rightleftharpoons C_2H_5NH_3^+ + OH^-$，在 298 K 时测得该溶液的电导率 k 为 $0.1312\ S\cdot m^{-1}$，又已知其无限稀释摩尔电导率 $\Lambda_m^\infty=232.6\times10^{-4}\ S\cdot m^2\cdot mol^{-1}$，试求：

(1)上述条件下 $C_2H_5NH_3OH$ 的解离度 α；

(2)溶液中 OH^- 浓度及解离平衡常数。

[答案：(1)$\alpha=0.09025$；(2)$c(OH^-)=5.641\times10^{-3}\ mol\cdot dm^{-3}$，$K=5.596\times10^{-4}$]

28.在 298 K 时，饱和 AgCl 水溶液的电导率是 $2.68\times10^{-4}\ S\cdot m^{-1}$，而形成此溶液的水的电导率是 $0.86\times10^{-4}\ S\cdot m^{-1}$，硝酸、盐酸及硝酸银水溶液在 298 K 时极限摩尔电导率（用 $S\cdot m^2\cdot mol^{-1}$表示）分别是 4.21×10^{-2}，4.26×10^{-2}，1.33×10^{-2}，计算在此温度下 AgCl 在水中的溶解度。

[答案：$c=1.89\times10^{-3}\ g\cdot dm^{-3}$]

29.在 $0.2\ mol\cdot kg^{-1}\ K_2SO_4$溶液中，计算饱和 $BaSO_4$ 的 Ba^{2+} 和 SO_4^{2-} 离子的平均活度系数。已知 $BaSO_4$的 $K_{sp}=9.2\times10^{-11}$。假定德拜-休克尔极限公式成立。已知：$A=0.509(mol\cdot kg^{-1})^{-\frac{1}{2}}$。

[答案：$\gamma_\pm=0.06$]

30.用德拜-休克尔极限公式，计算 298 K 时 $0.002\ mol\cdot kg^{-1}$ 的 $CaCl_2$ 中 Ca^{2+} 和 Cl^- 离子的活度系数及离子平均活度系数。已知：$A=0.509(mol\cdot kg^{-1})^{-\frac{1}{2}}$。

[答案：$\gamma(Ca^{2+})=0.6955$，$\gamma(Cl^-)=0.9132$，$\gamma_\pm=0.8339$]

31.试用德拜-休克尔极限公式，计算 298 K 时，$1.00\times10^{-3}\ mol\cdot kg^{-1}$ 的 $K_3[Fe(CN)_6]$溶液的离子平均活度系数，并与实验值($\gamma_\pm=0.808$)相对比。

已知：$A=0.5115(mol\cdot kg^{-1})^{-\frac{1}{2}}$

[答案：$\gamma_\pm=0.776$，$\alpha=4\%$]

32.试用质量摩尔浓度 m 及单一离子活度系数 γ_+，γ_-表示 1－1 价型、2－1 价型、2－2 价型及 3－1 价型电解质（如 NaCl、$CaCl_2$、$MgSO_4$及 $AlCl_3$）的活度 a。

[答案：略]

33.试求 $ZnSO_4$，$MgCl_2$，Na_2SO_4和 $K_4[Fe(CN)_6]$溶液的离子强度 I 和质量摩尔浓度 m 的关系。

[答案：$I=1/2[(4m)(1)^2+m(-4)^3]=10m$]

34.下列溶液的离子强度各是多少？

(1)$0.1\ mol \cdot kg^{-1}$　$NaCl$

(2)$0.1\ mol \cdot kg^{-1}$　$Na_2C_2O_4$

(3)$0.1\ mol \cdot kg^{-1}$　$CuSO_4$

(4)$0.1\ mol \cdot kg^{-1}$　$K_4[Fe(CN)_6]$

(5)$0.1\ mol \cdot kg^{-1}$ KCl 和 $0.01\ mol \cdot kg^{-1}$ $BaCl_2$

35.分别计算下列各溶液的离子强度：

(1)$0.025\ mol \cdot kg^{-1}$的 $NaCl$ 溶液

(2)$0.025\ mol \cdot kg^{-1}$的 $CuSO_4$溶液

(3)$0.025\ mol \cdot kg^{-1}$的 $LaCl_3$溶液

(4)$NaCl$ 和 $LaCl_3$的浓度都为 $0.025\ mol \cdot kg^{-1}$的混合溶液

[答案：(1)$0.025\ mol \cdot kg^{-1}$；(2)$0.1\ mol \cdot kg^{-1}$；(3)$0.15\ mol \cdot kg^{-1}$；(4)$0.175\ mol \cdot kg^{-1}$]

36.分别计算下列两个溶液的平均质量摩尔浓度 $m_{\pm}$，离子的平均活度 $a_{\pm}$ 以及电解质的活度 a_B：

电　解　质	$m/mol \cdot kg^{-1}$	$\gamma_{\pm}$
$K_3Fe(CN)_6$	0.01	0.571
$CdCl_2$	0.1	0.219

[答案：$K_3Fe(CN)_6$：$m_{\pm}=2.28\times10^{-2}\ mol \cdot kg^{-1}$，$a_{\pm}=1.30\times10^{-2}$，$a_B=2.7\times10^{-8}$，
$CdCl_2$：$m_{\pm}=0.159\ mol \cdot kg^{-1}$，$a_{\pm}=\gamma_{\pm}m_{\pm}/m^{\ominus}=3.48\times10^{-2}$，$a_B=4.21\times10^{-5}$]

37.298 K 时，某溶液含 $CaCl_2$ 的浓度为 $0.002\ mol \cdot kg^{-1}$，含 $ZnSO_4$ 的浓度亦为 $0.002\ mol \cdot kg^{-1}$，试用德拜-休格尔极限公式求 $ZnSO_4$的离子平均活度系数。

已知：$A=0.509(mol \cdot kg^{-1})^{-\frac{1}{2}}$。

[答案：$\gamma_{\pm}=0.574$]

38.在 298 K 时，醋酸 HAc 的解离平衡常数为 $K_a=1.8\times10^{-5}$，试计算在下列不同情况下醋酸在浓度为 $1.0\ mol \cdot kg^{-1}$时的解离度。

(1)设溶液是理想的，活度系数均为 1；

(2)用德拜-休格尔极限公式计算出 $\gamma_{\pm}$ 的值再计算解离度。设未解离的 HAc 的活度系数为 1。已知：$A=0.509(mol \cdot kg^{-1})^{-\frac{1}{2}}$。

[答案：(1)$\alpha=4.24\times10^{-3}$；(2)$\alpha=4.58\times10^{-3}$]

39.298 K 时，从手册中查出 $AgBrO_3$的溶度积(实际是活度积 $K_a=a_+ \cdot a_-$)为 5.77×10^{-5}(浓度单位用 $mol \cdot kg^{-1}$，标准态 $m^{\ominus}=1\ mol \cdot kg^{-1}$)。试根据德拜-休格尔极限公式，求 $AgBrO_3$在下述溶液中的饱和溶液浓度(已知：$A=0.509(mol \cdot kg^{-1})^{-\frac{1}{2}}$)：

(1)纯水中；

(2)$0.01\ mol \cdot kg^{-1}$的 $KBrO_3$。

[答案：(1)$m=7.596\times10^{-3}\ \text{mol}\cdot\text{kg}^{-1}$； (2)$m=5.19\times10^{-3}\ \text{mol}\cdot\text{kg}^{-1}$]

40.某有机银盐 AgA(A 表示弱有机酸根)在 pH 值等于 7 的水中，其饱和溶液的浓度为 $1\times10^{-4}\ \text{mol}\cdot\text{dm}^{-3}$。设在该 pH 值下，$A^-$ 离子的水解可以忽略。

(1)计算在 pH 值为 7 的浓度为 $0.1\ \text{mol}\cdot\text{dm}^{-3}$ 的 $NaNO_3$ 溶液中，AgA 饱和溶液的浓度；

(2)设 AgA 在 HNO_3 的浓度为 $1.0\times10^{-3}\ \text{mol}\cdot\text{dm}^{-3}$ 的溶液中的饱和浓度为 $1.3\times10^{-4}\ \text{mol}\cdot\text{dm}^{-3}$，计算弱有机酸 HA 的离解平衡常数 K_a。

已知：$A=0.509(\text{mol}\cdot\text{kg}^{-1})^{-\frac{1}{2}}$。

[答案：(1)$S=1.45\times10^{-4}\ \text{mol}\cdot\text{dm}^{-3}$； (2)$K_a=1.63\times10^{-3}$]

41.今有含 $0.100\ \text{mol}\cdot\text{dm}^{-3}\ NH_4Cl$ 和 $0.050\ \text{mol}\cdot\text{dm}^{-3}\ NH_3\cdot H_2O$ 的溶液，

(1)不考虑各离子的活度系数，计算 OH^- 的浓度；

(2)用德拜-休克尔极限公式，根据 NH_4Cl 存在下的离子强度，估算 OH^- 的活度系数和活度；

(3)若在溶液中再加入 $0.5\ \text{mol}\cdot\text{dm}^{-3}$ 的 $CaCl_2$，问 OH^- 的活度应该增加还是减少？(不必计算，估计即可)，已知 $NH_3\cdot H_2O$ 的解离常数 $K=1.8\times10^{-5}$。

[答案：(1)$c(OH^-)=9.0\times10^{-6}\ \text{mol}\cdot\text{dm}^{-3}$； (2)$\gamma_\pm=0.689$，$a(OH^-)=1.3\times10^{-5}$；(3)增大]

42.25 ℃时，TlCl 在纯水中的溶解度为 $1.607\times10^{-2}\ \text{mol}\cdot\text{dm}^{-3}$，在 $0.100\ \text{mol}\cdot\text{dm}^{-3}$ NaCl 溶液中的溶解度是 $3.95\times10^{-3}\ \text{mol}\cdot\text{dm}^{-3}$，TlCl 的活度积是 2.022×10^{-4}，试求在不含 NaCl 和含有 $0.1000\ \text{mol}\cdot\text{dm}^{-3}$ NaCl 的 TlCl 饱和溶液中离子平均活度系数。

[答案：$\gamma_\pm=0.702$]

43.在 25 ℃时，$0.01\ \text{mol}\cdot\text{dm}^{-3}$ 浓度的醋酸水溶液的摩尔电导率是 $16.20\times10^{-4}\ \text{S}\cdot\text{m}^2\cdot\text{mol}^{-1}$，而无限稀释情况下的极限摩尔电导率是 $390.7\times10^{-4}\ \text{S}\cdot\text{m}^2\cdot\text{mol}^{-1}$。计算：

(1)$0.01\ \text{mol}\cdot\text{dm}^{-3}$ 的醋酸水溶液在 25 ℃时的 pH 值；

(2)25 ℃，$0.1\ \text{mol}\cdot\text{dm}^{-3}$ 的醋酸水溶液的摩尔电导率和 pH。

[答案：(1)pH=3.38； (2)pH=2.88，$\Lambda_m(\text{HAc})=\alpha'\Lambda_m^\infty(\text{HAc})=0.520\times10^{-3}\ \text{S}\cdot\text{m}^2\cdot\text{mol}^{-1}$]

第9章　可逆电池电动势及其应用

【本章要求】

(1)理解对消法测电动势的基本原理和标准电池的作用,电动势产生的机理和标准氢电极的作用。

(2)掌握形成可逆电池的基本条件、可逆电极的类型和电池的书面表示方法,正确写出电极反应和电池反应,将化学反应设计成电池,熟练应用能斯特(Nernst)方程计算电极电势和电池电动势。

(3)掌握热力学与电化学之间的联系,利用电化学测定数据计算热力学函数变化值。

(4)熟悉电动势测定的主要应用,会从电池测定数据计算平均活度因子、平衡常数和溶液pH值等。

【背景问题】

(1)为什么可逆电池的研究具有重要的理论意义?

(2)用书面表示电池时有哪些通用符号?为什么电极电势有正有负?用实验能测到负的电动势吗?

(3)水溶液系统中离子的热力学函数值能否应用于熔盐系统?为什么?

引　言

将化学能转变为电能的装置称为电池。若转变过程是以热力学可逆方式进行的,则称为可逆电池,此时电池是在平衡态或无限接近平衡态的情况下工作。根据吉布斯函数的性质,在定温定压条件下,当系统发生变化时,系统吉布斯函数的减少等于对外所做的最大非膨胀功。如果非膨胀功只有电功一种,则

$$(\Delta_r G_m)_{T,p} = -W'_r = -nEF \tag{9.1}$$

式中,E 为可逆电池电动势;n 是电极的氧化或还原反应式中电子的计量系数。也就是说,只有可逆过程对外做最大电功,此时的可逆电池电动势 E 才达到最大值。

式(9.1)是一个十分重要的关系式,它是联系热力学和电化学的主要桥梁,使人们可以通过可逆电池电动势的测定等电化学方法求得反应的 $\Delta_r G_m$,进而解决热力学问题。式(9.1)也揭示了化学能转变为电能的最高限度,为改善电池性能或研制新的化学电源提供了理论依据。

9.1　可逆电池与可逆电极

将化学反应转变为一个能够产生电流的电池必须满足两个条件:首要条件是该反应是一个氧化还原反应,或经历了氧化还原过程;其次必须有适当的装置,使化学反应分别通过在电极上的反应来完成。

9.1.1 可逆电池条件

这里“可逆”的条件和热力学可逆的条件是相同的，具体来说，热力学意义上的可逆电池必须同时满足如下两个条件，现以图 9-1 所示的例子来说明。

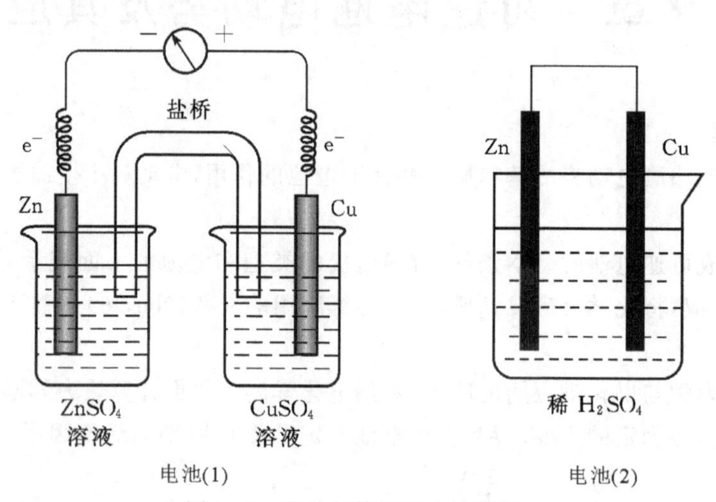

图 9-1 电池与外加电动势并联

(1)物质转化可逆，即可逆电池充、放电反应互为可逆。

对于电池(1)，当 $E>V$，电池放电时，

负极(Zn 极)：$Zn(s) \longrightarrow Zn^{2+}(aq)+2e^-$

正极(Cu 极)：$Cu^{2+}(aq)+2e^- \longrightarrow Cu(s)$

放电反应为：$Zn+Cu^{2+} \longrightarrow Zn^{2+}+Cu$

当 $E<V$，电池充电时，

负极(Zn 极)：$Zn^{2+}(aq)+2e^- \longrightarrow Zn(s)$

正极(Cu 极)：$Cu(s) \longrightarrow Cu^{2+}(aq)+2e^-$

放电反应为：$Zn^{2+}+Cu \longrightarrow Zn+Cu^{2+}$

可见电池(1)的充电、放电反应互为逆反应。

而对于电池(2)，区别于电池(1)的地方是，将 Zn 电极和 Cu 电极同时置于 H_2SO_4溶液中。

当 $E>V$，电池放电时，

负极(Zn 极)：$Zn(s) \longrightarrow Zn^{2+}(aq)+2e^-$

正极(Cu 极)：$2H+(aq)+2e^- \longrightarrow H_2(g)$

放电反应为：$Zn+2H^+ \longrightarrow Zn^{2+}+H_2$

当 $E<V$，电池充电时，

负极(Zn 电极)：$2H^+(aq)+2e^- \longrightarrow H_2(g)$

正极(Cu 电极)：$Cu(s) \longrightarrow Cu^{2+}(aq)+2e^-$

总反应：$Cu+2H^+ \longrightarrow Cu^{2+}+H_2$

可见电池(2)的充电、放电反应不是互为逆反应，因此电池(2)不可能是可逆电池。

(2)能量转化可逆，即可逆电池在放电或充电时所通过的电流必须无限小，以使电池在接近平衡状态下工作。此时，若作为原电池它能做出最大有用功，若作为电解池它消耗的电能最

小。换言之，如果设想能把电池放电时所放出的能量全部储存起来，则用这些能量充电，就恰好可以使体系和环境均恢复原状。

只有同时满足上述两个条件的电池才是可逆电池，即可逆电池在充电和放电时不仅物质转变是可逆的（即总反应可逆），而且能量的转变也是可逆的（即电极上的正、反向反应是在平衡状态下进行的）。若不能同时满足上述两个条件的电池均是不可逆电池。不可逆电池两电极之间的电势差 E' 将随具体工作条件而变化，且恒小于该电池的电动势，此时 $\Delta G_{T,p}<-nFE'$。

研究可逆电池电动势十分重要。一方面它能指示化学能转化为电能的最高极限，从而为改善电池性能提供依据；另一方面在研究可逆电池电动势的同时，也为解决热力学问题提供了电化学的手段和方法。

9.1.2　可逆电极的种类

一个电池至少有两个电极。构成可逆电池的电极也必须是可逆电极，即在电极上进行的反应必须是接近平衡态的。可逆电极主要有如下三种类型。

1. 第一类电极：金属电极和气体电极

金属电极是将金属浸在含有该金属离子的溶液中所构成的电极。如，M 插在 M^{z+} 的溶液中，以符号表示为：

$$M|M^{z+}(\text{作负极})\text{或}M^{z+}|M(\text{作正极})$$

电极反应为：　$M^{z+}+ze^-\longrightarrow M$ 或 $M-ze^-\longrightarrow M^{z+}$

如 Zn(s) 插在 $ZnSO_4$ 溶液中

$$Zn(s)|ZnSO_4(aq)(\text{负极})$$

$$ZnSO_4(aq)|Zn(s)(\text{正极})$$

电极反应分别为：

$$Zn(s)\longrightarrow Zn^{2+}+2e^-$$

$$Zn^{2+}+2e^-\longrightarrow Zn(s)$$

电极上的氧化和还原作用恰好互为逆反应。

气体电极是将气体冲击的铂片浸入含有该气体所对应的离子的溶液中而构成的，如氢电极、氧电极和氯电极，分别是将被 H_2、O_2 和 Cl_2 气体冲击着的铂片浸入含有 H^+、OH^- 和 Cl^- 的溶液中而构成，可用符号表示如下：

氢电极　$(Pt)H_2|H^+$ 或 $(Pt)H_2|OH^-$

氧电极　$(Pt)O_2|OH^-$ 或 $(Pt)O_2|H_2O,H^+$

氯电极　$(Pt)Cl_2|Cl^-$

相应的电极反应为

$$2H^++2e^-\longrightarrow H_2\text{或}2H_2O+2e^-\longrightarrow 2OH^-+H_2$$

$$2O_2+2H_2O+4e^-\longrightarrow 4OH^-\text{或}O_2+4H^++4e^-\longrightarrow 2H_2O$$

$$Cl_2+2e^-\longrightarrow 2Cl^-$$

对于 Na、K 等金属，常常做成汞齐电极，如钠汞齐电极

电极表示式：　$Na^+(a+)|Na(Hg)(a)$

电极反应：　$Na^+(a+)+Hg(l)+e^-\longrightarrow Na(Hg)(a)$

式中，Na(Hg) 齐的活度 a 值随着 Na(s) 在 Hg(l) 中溶解的量的变化而变化。

2.第二类电极:微溶盐和微溶氧化物电极

微溶盐电极是将金属表面覆盖一薄层该金属的微溶性盐,然后浸入含有该微溶性盐的负离子的溶液中构成的。这种电极的特点是不对金属离子可逆,而是对微溶盐的负离子可逆。最常用的微溶盐电极有甘汞电极和银-氯化银电极,分别用符号表示:

$Cl^-(a-)|Hg_2Cl_2(s)+Hg(l)$和$Cl^-(a-)|Ag(s)+AgCl(s)$

电极反应为

$Hg_2Cl_2(s)+2e^-\longrightarrow 2Hg(l)+2Cl^-$,$AgCl(s)+e^-\longrightarrow Ag(s)+Cl^-$

现以 Ag - AgC1 电极为例考察这种电极的反应。

首先,与金属电极一样,应有反应 $Ag^++e^-\longrightarrow Ag(s)$

同时,微溶盐存在如下平衡:$AgCl\longrightarrow Ag^++Cl^-(a-)$

所以总电极反应为:$AgCl(s)+e^-\longrightarrow Ag(s)+Cl^-(a-)$

微溶氧化物电极是在金属表面覆盖一薄层该金属的氧化物,然后浸在含有 H^+ 或 OH^- 的溶液中构成。以银-氧化银电极为例:

符号 $OH^-(a-)|Ag(s)+Ag_2O(s)$或 $H^+(a+)|Ag(s)+Ag_2O(s)$

相应的电极反应分别为:

$$Ag_2O(s)+H_2O+2e^-\longrightarrow 2Ag(s)-2OH^-(a-)$$

$$Ag_2O(s)+2H^+(a+)+e^-\longrightarrow 2Ag(s)+H_2O$$

在电化学中,第二类电极有较重要的意义,因为有许多负离子,如 SO_4^{2-},$C_2O_4^{2-}$ 等,没有对应的第一类电极存在,但可形成对应的第二类电极,还有一些负离子,如 C1⁻ 和 OH^-,虽有对应的第一类电极,也常制成第二类电极,因为第二类电极较易制备且使用方便。

3.第三类电极:氧化还原电极

氧化-还原电极是由惰性金属(如铂片)插入含有某种离子的不同氧化态的溶液中构成的。应当指出:任何电极上发生的反应都是氧化或还原反应,这里的氧化还原电极是专指不同价态的离子之间的相互转化而言,即氧化还原反应在溶液中进行,金属只起传导电流的作用。在电极上参加反应的可以是阳离子、阴离子,也可以是中性分子。

例如:$Pt|Fe^{3+}(a_1),Fe^{2+}(a_2)$

电极反应为:$Fe^{3+}(a_1)+e^-\longrightarrow Fe^{2+}(a_2)$

类似的还有 Sn^{4+} 与 Sn^{2+},$[Fe(CN)_6]^{3-}$ 与$[Fe(CN)_6]^{4-}$ 等,醌氢醌电极也属于这一类。

上述三类电极的充、放电反应都互为逆反应。用这样的电极组成电池,若其他条件也合适,有可能成为可逆电池。

【思考题 9 - 1】电池的标准电动势与标准平衡常数之间有什么关系?

【思考题 9 - 2】可逆电极有哪些主要类型?每种类型试举一例,并写出该电极的还原反应。

【思考题 9 - 3】将 Zn(s)和 Ag(s)作为电极插在 HCl 溶液中构成的电池是否为可逆电池?

9.2 电池电动势的测定

9.2.1 对消法测电池电动势

可逆电池的电动势不能直接用伏特计来测量。这是因为:(1)把伏特计与电池接通后,只有适量的电流通过时,伏特计才能显示,这样电池中就会发生化学变化,致使溶液浓度发生变化，因而电动势也不断变化，这就不符合可逆电池的工作条件。(2)电池本身有内阻，用伏特计所量出的只是两电极间的电势差而不是可逆电池的电动势。因此，一定要在没有电流通过的条件下测定可逆电池的电动势。一般采用对消法(或称补偿法)测定电池电动势，常用仪器称为电势差计，其线路示意如图 9-2 所示。

AB 为均匀的滑线电阻，R 为可变电阻，工作电池 E_w 通过 AB 和 R 构成一个回路。E_x 和 E_s 分别为待测电池和电动势精确已知的标准电池，S 为双向开关，G 为高灵敏度检流计。具体的工作原理是：当双向开关 S 与标准电池相连，并通过检流计与 AB 滑线电阻上的 C_1 点接触，然后改变可变电阻 R 直至检流计中无电流通过，此时 E_s 的电动势与 AC_1 的电势降等值反向而对消；随后将双向开关与标准电池断开，再与待测电池相连，这时保持可变电阻的阻值不变，移动待测电池与滑线电阻 AB 的接触点直到检流计中无电流通过，此时 E_x 的电势值与 AC_2 的电势降等值反向而对消，C_2 点所标记的电势降数值即为 E_x 的电动势。

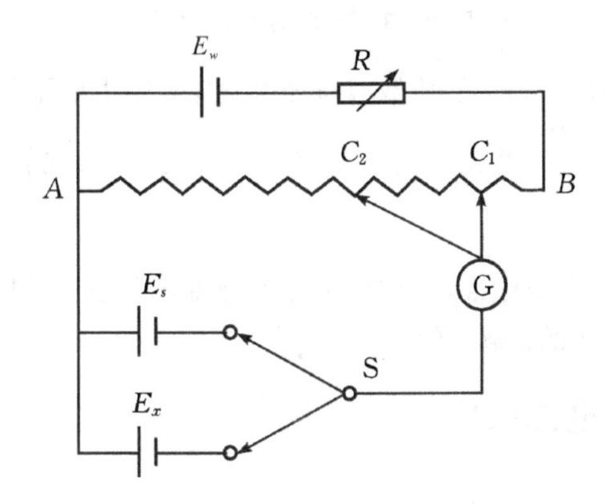

图 9-2　对消法测定电池电动势

在电势差计的使用中无论校准还是测量，都必须保证 G 中无电流通过，即保证标准电池或待测电池中无电流通过。因为若有电流通过，电池失去可逆性，电池内阻要消耗电势降，所测数值只是电池的工作电压，此值必定小于电池电动势。

【思考题 9-4】什么叫电池的电动势？用伏特表测得的电池的端电压与电池的电动势是否相同？为何在测电动势时要用对消法？

9.2.2　标准电池

电势差计中所用的标准电池，其电动势必须精确已知，且其数值能保持长期稳定不变。常用的是韦斯登(Weston)标准电池，其结构示意如图 9-3 所示。

韦斯登电池的组成结构为：负极为镉汞齐(Cd(Hg)，含 Cd 5%～14%)，正极是 Hg 与 Hg_2SO_4 的糊状体，在糊状体和镉汞齐上均放有 $CdSO_4 \cdot 8/3H_2O$ 的晶体及其饱和溶液，糊状体下面放少许水银。

$$Cl^-(a-)|Hg_2Cl_2(s)$$

标准电池：$Hg-Cd(5\%\sim14\%)|CdSO_4 8/3H_2O(饱和)|HgSO_4-Hg(l)$

正极反应：$HgSO_4+2e^- \longrightarrow Hg(l)+SO_4{}^{2-}$

负极反应：$Cd(Hg)-2e^- \longrightarrow Cd^{2+}$

总反应：$Cd(Hg)+HgSO_4+8/3H_2O \longrightarrow CdSO_4+8/3H_2O+Hg(l)$

电池内的反应是可逆的，而且电动势很稳定，因为根据电池的净反应，标准电池的电动势只与镉汞齐的活度有关，而用于制备标准电池的镉汞齐的活度在定温下有定值。

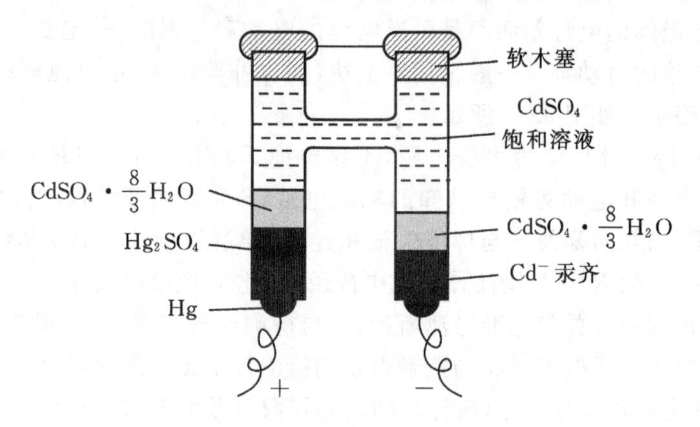

图 9-3 韦斯登标准电池

$T=293.15\ K$，$E_s=1.01845\ V$，在其他温度下电池的电动势可由下式求得：

$$E_s/V=1.01865-4.05\times10^{-5}\left(\frac{T}{K}-293.15\right)-9.5\times10^{-7}\times\left(\frac{T}{K}-293.15\right)^2+1\times10^{-8}\times\left(\frac{T}{K}-293.15\right)^3 \tag{9.2}$$

从式(9.2)可以看出，韦斯登标准电池的电动势与温度的关系很小。此外还有一种不饱和的韦斯登标准电池，其受温度的影响更小。

9.3 电池表示法与电池反应

9.3.1 电池表示法

直观地表达一个电池的组成和结构，需要用图解的方法来表示，但是比较繁琐。因此，有必要为书写电池规定一些方便而科学的表达方式。在这方面，通用的惯例有如下几点：

(1)以化学式表示电池中各种物质的组成，并需分别注明物态(g,l,s 等)。对气体注明压力，对溶液注明活度。还需标明温度和压力(如不写出，一般指 298.15 K 和 $p^{\ominus}$)。

(2)以"|"表示不同物相的界面，有接界电势存在，包括电极与溶液的界面，一种溶液与另一种溶液的界面，或同一溶液但两种不同浓度间的界面等。溶液与溶液的界面，常常采用盐桥来消除溶液接界间的电势差，盐桥用"‖"表示。书写电池表示式时，各化学式及符号的排列顺序要真实反映电池各种物质的接触顺序。

(3)电池中的负极写在左边，正极写在右边。

按上述惯例，图 9-1 中电池(1)可表示为

$$Zn(s)|ZnSO_4(m_1)\|CuSO_4(m_2)|Cu(s)$$

另外，对于只有正、负两极组成，没有不同溶液接界面或采用盐桥已消除溶液接界电势差的电池，其电动势 E 等于正、负两极的电势之差，即

$$E=\varphi_+-\varphi_-=\varphi_{右}-\varphi_{左}$$

如果算出的电动势 $E>0$，则表明该电池表示式确实代表一个电池；若 $E<0$ 则表明该电池表示式并不真实地反映一个电池。若要表示成电池，需要将正、负极互换位置。

9.3.2 电池表示式与电池反应"互译"

欲写出一个电池表示式所对应的化学反应，只需分别写出左侧电极发生氧化作用，右侧电

极发生还原作用的电极反应，然后将两者相加即成。

【例 9－1】写出下列电池所对应的化学反应：

(1)(Pt)$H_2(g)|H_2SO_4(a)|Hg_2SO_4(s)-Hg(l)$

(2)(Pt)$|Sn^{4+},Sn^{2+}\|Tl^{3+},Tl^{+}|$(Pt)

(3)(Pt)$H_2(g)|NaOH(m)|O_2(g)$(Pt)

解　(1)左侧电极：$H_2(g) \longrightarrow 2H^+(a+)+2e^-$

右侧电极：$Hg_2SO_4(s)+2e^- \longrightarrow 2Hg(l)+SO_4^{2-}(a-)$

电池反应：$H_2(g)+Hg_2SO_4(s) \longrightarrow 2Hg(l)+H_2SO_4(a)$

(2)左侧电极：$Sn^{2+} \longrightarrow Sn^{4+}+2e^-$

右侧电极：$Tl^{3+}+2e^- \longrightarrow Tl^+$

电池反应：$Sn^{2+}+Tl^{3+} \longrightarrow Sn^{4+}+Tl^+$

(3)左侧电极：$H_2(g)+2OH^- \longrightarrow 2H_2O+2e^-$

右侧电极：$1/2O_2(g)+H_2O+2e^- \longrightarrow 2OH^-$

电池反应：$H_2(g)+1/2O_2(g) \longrightarrow 2H_2O$

若欲将一个化学反应设计成电池，有时并不那么直观，一般来说必须抓住三个环节：

(1)确定电解质溶液。对有离子参加的反应比较直观，对总反应中没有离子出现的反应，需根据参加反应的物质找出相应的离子。

(2)确定电极。就目前而言，电极的选择范围就是前面所述的三类可逆电极，所以熟悉这三类电极的组成及其对应的电极反应，对熟练设计电池是十分有利的。

(3)复核反应。在设计电池过程中，首先确定的是电解质溶液还是电极，要视具体情况而定，以方便为原则。一旦电解液和电极都确定，即可组成电池。然后写出该电池所对应的反应，并与给定反应相对照，两者一致则表明电池设计成功，若不一致，需要重新设计。

【例 9－2】将下列化学反应设计成电池：

(1)$Zn(s)+Cd^{2+} \longrightarrow Zn^{2+}+Cd(s)$

(2)$Pb(s)+HgO(s) \longrightarrow Hg(l)+PbO(s)$

(3)$H^++OH^- \longrightarrow H_2O$

(4)$H_2(g)+1/2O_2(g) \longrightarrow 2H_2O$

解　(1)该反应中既有离子又有相应的金属，可选择第一类电极。反应中 Zn 被氧化成 Zn^{2+}，Cd^{2+} 被还原成 Cd，此时 Zn 电极为负极，Cd 电极为正极，设计的电池为 $Zn(s)|Zn^{2+}(m_1)\|Cd^{2+}(m_2)|Cd(s)$

复核反应：

负极：$Zn \longrightarrow Zn^{2+}+2e^-$

正极：$Cd^{2+}+2e^- \longrightarrow Cd$

电池反应：$Zn(s)+Cd^{2+} \longrightarrow Zn^{2+}+Cd(s)$

与给定反应一致。

(2)该反应中没有离子，但有金属及其氧化物，故可选择难溶氧化物电极。反应中 Pb 氧化，Hg 还原，故氧化铅电极为负极，氧化汞电极为正极。这类电极均可对 OH^- 离子可逆，因此设计电池为：$Pb(s)+PbO(s)|OH^-(a-)|HgO(s)-Hg(l)$

复核反应：

负极：$Pb(s)+2OH^-(a-) \longrightarrow PbO(s)+H_2O(l)+2e$

正极：$HgO(s)+H2O(l)+2e \longrightarrow Hg(l)+2OH^-(a-)$

电池反应：$Pb(s)+HgO(s) \longrightarrow PbO(s)+Hg(l)$

与给定反应一致。

(3)该反应有离子，电解质溶液比较明确，但是没有氧化-还原反应，电极选择不明显。氢电极对 H^+ 和 OH^- 均能可逆，可选择第三类电极，即气体电极。电池设计为$(Pt)H_2(g)|OH^-(m)\|H^+(m)|H_2(g)(Pt)$

复核反应：

负极：$H_2(g)+2OH^- \longrightarrow 2H_2O+2e^-$

正极：$2H^++2e^- \longrightarrow H_2$

电池反应：$H^++OH^- \longrightarrow H_2O$

与给定反应一致。

(4)该反应式中，是基于气体的氧化还原反应，可选择气体电极，氢电极和氧电极对 H^+ 和 OH^- 均可逆，假如选择对 OH^- 可逆，H_2 氧化应为负极，O_2 还原应为正极，电池可设计为$(Pt)H_2(g)|OH^-(m)|O_2(g)(Pt)$

复核反应：

负极：$H_2(g)+2OH^- \longrightarrow 2H_2O+2e^-$

正极：$1/2O_2(g)+H_2O+2e^- \longrightarrow 2OH^-$

电池反应：$H_2(g)+1/2O_2(g) \longrightarrow 2H_2O$

与给定反应一致。

9.4 可逆电池热力学

通过一定的电化学装置可以实现电能和化学能的相互转化。如果一个化学反应能在电池中进行，它究竟能提供多少电能？提供的电能与参加反应的各物种的性质、浓度以及反应温度之间的关系如何？此外，提供的电能与化学反应的热力学量之间的关系如何？这些都是可逆电池热力学要讨论的问题。可逆电池电动势与电池反应热力学量 $\Delta_r G_m$ 之间的基本关系式 $(\Delta_r G_m)_{T,P}=-nEF$ 是讨论可逆电池热力学关系的出发点。

9.4.1 可逆电池电动势与浓度的关系

可逆电池电动势的大小与参加电池反应的各物质活度之间的关系可通过热力学的方法获得。设在恒温恒压下，在可逆电池中发生的化学反应是：

$$cC(a_C)+dD(a_D)=gG(a_G)+hH(a_H)$$

根据化学反应等温式：

$$\Delta_r G_m=\Delta_r G_m^\ominus+RT\ln\frac{a_G^g\cdot a_H^h}{a_C^c\cdot a_D^d}$$

将 $\Delta_r G_m=-nEF$，$\Delta_r G_m^\ominus=-nE^\ominus F$ 代入

其中 z 为电极反应中电子的计量系数，$E^\ominus$ 为所有组分都处于标准状态时的电动势。则可逆电池的电动势为：

$$E=E^\ominus-\frac{RT}{nF}\ln\frac{a_G^g\cdot a_H^h}{a_C^c\cdot a_D^d} \tag{9.3}$$

$E^{\ominus}$ 在给定温度下有定值，所以式(9.3)表明了可逆电池电动势与参加电池反应的各物质活度间的关系，称为电池反应的能斯特方程。

注意：活度商中物态不同，活度的含义也不同，纯液体或固态纯物质，其活度为 1；实际气体 $a=f_B/p^{\ominus}$(f 为气体的逸度)；理想气体 $a=p_B/p^{\ominus}$。

9.4.2 电池反应热力学量

由式(9.1)可知 $\Delta_r G_m=-nEF$。

这是电池反应热力学与电池电动势最基本的关系。将上式在一定压力下对温度 T 求偏微商，得

$$\left(\frac{\partial \Delta_r G_m}{\partial T}\right)_p=-nF\left(\frac{\partial E}{\partial T}\right)_p$$

又根据热力学函数关系

$$\left(\frac{\partial \Delta_r G_m}{\partial T}\right)_p=-\Delta_r S_m$$

因此

$$\Delta_r S_m=nF\left(\frac{\partial E}{\partial T}\right)_p \tag{9.4}$$

式中，$\left(\frac{\partial E}{\partial T}\right)_p$ 是电池电动势随温度的变化率，称为电池电动势的温度系数。

在定温条件下，电池反应的可逆热效应

$$Q_R=T\Delta_r S_m=nFT\left(\frac{\partial E}{\partial T}\right)_p \tag{9.5}$$

判断电池放电是吸热还是放热，可以根据电池的温度系数 $\left(\frac{\partial E}{\partial T}\right)_p$ 的正、负来确定。

值得注意的是，这里 $Q_R=T\Delta_r S_m$ 是可逆电池在定压条件下得到的。该条件下的 Q_R 是在定温、定压、非体积功不为零的条件下得到的。而在热力学中，曾经推出 $Q_p=\Delta_r H_m$，此时的 Q_p 是在定温、定压、非体积功为零的条件下得到的。因此，$Q_p\neq\Delta_r H_m$，根据热力学关系可得

$$\Delta_r H_m=\Delta_r G_m+T\Delta_r S_m=-nEF+znFT\left(\frac{\partial E}{\partial T}\right)_p \tag{9.6}$$

由上可知，只要已知电池的电动势及其温度系数，就可以很方便地求算电池反应的 $\Delta_r G_m$、$\Delta_r S_m$、$\Delta_r H_m$ 及其可逆热效应 Q_R。由于 E 及 $\left(\frac{\partial E}{\partial T}\right)_p$ 的测量可以做到比较准确，因此用此法所得到的热力学量往往比通常的热化学方法测得的数据更准确。

【例 9-3】 298 K 时，电池 Ag—AgCl(s) | KCl(m) | Hg_2Cl_2(s) − Hg(l) 的电动势 $E=0.0455$ V，$\left(\frac{\partial E}{\partial T}\right)_p=3.38\times10^{-4}$ V·K^{-1}。试写出该电池反应，并求出该温度下的 $\Delta_r G_m$、$\Delta_r S_m$、$\Delta_r H_m$ 及可逆放电时的热效应 Q_R。

解 电极反应

负极：$Ag+Cl^{-}\longrightarrow AgCl+e^{-}$

正极：$1/2Hg_2Cl_2+e^{-}\longrightarrow Hg+Cl^{-}$

电池反应为：$Ag+Hg_2Cl_2\longrightarrow AgCl+Hg$

$\Delta_r G_m=-nEF=-1\times96500\times0.0455=-4391\ J\cdot mol^{-1}$

$$\Delta_r S_m = nF\left(\frac{\partial E}{\partial T}\right)_p = 1\times 96500\times 3.38\times 10^{-4} = 32.62\ \text{J}\cdot\text{mol}^{-1}\cdot\text{K}^{-1}$$

$$Q_R = T\Delta_r S_m = 298\times 32.62 = 9720\ \text{J}\cdot\text{mol}^{-1}$$

9.5 电池电动势产生的机理

前已述及,电池电动势的产生是由于电池内发生了自发的化学反应。这是将电池作为一个整体,研究其化学能与电能的相互转换关系。电池总是由电解质溶液和电极组成。那么在电极和溶液界面上,或在两种不同的电解质溶液,或者是同种电解质但浓度不同的溶液界面上究竟是如何产生电势差的呢?下面分别予以讨论。

9.5.1 电极与溶液界面电势差

以金属电极为例,金属晶格中有金属离子和能够自由移动的电子存在。将一金属电极浸入含有该种离子的溶液时,如 Ag 插在 $AgNO_3$溶液中,如果金属离子在电极相和溶液相中的化学势不相等,它们将在相间发生转移。若在电极相中的化学势大于溶液相,则金属离子将从电极相转移到溶液相,使金属表面带负电荷,而靠近金属的溶液相带正电荷;若金属离子在电极相中的化学势小于溶液相,则溶液相中的金属离子将转移到电极表面而使其带正电荷,靠近电极的溶液相则带负电荷。无论哪种情况,都破坏了电极和溶液的电中性,使相间出现电势差。相间转移过程达到稳定状态后,电势差就具有确定的数值。

若电极带负电,则靠近电极表面的溶液相中的异号离子,一方面受静电引力靠近电极表面,另一方面由于离子的热运动又趋向于离开表面,当静电吸引和热运动达平衡时,在电极表面上的电荷层与溶液中多余的反号离子层就形成了双电层。图 9-4 示意出双电层的结构。双电层是由电极表面电荷层与溶液中过剩的反号离子层所构成,在溶液中又分为紧密层和分散层。溶液层与金属表面紧靠一层称为紧密层;另一部分离子按一定的浓度梯度扩散到本体溶液中,称为分散层。紧密层的厚度 d 一般有 10^{-10} m,而分散层的厚度 δ 稍大,且与溶液中离子浓度有关,浓度越大,分散层厚度越小;浓度越小,其厚度越大。

设电极的电势为 φ_M,溶液本体的电势为 φ_1,则电极-溶液界面电势差 $\varepsilon = |\varphi_M - \varphi_1|$。$\varepsilon$ 在双电层中的分布情况如图 9-5 所示。即 ε 是紧密层电势差 Ψ_1 与扩散层电势差 Ψ_2 之和。

$$\varepsilon = |\varphi_M - \varphi_1| = \Psi_1 + \Psi_2 \tag{9.7}$$

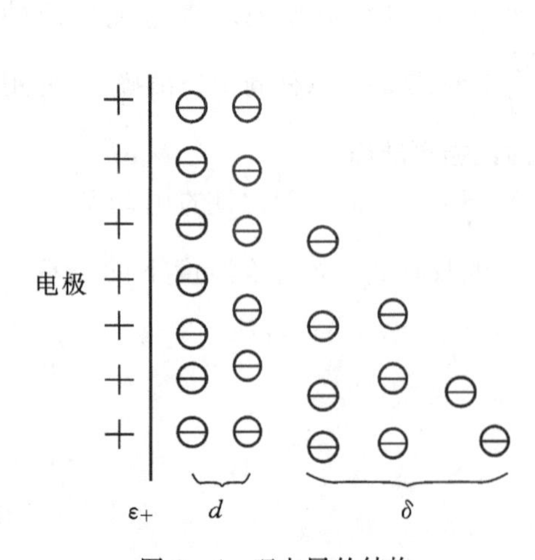

图 9-4 双电层的结构

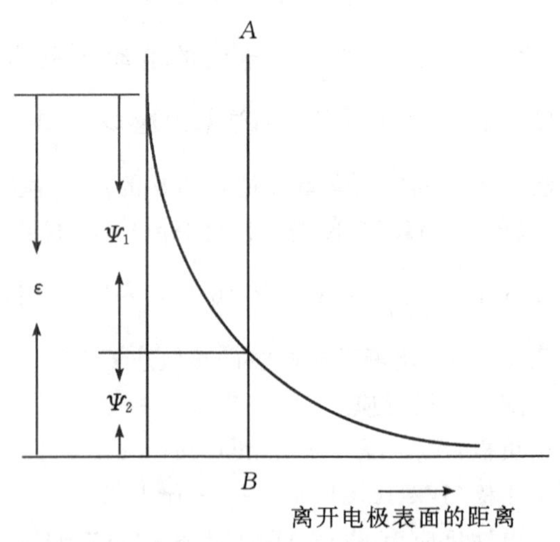

图 9-5 双电层电势示意图

综上所述，电极-溶液界面的电势差是由化学势之差造成的。化学势的高低与物质的本性、浓度和温度有关，因此影响电极-溶液界面电势差的因素有电极种类、溶液中相应离子的浓度以及温度等。

9.5.2　接触电势

接触电势是指两种金属相接触时，在界面上产生的电势差称为接触电势。由于不同金属的电子逸出功不同，当相互接触时，相互逸入的电子数目不相等，在接触界面上就形成双电层，产生了电势差。

在测定电池的 E 时要用导线(常用 Cu 丝)与两电极相连，因而必然出现不同金属间的接触电势，它是构成整个电池电动势的一部分。

9.5.3　液体接界电势

在两种含有不同溶质的溶液界面上，或两种溶质相同而浓度不同的溶液界面上，存在着微小的电位差，称为液体接界电势，由于这种电势差是由于离子扩散速度或迁移速率不同而产生，故又称扩散电势。

例如，两种不同浓度的 HCl 溶液接界，HCl 将会由浓的一侧向稀的一侧扩散。由于 H^+ 比 Cl^- 扩散得快，所以在浓溶液一边因 Cl^- 过剩而带负电，因此在溶液接界处产生了电势差。又如，浓度相同的 $AgNO_3$溶液与 HNO_3溶液接界时，可以认为界面上没有 NO_3^- 的扩散，但 H^+ 向 $AgNO_3$一侧扩散比 Ag^+ 向 HNO_3一侧扩散得快，必然使界面处 $AgNO_3$一侧荷正电，而 HNO_3一侧荷负电，因此在溶液界面处产生电势差(见图 9－6)。

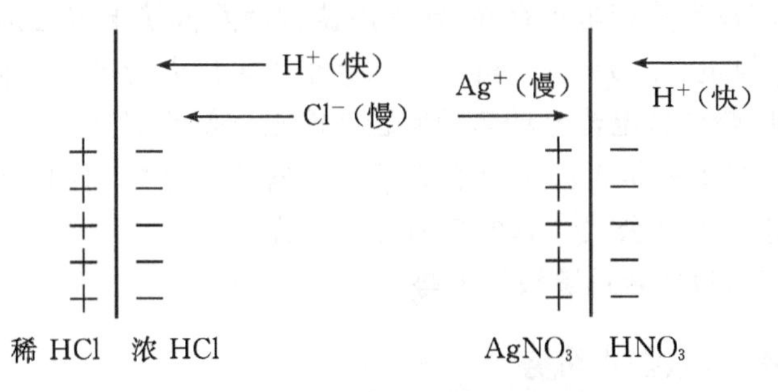

图 9－6　液体接界电势的形成示意

当界面两侧带电后，由于静电作用，会使扩散快的离子减慢而扩散慢的离子加快，并很快达成稳定状态，使两种离子以等速通过界面，并在界面处形成稳定的液体接界电势。由于扩散的不可逆性，因此液体接界电势的存在能使电池的可逆性遭到破坏。同时，液体接触电势目前既难于单独测量，又不便准确计算。人们总是设法尽可能消除电池中的液接电势，通常采用的方法是“盐桥法”，即在两个溶液之间，放置一 KC1 溶液，以两个液体接界代替一个液体接界。由于 K^+ 接近 $C1^-$ 的迁移数很近，因此界面上产生的液接电势很小，且这两个数值很小的接界电势又常常反号，因此这两个液体接界电势之和比原来的一个液体接界电势要降低很多。当 KCl 为饱和溶液时，电势值可降至 1～2 mV。

若电解质溶液遇 KCl 会产生沉淀，可用 NH_4NO_3或 KNO_3代替 KCl 作盐桥，因 NH_4^+ 和 NO_3^- 的迁移数也十分接近。

9.5.4　电池电动势的产生

明确了界面电势差的产生原因，就不难理解电池电动势的产生机理。若将两个电极组成一个电池，例如：

$$(-)Cu|Zn|ZnSO_4(c_1)|CuSO_4(c_2)|Cu(+)$$

$$\varepsilon(\text{接触}) \quad \varepsilon^- \qquad\qquad \varepsilon(\text{扩散}) \qquad\qquad \varepsilon^+$$

其中，ε(扩散)表示两种不同的电解质或不同浓度的溶液界面上的电势差，即液体接界电势；ε+和ε−分别为正、负极与溶液间的电势差，ε(接触)表示接触电势差。依据原电池的电动势等于组成电池的各相间的各个界面上所产生的电势差的代数和。整个电池的电动势为：

$$E=(\varepsilon^+)+(\varepsilon^-)+\varepsilon(\text{接触})+\varepsilon(\text{扩散}) \tag{9.8}$$

ε(接触)表示金属和导线的界面电势差，当正、负极材料确定时，ε(接触)=常数，并可作为金属电极的属性并入ε−项内。

若能测出各种电极的界面电势差，即可计算 E，然而，界面电势差的绝对值尚无法测定。

$$\varepsilon^+=\varphi(Cu)-\varphi_{12} \quad \varepsilon^-=\varphi_{11}-\varphi(Zn)$$

其中 φ_{12} 为 $CuSO_4$ 溶液本体电势，φ_{11} 为 $ZnSO_4$ 溶液本体电势。采用盐桥消除液接电势后

$$\varepsilon(\text{扩散})=0$$

所以

$$\varphi_{11}=\varphi_{12}$$

即

$$E=\varphi(Cu)-\varphi(Zn)=\varphi_+-\varphi_- \tag{9.9}$$

由此可以看出，虽不能测定电极的界面电势差，但若能测知电极电势的量值，也可求算电池电动势。可惜的是，各种电极的绝对电势值目前也无法直接测定。然而 $E=\varphi_+-\varphi_-$，却给予人们重要启示，即若没有液接电势存在，或采用盐桥消除液接电势之后，可逆电池电动势 E 总是组成电池的两电极电势之差。这样的关系，完全可采用人为规定的标准，测定电极电势的相对值，于是由电极电势求算电池电动势的问题就能很方便地解决。

【思考题 9-5】电极电势是否就是电极表面与电解质溶液之间的电势差？单个电极的电势能否测量？如何用 Nernst 公式计算电极的还原电势？

【思考题 9-6】用盐桥能否消除液接电势？

9.6 电极电势与电池电动势

9.6.1 电极电势

1.标准氢电极和参比电极

为测定任意电极的相对电极电势数值，目前普遍采用标准氢电极作为标准电极。将镀铂黑的铂片插入含 $a(H^+)=1$ 的溶液中，并以标准压力($p^\ominus$)的干燥氢气不断冲击到铂电极上，就构成了标准氢电极，如图 9-7 所示。规定在任意温度下标准氢电极的电极电势 $\varphi^\ominus(H^+|H_2)$ 等于零。其他电极的电势均是相对于标准氢电极而得到的数值。

以氢电极作为标准电极测定 E 时，在正常情形下，E 可达很高的精确度(±0.000001 V)。但它对使用的条件要求十分严格，例如 H_2 需经多次纯化以除去微量 O_2，溶液中不能有氧化性物质存在，铂黑表面易被沾污等原因，因此使用氢电极并不很方便。所以实际测量电极电势时，经常使用一种易于制备、使用方便、电势稳定的电极作为“参比电极”。其电极电势已与氢电极相比而求出了比较精确的数值，只要将参比电极与待定电极组成电池，测量其电动势，就可求出待测电极的电势值。常用的参比电极有甘汞电极、银-氯化银电极等。其中以甘汞电极的使用最为经

常，它的电极电势稳定易重现。甘汞电极结构示意如图 9－8 所示。将少量汞、甘汞和氯化钾溶液研成糊状物覆盖在素瓷上，上部放入纯汞，然后浸入饱和了甘汞的氯化钾溶液中即成。

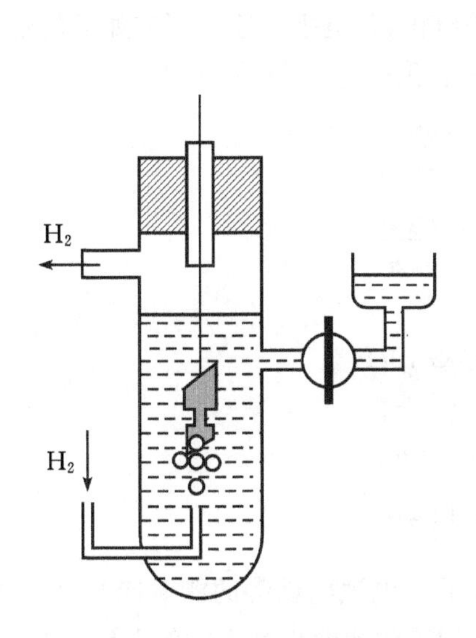

图 9－7　氢电极的结构

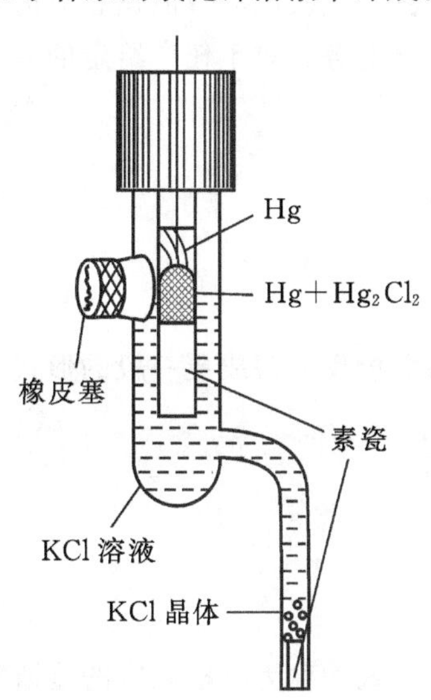

图 9－8　甘汞电极的结构

甘汞电极的电极电势公式为

$$\varphi(Hg_2Cl_2|Hg)=\varphi^{\ominus}(Hg_2Cl_2|Hg)-\frac{RT}{F}\ln a(Cl^-)$$

经与氢电极相比，测知 298 K 时，$\varphi^{\ominus}(Hg_2Cl_2|Hg)=0.2681$ V。实际使用的甘汞电极还与 KCl 溶液的浓度有关。装有饱和 KCl 溶液者称为"饱和甘汞电极"，298 K 其电势 $\varphi=0.2444$ V。KCl 溶液为其他浓度的甘汞电极，其电势值可查阅有关手册。

2.电极电势

1953 年，国际纯粹和应用化学联合会（IUPAC）统一规定：将标准氢电极作为发生氧化作用的负极，而将待定电极作为发生还原作用的正极，组成如下电池：

$$Pt,H_2(p^{\ominus})|H^+(a=1)\|\text{待定电极}$$

该电池电动势的数值和符号，就是待定电极电势的数值和符号。

这里 φ 实际是指还原电位，当 φ 为正值时，表示该电极的还原倾向大于标准氢电极。若给定电极实际上进行的反应是还原反应，则 φ 为正值；若该电极实际上进行的是氧化反应，则 φ 为负值。

例如：要确定铜电极的电势，可组成如下电池：

$$Pt,H_2(p^{\ominus})|H^+(aH^+=1)\|Cu^{2+}(aCu^{2+})|Cu(s)$$

电池反应：$H_2(p^{\ominus})+Cu^{2+}(aCu^{2+})=\!=\!=Cu(s)+2H^+(a_{H+}=1)$

依据规定 $\varphi(Cu^{2+},Cu)=E$，E 为铜电极在 $aCu^{2+}=1$ 时的电极电势，称为铜的标准电极电势，记为 $\varphi^{\ominus}(Cu^{2+},Cu)$。该反应为自发反应，所以 E 为正值。当 $a_{Cu}{}^{2+}=1$ 时，$E=E^{\ominus}=0.337$ V，$\varphi(Cu^{2+},Cu)=0.337$ V。

对于锌电极：$Pt,H_2(p^{\ominus})|H^+(aH^+=1)\|Zn^{2+}(aZn^{2+})|Zn(s)$，由于电池反应非自发，按照电动势取号惯例，$E$ 为负值。所以 $\varphi(Zn^{2+},Zn)=-0.7628$ V。

3.电极电势的能斯特公式

如上所测电极电势数值是相对值，其实质是一特定电池的电动势。因此，能斯特方程依然适用于电极电势。对于任意给定的一个作为正极的电极，其电极反应可写成如下的通式：

$$\text{氧化态}+ze^{-}\rightarrow\text{还原态}$$

$$\varphi=\varphi^{\ominus}-\frac{RT}{zF}\ln\frac{a_{\text{还原态}}}{a_{(\text{氧化态})}} \tag{9.10}$$

$$\varphi=\varphi^{\ominus}+\frac{RT}{zF}\ln\frac{a_{(\text{氧化态})}}{a_{(\text{还原态})}} \tag{9.11}$$

若将电极反应写成更一般的形式

$$cC+dD+ze^{-}\rightarrow gG+hH$$

$$\varphi=\varphi^{\ominus}-\frac{RT}{zF}\ln\frac{a_{G}^{g}\cdot a_{H}^{h}}{a_{C}^{c}\cdot a_{B}^{b}} \tag{9.12}$$

$$\varphi=\varphi^{\ominus}-\frac{RT}{zF}\ln\prod_{B}a_{B}^{v_B} \tag{9.13}$$

以上几式均称为电极反应的能斯特公式。其实质与电池电动势的能斯特方程一致。其中 φ 就是特定电池的标准电动势 $E^{\ominus}$，即电极反应中各物质的活度均为 1 时的电极电势，称为“标准电极电势”。因此，各种电极的 $\varphi^{\ominus}$ 的求算和测定，与标准电动势相同。表 9－1 列出部分常见电极在 298 K 时的标准电极电势。

表 9－1 298 K 时常见电极的标准电极电势

电极	$\varphi^{\ominus}$/V	电极	$\varphi^{\ominus}$/V
$Li\|Li^{+}$	－3.0450	$(Pt)O_2\|H_2O,H^{+}$	1.2290
$K\|K^{+}$	－2.9250	$(Pt)O_2\|OH^{-}$	0.4010
$Ba\|Ba^{2+}$	－2.9060	$(Pt)I_2\|I^{-}$	0.5362
$Ca\|Ca^{2+}$	－2.8660	$(Pt)Br_2\|Br^{-}$	1.0650
$Na\|Na^{+}$	－2.7140	$(Pt)Cl_2\|Cl^{-}$	1.3600
$Mg\|Mg^{2+}$	－2.3630	$(Pt)F_2\|F^{-}$	2.8700
$Al\|Al^{3+}$	－1.6620	$Pb-PbO\|OH^{-}$	－0.5800
$Zn\|Zn^{2+}$	－0.7630	$Pb-PbSO_4\|SO_4{}^{2-}$	－0.3580
$Fe\|Fe^{2+}$	－0.4402	$Ag-AgI\|I^{-}$	－0.1520
$Cd\|Cd^{2+}$	－0.4029	$Ag-AgBr\|Br^{-}$	0.0711
$Tl\|Tl^{2+}$	－0.3365	$Hg-HgO\|OH^{-}$	0.0986
$Co\|Co^{2+}$	－0.2770	$Sb-Sb_2O_3\|H^{+}$	0.1520
$Ni\|Ni^{2+}$	－0.2500	$Ag-AgCl\|Cl^{-}$	0.2224
$Sn\|Sn^{2+}$	－0.1360	$Hg-Hg_2Cl_2\|Cl^{-}$	0.2680
$Pb\|Pb^{2+}$	－0.1260	$Hg-Hg_2SO_4\|SO_4{}^{2-}$	0.6150
$(Pt)H_2\|OH^{-}$	－0.8281	$(Pt)\|Cr^{3+},Cr^{2+}$	－0.408
$(Pt)H_2\|H^{+}$	0.0000	$(Pt)\|Sn^{4+},Sn^{2+}$	0.1500

续表 9－1

电极	$\varphi^{\ominus}$/V	电极	$\varphi^{\ominus}$/V
$Cu\|Cu^{2+}$	0.3370	$(Pt)\|Cu^{2+},Cu^{+}$	0.1530
$Cu\|Cu^{+}$	0.5210	$(Pt)\|Fe^{3+},Fe^{2+}$	0.7710
$Ag\|Ag^{+}$	0.7990	$(Pt)\|Tl^{3+},Tl^{+}$	1.2500
$Hg\|Hg_2^{2+}$	0.7880		

【思考题 9－7】如果规定标准氢电极的电极电势为 1.0 V，则各可逆电极的还原电极电势值有什么变化？电池的电动势有什么变化？

9.6.2　电池电动势的计算

运用不同的可逆电极可以组成多种类型的可逆电池。按照电池中物质所发生的变化，可将电池分为两类：凡电池中物质的变化为化学反应者称为“化学电池”；凡电池中物质变化仅是由高浓度变成低浓度者称为“浓差电池”。下面将分别讨论两种电池电动势的计算方法。

1.化学电池

1）根据电极电势计算电池的电动势

如电池：$Zn(s)|Zn^{2+}(aZn^{2+})\|Cu^{2+}(aCu^{2+})|Cu(s)$

根据电池的表示法可知

负极（Zn 极）：$Zn(s) \longrightarrow Zn^{2+}(aZn^{2+})+2e^-$

正极（Cu 极）：$Cu^{2+}(aCu^{2+})+2e^- \longrightarrow Cu(s)$

根据电极电势的表达式可知：

$$\varphi_{负极}=\varphi_{左}=\varphi^{\ominus}_{Zn^{2+}|Zn}-\frac{RT}{nF}\ln\frac{a_{Zn}}{a_{Zn^{2+}}}\quad \varphi_{正极}=\varphi_{右}=\varphi^{\ominus}_{Cu^{2+}|Cu}-\frac{RT}{nF}\ln\frac{a_{Cu}}{a_{Cu^{2+}}}$$

则 $E=\varphi_{正极}-\varphi_{负极}=\varphi_{右}-\varphi_{左}=(\varphi^{\ominus}_{Cu^{2+}|Cu}-\frac{RT}{nF}\ln\frac{a_{Cu}}{a_{Cu^{2+}}})-(\varphi^{\ominus}_{Zn^{2+}|Zn}-\frac{RT}{nF}\ln\frac{a_{Zn}}{a_{Zn^{2+}}})$

由 φ 计算 E 应注意以下几点：

（1）书写电极反应（正、负极）时，必须注意物质的量和电量平衡。

（2）电极电势必须都用还原电势，计算电极电势时，用右边（正极）的还原电势减去左边（负极）的还原电势。若 $E>0$，表明该电池是自发电池；$E>0$，表明该电池非自发电池，或者把电池的正负极位置互换，这样的电池便是自发的。

（3）书写电池或者电极反应，需注明反应温度，各电极的物态和溶液中各离子的活度，有气体的情况下，要注明压力等。

2）根据能斯特方程，用电池的总反应计算电池电动势

如电池：$Zn(s)|Zn^{2+}(aZn^{2+})\|Cu^{2+}(aCu^{2+})|Cu(s)$

负极（Zn 极）：$Zn(s) \longrightarrow Zn^{2+}(aZn^{2+})+2e^-$

正极（Cu 极）：$Cu^{2+}(aCu^{2+})+2e^- \longrightarrow Cu(s)$

电池反应：$Zn(s)+Cu^{2+}(aCu^{2+}) \longrightarrow Zn^{2+}(aZn^{2+})+Cu(s)$

$E=E^{\ominus}-\frac{RT}{2F}\ln\frac{a_{Zn^{2+}}\cdot a_{Cu}}{a_{Cu^{2+}}\cdot a_{Zn}}$式中，$E^{\theta}=\varphi^{\ominus}_{右}-\varphi^{\ominus}_{左}=\varphi^{\ominus}_{Cu^{2+}|Cu}-\varphi^{\ominus}_{Zn^{2+}|Zn}$

由此可以看出，1）和 2）两种计算“化学电池”电动势的方法本质上是相同的。

2.浓差电池

在浓差电池中，由于不存在化学反应，只有一种物质从高浓度(或高压力)状态向低浓度(低压力)状态的转移，这种电池的标准电池电动势$E^{\ominus}$实际上为零。典型的浓差电池有两类：一种是由化学物质相同而活度不同的两个电极(气体电极或汞齐电极)浸在同一溶液中组成的电池，称为单液浓差电池。如：

$Pt, H_2(p_1)|HCl(m)|H_2(p_2), Pt$

$Cd(Hg)(a_1)|CdSO_4(m)|Cd(Hg)(a_2)$

另一种是由两个相同电极浸到两个电解质溶液相同而活度不同的溶液中组成的，称为双液浓差电池。如：

$Ag(s)|AgNO_3(a_1)\parallel AgNO_3(a_2)|Ag(s)$

$Ag(s)+AgCl(s)|HCl(a_1)\parallel HCl(a_2)|Ag(s)+AgCl(s)$

根据电池表示式可知，"$\parallel$"表示盐桥。如果不用盐桥，让两种不同的溶液直接接触，这样在液-液界面上存在电势差，称为液接电势。所以对于双液电池来讲，经常要采用盐桥来减小液接电势，减小到可以忽略不计的程度。

盐桥只能降低液接电势，而不能完全消除液接电势，若用两个电池反串联，可以达到完全消除液接电势的目的。如：

$Na(Hg)(a)|NaCl(m)|AgCl(s)+Ag(s)-Ag(s)+AgCl(s)|NaCl(m')|Na(Hg)(a)$

(1)单液浓差电池。

如：$Pt, H_2(p_1)|HCl(m)|H_2(p_2), Pt$ 为不同压力的氢电极浸于同一 HCl 溶液中，其电极反应为

负极：$H_2(p_1) \rightarrow 2H^+ + 2e^-$

正极：$2H^+ + 2e^- \rightarrow H_2(p_2)$

电池反应：$H_2(p_1) \rightarrow H_2(p_2)$

电池电动势为 $E=\varphi_{右}-\varphi_{左}=\left[\varphi^{\ominus}_{H^+|H_2}-\frac{RT}{2F}\ln\frac{\frac{p_2}{p^{\ominus}}}{a^2_{H^+}}\right]-\left[\varphi^{\ominus}_{H^+|H_2}-\frac{RT}{2F}\ln\frac{\frac{p_1}{p^{\ominus}}}{a^2_{H^+}}\right]=\frac{RT}{2F}\ln\frac{p_1}{p_2}$

同理，如：$Cd(Hg)(a_1)|CdSO_4(m)|Cd(Hg)(a_2)$

$E=\varphi_{右}-\varphi_{左}=\frac{RT}{F}\ln\frac{a_1}{a_2}$由此可以看出，单液浓差电池的电动势与电解质溶液的浓度无关，与标准电极电势无关，仅仅与参与电极反应的物质在电极上的压力或活度有关。所以单液浓差电池也称为电极浓差电池。

(2)双液浓差电池。

如：$Ag(s)|AgNO_3(a_1)\parallel AgNO_3(a_2)|Ag(s)$为 Ag 电极，浸入离子活度不同的同一种溶液当中，其电极反应为

负极：$Ag \rightarrow Ag^+(a_1)+e^-$

正极：$Ag^+(a_2)+e^- \rightarrow Ag$

电池反应：$Ag^+(a_2) \rightarrow Ag^+(a_1)$

则电池的电动势为

$$E=\varphi_{右}-\varphi_{左}=\left[\varphi^{\ominus}_{Ag^+|Ag}+\frac{RT}{F}\ln(a_{Ag^+})_2\right]-\left[\varphi^{\ominus}_{Ag^+|Ag}+\frac{RT}{F}\ln(a_{Ag^+})_1\right]=\frac{RT}{2F}\ln\frac{(a_{Ag^+})_2}{(a_{Ag^+})_1}$$

同理，如：$Ag(s)+AgCl(s)|HCl(a_1)\|HCl(a_2)|Ag(s)+AgCl(s)$为 Ag-AgCl 电极，浸入活度不同的 HCl 溶液中，该电池的电动势为 $E=\varphi_{右}-\varphi_{左}=\frac{RT}{2F}\ln\frac{(a_{Cl^-})_2}{(a_{Cl^-})_1}$，由此可以看出，双液浓差电池的电动势与两个溶液中有关离子的活度有关，而与标准电极电势无关。所以双液浓差电池也称为溶液浓差电池。

若用两个相同电池反串联，如

$Na(Hg)(a)|NaCl(m)|AgCl(s)+Ag(s)-Ag(s)+AgCl(s)|NaCl(m')|Na(Hg)(a)$

整个串联电池的反应为：$NaCl(m')\rightarrow NaCl(m)$

$$E_{总}=E_C=\frac{RT}{F}\ln\frac{a'_{Na^+}a'_{Cl^-}}{a_{Na^+}a_{Cl^-}}$$

9.7　电池电动势测定的应用

在电化学中，标准电极电势是重要物理量，有关手册中已收集许多$\varphi^\ominus$数据，而电池电动势的实验测定是一种行之有效的方法。运用$\varphi^\ominus$数据和测定电池电动势的方法，可以解决许多化学中的实际问题。下面讨论一些方面的应用实例。

9.7.1　判断反应的趋势

电极电势的高低，反映了电极中反应物质得到或失去电子能力的大小。电极电势越低，越易失去电子，发生氧化反应；电极电势越高，越易得到电子，发生还原反应。因此，可依据有关电极电势数据判断反应进行的趋势。例如，电极电势较低的金属能从溶液中置换出电极电势较高的金属。

应该注意，一定温度下电极电势 φ 是由$\varphi^\ominus$和相应离子活度两个因素而决定的。两个电极进行比较时，在$\varphi^\ominus$值相差较大，或活度相近的情况下，可以用 $\varphi^\ominus$ 数据直接判断反应趋势，否则，均必须比较 φ 值方可判断。

【例 9－4】判断电池反应 $Sn(s)+Pb^{2+}\rightarrow Sn^{2+}+Pb(s)$在以下两种情况下的反应趋势。已知 $\varphi^\ominus_{Sn^{2+}|Sn}=-0.136\ V$，$\varphi^\ominus_{Pb^{2+}|Pb}=-0.126\ V$。该电池反应表示成电池为：

$$Sn(s)|Sn^{2+}(a_{Sn^{2+}})\|Pb^{2+}(a_{Pb^{2+}})|Pb(s)$$

(1)$a_{Sn^{2+}}=1.0$，$a_{Pb^{2+}}=1.0$；(2)$a_{Sn^{2+}}=1.0$，$a_{Pb^{2+}}=0.1$

解　(1)$\varphi_{Sn^{2+}|Sn}=\varphi^\ominus_{Sn^{2+}|Sn}+\frac{RT}{2F}\ln a_{Sn^{2+}}=\varphi^\ominus_{Sn^{2+}|Sn}=-0.136\ V$

$\varphi_{Pb^{2+}|Pb}=\varphi^\ominus_{Pb^{2+}|Pb}+\frac{RT}{2F}\ln a_{Pb^{2+}}=\varphi^\ominus_{Pb^{2+}|Pb}=-0.126\ V$

$E=\varphi_{右}-\varphi_{左}=\varphi_{Pb^{2+}|Pb}-\varphi_{Sn^{2+}|Sn}=(-0.126V)-(-0.136V)=0.01V>0$

所以，该电池反应可以自发进行，即在该条件下 Sn 可以置换溶液中的 Pb，或者 Pb 不可以置换溶液中的 Sn。

(2)$\varphi_{Sn^{2+}|Sn}=\varphi^\ominus_{Sn^{2+}|Sn}+\frac{RT}{2F}\ln a_{Sn^{2+}}=\varphi^\ominus_{Sn^{2+}|Sn}=-0.136\ V$

$\varphi_{Pb^{2+}|Pb}=\varphi^\ominus_{Pb^{2+}|Pb}+\frac{RT}{2F}\ln a_{Pb^{2+}}=-0.126\ V+\frac{RT}{2F}\ln 0.1=-0.156\ V$

$E=\varphi_{右}-\varphi_{左}=\varphi_{Pb^{2+}|Pb}-\varphi_{Sn^{2+}|Sn}=(-0.156\ V)-(-0.136\ V)=-0.02\ V<0$

所以，该电池反应不可以自发进行，即在该条件下 Sn 不可以置换溶液中的 Pb，或者 Pb 可以置换溶液中的 Sn。

9.7.2 求化学反应的平衡常数

由电池的标准电动势$E^{\ominus}$与电池反应$\Delta_r G_m^{\ominus}$的关系，可以导出$E^{\ominus}$与电池反应标准平衡常数$K^{\ominus}$的关系：

$$\Delta_r G_m = nFE^{\ominus} = -RT\ln K^{\ominus} \text{ 则 } E^{\ominus} = \frac{RT}{nF}\ln K^{\ominus} \tag{9.14}$$

由式(9.14)可知，通过实验测定或从标准电极电势数据计算出电池的标准电动势$E^{\ominus}$，便可求出电池反应的标准平衡常数。

【例 9-5】试利用标准电极电势数据求算 298 K 时反应：

$$Zn(s) + Cu^{2+}(a_2) \rightarrow Zn^{2+}(a_1) + Cu(s)$$

的标准平衡常数$K^{\ominus}$。

解 该反应对应的电池是 $Zn(s)|Zn^{2+}(a_1)\|Cu^{2+}(a_2)|Cu(s)$

查表可得 298 K 时，$\varphi^{\ominus}(Cu^{2+}/Cu) = 0.337\ V$，$\varphi^{\ominus}(Zn^{2+}/Zn) = -0.763\ V$

因此 $E^{\ominus} = \varphi^{\ominus}(Cu^{2+}/Cu) - \varphi^{\ominus}(Zn^{2+}/Zn) = 0.337 - (-0.763) = 1.100\ V$

由式(9.14)可得 $\ln K^{\ominus} = \frac{RTE^{\ominus}}{nF} = \frac{2\times 96500\times 1.100}{8.314\times 298}$，$K^{\ominus} = 1.64\times 10^{37}$

9.7.3 求微溶盐的活度积

微溶盐的活度积(习惯上称溶度积)K_{sp}实质就是微溶盐溶解过程的平衡常数。如果将微溶盐溶解形成离子的变化设计成电池，则可利用两电极的$\varphi^{\ominus}$值求出其K_{sp}。

【例 9-6】求微溶盐 AgBr 的K_{sp}。

解 微溶盐 AgBr 的溶解过程 $AgBr \longrightarrow Ag^{+} + Br^{-}$。将其设计成电池为

$$Ag(s)|Ag^{+}(a=1)\|Br^{-}(a=1)|AgBr(s)-Ag(s)$$

已知在 298 K 时，$E^{\ominus}(AgBr-Ag|Br^{-}) = 0.071\ V$，$E^{\ominus}(Ag^{+}|Ag) = 0.799\ V$

$$K_{sp} = \exp\left(\frac{1\times 96500\times(-0.728)}{8.314\times 298}\right) = 4.87\times 10^{-13}$$

$E^{\ominus} = E^{\ominus}(AgBr-Ag|Br^{-}) - E^{\ominus}(Ag^{+}|Ag) = 0.071 - 0.799 = -0.728\ V$

9.7.4 求离子的平均活度系数

根据能斯特方程可知，电池的电动势除了与标准电池电动势有关，还与参与氧化还原反应物种的活度有关。因此可求算该电解质溶液中的离子平均活度$a_{\pm}$及离子平均活度系数$\gamma_{\pm}$。

【例 9-7】298 K 时，电池 $Pt, H_2(p^{\ominus})|HCl(m=0.1\ mol\cdot kg^{-1})|AgCl(s)-Ag(s)$ 电动势 $E = 0.3524\ V$。求该 HCl 溶液离子的平均活度系数$\gamma_{\pm}$。

$E^{\ominus} = \varphi^{\ominus}(AgCl/Ag) - \varphi^{\ominus}(H^{+}/H_2) = 0.2224 - 0 = 0.2224\ V$

解 查表可得 $\varphi^{\ominus}(AgCl/Ag) = 0.2224\ V$

该电池反应为：$1/2H_2(p^{\ominus}) + AgCl(s) \longrightarrow Ag(s) + HCl(m=0.1\ mol\cdot kg^{-1})$

由能斯特方程：$E = E^{\ominus} - \frac{RT}{F}\ln\frac{a(HCl)a(Ag)}{\left(\frac{p(H_2)}{p^{\ominus}}\right)^{\frac{1}{2}}a(AgCl)}$

由于 $a(Ag) = 1$，$a(AgCl) = 1$，$\frac{p(H_2)}{p^{\ominus}} = 1$，而 $a(HCl) = a_{\pm}^2$

因此 $E = E^{\ominus} - \frac{RT}{F}\ln a_{\pm}^2$

$$\ln a_{\pm}=\frac{F}{2RT}(E^{\ominus}-E)=\frac{96500}{2\times8.314\times298}(0.2224-0.3524)=-2.5317$$

即 $a_{\pm}=0.0795, \gamma_{\pm}=\frac{0.0795}{0.1}=0.795$

9.7.5　测定溶液的 pH 值

按定义,一溶液的 pH 值是其氢离子活度的负对数,即 $pH=-\lg a(H^+)$。要用电动势法测量溶液的 pH 值,组成电池时必须有一个电极是已知电极电势的参比电极,通常用甘汞电极;另一个电极是对 H^+ 可逆的电极,常用的有氢电极和玻璃电极。

1.氢电极测 pH 值

$Pt, H_2(p^{\ominus})$|待测溶液$[a(H^+)]$‖甘汞电极

在一定温度下,测定该电池的电动势 E

$$E=\varphi_{甘汞}-\varphi_{H_2}=\varphi_{甘汞}-\frac{RT}{F}\ln a_{H^+}=\varphi_{甘汞}+\frac{RT}{F}\times pH$$

在 298 K 时,

$$pH=\frac{E-\varphi_{甘汞}}{0.05915} \tag{9.15}$$

2.玻璃电极测 pH 值

用一玻璃薄膜将两个 pH 值不同的溶液隔开时,在膜两侧会产生电势差,其值与两侧溶液的 pH 值有关。若将一侧溶液的 pH 值固定,则此电势差仅随另一侧溶液的 pH 而改变,这就是用玻璃电极测 pH 值的根据。玻璃电极的组成如图 9-10 所示。将一种特殊玻璃吹制成很薄的小泡,泡中放置浓度为 0.1 $mol\cdot kg^{-1}$ 的 HCl 溶液和 Ag-AgCl 电极(或甘汞电极)。将此玻璃泡放入待测液中,即成玻璃电极,其电极电势公式为

$$\varphi_{玻璃}=\varphi^{\ominus}_{玻璃}+\frac{RT}{F}\ln a_{H^+}=\varphi^{\ominus}_{玻璃}-\frac{RT}{F}\times2.303\ pH$$

将玻璃电极和甘汞电极组成下列电池:

Ag(s)- AgCl(s)|$HCl(m=0.1\ mol\cdot kg^{-1})$|玻璃膜|待测溶液$[a(H^+)]$‖甘汞电极

电池的电动势为

$$E=\varphi_{右}-\varphi_{左}=\varphi_{甘汞}-\varphi_{玻璃}=\varphi_{甘汞}-\varphi^{\ominus}_{玻璃}+\frac{RT}{F}\times2.303\ pH$$

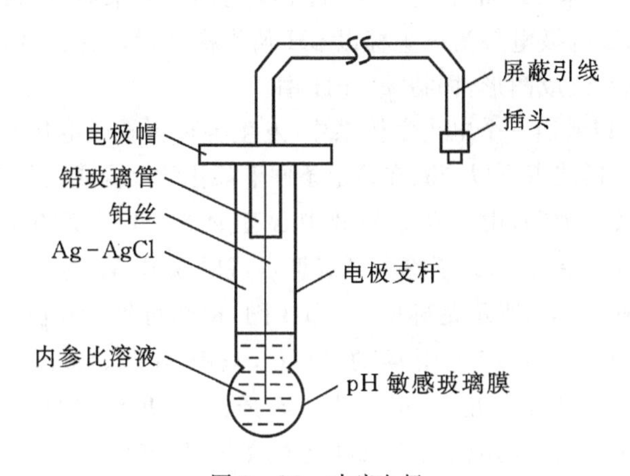

图 9-10　玻璃电极

从该式可以看出，要用玻璃电极测得待测溶液的 pH 值，必须已知 $\varphi^{\ominus}_{玻璃}$。由于玻璃电极是一种氢离子选择性电极，工作原理较为复杂，其标准电极电势往往会随时间发生变化；而且不同的玻璃电极具有不同的 $\varphi^{\ominus}_{玻璃}$ 值。因此，在用玻璃电极进行测量的时候，常常选择一个 pH 值已知的标准溶液 S，玻璃电极与甘汞电极组成电池测得 E_S，然后再置于待测溶液 X 中，测得 E_X。由于两个电池使用了相同的甘汞电极和盐桥，并在同一温度下测量，如果以 pH_S 和 pH_X 分别表示标准溶液和待测溶液的 pH 值，则有如下关系：

$$pH_X = pH_S + \frac{E_X - E_S}{2.303 \times \dfrac{RT}{F}} \tag{9.16}$$

由于玻璃膜的电阻很大，一般在 $10^9 \sim 10^{12}\ \Omega$，因此测量 E 时不能用通常的电势计，而要用专门的 pH 计。因为玻璃电极不受溶液中氧化性物质及各种杂质的影响，而且所用待测液数量很少，操作简便，故已在工业上及实验室中得到了广泛的应用。

【思考题 9－8】如何用电化学的方法测定 $Hg_2SO_4(s)$ 的活度积 K_{sp}？

【思考题 9－9】用电化学方法判断反应 $Fe^{2+}(a_1) + Ag^+(a_2) \longrightarrow Fe^{3+}(a_3) + Ag(s)$ 能否自动进行？

9.7.6 电势滴定

滴定分析时，也可在含有待分析离子的溶液中，放入一个对该种离子可逆的电极和另一参比电极（如甘汞电极）组成电池，然后在不断滴加滴定液的过程中，记录与所加滴定液体积相对应的电池电动势之值。随着滴定液的不断加入，电池电动势也随之不断变化。接近滴定终点时，少量滴定液的加入便可引起被分析离子浓度改变很多倍，因此电池电动势也会随之突变。根据电池电动势的突变指示滴定终点，即根据电动势突变时对应的加入滴定液的体积便可确定被分析离子的浓度。此法称为“电势滴定”。电势滴定可用于酸碱中和、沉淀生成及氧化还原等各类滴定反应。除以上应用外，电动势测定还可用于离子选择性电极、化学传感器、电势-pH 图等多方面。

9.7.7 电势-pH 图

一个电对的平衡电势的数值反映了电对物种的氧化还原能力，平衡电势的数值与反应物质的活度或逸度有关。对有 H^+ 离子或 OH^- 离子参与的反应来说，电极电势将随溶液 pH 值的变化而变化。因此，以电极电势为纵坐标以 pH 值为横坐标，根据奈斯特方程式算出电极电势（φ）随 pH 值的变化并绘成图形，即得 φ－pH 图。

从 φ－pH 图上，可以看出一个电化学体系中，发生各种化学或电化学反应所必须具备的电极电势和溶液 pH 值条件，或者可以判断在给定条件下某化学反应或电化学反应进行的可能性。

以某工厂生产铟及镉为例，由于在原料液中含有少量 AsO_2^-，对生产不利，需要除去。设生产原料液 $[H^+] = 2\ mol \cdot L^{-1}$，为了除去 As(Ⅲ)，可以根据 As 的 φ－pH 图，对还原剂 Zn、In、Cd、Fe 进行筛选，图 9－11 所示是砷的 φ－pH 图，由图可见，Zn 位于 AsH_3 区，因此，当用 Zn 粉还原 $HAsO_2$ 溶液时。会产生剧毒的 AsH_3，只有用 In、Cd、Fe 还原 $HAsO_2$ 才能使 $HAsO_2$ 还原成 As。但是，由于使用 Fe 时会带入杂质离子，Fe^{2+} 到体系中，显然是不合适的，因此，我们可以选用 In、Cd 作为还原剂从原料液中除去 $HAsO_2$。

φ－pH 图是根据热力学数据建立的，为理论 φ－pH 图，但是实际的电化学体系往往是复杂的，与根据热力学数据建立的理论 φ - pH 图有较大的差别，所以在应用理论 φ - pH 图解决问题时，必须注意它的局限性。

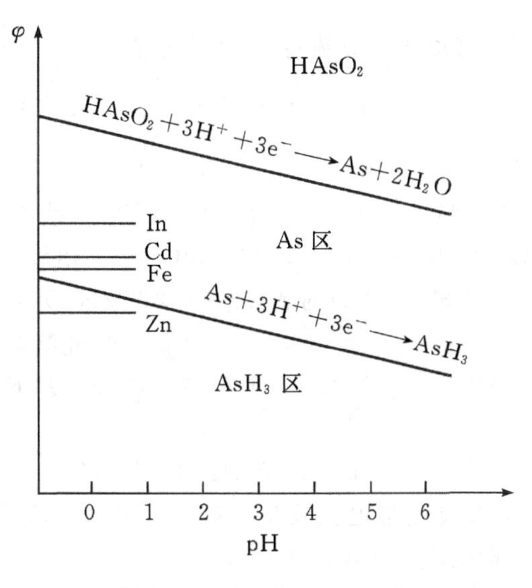

图 9 - 11　As 的 φ—pH 图

(1)理论 φ - pH 图是一种热力学的电化学平衡图，因而只能给出电化学反应的方向和热力学可能，而不能给出电化学反应的速率。

(2)建立理论 φ - pH 图时，是以金属与溶液中的离子和固相反应产物之间的平衡为先决条件的，实际体系中可能偏离这种平衡。

(3)理论 φ - pH 中所表示的 pH 值是指平衡时整个溶液的 pH 值，而在实际的电化学体系中金属表上各点的 pH 值可能是不同的。

【思考题 9 - 10】什么是 φ - pH 图？有何应用？

习　题

1.298 K 时，下述电池的电动势 $E^{\ominus}=0.268$ V：

$$Pt, H_2(g)\,|\,HCl(aq)\,|\,Hg_2Cl_2(s)\,|\,Hg(l)$$

(1)写出电极反应和电池反应；

(2)计算 $Hg_2Cl_2(s)$的 $\Delta_f G_m^{\ominus}$，已知 $\Delta_f G_m^{\ominus}[Cl^-(aq)]=-131.26\ kJ\cdot mol^{-1}$；

(3)计算 $Hg_2Cl_2(s)$的 K_{sp}，已知 $\Delta_f G_m^{\ominus}[Hg_2^{2+}(aq)]=152.0\ kJ\cdot mol^{-1}$。

［答案：(2)$\Delta_f G_m(Hg_2Cl_2(s))=-210.82\ kJ\cdot mol^{-1}$；(3)$K_{sp}=2.6\times10^{-18}$］

2.已知反应 $Ag(s)+\frac{1}{2}Hg_2Cl_2(s)\rightarrow AgCl(s)+Hg(l)$，在 298 K 时，有如下数据：

物质	Ag(s)	$Hg_2Cl_2(s)$	AgCl(s)	Hg(l)
$\Delta_f H_m^{\ominus}/kJ\cdot mol^{-1}$	0	−264.93	−127.03	—
$S_m^{\ominus}/J\cdot K^{-1}\cdot mol^{-1}$	42.55	195.8	96.2	77.4

(1)将反应设计成电池并写出电极反应；

(2)计算 298 K 时的电动势 E 和温度系数 $\left(\frac{\partial E}{\partial T}\right)_p$；

(3)计算可逆热效应 Q_R 与恒压反应热 Q_p 二者之差值。

[答案：(2)$E=0.046$ V，$\left(\frac{\partial E}{\partial T}\right)_p=3.43\times10^{-1}$ V·K^{-1}；(3)4.44 kJ]

3.已知下列电池的电动势在 298 K 时分别为 $E_1=0.9370$ V，$E_2=0.9266$ V。

(1)Fe(s)|FeO(s)|$Ba(OH)_2$(0.05 mol·kg^{-1})|HgO(s)|Hg(l)

(2)Pt，$H_2(p^{\ominus})$|$Ba(OH)_2$(0.05 mol·kg^{-1})|HgO(s)|Hg(l)

试求 FeO(s)的 $\Delta_f G_m^{\ominus}$。已知 H_2O(l)的 $\Delta_f G_m^{\ominus}=-2.372\times10^5$ J·mol^{-1}

[答案：-2.392×10^5 J·mol^{-1}]

4.电池 Hg | Hg_2Br_2(s) | Br^- | AgBr(s) | Ag 在 $p^{\ominus}$ 下 298 K 附近时，该电池电动势与温度的关系是：

$$E/\text{mV}=68.04+0.312(T/\text{K}-298)$$

写出通过 1F 电量时电极反应与电池反应，求算在 $p^{\ominus}$ 和 25 ℃时该电池反应的 $\Delta_r G_m$、$\Delta_r H_m$、$\Delta_r S_m$，若通过 2F 电量则电池作电功为多少？

[答案：13.13 kJ·mol^{-1}]

5.反应 Zn(s)＋$CuSO_4$($a=1$)⟶Cu(s)＋$ZnSO_4$($a=1$)在电池中进行，15 ℃时，测得 $E=1.0934$ V，电池的温度系数$\left(\frac{\partial E}{\partial T}\right)_p=-4.29\times10^{-4}$V·K^{-1}，

(1)写出电池表示式和电极反应式；

(2)求电池反应的 $\Delta_r G_m^{\ominus}$、$\Delta_r S_m^{\ominus}$、$\Delta_r H_m^{\ominus}$ 和 Q_r。

[答案：(2)$\Delta_r G_m^{\ominus}=-211.03$ kJ·mol^{-1}，
$\Delta_r S_m^{\ominus}=-82.8$ J·K^{-1}·mol^{-1} $\Delta_r H_m^{\ominus}=-234.87$ kJ·mol^{-1}，$Q_r=-23.846$ kJ·mol^{-1}]

6.有电池：Hg | $HgCl_2$(s)，HCl(aq) | $H_2(g,p^{\ominus})$ | Pt，在 293 K 时的标准电池电动势为 0.2692 V，在 303 K 时的标准电动势为 0.266 V，求 298 K 时，上述电池反应的 $\Delta_r G_m^{\ominus}$、$\Delta_r S_m^{\ominus}$、$\Delta_r H_m^{\ominus}$。

[答案：$\Delta_r G_m^{\ominus}$(298 K)$=-25.82$ kJ·mol^{-1}，$\Delta_r S_m^{\ominus}$(298 K)$=-31.00$ J·K^{-1}·mol^{-1}，
$\Delta_r H_m^{\ominus}=-35.06$ kJ·mol^{-1}]

7.下列两种可逆电池在 298 K 时的电动势分别为 0.4902 V 和 0.2111 V：

$$\text{Pb(s)} \mid \text{PbCl}_2\text{(s)} \mid \text{KCl(aq)} \mid \text{AgCl(s)} \mid \text{Ag(s)} \tag{1}$$

$$\text{Pb(s)} \mid \text{PbI}_2\text{(s)} \mid \text{KI(aq)} \mid \text{AgI(s)} \mid \text{Ag(s)} \tag{2}$$

上述电池电动势的温度系数分别为：-1.86×10^{-4} V·K^{-1}和-1.27×10^{-4} V·K^{-1}。

计算下列反应在 298 K 时的 $\Delta_r G_m^{\ominus}$ 和 $\Delta_r H_m^{\ominus}$。

$$\text{PbI}_2\text{(s)}+2\text{AgCl(s)}=\text{PbCl}_2\text{(s)}+2\text{AgI(s)}$$

[答案：$\Delta_r G_m^{\ominus}=-53.87$ kJ·mol^{-1}，$\Delta_r H_m^{\ominus}=-57.2$ kJ·mol^{-1}]

8.电池：Ag | AgCl(s) | KCl(aq) | Hg_2Cl_2(s) | Hg(l)

在 298 K 时的电动势 $E=0.0455$ V，$(\partial E/\partial T)_p=3.38\times10^{-4}$ V·K^{-1}，写出该电池的反应，并求出 $\Delta_r H_m$，$\Delta_r S_m$ 及可逆放电时的热效应 Q_r。

[答案：$\Delta_r H_m=5326$ J·mol^{-1}，$\Delta_r S_m=32.61$ J·K^{-1}·mol^{-1}，$Q_r=9718$ J·mol^{-1}]

9.已知 25 ℃时，

(1)$Hg(l)+0.5O_2(g)=HgO(s)$　$\Delta_f G_m^{\ominus}(298\ K)=-58.53\ kJ\cdot mol^{-1}$

(2)$H_2(g,p^{\ominus})\mid KOH(aq)\mid HgO(s)\mid Hg(l)$　$\Delta_r G_m^{\ominus}(298\ K)=-178.84\ kJ\cdot mol^{-1}$，

(3)$K_w=1.002\times10^{-14}$。

根据这些数据求 OH^- 离子的 $\Delta_f G_m^{\ominus}$ 值。

[答案：$\Delta_f G_m^{\ominus}=-157.5\ kJ\cdot mol^{-1}$]

10.在 298 K 时，下述电池的 E 为 1.228 V，

$$Pt,H_2(p^{\ominus})\mid H_2SO_4(0.01\ mol\cdot kg^{-1})\mid O_2(p^{\ominus}),Pt$$

已知 $H_2O(l)$的生成热 $\Delta_f H_m^{\ominus}=-286.1\ kJ\cdot mol^{-1}$，试求：

(1)该电池的温度系数；

(2)该电池在 273 K 时的电动势，设反应热在该温度区间内为常数。

[答案：(1)$-8.54\times10^{-4}\ V\cdot K^{-1}$；(2)$E=1.249$ V]

11.在 298 K 时，下述电池的电动势为 4.55×10^{-2} V，

$$Ag+AgCl(s)\mid HCl(aq)\mid Hg_2Cl_2(s)+Hg(l)$$

其温度系数$(\partial E/\partial T)_p=3.38\times10^{-4}\ V\cdot K^{-1}$。当有 1 mol 电子电量产生时，求电池反应的 $\Delta_r G_m$、$\Delta_r H_m$、$\Delta_r S_m$ 值。

[答案：$\Delta_r G_m=-4.391\ kJ\cdot mol^{-1}$，$\Delta_r S_m=32.6\ J\cdot K^{-1}\cdot mol^{-1}$，$\Delta_r H_m=5.324\ kJ\cdot mol^{-1}$]

12.电池 $Ag(s)|AgBr(s)|HBr(0.1\ kJ\cdot mol^{-1})|H_2(0.01p^{\ominus})$，Pt，298 K 时，$E=0.165$ V，当电子得失为 1 mol 时，$\Delta_r H_m=-50.0\ kJ\cdot mol^{-1}$，电池反应平衡常数 $K^{\ominus}=0.0301$，$E^{\ominus}(Ag^+|Ag)=0.800$ V，设活度系数均为 1。

(1)写出电极与电池反应；

(2)计算 298 K 时 AgBr(s)的 K_{sp}；

(3)求电池反应的可逆反应热 Q_r；

(4)计算电池的温度系数。

[答案：(2)$K_{sp}=9.8\times10^{-13}$；(2)$Q_r=-34.08$ kJ；(3)$-1.19\times10^{-3}\ V\cdot K^{-1}$]

13. 25 ℃时，已知电极 $Fe\mid Fe^{2+}$ 和 $Pt\mid Fe^{2+},Fe^{3+}$ 的标准电极电位分别为 −0.440 V 和 0.771 V，求电极 $Fe\mid Fe^{3+}$ 的标准电极电位。

[答案：$\varphi^{\ominus}(Fe^{3+}/Fe)=(2\varphi^{\ominus}(Fe^{2+}/Fe)+\varphi^{\ominus}(Fe^{3+},Fe^{2+}/Pt))/3=-0.0363$ V]

14.在 $p^{\ominus}$ 压力、18 ℃下，白锡与灰锡处于平衡。从白锡到灰锡的相变热为 $-2.01\ kJ\cdot mol^{-1}$，请计算以下电池在 0 ℃和 25 ℃时的电动势。

$$Sn(s,白)\mid SnCl_2(aq)\mid Sn(s,灰)$$

[答案：−0.00025 V]

15.电池：$Pt\mid H_2(g,p^{\ominus})\mid NaOH(0.5\ mol\cdot kg^{-1})\mid HgO(s)\mid Hg(l)\mid Pt$ 在 298 K 时的电动势 $E_{298}=0.924$ V，$\varphi^{\ominus}[HgO/Hg(l)]=0.098$ V。

(1)写出电极反应和电池反应；

(2)计算电池反应 298 K 时的标准电动势；

(3)已知当通电 2 mol 电量时，$\Delta_r H_m^{\ominus}=-146.4\ kJ\cdot mol^{-1}$是一常数，求电池在 308 K 时的电动势。

[答案：(2)0.924 V；(3)0.93 V]

16. 25 ℃时，下列电池的电动势为 1.227 V

$$Zn(s) \mid ZnCl_2(0.005\ mol \cdot kg^{-1}) \mid Hg_2Cl_2(s) \mid Hg(l)$$

求：(1)此电池的标准电动势；

(2)$\Delta_r G_m^\ominus$（计算离子平均活度系数的极限公式中，$A=0.509(mol \cdot kg^{-1})$）。

[答案：(1)1.030 V；(2)−198.8 kJ·mol^{-1}]

17.已知电池反应：$2Fe^{3+}+Sn^{2+} = 2Fe^{2+}+Sn^{4+}$

(1)写出电池表达式及电极反应；

(2)已知 $\varphi^\ominus(Sn^{4+}/Sn^{2+})=0.15$ V，$\varphi^\ominus(Fe^{3+}/Fe^{2+})=0.771$ V，计算该电池在 298 K 时的标准电动势；

(3)计算反应的标准平衡常数。

[答案：(2)0.62 V；(3)9.4×10^{20}]

18.已知 $\varphi^\ominus[Br^-/AgBr(s)/Ag(s)]=0.0711$ V，$\varphi^\ominus(Ag^+/Ag(s))=0.799$ V，求 298 K 时 AgBr 的溶度积。

[答案：4.8662×10^{-13}]

19.在 298 K 时，电池 $Pt \mid H_2 \mid H^+ \parallel OH^- \mid O_2 \mid Pt$ 的 $E^\ominus=0.40$ V，水的 $\Delta_f G_m^\ominus = -237.2$ kJ·mol^{-1}，求解离过程 $H_2O(l) \longrightarrow H^+(aq)+OH^-(aq)$ 的 $\Delta_r G_m^\ominus$（解离）和水的 K_w。

[答案：$\Delta_r G_m^\ominus=80$ kJ·mol^{-1}，$K_w=9.5\times10^{-14}$]

20.在 298 K 时，试从标准生成自由能计算下述电池的电动势：

$$Ag(s) \mid AgCl(s) \mid NaCl(a=1) \mid Hg_2Cl_2(s) \mid Hg(l)$$

已知 AgCl(s)和 $Hg_2Cl_2(s)$的标准生成自由能分别为−109.57 和−210.35 kJ·mol^{-1}。

[答案：0.04554 V]

21.在 298 K 时，已知下列两电池的电动势：

(1)$Pt \mid H_2(p^\ominus) \mid HCl(a=1) \mid Cl_2(p^\ominus) \mid Pt \quad E_1^\ominus=1.3595$ V

(2)$Pt \mid Cl_2(p^\ominus) \mid HCl(a=1) \mid AgCl(s) \mid Ag(s) \quad E_2^\ominus=1.137$ V

求下列电池的电动势$E_3^\ominus$：

$Ag(s) \mid AgCl(s) \mid HCl(a=1) \mid Cl_2(p^\ominus) \mid Pt$

[答案：1.1370 V]

22.已知 298 K 时，AgBr 在纯水中的活度积 $K_{ap}=4.86\times10^{-13}$。

$\varphi^\ominus(Ag^+,Ag)=0.7994$ V，　$\varphi^\ominus(Br^-,Br_2,Pt)=1.065$ V，试求：

(1)$\varphi^\ominus(Br^-,AgBr,Ag)$；

(2)$\Delta_f G_m^\ominus(AgBr(s))$。

[答案：(1)0.0714 V；(2)95.88 kJ·mol^{-1}]

23.写出下列浓差电池的电池反应，计算在 298 K 时的电动势：

(1)$Pt,H_2(2p^\ominus) \mid H^+(a=1) \mid H_2(p^\ominus),Pt$

(2)$Pt,H_2(p^\ominus) \mid H^+(a=0.01) \parallel H^+(a=0.1) \mid H_2(p^\ominus),Pt$

[答案：(1)0.00890 V；(2)0.0591 V]

24.电池：$Pt \mid H_2(p^\ominus) \mid HCl(0.01\ mol \cdot kg^{-1}) \parallel NaOH(0.01\ mol \cdot kg^{-1}) \mid H_2(p^\ominus) \mid Pt$，在 298 K 时的电动势为−0.587 V，求水的离子积。（0.01 mol·kg^{-1} 水溶液中，HCl 和 NaOH 的平均活度系数为 0.904）

[答案：0.96×10^{-14}]

25.在 25 ℃时，$Cu^{2+}+I^{-}+e^{-}\longrightarrow CuI$ 的标准电极电位为 0.86 V，$Cu^{2+}+e^{-}\longrightarrow Cu^{+}$ 的标准电极电位为 0.153 V，求 CuI 的活度积。

[答案：$K_{sp}=1.0\times10^{-12}$]

26.下述电池在 298 K 时的电动势为 1.1566 V，

$$Zn(s)\mid ZnCl_2(0.01021\ mol\cdot kg^{-1})\mid AgCl(s)\mid Ag(s)$$

计算 $ZnCl_2$溶液的离子平均活度系数$\gamma_{\pm}$。

已知 $\varphi^{\ominus}(Zn^{2+},Zn)=-0.7628$ V，$\varphi^{\ominus}(AgCl,Ag)=0.2223$ V。

[答案：$\gamma_{\pm}=0.720$]

27.291 K 时，下述电池：

$Ag,AgCl(s)\mid KCl(0.05\ mol\cdot kg^{-1},\gamma_{\pm}=0.840)\parallel AgNO_3(0.10\ mol\cdot kg^{-1},\gamma_{\pm}=0.732)\mid Ag$ 的电动势 $E=0.4312$ V，求 AgCl 溶度积 K_{sp}。设盐水溶液中 $\gamma_{+}=\gamma_{-}=\gamma_{\pm}$。

[答案：1.04×10^{-10}]

28.298 K 时，测得下列电池的电动势 $E=1.136$ V，

$$Ag\mid AgCl(s)\mid HCl(aq)\mid Cl_2(p^{\ominus})\mid Pt$$

在此温度下，$\varphi^{\ominus}(Cl_2/Cl^{-})=1.358$ V，$\varphi^{\ominus}(Ag^{+}/Ag)=0.799$ V。请计算：AgCl(s)的标准生成吉布斯自由焓 $\Delta_f G_m^{\ominus}$。

[答案：$-109.6\ kJ\cdot mol^{-1}$]

29.已知水的离子积常数 $K_w^{\ominus}$ 在 293 K 和 303 K 时分别为 0.67×10^{-14}和 1.45×10^{-14}。

(1)试求在 298 K、$p^{\ominus}$ 压力下时，下述中和反应的 $\Delta_r H_m^{\ominus}$ 和 $\Delta_r S_m^{\ominus}$；

$H^{+}(aq)+OH^{-}(aq)=H_2O$　(设 ΔH 值与温度关系可忽略)

(2)求 298 K 时，OH^{-} 的标准生成吉布斯自由能 $\Delta_f G_m^{\theta}$。已知下述电池的电动势 $E^{\ominus}=0.927$ V。

$(Pt)H_2(p^{\ominus})\mid KOH(aq)\mid HgO(s)\mid Hg(l)$

并已知下面反应的 $\Delta_r G_m^{\ominus}(298\ K)=-58.5\ kJ\cdot mol^{-1}$。

$Hg(l)+1/2O_2(g)=HgO(s)$

[答案：(1)$-56.985\ kJ\cdot mol^{-1}$，$76.9\ J\cdot K^{-1}\cdot mol^{-1}$；(2)$-157.5\ kJ\cdot mol^{-1}$]

30.在 298 K 时有下述电池：

$Pb(s)\mid Pb^{2+}(a=0.1)\parallel Ag^{+}(a=0.1)\mid Ag(s)$

(1)写出电极反应并计算其电极电势；

(2)计算电池的电动势和电池反应的 $\Delta_r G_m$。

已知：$\varphi^{\ominus}(Ag^{+},Ag)=0.7991$ V，$\varphi^{\ominus}(Pb^{2+},Pb)=-0.126$ V

[答案：(1)-0.126V；(2)0.925 V，$-89.26\ kJ\cdot mol^{-1}$]

31.下列电池在 298 K 时，$E=0.450$ V，$m=0.0134\ mol\cdot kg^{-1}$，$E^{\ominus}=0.2224$ V，试计算 HCl 在该浓度时的 $\gamma_{\pm}$。

$Pt\mid H_2(p^{\ominus})\mid HCl(m)\mid AgCl(s)\mid Ag(s)$

[答案：$\gamma_{\pm}=0.887$]

32.在 298 K 时有电池：

$Pt\mid H_2(p^{\ominus})\mid HCl(0.01\ mol\cdot kg^{-1})\mid AgCl(s)\mid Ag(s)$

已知 $\varphi^{\ominus}(Ag^{+},Ag)=0.7996$ V，AgCl 的 $K_{sp}=1.745\times10^{-10}$。

(1)写出电池反应；

(2)计算 $\varphi^{\ominus}(AgCl,Ag,Cl^-)$；

(3)计算电动势 E(已知 $\lg\gamma_{\pm}=-0.509\mid z_+z_-\mid\sqrt{\frac{I}{m^{\ominus}}}$)。

[答案：(2)0.2223 V；(3)0.465 V]

33.试用测定电动势的方法计算：

(1)$\varphi^{\ominus}(Br^-,AgBr,Ag)$，(2)AgBr(s)的 $\Delta_f G_m^{\ominus}$。已知 $\varphi^{\ominus}(Ag^+,Ag)=0.7994$ V，$\varphi^{\ominus}(Br^-,Br_2,Pt)=1.065$ V，AgBr(s)的 $K_{sp}=4.88\times10^{-13}$。

[答案：(1)0.0717 V；(2)−95.85 kJ・mol^{-1}]

34.下列电池在 298 K 时，当溶液 pH=3.98 时，$E_1=0.228$ V；当溶液为 pH_x 时，$E_2=0.3451$ V，求 pH_x 为多少？

$Sb\mid Sb_2O_3(s)\mid H^+(pH)\parallel KCl$(饱和)$\mid Hg_2Cl_2(s)\mid Hg(l)$

[答案：5.96]

35.298 K 时，电池 $Hg(l)\mid Hg_2Br_2(s)\mid Br^-(a=0.10,\gamma_{\pm}=0.772)\mid 0.1mol\cdot dm^{-3}$(KCl 甘汞电极)的电动势为 0.1271 V，已知右方甘汞电极的电极电势为 0.3338 V，$E^{\ominus}(Hg_2{}^{2+}\mid Hg)=0.7988$ V，求该温度下，$Hg_2Br_2(s)$的活度积 K_{sp}。

[答案：5.5×10^{-23}]

36.(1)将反应 $Hg(l)+Hg^{2+}(a_1)=Hg_2{}^{2+}(a_2)$设计成电池；

(2)计算电池的标准电动势。已知 $Hg_2{}^{2+}\mid Hg(l)$和 $Hg^{2+}\mid Hg(l)$的标准电极电势分别为 0.798 V 和 0.854 V；

(3)求电池反应的平衡常数。(设 $T=298$ K)。

[答案：(2)0.056 V；(3)78.4]

37.已知电池 $Pt,H_2(p^{\ominus})\mid NaOH(aq)\mid HgO(s)\mid Hg(l)$在 298 K 时的 $E_1=0.9261$ V。求该电池在 313 K 时的电动势 E_2。已知 HgO(s)和 $H_2O(l)$的标准生成热 $\Delta_f H_m^{\ominus}$ 分别为 −90.71 kJ・mol^{-1}和−285.84 kJ・mol^{-1}。

[答案：0.9218 V]

38.已知 298 K 时，电池 $Zn(s)\mid ZnSO_4(m)\mid PbSO_4(s)\mid Pb(s)$，$m=0.01$ mol・kg^{-1}，$\gamma_{\pm}=0.36$。测得 $E_1=0.5477$ V。当 $ZnSO_4$浓度为 0.05 mol・kg^{-1}时，测得 $E_2=0.5230$ V。求这时 $ZnSO_4$溶液的 $\gamma_{\pm}$。

[答案：$\gamma_{\pm}=0.188$]

第 10 章　电解与极化作用

【本章要求】

(1)要求学生了解不可逆电极过程的特点及与可逆电极过程的关系；

(2)了解分解电压、极化现象和超电势；

(3)了解金属腐蚀与保护的常识；

(4)了解常见化学电源。

【背景问题】

(1)什么是阴极，什么是阳极，两者有什么不同？

(2)为什么电解池中发生的过程均为不可逆过程？

(3)手机已成为现代人生活中的必需品，你的手机电池电极材料是什么？它的工作电压是多少？容量是多少？为什么不能无限次充电？

(4)铁是我们日常生活中最常见的金属，但是铁极易被腐蚀，怎样有效保护它呢？

引　言

一切现实的电化学过程都是不可逆过程，而应用能斯特方程式处理电化学体系时，都有一个前提，即该体系需处于热力学平衡态。从而可见，应用能斯特方程所能研究的问题范围具有很大的局限性。所以对不可逆电极过程进行的研究，无论是在理论上或实际应用中，都有非常重要的意义。因为要使电化学反应以一定的速度进行，无论是原电池的放电或者电解过程，在体系中总是有明显的电流通过。因此，这些过程总是在远离平衡的状态下进行的。研究不可逆电极反应及其规律性对电化学工业十分重要，因为它直接涉及工艺流程、能量消耗、产品消耗等因素。我们将讨论电解过程中在电极上进行的不可逆反应，从中得出不可逆电极过程的一些规律，将其应用于电镀、电化学腐蚀、化学电源等方面。

10.1　分解电压

当直流电通过电解质溶液，正离子向阴极迁移，负离子向阳极迁移，并分别在电极上发生还原和氧化反应，从而获得还原产物和氧化产物。若外加一电压在一个电池上，逐渐增加电压直至使电池中的化学反应发生逆转，这就是电解。实验表明，对任一电解槽进行电解时，随着外加电压的改变，通过该电解槽的电流亦随之变化。例如，使用两个铂电极电解 HCl 溶液时，使用图 10－1 的线路装置，调节可变电阻，记录电压表和电流表的读数，则可测量电解槽两端电位差与电流强度的关系曲线。开始时当外加电压很小时，几乎没有电流通过电解槽；电压增加，电流略有增加；当电流增加到某一值后，电流随电压增大而急剧上升，同时电极上有连续的气泡逸出。在两电极上的反应可表示如下：

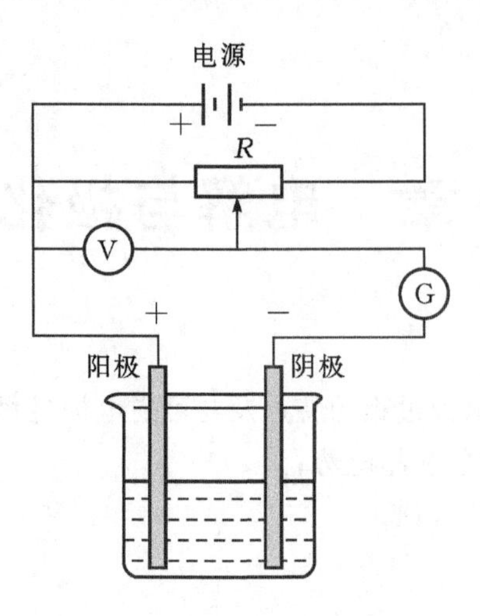

图 10-1 分解电压的测定装置

$$\text{阴极}\quad 2H^+ + 2e^- \longrightarrow H_2(g, p)$$

$$\text{阳极}\quad 2Cl^-(a_{Cl^-}) - 2e^- \longrightarrow Cl_2(g, p)$$

当电极上有气泡逸出时，H_2和Cl_2的压力等于大气压力。当开始加外电压时，还没有H_2和Cl_2生成，它们的压力几乎为零，稍稍增大外压，电极表面上产生了少量的H_2和Cl_2，压力虽小，但却构成了一个原电池(自发地进行如下反应)

$$\text{负极}\quad H_2(g, p) - 2e^- \longrightarrow 2H^+(a_{H^+})$$

$$\text{正极}\quad Cl_2(g, p) + 2e^- \longrightarrow 2Cl^-(a_{Cl^-})$$

此时，电极上进行反应的方向正好与电解所进行反应的方向相反。它产生了一个与外加电压方向相反的反电动势E_b。由于电极上的产物扩散到溶液中了，需要通过极微小的电流使电极产物得到补充。继续增大外加电压，电极上就有H^+和Cl^-继续产生并向溶液中扩散，因而电极上就有H_2和Cl_2继续产生并向溶液中扩散，因而电流也有少许增加，相当于图 10-2 中$I-E$曲线上的 1～2 段。此时由于p_{H_2}和p_{Cl_2}不断增加，对应于外加电压的反电动势也不断增加，直至气体压力增至与外界大气压力相等时，电极上就开始有气泡逸出，此时反电动势E_b达到最大值$E_{b,max}$将不再继续增加。若继续增加外加电压只增加溶液中的电位降($E_{外} - E_{b,max} = IR$)，从而使电流剧增，即相当于$I-E$曲线中 2～3 段的直线部分。将直线部分外延到$I=0$处所得的电压就是$E_{b,max}$，这是使某电解液能连续不断发生电解时所必需的最小外加电压，称为电解液的分解电压。

从理论上讲$E_{b,max}$应等于原电池的$E_{可逆}$，但实际上$E_{b,max}$却大于$E_{可逆}$。这是由两方面的原因引起的。一方面是由于电解液、导线和接触点都有一定的电阻，欲使电流通过必须用一部分电压来克服IR电位降，这相当于把I^2R的电能转化为热。另一方面是由于实际电解时在两个电极上进行的不可逆电极过程所引起，即要使正离子在阴极析出，外加的阴极电势一定要比可逆电极电势更负一些，使负离子在阳极析出，外加的阳极电势一定要比可逆电势更正一些。我们把由于电流通过电极时，电极电势偏离可逆电极电势的现象称为极化现象。因此，实际分解电压可表示为

$$E_{分解} = E + \Delta E_{不可逆} + IR \tag{10.1}$$

式(10.1)中，E是指相应原电池的电动势，即理论分解电压；IR由于电池内溶液、导线和接触

点等电阻所引起的电势降；$\Delta E_{不可逆}$则是由于电极极化所引起的。极化现象的出现，以及溶液中存在着一定的欧姆电位降，这些都是分解电压大于可逆电动势的原因。

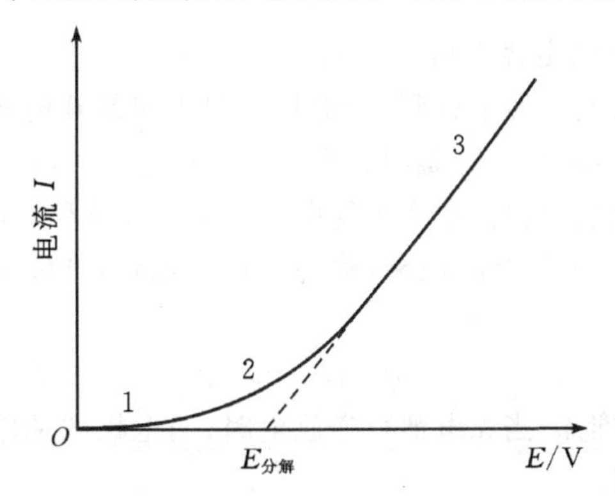

图 10-2　测定分解电压时的电流(I)-电压(E)曲线

实际上 $I-E$ 曲线上分解电压的位置不能确定的很精确，且 $I-E$ 曲线并没有十分确切的理论意义，所得到的分解电压也常不能重复，但它却很有实用价值。表 10-1 列出了几种常见电解质水溶液的分解电压，从表中实验数据可以看出电解质的分解电压与电极反应有关。例如一些酸、碱在光滑铂电极上的分解电压都在 1.7 V 左右。它们的分解电压基本上和电解质的种类无关，这是因为这些酸、碱的电解产物均是 H_2(阴极)和 O_2(阳极)。它们的理论分解电压都是 1.23 V，由此可见，即使在铂电极上，H_2 和 O_2 都有相当大的极化作用发生。氢卤酸的电压都比 1.7 V 小，而且其数值各不相同，这是因为在两电极上出现的产物是氢卤酸的分解物。电极反应和电解产物不一样，自然分解电压也就有差异了。

表 10-1　几种电解质水溶液的分解电压(以一价离子计，浓度为 1 mol·L^{-1})

电解质溶液	实测分解电压 ($E_{分解}$/V)	电解产物	理论分解电压 ($E_{理论}$/V)	($E_{分解}-E_{理}$)/V
HNO_3	1.69	H_2+O_2	1.23	0.46
H_2SO_4	1.67	H_2+O_2	1.23	0.44
H_3PO_4	1.70	H_2+O_2	1.23	0.47
$CH_2ClCOOH$	1.72	H_2+O_2	1.23	0.49
NaOH	1.69	H_2+O_2	1.23	0.46
KOH	1.67	H_2+O_2	1.23	0.44
HCl	1.31	H_2+Cl_2	1.37	−0.06
HBr	0.94	H_2+Br_2	1.08	−0.14
HI	0.52	H_2+I_2	0.55	−0.03
$AgNO_3$	0.70	$Ag+O_2$	0.04	0.66
$ZnSO_4$	2.55	$Zn+O_2$	1.60	0.95
$CuSO_4$	1.49	$Cu+O_2$	0.51	0.98

10.2 极化作用

10.2.1 不可逆条件下的电极电势

通过上一节的学习，我们已经了解到，无论是电解水或是其他物质，实际的分解电压通常大于理论计算得到的可逆电动势。这是因为当电流通过电极时，每个电极的平衡都受到破坏，电极变的不可逆，并且使电极电位值偏离可逆电极电势值。这种在电流通过电极时，电极电势(φ_i)与可逆电极电势(φ_r)产生偏差的现象，称为电极的极化，把偏差的绝对值称为超电势，用η表示，即

$$\eta=|\varphi_r-\varphi_i| \tag{10.2}$$

根据热力学原理可以推知，当原电池可逆放电时，两电极的端电压最大，是其可逆电池电动势(E)，可通过φ_r来计算

$$E=\varphi_{r,正}-\varphi_{r,负}=\varphi_{r,阴}-\varphi_{r,阳} \tag{10.3}$$

而不可逆条件下放电时，两电极的端电压(E_i)一定小于E，因为$E_i=E-\Delta E$，ΔE是由电池内阻所引起的IR降和不可逆条件下两电极的极化产生的。若通过体系的电流不是很大，即IR降可以忽略时，ΔE就可以表示两电极的超电势之和

$$\Delta E=\eta_{阴}+\eta_{阳} \tag{10.4}$$

因此

$$\begin{aligned}E_1&=E-\Delta E=\varphi_{r,阴}-\varphi_{r,阳}-(\eta_{阴}+\eta_{阳})\\&=(\varphi_{r,阴}-\eta_{阴})-(\varphi_{r,阳}-\eta_{阳})\\&=\varphi_{i,阴}-\varphi_{i,阳}\end{aligned} \tag{10.5}$$

同理，根据热力学原理可以推知，对于电解池，在可逆的条件下发生电解所需的外加电压(V)是最小的，为理论分解电压，其值与E相等，同样可以用下式来表示。

$$E=\varphi_{r,正}-\varphi_{r,负}=\varphi_{r,阳}-\varphi_{r,阴} \tag{10.6}$$

但在不可逆条件下发生的电解反应时，外加电压(V)一定大于E，因为$V=E+\Delta V$，同样当通过体系的电流不是很大，即IR降可以忽略时，ΔV就可以表示两电极的超电势之和，即

$$\Delta V=\eta_{阴}+\eta_{阳}$$

$$\begin{aligned}V&=E-\Delta V=\varphi_{r,阳}-\varphi_{r,阴}+(\eta_{阴}+\eta_{阳})\\&=(\varphi_{r,阳}+\eta_{阳})-(\varphi_{r,阴}-\eta_{阴})\\&=\varphi_{i,阳}-\varphi_{i,阴}\end{aligned} \tag{10.7}$$

综上所述，无论是原电池还是电解池，相对于可逆电极电势，当有电流通过电极时，电极极化的结果均使得阳极的电极电势升高而阴极的电极电势降低。即

$$\varphi_{i,阳}=\varphi_r+\eta \tag{10.8}$$

$$\varphi_{i,阴}=\varphi_r-\eta \tag{10.9}$$

10.2.2 电极极化的原因

当电流通过电极产生极化现象时，为什么会使阳极的电极电势升高而阴极的电极电势降低呢？主要有以下两个方面的原因。

1.浓差极化

当有电流通过电极时，若在电极-溶液界面处电化学反应的速率较快，而离子在溶液中的扩散速率较慢，则在电极表面附近有关离子的浓度将会与远离电极的本体溶液中有所不同。

现以 Ag|Ag$^+$ 为例进行讨论。将两个银电极插到浓度为 c 的 $AgNO_3$溶液中进行电解,阴极附近的 Ag^+ 沉积到电极上去($Ag^+ + e^- \longrightarrow Ag$),使得该处溶液中的 Ag^+ 浓度不断地降低。若本体溶液中的 Ag^+ 扩散到该处进行补充的速度赶不上沉积的速度,则在阴极附近 Ag^+ 的浓度 c_e将低于本体溶液浓度 c(电极附近是指电极与溶液之间的界面区域,在通常搅拌的情况下其厚度不大于 $10^{-3} \sim 10^{-2}$ cm)。在一定的电流密度下,达稳定状态后,溶液有一定的浓度梯度,此时 c_e具有一定的稳定值,就像是电极浸入一个浓度较小的溶液中一样。此浓差极化数值与浓差大小有关,即与搅拌情况、电流密度等有关。当无电流通过时,电极的可逆电势由溶液本体浓度 c 所决定:

$$\varphi_r = \varphi^{\ominus}_{Ag^+,Ag} - \frac{RT}{F}\ln\frac{1}{c}$$

当有电流通过时,若设电流密度为 j,电极附近的浓度为 c_e,则电极电势由 c_e决定:

$$\varphi_i = \varphi^{\ominus}_{Ag^+,Ag} - \frac{RT}{F}\ln\frac{1}{c_e}$$

两电极电势之差即为阴极浓差超电势。

$$\eta_{阴} = (\varphi_r - \varphi_i)_{阴} = \frac{RT}{F}\ln\frac{c}{c_e}$$

由于 c 大于 c_e,故 $\eta_{阴} > 0$,即阴极上浓差极化的结果是使阴极的电极电势变得比可逆时更小一些。同理可以证明在阳极上浓差极化的结果使阳极电势变得比可逆时更大一些。

为了使超电势都是正值,我们把阳极的超电势($\eta_{阴}$)和阴极的超电势($\eta_{阳}$)分别定义为:

$$\eta_{阴} = (\varphi_r - \varphi_i)_{阴}$$

$$\eta_{阳} = (\varphi_i - \varphi_r)_{阳}$$

浓差超电势的大小是电极浓差极化程度的量度,其值取决于电极表面离子浓度与本体溶液中离子浓度差值之大小。因此,凡能影响浓差大小的因素,都能影响浓差超电势的数值。例如,需要减小浓差超电势时,可将溶液强烈搅拌或升高温度,以加快离子的扩散;而需要造成浓差超电势时,则应避免对于溶液的扰动并保持不太高的温度。离子扩散的速率与离子的种类以及离子的浓度密切相关。因此,在同等条件下,不同离子的浓差极化程度不同;同一种离子在不同浓度时的浓差极化程度也不同。极谱分析就是基于这一原理而建立起来的一种电化学分析方法,可用于对溶液中的多种金属离子进行定性和定量分析。

2. 电化学极化

电化学极化又称为活化极化。一个电极在可逆情况下,电极上有一定的带电程度,建立了相应的电极电势 φ_r。当有电流通过电极时,若电极-溶液界面处的电极反应进行得不够快,导致电极带电程度的改变,也可使电极电势偏离 φ_r。以电极(Pt)H_2(g)|H^+ 为例,作为阴极发生还原作用时,由于 H^+ 变成 H_2的速率不够快,则有电流通过时到达阴极的电子不能被及时消耗掉,致使电极比可逆情况下带有更多的负电,从而使电极电势变得比 φ_r 低,这一较低的电势能促使反应物活化,即加速 H^+ 转化为 H_2。当(Pt)H_2(g)|H^+ 作为阳极发生氧化反应时,由于 H_2变成 H^+ 的速率不够快,电极上因有电流通过而缺电子的程度较可逆情况时更为严重,致使电极带有更多的正电,从而使电极电势变得比 φ_r 高。这一较高的电极电势有利于促进反应物活化,加速 H_2变成 H^+。将此推广到所有电极,可得到具有普遍意义的结论:当有电流通过时,由于电化学反应进行的迟缓性造成电极带电程度与可逆情况时不同,从而使电极电势偏离

φ_r 的现象，称为电化学活化。

电极发生电化学活化时与发生浓差极化时一样，阴极的电极电势总是变得比 φ_r 低，而阳极的电极电势比 φ_r 高。因电化学极化而造成电极电势 φ_i 与 φ_r 之差的绝对值，称为活化超电势。活化超电势的大小是电化学极化的量度。

10.2.3 氢超电势

实验表明，在电解过程中，除了 Fe、Co、Ni 等一些过渡元素的离子之外，一般金属离子在阴极上还原成金属时，活化超电势的数值都比较小。但在有气体析出时，例如在阴极析出 H_2、阳极上析出 O_2 或 Cl_2 时，活化超电势的数值相当大。由于气体的活化超电势特别是氢超电势与电化学工业联系较为紧密，因此对其研究比较多。由于氢超电势的存在，与工业生产存在利害关系，例如在电解水制氢和氧时，由于超电势的存在，增加了电能的消耗。但事物都是一分为二的，极谱分析法就是利用氢在汞阴极上有很高的超电势，才实现了对溶液中金属离子的分析测定。又如利用氢在铅上有较高的超电势，才能实现铅蓄电池的充电。因此，我们着重讨论有关氢超电势的一些问题。

1.影响氢超电势的因素

根据对有关实验数据的分析，发现氢超电势与电流密度，电极材料、电极表面状态、溶液组成、温度等有密切关系。早在 1905 年，塔菲尔（Tafel）提出了一个经验式，表示氢超电势与电流密度的定量关系，称为塔菲尔公式

$$\eta = a + b\ln(j/[j]) \tag{10.10}$$

式中，j 是电流密度；$[j]$是电流密度单位；a，b 是常数。其中，a 是 j 等于 $1\ \mathrm{A\cdot cm^{-2}}$ 时的超电势值，它与电极材料、电极表面状态、溶液组成以及实验温度等有关。b 的数值对于大多数的金属来说相差不多，在常温下接近于 0.050 V。如用以 10 为底的对数，$b \approx 0.116$ V。意味着 j 增加 10 倍，η 约增加 0.116 V。氢超电势的大小基本上决定于 a 的数值，因此 a 的数值愈大，氢超电势也愈大，其不可逆程度也愈大。如用 η 为纵坐标，$\ln j$ 为横坐标作图，塔菲尔关系是一条直线。若 j 很小时，若按塔菲尔关系，$\eta \to \infty$，这当然不对。因为当 $j \to 0$ 时，电极的情况接近于可逆电极 $\eta = 0$。j 较低时，η 与 j 的关系可表示为 $\eta = \omega j$，ω 值与金属电极的性质有关，可表示在指定条件下氢电极的不可逆程度。

2.氢超电势产生的机理

关于氢在阴极电解时的机理研究，从 20 世纪 30 年代开始有了很大的发展，提出了不同的理论，例如迟缓放电理论和复合理论等。在不同的理论中也有一些共同点，如都提出 H^+ 的放电可分为五个步骤进行：

(1) H_3O^+ 从本体溶液中扩散到电极附近。

(2) H_3O^+ 从电极附近的溶液中迁移到电极上。

(3) H_3O^+ 在电极上放电。

(4)吸附在电极上的 H 原子化合为 H_2。

(5) H_2 从电极上扩散到溶液内形成气泡逸出。

其中(1)、(5)两步已证明不能影响反应速率，至于(2)、(3)、(4)三步中，哪一步最慢，意见不一致，迟缓放电理论认为第三步最慢，而复合理论认为第四步最慢，也有人认为在电极上各反应步骤的速率相近，属联合控制。在不同的金属上，氢超电势的大小不同，可设想采用不同

的机理来解释。一般说来，对氢超电势较高的金属如 Hg、Zn、Pb、Cd 等，迟缓放电理论基本上能概括全部的实验事实。对氢超电势低的金属如 Pt、Pd 等则复合理论能解释实验事实。而对于氢超电势居中的金属如 Fe、Co、Cu 等，则情况要复杂得多。但无论采用何种机理或理论，最后都应能得到经验的塔菲尔关系式。

10.2.4　极化曲线

描述电极电势随电流密度变化的曲线称为极化曲线。图 10－3 所示是原电池和电解池的极化曲线。两张极化曲线图的相同点是：无论是原电池还是电解池，阳极（原电池的负极，电解池的正极）的不可逆电极电势随着电流密度的增大而升高；阴极（原电池的正极，电解池的负极）的不可逆电极电势随着电流密度的增大而下降。两张极化曲线图的不同点是：对于电解池，由于极化现象的存在，电流密度越大，外加分解电压也越大，消耗的电能也越多。对于原电池，则输出电流的密度越大，工作电压越小，做功能力下降。总的来说，由于超电势的存在，对能量的有效利用是不利的。但也有可以利用的一面，在电解池中，可利用 $H_2(g)$ 在大多数金属上有超电势，使得氢气不析出，而比氢气活泼的金属先析出，这样才使得在水溶液中镀 Zn、Sn 和 Ni 等成为可能。在原电池中，由于超电势使实际做功电压下降，两条曲线有靠近的趋势。若能使之相交，电动势等于零，电池反应就停止。若是电化学腐蚀电流，就可以达到防腐的目的。

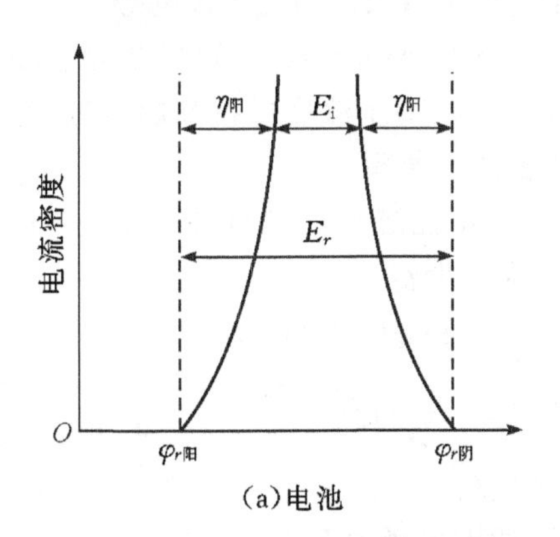

(a)电池

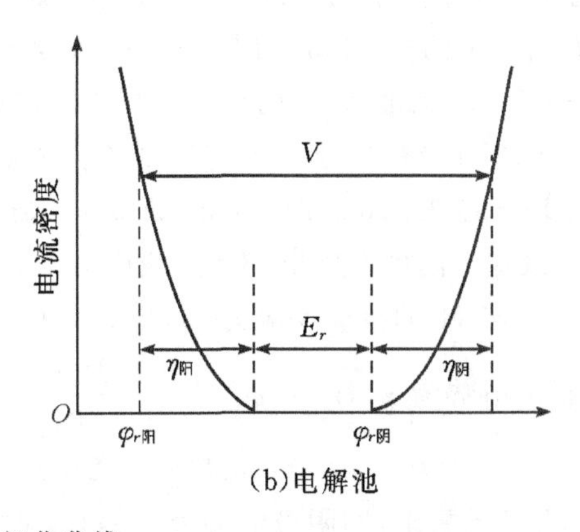

(b)电解池

图 10－3　极化曲线

【思考题 10－1】在电解池和原电池中，极化曲线有何异同点？

10.3　电解时电极上的反应

当电解池上的外加电压由小到大逐渐变化时，其阳极电势随之逐渐升高，同时阴极电势逐渐降低。从整个电解池来说，只要外加电压加大到分解电压的数值，电解反应即开始进行；从各个电极来说，只要电极电势达到对应离子的“析出电势”，则电解的电极反应即开始进行。下面分别讨论电解时的阴极反应和阳极反应。

10.3.1　阴极上的反应

阴极上发生的反应是还原反应，主要是金属离子还原成金属或 H^+ 还原成 H_2。

对大部分的金属离子，它们的超电势均较小，可忽略不计，所以析出电势就等于它们的可逆还原电极电势。例如电解液中含有 1 $mol \cdot kg^{-1}$ 的 Cu^{2+}，则当电极电势达到 0.337 V 时，开始析出铜。随着 Cu 的析出，Cu^{2+} 浓度下降，阴极电极电势也逐渐降低。根据 $\varphi=\varphi^{\ominus}+\frac{RT}{2F}\ln c_{Cu^{2+}}$ 可以计算出，当 Cu^{2+} 浓度下降为 0.1 mol·kg^{-1}时，阴极电势降至 0.307 V。而 H^+ 总是要与金属离子在阴极上竞争析出的，一旦有 H_2 析出，就会影响金属镀层的细密和黏着力，变得容易脱落。由于 H_2 在大多数金属上有超电势，在 Hg(l)上则更大，使得 H_2 的析出电势比 Zn^{2+}、Sn^{2+} 和 Ni^{2+} 等都小，从而电镀 Zn、Sn 和 Ni 时，H_2 不会析出。甚至在 Hg(l)上，H_2 的电势比活泼金属 Na 和 K 还要低，这样就可以从水溶液中电解其盐类，在汞阴极上得到 Na(Hg)和 K(Hg)等汞齐。

如果溶液中含有各种不同的金属离子，它们分别具有不同的析出电势，则析出电势越高的离子，越易获得电子而优先还原成金属。所以，在阴极电势逐渐由高变低的过程中，各种离子是按其对应的电极电势由高到低的次序先后析出。例如电解液中含有浓度各为 1 mol·kg^{-1}的 Ag^+，Cu^{2+} 和 Cd^{2+} 离子，则因 $\varphi^{\ominus}(Ag)>\varphi^{\ominus}(Cu)>\varphi^{\ominus}(Cd)$，而首先析出 Ag，其次析出 Cu，最后析出 Cd。依据这一原理控制阴极电势，能够将几种金属依次分离。但是，若要分离得完全，相邻两种离子的析出电势必须相差足够的数值，一般至少要差 0.2 V 以上，否则分离不完全。在上述溶液中，当阴极电势达到 0.799 V 时，Ag 首先开始析出。随着 Ag 的析出，阴极电势逐渐下降。当阴极电势降低到第二种金属 Cu 开始析出的 0.337 V 时，由能斯特方程可以算出，此时 Ag^+ 浓度已降至 1.5×10^{-8} mol·kg^{-1}，相应 $E_{分解}$ 增大。而当阴极电势降至第三种金属 Cd 开始析出的-0.403 V 时，Cu^{2+} 的浓度已降至 10～25 mol·kg^{-1}，可以认为已经分离得非常完全了。不难推断，当两种金属析出电势相同时，调整离子浓度或提高超电势，都可使两种金属在阴极上同时析出。电解法制备合金就是依据这一原理。

【例 10－1】在 298 K 时，电解 0.5 mol·kg^{-1} $CuSO_4$ 中性溶液。若 H_2 在 Cu 上的过电势为 0.230 V，试求在阴极上析出 H_2 时，残留的 Cu^{2+} 浓度为多少？

解 析出 H_2 的电极反应为 $2H^+(a=10^{-7})+2e^-\longrightarrow H_2(p^{\ominus})(Cu)$

其析出电势为 $\varphi(H_2)=\varphi^{\ominus}(H_2)+\frac{RT}{2F}\ln[a(H^+)]^2-\eta(H_2)$

$$=(0.414-0.230)\text{V}=0.644\text{ V}。$$

当 H_2 开始析出，即阴极电势为 0.644 V 时，Cu^{2+} 浓度可通过下式求得：

$$0.644\text{ V}=\varphi^{\ominus}(Cu^{2+}/Cu)+\frac{RT}{2F}\ln\frac{m(Cu^{2+})}{m^{\ominus}}$$

$$m(Cu^{2+})=6.48\times10^{-34}\text{ mol}\cdot\text{kg}^{-1}$$

【思考题 10－2】以金属铂为电极，电解 Na_2SO_4 水溶液。在两个电极附近各滴入数滴石蕊试液，观察在电解过程中两电极区溶液颜色有何变化？为什么？

【思考题 10－3】欲使不同的金属离子用电解的方法分离，需控制什么条件？

【思考题 10－4】什么叫超电势？它是怎样产生的？如何降低超电势的值？

10.3.2 阳极上的反应

电解阳极发生氧化反应，析出电势越小的越先在阳极氧化析出。因此电解时，在阳极电势逐渐升高的过程中，各种不同的阴离子依其析出电势由低到高的次序先后放电而发生氧化反应。

如果阳极材料是 Pt 等惰性金属，可能发生氧化反应的是 Cl^-、Br^-、I^- 及 OH^- 等，析出产

物为 Cl_2、Br_2、I_2、O_2 等。一般含氧酸根离子，例如 $SO_4{}^{2-}$、$PO_4{}^{3-}$、$NO_3{}^{-}$ 等由于析出电势太高，一般不考虑。另外，也不可忽略非惰性电极（如 Cu 和 Ag 等）本身也有可能发生氧化反应，从而溶解于电解质中。

例如，将 Cu 电极插入 1 $mol\cdot kg^{-1}$ $CuSO_4$ 的中性水溶液中，电解时 Cu 溶解为 Cu^{2+} 的阳极电势为 0.337 V，而 OH^- 放电析出 O_2 的阳极电势，若忽略超电势，其值为

$$\varphi(O_2)=\varphi^{\ominus}(O_2/H_2O,H^+)+\frac{RT}{2F}\ln a_{OH^-}$$

$$=(0.401-\frac{8.314\times 298}{96500}\ln 10^{-7})=0.815\ \text{V}$$

因此首先发生的是 Cu 的溶解而不是 O_2 的析出。

【例 10-2】一含有 KCl、KBr 和 KI 的溶液浓度均为 0.100 $mol\cdot kg^{-1}$ 的溶液，放入插有铂电极的多孔杯中，将此杯放入一盛有大量 0.100 $mol\cdot kg^{-1}$ $ZnCl_2$ 溶液及一锌电极的大器皿中。若溶液的接界电势可忽略不计，求 298 K 时，下列情况所需施加的电解电压。

(1)析出 99%的 I^-；

(2)使 Br^- 浓度降至 0.0001 $mol\cdot kg^{-1}$；

(3)使 Cl^- 浓度降至 0.0001 $mol\cdot kg^{-1}$。

解　在该电解池中发生的电极反应分别为：阴极 $Zn^{2+}+2e^-\longrightarrow Zn$

阳极 $2X^--2e^-\longrightarrow X_2$

由于在电解过程中 $a(Zn^{2+})$ 基本不变，故阴极电极电势为

$$\varphi(Zn^{2+}/Zn)=\varphi^{\ominus}(Zn^{2+}/Zn)+\frac{RT}{2F}\ln a_{Zn^{2+}}=-\left(-0.763+\frac{8.314\times 298}{2\times 96500}\ln 0.1000\right)\text{V}$$

$$=-0.793\ \text{V}。$$

(1)析出 99%的 I^-，I^- 浓度降为 $(0.1000\times 0.01)\ mol\cdot kg^{-1}$，此时的阳极电极电势为：

$$\varphi(I_2/I^-)=\varphi^{\ominus}(I_2/I^-)+\frac{RT}{F}\ln a_{I^-}=\left(0.5362-\frac{8.314\times 298}{96500}\ln 0.0010\right)\text{V}=0.714\ \text{V}$$

因此，外加电压为 $\varphi_{阳}-\varphi_{阴}=1.507$ V。

(2)使 Br^- 浓度降为 0.0001 mol kg^{-1}，此时阳极电极电势为：

$$\varphi(Br_2/Br^-)=\varphi^{\ominus}(Br/Br^-)+\frac{RT}{F}\ln a_{Br^-}=\left(1.065-\frac{8.314\times 298}{96500}\ln 0.0001\right)\text{V}=1.301\ \text{V}$$

因此，外加电压为 $\varphi_{阳}-\varphi_{阴}=2.094$ V。

(3)使 Cl^- 浓度降为 0.0001 $mol\cdot kg^{-1}$，此时阳极电极电势为：

$$\varphi(Cl_2/Cl^-)=\varphi^{\ominus}(Cl_2/Cl^-)+\frac{RT}{F}\ln a_{Cl^-}=\left(1.360-\frac{8.314\times 298}{96500}\ln 0.0001\right)\text{V}=1.596\ \text{V}$$

因此，外加电压为 $\varphi_{阳}-\varphi_{阴}=2.389$ V。

【思考题 10-5】在电解时，阴、阳离子分别在阳、阴极上放电，其放电先后次序有何规律？

10.4　金属的腐蚀与防护

10.4.1　金属的腐蚀

金属和金属制品在使用和放置过程中，由于环境中的水、氧气和酸性氧化物的影响，金属

会发生缓慢氧化，逐渐变成氧化物、氢氧化物和各种金属盐的混合物，金属本身遭到破坏，这类现象称为金属的腐蚀。如钢铁生锈和铜上长“铜绿”等。

金属腐蚀分为化学腐蚀、生化腐蚀和电化学腐蚀。化学腐蚀是金属与化学试剂发生反应而被破坏。生化腐蚀是金属被微生物寄生或被其排泄物侵蚀而破坏。电化腐蚀是金属与其环境中其他物质形成微电池，金属作为阳极发生氧化而被破坏。这种情况尤以钢铁腐蚀最为严重。例如浸没在水中的钢板，由于空气中的酸性氧化物溶在水中产生 H^+，这样就形成了原电池。Fe 作为阳极发生氧化，H^+ 在 Fe(s)上发生还原：

$$Fe(s) \longrightarrow Fe^{2+} + 2e^-$$

$$2H^+ + 2e^- \longrightarrow H_2(g)$$

这里 Fe(s)既是阳极，又是阴极，故称为“二重电极”。这样构成的原电池的电动势不太大，在 H^+ 浓度较小时腐蚀不是很严重，这种腐蚀又称为“析氢腐蚀”。如果 Fe 里含有 Cu 等比 Fe 不活泼的金属，则组成类似微电池时，Fe 为阳极、Cu 为阴极，腐蚀会很严重，因此铜板上的铁铆钉很容易生锈。

如果将铁板暴露在空气中，一旦表面上积有水或有水汽凝聚，空气中又有较多的氧化物或盐雾，则铁板很快就生锈。化工厂附近的铁制品特别容易被腐蚀，就是

因为在阴极上发生了另外一个反应：

$$O_2(g) + 4H^+ + 4e^- \longrightarrow 2H_2O$$

如果阳极上仍是 Fe 氧化成 Fe^{2+} 的话，这个电池的电动势比析氢腐蚀的要大得多。电动势越大，吉布斯自由能变化值越小，腐蚀趋势越严重。有 $O_2(g)$存在时不但可以把 Fe 氧化成 Fe^{2+}，还可以氧化成 Fe^{3+}。铁锈就是 Fe^{2+}、Fe^{3+} 及其氢氧化物和氧化物的疏松混合物。这种腐蚀被称为“耗氧腐蚀”。

【思考题 10-6】将一根铁钉部分浸入水中，经过足够长的时间后，哪一部分腐蚀最严重，为什么？

10.4.2 金属腐蚀的防护

金属的腐蚀不仅可以造成材料的浪费，而且由于设备损坏，往往造成更大的损失。粗略估计，世界上每年因为腐蚀而不能使用的金属制品约占金属年产量的四分之一到三分之一，因此必须采用防护措施。下面介绍几种常用的方法。

1.涂覆防护层

在金属表面涂覆防护层可以将金属与腐蚀介质分隔，当这些防护层完整时能够防止金属的腐蚀。防护层分为非金属防护层和金属防护层。常用的非金属防护层如油漆、搪瓷、沥青、塑料等。金属防护层是指用电镀的方法在金属的外表面镀上一层其他金属，如镀 Ni、Cr、Zn 和 Sn 等。当镀层完整时，其作用也是将被保护金属与腐蚀介质分隔开来。然而，一旦镀层被破坏，会有两种情况：如果镀层比 Fe 活泼（如镀 Zn），一旦形成微电池，Zn 为阳极、Fe 为阴极，Zn 仍有保护作用；如果镀层不如 Fe 活泼（如镀 Sn），则 Fe 为阳极、Sn 为阴极，Fe 就会被腐蚀得更快。但是，Sn^{2+} 常与有机酸形成络合离子，使其电极电势变得比 Fe 还低，所以罐头食品常用镀锡铁（俗称马口铁）做包装。

2.提高金属自身的抗腐蚀能力

在冶炼加工金属的过程中，适当加入一些其他元素，如在 Fe 中加入 Cr、Ni 和 Mn 形成耐

腐蚀合金,俗称“不锈钢”。其实不锈钢也不是绝对不生锈,只是比单纯 Fe 更耐腐蚀而已。例如在 Fe 中加入 Cr 后,由于 Cr 的钝化电势很低,使得合金的钝化电势也变得很低,若合金中 Cr 的质量分数在 0.12～0.18,这种铬钢的耐腐蚀性能与纯铬接近。

3.改变介质的性质

对于那些不得不与介质接触的金属,向介质中加入缓蚀剂,就可以改变介质的性质,防止或延缓金属的腐蚀。常用的缓蚀剂有无机盐类,如硅酸盐、正磷酸盐、亚硝酸盐、铬酸盐等。有机缓蚀剂一般是含有 N、S、O 和三键的化合物,如胺类、吡啶类、硫脲类、甲醛等。缓蚀剂的作用往往是由于吸附或与腐蚀产物生成沉淀,在金属表面形成防护层所致。缓蚀剂的用量一般都很少,但防腐作用很明显,是一种常用的防腐方法。

4.电化学防护

电化学防腐分为阴极保护和阳极保护。

阴极保护,又称为牺牲阳极保护法。将电极电势更低的金属与被保护的金属相连接,形成原电池。电极电势较低的金属作为阳极而被氧化,被保护的金属作阴极就避免了腐蚀,例如在航海船只的底部镶嵌锌块,形成电池时,Zn 作为阳极被氧化溶解,Fe 质的船体作为阴极而免遭腐蚀,从而起到了防护的目的。

阳极保护就是通过外加直流电源而使被保护的金属发生阳极极化,并进入钝化状态从而达到保护金属的目的。这种方法已经被广泛应用于化工厂中的贮罐、管道的防腐,以及地下水管、输油管和闸门的防腐等。

【思考题 10－7】为了防止铁生锈,欲分别镀上一层锌和一层锡,两者防腐效果是否一样?

【思考题 10－8】在氯碱工业中,电解 NaCl 水溶液从而获得氢气、氯气和氢氧化钠等化工原料。为什么通常选用石墨做阳极?

10.5　化学电源

电能是现代生活的必需品,也是最重要的二次能源,大部分的煤和石油制品作为一次能源用于发电。(注:一次能源指在自然界现成存在,可以直接取得且不必改变其基本形态的能源,如煤炭、天然气、地热、水能等。由一次能源经过加工或转换成另一形态的能源产品,如电力、焦炭、汽油、柴油、煤气等属于二次能源)。煤或油在燃烧过程中释放能量,加热水产生蒸汽推动电机发电,它的实质是化学能→机械能→电能的过程,这种过程通常是要靠火力发电厂的汽轮机和发电机来完成。另外一种把化学能直接转化为电能的装置,统称化学电池或化学电源。如收音机,手电筒,照相机上用的干电池,汽车发动机用的蓄电池,钟表上用的纽扣电池等。由于化学电源的种类很多,分类方式也不统一,目前常见分类方法是按照化学电源能否重复使用,将其分为一次性电池和二次电池,本节将介绍常见的几种电池。

10.5.1　一次性电池

目前常用的 1 号、5 号、7 号电池及纽扣电池都是一次性电池,使用完后就直接丢弃,造成了资源浪费,也污染了环境。一次性电池的基本构造大致相同,需要正极、负极和电解质。以锌锰干电池为例:以锌皮做外壳为负极、以石墨材质的碳棒为正极,周围包着二氧化锰粉末,其间填充以氯化锌和氯化铵的糊状物,其电池表示式为

$$Zn(s)|ZnCl_2, NH_4Cl|MnO_2(s)|C(s)$$

电极反应及电池反应分别为

负极 $Zn(s)+2NH_4Cl \longrightarrow Zn(NH_3)_2Cl_2+2H^++2e^-$

正极 $MnO_2(s)+2H^++2e^- \longrightarrow 2MnO(OH)$

总反应 $Zn(s)+2NH_4Cl+MnO_2(s) \longrightarrow Zn(NH_3)_2Cl_2+2MnO(OH)$

由于一次性电池使用方便，所以目前仍然被广泛使用，但应该提倡不使用或者尽量少使用一次性电池，并且研究切实可行的回收方法，以提高原材料的利用率，减少环境污染。

10.5.2 二次性电池

1.铅蓄电池

铅蓄电池由正极板群、负极板群、电解液和容器等组成，铅酸蓄电池用填满海绵状铅的铅板作负极，填满二氧化铅的铅板作正极，并用1.28%的稀硫酸作电解质。电池表示式为：

$$Pb(s)|H_2SO_4(1.28\%)|PbO_2(s)-Pb(s)$$

电极反应及电池反应为：

正极 $PbO_2+2e^-+SO_4^{2-}+4H^+ \longrightarrow PbSO_4+2H_2O$

负极 $Pb+SO_4^{2-} \longrightarrow PbSO_4+2e^-$

总反应 $PbO_2+2H_2SO_4+Pb \underset{充电}{\overset{放电}{\rightleftharpoons}} 2PbSO_4+2H_2O$

铅蓄电池的优点是放电时电动势较稳定，使用温度及使用电流范围宽、能充放电数百个循环、贮存性能好(尤其适于干式荷电贮存)、造价较低，因而应用广泛。缺点是比能量(单位重量所蓄电能)小，十分笨重，对环境腐蚀性强，保养要求严，循环使用寿命短。

2.银-锌电池

电子手表、液晶显示的计算器或一些小型的助听器等所需电流是微安或毫安级的，它们所用的电池体积很小，有“纽扣”电池之称。它们的电极材料是 Ag_2O 和 Zn，所以叫银-锌电池。银-锌电池可以做成一次电池也可以作为二次电池，其负极是 Zn，正极是 Ag_2O，电解液是40%KOH 溶液，可表示为：

$$Zn(s)|KOH(40\%)|Ag_2O(s)-Ag(s)$$

电极反应及电池反应为

负极 $Zn(s)+2OH^- \longrightarrow Zn(OH)_2(s)+2e^-$

正极 $Ag_2O(s)+H_2O+2e^- \longrightarrow 2Ag(s)+2OH^-$

总电池反应 $Zn(s)+Ag_2O(s)+H_2O \underset{充电}{\overset{放电}{\rightleftharpoons}} 2Ag(s)+Zn(OH)_2(s)$

银-锌二次电池的重复充放电次数可达100～150，该电池的质量比能量可达150 $Wh \cdot kg^{-1}$，已用于宇航、火箭、潜艇等方面。

3.燃料电池

H_2、CH_4(甲烷气)、C_2HSOH 等物质在 O_2 中燃烧时，能将化学能直接转化为电能，这种装置叫燃料电池，而不经过热能这一中间形式，从理论上说能量的利用率是100%，这是一个很诱人的研究课题，近50年来，关于燃料电池的研究已经取得了迅速的发展。

燃料电池的负极由一惰性电极和燃料组成；正极是一惰性电极的氧气或者空气。以氢-氧燃料电池为例，电池表示式为：

$$(Pt)H_2(g)|KOH(aq)|O_2(g)(Pt)$$

电极反应及电池反应为

负极　$H_2+2OH^- \longrightarrow 2H_2O+2e^-$

正极　$\frac{1}{2}O_2+H_2O+2e^- \longrightarrow 2OH^-$

总电池反应　$H_2(g)+\frac{1}{2}O_2(g) \longrightarrow H_2O(l)$

出现于 20 世纪 60 年代的氢-氧燃料电池的开路电压已达到 1.12 V。燃料电池可用作民用电源，也可用于军事工业和宇宙航行，既可以提供仪器工作所需的电能，又能为航天员提供清洁的饮用水。

4.锂离子电池

锂离子电池，顾名思义是通过在正负极之间交换锂离子来转化能量的一种能量存储型装置。商品化的锂离子电池一般由碳材料作为负极，高电位嵌锂化合物（如含锂金属氧化物 $LiMO_2$）作为正极，电解液为锂盐的有机溶液（如碳酸丙烯酯，PC），电池表示式为：

$$xC(s)|LiPF_6-PC|LiMO_2(s)$$

在充放电过程中，锂离子在正负极之间反复地发生脱出和嵌入的过程，因此也被人形象地称为“摇椅电池”。该过程中两电极间发生的化学反应可表示为：

负极　$C+xLi^++xe^- \rightleftharpoons Li_xC$

正极　$LiMO_2 \rightleftharpoons Li_{1-x}MO_2+xLi^++xe^-$

总电池反应　$LiMO_2+C \rightleftharpoons Li_xC+Li_{1-x}MO_2$

一般的锂离子电池具有约 3.7 V 左右的工作电压，比能量高、剩余电荷容易监测、安全、环保，在手机、笔记本电脑等方面已有广泛应用。随着柔性电子器件的日益普及，目前关于锂离子电池的研究也逐渐朝着柔性、便携及可穿戴的方向发展。

此外，锂-锰(Li-Mn)电池、锂-碘电池、钠-硫电池、太阳能电池等多种高效、安全、价廉的电池都在研究之中。化学电源的研究和开发是化学科学的重要研究领域之一，也是能源工作者研究领域之一。

【思考题 10 - 9】H_2- O_2燃料电池在酸、碱性介质中，它的电池反应有是否何不同？标准电池电动势是否相同？

习　题

1.计算下列电池的可逆分解电压

$Pt(s)|HBr(m=0.05\ mol\cdot kg^{-1},\gamma_{\pm}=0.860)|Pt(s)$

$$Ag(s)\left|\begin{matrix}AgNO_3(m=0.5\ mol\cdot kg^{-1},\gamma_{\pm}=0.526)\\ \|\ AgNO_3(m=0.01\ mol\cdot kg^{-1},\gamma_{\pm}=0.902)\end{matrix}\right|Ag(s)$$

[答案：(1)1.25 V(2)0.087 V]

2. 298 K 时，一溶液含 $a=1$ 的 Fe^{2+}，已知电解时 H_2在 Fe 上的析出的过电势为 0.45 V，试计算溶液的 pH 最低为多少 Fe 方可析出？

[答案：0.676]

3.在 298 K、标准压力 $p^\ominus$ 时，某混合溶液中，$CuSO_4$浓度为 0.50 $mol \cdot kg^{-1}$，H_2SO_4浓度为 0.01 $mol \cdot kg^{-1}$，用铂电极进行电解，首先 Cu(s)沉积到 Pt 电极上。若 H_2(g)在 Cu(s)上的超电势为 0.23 V，问当外加电压增加到有 H_2(g)，在电极上析出时溶液中所余 Cu^{2+}的浓度为多少？(设活度系数均为 1，H_2SO_4作一级电离处理)。

[答案：1.75×10^{-20} $mol \cdot kg^{-1}$]

4.在 298 K、$p^\ominus$ 时，以 Pt 为阴极，C(石墨)为阳极，电解含 $CdCl_2$($m=0.01$ $mol \cdot kg^{-1}$)。和 $CuCl_2$($m=0.02$ $mol \cdot kg^{-1}$)的水溶液。若电解过程中超电势可忽略不计(设活度系数均为 1)，试问

(1)何种金属先在阴极析出？

(2)第二种金属析出时，至少加多少电压？

(3)第二种金属析出时，第一种金属离子在溶液中的浓度为多少？

(4)若 O_2(g)在石墨上的超电势为 0.6 V，则阳极上首先发生什么反应？

[(1)Cu(s)析出；(2)1.607 V；(3)1.01×10^{-27} $mol \cdot kg^{-1}$；(4)Cl_2(g)析出]

5.在 298 K、$p^\ominus$ 时，用电解法分离 Cd^{2+}和 Zn^{2+}混合溶液，已知 Cd^{2+}和 Zn^{2+}的浓度分别为 0.10 $mol \cdot kg^{-1}$(设活度系数为 1)，H_2(g)在 Cd(s)和 Zn(s)上的超电势分别为 0.48 V 和 0.70 V，设电解液的 pH 值保持为 7，试问

(1)阴极上首先析出何种金属？

(2)第二种金属析出时，第一种析出的离子在溶液中的浓度为多少？

(3)H_2是否有可能析出而影响分离效果？

[答案：(1)Cd(s)；(2)6.5×10^{-14} $mol \cdot kg^{-1}$；(3)H_2(g)不会析出]

6.在 298 K、$p^\ominus$ 时，电解含有 Ag^+($a_{Ag^+}=0.1$)、Fe^{2+}($a_{Fe^{2+}}=0.01$)、Cd^{2+}($a_{Cd^{2+}}=0.001$)、Ni^{2+}($a_{Ni^{2+}}=0.1$)和 H^+($a_{H^+}=0.001$)，并设 a_{H^+}不随电解的进行而变化)的混和溶液，又知 H_2(g)在 Ag、Ni、Fe 和 Cd 上的超电势分别为 0.20 V、0.24 V、0.18 V 和 0.30 V。当外加电压从零开始逐渐增加时，试用计算说明在阴极上析出物质的顺序。

[答案：Ag、Ni、H_2、Cd、Fe]

7.要自某溶液中析出 Zn，直至溶液中 Zn^{2+}浓度不超过 1.00×10^{-4} $mol \cdot kg^{-1}$，同时在析出 Zn 的过程中不会有 H_2(g)逸出，问溶液中 pH 值为多少？已知在 Zn 阴极上 H_2(g)开始逸出的超电势为 $\eta(H_2)=0.72$ V，$\varphi^\ominus(Zn^{2+}/Zn)=-0.732$ V，假定超电势与溶液中的电解质浓度无关。

[答案：pH≥2.2]

8.铁在大气、水及土壤中都会腐蚀或者溶解成离子，或者生成难溶氧化物(氢氧化物)。如果不考虑氧气的影响，则 Fe 溶解时生成的是 Fe^{2+}还是 Fe^{3+}？

[答案：Fe^{2+}]

9.利用间接的方法计算得 298 K 时反应 $H_2+\frac{1}{2}O_2 \rightarrow H_2O(l)$的 $\Delta_r G_m^\ominus=-236.65$ $kJ \cdot mol^{-1}$。试问在 298.15 K 时，非常稀的硫酸溶液的分解电压是多少？设电极反应发生时搅拌充分。

[答案：1.226 V]

10.把 CO 与 O_2组成燃料电池，已知 298 K 时反应 $CO(g)+\frac{1}{2}O_2(g) \rightarrow CO_2(g)$的 $\Delta_r H_m^\ominus=-$

283.0 mol·mol^{-1}，$\Delta_r G_m^\ominus=-257.0$ mol·mol^{-1}，计算该燃料电池的热效率（$\Delta_c H_m^\ominus/\Delta_r H_m^\ominus$）。若此燃料的热量利用高温(1000 K)和低温(300 K)间工作的卡诺循环做功，问能做多少功？是燃料电池的百分之多少？

[答案：90.8%，198.1 kJ·mol^{-1}，77.0%]

11.目前工业上电解食盐水制造 NaOH 的反应为

$$2\,NaCl_2+H_2O\xrightarrow{\text{电解}}2\,NaOH+H_2(g)+Cl_2(g)$$

有人提出改进方案，改造电池的结构，使电解食盐水的总反应为

$$2\,NaCl_2+H_2O+\frac{1}{2}O_2(\text{空气})\xrightarrow{\text{电解}}2\,NaOH+Cl_2(g)$$

(1)分别写出两种电池总反应的阴极和阳极反应；

(2)计算在 298 K 时，两种反应的理论分解电压各为多少？设活度均为 1，溶液 pH=14；

(3)计算改进方案在理论上可以节约多少电能？(用百分数表示).

[答案：(2)$E_{\text{分解},(1)}=2.19$ V，$E_{\text{分解},(2)}=0.97$ V；(3)节约 56%]

12.欲从镀银废液中回收银，废液中 $AgNO_3$ 的浓度为 1×10^{-6} mol·kg^{-1}，还有少量的 Cu^{2+}。现以银为阴极、石墨为阳极用电解法回收银，要求银的回收率为 99%。试问阴极电位应控制在什么范围之内？Cu^{2+} 浓度应低于多少才不致使 Cu(s)和 Ag(s)同时析出？(设所有的活度系数均为 1)。

[答案：(1)$\varphi_{\text{阴}}<0.3261$ V；(2)$c_{Cu^{2+}}<0.424$ mol·kg^{-1}]

13.298 K 时，某钢铁容器内盛 pH=4.0 的溶液，试通过计算说明此时钢铁容器内是否被腐蚀？假定容器内 Fe^{2+} 的浓度超过 10^{-6} mol·L^{-1}时，则认为容器已被腐蚀。(已知 $\varphi^\ominus(Fe^{2+}/Fe)=-0.4402$ V，H_2 在铁上析出的超电势为 0.4 V。)

[答案：不被腐蚀]

14.试根据银锌电池和氢燃料电池的总反应，分别估算它们的理论电动势应为多少？设 H_2 和 O_2 的分压均为标准压力。已知各物质的 $\Delta_f G_m^\ominus$ 为：

物质	ZnO(s)	Ag_2O(s)	H_2O(l)	$Zn(OH)_2$(s)
$\Delta_f G_m^\ominus$/kJ·mol^{-1}	−318.2	10.9	−237.4	−553.6

[答案：1.70 V，1.23 V]

15.每千克镀镍溶液中 $NiSO_4\cdot5H_2O$ 含量为 270 g，溶液中含有 $NaSO_4$、$MgSO_4$ 和 NaCl 等物质。已知氢气在 Ni 上的超电势为 0.42 V，氧气在 Ni 上的超电势为 0.10 V。问在阴极和阳极上首先析出(或溶解)的是哪些物质？

[答案：Ni]

16.将甘汞电极与另一析出氢气的电极组成电池组，电解液是 pH 值为 7 的饱和 KCl 溶液。在 298 K 时以一定的电流通过电解池时，测得两极间的电压为 1.25 V，若认为甘汞电极不极化，求在此条件下阴极的过电势(假设溶液的欧姆电位降可以忽略不计)。

[答案：0.5916 V]

17.以 Ni(s)为电极、KOH 水溶液为电解质的可逆氢、氧燃料电池在 298 K 和 $p^\ominus$ 压力下稳定地连续工作，试回答下述问题：

(1)写出该电池的表示式、电极反应和电池反应；

(2)求一个 100 W(1 W=3.6 kJ·h)的电池，每分钟需要供给 298 K、$p^\ominus$ 压力的 $H_2(g)$多少体积？已知该电池反应的 $\Delta_r G_m^\ominus=-236$ kJ·mol[每 mol$H_2(g)$]。

(3)该电池的电动势为多少？

[答案：(2)6.27×10^{-4} $m^3\cdot min^{-1}$；(3)1.228 V]

18.用 Pb 为电极电解 0.1 mol·kg^{-1} H_2SO_4($\gamma_\pm=0.625$)，若在电解过程中，把 Pb 阴极与另一摩尔甘汞电极相连接时，测得 $E=1.0658$ V，试求 H_2在 Pb 电极上的超电势。

[答案：0.695 V]

19.外加电压使电解池 Pt|$CdCl_2$(1 mol·kg^{-1}，$\gamma_\pm=0.902$)|Pt 进行电解，当外加电压逐渐增大时，电极上首先发生什么反应？此时外加电压至少为多少？(设不考虑过电位，并假定电解质活度系数为 1，$T=298.15$ K。)

[答案：先析出 Ni，1.045 V]

20.在 298 K，原始 Ag^+浓度为 0.1 mol·kg^{-1}和 CN^{-1}为 0.25 mol·kg^{-1}的溶液中形成了配离子 $Ag(CN)_2^-$，其解离度常数 $K_a=3.8\times10^{-19}$。试计算在该溶液中 Ag^+的浓度和 Ag(s)的析出电势。(设活度系数为 1)

[答案：1.52×10^{-17} mol·kg^{-1}，-0.196 V]

21.298 K，$p^\ominus$ 时，用 Fe(s)为阴极，C(石墨)为阳极，电解 6.0 mol·kg^{-1}的 NaCl 水溶液，若 $H_2(g)$在铁阴极上的超电势为 0.20 V，$O_2(g)$在石墨阳极上的超电势为 0.60 V，试说明两电极上首先发生的反应。计算至少需加多少外加电压电解才能进行。(设活度因子为 1，已知 $\varphi^\ominus(O_2/OH^-)=0.401$ V，$\varphi^\ominus(Na/Na)=-2.714$ V，$\varphi^\ominus(Cl_2/Cl^-)=1.36$ V。)

[答案：阴极先析出 $H_2(g)$，阳极先析出 $Cl_2(g)$；$E_{分解}=1.928$ V]

22.298 K、$p^\ominus$ 下用光亮铂极电解 1 mol·L^{-1}NaOH 溶液，得 H_2和 O_2。分别写出两极的电极反应，并计算理论分解电压。实测分解电压为 1.69 V，实测分解电压大于理论分解电压的原因是什么？

[答案：1.23 V]

23.在 298.15 K 时以 Pt 作电极电解 0.5 mol·kg^{-1}的 $CuSO_4$溶液，如果 H_2在 Pt 和 Cu 上的超电势分别为 0 和 0.23 V，金属离子析出的超电势可以忽略，$CuSO_4$溶液的 $\gamma_\pm=0.066$，

(1)通过计算回答当外加电压增加时，为什么在阴极上首先析出 Cu？

(2)试计算当 H_2开始在阴极上析出时，溶液中的 Cu^{2+}的浓度还有多少？

[答案：(2)6.76×10^{-34} mol·kg^{-1}]

第11章　化学动力学基本原理

【本章要求】

(1)了解反应速率表示法及不同表示式之间的关系。

(2)理解动力学基本概念,掌握简单级数反应的特点、熟练利用速率方程确定反应级数、计算速率常数和求半衰期。

(3)掌握温度对速率的影响以及阿伦尼乌斯公式的各种表示式,掌握活化能的概念及其对速率的影响。

(4)了解反应速率理论的模型、假定、推导、结论以及优缺点。

【背景问题】

(1)^{14}C测年法是迄今为止国内外第四纪地质活动新构造及考古学研究中应用最广泛、最可靠的放射性同位素测年方法,可精确测定年代在一千至五万年内的考古样品,具体的测定原理是什么?

(2)气体分子运动论认为反应物分子会发生碰撞,所有的碰撞都是有效的吗?

(3)反应物分子在碰撞接触过程中,存在相互作用吗?系统的势能是如何改变的?

引　言

化学热力学和化学动力学是物理化学教学中两大重要的分支。通过热力学计算,可以判断反应发生的可能性,在给定条件下反应能否发生,发生到什么程度等问题。例如在298 K时,对于反应

$$H_2(g)+\frac{1}{2}O_2(g)=H_2O(l) \quad \Delta_r G^{\ominus}=-237.12\ \mathrm{kJ\cdot mol^{-1}}$$

$\Delta_r G^{\ominus}<0$,反应自发向正反应方向进行,同时进行的趋势很大,反应具有可能性。在常温常压下,氢气和氧气混合后并不发生反应。但如果选用适当的催化剂,二者能以较快的速率反应生成水。反应动力学就是解决这个问题,将反应可能性转化为现实性,研究反应进行的速率和反应的历程或反应机理。总而言之,化学热力学的任务是解决反应发生的可能性问题,即判断一个反应在一定条件下能否自发自行。若反应可以自发进行,反应速率的大小和反应进行的历程就是化学动力学要解决的问题。若热力学不允许,就没必要去研究反应的速率问题。在实际生产中,既要考虑热力学问题,又要考虑动力学问题,二者是相辅相成的,热力学和动力学二者互相联合,才能将化学反应应用于生产实践。

本章主要讨论反应速率方程,反应速率与反应机理的关系,简单反应的速率公式和特点,温度对反应速率的影响等。

11.1 化学动力学的目的和任务

11.1.1 化学动力学研究对象

化学动力学是研究化学反应速率规律及反应机理的科学。化学动力学有两大基本任务：基本任务之一就是要了解反应的速率，分析分子结构、温度、压力、浓度、介质和催化剂等因素对反应速率的影响，从而可以认为控制反应条件和反应速率，使化学反应按我们所希望的速率进行。基本任务之二是研究反应历程。一个反应的发生，通常需要经历由反应物到一些中间物质，经历一系列的中间反应，才能生成目标产物。研究反应机理就是要研究反应经历了哪些中间步骤。近年来激光飞秒、阿秒技术的发展，使得人们对时间的把握更为精确，可以控制检测一些反应中间物质的存在和反应过程，从而获得反应机理。此外，量子化学的发展，从给定反应物出发，计算得到分子化学键断裂和形成过程的结构和能量变化，为反应机理的研究提供了有力的技术保障。

从历史上来说，化学动力学的发展比化学热力学迟，仍有许多领域有待开发。化学动力学的研究非常活跃，是进展迅速的学科之一。化学动力学的发展大致可分为三个阶段：

(1)19 世纪后半叶到 20 世纪初的宏观动力学阶段，在这一阶段，研究的对象是总包反应，主要成就是质量作用定律和阿伦尼乌斯(Arrhenius)公式的建立。

(2)20 世纪初至 60 年代的基元反应动力学阶段。在这一阶段，研究对象是基元反应，主要成就是发现了链反应和建立了反应速率理论(碰撞理论和过渡状态理论)。1956 年英国人欣谢尔伍德(Hinshelwood)及苏联人谢苗诺夫(Semenov)因对化学反应机理和链式反应的研究取得成就而获得诺贝尔化学奖。德国人艾根(Eigcn)、英国人诺里什(Norrish)和波特(Porter)三位教授利用弛豫法、闪光光解法研究了快速化学反应，取得杰出贡献而获 1967 年诺贝尔化学奖。

(3)20 世纪 60 年代以后的微观反应动力学阶段。研究对象是基元化学物理反应，其主要成就是分子束和激光技术的应用，从而开创了分子反应动力学这一新的分支学科。1986 年，美籍华人李远哲、美国人赫施巴克(Herschbach)、加拿大人波拉尼(Polanyi)因发展了交叉分子束技术、红外线发光法，在微观反应动力学研究方面做出贡献而获诺贝尔化学奖，美国人泽韦尔(Zewail)利用飞秒激光技术研究超快化学反应过程和过渡态的成就而获 1999 年诺贝尔化学奖。2001 年，美国人诺尔斯(Knowles)、日本人野依良治和美国人沙普利斯(Sharpless)等人由于在不对称催化合成方面的杰出贡献而共享诺贝尔化学奖。

11.1.2 反应速率表示法

由于反应式中生成物与反应物的浓度变化率来表示反应速率时，其数值未必一致。采用反应进度(ξ)随时间的变化率来表示反应速率，就可以解决这一矛盾。

$$\alpha R \rightarrow \beta P$$

$$t=0 \quad n_R(0) \quad n_P(0)$$

$$t=t \quad n_R(t) \quad n_P(t)$$

$$\xi=\frac{n_R(t)-n_R(0)}{-\alpha}=\frac{n_P(t)-n_P(0)}{\beta}\text{(反应物 }\alpha<0\text{，产物 }\beta>0\text{)} \tag{11.1}$$

将式(11.1)对 t 微分，得到在某一时刻 t 时反应进度的变化率，即成为反应的转化速率：

$$\frac{d\xi}{dt}=\dot{\xi}=-\frac{1}{\alpha}\frac{dn_R(t)}{dt}=\frac{1}{\beta}\frac{dn_p}{dt} \tag{11.2}$$

式中，$\dot{\xi}$ 为广度性质，与体系的大小无关。

化学反应速率可以定义为

$$r\equiv\frac{\dot{\xi}}{V}=\frac{1}{\nu_B V}\frac{dn_B}{dt} \tag{11.3}$$

式中，V 是反应体系的体积；r 是强度性质，与温度、压力和反应物质的浓度有关。本章只限于讨论 V 保持不变的情况。因而：

$$r=\frac{1}{v_B}\frac{d}{dt}\left(\frac{n_B}{V}\right)=\frac{1}{v_B}\frac{dc_B}{dt}=\frac{1}{v_B}\frac{d[B]}{dt} \tag{11.4}$$

式中，v_B 为化学反应式中物质 B 的计量系数，对反应物为负值，对生成物为正值；r 的单位为（浓度/时间）。

对任意反应

$$aA+bB+\cdots\rightarrow eE+fF+\cdots$$

反应速率为

$$r=-\frac{1}{a}\frac{dc_A}{dt}=-\frac{1}{b}\frac{dc_B}{dt}=\frac{1}{e}\frac{dc_E}{dt}=\frac{1}{f}\frac{dc_F}{dt} \tag{11.5}$$

反应速率 r 的 SI 单位为 $mol\cdot m^{-3}\cdot s^{-1}$ 或 $mol\cdot dm^{-3}\cdot s^{-1}$。

例如，对于反应

$$N_2O_5(g)=N_2O_4(g)+\frac{1}{2}O_2(g)$$

$$r=-\frac{d[N_2O_5]}{dt}=\frac{d[N_2O_4]}{dt}=2\frac{d[O_2]}{dt}$$

由于对于气相反应，压力比浓度更容易测定，因此可用参加反应各种物质的分压来代替浓度，对上述反应

$$r=-\frac{dp_{N_2O_5}}{dt}=\frac{dp_{N_2O_4}}{dt}=2\frac{dp_{O_2}}{dt}$$

11.1.3　反应速率的测定

对于恒容反应，反应速率是反应组分浓度对时间的变化率 $\pm dc_B/dt$，因此实验的关键是测定反应组分浓度与时间即 c_B-t 关系（见图 11－1）。由于反应温度对反应速率的影响较大，实验时温度波动要很小，因此通常需在恒温槽中进行反应。对于一般的反应，时间可以用秒表或时钟测定。浓度则用化学分析法或物理法测定。化学分析法常用酸碱滴定、重量分析等定量分析法直接测定浓度，但因比较费时而无法自动进行。物理法主要是利用与浓度存在的一定关系，先配制已知浓度的溶液测定其物理量（如体积、压力、电导、吸光度、旋光度和折射率等通常是线性关系），然后作物理量-浓度曲线，即标准曲线；再测定未知溶液相应的物理量，从标准曲线上得到浓度。物理法采用仪器直接测定，可手动记录。

测定浓度时若反应仍在进行，会影响测量精度，因此需使反应迅速停止，反应组分浓度不再变化，常用冻结法。冻结法有迅速降温法或迅速稀释法，前者使反应系统温度短时间内显著降低，后者通过加入大量溶剂使反应组分的浓度短时间内显著降低，两种方法的结果均使反应

速率大大降低到忽略不计的程度。

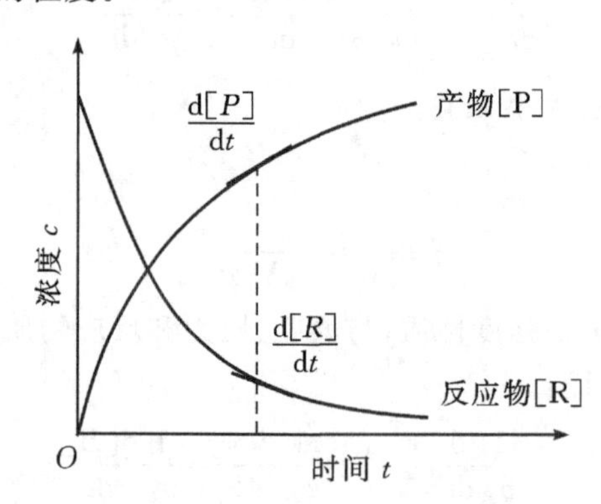

图 11-1 反应物和产物的浓度随时间的变化

【思考题 11-1】化学反应速率是如何定义的？反应速率方程如何表达？

【思考题 11-2】影响反应速率的因素有哪些？

11.2 化学反应速率方程

影响反应速率的基本因素是反应物的浓度和反应的温度。为使问题简化，先研究温度不变时的反应速率与浓度的关系，再研究温度对反应速率的影响。表示一个化学反应的反应速率与浓度等参数间的关系式或浓度与时间等参数间的关系式，称为化学反应的速率方程式，简称速率方程，或称为动力学方程。

11.2.1 速率方程

表示反应速率与浓度等参数之间的关系，或表示浓度等参数与时间关系的方程称为化学反应的速率方程，也称为动力学方程。速率方程可表示为微分式或积分式，其具体形式随反应的不同而有所差异，必须由实验来确定。基元反应的速率方程是其中最为简单的。

11.2.2 质量作用定律

基元反应是指反应物的分子、原子、离子或自由基等通过一次碰撞直接转化为产物的反应，而非基元反应的反应步骤的集合或者说完成反应物到产物转变所经历的基元反应序列称为该反应的反应历程或反应机理。

例如对于反应：

$$H_2+Cl_2=\!=\!=2HCl$$

该反应由下面几步构成：

$$(1)Cl_2+M\longrightarrow 2Cl\cdot+M$$

$$(2)Cl\cdot+H_2\longrightarrow 2HCl+H\cdot$$

$$(3)H\cdot+Cl_2\longrightarrow 2HCl+Cl\cdot$$

$$(4)Cl\cdot+Cl\cdot+M\longrightarrow Cl_2+M$$

该反应中步骤(1)～步骤(4)可称为 H_2 和 Cl_2 反应的反应历程，而该反应历程中的每一步都是基元反应。总反应方程式为总包反应。需要注意的是：基元反应的反应方程计量关系是不能随意按比例扩大或缩小的。

$$a\text{A}+b\text{B}\longrightarrow g\text{G}+h\text{H}$$

反应速率方程为

$$v=kc_A^a c_B^b \tag{11.6}$$

基元反应的这个规律称为质量作用定律(lawofmassaction),是 19 世纪中期由古德贝格(Guldberg)和瓦格(Waage)在总结前人的大量工作并结合他们自己实验的基础上提出来的,即"化学反应速率与反应物的有效质量成正比"(这里的质量原意是指浓度)。特别注意的是质量作用定律只适用于基元反应。

11.2.3　反应的级数、反应分子数和反应的速率常数

在化学反应的速率方程中,各物质浓度指数项的代数和就称为该反应的级数,用 n 表示。若 $v=kc_A^a c_B^b c_C^\gamma\cdots$,则反应级数 $n=\alpha+\beta+\gamma+\cdots$。通常说该反应的级数是对总反应而言的,$\alpha$、$\beta$、$\gamma$ 也称为反应对反应物 A、B、C 的分级数,即反应对 A 为 α 级,对 B 为 β 级等。反应级数反映出物质浓度对反应速率的影响程度,级数越大,反应速率受浓度的影响越大。

反应分子数是指参加反应的物种粒子数,从微观角度看,参加基元反应的分子数只可能是 1、2 或 3。对基元反应或简单反应,通常是反应级数与反应的分子数是相同的。例如反应 $I_2 \longrightarrow 2I$ 是单分子反应,也是一级反应。反应 $Cl\cdot + H_2 \longrightarrow 2HCl + H$ 是双分子反应,也是二级反应。但也有些基元反应表现出的反应级数与反应分子数不一致,例如,乙醚在 500 ℃左右的热分解反应是单分子反应,也是一级反应,但在低压下则表现为二级反应。这个实验结果,反映出该反应在不同压力下有不同的反应级数。又如双分子反应,通常情况下是二级反应,但在某种情况下也可以使其成为一级反应。

反应级数和反应分子数存在本质的区别。反应级数是对宏观的总反应而言的,它可正可负,可为零或分数。即使对同一反应,反应级数因实验条件、数据处理方式不同而有所变化。而反应分子数是对微观分子而言的,是必然存在的,其数值只能是 1、2 或 3。反应级数是实验结果,在不知反应历程的情况下也可以从实验求得。但要确定反应分子数,必须研究反应历程,确定反应是否为基元反应。对于基元反应,反应分子数和反应级数在数值上相等。

反应速率方程速率常数 $v=kc_A^a c_B^b c_C^\gamma\cdots$ 中,存在一个与浓度无关的反应常数,称为反应速率常数。k 是化学动力学中一个重要物理量,其数值直接反映了速率的快慢。要获得化学反应的速率方程,首先需要收集大量的实验数据,然后再经归纳整理而得。反应速率常数的单位与反应级数有关,对一级反应,k 的单位是[时间]$^{-1}$;二级反应,k 的单位[浓度]$^{-1}$[时间]$^{-1}$。反应速率常数与反应的温度、催化剂等因素有关,上述因素固定后 k 才是常数。

【思考题 11-3】质量作用定律适用于什么样的反应?

【思考题 11-4】速率常数受哪些因素的影响?浓度和压力会影响速率常数吗?

11.3　具有简单级数的反应

简单级数反应是指反应速率只与反应物的浓度有关,而且反应级数只是零或正整数的反应。本节讨论的是具有简单级数的反应,介绍其速率方程的微分式、积分式以及它们的速率常数的单位和半衰期等各自的特征。

11.3.1　一级反应

反应速率与反应物浓度的一次方成正比的反应称为一级反应。例如放射性元素的蜕变、热分解反应和异构化反应等均属于一级反应。

1.速率方程

设有某一级反应

$$\alpha A \qquad P$$

$$t=0 \qquad c_{A,0}=a \qquad c_{P,0}=0$$

$$t=t \qquad c_A=a-x \qquad c_P=x$$

反应的速率方程

$$r=-\frac{\mathrm{d}c_A}{\mathrm{d}t}=\frac{\mathrm{d}c_P}{\mathrm{d}t}=k_1c_A \tag{11.7}$$

$$-\frac{\mathrm{d}(a-x)}{\mathrm{d}t}=k_1(a-x)\text{或}\frac{\mathrm{d}x}{\mathrm{d}t}=k_1(a-x) \tag{11.8}$$

$$\frac{\mathrm{d}x}{a-x}=k_1\mathrm{d}t \tag{11.9}$$

对式(11.9)做不定积分得

$$\ln(a-x)=-k_1t+\text{常数} \tag{11.10}$$

式(11.10)为一级反应速率方程的不定积分式。

对(11.9)做定积分

$$\int_{c_{A,0}}^{c_A}\frac{\mathrm{d}x}{a-x}=\int_0^t k_1\mathrm{d}t$$

得

$$\ln\frac{a}{a-x}=k_1t \tag{11.11}$$

式(11.11)为一级反应的定积分式。

若令 y 为时间 t 时的转化率，即

$$y=\frac{x}{a}$$

则式(11.11)转变为

$$k_1t=\ln\frac{1}{1-y}\text{或}t=\frac{1}{k_1}\ln\frac{1}{1-y} \tag{11.12}$$

当 $y=\frac{1}{2}$ 时所用时间为 $t_{1/2}$，即反应物消耗了一半所需的时间，这个时间称为半衰期(halflife)，则

$$t_{1/2}=\frac{\ln2}{k_1}=\frac{0.6932}{k_1} \tag{11.13}$$

综上分析，一级反应的动力学特征如下：

(1)一级反应速率常数的单位:[时间]$^{-1}$。

(2)由一级反应速率方程的不定积分式可知，$\ln\frac{1}{a-x}$对 t 为直线关系，由直线的斜率可求得一级反应的速率常数。$k=-$斜率。

(3)反应的半衰期 $t_{1/2}$ 为$\frac{\ln 2}{k_1}$。一级反应的半衰期与反应物的初始浓度无关，只与反应速率常数成反比。对于给定的一级反应，由于 k 为定值，所以 $t_{1/2}$ 也为定值。

【例 11－1】某一级反应在 50 min 内反应转化 25%，若反应的初始浓度为 $5.0\times10^3\ \text{mol}\cdot\text{dm}^{-3}$，再反应 50 min，反应物的浓度为多少？

解　根据转化率表示的一级反应的定积分式

$$k_1t=\ln\frac{1}{1-y}$$

将 $y=0.25$，$t=50$ min 代入上式，

$$k_1=5.754\times10^{-3}\ \text{min}^{-1}$$

再反应 50 min，则总反应时间 $t'=100$ min，

将 $t'=100$ min，$a=5.0\times10^3\ \text{mol}\cdot\text{dm}^{-3}$ 代入 $\ln\dfrac{a}{a-x}=k_1t$，

得
$$\ln\frac{5.0\times10^3}{5.0\times10^3-x}=5.754\times10^{-3}\times100$$

$x=2.19\times10^3\ \text{mol}\cdot\text{dm}^{-3}$

则反应物的浓度为 $a-x=2.81\times10^3\ \text{mol}\cdot\text{dm}^{-3}$

11.3.2　二级反应

反应速率和物质浓度的二次方成正比的反应称为二级反应。在溶液中进行的有机化学反应大多属于二级反应。如乙烯、丙烯的二聚反应，乙酸乙酯的皂化、碘化氢和甲醛的热分解反应等。

二级反应的通式可以写作：

$$（甲）A+B\longrightarrow P+\cdots\qquad r=k_2[A][B]$$

$$（乙）2A\longrightarrow P+\cdots\qquad r=k_2[A]^2$$

对于反应（甲），A 和 B 的初始浓度 a 和 b，经时间 t 分别有浓度为 x 的 A 和 B 发生了转化，A 和 B 在 t 时的浓度分别为 $(a-x)$ 和 $(b-x)$。

$$\begin{array}{lcccc} & A & + & B\longrightarrow & P+\cdots \\ t=0 & a & & b & 0 \\ t=t & (a-x) & & (b-x) & x \end{array}$$

$$-\frac{dc_A}{dt}=-\frac{dc_B}{dt}=-\frac{d(a-x)}{dt}=-\frac{d(b-x)}{dt}=k_2(a-x)(b-x)\tag{11.14}$$

或

$$\frac{dx}{dt}=k_2(a-x)(b-x)\tag{11.15}$$

物质 A 和 B 的起始浓度可以相同也可以不相同。分情况讨论如下：

(1)若 A 和 B 的起始最初浓度相同，则 $a=b$，则反应（甲）的速率方程亦可写成

$$\frac{dx}{dt}=k_2(a-x)^2\tag{11.16}$$

移项作不定积分，得

$$\int\frac{dx}{(a-x)^2}=\int k_2dt$$

得
$$\frac{1}{a-x}=k_2t+常数\tag{11.17}$$

对(11.16)作定积分,得

$$\int_0^x \frac{dx}{(a-x)^2}=\int_0^t k_2 dt$$

得

$$\frac{1}{a-x}-\frac{1}{a}=k_2 t \tag{11.18a}$$

或

$$k_2=\frac{1}{t}\frac{x}{a(a-x)} \tag{11.18b}$$

如令 y 代表时间 t 后,原始反应物已分解的分数,则以 $y=\frac{x}{a}$代入式(11.18b),则得

$$\frac{y}{1-y}=k_2 ta$$

当原始反应物消耗一半时,$y=\frac{1}{2}$,则

$$t_{1/2}=\frac{1}{k_2 a} \tag{11.19}$$

(2)若 A 和 B 的起始最初浓度不相同,则 $a\neq b$,则

$$\frac{dx}{dt}=k_2(a-x)(b-x)$$

作不定积分:

$$\int\frac{dx}{(a-x)(b-x)}=\int k_2 dt$$

得

$$\frac{1}{(a-b)}\ln\frac{a-x}{b-x}=k_2 t \tag{11.20}$$

若作定积分,则得

$$k_2 t=\frac{1}{(a-b)}\ln\left[\frac{b(a-x)}{a(b-x)}\right] \tag{11.21}$$

对于反应(乙)

$$2A \xrightarrow{k_2} P$$

$$t=0 \quad a \quad\quad 0$$

$$t=t \quad a-2x \quad x$$

$$\frac{dx}{dt}=k_2(a-x)^2 \tag{11.22}$$

按照前面所述的方法进行积分,积分式与反应(甲)中 A、B 浓度初始值相等时结果同(11.18b)。

综上,二级反应动力学特征如下所例。

(1)二级反应的速率常数 k 的单位:[浓度]$^{-1}$ · [时间]$^{-1}$,如 $mol^{-1}\cdot dm^3\cdot s^{-1}$。

(2)$\frac{1}{a-x}-t$ 呈直线关系,斜率为反应速率常数。

(3)当反应物消耗一半时,半衰期公式为 $t_{\frac{1}{2}}=\frac{1}{k_2 a}$。二级反应的半衰期与反应物的初始浓

度成反比，初始浓度越大，半衰期越短。

【例 11－2】反应 $A(g) \longrightarrow 2B(g)$ 在一个恒容容器中进行，反应的温度为 373 K，测得不同时间系统的总压如下：

t/min	0	5	10	25	∞
p/kPa	35.597	39.997	42.663	46.663	53.329

$t=\infty$ 时，A 全部消失。

(1)试导出 A 的浓度与系统总压的关系；

(2)求该二级反应的速率常数 k(单位用：$dm^3 \cdot mol^{-1} \cdot s^{-1}$ 表示)。

解　　$A(g) \rightarrow 2B(g)$　　总压力

$t=0$　　p_0^n　　p_0''　　$p_0 = p_0^n + p_0''$　　(1)

$t=t$　　$p_0^n - p_x$　　$p_0'' + 2p_x$　　$p_t = p_0^n + p_0'' + p_x$　　(2)

$t=\infty$　　0　　$p_0'' + 2p_0^n$　　$p_\infty = p_0'' + 2p_x$　　(3)

式(2)－式(1)得　$p_x = p_t - p_0$

式(3)－式(1)得　$p_0^n = p_\infty - p_0$

式(3)－式(2)得　$p_0^n - p_x = p_\infty - p_t$

二级反应：

$$\frac{1}{a-x} - \frac{1}{a} = k_2 t \tag{4}$$

因为 $c = n/V = p/RT$

所以 $a = p_0^n/RT = (p_\infty - p_0)/RT$

$a - x = (p_0^n - p_x)/RT = (p_\infty - p_t)/RT$

将其代入式(4)，整理得：

$$k = \frac{RT(p_t - p_0)}{t(p_\infty - p_t)(p_\infty - p_0)}$$

将各组数据代入上式，计算平均值：$k_{平均} = 0.193\ dm^3 \cdot mol^{-1} \cdot s^{-1}$

11.3.3　三级反应

反应速率和物质浓度的三次方成正比的反应成为三级反应。目前为止，有五个三级反应都与 NO 有关，是 NO 与 Cl_2、Br_2、O_2、H_2 和 D_2 的反应。溶液中的三级反应比气相中的多。在乙酸或硝基苯溶液中含有不饱和 C═C 键的化合物的加成作用是三级反应。另外，水溶液中 $FeSO_4$ 的氧化，Fe^{3+} 和 I^- 的作用等也是三级反应的例子。

三级反应的一般形式为三种

$$A + B + C \longrightarrow P \tag{11.23}$$

$$3A \longrightarrow P \tag{11.24}$$

$$2A + B \longrightarrow P \tag{11.25}$$

对于最一般的情形，当 $a \neq b \neq c$ 时，其动力学方程为

$$\frac{dx}{dt} = k_3(a-x)(b-x)(c-x) \tag{11.26}$$

上式积分后，得

$$\frac{1}{(a-b)(a-c)}\ln\frac{a}{a-x}+\frac{1}{(b-c)(b-a)}\ln\frac{b}{b-x}+\frac{1}{(c-a)(c-b)}\ln\frac{c}{c-x}=k_3t \quad (11.27)$$

推至两种特殊情况，当 $a=b=c$ 与 $a=b\neq c$；

(1)先来讨论第一种情况，当 $a=b=c$

动力学方程 2 转变为

$$\frac{\mathrm{d}x}{\mathrm{d}t}=k_3\ (a-x)^3 \quad (11.28)$$

进行不定积分，得

$$\frac{1}{2\ (a-x)^2}=k_3t+\text{常数} \quad (11.29)$$

相应的定积分式为

$$k_3=\frac{1}{2t}\left[\frac{1}{(a-x)^2}-\frac{1}{a^2}\right] \quad (11.30)$$

用 y 代表原始反应物的分解分数，即 $y=\frac{x}{a}$，代入式(11.30)，得

$$\frac{y(2-y)}{(1-y)^2}=2ka^2t \quad (11.31)$$

当 $y=\frac{1}{2}$时，其半衰期为

$$t_{1/2}=\frac{3}{2k_3a^2} \quad (11.32)$$

注：三分子反应的不定积分式与定积分式与此情况相同。

(2)当 $a=b\neq c$ 时，则动力学方程演变为

$$\frac{\mathrm{d}x}{\mathrm{d}t}=k_3\ (a-x)^2(c-x) \quad (11.33)$$

上式作定积分后，得

$$\frac{1}{(c-a)^2}\left[\ln\frac{(a-x)c}{(c-x)a}+\frac{x(c-a)}{a(a-x)}\right]=k_3t \quad (11.34)$$

(3)对于式 $2A+B\longrightarrow P$，动力学方程为

$$\frac{\mathrm{d}x}{\mathrm{d}t}=k_3(a-2x)(b-x) \quad (11.35)$$

积分结果为

$$k_3=\frac{1}{t\ (2b-a)^2}\left[\frac{2x(2b-a)}{a(a-2x)}+\ln\frac{b(a-2x)}{a(b-x)}\right] \quad (11.36)$$

11.3.4 零级反应

反应速率与物质浓度无关的反应称为零级反应。常见的零级反应包括某些光化学反应、表面催化反应、酶催化反应和电解反应等。

设某一零级反应为

$$A\longrightarrow P$$

速率方程为

$$r=\frac{dc_A}{dt}=k_0 \tag{11.37}$$

上式经移项积分得

$$x=k_0t \tag{11.38}$$

半衰期：当

$$x=\frac{a}{2}\text{时},t_{1/2}=\frac{a}{2k_0} \tag{11.39}$$

例如氨在金属钨上的分解反应：

$$2NH_3(g)\xrightarrow{\text{催化剂}}N_2(g)+H_2(g)$$

由于反应只在催化剂表面上进行，反应速率只与金属的微观结构形态有关。若金属 W 表面已被吸附的 NH_3所饱和，再增加 NH_3的浓度对反应速率不再有影响，此时反应对 NH_3呈零级反应。

综上，零级反应的动力学特征如下：

(1)浓度 x 与时间 t 呈直线关系，由该直线的斜率即可求出反应速率常数 k＝－斜率。

(2)由半衰期公式 $t_{1/2}=\frac{a}{2k_0}$可知，零级反应的半衰期与反应物的初始浓度 a 成正比，初始浓度越大，半衰期越长。

(3)零级反应速率常数 k 的单位为[浓度]·[时间]$^{-1}$。

零级反应的任一动力学特征都可用来判断该反应是否是零级反应，在推断反应级数方面，这些动力学特征是等价的。

11.3.5　n 级反应

反应速率与反应物浓度的 n 次方成正比的反应称为 n 级反应，n 的数值可以是 0、1、2、3 等正整数，也可以是 1/2、3/2 等分数。利用 n 级反应来导出各种反应级数的速率系数单位和半衰期等一般表示式。

设反应为

$$\begin{array}{lcc} & \alpha A & \longrightarrow P \\ t=0 & a & 0 \\ t=t & a-x & x \end{array}$$

设反应为 n 级，即

$$\frac{dx}{dt}=k\,[A]^n=k\,(a-x)^n \tag{11.40}$$

对式(11.40)进行定积分

$$\int_0^x \frac{dx}{(a-x)^{n-1}}=k\int_0^t dt$$

得

$$\frac{1}{n-1}\left[\frac{1}{(a-x)^{n-1}}-\frac{1}{a^{n-1}}\right]=kt \tag{11.41}$$

对一级反应，将 $n=1$ 代入定积分式时在数值上会得到不合理的结果，而当 n 为 0、2、3 等数值时，与定积分式时完全吻合。

表 11-1　具有简单级数反应的速率公式和特征

级数	速率公式的定积分式	浓度与时间的线性关系	半衰期	k 的单位
1	$\ln\frac{a}{a-x}=k_1t$	$\ln\frac{1}{a-x}\sim t$	$\frac{\ln 2}{k_1}$	$(时间)^{-1}$
2	$\frac{1}{a-x}-\frac{1}{a}=k_2t$	$\frac{1}{a-x}-t$	$t_{1/2}=\frac{1}{k_2a}$	$(浓度)^{-1}\cdot(时间)^{-1}$
	$\frac{1}{(a-b)}\ln\left[\frac{b(a-x)}{a(b-x)}\right]=k_2t$	$\ln\frac{b(a-x)}{a(b-x)}\sim t$	$t_{1/2}(A)\neq t_{1/2}(B)$	
3	$\frac{1}{2}\left[\frac{1}{(a-x)^2}-\frac{1}{a^2}\right]=k_3t$	$\frac{1}{(a-x)^2}\sim t$	$\frac{3}{2}\frac{1}{k_3a^2}$	$(浓度)^{-2}\cdot(时间)^{-1}$
0	$x=k_0t$	$x\sim t$	$\frac{a}{2k_0}$	$(浓度)\cdot(时间)^{-1}$
$n(n\neq1)$	$\frac{1}{n-1}\left[\frac{1}{(a-x)^{n-1}}-\frac{1}{a^{n-1}}\right]=kt$	$\frac{1}{(a-x)^n}\sim t$	$A\frac{1}{a^{n-1}}$（A 为常数）	$(浓度)^{1-n}\cdot(时间)^{-1}$

【思考题 11-5】什么是反应级数？零级反应和一级反应各有什么特征？

【思考题 11-6】零级反应是否是基元反应？具有简单级数的反应是否一定是基元反应？反应 $Pb(C_2H_5)_4=Pb+4C_2H_5$，是否可能为基元反应？

11.4　反应级数的测定

确定反应速度与反应物浓度的关系，即建立反应速率方程是反应动力学研究的主要目的之一。建立反应速率方程包括确立速率方程的形式、求取反应级数及反应速率常数。由于常用的均为幂级数形式的反应速率方程，且在反应级数确定后反应速率常数很容易根据反应速率方程求出，因此，确定反应级数成为建立反应速率方程的关键。根据反应速率方程、动力学特征等，借助动力学实验数据，可确定反应级数。确定反应级数的方法主要有：积分法、微分法和半衰期法等。

11.4.1　积分法

利用动力学方程的定积分式或不定积分式来确定反应级数的方法称为积分法。积分法又分为尝试法和作图法。

尝试法是将实验测得的一系列 c_A-t 或 $x-t$ 的动力学数据，代入简单级数反应的速率方程的定积分式中，若采用不同动力学数据所求得的反应速率常数相同，则所对应的级数为该反应的反应级数，否则，选择其他级数，重新尝试。

【例 11-3】在一抽空的刚性容器中，引入一定量纯气体 A，发生如下反应

$$A(g)\longrightarrow B(g)+C(g)$$

设反应能进行完全，经一定时间恒温后，开始计时测定系统总压力随时间的变化如下：

t/min	0	30	50	∞
$p_{总}$/Pa	53329	73327	79993	106658

求反应级数及反应速率常数。

解　$A(g) \longrightarrow B(g) + C(g)$

$t=0$	p_0	p'	$2p'$	$p_0=p_0+3p'=53329$ Pa
$t=t$	p	$(p_0-p)+p'$	$2(p_0-p)+2p'$	$p_t=3(p_0+3p')-2p$
$t=\infty$	0	p_0+p'	$2(p_0+p')$	$p_{\infty}=3(p_0+3p')=106658$ Pa

求出 $p'=8888$ Pa；$p_0=26665$ Pa

将 p' 与 p_0 数据代入 $p_t=3(p_0+3p')-2p$，得到：

$$p(30\ \text{min})=16666\ \text{Pa}$$

$$p(50\ \text{min})=13333\ \text{Pa}$$

应用尝试法，设反应为二级反应，则

$$\frac{1}{16666}-\frac{1}{26665}=k_1\times 30$$

$$\frac{1}{13333}-\frac{1}{26665}=k_1\times 50$$

分别求出反应速率常数 $k_1=7.5\times10^{-7}\ \text{Pa}^{-1}\cdot\text{min}^{-1}$，反应为二级。

速率常数取平均值：$\bar{k}_1=7.5\times10^{-7}\text{Pa}^{-1}\cdot\text{min}^{-1}$。

11.4.2　微分法

微分法是用浓度随时间的变化率与浓度的关系即反应速率方程的微分式。

若反应速率方程为

$$r=-\frac{\mathrm{d}c_A}{\mathrm{d}t}=kc_A^n$$

取对数后得

$$\ln r=\ln k+n\ln c_A \tag{11.42}$$

以 $\ln r$ 对 $\ln c_A$ 作图为一直线，利用直线的斜率可求得反应级数，由直线截距求得反应速率常数。

当反应浓度为 $c_{A,1}$ 与 $c_{A,2}$ 时，其反应速率分别为 r_1 与 r_2，则有

$$r_1=kc_{A,1}^n,\ r_2=kc_{A,2}^n$$

上述两式两边分别取对数得

$$\ln r_1=\ln k+n\ln c_{A,1},\ \ln r_2=\ln k+n\ln c_{A,2} \tag{11.43}$$

以上中两式相减得

$$n=\frac{\ln r_1-\ln r_2}{\ln c_{A,1}-\ln c_{A,2}} \tag{11.44}$$

利用式(11.44)，任意给出两个实验数据点就可求得反应级数 n。

11.4.3　半衰期法

由半衰期的公式，当反应物起始浓度都相同时，

$$t_{1/2}=A\ \frac{1}{a^{n-1}} \tag{11.45}$$

当 $n=1$ 时，半衰期 $t_{1/2}$ 与起始浓度 a 无关。当 $n\neq1$ 时，选取两个不同起始浓度的反应物

进行试验，分别为 a、a'，则$\dfrac{t_{1/2}}{t'_{1/2}}=\left(\dfrac{a'}{a}\right)^{n-1}$

上式取对数后，得

$$n=1+\frac{\lg\left(\dfrac{t'_{1/2}}{t_{1/2}}\right)}{\lg\left(\dfrac{a'}{a}\right)}$$

由两组数据即可求出 n。当数据较多时，可采用作图法。将式(11.45)两边取对数，得

$$\lg t_{1/2}=(1-n)\lg a+\lg A$$

以 $\lg t_{1/2}$- $\lg a$ 作图，从斜率可求出 n。

11.4.4 孤立法

对于较复杂的反应，设速率方程式为 $r=kc_A^{\alpha}c_B^{\beta}c_C^{\gamma}$。

固定两个反应物的浓度不变，将第三个反应物的浓度扩大一倍，当速率增大为1倍时，其分级数为1，若速率增大为原来的4倍，分级数为2。以此类推。

【例 11-4】298 K 时，在水溶液中有反应：$OCl^- + I^- \longrightarrow Cl^- + OI^-$。初始浓度以 $mol\cdot dm^{-3}$ 表示，当反应初始浓度改变时，其反应初速也随之改变，实验结果如下：

反应	1	2	3	4
$10^3[ClO^-]_0/mol\cdot dm^{-3}$	4.00	2.00	2.00	2.00
$10^3[I^-]_0/mol\cdot dm^{-3}$	2.00	4.00	2.00	2.00
$10^3[OH^-]_0/mol\cdot dm^{-3}$	1000	1000	1000	250
$10^3 r_0/[mol/(dm^3\cdot s)]$	0.48	0.50	0.24	0.94

根据以上数据，求出反应速率方程和速率常数，并推测反应历程，使与所求速率方程相一致。

解 设反应速率方程为：$r=k[ClO^-]^a[I^-]^b[OH^-]^c$

由(3)、(4)组数据，仅改变$[OH^-]$可得：$r_0(3)/r_0(4)\approx 1/4$

$r_0(3)/r_0(4)=k'[OH^-]^c/k'[OH^-]^c=(1/4)^{-1}$ $c=-1$

同理，由(2)、(3)组数据对比得 $b=1$

由(1)、(2)组数据对比得 $a=1$

所以 $r=k[ClO^-][I^-][OH^-]^{-1}$，将任一组数据代入可得 k 值

反应	1	2	3	4
k/s^{-1}	60.0	62.5	60.0	58.8

$$k(\text{平均})=60.3\ s^{-1}$$

推测反应历程如下：$I^- + H_2O \overset{K}{\rightleftharpoons} HI + OH^-$

$$HI + ClO^- \xrightarrow{K} IO^- + H^+ + Cl^-$$

应用平衡假设可得：$r=k_2K[I^-][ClO^-][OH^-]^{-1}$

11.5　温度对反应速率的影响

我们在讨论浓度对反应速率的影响时,规定温度等其他因素保持不变。本节专门讨论温度对反应速率的影响,主要表现在速率常数随温度的变化上。

1.范特霍夫(van't Hoff)近似定律

1984 年范特霍夫在研究温度对反应速率的影响时总结出一条近似规律,即温度每升高 10 K,反应速率大约增加 2～4 倍,用公式表示为

$$\frac{k_{T+10\text{K}}}{k_T}=2\sim4 \tag{11.46}$$

此经验规则是很粗略的,从式(11.46)可以看出温度对 k 的影响很大,但并非所有的反应都符合上述规则。

【例 11－5】某反应在 390 K 时进行需 10 min。若降温到 290 K,达到相同的程度,需多少时间?

解　取每升高 10 K,速率增加的下限为 2 倍。

$$\frac{k(390\ \text{K})}{k(290\ \text{K})}=\frac{t(290\ \text{K})}{t(390\ \text{K})}=2^{10}=1024$$

$$t(290\ \text{K})=1024\times10\ \text{min}\approx7\ \text{d}$$

11.5.2　阿累尼乌斯(Arrhenius)公式

1889 年,阿累尼乌斯研究蔗糖水解速率与温度的关系时,在范特霍夫工作的基础上,他不仅提出了活化能的概念,还揭示了反应的速率常数与温度的依赖关系,即

$$k=A\exp\frac{-E_a}{RT} \tag{11.47}$$

式(11.47)称为阿累尼乌斯公式。式中 k 是温度为 T 时反应的速率常数,R 是摩尔气体常数,A 是指前因子,E_a是表观活化能(通常简称为活化能)。在实际反应中,活化分子直接碰撞才能发生反应,而非活化分子变成活化分子所需要的能量称为表观活化能。

对式(11.47)取对数,得到

$$\ln k=\ln A-\frac{E_a}{RT} \tag{11.48}$$

假定 A 与 T 无关,则得到微分形式

$$\frac{\mathrm{d}\ln k}{\mathrm{d}T}=\frac{E_a}{RT^2} \tag{11.49}$$

根据式(11.49),若以 $\ln k$ 对 $1/T$ 作图,可得一直线,由直线的斜率和截距,分别可求得 E_a 和 A(见图 11－2)。从图上可以看出,斜率越大,反应的活化能越高。A、E_a是反应本性决定的常数,与反应温度、浓度无关。很显然,T 升高时,k 增大;E_a越大,k 越大。对于图 11－2,活化能的次序为 $E_{a,1}>E_{a,2}>E_{a,3}$,而速率常数 k 的次序为 $k_1>k_2>k_3$。

对式(11.49)进行不定积分得

$$\int_{k_1}^{k_2}\mathrm{d}\ln k=\frac{E_a}{RT^2}\mathrm{d}T$$

$$\ln\frac{k_2}{k_1}=\frac{E_a}{R}\left(\frac{1}{T_1}-\frac{1}{T_2}\right) \tag{11.50}$$

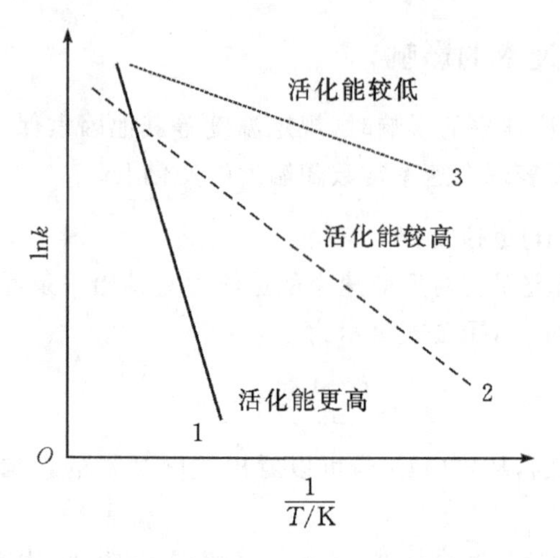

图 11-2　lnk 对 1/T 作图(示意图)

回顾平衡常数与温度的关系,范特霍夫公式

$$\frac{\mathrm{dln}K^{\ominus}}{\mathrm{d}T}=\frac{\Delta_r H_m^{\ominus}}{RT^2}$$

与式(11.49)非常相似。阿累尼乌斯公式是从动力学的角度说明温度对反应速率常数的影响,而范特霍夫公式是从热力学角度说明温度对平衡常数的影响。

并不是所有的反应都符合阿累尼乌斯公式。常见的化学反应速率与温度的关系有五种类型,如图 11-3 所示。

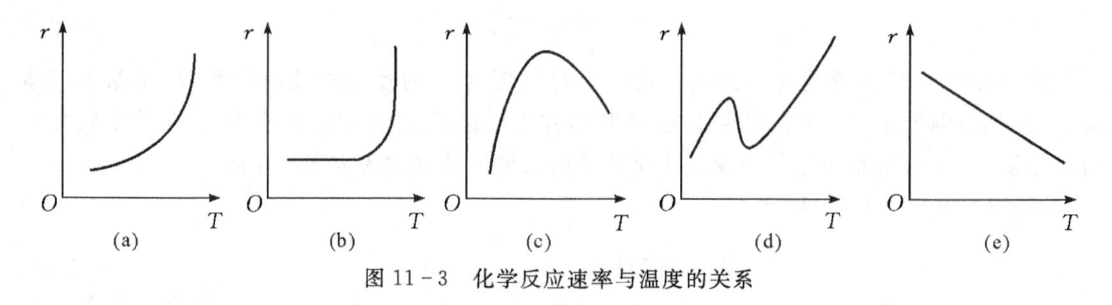

图 11-3　化学反应速率与温度的关系

(a)反应速率随温度的升高而逐渐加快,它们之间呈指数关系,这类反应最为常见。

(b)开始时温度影响不大,到达一定极限时,反应以爆炸的形式极快的进行。

(c)在温度不太高时,速率随温度的升高而加快,到达一定的温度,速率反而下降。如多相催化反应和酶催化反应。

(d)速率在随温度升到某一高度时下降,再升高温度,速率又迅速增加,可能发生了副反应。

(e)温度升高,速率反而下降。这种类型很少,如 NO 氧化成 NO_2。

11.5.3　活化能

设反应为

$$A \longrightarrow P$$

反应物 A 必须获得能量 E_a 变成活化状态 A^*,才能越过能垒变成生成物 P。同理,对于逆反应，P 必须获得 E_a' 的能量才能越过能垒转变为 A。当 $E_a'>E_a$，正反应为放热反应，若 $E_a'<E_a$ 时，正反应为吸热反应(见图 11-4)。

对于基元反应，活化能具有明确的物理意义。分子相互作用的首要条件是要发生碰撞，虽然分子间的碰撞频率很高，但并不都是有效碰撞，只有少数能量较高的分子碰撞后才能发生反应。活化能 E_a 表征了反应分子能发生有效碰撞的能量要求。

而对于非基元反应，活化能 E_a 没有明确的物理意义，是组成该总包反应的各基元反应活化能的特定组合。E_a 为总包反应的表观活化能，A 为表观指前因子。

$$E_{表观}=\frac{k_1E_1+k_2E_2}{k_1+k_2}$$

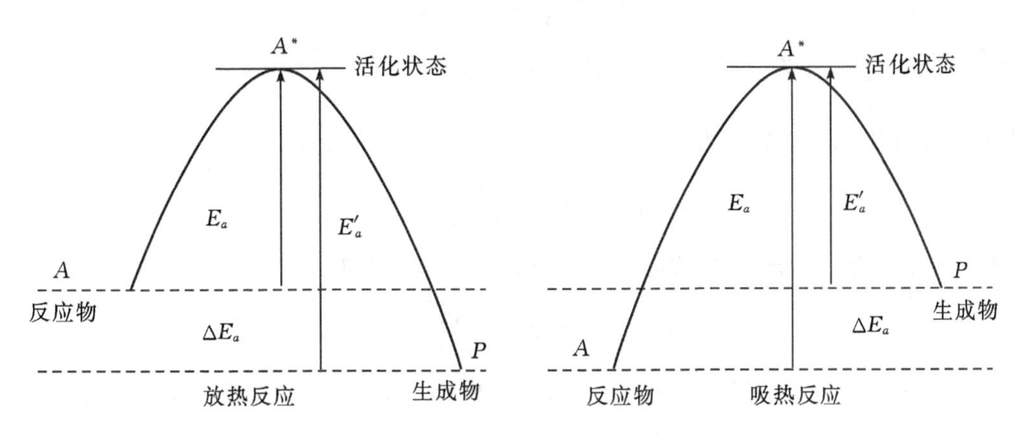

图 11-4　基元反应活化能示意图

【思考题 11-7】为什么说使用催化剂不会改变体系的热力学性能？

【思考题 11-8】试解释浓度、压力、温度和催化剂加快反应的原因。

11.6　反应速率理论简介

反应速率常数与温度的关系决定于活化能 E_a 和指前因子 A。本小节将从理论上或从微观角度对定律作出解释，进而从理论上预言反应在给定条件下的速率常数。包括碰撞理论、过渡态理论以及单分子反应的林德曼(Lindemann)理论等，本节主要介绍碰撞理论和过渡态理论。

11.6.1　碰撞理论

碰撞理论是 20 世纪初在气体分子运动论基础上建立起来的。该理论认为发生化学反应的先决条件是反应物分子的碰撞接触，但并非每一次碰撞都能发生反应。当互碰分子对的平动能在分子连心线上的分量超过某一临界值时，才能把平动能转化为分子内部的能量，使旧键断裂而发生原子间的重新组合，这种碰撞称为有效碰撞。

碰撞理论认为只要知道分子的碰撞频率(Z)，再求出导致旧键断裂的有效碰撞在总碰撞中的分数(q)，从(Z,q)的乘积即可求得反应速率(r)和速率常数(k)。

简单碰撞理论是以硬球碰撞为模型，导出宏观反应速率常数的计算公式，故又称为硬球碰撞理论。

双分子的互碰理论和速率常数的推导

以双分子基元反应 $A+B \longrightarrow P$ 为例，假定分子 A 和 B 都是硬球，只做弹性碰撞，忽略了分子的内部结构。分子 A 和 B 必须经过碰撞才能发生反应。因此，反应速率(单位时间内发生反应的分子数)与单位时间单位体积内分子 A 和 B 的碰撞次数 Z_{AB} 成正比。

根据分子运动理论

$$Z_{AB}=\pi d_{AB}^{2}\sqrt{\frac{8RT}{\pi\mu}}n_{A}n_{B}$$

式中，d_{AB} 代表 A 和 B 分子的半径之和；πd_{AB}^{2} 称为碰撞截面；μ 称为折合质量。

将式中单位体积中的分子数换算成物质的浓度：

$$n_{A}=\frac{N_{A}}{V},n_{B}=\frac{N_{B}}{V}$$

则

$$c_{A}=\frac{n_{A}}{L},c_{B}=\frac{n_{B}}{L}$$

则 A 和 B 分子对的碰撞频率为

$$Z_{AB}=\pi d_{AB}^{2}L^{2}\sqrt{\frac{8RT}{\pi\mu}}c_{A}c_{B} \tag{11.51}$$

若系统中只有一种分子，则相同 A 分子之间的碰撞频率为

$$Z_{AA}=2\pi d_{AA}^{2}\sqrt{\frac{RT}{\pi M_{A}}}n_{A}^{2} \tag{11.52}$$

式中，d_{AA} 是两个 A 分子的半径之和，即 A 分子的直径；M_{A} 是 A 分子的摩尔质量；n_{A} 是单位体积中 A 分子数。若单位体积中的 A 分子数用物质的浓度表示，$c_{A}=\frac{n_{A}}{L}$，则式(11.52)可改写为

$$Z_{AA}=2\pi d_{AA}^{2}L^{2}\sqrt{\frac{RT}{\pi M_{A}}}c_{A}^{2} \tag{11.53}$$

若 A 和 B 分子的每次碰撞都能起反应，则反应 $A+B \longrightarrow P$ 的反应速率为

$$-\frac{\mathrm{d}n_{A}}{\mathrm{d}t}=Z_{AB}$$

改用物质的浓度表示为

$$\mathrm{d}n_{A}=\mathrm{d}c_{A}\cdot L$$

$$-\frac{\mathrm{d}n_{A}}{\mathrm{d}t}=-\frac{\mathrm{d}n_{A}}{\mathrm{d}t}\cdot\frac{1}{L}=\frac{Z_{AB}}{L}=\pi d_{AB}^{2}\sqrt{\frac{8RT}{\pi\mu}}c_{A}c_{B}$$

已知

$$-\frac{\mathrm{d}c_{A}}{\mathrm{d}t}=kc_{A}c_{B}$$

则得

$$k=\pi d_{AB}^{2}L\sqrt{\frac{8RT}{\pi\mu}} \tag{11.54}$$

这就是根据简单碰撞理论所导出的反应速率常数(k)。

实际上，并不是每次碰撞都能发生反应，即 Z_{AB} 中只有一部分是能发生反应的有效碰撞。令 q 代表有效碰撞在 Z_{AB} 中所占的分数，则

$$r=-\frac{\mathrm{d}c_{A}}{\mathrm{d}t}=\frac{Z_{AB}}{L}\cdot q \tag{11.55}$$

根据玻耳兹曼公式，能量具有 E 的活性分子在总分子中所占的分数 q 为

$$q=e^{-\frac{E}{RT}}$$

故式(11.55)可写作

$$r=-\frac{dc_A}{dt}=\frac{Z_{AB}}{L}\cdot e^{-\frac{E}{RT}} \tag{11.56}$$

将式(11.53)代入后，得

$$r=\pi d_{AB}^2 L\sqrt{\frac{8RT}{\pi\mu}}\,e^{-\frac{E}{RT}}c_A c_B=kc_A c_B \tag{11.57}$$

碰撞理论根据气体分子动理论以及阿伦尼乌斯分子活化能的概念，导出了速率常数(k)和分子反应的速率(r)。

因而反应的速率常数 k 应为

$$k=\pi d_{AB}^2 L\sqrt{\frac{8RT}{\pi\mu}}\,e^{-\frac{E}{RT}}=A e^{-\frac{E}{RT}} \tag{11.58}$$

式中，$A=\pi d_{AB}^2 L\sqrt{\frac{8RT}{\pi\mu}}$，所以 A 称为频率因子。

11.6.2　过渡态理论

碰撞理论采用硬球模型，把两分子的反应仅仅看作硬球间的碰撞，并未告诉碰撞动能如何转化为反应分子内部的势能，怎样达到化学键新旧交替的活化状态，以及怎样翻越反应能峰等细节。20 世纪 30 年代，埃林(Eyring)、波兰尼(Polanyi)等人在统计力学和量子力学的基础上提出了活化络合物理论，又称过渡态理论。该理论认为化学反应要经过一个由反应物分子以一定的构型存在的过渡态，在形成过渡态的过程中要考虑分子的内部结构、内部运动，在反应物分子碰撞接触的过程中系统的势能都在发生变化。在形成过渡态时需要一定的活化能，故过渡态又称为活化络合物。反应的速率由活化络合物转化为产物的速率来决定。过渡态理论提供了一种计算反应速率的方法，根据分子的基本物性，如振动频率、质量、核间距离等等，即可计算某反应的速率常数。

1.势能面

化学反应的实质是原子间的重新组合，最简单的情况可考虑 A 和 BC 三原子间的反应，即

$$A+B-C\longrightarrow A\cdots B-C\longrightarrow[A\cdots B\cdots C]\longrightarrow A-B\cdots C\longrightarrow A-B-C$$

→←　A 与 BC 相碰　B 与 A 和 C 较接近　C 开始远离　←→

A 与 BC 迎面接近　　活化络合物　　C 与 AB 远离

若把 ABC 三个原子作为一个超分子系统。那么反应物 $A+BC$ 只不过是 A 与 BC 远离的状态，而产物是 AB 和 C 远离的另一状态。整个反应过程仅仅是原子间距离发生变化。由于原子间存在相互作用能，即势能，势能是核间距的函数。所以，从能量角度考虑，反应过程相当于分子通过碰撞把动能转化为势能而形成活化络合物，然后又将多余的势能转化为产物的动能。

将势能与核间距的关系画成的图称为势能面。对于三原子在直线上发生反应的情形，势能仅是核间距 r_{AB} 和 r_{BC} 的函数，即势能 $E=E(r_{AB},r_{BC})$ 为二元函数，势能面是立体图。立体

图不够直观，一般画成平面的等势线图（亦称为势能面），即在（r_{AB}，r_{BC}）坐标中，依次选取不同的势能值，然后把势能值相同的点连成线，它实质上是立体势能面图在（r_{AB}，r_{BC}）平面上的投影。势能面的立体图和平面图分别如图 11－5 和图 11－6 所示。立体势能面图相当于一个山峦起伏的山地图。两个原子靠得较近而第三个原子较远时如图 11－5 中的 a 和 b 点，势能很低，相当于稳定的反应物或产物状态，三原子间距离接近零如 e 点附近时，相当于核聚变，势能无限大；三原子间相互远离时如图 11－5 中 d 点，势能也相对较高，相当于三原子处于解离状态。

当核间距 r_{AB}，r_{BC} 接近图中 c 点附近，具体形状像马鞍，c 点称为马鞍点（简称为鞍点）。在鞍点 c 上，沿 de 方向势能最低，但沿 ab 方向势能最高。反应物 $A+BC$ 所处的位置 a 相当于一个盆地，产物 $AB+C$ 所处的位置 b 为另一个盆地。山谷沿 ac 和 bc 两条相连的虚线分布，其中虚线为山谷的谷底，谷底两端为斜坡。所以一个反应过程，相当于经历一个爬坡和下坡的过程。

如果以反应坐标为横坐标，势能为纵坐标，平行于反应坐标的势能面的剖面图，得图 11－6。从图 11－6 中可以看出，从反应物 $A+BC$ 到生成物 $AB+C$，沿反应坐标通过鞍点前进，这是能量最低的通道，但也必须越过势能垒 E_b，E_b 是活化络合物与反应物两者最低势能的差值，两者零点能之间的差值与 E_0。势能垒的存在从理论上表明了实验活化能 E_a 的实质。

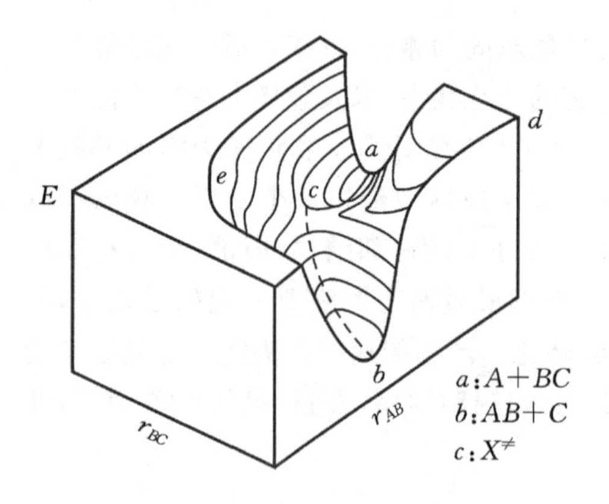

图 11－5 热能面的立体示意图

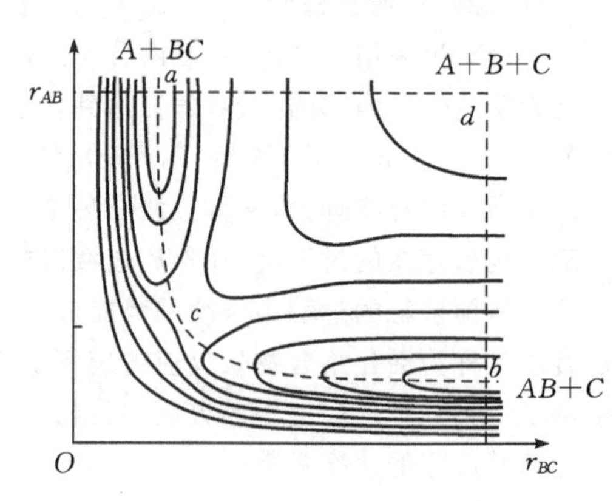

图 11－6 等势线图

2.反应速率常数的计算

过渡态理论是以反应系统的势能面为基础，并认为从反应物向生成物转化的过程中必须获得一些能量，以越过反应进程中的能垒而形成活化络合物（即过渡态），然后由活化络合物转化成产物。过渡态向产物转化是整个反应的决速步骤，即活化络合物的分解速率可作为整个反应的速率。

以 $A+B—C \longrightarrow A—B+C$ 的反应为例：

$$A+B—C \overset{K_c^{\neq}}{\rightleftharpoons} [A\cdots B\cdots C]^{\neq} \longrightarrow A—B+C$$

$$K_c^{\neq}=\frac{[A\cdots B\cdots C]^{\neq}}{[A][BC]} \tag{11.59}$$

设$[A\cdots B\cdots C]^{\neq}$为线型三原子分子，它有 3 个平动自由度，2 个转动自由度，其振动自由度为 $3n-5=4$（式中 n 为分子中的原子数，$n=3$），其中有两个是稳定的弯曲转动，一个对称性

伸缩振动和不对称性伸缩振动。不对称伸缩振动是无回收力的，将会导致络合物的分解，则反应速率就是活化络合物的分解速率，即

$$r=-\frac{\mathrm{d}[A\cdots B\cdots C]}{\mathrm{d}t}=\nu[A\cdots B\cdots C]^{\neq}$$

$$=\nu K_c^{\neq}[A][B-C] \tag{11.60}$$

因

$$r=k[A][B-C]$$

则速率常数

$$k=\nu K_c^{\neq}(\nu \text{ 为不对称伸缩振动的频率}) \tag{11.61}$$

根据统计热力学计算，不对称伸缩振动频率的值为

$$\nu=\frac{k_B T}{h}$$

式中，k_B是玻尔兹曼常量；h 为普朗克常量。通常称 $k_B T/h$ 为普适常量，在通常的温度下普适常量约为 $10^{13}\,\mathrm{s}^{-1}$。将 $\nu=k_B T/h$ 的关系式代入式(11.61)，得

$$k=\frac{k_B T}{h}K_c^{\neq} \tag{11.62}$$

$$K_c^{\neq}=\frac{[A\cdots B\cdots C]^{\neq}}{[A][BC]}$$

将每个浓度与浓度的标准态相比，将经验平衡常数 $K_c^{\neq}$ 转变为标准平衡常数 $K_c^{\ominus}$，则有

$$K_c^{\neq}=\frac{[A\cdots B\cdots C]^{\neq}/c^{\ominus}}{\frac{[A]}{c^{\ominus}}\frac{[BC]}{c^{\ominus}}}=K_c^{\ominus}(c^{\ominus})^{2-1} \tag{11.63}$$

假定不是双分子反应，而是 n 分子反应，则上式可以写成更一般的形式 $K_c^{\neq}=K_c^{\ominus}(c^{\ominus})^{n-1}$，则

$$K_c^{\neq}=K_c^{\ominus}(c^{\ominus})^{1-n} \tag{11.64}$$

将式(11.64)代入式(11.62)，得

$$k=\frac{k_B T}{h}(c^{\ominus})^{1-n}K_c^{\ominus} \tag{11.65}$$

根据反应方程式，第一步生成活化络合物的标准摩尔反应吉布斯自由能的变化值 $\Delta_r G_m^{\ominus}(C^{\ominus})$与平衡常数 $K_c^{\ominus}$之间的关系为

$$\Delta_r G_m^{\ominus}=-RT\ln K_c^{\ominus}$$

根据热力学函数关系，在等温条件下有

$$\Delta_r^{\neq} G_m^{\ominus}=\Delta_r^{\neq} H_m^{\ominus}-T\Delta_r^{\neq} S_m^{\ominus}$$

则

$$K_c^{\ominus}=\exp\left(-\frac{\Delta_r^{\neq} G_m^{\ominus}}{RT}\right)=\exp\left(-\frac{\Delta_r^{\neq} S_m^{\ominus}}{RT}\right)\exp\left(-\frac{\Delta_r^{\neq} H_m^{\ominus}}{RT}\right)$$

代入式(11.63)，得

$$k=\frac{k_B T}{h}(c^{\ominus})^{1-n}\exp\left(-\frac{\Delta_r^{\neq} G_m^{\ominus}}{RT}\right)$$

$$=\frac{k_B T}{h}(c^{\ominus})^{1-n}\exp\left(-\frac{\Delta_r^{\neq} S_m^{\ominus}}{RT}\right)\exp\left(-\frac{\Delta_r^{\neq} H_m^{\ominus}}{RT}\right) \tag{11.66}$$

式(11.66)就是过渡态理论用热力学方法计算速率常数的公式。式中，$\Delta_r^{\neq} G_m^{\ominus}$、$\Delta_r^{\neq} H_m^{\ominus}$ 和 $\Delta_r^{\neq} S_m^{\ominus}$ 分别是由反应物生成活化络合物时的标准摩尔吉布斯自由能、焓和熵的变化值，这些数

值可以用热力学方法得到，这样就可以用计算的方法得到宏观反应的速率系数值，这就是过渡态理论的成功之处。

由反应物生成活化络合物的标准摩尔焓变 $\Delta_r^{\neq} H_m^{\ominus}$ 与实验活化能 E_a 在物理意义上是不同的。$\Delta_r^{\neq} H_m^{\ominus}$ 是指由反应物生成活化络合物的标准摩尔焓变，可以用热力学的方法计算。E_a是实验活化能，由实验测定。但两者在数值上差异不大。对凝聚相(固相或液相)反应，两者差一个 RT 的数值，即 $E_a = \Delta_r^{\neq} H_m^{\ominus} + RT$。式中，$n$ 是气体反应中反应物气体的分子数。对于理想气体反应，$E_a = \Delta_r^{\neq} H_m^{\ominus} + nRT$，式中，$n$ 是气体反应中反应物气体的分子数。如果温度变化不太高时，可以近似认为 $E_a \approx \Delta_r^{\neq} H_m^{\ominus}$。将式(12.14)与阿伦尼乌斯经验的指数式相比，就得到指前因子 A 的表示式为：

$$k = A \exp \frac{-E_a}{RT}$$

$$A = \frac{k_B T}{h}(c^{\ominus})^{1-n} \exp(\frac{\Delta_r^{\neq} S_m^{\ominus}}{R}) \tag{11.67}$$

从式(11.67)可以看出，阿伦尼乌斯的指前因子 A 与活化熵的变化值有关，这就是过渡理论解释阿伦尼乌斯的指前因子的物理意义，同时也可以用来说明为什么对于不同级数的反应，指前因子 A 会具有不同的单位。

过渡态理论提供了较为完整的计算速率系数的公式，理论中提出的势能面、活化络合物、活化焓、活化熵和势能垒等概念，已广泛应用于：气相反应、溶液反应和多相催化反应，对阿伦尼乌斯公式中的经验常数也作了一定的理论说明，这是过渡态理论的成功之处。但是，由于微观世界的复杂性，对较为复杂的分子，其势能的变化情况目的还无法计算，活化络合物的构型也无法确定，引入的反应物与活化络合物达成快速平衡和络合物分解是速控步的假设也并不能符合所有反应。所以，过渡态理论还需要进一步完善，还需要做更多艰苦、细致的研究工作。

【思考题 11－9】碰撞理论和过渡态理论的基本要点是什么？两者有什么区别？

习　题

1.某气相反应在 400 K 时的速率为$-\frac{dp_A}{dt} = 0.371 p_A^2$ MPa/h。

试问：(1)反应速率常数的单位是什么？

(2)若速率式写成$-r_A = -\frac{dn_A}{Vdt} = kc_A^2$ kmol/m³ · h，则此反应速率常数是多少？

[答案：(1) $(\text{MPa})^{-1}$；(2) $k = 1.234 \times 10^6$ kmol^{-1} m^3 h^{-1}]

2.某基元反应 $A + 2B \xrightarrow{k} 2P$，试分别用各种物质随时间的变化率表示反应的速率方程式。

[答案：$r = -\frac{dc(A)}{dt} = -\frac{1}{2}\frac{dc(B)}{dt} = \frac{1}{2}\frac{dc(P)}{dt}$]

3.对反应 $A \longrightarrow P$，当反应物反应掉$\frac{3}{4}$所需时间是它反应掉$\frac{1}{2}$所需时间的 3 倍，该反应是几级反应？请用计算式说明。

[答案:二级反应]

4.试证明一级反应的转化率分别达 50%、75%和 87.5%,所需时间分别是 $t_{1/2}$、$2t_{1/2}$、$3t_{1/2}$。

[答案:略]

5.若某一反应进行完全所需时间是有限的,且等于 c_o/k(c_o为反应物起始浓度),该反应为几级反应?

[答案:零级反应]

6.某总反应速率常数 k 与各基元反应速率常数的关系为$k=k_2(k_1/2k_4)^{1/2}$,则该反应的表观活化能和指前因子与各基元反应活化能和指前因子的关系如何?

[答案:$A=A_2\left(\frac{A_1}{2A_4}\right)^{\frac{1}{2}}$,$E_a=E_{a2}+\frac{1}{2}E_{a1}-\frac{1}{2}E_{a4}$]

7.反应 $CH_3CHO=CH_4+CO$ 其 E_a值为 190 kJ · mol^{-1},设加入 I_2(g)(催化剂)以后,活化能 E_a降为 136 kJ · mol^{-1},设加入催化剂前后指数前因子 A 值保持不变,则在 773 K 时,加入 I_2(g)后反应速率常数 k'是原来k 值的多少倍?(即求 k'/k 值)。

[答案:4457.8 倍]

8.根据范特霍夫规则,$\frac{k_{T+10}}{k_T}=2\sim4$,在 289～308 K,服从此规则的化学反应之活化能 E_a的范围为多少?

[答案:52.89 kJ～105.79 kJ]

9.某气相反应的速率表示式分别用浓度和压力表示时为:$r_c=k_c[A]^n$和$r_p=k_pp_A^n$,试求和 k_c与 k_p之间的关系,设气体为理想气体。

[答案:$k_p=k_c(RT)^{1-n}$]

10.基元反应,$2A(g)+B(g)$══$E(g)$,将 2 mol 的 A 与 1 mol 的 B 放入 1 升容器中混合并反应,反应物消耗一半时的反应速率与反应起始速率间的比值是多少?

[答案:1/8]

11.设反应的半衰期为 $t_{1/2}$,反应 3/4 衰期为 $t_{3/4}$,试证明:对于一级反应 $t_{3/4}/t_{1/2}=2$;对于二级反应 $t_{3/4}/t_{1/2}=3$,并讨论反应掉 99%所需时间 $t_{0.99}$与 $t_{1/2}$之比又为多少。

[答案:略]

12.基元反应 $A\longrightarrow P$ 的半衰期为 69.3 s,要使 80%的 A 反应生成 P,所需的时间是多少?

[答案:160.9 s]

13.某反应的反应物消耗掉 1/2 所需的时间是 10 min,反应物消耗掉 7/8 所需的时间是 30 min,则该反应是几级反应。

[答案:一级反应]

14.某一级反应,在 298 K 及 308 K 时的速率系数分别为 3.19×10^{-4} s^{-1}和 9.86×10^{-4} s^{-1}。试根据阿伦尼乌斯定律计算该反应的活化能和指前系数。

[答案:活化能为 86.14 kJ · mol^{-1},指前系数为 4.01×1011 s^{-1}]

15.在间歇反应器中进行等温二级反应 $A\longrightarrow B$,反应速率为$-r_A=0.01\ C_A^2$ mol · L^{-1} · s^{-1},当C_{A0}分别为 1 mol · L^{-1},5 mol · L^{-1},10 mol · L^{-1}时,求反应至 $C_A=0.01$ mol · L^{-1}所需反应时间。

[答案:$t_1=9900$ s,$t_2=9980$ s,$t_3=9990$ s]

16.乙烯转化反应 $C_2H_4\longrightarrow C_2H_2+H_2$为一级反应。在 1073 K 时,要使 50%的乙烯分解,

需要 10 h。已知该反应的活化能 $E_a=250.6\ kJ\cdot mol^{-1}$。要求在 30 min 内有 75%的乙烯转化,反应温度应控制在多少?

[答案:1235 K]

17.某反应活化能为 250 kJ·mol^{-1},计算当反应温度由 300 K 升至 310 K 时,其速率常数提高的倍数。

[答案:25.4 倍。]

18.某反应的温度从 290 K 升高到 300 K,反应速率增大 1 倍,求该反应活化能。

[答案:50.1 J·mol^{-1}]

19.在溶液中,A 和 B 两个化合物之间的反应对 B 是一级。在 300 K 时,从动力学实验得到如下结果:$[B]_0=1.0\ mol\cdot dm^{-3}$

$[A]$/mmol	1.000	0.692	0.478	0.29	0.158	0.110
t/s	0	20	40	70	100	120

(1)试求 A 的反应级数,并计算这个反应的速率常数。

(2)如果 B 的初始浓度等于 0.5 mol·dm^{-3},A 的半衰期会不同吗?

(3)如果活化能是 83.6 kJ·mol^{-1},当 A 和 B 的浓度都是 0.1 mol·dm^{-3}时,试计算在 323 K 时反应的速率。

[答案:(1)对 A 是一级,$k=0.018\ s^{-1}$,$t_{1/2}=39\ s$;(2)$t'_{1/2}=78\ s$

(3)$r=0.00193\ mol\cdot dm^{-3}\cdot s^{-1}$]

20.在 $2p^\ominus$ 压力下,含有 20%惰性气体的等温、间歇式反应器中,进行一级均相气相分解反应 $A\longrightarrow 2.5B$,20 min 后,体积增加 60%,在等容反应器中,如果初始压力是 $5p^\ominus$,其中惰性气体为 $2p^\ominus$,求达到 $8p^\ominus$ 需要多少时间?

[答案:$t=31.7$ min]

21.用胶体银作催化剂,使过氧化氢分解为水和氧气的反应为一级反应,今用 50 dm^{3}过氧化氢水溶液(如果其中的过氧化氢完全分解可产生标准状态下氧 12.81 dm^3),问若再多产生 12.00 dm^{3}标准状态下的氧,还需多长时间?

[答案:$t'=9.13$ min]

22.在一定温度下,A 的气相分解反应 $A\longrightarrow B+C$ 为二级,在一密闭真空容器中引入 A 的初始压强为 48.396 kPa,反应进行到 242 s 时测得系统总压为 66.261 kPa。计算该反应的速率常数 k 及半衰期 $t_{1/2}$。

[答案:$k=4.996\times10^{-5}\ k\cdot Pa^{-1}\cdot s^{-1}$,$t_{1/2}=413.6\ s$]

23. 1,3 -二氯丙醇在 NaOH 存在条件下发生环化作用,生成环氧氯丙烷反应,反应为二级(对 1,3 -二氯丙醇及 NaOH 均为一级)。在 281.8 K 时进行反应,当 1,3 -二氯丙醇与 NaOH 初始浓度均是 0.282 mol·dm^{-3}时,1,3 -二氯丙醇转化率达 95%时需时 20.5 min,求:当 1,3 -二氯丙醇和 NaOH 始浓度分别为 0.282 mol·dm^{-3}和 0.365 mol·dm^{-3}时,1,3 -二氯丙醇转化率达 98.6%时需时间多少?

[答案:$t=10.4$ min]

24.乙炔热分解反应是双分子反应,其临界能为 190.2 kJ·mol^{-1},分子直径 5×10^{-8}

cm，求：

(1)800 K、101325 Pa 下在单位时间、单位体积内分子碰撞数 Z；

(2)反应速率常数；

(3)初始反应速率。

[答案：(1)$Z=3.77\times10^{34}$ 次 · $m^{-3}\cdot s^{-1}$；(2)$k=0.103\ dm^3\cdot mol^{-1}\cdot s^{-1}$；
(3)$r=2.39\times10^{-5}\ mol\cdot dm^{-3}\cdot s^{-1}$]

25.由实验得知下述单分子气相重排反应 $A=B$，在 393.2 K 时，$k_1=1.806\times10^{-4}\ s^{-1}$；在 413.2 K 时，$k_2=9.14\times10^{-4}\ s^{-1}$。请计算该反应的活化能 E_a，393.2 K 时的活化焓 $\Delta^{\neq}H_m^{\ominus}$ 和活化熵 $\Delta^{\neq}S_m^{\ominus}$，该反应是几级反应？

已知：玻耳兹曼常数 $k_B=1.3806\times10^{-23}\ J\cdot K^{-1}$，普朗克常数 $h=6.6262\times10^{-34}\ J\cdot s$。

[答案：一级反应]

第 12 章　复合反应动力学

【本章要求】

(1)了解典型复合反应(对峙反应、平行反应、连续反应和链反应)的特点,学会使用速控步法、稳态近似法和平衡态近似法进行简单计算。

(2)学会用稳态近似、平衡假设和速控步等近似方法从复杂反应机理推导出速率方程。

(3)理解催化剂能改变反应速率的本质以及均相催化、复相催化和酶催化动力学。

(4)了解光化反应的基本定律、光化学反应与热化学反应的区别,了解快速反应测试方法,用稳态近似法处理简单光化学反应。

【背景问题】

(1)氯苯的再氯化过程中,可得对位和邻位两种二氯苯产物,如果我们希望获得较多的多对位产物,采取什么方法或措施?

(2)在化工、医药、农药等行业中,多数产品的生产都需要用到催化剂。有机体内的新陈代谢,碳水化合物和脂肪的分解作用等基本上都是酶催化作用。催化剂是如何改变反应速率的,反应历程是怎样的?

引　言

本章主要介绍几类复杂反应,分别是:对峙反应、平行反应、连续反应和链反应,这些都是基元反应最简单的组合。

化学动力学的基本任务之一是研究反应历程,即反应物究竟按照什么途径、经过哪些步骤才转化为最终产物。了解反应历程可以帮助我们了解有关物质结构的知识,化学变化从根本上来说,就是旧键断裂和新键的形成过程。反应的历程能够反应出物质结构和反应能力之间的关系,从而可以加深我们对于物质运动形态的认识,而反应历程的研究工作远远落后于实际。随着各种新型谱仪的出现和激光、交叉分子束等实验手段的采用,人们对微观反应动力学的研究越来越深入,对反应机理的研究已达到一个新的高度。

12.1　典型的复合反应

12.1.1　对峙反应

在正、逆两个方向上都能进行的反应叫做对峙反应,亦称为可逆反应。设有下列正、逆向都是基元反应的可逆反应。

$$aA+bB \underset{k_-}{\overset{k_+}{\rightleftharpoons}} eE+fF$$

正向反应速率 $r_+=k_+[A]^a[B]^b$,而逆向反应速率 $r_-=k_-[E]^e[F]^f$。假设起始时反应沿着正向反应进行,随着反应的进行,反应物 A、B 浓度逐渐减低,根据质量作用定律,正向反

应速率 r_+ 减慢;而随着产物 E、F 浓度逐渐增大,逆向反应速率 r_- 加快。当正逆反应速率相等,即 $r_+=r_-$ 时,反应达到平衡状态。

对于最简单的 1－1 级对峙反应,其正逆反应两个方向均为一级反应。其速率公式和特征讨论如下:

$$A \underset{k_{-1}}{\overset{k_1}{\rightleftharpoons}} B$$

$t=0$	a	0	
$t=t$	$a-x$	x	
$t=t_e$	$a-x_e$	x_e	(下标 e 表示平衡)

反应物 A 的消耗速率取决于正向与逆向反应速率之差,即

$$r=\frac{dx}{dt}=r_{正}-r_{逆}=k_1(a-x)-k_{-1}x \tag{12.1}$$

当反应达平衡时,$r=\frac{dx}{dt}=0$,所以

$$k_1(a-x_e)=k_{-1}x_e$$

$$\frac{x_e}{a-x_e}=\frac{k_1}{k_{-1}}=K \tag{12.2}$$

或

$$k_{-1}=k_1\frac{a-x_e}{x_e} \tag{12.3}$$

K 是平衡常数。将式(12.3)代入式(12.1),得

$$\frac{dx}{dt}=k_1(a-x)-k_1\frac{(a-x_e)}{x_e}\cdot x=\frac{k_1a(x_e-x)}{x_e} \tag{12.4}$$

将式(12.4)作定积分,得

$$k_1=\frac{x_e}{ta}\ln\frac{x_e}{x_e-x} \tag{12.5}$$

求出 k_1 后再代入式(12.3),即可求出 k_{-1}。

对于 2－2 级对峙反应(或其他对峙反应),处理的方法基本相同。

$$A \quad + \quad B \underset{k_{-2}}{\overset{k_2}{\rightleftharpoons}} E \quad + \quad F$$

$t=0$	a	b	0	0
$t=t$	$a-x$	$b-x$	x	x
$t=t$	$a-x_e$	$b-x_e$	x_e	x_e

设 $a=b$,则

$$r=\frac{dx}{dt}=k_2(a-x)^2-k_{-2}x^2 \tag{12.6}$$

平衡时

$$k_2(a-x_e)^2=k_{-2}x_e^2 \tag{12.7}$$

$$\frac{x_e^2}{(a-x_e)^2}=\frac{k_2}{k_{-2}}=K \tag{12.8}$$

将式(12.8)代入式(12.6)，积分后可得

$$k_2 t=\frac{\sqrt{K}}{2a}\ln\left[\frac{a+(\beta-1)x}{a-(\beta+1)x}\right] \tag{12.9}$$

式中

$$\beta^2=\frac{1}{K}$$

【例 12-1】如下反应，正逆反应均为一级

$$A \underset{K_{-1}}{\overset{K_1}{\rightleftharpoons}} B$$

$$\lg(k_1/\mathrm{s^{-1}})=-2000/(T/\mathrm{K})+4.0$$

$$\lg K(\text{平衡常数})=2000/(T/\mathrm{K})-4.0$$

反应开始时，$c_A^0=0.5\ \mathrm{mol\cdot dm^{-3}}$，$c_B^0=0.05\ \mathrm{mol\cdot dm^{-3}}$，试计算：

(1)400 K 时，反应时间为 10 s 时，A 和 B 的浓度。

(2)400 K 时，反应达平衡时，A 和 B 的浓度。

解 $K=k_1/k_{-1}$

$\lg k_{-1}=\lg k_1-\lg K=-4000/(T/\mathrm{K})+8.0$

$2.303\ \mathrm{d}(\lg k_{-1})/\mathrm{d}T=E_\mathrm{a}(\text{逆})/(RT^2)$

$E_\mathrm{a}(\text{逆})=76.59\ \mathrm{kJ\cdot mol^{-1}}$

(1)$T=400$ K，代入得 $k_1=0.1\ \mathrm{s^{-1}}$，$K=10$，$k_{-1}=0.01\ \mathrm{s^{-1}}$

$\mathrm{d}x/\mathrm{d}t=k_1(0.5-x)-k_{-1}(0.05+x)=0.0495-0.11x$

积分得 $\ln[0.0495/(0.0495-0.11x)]=0.11t$

$t=10$ s，$x=0.3\ \mathrm{mol\cdot dm^{-3}}$

剩余$[A]=0.2\ \mathrm{mol\cdot dm^{-3}}$，$[B]=0.35\ \mathrm{mol\cdot dm^{-3}}$

(2)平衡时，$k_1(0.5-x_\mathrm{e})=k_{-1}(0.05+x_\mathrm{e})$

$x_\mathrm{e}=0.45\ \mathrm{mol\cdot dm^{-3}}$

$[A]=0.05\ \mathrm{mol\cdot dm^{-3}}$，$[B]=0.5\ \mathrm{mol\cdot dm^{-3}}$

12.1.2 平行反应

在有机化学反应中，甲苯与氯气发生取代反应时，氯元素的取代位置可以有三种，分别是邻位取代、间位取代和对位取代。

在反应过程中三种方式是同时进行的。像这样相同的反应物能同时平行进行的反应，该反应称为平行反应。在平行反应中，生成主产物的反应称为主反应，其余的称为副反应。主要介绍两个都是一级反应的最简单的平行反应。

$C_6H_5Cl+Cl_2$ → 邻$-C_6H_4Cl_2+HCl$

$C_6H_5Cl+Cl_2$ → 间$-C_6H_4Cl_2+HCl$

$C_6H_5Cl+Cl_2$ → 对$-C_6H_4Cl_2+HCl$

$A \xrightarrow{k_1} B$

$A \xrightarrow{k_2} C$

	$[A]$	$[B]$	$[C]$
$t=0$	a	0	0
$t=t$	$a-x_1-x_2$	x_1	x_2

令 $x=x_1+x_2$。平行反应的总速率是两个平行反应的反应速率之和，所以

$$\begin{aligned} r=r_1+r_2&=\frac{dx}{dt}=\frac{dx_1}{dt}+\frac{dx_2}{dt} \\ &=k_1(a-x)+k_2(a-x)=(k_1+k_2)(a-x) \end{aligned} \tag{12.10}$$

对式(12.10)进行定积分

$$\int_0^x \frac{dx}{a-x}=(k_1+k_2)\int_0^t dt$$

得

$$\ln\frac{a}{a-x}=(k_1+k_2)t \tag{12.11}$$

由此可见，两个平行的一级反应的微分式和积分式与简单一级反应的基本相同，速率常数是两个平行反应的速率常数之和。

【例 12-2】反应物 A 同时生成主产物 B 及副产物 C，该反应均为一级

$$A \begin{cases} \xrightarrow{k_1} B \\ \xrightarrow[k_2]{} C \end{cases}$$

已知：$k_1=1.2\times10^3\exp[-90\ \text{kJ}\cdot\text{mol}^{-1}/RT]$

$k_2=8.9\times\exp[-80\ \text{kJ}\cdot\text{mol}^{-1}/RT]$

若生成物中不再有 A，试回答：

(1)求：使 B 的含量>90%和>95%时，分时所需的反应温度 T_1，T_2。

(2)可否得到含 B 为 99.5%的产品？

解 (1)$[B]/[C]=k_1/k_2=134.8\exp[-10\ \text{kJ}\cdot\text{mol}^{-1}/(RT)]$

当$[B]/[C]\geqslant9.0$ 时，$T\geqslant443.3$ K

当$[B]/[C]\geqslant19.0$ 时，$T\geqslant613.7$ K

(2)当 $T\to\infty$时，$[B]/[C]=134.8$

$[B]/[C]=[B]_{max}/\{100-[B]_{max}\}=134.8$ $[B]_{max}=99.3\%<99.5\%$

结论：不能生产含$[B]\geqslant99.5\%$的产品。

12.1.3 连续反应

某些化学反应要经过几个连续的基元反应方能生成最后产物，而前一基元反应的产物为后一基元反应的反应物，这种承上启下的反应就称为连续反应，也称为连串反应。例如苯的氯化，生成物氯苯能进一步与氯作用生成二氯苯、三氯苯等。

最简单的连续反应是由两个单向连续的一级反应组成，可写作：

$$A \xrightarrow{k_1} B \xrightarrow{k_2} C$$

	A	B	C
$t=0$	a	0	0
$t=t$	x	y	z

设物质 A 的起始浓度为 a，在 t 时刻物质 A、B、C 的浓度分别为 x，y，z。中间产物 B 的

净速率等于其生成速率与消耗速率之差。

$$-\frac{dx}{dt}=k_1x \tag{12.12}$$

$$\frac{dy}{dt}=k_1x-k_2y \tag{12.13}$$

$$\frac{dz}{dt}=k_2y \tag{12.14}$$

首先对式(12.12)进行积分，这是一个典型的一级反应，其积分公式为

$$-\int_a^x \frac{dx}{x}=\int_0^t k_1 dt$$

积分得

$$\ln\frac{a}{x}=k_1t \text{ 或 } x=ae^{-k_1t} \tag{12.15}$$

将式(12.15)代入式(12.13)，求解一次线性微分方程，得

$$y=\frac{k_1a}{k_2-k_1}(e^{-k_1t}-e^{-k_2t}) \tag{12.16}$$

因反应为一封闭体系，反应物质总的物质的量不随时间变化，$a=x+y+z$ 或 $z=a-x-y$，将式(12.15)和式(12.16)代入，得

$$z=a(1-\frac{k_2}{k_2-k_1}e^{-k_1t}+\frac{k_1}{k_2-k_1}e^{-k_2t}) \tag{12.17}$$

图 12－1 展示了各反应物质的浓度随着时间的变化关系。从图上可以看出，中间物质 B 的浓度在反应过程中具有极大值，若 B 为目的产物，则 y 达极大值的时间为最佳时间 t_m。

将式(12.16)对 t 求微分，在极大点上，$\frac{dy}{dt}=0$，此时 $t=t_m$。

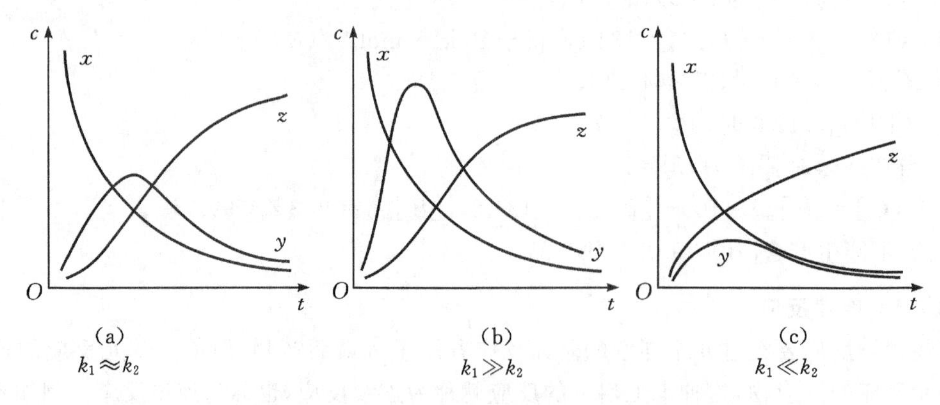

图 12－1 连续反应中浓度随时间变化的关系图

$$t_m=\frac{\ln k_2-\ln k_1}{k_2-k_1} \tag{12.18}$$

再代入式(12.16)得

$$y_m=a\left(\frac{k_1}{k_2}\right)^{\frac{k_2}{k_2-k_1}} \tag{12.19}$$

y_m 就是 B 处于极大值时的浓度。当 $k_1 \gg k_2$ 时，y_m 出现较早，且数值较大；如果 $k_1 \ll k_2$ 时，y_m 出现较迟，且数值较小。此外，总包反应的速率取决于速率常数小的步骤，此步骤为速控步，可以用它的速率近似作为整个反应的速率。

【思考题 12-1】典型的复合反应有哪些类型，它们有何特点？

12.2　复合反应近似处理方法

上一节讨论的都是最简单的复合反应，有些复合反应往往同时包含对峙反应、平行反应和连串反应等。而对于这些复杂的复合反应，通过严格求解微分方程来得到反应物的浓度随时间变化的关系十分困难。因而，化学动力学一般采用一些近似方法来处理复杂的复合反应。常用的近似处理方法包括速控步法、稳态近似法和平衡假设法。

12.2.1　速控步法

在由多个基元反应组成的复杂反应中，通常其他基元反应都较快，唯独有一个基元反应很慢，对复杂反应的速率起决定性的控制作用，则称此复杂反应为有控制步骤的反应。其中起控制作用的反应步骤称为控制步骤。

对于连串反应：

$$\mathrm{A} \xrightarrow{k_1} \mathrm{B} \xrightarrow{k_2} \mathrm{C}$$

	A	B	C
$t=0$	a	0	0
$t=t$	x	y	z

根据式(11.46)，目标产物 C 的浓度关系式为 $z=a\left(1-\dfrac{k_2}{k_2-k_1}\mathrm{e}^{-k_1 t}+\dfrac{k_1}{k_2-k_1}\mathrm{e}^{-k_2 t}\right)$

$$当\ k_2 \gg k_1\ 时，z \approx a(1-\mathrm{e}^{-k_1 t}) \tag{12.20}$$

表明生成 C 的速率取决于第一个反应，即第一个反应为控制步骤。此时 $y \approx 0$，也就是说，由于第一个反应慢，第二个反应快，B 一旦形成，即被反应，故几乎无积累。

【例 12-3】已知某连续反应

$$A \xrightarrow{k_1} B \xrightarrow{k_2} C$$

若 $k_1=0.1\ \mathrm{min^{-1}}$，$k_2=0.2\ \mathrm{min^{-1}}$，$c_{A,0}=1.00\ \mathrm{mol \cdot dm^{-3}}$，$c_{B,0}=c_{C,0}=0$，试求 t_m 及此时 $c_{A,0}$，$c_{B,0}$，$c_{C,0}$ 的值。

解　将题给数据代入式(12.18)、式(12.15)、式(12.16)和式(12.17)，得

$$t_m=\frac{\ln(0.1/0.2)}{0.1-0.2}=6.93\ \mathrm{min}$$

$$c_A=c_{A,0}\mathrm{e}^{-k_1 t}=1.00\times\mathrm{e}^{-0.1\times 6.93}=0.50\ \mathrm{mol \cdot dm^{-3}}$$

$$c_B=\frac{k_1 c_{A,0}}{k_2-k_1}(\mathrm{e}^{-k_1 t}-\mathrm{e}^{-k_2 t})=\frac{0.1\times 1.00}{0.2-0.1}(\mathrm{e}^{-0.1\times 6.93}-\mathrm{e}^{-0.2\times 6.93})=0.25\ \mathrm{mol \cdot dm^{-3}}$$

$$c_C=c_{A,0}-c_A-c_B=1.00-0.50-0.25=0.25\ \mathrm{mol \cdot dm^{-3}}$$

12.2.2　稳态近似法

以最简单的连串反应为例：

$$A \xrightarrow{k_1} B \xrightarrow{k_2} C$$

所谓稳态或定态，就是中间物的生成与消耗速率相同，以致其浓度不随时间变化的状态。对于活泼的中间物，如自由原子或自由基，由于反应能力很强，一旦形成便很快参加反应，因此其浓度很低，可近似认为其处于稳态。对于封闭体系，A 和 C 都不可能达到稳态，但反应进行一段时间后，中间产物 B 有可能达到近似的稳态，即物质 B 的生成速率和消耗速率几乎相等，$[B]$随时间的变化几乎可以忽略不计。

$$\frac{\mathrm{d}[B]}{\mathrm{d}t}=k_1[A]-k_2[B]=0$$

达到稳态时，物质 B 的浓度为

$$[B]=\frac{k_1}{k_2}[A] \tag{12.21}$$

【例 12-4】已知 N_2O_5 的分解反应机理为：

$$N_2O_5 \underset{k_{-1}}{\overset{k_1}{\rightleftharpoons}} NO_2+NO_3$$

$$NO_2+NO_3 \xrightarrow{k_2} NO_2+O_2+NO$$

$$NO+NO_3 \xrightarrow{k_3} 2NO_2$$

用稳态近似法证明它在表观上是一级反应。

(2)在 298 K 时，N_2O_5 分解的半衰期为 5 小时 42 分钟，求表观速率常数和分解完成 80% 所需的时间。

解 (1)由稳态近似法得$[NO_3]=k_1[N_2O_5]/[(2k_2+k_{-1})[NO_2]]$

$$r=\mathrm{d}[O_2]/\mathrm{d}t=k_2[NO_2][NO_3]=k[N_2O_5]$$

$$k=k_1k_2/(2k_2+k_{-1})$$

(2)$k=2.03\times10^{-3}\ \mathrm{min}^{-1}$

$$t=\frac{1}{k}\ln\frac{1}{1-x_A}=793\ \mathrm{min}$$

12.2.3 平衡假设法

在复合反应中，若对峙反应为快反应，能很快接近平衡，则按平衡处理，这种处理方法称为平衡假设法。

对某反应有如下机理

$$A+B \underset{\text{快速平衡}}{\overset{K_c}{\rightleftharpoons}} C \underset{\text{慢}}{\xrightarrow{k_2}} P$$

最后一步为慢步骤，而对峙反应能随时维持平衡，则有

$$\frac{[C]}{[A][B]}=K_C$$

即

$$[C]=K_C[A][B]$$

所以反应的速率方程为

$$\frac{\mathrm{d}[D]}{\mathrm{d}t}=k_1[C]=k_1K_Cc_Ac_B=kc_Ac_B \tag{12.22}$$

其中

$$k=k_1K_C$$

【例 12－5】合成氨反应机理如下：

$$N_2+2(Fe)\xrightarrow{k_1}2N(Fe) \tag{1}$$

$$N(Fe)+\frac{3}{2}H_2 \underset{k_{-2}}{\overset{k_2}{\rightleftharpoons}} NH_3+(Fe) \tag{2}$$

试证明以 N_2 消耗表示的速率方程为 $-\frac{dc_{N_2}}{dt}=\frac{kc_{N_2}}{\left[1+K\frac{c_{NH_3}}{c_{H_2}^{1.5}}\right]^2}$，式中 k 为常数，$K=k_{-2}/k_2$。

解

$$-\frac{dc_{N_2}}{dt}=k_1c_{N_2}c_{(Fe)}^2$$

$$\frac{c_{N(Fe)}c_{H_2}^{1.5}}{c_{NH_3}c_{(Fe)}}=\frac{k_{-2}}{k_2}=K$$

$$c_{(Fe)}=\left[\frac{c_{N(Fe)}+c_{(Fe)}}{1+K\frac{c_{NH_3}}{c_{H_2}^{1.5}}}\right]$$

$$-\frac{dc_{N_2}}{dt}=k_1c_{N_2}[c_{N(Fe)}+c_{(Fe)}]^2\times\left[\frac{1}{1+K\frac{c_{NH_3}}{c_{H_2}^{1.5}}}\right]^2$$

由于单位体积中催化剂活性中心总数一定，所以 $[c_{N(Fe)}+c_{(Fe)}]$ 为一常数。

令

$$k=k_1[c_{N(Fe)}+c_{(Fe)}]^2$$

得

$$-\frac{dc_{N_2}}{dt}=\frac{kc_{N_2}}{\left[1+K\frac{c_{NH_3}}{c_{H_2}^{1.5}}\right]^2}$$

【例 12－6】的分解为典型的一级反应，分解产物为 NO_2 和 O_2，现拟定如下反应历程。

(1)试证明该历程的正确性，

(2)通过合理处理，给出五氧化二氮分解反应表观活化能与各元反应活化能的关系。

$$N_2O_5\xrightarrow{k_1,E_1}NO_2+NO_3$$

$$NO_2+NO_3\xrightarrow{k_2,E_2}N_2O_5$$

$$NO_2+NO_3\xrightarrow{k_3,E_3}NO_2+O_2+NO(\text{慢})$$

$$NO+NO_3\xrightarrow{k_4,E_4}2NO_2$$

解　机理中的第三步为慢步骤，则根据速控步骤近似法取：$r=\frac{2dc_{O_2}}{dt}$

因为

$$\frac{2dc_{O_2}}{dt}=k_3c_{NO_2}c_{NO_3}$$

其中 NO_3 为中间产物，根据稳态近似法有：

$$\frac{2dc_{NO_3}}{dt}=k_1c_{N_2O_5}-k_2c_{NO_2}c_{NO_3}-k_3c_{NO_2}c_{NO_3}=0$$

所以

$$c_{NO_2}c_{NO_3}=\frac{k_1c_{N_2O_5}}{k_2+k_3}$$

故

$$r=\frac{dc_{O_2}}{dt}=\frac{k_1k_3c_{N_2O_5}}{k_2+k_3}$$

因为第三步为慢步骤，所以有 $k_2>>k_3$，则

$$r=\frac{dc_{O_2}}{dt}=\frac{k_1k_3c_{N_2O_5}}{k_2+k_3}\approx\frac{k_1k_3c_{N_2O_5}}{k_2}=kc_{N_2O_5}$$

所以，表观活化能 $E_a=E_1+E_3-E_2$

【思考题 12-2】从反应机理推导速率方程有哪几种近似方法？各有什么适用条件？

12.3 链反应

12.3.1 链反应原理

在动力学中有一类反应，只要用任何方法使这个反应引发，它便能相继发生一系列的连续反应，使反应自动发展下去，此反应称为链反应或链式反应。链反应在化工生产中具有重要的意义。例如，橡胶的合成，塑料、高分子化合物的制备，石油的裂解，碳氢化合物的氧化和卤化，一些有机化合物的热分解，爆炸反应等都与链反应有关。所有的链反应，都是由下列三个基本步骤组成的。

(1)链的开始或链的引发，即开始时分子借助光、热等外因生成自由基的反应。在这个反应过程中需要断裂分子中的化学键，因此它所需要的活化能与断裂化学键所需能量是一个数量级。链引发的方法有热离解、光照射、放电或加入引发剂。

(2)链的传递或链的增长，即自由原子或自由基与饱和分子作用生成新的分子和新的自由基(或原子)，这样不断交替。此过程比较容易进行，若条件适宜时可以形成很长的反应链。

(3)链的终止，当自由基被消除时，链就终止。断链的方式可以是两个自由基结合成分子，也可以是与器壁碰撞时，器壁吸收自由基的能量而断链。改变反应器的形状或表面涂料及填充料等都可能影响反应速率，这种器壁效应也是链反应的特点之一。

按照链传递步骤中的机理不同，可将链反应分为直连反应和支链反应。在链传递过程中，一个自由基消失的同时生成一个新的自由基，亦即自由基的数目和反应链数保持不变，这类链反应称为直链反应。如果一个自由基消失的同时，产生出两个或两个以上新的自由基，即自由基数目和反应链数不断增加，则称为支链反应。

12.3.2 直链反应

H_2和 Cl_2反应生成 HCl 是直链反应的典型例子。反应方程式为

$$H_2+Cl_2\longrightarrow 2HCl$$

经研究发现，该反应的速率公式为

$$\frac{d[HCl]}{dt}=k[H_2][Cl_2]^{1/2}$$

生成 HCl 的速率与 H_2浓度的一次方成正比，而与 Cl_2浓度的 1/2 次方成正比。因而该反应不是一个简单反应。反应的机理为

链引发：

(1) $Cl_2\xrightarrow{k_1}2Cl\cdot$

链传递：

(2) $Cl\cdot+H_2\xrightarrow{k_2}HCl+H\cdot$

(3) $H\cdot+Cl_2\xrightarrow{k_3}HCl+Cl\cdot$

链中止：

(4)$2Cl\cdot+M\xrightarrow{k_4}Cl_2+M\cdot$

从四个基元反应可以看出，反应(2)和(3)是生成 HCl 的，因此生成 HCl 的速率公式可写为

$$\frac{d[HCl]}{dt}=k_2[Cl\cdot][H_2]+k_3[H\cdot][Cl_2] \tag{12.23}$$

由于 H· 和 Cl· 自由基非常活泼，一旦形成即进入到下一步的反应。采用稳态近似法进行处理，即

$$\frac{d[H\cdot]}{dt}=k_2[Cl\cdot][H_2]-k_3[H\cdot][Cl_2]=0 \tag{12.24}$$

所以

$$k_2[Cl\cdot][H_2]=k_3[H\cdot][Cl_2] \tag{12.25}$$

$$\frac{d[Cl\cdot]}{dt}=2k_1[Cl_2]-k_2[Cl\cdot][H_2]+k_3[H\cdot][Cl_2]-2k_4[Cl\cdot]^2=0 \tag{12.26}$$

将式(12.25)代入式(12.26)得，$2k_1[Cl_2]=2k_4[Cl\cdot]^2$

故

$$[Cl\cdot]=(\frac{k_1}{k_2}[Cl_2])^{1/2} \tag{12.27}$$

将式(12.25)和式(12.27)代入式(12.23)后得到

$$\frac{d[HCl]}{dt}=2k_2[Cl\cdot][H_2]$$

$$=2k_2\sqrt{\frac{k_1}{k_2}}[H_2][Cl_2]$$

$$=k[H_2][Cl_2]1/2$$

该式与实验所得的速率公式一致，反应的总级数为 1.5 级。

12.3.3　支链反应

爆炸式瞬间完成的高速化学反应。爆炸分为热爆炸和支链爆炸两种。热爆炸是指当放热反应在无法散热的情况下进行时，反应热使反应系统的温度猛烈上升，而温度又使这个放热反应的速率按指数规律上升，放出的热量也跟着上升，这样的循环使反应速率急剧增加，最后发生爆炸。支链爆炸是链反应在传递过程中，消耗一个自由基的同时，产生两个或更多自由基，而由于这些自由基又可以再参加直链或支链反应，所以反应的速率迅速加快，最后可以达到支链爆炸的程度，如图 12 - 2 所示。

当 H_2 和 O_2 发生支链反应时，

链的开始	$H_2+O_2\longrightarrow HO_2+H\cdot$	(1)
直链反应	$H_2+HO_2\longrightarrow H_2O+OH\cdot$	(2)
	$OH\cdot+H_2\longrightarrow H_2O+H\cdot$	(3)
支链反应	$H\cdot+O_2\longrightarrow OH\cdot+O\cdot$	(4)
	$O\cdot+H_2\longrightarrow OH\cdot+H$	(5)
链在气相中的中断	$H_2+O\cdot+M\longrightarrow H_2O+M$	(6)
	$H\cdot+H\cdot+M\longrightarrow H_2+M$	(7)
链在器壁上的中断	$H\cdot+OH\cdot+M\longrightarrow H_2O+M$	(8)

$$H\cdot + HO\cdot + 器壁 \longrightarrow 稳定分子 \quad (9)$$

反应(4)和(5)有可能引发支链爆炸，但能否爆炸还取决于温度和压力，如图 12-2 所示。

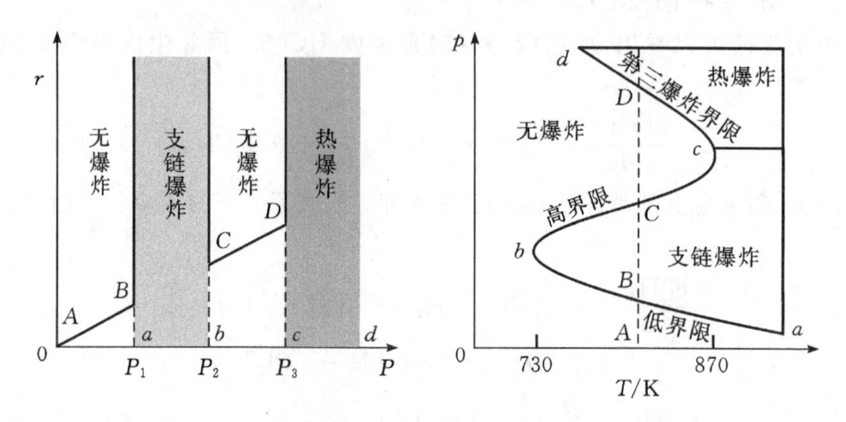

图 12-2 H_2 和 O_2 混合物的爆炸区域和温度、压力的关系

(1)压力低于 *ab* 线，不爆炸。因活性物质在到达器壁前有可能不发生碰撞，而在器壁上化合生成稳定分子，如反应(9)，*ab* 称为爆炸下限。

(2)随着温度的升高，活性物质与反应分子碰撞次数增加，使支链迅速增加，如反应(4)和(5)，就引发支链爆炸，这处于 *ab* 和 *bc* 之间。

(3)压力进一步上升，粒子浓度很高，有可能发生三分子碰撞而使活性物质销毁，如反应(6)—(8)，也不发生爆炸，*bc* 称为爆炸上限。

(4)压力继续升高至 *c* 以上，反应速率快，放热多，发生热爆炸。

(5)温度低于 730 K，无论压力如何变化，都不会爆炸。

【思考题 12-3】建立直链反应的动力学时，一般需要什么方法近似处理？

12.4 催化反应动力学

如果把某种物质(可以是一种或几种)加到化学反应系统中，可以改变反应的速率(即反应趋向平衡的速率)，而本身在反应前后没有数量上的变化，同时也没有化学性质的改变，则该种物质称为催化剂，这种作用称为催化作用。当催化剂的作用是加快反应速率时，称为正催化剂，当催化剂的作用是减慢反应速率时，称为负催化剂或阻化剂。因正催化剂用的较多，如不特别指明，一般是指正催化剂。

催化剂在化工生产中有着广泛的应用，化肥、石油化工、高分子材料、生物化工、精细化工等生产领域广泛使用催化剂。据统计，近代化工生产中约 90%的反应过程使用催化剂。阻化剂也有一定的应用，如塑料和橡胶防老剂、金属防腐中的缓蚀剂和汽油燃烧中的防爆震剂等均属于阻化剂。

催化反应通常可以分为均相催化和多相催化。反应物和催化剂处于同一相态，通常是气相或液相，则称为均相催化反应。反应物和催化剂处于不同相态时，则称为多相催化反应。例如，乙醇与乙酸反应制备乙酸乙酯，用硫酸作催化剂，即为均相催化反应；若改用固体超强酸作催化剂，则为多相催化反应。常用催化剂有酸或碱、络合物和酶等，催化反应还可分为酸碱催化、络合催化、酶催化等反应。实践表明，催化剂之所以能改变反应速率，是由于改变了反应的活化能，并改变了反应历程的缘故。

12.4.1　催化反应的基本原理

1.催化剂不能改变反应的方向和限度

催化剂只能加速热力学所允许的反应，而不能引起热力学所不允许的反应。催化剂只能缩短达到平衡的时间，而不能改变平衡态。

例如：对于合成氨的反应

$$3H_2(g)+N_2(g) \rightleftharpoons 2NH_3(g)$$

根据化学反应等温式 $\Delta_r G_m=\Delta_r G_m^{\ominus}+RT\ln Q_p$，催化剂虽然参与了反应，但反应式的始终态未变，催化剂不可能影响 $\Delta_r G_m$ 的值。当反应达平衡时，$\Delta_r G_m=0$，则 $\Delta_r G_m^{\ominus}=-RT\ln K_p^{\ominus}$，催化剂不能影响 $\Delta_r G_m^{\ominus}$ 值，$K_p^{\ominus}$ 的值就不会被影响。所以催化剂不能改变反应的方向和限度。

2.催化剂改变反应速率的本质

催化剂加快反应速率的本质是改变了反应机理，降低了整个反应的表观活化能。

例如，有一基元反应 $A+B \longrightarrow AB$，在未加催化剂时，反应活化能如图 12.3 中的 E_0 所示。加催化剂 K 以后，因催化剂参与了反应，设其反应机理为

$$A+K \underset{k_2}{\overset{k_1}{\rightleftharpoons}} AK \qquad (\text{快平衡}) \quad (1)$$

$$AK+B \xrightarrow{k_3} AB+K \qquad (\text{慢反应}) \quad (2)$$

根据反应机理推导速率方程

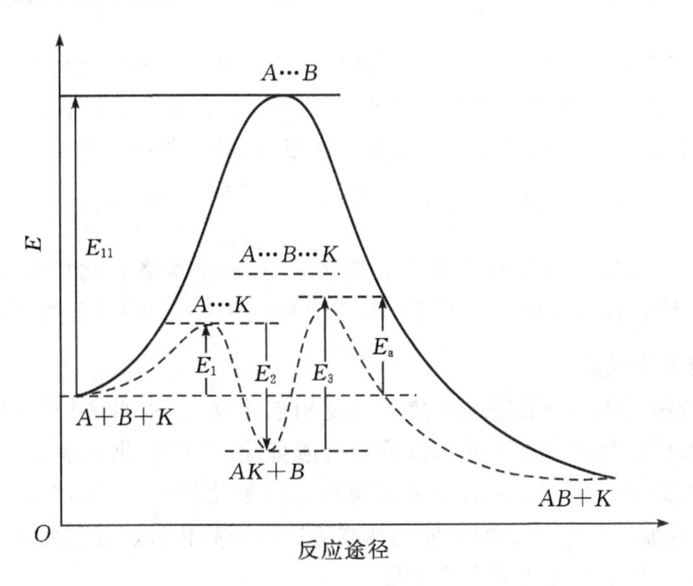

图 12 - 3　活化能与反应途径

$$r=\frac{d[AB]}{dt}=k_3[AK][B] \tag{12.28}$$

因第一个反应能很快达到平衡，采用平衡近似法，由反应(1)得

$$k_1[A][K]=k_2[AK] \tag{12.29}$$

将式(12.29)代入式(12.28)，得

$$r=\frac{d[AB]}{dt}=\frac{k_1k_3}{k_2}[K][A][B]=k[A][B]$$

式中
$$k=\frac{k_1k_3}{k_2}[K] \tag{12.30}$$

k 是表现速率常数。催化剂参与反应，但反应前后浓度保持不变，所以将催化剂浓度$[K]$归入表现速率系数项。根据表观速率系数与基元反应速率系数之间的关系，分别代入阿累尼乌斯(Arrhenius)公式，求出表观活化能 E_a与基元反应活化能之间的关系为

$$E_a=E_{a,1}+E_{a,3}-E_{a,2} \tag{12.31}$$

表观活化能 E_a如图 12－3 所示。显然，催化反应的表观活化能远小于不加催化剂时所需的活化能 E_0，所以催化反应的速率将远大于不加催化剂时的反应速率。

3.催化剂具有特殊的选择性

不同类型的反应要选择不同的催化剂，如氧化反应与脱氢反应的催化剂显然不同。有时，即使同一类型的反应，如果反应物不同，则其所用催化剂也不同。例如 C_2H_5OH 在不同的催化剂上能得到不同的产品，在 473～523 K 的金属铜上得到 CH_3CHO+H_2；而在 623～633 K 的 Al_2O_3(或 TiO_2)上得到 $C_2H_4+H_2O$；在 673～723 K 的 ZnO、Cr_2O_3上得到丁二烯等。

12.4.2 均相催化反应

反应物与催化剂在同一相中进行的反应称为均相催化反应，常分成下列几种类型：

(1)气相催化。催化剂和反应物均为气相，如反应 $SO_2(g)+\frac{1}{2}O^2(g)\xrightarrow{NO(g)}SO_3(g)$和 $CH_3CHO(g)\xrightarrow{I_2(g)}CH_4(g)+CO(g)$均为气相催化反应。多数气相催化反应具有链反应机理。

(2)酸碱催化。其主要特征是 H^+ 和 OH^- 的转移，主要应用于含氧有机物的水解或脱水反应等，如蔗糖在酸催化下水解成葡萄糖和果糖的反应，酸催化的一般机理如下：

$$\underset{(反应物)}{S}+\underset{(质子)}{H^+}\rightarrow\underset{(质子化物)}{SH^+}\xrightarrow{或与另一反应物作用}\underset{(产物)}{P}+\underset{(质子)}{H^+}$$

(3)络合催化。一般使用具有较强络合能力的过渡金属络合物作催化剂。例如，使用 $Rh(CO)_2(I_2)$络合物作催化剂的反应 $CH_3OH+CO\longrightarrow CH_3COOH$ 已被工业化。

12.4.3 复相催化反应

催化剂和反应物处于不同相态的反应称为复相催化反应，也叫多相催化反应。复相催化反应根据催化剂和反应物的相态不同可以分为气液催化、气固催化和液固催化反应。多相催化剂包括过渡金属如 Ag，Pt，Au，Cu，Ni 等和某些金属氧化物如 V_2O_5，TiO_2和 MnO_2等，主要用于氧化反应、加氢脱氢反应等。均相催化剂亦可通过固载化方法变成复相催化剂。

复相反应发生一般需经历如下几个步骤：

(1)反应物分子扩散到固体催化剂的表面；

(2)反应物分子在固体催化剂表面发生吸附；

(3)吸附分子在固体催化剂表面进行反应；

(4)产物分子从固体催化剂表面解吸；

(5)产物分子通过扩散离开固体催化剂表面。

对多数反应来说，第三步即吸附分子在固体催化剂表面进行反应是速率控制步骤的反应。

吸附发生的过程较快，易于建立吸附平衡。表面反应的速率与固体表面上吸附分子的浓度成正比，也就是说与吸附分子在固体表面的覆盖度 θ 成正比。

对于气固催化反应，设反应的过程如下：

$$A(\text{反应物})+S \rightleftharpoons S—A \qquad (\text{吸附平衡})$$

$$S—A \longrightarrow X(\text{产物})+S— \qquad (\text{表面反应})$$

由于吸附过程容易建立平衡，表面反应成为速率控制步骤，所以反应速率与 A 在催化剂表面的覆盖度 θ_A 成正比。即

$$r=k\theta_A \tag{12.32}$$

若 A 在固体催化剂表面的吸附符合朗格缪尔(Langmuir)吸附等温式：

$$\theta_A=\frac{bp_A}{1+bp_A}$$

则速率公式可以表示为

$$r=k\ \frac{bp_A}{1+bp_A} \tag{12.33}$$

12.4.4 酶催化反应

在生物体进行的各种复杂的反应，如蛋白质、脂肪、碳水化合物的合成、分解等等基本上都是酶催化作用。已知绝大多数的酶本身也是一种蛋白质，其质点的直径范围在 10～100 nm。

在酶催化反应中，反应物 S 称为底物。单底物酶催化反应机理为

$$S(\text{底物})+E(\text{酶}) \underset{k_{-1}}{\overset{k_1}{\rightleftharpoons}} ES(\text{中间络合物}) \xrightarrow{k_2} E+P(\text{产物})$$

ES 分解为产物(P)的速率很慢，它控制着整个反应的速率。采用稳态近似法处理

$$\frac{\mathrm{d}[ES]}{\mathrm{d}t}=k_1[S][E]-k_{-1}[ES]-k_2[ES]=0$$

所以

$$[ES]=\frac{k_1[E][S]}{k_{-1}+k_2}=\frac{[E][S]}{K_M} \tag{12.34}$$

式中，$K_M=\dfrac{k_{-1}+k_2}{k_1}$称为米氏(Michaelis)常数，这个公式也叫做米氏公式。所以，反应速率为

$$r=\frac{\mathrm{d}[P]}{\mathrm{d}t}=k_2[ES] \tag{12.35}$$

将式(12.34)代入后式(12.35)，得

$$r=k_2[ES]=\frac{K_2[E][S]}{K_M} \tag{12.36}$$

式中，
$$K_M=\frac{[E][S]}{[ES]}$$

米氏常数 K_M 反应酶与底物的亲和能力，K_M 越小，酶与底物亲和能力就越大，它是酶催化反应的特征常数。

$$\frac{1}{r}=\frac{K_M}{r_{max}}\cdot\frac{1}{[S]}+\frac{1}{r_{max}} \tag{12.37}$$

以$\dfrac{1}{r}$对$\dfrac{1}{[S]}$作图为一直线，从斜率和截距可求出 K_M 和 r_{max}。

酶催化反应主要有以下几个特点：

(1)高选择性。酶的催化功能非常专一，远远超过了目前人工合成的催化剂。例如，脲酶只将尿素迅速转化为氨和二氧化碳，对尿素取代物及其他反应都没有作用。又如，蛋白酶只催化蛋白质的水解，脂肪酶只催化脂肪水解成脂肪酸和甘油等。

(2)高效率。天然的酶比人造催化剂的效率要高 $10^9 \sim 10^{15}$ 倍。例如，一个过氧化氢分解酶分子在 1 s 内可以分解 10^5 个过氧化氢分子。

(3)反应条件温和。酶催化反应一般在常温、常压下进行。

(4)反应机理复杂。受 pH 值、温度和离子强度等因素的影响较大。

由于酶催化反应有如此突出的优良性能，所以化学模拟合成酶是一个活跃的研究领域，有的已应用于发酵、脱硫、常温固氮和“三废”处理等方面。由于酶的结构和催化反应机理是十分复杂的，所以对酶催化的研究有相当的难度。

【思考题 12-4】催化反应与非催化反应相比，催化反应有哪些特点？催化剂加速反应的本质是什么？

12.5 光化学反应动力学

只有在光的作用下才能进行的化学反应或由于化学反应产生的激发态粒子在跃迁到基态时能放出光辐射的反应都称为光化学反应。分子吸收光后从基态变为激发态，可以辐射光的形式或与周围分子碰撞失去能量回到基态，这个过程称为光物理过程。若分于吸收光后引起化学反应.则称为光化学过程。例如，植物光合作用、胶片感光和染料褪色等属于光化学过程。

光化学过程的开始是系统吸收光能。系统吸收光能的过程，称为光化学初级过程。系统吸收光后继续进行的其他过程，称为次级过程。光化学过程包括光解离和电离、光重排、光异构化、光聚合或加成、光合作用及光敏反应等，活化主要靠光子的能量，所以受温度的影响不大，这与常规的热反应不同。有些需在高温下进行的反应，采用光辐射后常温下即可进行，并且有可能提高了反应的选择性。常用于光化学研究的辐射包含紫外、可见、红外、微波等波段，其中前三个波段的光化学研究已比较成熟，而微波化学则是近年来比较热门的研究方向。采用微波辐射，许多反应可比常规加热下快几个数量级，因此广泛应用于化学合成中。另外，随着大功率、频率可调、可控及稳定性好的激光器的出现，激光化学研究也取得一些进展，如在分离同位素方面有着广泛的应用。

12.5.1 光化学基本定律

1.光化学第一定律

只有被系统吸收的光，才能有效地引起光化反应。这是格罗特斯(Grotthus)和德拉波(DraPer)于 1818 年提出的光化学第一定律。被分子吸收的光的能量必须与激发态和基态的能量匹配，否则将不会被分子吸收。

2.光化学第二定律

在光化学初级过程中，系统每吸收一个光子活化一个分子(或原子)。这是爱因斯坦(Einstein)和斯塔克(Stark)于 1909—1912 年提出的光化学第二定律，又称为爱因斯坦光化当量定律，该定律是光子学说的必然结果。但应注意，这里只是说吸收一个光子活化一个分子，不能说使一个分子发生反应。原因是被活化的分子可以淬灭而不发生反应，亦可能引起一系列分子的反应。同时,自 20 世纪 60 年代应用激光光源以后,已发现分子吸收多光子的现象,如激光多光子解离过程。因此,光化学第二定律只适用于普通光源的光化学初级过程。根据本定律,在光化学初级过程,1 mol 的光子能活化 1 mol 分子,1 mol 光子的能量用 E_m 表示,称为 1 爱因斯坦,即

$$E_m = Lh\nu = Lhc\sigma = Lhc/\lambda = (0.1196/\lambda)\,\mathrm{J \cdot mol^{-1}} \qquad (12-38)$$

式中,L 为阿伏伽德罗常数;h 为普朗克常量;ν 为光的频率;λ 为光的波长;$\sigma = 1/\lambda$ 为波数;c 为光速。

3.朗伯-比尔定律

当一束平行的单色光通过物质的量浓度为 c、厚度为 l 的均匀介质时,未被吸收的透射光强度 I_t 与入射光强度 I_0 之间的关系为

$$I_t = I_0 \exp(-\varepsilon l c) \qquad (12.39)$$

式中,ε 是摩尔吸光系数,其值与入射光的波长、温度和溶剂性质等有关,但与吸收质的浓度无关。式(12.39)称为朗伯-比尔(Lambert-Beer)定律。

4.量子效率

光化学反应从物质(即反应物)吸收光子开始的,所以光的吸收过程是光化学的初级过程。光化学第二定律只适用于初级过程,该定律也可用下式表示:

$$A + hv \longrightarrow A^*$$

A^* 为 A 的电子激发态,即活化分子。活化分子有可能直接变为产物,也可能和低能量分子相撞而失活,或者引发其他次级反应。

量子效率定义为

$$\varphi = \frac{\text{反应物分子消失数目}}{\text{吸收光子数目}} = \frac{\text{反应物消失的物质的量}}{\text{吸收光子物质的量}}$$

量子效率相当于光子的利用效率,量子效率不一定为 1。若系统吸收一个光子后,会引起一连串的分子反应,$\varphi > 1$;若部分受激分子还未反应便失去能量,$\varphi < 1$。

【例 12-7】在可还原染料 D 存在下,菠菜的叶绿体能光催化水变为 O_2 的氧化反应

$$2H_2O + 2D(h\nu,\text{叶绿体}) \longrightarrow O_2 + 2H_2D$$

反应在波长为 650 nm 的入射光强 40×10^{-12} Einstein · $\mathrm{cm^{-3}s^{-1}}$ 条件下,速率是 6.5×10^{-12} mol · $\mathrm{cm^{-3}s^{-1}}$,叶绿体表观吸收本领 $A(650)(1\mathrm{cm}) = 0.140$,计算此反应的量子效率。

解 因 $-\mathrm{d}[B]/\mathrm{d}t = 2.303\Phi I_0 \varepsilon[B] = 2.303\Phi I_0 A$

所以 $\Phi = (-\mathrm{d}[B]/\mathrm{d}t)/(2.303 I_0 A) = 6.5\times10^{-12}/(2.303\times40\times10^{-12}\times0.140) = 0.50$

12.5.2 光化学反应动力学

光化学反应分为吸收光子的初级过程和后续的反应过程。推导光化学反应速率方程时,与推导一般反应速率方程的不同之处是光活化过程的生成速率只与吸收的光强 I_a 成正比,即光化学初级过程的速率仅与光强有关,与反应物浓度无关;而次级过程为一般的反应,可应用质量作用定律。对于复杂反应,通常采用稳态近似法求自由基或原子的浓度。大多数光化学反应受温度的影响很小。原因是初级过程与温度无关,而次级过程常有自由原子或自由基参与,反应活化能很小或为零。所以温度系数比一般热反应小。

对于反应 $A_2 + hv \longrightarrow A_2^*$,设其反应历程为:

$(1) A_2 + h\upsilon \xrightarrow{I_a} A_2^*$ （激发活化） 初级过程

$(2) A_2^* \xrightarrow{k_2} 2A$ （解离） 次级过程

$(3) A_2^* + A_2 \xrightarrow{k_3} 2A_2$ （能量转移而失活） 次级过程

产物 A 的生成速率为

$$\frac{\mathrm{d}[A]}{\mathrm{d}t} = 2k_2[A_2^*] \tag{12.40}$$

(1)式中，$I_a = aI_0$，I_0为入射光，a 为吸收光占入射光的分数。根据反应(1)，A_2^* 的生成速率就等于 I_a，而 A_2^* 的消失速率则由反应(2)，(3)反应决定。对 A_2^* 作稳态近似，

$$\frac{\mathrm{d}[A_2^*]}{\mathrm{d}t} = I_a - k_2[A_2^*] - k_3[A_2^*][A_3] = 0$$

$$[A_2^*] = \frac{I_a}{k_2 + k_3[A_2]} \tag{12.41}$$

把式(12.41)代入式(12.40)，得

$$\frac{\mathrm{d[A]}}{\mathrm{dt}} = \frac{2k_2 I_a}{k_2 + k_3[A_2]} \tag{12.42}$$

该反应的量子效率为

$$\varphi = \frac{r}{I_a} = \frac{\frac{1}{2}\frac{\mathrm{d}[A]}{\mathrm{d}t}}{I_a} = \frac{k_2}{k_2 + k_3[A_2]} \tag{12.43}$$

【例 12-8】H_2被 Hg 光敏化其反应机理为：

激发　$Hg + h\upsilon \rightarrow Hg^*$

荧光　$Hg^* \xrightarrow{k_1} Hg + h\upsilon_1$

淬灭　$Hg^* \xrightarrow{k_2} Hg +$ 热能

光敏化　$Hg^* + H_2 \xrightarrow{k_3} Hg + 2H +$ 热能

今有下列数据

$\tau/10^7\,\mathrm{s}$	0.82	0.69
$[H_2]/10^5\,\mathrm{mol\cdot dm^{-3}}$	1.00	2.00

τ 为弛豫时间，求$(k_1 + k_2)$，k_3。

解　对汞激发态 Hg^*，对 Hg^*之衰减速率为

$$-\mathrm{d}[Hg^*]/\mathrm{d}t = k_f[Hg^*] + k_Q[Hg^*] + k_2[Hg^*][H_2]$$
$$= (k_f + k_Q + k_2[H_2])[Hg^*]$$

即对$[Hg^*]$为一级反应，其浓度到它初始浓度的 $1/e$ 所需时间即 τ

$\tau = (k_f + k_Q + k_2[H_2])^{-1}$或 $1/\tau = 1/\tau_0 + k_2[H_2]$，$\tau_0 = (k_f + k_Q)^{-1}$

根据直线方程，求出 $k_2 = 2.30 \times 10^{11}\ \mathrm{mol^{-1}\cdot dm^3\cdot s^{-1}}$

$$k_f + k_Q = 0.99 \times 10^7\,\mathrm{s^{-1}}$$

光化学反应与热化学反应

光化学反应与热化学反应不同(见表 12-1)，归纳起来有如下特点：

(1)光化学初级反应的速率通常与反应物的浓度无关。因为光化学反应的初级过程是内

光子引发的，通常反应物的浓度总是大大过量的，所以对反应物的浓度呈零级，反应速率主要取决于吸收光的速率。而在热化学反应中，反应物的分子是依赖分子碰撞活化的，所以速率与反应物的浓度有关。

(2)在等温、等压条件下，可以进行$(\Delta_r G_m)_{T,p}>0$的反应。因为光子是有能量的，在光化学反应中，非膨胀功不等于零。例如，在等温、等压条件下，在有光敏剂存在时，太阳光可以将水分解为氢气和氧气，这与电解水是相同的道理。

(3)光化学反应的平衡常数通常与吸收光的强度有关，热化学中反应的$\Delta_r G_m^{\ominus}$不能用来计算光化学反应平衡常数，也就是说，在光化学反应的平衡中，公式$\Delta_r G_m^{\ominus}=-RTK^{\ominus}$不能使用。

(4)温度对光化学反应的速率影响不大，有时温度升高，速率反而下降，因为光化学反应不是依靠分子碰撞而得到活化分子的。光化学反应的初级反应速率取决于吸收光的速率，次级反应中常涉及自由基参加的反应，这种反应的活化能很低，所以温度对速率系数的影响不大。如果次级反应中有一个是放热很多的反应，则有可能使表观活化能变为负值，这时升高温度，光化学反应的总速率反而会下降。

表 12-1　光化学反应与热化学反应的比较

项目/类别	光化学反应	热化学反应
反应物质的状态	激发态的原子和分子	基态的原子和分子
诱发方式	吸收光子诱发反应	通过分子碰撞使分子活化诱发反应
能量条件	对$\Delta G<0^-$光催化作用使反应加速 对$\Delta G>0^-$光子作用使体系总$\Delta G<0$，导致反应发生。	只有当$\Delta G<0$时，反应才能发生
活化能	通常比 30 $kJ \cdot mol^{-1}$小	通常在 40～400 $kJ \cdot mol^{-1}$
温度影响	活化速率不受温度但受辐射强度影响	速率受温度影响
选择性	对光的吸收有较强的选择性	热能作用无选择性

12.5.3　化学发光

化学发光是反应过程中生成的激发态分子通过辐射的方式放出能量而回到基态的过程，可以认为是光化学过程的逆过程。在化学反应过程中，产生了激发态的分子，当这些分子回到基态时放出的辐射，称为化学发光。这种辐射的温度较低，故又称化学冷光。不同反应放出的辐射的波长不同。有的在可见光区，也有的在红外光区，后者称为红外化学发光，研究这种辐射，可以了解初生态产物中的能量分配情况。

12.5.4　光敏反应

有些分子不能直接吸收某种波长的光进行光化反应，但加入另一种物质能够吸收这种波长的光，然后把光能传递给反应物，使反应进行，这种反应称为光敏反应，能起这种光能传递的物质称为光敏剂。

例如，用 253.7 nm 的紫外光照射H_2系统，虽然此辐射的能量 471.5 $kJ \cdot mol^{-1}$比H_2的解离能 435.3 $kJ \cdot mol^{-1}$大，但H_2并不分解。混入微量 Hg 蒸气后，H_2立即分解。原因如下：

$$Hg(g)+hv \longrightarrow Hg(g)$$

$$Hg(g)+H_2 \longrightarrow Hg(g)+H_2$$

$$H_2 \longrightarrow 2H\cdot$$

其中 Hg 蒸气为光敏剂，通过碰撞传能给 H_2。有些光敏剂与反应物会形成活化络合物，分解为产物后再释放出光敏剂。

另一个常见的光敏反应是植物的光合作用。CO_2 和 H_2O 不能直接吸收太阳光，但植物的叶绿素能吸收太阳光，起光敏剂的作用，促使 CO_2 和 H_2O 合成碳水化合物，即

$$6nCO_2+6nH_2O \xrightarrow{\text{太阳光，叶绿素}} (C_6H_{12}O_6)_n+6nO_2$$

研究合适的光敏剂对太阳能的利用具有重要意义。例如，水分解为氢气和氧气所需的能量为 286 $kJ\cdot mol^{-1}$，太阳能足以使水分解。但阳光照射到水上并没有反应，主要是缺少光敏剂。若找到合适的光敏剂，利用太阳能分解出的氢气将是一种取之不尽的清洁能源，可用于发电、开动汽车等。

【思考题 12-5】光化学反应和热反应有哪些异同点？

12.6 快速反应测试技术简介

快速反应指的是在 1 s 以内或远远小于 1 s 的时间内完成的反应。对于这类反应，需用特殊的实验技术进行研究。研究快速反应的技术和方法近年来取得了较快的发展，主要方法有弛豫法、闪光光解法和阻碍流动法等。

12.6.1 弛豫法

弛豫法是用来测定快速反应速率的一种特殊方法。当一个快速对峙反应在一定的外界条件下达成平衡，然后突然改变一个条件，给体系一个扰动，偏离原平衡，在新的条件下再达成平衡，这就是弛豫过程。通常对平衡体系施加扰动信号的方法有：温度或压力的突然改变、超声波的吸收等迅速扰乱平衡，随后用高速电子技术配合分光光度法、电导法等检测系统的浓度变化，测量系统在新条件下趋向于新平衡的速率，即测量其“弛豫时间”。用实验求出弛豫时间，就可以计算出快速对峙反应的正、逆两个速率常数。

以 1-1 对峙反应为例，简单介绍温度跃升弛豫法的基本原理。

$$A \underset{k_{-1}}{\overset{k_1}{\rightleftharpoons}} P$$

$$\begin{array}{lll} t=0 & a & 0 \\ t=t & a-x & x \\ t=t_e & a-x_e & x_e \end{array}$$

其速率公式为

$$\frac{dx}{dt}=k_+(a-x)-k_-x^2 \tag{12.44}$$

式中，a 为物质 A 的起始浓度；x 为时间 t 时反应掉的浓度。

随着反应的进行，系统在某温度下达到平衡状态。利用扰动技术使温度发生一突然变化使系统不再平衡，则此系统必然要向新的平衡转移。

在新平衡条件下物质 A 反应掉的浓度为 x_e，则在平衡时应有

$$k_+(a-x_e)-k_-x_e{}^2=0 \tag{12.45}$$

在未达到平衡时，令偏离平衡的程度 $\Delta x=x-x_e$，则

$$\frac{\mathrm{d}\Delta x}{\mathrm{d}t}=\frac{\mathrm{d}x}{\mathrm{d}t}=k_+(a-x)-k_-x^2=k_+a-k_+x-k_-x^2$$

若用 $x=\Delta x+x_e$，代入上式，则

$$\frac{\mathrm{d}\Delta x}{\mathrm{d}t}=k_+a-k_+\Delta x-k_+x_e-k_-(\Delta x)^2-2k_-\Delta x\cdot x_e-k_-x_e^2$$

将式(12.45)代入上式，则

$$\frac{\mathrm{d}\Delta x}{\mathrm{d}t}=-k_+\Delta x-k_-(\Delta x)^2-2k_-\Delta x\cdot x_e \tag{12.46}$$

由于 Δx 很小，故 $(\Delta x)^2$ 这一项可忽略不计，则

$$\frac{\mathrm{d}\Delta x}{\mathrm{d}t}=-(k_++2k_-x_e)\Delta x$$

积分上式可得

$$\ln\frac{\Delta x_i}{\Delta x}=(k_++2k_-x_e)\Delta x \tag{12.47}$$

式中，Δx_i 是 $t=0$，即温度突跃的瞬时起始偏差浓度。

定义 $\Delta x/\Delta x_i=\mathrm{e}$ 时的时间作为弛豫时间 τ（自然对数的底数，其值为 2.7182…）。

由于 $\ln\mathrm{e}=1$，由式(12 - 47)可见

$$\tau=\frac{1}{k_++2k_-x_e} \tag{12.48}$$

根据弛豫时间 τ 和新平衡条件下的平衡常数 K 就可求算出 k_+ 和 k_- 值。

12.6.2　闪光光解

所谓闪光光解，就是利用一定强度的脉冲光入射到所研究的样品体系中，然后用动力学检测系统记录下被激发的样品体系随时间的演变过程。在激发光的作用下，生物分子、有机分子能产生很大数量的电子激发态分子及其他短寿命中间体，如果浓度足够大，就可以用光谱来检测，并通过适时跟踪浓度随时间的衰变过程来研究反应的动力学过程。

闪光光解技术最早是由诺里斯(Norrish)和波特(Porte)于 1948 年发展创立的。当时由于激光尚未出现，激发光一般采用大功率氖灯作为闪光光源，其脉宽为微秒量级，因而仅适用于研究大于微秒量级的动力学过程。不过在当时，这种开创性的快速光激发手段可以产生高浓度的瞬态中间体，从而参加不同的快反应过程。20 世纪 60 年代，自激光问世以来，由于激光的三个特点：能量密度大，脉宽窄，单色性好，因而激光很快被引入闪光光解装置，发展成激光闪光光解技术。现在已成为定性或定量地研究光物理过程和光化学过程中的分子激发态和瞬态中间体的强有力的工具之一。激光闪光光解技术按所用激光的脉宽可分为纳秒(10^{-9} s)，皮秒(10^{-12} s)以及飞秒(10^{-15} s)量级激光闪光光解。不同的激光脉宽也界定了它所研究化学反应过程的时标。

图 12 - 4 所示的就是激光闪光光解原理图：样品体系在一定强度的激光脉冲激发下，通过光物理或光化学过程产生大量的电子激发态分子及其他瞬态中间体，另一束连续波段的分析光则垂直于激光的入射方向并通过样品。由激发而产生的瞬态中间体浓度随时间的变化而变化，这必然会引起分析光的透射光强随时间相应地发生变化。通过单色仪分光后，光电倍增管会将这种光强的变化转换为电信号变化加以记录并同时显示于高速示波器上。从示波器上所

获得的曲线便对应着瞬态中间体浓度的变化，也即记录下反应的进程。最后在不同的波长进行这样的测量，就可以得到激光诱导瞬态吸收光谱(或称时间分辨吸收光谱)。

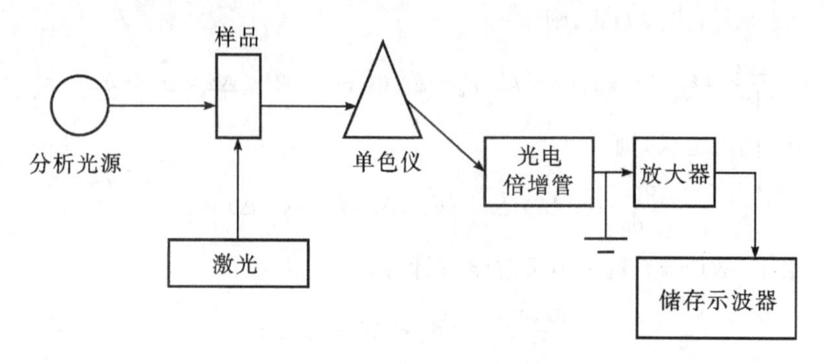

图 12-4　激光闪光光解示意图

习　题

1.对于平行反应 $A \begin{cases} \xrightarrow{k_1} B \\ \xrightarrow{k_2} C \end{cases}$，设 E_a、E_1、E_2 分别为总反应的表观活化能和两个平行反应的活化能，证明存在以下关系式：$E_a=(k_1E_1+k_2E_2)/(k_1+k_2)$。

[答案：略]

2.醋酸高温裂解制乙烯酮，副反应生成甲烷

$CH_3COOH \xrightarrow{k_1} CH_2=CO+H_2O$

$CH_3COOH \xrightarrow{k_2} CH_4+CO_2$

已知在 1189 K 时 $k_1=4.65\ s^{-1}$，$k_2=3.74\ s^{-1}$。试计算：

(1)99%醋酸反应需要的时间；

(2)在 1189 K 时，乙烯酮的最高效率？如何提高选择性？

[答案：(1)$t=0.5489$ s，(2)最高效率为：55.42%
由于 k_1 与 k_2 相差不大，说明两者解离能相差不大，改变温度效果不好。
可采用选择适当催化剂，降低 E_1，增加 k_1/k_2 的比值，来提高选择性。]

3.当有碘存在作催化剂，氯苯和氯在二硫化碳溶液中发生如下平行反应：

$C_6H_5Cl+Cl_2 \xrightarrow{k_1} o-C_6H_4Cl_2+HCl$

$C_6H_5Cl+Cl_2 \xrightarrow{k_2} p-C_6H_4Cl_2+HCl$

设温度和碘的浓度一定时，C_6H_5Cl 及 Cl_2 在 CS_2 溶液中的起始浓度均为 0.5 mol·kg^{-1}。30 分钟后，有 15%的 C_6H_5Cl 转变为 $o-C_6H_4Cl_2$，有 25%转变为 $p-C_6H_46Cl_2$，求：k_1 和 k_2。

[答案：$k_2=2.778\times10^{-2}$ kg·mol^{-1}·min^{-1}，$k_1=1.667\times10^{-2}$ kg·mol^{-1}·min^{-1}]

4.在 726 K 时，1,2-二甲基环丙烷的顺反异构体的转化时 1-1 级可逆反应，顺式的百分组成随时间的变化如下：

t/s	0	45	90	225	360	585	∞
%顺式异构体	100	89.2	81.1	62.3	50.7	39.9	30.0

试求算此反应的(1)平衡常数；　(2)正向和逆向反应的速率常数。

[答案：$K_C=2.33$；(2)$k_{-1}=1.006\times10^{-3}\ s^{-1}$，$k_1=2.344\times10^{-3}\ s^{-1}$]

5.某对峙反应 $A\xrightarrow{k_1}B$；$B\xrightarrow{k_{-1}}A$；已知 $k_1=0.006\ min^{-1}$，$k_{-1}=0.002\ min^{-1}$。如果反应开始时只有 A，问当 A 和 B 的浓度相等时，需要多少时间？

[答案：$t=137$ min]

6.有正逆方向均为一级的对峙反应：

$$D-R_1R_2R_2C-Br \underset{k_{-1}}{\overset{k_1}{\rightleftharpoons}} L-R_1R_2R_2C-Br$$

已知两反应的半衰期均为 10 min，反应从 $D-R_1R_2R_3C-Br$ 的物质的量为 1.00 mol 开始，试计算 10 min 之后可得 $L-R_1R_2R_3C-Br$ 若干？

[答案：10 min 之后可得 $L-R_1R_2R_3C-Br$ 0.375 mol]

7.在某"放射性"NaI 的样品中，有一小部分的 I 离子是放射性同位素 ^{128}I，用 I^* 表示。今制备一个含有 0.135 mol·dm^{-3}"放射性"NaI 和 0.91 g 非放射性 C_2H_5I 的乙醇溶液。开始有如下的交换反应：$RI+I^* \underset{k_{-1}}{\overset{k_1}{\rightleftharpoons}} RI^*+I^-$，假定两个方向的速率常数 k 相同，把样品的一部分(a)加热到高温，使交换反应达到平衡。把样品的另一部分(b)保持在 303 K 的恒温槽中。在制成混合液后 50 min，两部分样品中的碘乙烷都从溶液中分离出来，从(b)和(a)所得到的不同浓度的 I 溶液中，前者放射性碘的浓度仅是后者的 64.7%。试求 303 K 时 k 的值？

[答案：$k=3.317\times10^{-4}\ mol^{-1}\cdot dm^3\cdot s^{-1}$]

8.在 298 K 时，研究 0.2 mol·dm^{-3} HCl 溶液中 γ-羟基丁酸转变为 γ-丁内酯的反应：

$$CH_2OH-CH_2-CH_2COO+H_2O \underset{k_{-1}}{\overset{k_1}{\rightleftharpoons}} \begin{array}{c} H_2C-CH_2 \\ |\qquad | \\ H_2C \rightleftarrows C{=}O \\ \diagdown\ \diagup \\ O \end{array}$$

羟基丁酸的起始浓度为 18.23 mol·dm^{-3}，在不同时间测得 γ-羟基丁酯的浓度如下所示：

t/min	0	21	36	50	65	80	100	∞
[γ-丁内酯]/(mol·dm^{-3})	0	2.41	3.76	4.96	6.10	7.08	8.11	13.28

试计算平衡常数和一级反应比速率 k_1 和 k_{-1}。

[答案：$k_1=6.945\times10^{-3}\ min^{-1}$，$k_{-1}=2.59\times10^{-3}\ min^{-1}$]

9.某一气相反应 $A(g) \underset{k_{-1}}{\overset{k_1}{\rightleftharpoons}} B(g)+C(g)$

已知在 298 K 时 $k_1=0.21\ s^{-1}$，$k_{-1}=5.0\times10^{-9}\ s^{-1}\cdot Pa^{-1}$。若温度升高为 310 K，则速率常数 k 值增加一倍。试计算：

(1)在 298 K 时的平衡常数；

(2)正向和逆向的活化能；

(3)在 298 K 时，从 1 个标准压力的 A 开始进行反应，若使总压力达到 1.5 个标准压力，问需要多少时间？

[答案：(1)$K_p=4.2\times10^7$；(2)$E_1=E_{-1}=44.36\ \text{kJ}\cdot\text{mol}^{-1}$；(3)$t=3.301\ \text{s}$]

10.某天然矿含放射性元素铀，其蜕变反应为

$$\text{U}\xrightarrow{k_U}\cdots\longrightarrow\text{Ra}\xrightarrow{k_{\text{Ra}}}\cdots\longrightarrow\text{Pb}$$

设已达稳态放射蜕变平衡，测得镭与铀的浓度比保持为[Ra]/[U]$=3.47\times10^{-7}$，产物铅与铀的浓度比为[Pb]/[U]$=0.1792$，已知镭的半衰期为 1580 年，

(1)求铀的半衰期；

(2)估计此矿的地质年龄(计算时可作适当近似)。

[答案：(1)铀的半衰期 $t_{0.5}=\ln2/k_U=4.55\times10^9$ 年；(2)$t=1.08\times10^9$ 年]

11.气相反应：$2Cl_2O+2N_2O_5\longrightarrow2NO_3Cl+2NO_2Cl+O_2$

假设反应机理如下：

(1)$N_2O_5\rightarrow NO_2+NO_3$ 快速平衡

(2)$NO_2+NO_3\xrightarrow{k_2}NO+O_2+NO_2$ 慢

(3)$NO+Cl_2O\xrightarrow{k_3}NO_2Cl+Cl\cdot$ 快

(4)$Cl\cdot+NO_3\xrightarrow{k_4}NO_3Cl$ 快

以后的其他反应，是由反应物 Cl_2O 参与的若干快速基元反应所组成。试根据平衡近似处理法写出其速率表达式。($r=kC(N_2O_5)$)

[答案：$dC(O_2)/dt=k_2[NO_2][NO_3]=k_2k_1[N_2O_5]/k_{-1}=k[N_2O_5]$]

12.试用稳态近似法导出下面气相反应历程的速率方程：

$$\text{A}\underset{k_{-1}}{\overset{k_1}{\rightleftharpoons}}\text{B},\ \text{B}+\text{C}\overset{k_3}{\rightleftharpoons}\text{D}$$

并证明该反应在高压下呈一级反应，在低压下呈二级反应。

[答案：略]

13.对于加成反应 $A+B\rightarrow P$，在一定时间 Δt 范围内有下列关系：

$[P]/[A]=k_r[A]^{m-1}[B]^n\Delta t$，其中 k_r 为此反应的实验速率常数。

进一步实验表明：$[P]/[A]$与$[A]$无关；$[P]/[B]$与$[B]$有关。当 $\Delta t=100$ h 时：

$[B](p^\ominus)$	10	5
$[P]/[\text{B}]$	0.04	0.01

(1)此反应对于每个反应物来说，级数各为多少？

(2)有人认为上述反应机理可能是：

$2B\overset{k_1}{\rightleftharpoons}B_2$，$K_1$(平衡常数)，快

$B+A\overset{k_2}{\rightleftharpoons}$络合物，$K_2$(平衡常数)，快

B_2+络合物$\xrightarrow{k_3}P+B$，k_3(速率常数)，慢

导出其速率方程，并说明此机理有无道理。

[答案：略]

14.设乙醛热分解 $CH_3CHO \longrightarrow CH_4 + CO$ 是按下列历程进行的：

$CH_3CHO \xrightarrow{k_1} CH_3\cdot + CHO$；

$CH_3\cdot + CH_3CHO \xrightarrow{k_2} CH_4 + CH_3CO\cdot$（放热反应）

$CH_3CO\cdot \xrightarrow{k_3} CH_3\cdot + CO$；

$CH_3\cdot + CH_3\cdot \xrightarrow{k_4} C_2H_6$。

(1)用稳态近似法求出该反应的速率方程：$d[CH_4]/dt = ?$

(2)已知键焓 $\varepsilon_{C-C} = 355.64\ kJ\cdot mol^{-1}$，$\varepsilon_{C-H} = 422.58\ kJ\cdot mol^{-1}$，求该反应的表观活化能。

[答案：(1)$r = k_2(k_1/k_4)1/2[CH_3CHO]3/2 = k_a[CH_3CHO]3/2$　其中 $k_a = k_2(k_1/k_4)1/2$

(2)$E_a = 198.95\ kJ\cdot mol^{-1}$]

15.假若 $H_2 + Br_2 = 2HBr$ 链反应的机理是：

$Br_2 \underset{k_{-1}}{\overset{k_1}{\rightleftharpoons}} 2Br\cdot$　链的开始

$Br\cdot + H_2 \xrightarrow{k_2} HBr + H\cdot$

$H\cdot + Br_2 \xrightarrow{k_3} HBr + Br\cdot$　链的传递

$H\cdot + HBr \xrightarrow{k_4} H_2 + Br\cdot$

$Br\cdot + Br\cdot + M \xrightarrow{k_5} Br_2 + M$　链的终止

试用稳态处理方法，证明此反应的速率方程式为

$$d[HBr]/dt = k[H_2][Br_2]^{1/2}/[1 + k'[HBr]/[Br_2]$$

[答案：略]

16.CO 在 90 K 被云母吸附的数据如下：

p/kPa	0.075	0.140	0.604	0.727	1.05	1.41
$V/10^{-5}\ dm^3$	10.5	13.0	16.4	16.7	17.8	18.3

(1)试由朗格缪尔吸附等温式以图解法求 V_m 值；

(2)计算被饱和吸附的总分子数；

(3)假定云母的总表面积为 62.4 dm^3，试计算饱和吸附时，吸附剂表面上被吸附分子的密度为多少(单位：分子数 · dm^{-2})？此时每个被吸附分子占有多少表面积？

[答案：(1)$V_m = 1.908\times10^{-4}\ dm^3$；(2)$N = 5.13\times10^{18}$个分子；(3)被吸附分子的表面密度 $D = 8.22\times10^{16}$个分子 · dm^{-2}，每个分子占的表面积：$S = 12.16\times10^{-18}\ dm^2$]

17.在 473 K 时测定氧在某催化剂上的吸附数据。当平衡压力为 1 及 10 标准压力时，每克催化剂吸附氧的量分别为 $2.5\times10^{-3}\ dm^3$ 和 $4.2\times10^{-3}\ dm^3$(已换算成标准状况)。设该吸附作用服从朗格缪尔公式，试计算当氧的吸附量为饱和值的一半时，平衡压力为多少？

[答案：$p = 0.817$，$p = 82.78$ kPa]

18.用波长为 207 nm 的紫外光照射 HI，使之分解为 H_2 和 I_2。实验表明：每吸收 1 J 辐射能，有 0.00044 gHI 分解，问此反应的量子产率为多少？

[答案：$\Phi=1.99$]

19.以波长为 313 nm 的光照射 2－n－丙基甲酮，生成乙烯的量子产率为 0.21。当样品受到 50 W 该波长的光照射后，每秒应有多少分子的乙烯生成？合多少摩尔？设所有照射光皆被吸收。

[答案：生成乙烯 mol 数：$n(2)=3n=8.25\times10^{-5}$ mol，生成乙烯分子数：$N=Ln(2)=6.023\times10^{23}\times8.25\times10^{-5}=4.97\times10^{19}$个分子。]

20.用波长 3130 nm 的单色光照射丙酮蒸气，有下列分解反应：

$(CH_3)_2CO(g)+h\nu\rightarrow C_2H_6(g)+CO(g)$，若反应池容积为 59 cm^3，丙酮吸收入射光的 91.5%，反应温度为 567 ℃，起始压强为 102.165 kPa，终态压强为 104.418 kPa，入射光的能量是 4.81×10^{-3}焦/秒，照射 7 小时，计算该反应的光量子效率。

[答案：$\Phi=1.90\times10^{-5}/2.902\times10^{-4}=0.065$]

21.已知 $CHCl_3$的光化学氯化的速率方程式为：

$dC(CCl_4)/dt=k_{1/2}C^{1/2}(Cl_2)I_a{}^{1/2}$设反应机理为：

(1)$Cl_2+h\nu\xrightarrow{Ia'k_1}2Cl\cdot$

(2)$Cl\cdot+CHCl_3\xrightarrow{k_2}CCl_3\cdot+HCl$

(3)$CCl_3\cdot+Cl_2\xrightarrow{k_3}CCl_4+Cl\cdot$

(4)$2CCl_3\cdot+Cl_2\xrightarrow{k_4}2CCl_4$

据此检验当氯气压力相当高时该机理是否可能。

[答案：略]

22. 473 K 时，测量 O_2在某催化剂上吸附作用，当平衡压强分别为 p、$10p$ 时，每克催化剂吸附 O_2分别为 2.5 cm^3与 4.2 cm^3（已换算成标准状态），设吸附服从于 Langmuir 公式，计算当 O_2的吸附量为饱和吸附量一半时，平衡压强是多少？

[答案：$p=0.82p^{\ominus}$]

23.实验测得 NO 在 Pt 上的催化分解反应：$2NO\longrightarrow N_2+O_2$的速率方程为：$-\frac{dp_{NO}}{dt}=k\frac{p_{NO}}{p_{O_2}}$。假定吸附服从 Langmuir 方程，试用拟出合理反应机理，导出上述速率方程，若 NO 的吸附热为 80 $kJ\cdot mol^{-1}$，O_2的吸附热为 100 $kJ\cdot mol^{-1}$，反应的表观活化能为 60 $kJ\cdot mol^{-1}$，计算表面反应的真实活化能。

[答案：$E=40\ kJ\cdot mol^{-1}$]

第 13 章　表面现象

【本章要求】

(1)理解表面张力与表面自由能的异同,表面张力与温度的关系,弯曲液面附加压力与曲率半径的关系,弯曲表面蒸汽压与平面的不同,解释毛细凝聚等现象。

(2)掌握拉普拉斯(Laplace)公式、开尔文公式、吉布斯吸附等温式,理解各项物理意义并能进行简单运算。

(3)理解液-固、液-液界面的铺展与润湿,气-固表面的吸附本质及吸附等温线主要类型。

【背景问题】

(1)表面能、表面自由能,比表面自由能、表面张力是否为同一个概念?

(2)一把小麦,用火柴点燃并不易着火,若将它磨成细的面粉,并使之分散在一定容积的空气里,却很容易着火,甚至会引起爆炸,这是为什么?

(3)朗格缪尔吸附等温式、BET 公式之间有什么联系和共同点?

引　言

本章讨论一个相的表面分子与相内部分子性质上的差异,以及由于这种差异而在气-液、气-固、液-固等各种不同相界面上发生的表面现象。并讨论具有巨大相界面的分散系统的性质。

密切接触的两相之间的过渡区(约有几个分子的厚度)称为界面,界面的类型根据物质三态的不同可以分为气-液、气-固、液-液、液-固和固-固等界面。前两种界面都有气体参加,此类界面习惯上常称为表面。界面不是一个没有厚度的纯粹几何面,它有一定的厚度,可以是多分子层,也可以是单分子层界面,这一层的结构和性质与它邻近的两侧大不一样。通常用肉眼看到的如山川、云雨、楼阁等都是宏观界面,而自然界中还存在着大量的微观界面,例如生物体内就有细胞膜、生物膜,生命现象的重要过程就是在这些界面上进行的。人们需要首先研究宏观界面的规律,然后再把它应用到微观界面上。表面现象及分散系统的知识在生物学、气象学、地质学、医学等学科,以及石油、选矿、油漆、橡胶、塑料、日用化工等工业中有着重要意义及广泛应用。

13.1　表面自由能与表面张力

任何一个相,其表面分子与内部分子所具有的能量是不相同的。图 13-1 所示是与其蒸气呈平衡的纯液体。在液体内部的分子因四面八方均有同类分子包围着,所受周围分子的引力是对称的,可以相互抵消而总和为零,因此它在液体内部移动时并不需要外界对它作功。但是靠近表面及表面上的分子,其处境就与液体内部的分子大不相同。由于下面密集的液体分子对它的引力远大于上方稀疏气体分子对它的引力,所以不能相互抵消。这些力的总和垂直于液面而指向液体内部,即液体表面分子受到向内的拉力。因此,在没有其他作用力存在时,所有的液体都有缩小其表面积的自发趋势。相反地，若要扩展液体的表面，即把一部分分子由内部移到表面上来，则需要克服向内的拉力而做功。此功称为“表面功”，即扩展表面面积而做的功。表面扩展完成后，表面功转化为表面分子的能量，因此，表面上的分子比内部分子具有更高的能量。

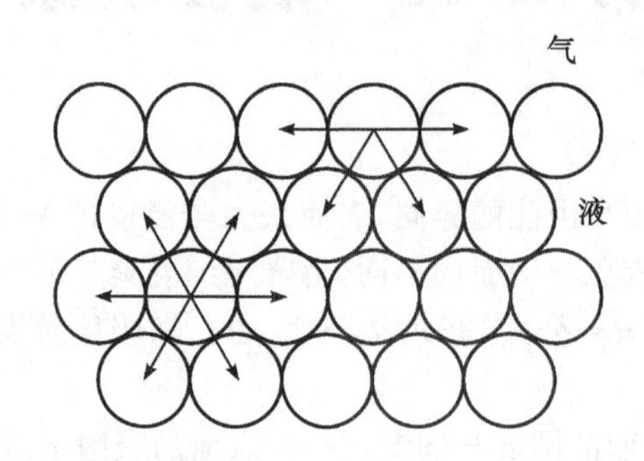

图 13-1 液体表面分子与内部分子受力情况差别示意图

在一定的温度与压力下，对一定的液体来说，扩展表面所做的表面功占 $\delta W'$，应与增加的表面积 $\mathrm{d}A$ 成正比。若以 σ 表示比例系数，则

$$\sigma W' = -{}'\mathrm{d}A$$

若表面过程可逆，则 $\delta W' = -\sigma \mathrm{d}G_{T,P}$，所以上式又可以表示为

$$\delta W' = -\sigma \mathrm{d}G_{T,P} \text{或} \sigma = \left(\frac{\partial G}{\partial A}\right)_{T,p} \tag{13.1}$$

由上式看出，σ 的物理意义是：在定温定压条件下，增加单位表面积引起系统吉布斯自由能的增量。也就是单位表面积上的分子比相同数量的内部分子“超额”吉布斯自由能，因此 σ 称为“比表面吉布斯自由能”，或简称为“比表面能”，单位为 $\mathrm{J \cdot m^{-2}}$。由于 $\mathrm{J = N \cdot m}$，所以 σ 的单位也可以为 $\mathrm{N \cdot m^{-1}}$，此时 σ 称为“表面张力”，其物理意义是：在相表面的切面上，垂直作用于表面上任意单位长度切线的表面紧缩力。一种物质的比表面能与表面张力数值完全一样，量纲也相同，但物理意义有所不同，所用单位也不同。

比表面能或表面张力 σ 是强度性质，其值与物质的种类、共存另一相的性质以及温度、压力等因素有关。对于纯液体来说，若不特别指明，共存的另一相就是指标准压力时的空气或饱和蒸气。如果共存的另一相不是空气成饱和蒸气，表面张力的数值可能有相当大的变化，因此必须注明共存相，此时的表面张力通常又称为“界面张力”。表 13-1 和表 13-2 分别列出一些液体在 20 ℃和常压下的表面张力和界面张力。

表 13-1 20 ℃时一些液体的表面张力 σ

物质	$\sigma/(\mathrm{N \cdot m^{-1}})$	物质	$\sigma/(\mathrm{N \cdot m^{-1}})$
水	0.0728	四氯化碳	0.0269
硝基苯	0.0418	丙酮	0.0237
二硫化碳	0.0335	甲醇	0.0226
苯	0.0289	乙醇	0.0223
甲苯	0.0284	乙醚	0.0169

表 13-2 20 ℃时汞或水与一些物相接触的界面张力 σ

第一相	第二相	$\sigma/(N \cdot m^{-1})$	第一相	第二相	$\sigma/(N \cdot m^{-1})$
汞	汞蒸气	0.4716	水	水蒸气	0.0728
汞	乙醇	0.3643	水	异戊烷	0.0496
汞	苯	0.3620	水	苯	0.0326
汞	水	0.3750	水	乙醇	0.0018

由于升高温度时液体分子间引力减弱，所以表面分子的超额吉布斯自由能减少。因此，表面张力总是随温度升高而降低。固体的表面分子与液体情况一样，比内部分子有超额的吉布斯自由能。但是，对于固体的比表面能或表面张力，目前还不能像对液体那样有各种实验方法可直接测定。但据间接推算，固体的比表面能或表面张力一般比液体要大得多。

由上可知，由于表面分子与相内部分子性质不同，严格说来完全均匀一致的相是不存在的。通常情况下可以不考虑这一点，是因为一个物系如果表面分子在所有分子中所占比例不大，系统的表面能对系统总吉布斯自由能值的影响很小，可以忽略不计。例如 1 g 水作为一个球滴存在时，表面积为 $4.85 \times 10^{-4}\ m^2$，表面能约为 $4.85 \times 10^{-4} \times 0.0728 = 3.5 \times 10^{-5}$ J，这是一个微不足道的数值。但是当固体或液体被高度分散时，表面能可以相当可观。例如将 1 g 水分散成半径为 10^{-7} cm 的小液滴时，可得 2.4×10^{20} 个，表面积共 $3.0 \times 10^3\ m^2$，此时表面能约为$3.0 \times 10^3 \times 0.0728 = 218$ J，相当于使这 1 g 水温度升高 50 ℃所需供给的能量，显然这是不容忽视的数值。此时，表面能过高使得系统处于不稳定状态。例如，大量处理固体粉尘的工厂必须高度重视防止粉尘爆炸。

温度升高时，通常总是使表面张力下降。当温度增加时，大多数液体的表面张力呈现线性下降趋势，并且可以预期，当达到临界温度 T_c时，表面张力趋于零。约特弗斯(Eotvos)曾提出温度与表面张力的关系式为

$$\sigma V_m^{2/3} = k(T_c - T) \tag{13.2}$$

式中，V_m 为液体的摩尔体积；k 是普适常数，对于非极性液体，$k \approx 2.2 \times 10^{-7}\ J \cdot K^{-1}$。但由于接近临界温度时，气-液界面已不清晰，所以拉姆齐(Ramsay)和希尔茨(Shields)将温度 T_c 修正为$(T_c - 6.0)$，则式(13.2)变为

$$\sigma V_m^{2/3} = k(T_c - T - 6.0\ K) \tag{13.3}$$

式(13.3)是求表面张力与温度间关系的较常用的公式。

【思考题 13-1】比表面有哪几种表示方法？表面张力与表面吉布斯自由能有哪些异同点？

【思考题 13-2】玻璃管口加热后会变得光滑并缩小(俗称圆口)，这些现象的本质是什么？用同一支滴管滴出相同体积的苯、水和 NaCl 溶液，所得滴数是否相同？

13.2 弯曲表面现象

一般情况下，液体的表面是水平的，而滴定管或毛细管中的水面是向下弯曲的。若滴定管中装的是水银，则水银面呈凸形，是向上弯曲的。为什么会出现这些现象？这是本节所要讨论的问题。

本节讨论的内容只适用于曲面半径较表面层的厚度大得多的情况（通常表面层厚度约为10 nm）。

13.2.1 弯曲液面下的附加压力

由于表面能的作用，任何液面都有尽量紧缩而减小表面积的趋势。如果液面是弯曲的，则这种紧缩趋势会对液面产生附加压力。

如图 13-2 所示，一较大容器连有毛细管，具有水平液面的大量液体通过毛细管与位于管端的半径为 r 的小液滴相连接。液滴外压力为 p，弯曲液面给液滴的附加压力为 Δp，大液面上活塞施加的压力为 p'。当大量液体与小液滴压力平衡时，应有下列关系

$$p'=\Delta p+p,\quad \Delta p=p'-p$$

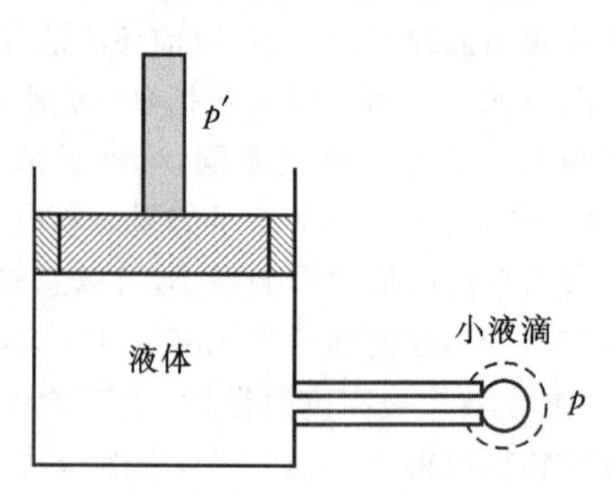

图 13-2 附加压力与曲率半径的关系

当活塞的位置向下作一无限小的移动时，大量液体的体积减少 $\mathrm{d}V$，而小液滴的体积增加了 $\mathrm{d}V$。此过程中液体净得功为

$$p'\mathrm{d}V-p\mathrm{d}V=\Delta p\mathrm{d}V$$

此功用于克服表面张力 σ 而增大液滴的表面积 $\mathrm{d}A$，因此有

$$\Delta p\mathrm{d}V=\sigma\mathrm{d}V$$

因球表面积 $A=4\pi r^2$，$\mathrm{d}A=8\pi r\mathrm{d}r$；球体积 $V=\dfrac{4}{3}\pi r^3$，$\mathrm{d}V=4\pi r^2\mathrm{d}r$，所以上式可改写为

$$\Delta p=\frac{\sigma 8\pi r\mathrm{d}r}{4\pi r^2\mathrm{d}r}=\frac{2\sigma}{r} \tag{13.4}$$

式(13.4)称为拉普拉斯(Laplace)公式。它表明附加压力与液体的表面张力成正比，而与曲率半径成反比，半径越大附加压力越小。平面的曲率半径无穷大，故附加压力 $\Delta p=0$。

应强调指出，由于表面紧缩力总是指向曲面的球心，球内的压力一定大于球外。因此，对空气中的液滴（凸液面）来说，液体的压力 p' 是空气压力 p 与附加压力 Δp 之和，即 $p'=\Delta p+p$；而对液体中的气泡（凹液面）来说，则 $p'=\Delta p-p$；倘若是液泡，如肥皂泡，则泡内气体的压力比泡外压力大，其差值为

$$\Delta p=\frac{4\sigma}{r} \tag{13.5}$$

因为液膜有内、外两个表面，其半径几乎相同。

在了解弯曲表面上其有附加压力以及其大小与表面形状的关系之后，可以解释如下一些常见的现象。例如自由液滴或气泡（在不受外加力场影响时）通常都呈球形。因为假若液滴具

有不规则的形状。则在表面上的不同部位曲面弯曲方向及其曲率不同，所具的附加压力的方向和大小也不同。在凸面处附加压力指向液滴的内部，而凹面的部位则指向相反的方向，这种不平衡的力，必将迫使液滴呈现球形(见图 13 - 3)。因为只有在球面上各点的曲率相同，各处的附加压力也相同，液滴才会呈稳定的形状。另外，相同体积的物质，球形的表面积最小，则表面总的吉布斯自由能最低，所以变成球状就最稳定。自由液滴如此，分散在水中的油滴或气泡也常是如此。

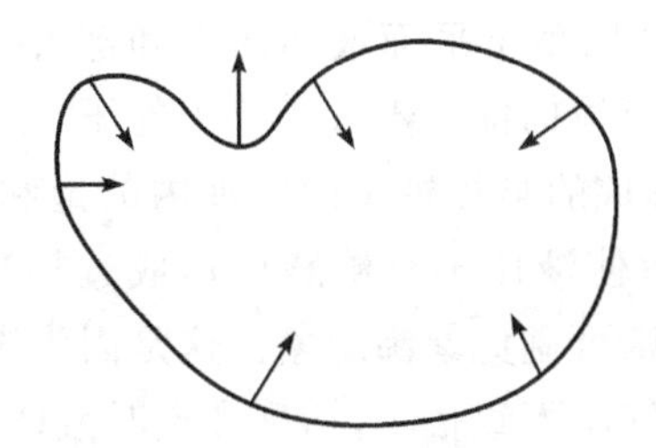

图 13 - 3　不规则形状液滴的附加压力(箭头方向表示力的方向，箭头长短表示力的大小)

13.2.2　弯曲液面上的蒸气压

弯曲液面的附加压力使小液滴比平面液体有更大的饱和蒸气压，如图 13 - 4 所示。

图 13 - 4　平液面液体与小液滴

平面液体的压力 p' 与外压 p 相等。由于附加压力，半径为 r 的小液滴内液体的压力 $p_r=p+\Delta p$。一定温度下，若将 1 mol 平面液体分散成半径为 r 的小液滴，则吉布斯自由能的变化为

$$\Delta G=\mu_r-\mu=V_m(p_r-p)=V_m\Delta p \tag{13.6}$$

式中，μ_r 和 μ 分别为小液滴液体和平面液体的化学势。设小液滴液体和平面液体的饱和蒸气压分别为 p'_r 和 p'(注意 p' 和 p'_r 与 p 和 p_r 是不同的)，根据液体化学势与其蒸气压的关系

$$\mu_r=\mu^{\ominus}+RT\ln\left(\frac{p'_r}{p^{\ominus}}\right)\ ,\ \mu=\mu^{\ominus}+RT\ln(p'/p^{\ominus})$$

所以

$$\mu_r-\mu=RT\ln(p'_r/p') \tag{13.7}$$

比较式(13.5)、式(13.6)、式(13.7)，并考虑 $V_m=\dfrac{M}{\rho}$(M 为液体的摩尔质量，ρ 为液体的密度)，则

$$\ln(p'_r/p')=\frac{2\sigma M}{RTr\rho} \tag{13.8}$$

该式称为开尔文(Kelvin)公式。一定温度下，对一定液体，σ、M、ρ、R、T 均为常数。由上式可见，液滴半径越小，其饱和蒸气压 p'_r 比平面液体蒸气压 p' 大得越多。若小液滴的半径小到 10^{-7} cm 时，p'_r 几乎是 p' 的 3 倍。

开尔文公式可以说明一些常见的现象。例如在高空中如果没有灰尘，水蒸气可以达到相当高的过饱和程度而不致凝结成水。因为此时高空中的水蒸气压力虽然对平液面的水来说已是过饱和的了，但对将要形成的小水滴来说尚未饱和，因此小水滴难以形成。若在空中撒入凝结核心，使凝聚水滴的初始曲率半径加大，其相应的饱和蒸气压可小于高空中已有的水蒸气压力，因此水蒸气会迅速凝结成水。这就是人工降雨的基本道理。

又如，对于液体中有小气泡的情况，即液面的曲率半径为负值时，由式(13.8)可见，$p_r < p$，即液体在小气泡中的饱和蒸气压小于平面液体的饱和蒸气压，而且气泡半径越小，泡内饱和蒸气压越小。在沸点时，平面液体的饱和蒸气压等于外压，但沸腾时气泡的形成必经过从无到有，从小变大的过程，而最初形成的半径极小的气池内的饱和蒸气压远小于外压，因此在外压的压迫下，小气泡难以形成，致使液体不易沸腾而形成过热液体。过热较多时，容易暴沸。如果加热时在液体中加入沸石，则可避免暴沸现象。这是因为沸石表面多孔，其中已有曲率半径较大的气泡存在，因此泡内蒸气压不致很小，达到沸点时液体易于沸腾而不致过热。

13.2.3 毛细管现象

众所周知的毛细管现象也是由于表面张力的作用所致。以玻璃毛细管插入水中为例，由于毛细管内水面呈凹液面，水会沿毛细管上升，如图 13－5 所示。设大气压力为 p，管内液面相对管外液面的垂直高度为 h，管内液面下 A 点的压力为 p_A，那么弯曲液面的附加压力 $\Delta p = p - p_A = \rho g h$，其中 ρ 为液体密度，g 为重力加速度。代入(13.4)式可得

$$h = \frac{\Delta p}{\rho g} = \frac{2\sigma}{\rho g r}$$

式中，r 为弯曲液面的曲率半径，它与毛细管半径 R 的关系如图 13－6 所示，$r = \frac{R}{\cos\theta}$，所以

$$h = \frac{2\sigma\cos\theta}{\rho g R} \tag{13.9}$$

分析式(13.9)可见，若 $\theta < 90°$，$\cos\theta > 0$，此时液体会沿毛细管上升，上升的高度与毛细管半径成反比；若 $\theta > 90°$，此时 $\cos\theta < 0$，表明液体会沿毛细管下降，下降的高度仍可由式(13.9)计算。毛细管现象早就被人类所认识。天旱时，农民通过锄地可以保持土壤水分，称为锄地保墒。锄地可以切断地表的毛烟管，防止土壤中的水分沿毛细管上升到表面而挥发。另一方面，由于水在土壤毛细管中呈凹液面，饱和蒸气压小于平水面，因此，锄地切断的毛细管又易于使大气中水气凝结，增加土壤水分。这就是锄地保墒的科学道理。

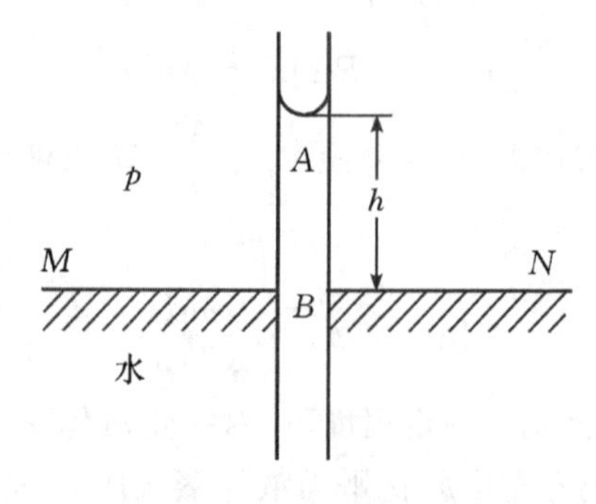

图 13－5 毛细管现象

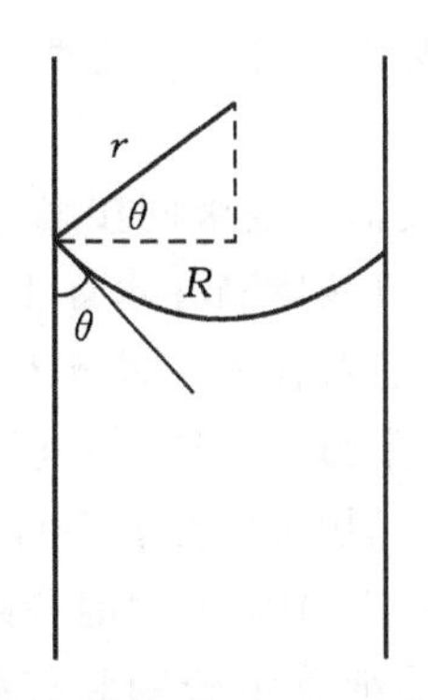

图 13-6　弯曲液面的曲率半径与毛细管半径的关系

【思考题 13-3】定量分析中的“陈化”过程的目的是什么？

【思考题 13-4】毛细管插入汞中，液面会怎样？毛细管内外液面高度差是多少？

13.3　润湿与铺展

在固体表面放一滴液体，图 13-7 所示为该液滴两种常见形状的剖面。在固体、液滴和空气三相相交处 O 点，同时有 $\sigma_{s\text{-}g}$、$\sigma_{l\text{-}g}$ 和 $\sigma_{s\text{-}l}$ 三个表面张力的作用，这三个表面张力都趋于缩小各自的表面积，作用方向如图 13-7(a)所示，其中与 $\sigma_{l\text{-}g}$ 和 $\sigma_{s\text{-}l}$ 的夹角 θ 称为接触角。如果三个力在 MON 直线上的合力指向 M 方向，则 O 点会被拉向左方使液滴展开；如果合力指向 N 方向，则 O 点会被拉向右方使液滴收缩。当液滴的展开或收缩达到平衡时，合力应为零，此时接触角 θ 有确定值，液滴亦保持一定形状。即 $\sigma_{s\text{-}g}-\sigma_{s\text{-}l}-\sigma_{l\text{-}g}\cos\theta=0$

所以
$$\cos\theta=\frac{\sigma_{s\text{-}g}-\sigma_{s\text{-}l}}{\sigma_{l\text{-}g}} \tag{13.10}$$

由上式可见，对一定的液体和固体来说，两者相互接触达到平衡时，接触角 θ 具有确定值。因此，常从接触角 θ 值的大小来衡量液体对固体的润湿程度，通常以 90°为分界线，若 $\theta<90°$，则称为“润湿”；若 $\theta>90°$，则称为“不润湿”。接触角 θ 值可通过实验直接测定，亦可根据表面张力数据由式(13.10)计算。但是需注意，应用式(13.10)计算 θ 的前提必需达到平衡，即合力为零。有时，若保持三个表面张力同时作用于 O 点，无论如何也不能达到平衡，此时就不能由式(13.10)计算 θ 值。若 $\sigma_{s\text{-}g}-\sigma_{s\text{-}l}-\sigma_{l\text{-}g}>0$，液体会在固体表面完全展开。如水在洁净的玻璃上，称为完全润湿，此时取 $\theta=0°$；若 $\sigma_{s\text{-}g}-\sigma_{s\text{-}l}-\sigma_{l\text{-}g}<0$，液体会在固体表面缩成圆珠，如汞在洁净的玻璃上，称为完全不润湿，此时取 $\theta=180°$。

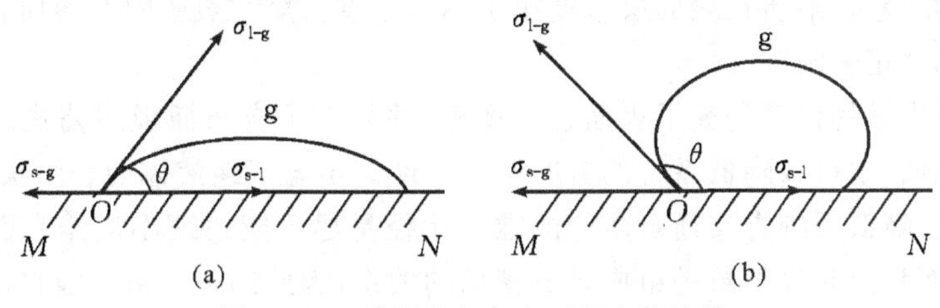

图 13-7　接触角与各表面张力的关系

能被某种液体润湿的固体称为该种液体的亲液性固体，反之则称为该种液体的憎液性固体。某种液体对某种固体的润湿与不润湿往往与固液分子结构有无共性有关，例如水是极性分子，所以极性固体皆为亲水性而非极性固体大多是憎水性的。常见的亲水性固体有石英、无机盐等，憎水性固体有石蜡、石墨等。

两种不互溶的液体相接触，也有类似上述液固接触时的润湿现象。例如，将一滴水放在大量汞的表面，水会缩成圆珠，将某些有机液体滴在水面上却能自动形成一层极薄的液膜，这种现象称为液体的铺展现象。一种液体能否在另一种不互溶的液体上铺展，取决于两种液体本身的表面张力和两种液体之间的界面张力。一般说，铺展后，表面自由能下降，则这种铺展是自发的。大多数表面自由能较低的有机物可以在表面自由能较高的水面上铺展。

【思考题 13－5】举例说明我们的生活中常见润湿和铺展现象有哪些？

【思考题 13－6】如下图示，两根毛细管中分别装有两种不同的液体，左边一种可润湿管壁，右边一种不润湿，若分别在两管的左端加热，液体将分别如何移动？为什么？

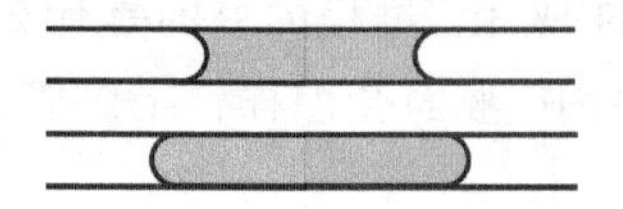

13.4 溶液的表面吸附

13.4.1 溶液表面的吸附现象

溶液看起来非常均匀，实际上并非如此。无论用什么方法使溶液混匀，但表面上一薄层的浓度总是与内部不同。通常把物质在表面上富集的现象称为溶液的表面吸附。溶液表面的吸附作用导致表面浓度与内部(即体相)浓度的差别，这种差别则称为表面过剩。由于极薄的表面与本体难以分割，所以表面过剩难以测定(界面相一般只有几个分子的厚度)。可以用一个简易的实验方法，证明表面过剩的存在。向含有某种溶质的溶液中加入表面活性剂。通入大量空气使其发生泡沫，然后分析泡沫中溶质的浓度。结果发现，泡沫的浓度大大高于原溶液的浓度，这一现象后来发展为提取稀有元素的泡沫浮选法。

一般说来，由于溶质分子的存在，溶液的表面张力与纯溶剂有所不同。如果在表面层中溶质分子比溶剂分子所受到的指向溶液内部的引力还要大些，则这种溶质的溶入会使溶液的表面张力增大。由于尽量降低系统表面能的自发趋势，这种溶质趋向于较多地进入溶液内部而较少地留在表面层中，这样就造成了溶质在表面层中比在本体溶液中浓度小的现象。如果在表面层中溶质分子比溶剂分子所受到的指向溶液内部的引力要小些，则这种溶质的溶入会使溶液的表面张力减小。而且，溶质分子趋向在表面层相对浓集，造成溶质在表面层中比在本体溶液中浓度大的现象。溶质在表面层浓度小于本体浓度，称为“负吸附”；溶质在表面层浓度大于本体浓度，称为“正吸附”。

吉布斯从热力学的角度研究了表面过剩现象，并导出了吉布斯吸附公式。表面积的缩小和表面张力的降低，都可以降低系统的吉布斯自由能。定温下纯液体的表面张力为定值，因此对于纯液体来说，降低系统吉布斯自由能的唯一途径是尽可能地缩小液体表面积。对于溶液来说，溶液的表面张力和表面层的组成有着密切的关系，因此还可以由溶液自动调节不同组分在表面层中的数量来促使系统的吉布斯自由能降低。当所加入的溶质能降低表面张力时，溶质力图浓集在表面层上以降低系统的表面能；反之，当溶质使表面张力升高时，它在表面层中的浓度就比在内部的浓度来得低。但是，与此同时由于浓差而引起的扩散，则趋向于使溶液中各部分的浓度均一。在这两种相反过程达到平衡之后，溶液表面层的组成与本体溶液的组成不同，这种现象通常称为在表面层发生了吸附作用。平衡后，对于表面活性物质来说，它在表面层中所占的比例要大于它在本体溶液中所占的比例，即发生正吸附作用，而非表面活性物质在表面层所占比例比本体中的小，即发生负吸附作用。

13.4.2　吉布斯吸附等温式

吉布斯用热力学方法求得定温下溶液的浓度、表面张力和吸附量之间的定量关系，通常称为吉布斯吸附公式：

$$\Gamma=-\frac{c}{RT}\frac{\mathrm{d}\sigma}{\mathrm{d}c} \tag{13.11}$$

式中，c 为溶液本体浓度；σ 为溶液表面张力；Γ 为表面吸附量，Γ 的定义为：单位面积的表面层所含溶质的物质的量比同量溶剂在本体溶液中所含溶质的物质的量的超出值。

从吉布斯公式还可以得到如下的结论：

(1)若$\frac{\mathrm{d}\sigma}{\mathrm{d}c}<0$，即增加溶质活度能使溶液的表面张力降低者，$\Gamma$ 为正值，是正吸附。此时表面层中溶质所占的比例比本体溶液中大。表面活性物质就是属于这种情况。

(2)若$\frac{\mathrm{d}\sigma}{\mathrm{d}c}>0$，即增加溶质活度能使溶液的表面张力升高者，$\Gamma$ 为负值，是负吸附。此时表面层中溶质所占的比例比本体溶液中小。非表面活性物质就属于这种情况（这是溶液表面吸附与气体吸附的不同之处，后者是不会出现负吸附的）。无机强电解质和高度水化的有机物(如蔗糖等)都有此行为，其原因是离子极易水化，将这些高度水化的物质从本体移到表面层需要相当大的能量，才能脱去一部分水。

运用吉布斯公式计算某溶质的表面吸附量，需知道 $\mathrm{d}\sigma/\mathrm{d}c$ 值。一般可由两种方法求得：

(1) 在不同浓度 c 时测定溶液表面张力 σ，以 σ 对 c 作图。然后作切线求曲线上各指定浓度处的斜率，即为该浓度的 $\mathrm{d}\sigma/\mathrm{d}c$ 值。

(2) 归纳溶液表面张力 σ 与浓度 c 的解析关系式，然后求微商。例如希施柯夫斯基曾归纳大量实验数据，提出有机酸同系物的如下经验公式：

$$\frac{\sigma^{*}-\sigma}{\sigma^{*}}=b\ln\left(1+\frac{c}{a}\right)$$

其中 σ^{*} 和 σ 分别是纯溶剂和浓度为 c 的溶液的表面张力，a 和 b 是经验常数。同系物之间 b 值相同而 a 值各异。

对浓度 c 求微商可得

$$-\frac{\mathrm{d}\sigma}{\mathrm{d}c}=\frac{b\sigma^{*}}{a+c}$$

代入式(13.11)

$$\Gamma=\frac{b\sigma^{*}}{RT}\cdot\frac{c}{c+a}$$

温度一定时，$\frac{b\sigma^{*}}{RT}$是常数，记做 K，则上式可改写为

$$\Gamma=\frac{Kc}{c+a} \tag{13.12}$$

只要知道了某溶质的 K 和 a，由此式就可求算浓度为 c 时的表面吸附量 Γ。

【例 13-1】21.5 ℃ 时，β-苯丙基酸水溶液的表面张力 σ 和浓度 c 的数据如下：

$c/(\mathrm{g \cdot kg^{-1}})$	0.5026	0.9617	1.5007	1.7506	2.3515	3.0024	4.1146	6.1291
$\sigma/(10^{-3}\ \mathrm{N \cdot m^{-1}})$	69.00	66.49	63.63	61.32	59.25	56.14	52.46	47.24

试求当浓度为 1.5 g/kg 水时溶质的表面吸附量。

解 以 σ 对 c 作图。在 $c=1.5$ g/kg 水处作切线，求得曲线在该点的斜率为

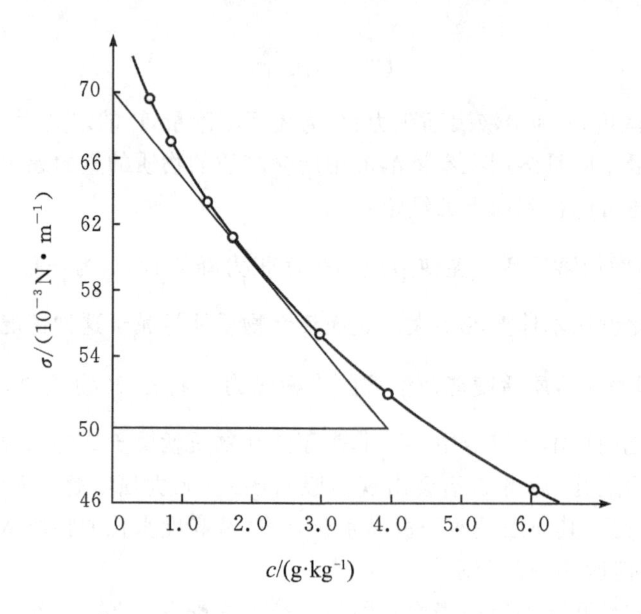

$$\frac{\mathrm{d}\sigma}{\mathrm{d}c}=-5.10\times10^{-3}\ \mathrm{N \cdot m^{-1}/(g \cdot kg^{-1})}$$

$$\Gamma=-\frac{c}{RT}\cdot\frac{\mathrm{d}\sigma}{\mathrm{d}c}=\frac{1.5\times5.10}{8.314\times294.5}\times10^{-3}\ \mathrm{mol \cdot m^{-2}}=3.10\times10^{-6}\ \mathrm{mol \cdot m^{-2}}$$

13.4.3 吸附层结构

实验表明，对水溶液来说，能使溶液表面张力略有升高，发生负吸附现象的溶质主要是无机电解质。如无机盐和不挥发性无机酸、碱等，这类物质的水溶液表面张力随溶液浓度变化的趋势如图 13-8 中曲线Ⅰ所示。能使溶液表面张力下降，发生正吸附现象的溶质主要是可溶性有机化合物，如醇、醛、酸、醋等，其表面张力变化趋势如图 13-8 中曲线Ⅱ所示。图 13-8 中曲线Ⅲ所示的是少量溶质的溶入可使溶液的表面张力急剧下降，但降低到一定程度之后变化又趋于平级(图中出现的最低点往往是由杂质造成的)。这类溶液称为“表面活性剂”。常见的有硬脂酸钠、长碳氢链有机酸盐和烷基磺酸盐，即肥皂和各种洗涤剂等。表面活性剂在结构上都具有双亲性特点，即一个分子包含有亲水的极性基团，如—OH、—COOH、$—COO^-$、$—SO_3^-$等，同时还包含有憎水的非极性基团，如烷基、苯基。亲水的极性基团趋向进入溶液内部，而憎水的非极性集团趋向逃逸水溶液而伸向空气，因此表面活性物质的分子极易在溶液表面浓集是很自然的。

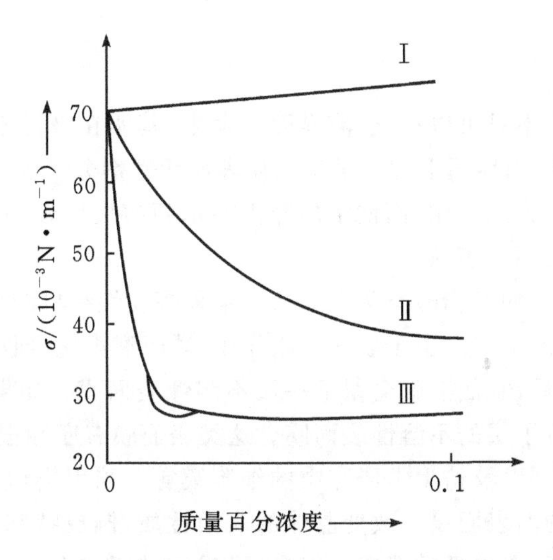

图13-8 溶液浓度对表面张力的影响

对于表面活性剂，吸附量随浓度的变化在不同浓度范围内有不同的规律。由式(13.11)可知，当浓度很低时，吸附量与浓度成正比；当浓度适中时，吸附量随浓度增大而上升，但不成正比关系，斜率逐渐减小；当浓度足够大时，则吸附量为一恒定值，不再随浓度而变化，表明吸附已达到饱和状态，此时的吸附量称为饱和吸附量 Γ_∞。Γ_∞ 只与同系物共有常数 b 有关，而与同系物中各不同化合物的特性常数 a 无关。因此，同系物中各不同化合物的饱和吸附量是相同的，这已得到实验证实。这是因为表面活性剂的分子定向而整齐地排列在溶液的表面上，极性基伸入水中，非极性基暴露在空气中，如图13-9所示。饱和吸附时，表面几乎完全被溶质分子所占据，同系物中不同化合物的差别只是碳链长短不同，而分子的横截面积是相同的，所以它们的饱和吸附量是相同的。

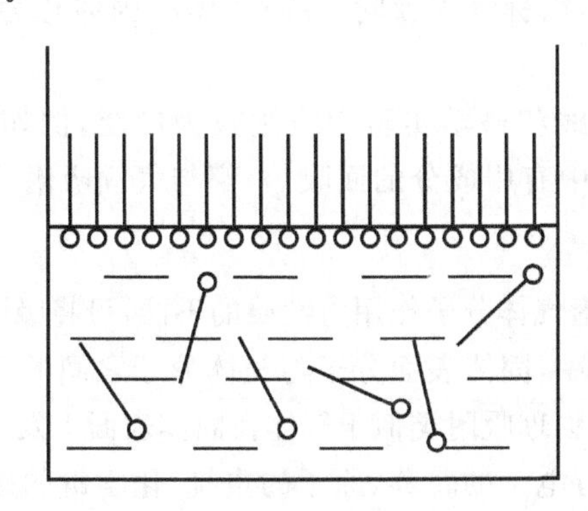

图13-9 吸附层结构示意图

表面吸附量 Γ 本来的含义是表面上溶质的超出量，但饱和吸附时，本体浓度与表面浓度相比很小，可以忽略不计，因此可以将饱和吸附量近似看作是单位表面上溶质的物质的量。所以，可以由 Γ_∞ 值计算每个吸附分子所占的面积，即分子横截面积 A

$$A=\frac{1}{\Gamma_\infty L} \tag{13.13}$$

计算结果一般比用其他方法所得值稍大，因为实际上表面层中完全被溶质分子占据而没有溶剂分子是不可能的。

13.4.4 表面膜

溶液表面正吸附现象不只可以在气-液界面上发生，其实在极性不同的任意两相界面，包括气-液、气-固、液-液、液-固界面上均可发生上述表面活性剂分子的相对浓集和定向排列，其亲水的极性基朝向极性较大的一相，而憎水的非极性基朝向极性较小的一相，根据这一特性，可以制备各种具有特殊功用的表面膜。

例如，将一种不溶于水的磷脂酸类化合物溶于某种挥发性有机溶剂中，然后将该溶液滴在水面上，任其铺展成很薄的一层。由于表面吸附作用，磷脂酸类化合物会在两液相的界面上定向排列，待有机溶剂挥发后，水面上就会留下一层不溶性表面膜。如果浓度控制适当，可以制得厚度为单分子层或双分子层的不溶性表面膜。这类表面膜有序性很高，具有特殊性能，可以用作半透膜、水蒸发阻止剂以及仿生学研究中的细胞膜等。采用类似的方法也可以在晶体表面铺上一层分子定向排列的表面膜。改变晶体的表面性质，制成特殊材料。表面膜的制备和性能研究目前仍十分活跃，有兴趣的读者可以参阅相关文献和专著。

【思考题 13－7】纯液体、溶液和固体，他们各采用什么方法来降低表面自由能而使其达到稳定状态？

【思考题 13－8】油在水面的铺展往往进行到一定程度便不再扩展，为什么？

13.5 固体表面的吸附

固体表面分子与液体表面分子一样，也具有表面吉布斯自由能。由于固体不具有流动性，不能像液体那样以尽量减少表面积的方式降低表面能。但是，固体表面分子能对碰到固体表面上来的气体分子产生吸引力，使气体分子在固体表面上发生相对聚集，以降低固体的表面能，使具有较大表面积的固体系统趋于稳定。这种气体分子在固体表面上相对聚集的现象称为气体在固体表面上的吸附，简称气固吸附，吸附气体的固体称为吸附剂，被吸附的气体称为吸附质。

气固吸附知识在生产实践和科学实验中应用较为广泛，例如复相催化作用、色层分析方法、气体的分离与纯化、废气中有用成分的回收等，都与气固吸附现象有关。

13.5.1 吸附的类型

按固体表面分子对被吸附气体分子作用力性质的不同，可将吸附区分为“物理吸附”和“化学吸附”两种类型。在物理吸附中，固体表面分子与气体分子之间的吸附力是范德华引力，即使气体分子凝聚为液体的力，所以物理吸附类似于气体在固体表面上发生液化。在化学吸附中，固体表面分子与气体分子之间可有电子的转移、原子的重排、化学键的破坏与形成等，吸附力远大于范德华力，与化学键力相似，所以化学吸附类似于发生化学反应。正因为这两种吸附力性质上的不同，导致物理吸附与化学吸附特征上的一系列差异，表 13－3 列出其中主要的几项差别。

表 13－3 物理吸附与化学吸附的比较

性质	物理吸附	化学吸附
吸附力	范德华力	化学键力（多为共价键）
吸附分子层数	被吸附分子可以形成单分子或多分子层	被吸附分子只能形成单分子层

续表 13-3

性质	物理吸附	化学吸附
吸附选择性	无选择性，任何固体都能吸附任何气体，易液化者易被吸附	有选择性，指定吸附剂只对某些气体有吸附作用
吸附热	较小，与气体凝聚热相近；约为 2×10^4 ～ 4×10^4 J/mol	较大，与化学反应热相近；约为 4×10^4 ～ 4×10^5 J/mol
发生温度	低温即可发生（沸点附近或以下）	温度大于 T_b 才发生明显吸附
吸附速率	较快，少受温度影响，易达平衡	较慢，升温则速率加快，不易达到平衡
可逆性	可逆	不可逆
脱附难易性	较易脱附	较难脱附

许多系统，气体在固体表面上往往同时发生物理吸附与化学吸附，如氧在钨上的吸附。有些系统，在低温时发生物理吸附而在高温时发生化学吸附，如氢在镍上的吸附。

13.5.2　吸附平衡与吸附量

气相中的分子可被吸附到固体表面上，已被吸附的分子也可以脱附（或称解吸）而逸回气相。在温度及气相压力一定的条件下，当吸附速率与脱附速率相等，即单位时间内被吸附到固体表面上的气体量与脱附而逸回气相的气体量相等时，达到吸附平衡状态，此时吸附在固体表面上的气体量不再随时间而变化。达到吸附平衡时，单位质量吸附剂所能吸附的气体的物质的量或这些气体在标准状态下所占的体积，称为吸附量，以 a 表示。即 $a=n/m$ 或 $a=V/m$，其中 m 为吸附剂的质量。吸附量可用实验方法直接测定。

13.5.3　吸附曲线

由实验结果得知，对于一定的吸附剂和吸附质来说，吸附量 a 由吸附温度 T 及吸附质的分压 p 所决定。在 a、T、p 三个因素中固定其一而反映另外两者关系的曲线，称为吸附曲线，共分三种：

（1）吸附等压线。吸附质平衡分压 p 一定时，反映吸附温度 T 与吸附量 a 之间关系的曲线称为吸附等压线。等压线可用于判别吸附类型。无论物理吸附还是化学吸附都是放热的，所以温度升高时两类吸附的吸附量都应下降。物理吸附速率快，较易达到平衡。所以实验中确能表现出吸附量随温度升高而下降的规律。但是，化学吸附速率较慢，温度低时，往往难以达到吸附平衡，而升温会加快吸附速率，此时会出现吸附量随温度升高而增大的情况，直到真正达到平衡之后，吸附量才随温度升高而减小。因此，在吸附等压线上，若在较低温度范围内先出现吸附量随温度升高而增大，后又随温度升高而减小的现象，则可判定有化学吸附现象，如图 13-10 所示。

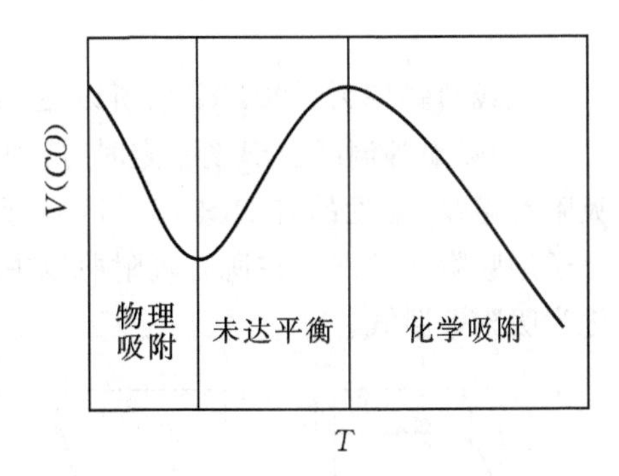

图 13-10　CO 在 Pt 上的吸附等压线（示意）

（2）吸附等量线。吸附量一定时，反映吸附温度 T 与吸附质平衡分压 p 之间关系的曲线称为吸附等量线。在等温线中，T 与 p 的关系类似于克拉贝龙方程，可用来计算吸附热 $\Delta_{ads}H_m$。即

$$\left(\frac{\partial \ln p}{\partial T}\right)_a = -\frac{\Delta_{ads} H_m}{RT^2} \tag{13.13}$$

$\Delta_{ads}H_m$一定是负值，它是研究吸附现象的重要参数之一，其数值的大小常被看做是吸附作用强弱的一种标志。

【例 13-2】某吸附剂 CO 气体 10.0 cm^3（标准状况），在不同温度下对应的 CO 平衡分压数据如下表，试确定 CO 在该吸附剂上的吸附热 $\Delta_{ads}H_m$。

T/K	200	210	220	230	240	250
p/kPa	4.00	4.95	6.03	7.20	8.47	9.85

解 近似将 $\Delta_{ads}H_m$ 看做常数，对式(13.13)积分可得，$\ln p = -\frac{\Delta_{ads}H_m}{RT} + C$，其中 C 为积分常数。若用 $\ln p$ 对 $1/T$ 作图，所得直线的斜率为$\frac{\Delta_{ads}H_m}{R}$，作图所需数据为

10^3/T/K	5.00	4.76	4.55	4.35	4.17	4.00
ln p/kPa	8.29	8.51	8.70	8.88	9.04	9.20

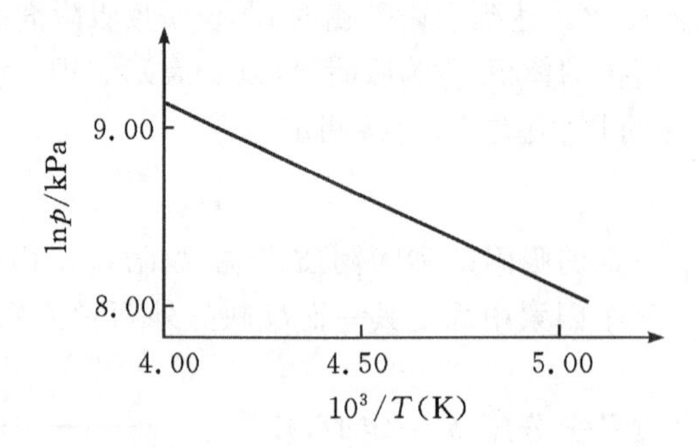

直线的斜率为$-904\ K^{-1}$，所以 $\Delta_{ads}H_m \approx$ 斜率$\times R = -7.5$ kJ/mol。

(3)吸附等温线。温度一定时，反映吸附质平衡分压 p 与吸附量 a 之间关系的曲线称为吸附等温线，常见的有如图 13-11 所示的五种类型。其中 I 型为单分子层吸附，其余均为多分子层吸附的情况。在所有吸附曲线中，人们对等温线的研究最多，导出了一系列解析方程，称为吸附等温式。

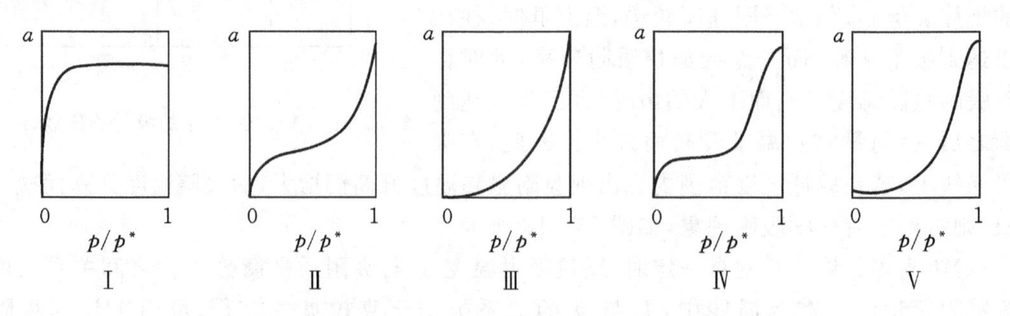

图 13-11 几种类型的吸附等温线

13.5.4　吸附等温式

1.朗格缪尔单分子层吸附等温式

1916 年，朗格缪尔(Langmuir)提出了第一个气固吸附理论，并导出朗格缪尔单分子层吸附等温式。其基本假定是：

(1)气体在固体表面上的吸附是单分子层的。因此，只有当气体分子碰撞到固体的空白表面上时才有可能被吸附，如果碰撞到已被吸附的分子上则不再能被吸附。

(2)吸附分子之间无相互作用力。因此，吸附分子从固体表面解吸时不受其他吸附分子的影响。

一定温度下，吸附分子在固体表面上所占面积占表面总面积的分数称为覆盖度，以 θ 表示。固体表面未被吸附分子覆盖的分数即为 $(1-\theta)$。根据基本假定 1，吸附速率 r_{ads} 正比于 $(1-\theta)$ 和吸附质在气相的分压 p，即

$$r_{\mathrm{ads}}=k_1(1-\theta)p$$

根据基本假定 2，脱附速率 r_{d} 应与成 θ 正比，即

$$r_{\mathrm{d}}=k_2\theta$$

当达到吸附平衡时，吸附与脱附的速率相等，因此

$$k_1(1-\theta)p=k_2\theta$$

$$\theta=\frac{k_1 p}{k_2+k_1 p}=\frac{bp}{1+bp}\theta$$

其中 $b=k_1/k_2$。气体在固体表面上的吸附量 a 当然与 θ 成正比，因此

$$a=k\theta=\frac{kbp}{1+bp} \tag{13.14}$$

此即朗格缪尔单分子层吸附等温式。分析此式可得出以下几点：

(1)当气体压力很小时，$bp \ll 1$，式(13.14)变为

$$a=kbp$$

即吸附量 a 与气体平衡分压成正比，这与第Ⅰ类吸附等温线的低压部分相符合。

(2)当压力相当大时，$bp \gg 1$，式(13.14)变为

$$a=k$$

即吸附量 a 为一常数，不随吸附质分压而变化，反映了气体分子已经在固体表面盖满一层，达到了饱和吸附的情况。这与第Ⅰ类吸附等温线的高压部分相符合。

(3)若将式(13.14)改写成

$$\frac{p}{a}=\frac{1+bp}{kb}=\frac{1}{kb}+\frac{p}{k} \tag{13.15}$$

可以看出，以 p/a 对 p 作图应得一直线。直线的斜率为 $1/k$，截距为 $1/kb$，因此可由斜率和截距求出常数 k 和 b 的值。

如果将覆盖度 θ 表示成 V/V_{m}，其中 V 和 V_{m} 分别是气体分压为 p 时和饱和吸附时被吸附气体在标准状况下的体积，则式(13.15)可变为

$$\frac{p}{V}=\frac{1}{bV_{\mathrm{m}}}+\frac{p}{V_{\mathrm{m}}} \tag{13.16}$$

因此，若以 p/V 对 p 作图应得一直线，斜率为 $1/V_{\mathrm{m}}$，截距为 $(1/b)V_{\mathrm{m}}$，可由斜率和截距求

得 b 和 V_m 之值。

【例 13-3】0 ℃时，CO 在 3.022 g 活性炭上的吸附有下列数据。体积已校正到标准状况下。试证明它符合朗格缪尔等温式，并求 b 和 V_m 之值。

$p/10^4$ Pa	1.33	2.67	4.00	5.33	6.67	8.00	9.33
V/cm^3	10.2	18.6	25.5	31.4	36.9	41.6	46.1

解 根据式(13.16)p/V 对 p 作图，数据为

$p/10^4$ (Pa)	1.33	2.67	4.00	5.33	6.67	8.00	9.33
p/V (10^3 Pa · cm^{-3})	1.30	1.44	1.57	1.70	1.81	1.92	2.02

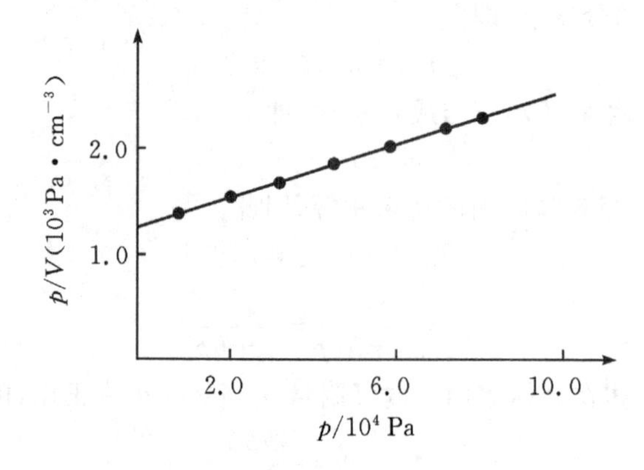

作图所得确为直线，证明符合朗格缪尔等温式。斜率为 0.0090 cm^{-3}，因此

$$V_m = 1/斜率 = 111\ cm^3$$

截距为 1.20×10^3 Pa · cm^{-3}，因此

$$b = 斜率/截距 = 0.0090/1.20 \times 10^3 = 7.5 \times 10^{-6}\ Pa^{-1}$$

不少吸附实验在中等压力范围内，其 p/a 或 p/V 对 p 作图能得一直线，即符合朗格缪尔吸附等温式。但应当指出，朗格缪尔的两个基本假定局限于它只能较满意地解释单分子层理想吸附，如第Ⅰ类吸附等温线。而对于多分子层吸附，或者单分子层吸附但吸附分子之间有较强相互作用的情况。如第Ⅱ至第Ⅴ类吸附等温线，都不能给予解释。尽管如此，朗格缪尔吸附等温式仍不失为一个重要的吸附公式，特别在复相催化中应用十分广泛。此外，它的推导过程第一次对气固吸附的机理作了形象的描述，为以后的某些吸附等温式的建立起了奠基的作用。

2.BET 多分子层吸附等温式

在朗格缪尔吸附理论的基础上，1938 年勃劳纳尔(Bruneuer)、爱密特(Emmett)和泰勒(Teller)三人提出了多分子层的气固吸附理论，导出了 BET 公式：

$$V = \frac{V_m C_p}{(p^* - p)[1 + (C-1)p/p^*]} \tag{13.17}$$

式中，V 与 V_m 分别是气体分压为 p 时与吸附剂表面被覆盖满一层时被吸附气体在标准状况下的体积；p^* 是实验温度下能使气体凝聚为液体的最低压力，即饱和蒸气压；C 是与吸附热有关的常数。

BET 公式适用于单分子层及多分子层吸附，能对第Ⅰ、Ⅱ、Ⅲ类三种吸附等温线给予说明。BET 公式的重要应用是测定和计算固体吸附剂的比表面(即单位质量吸附剂所具有的表面积)。若将式(13.17)重排，得

$$\frac{p}{V(p-p^{*})}=\frac{1}{V_{m}C}+\frac{C-1}{V_{m}C}\cdot\frac{p}{p^{*}}$$

可以看出，以 $p/V(p^{*}-p)$ 对 p/p^{*} 作图应得直线。斜率为 $(C-l)/V_{m}C$，截距为 $(1/V_{m})C$，所以

$$V_{m}=\frac{1}{斜率+截距} \tag{13.18}$$

如果已知吸附质分子的截面积 A，于是就可以计算固体吸附剂的比表面积，若 V_{m} 以 cm^{3} 为单位，则

$$S_{比}=\frac{V_{m}L}{22400}\cdot\frac{A}{m} \tag{13.19}$$

式中，m 是固体吸附剂的质量；L 是阿伏伽德罗常数。

由于固体吸附剂和催化剂的比表面是吸附性能和催化性能研究中的重要参数，所以测定固体比表面是重要的。目前，利用 BET 公式测定，计算比表面的方法被公认为是所有方法中最好的一种，其相对误差一般在 10%左右。

3.其他吸附等温式

除朗格缪尔等温式和 BET 等温式以外，人们还提出了多种其他吸附等温式，现就其中两个较常用的简单介绍如下：

(1)捷姆金吸附等温式。该等温式中，吸附量 a 与吸附质平衡分压 p 的函数关系为

$$a=k\ln(bp) \tag{13.20}$$

式中，k 和 b 都是与吸附热有关的常数。

(2)傅劳因德利希吸附等温式。该吸附等温式是经验公式

$$a=kp^{\frac{1}{n}} \tag{13.21}$$

式中，k 和 n 是与吸附剂、吸附质种类以及温度等有关的常数，一般 n 是大于 1 的。若将上式取对数可得

$$\ln a=\ln k+\frac{1}{n}\ln p \tag{13.22}$$

可以看出，对符合傅劳因德利希等温式的气固吸附来说，以 $\ln a$ 对 $\ln p$ 作图应得直线。该经验公式只是近似地概括了一部分实验事实，但由于它简单方便，应用是相当广泛的。

值得指出的是，傅劳因德利希等温式还适用于固体吸附剂自溶液吸附溶质的情况，此时需将压力 p 换成浓度 c，即

$$\ln a=\ln k+\frac{1}{n}\ln c \tag{13.23}$$

以 $\ln a$ 对 $\ln c$ 作图可得直线。

【思考题 13 - 9】物理吸附和化学吸附的根本区别是什么？

【思考题 13 - 10】朗格缪尔单分子层吸附理论和 BET 吸附理论的的要点是什么？两种吸附公式之间有什么联系和共同点？

习　题

1.在 293 K 时,有半径为 1.0 μm 的小水滴,试计算(已知 293 K 时水的表面吉布斯自由能为 0.07288 $J \cdot m^{-2}$):

(1)表面积是原来的多少倍?

(2)表面吉布斯自由能增加了多少?

(3)完成该变化时,环境至少需要做多少功?

[答案:(1)1000 倍;(2)9.15×10^{-4} J;(3)-9.15×10^{-4} J]

2.试证明:

(1)$\left(\frac{\partial U}{\partial A_s}\right)_{T,p}=\sigma-T\left(\frac{\partial \sigma}{\partial T}\right)_{p,A_s}-p\left(\frac{\partial \sigma}{\partial p}\right)_{T,A_s}$

(2)$\left(\frac{\partial H}{\partial A_s}\right)_{T,p}=\sigma-T\left(\frac{\partial \sigma}{\partial T}\right)_{p,A_s}$

[答案:略]

3.把半径为 R 的毛细管插在某液体中,设该液体与玻璃间的接触角为 θ,毛细管中液体所成凹面的曲率半径为 R',液面上升到 h 高度后达到平衡,试证明液体的表面张力可近似地表示为

$$\sigma=\frac{\rho ghR}{2\cos\theta}$$

式中,g 为重力加速度;ρ 为液体密度。

[答案:略]

4.将内径为 0.1 mm 的毛细管插入水银中,问管内液面将下降多少?已知在该温度下水银的表面将下降多少?已知在该温度下水银的表面张力为 0.47 $N \cdot m^{-1}$,水银的密度 1.36×10^4 $kg \cdot m^{-3}$,重力加速度为 9.8 $m \cdot s^{-2}$,设接触角近似等于180°。

[答案:-0.141 m]

5. 373 K 时,水的表面张力为 0.0589 $N \cdot m^{-1}$,密度为 958.4 $kg \cdot m^{-3}$,问直径为 100 nm 的气泡(既球形凹面上),在 373 K 时的水蒸气压力为多少?在 101.325 kPa 外压下,能否从 373 K的水中蒸发出直径为 100 nm 的蒸汽泡?

[答案:压力为 99.89 kPa;因 $p<p_{外}$,所以不能从 373 K 的水中蒸发出直径为 100 nm 的蒸汽泡]

6.在 293 K 时,酪酸水溶液的表面张力与浓度的关系为:$\sigma=\sigma_0-12.94\times10^{-3}\ln\left(1+19.64\frac{c}{c^{\ominus}}\right)$

(1)导出溶液的表面超额 Γ 与浓度 c 的关系式;

(2)求 $c=0.01$ $mol \cdot L^{-1}$时,溶液的表面超额值;

(3)求 Γ_{∞} 的值;

(4)求酪酸分子的截面积。

[答案:(1)$\Gamma=\dfrac{12.94\times10^{-3}\times19.64\frac{c}{c^{\ominus}}}{RT\left(1+19.64\frac{c}{c^{\ominus}}\right)}$;(2)$8.719\times10^{-7}$ $mol \cdot m^{-2}$;

(3)5.311×10^{-6} $mol \cdot m^{-2}$　(4)3.126×10^{-19} m^2]

7. 293 K 时，根据下列表面张力的数据：

界面	苯-水	苯-气	水-气	汞-气	汞-水	汞-苯
$\sigma/(10^{-3}\text{N}\cdot\text{m}^{-1})$	35.0	28.9	72.7	483	375	357

试计算下列情况的铺展系数及判断能否铺展：

(1)苯在水面(未互溶前)；

(2)水在汞面上；

(3)苯在汞面上。

［答案：(1)未互溶前，苯能在水面上铺展；(2)水能在汞面上铺展；(3)苯能在汞面上铺展］

8.氧化铝瓷件上需要涂银，当加热至 1273 K 时，试用计算接触角的方法判断液态银能否润湿氧化铝瓷件表面？已知该温度下固体 Al_2O_3(s)的表面张力 $\sigma_{s\text{-}g}=1.0\ \text{N}\cdot\text{m}^{-1}$，液态银表面张力 $\sigma_{l\text{-}g}=0.88\ \text{N}\cdot\text{m}^{-1}$，液态银与固体 Al_2O_3(s)的表面张力 $\sigma_{s\text{-}l}=1.77\ \text{N}\cdot\text{m}^{-1}$。

［答案：液态银不能润湿铝瓷件表面。］

9.设 $CHCl_3$(g)在活性炭上的吸附服从朗格缪尔吸附等温式。在 298 K 时，当 $CHCl_3$(g)的压力为 5.2 kPa 及 13.5 kPa 时，平衡吸附量分别为 0.0692 和 0.0826(已换算成标准状态)，求：

(1)$CHCl_3$(g)在活性炭上的吸附系数 a；

(2)活性炭的饱和吸附量 V_m；

(3)若 $CHCl_3$(g)分子的截面积为 0.32 nm^2，求活性炭的比表面积。

［答案：(1)$a=5.35\times10^{-4}\text{Pa}^{-1}$；(2)$V_m=0.0941\ \text{m}^3\cdot\text{kg}^{-1}$；(3)$A_0=8.10\times10^5\text{m}^2\cdot\text{kg}^{-1}$］

10.在液氮温度时，N_2(g)在 $ZrSO_4$(s)上的吸附符合 BET 公式。今取 17.52 g 样品进行吸附测定，N_2(g)在不同平衡压力下的被吸附体积如下表所示(所有吸附体积都已换算成标准状况)，已知饱和压力 $p_s=101.325$ kPa。

p/kPa	1.39	2.77	10.13	14.93	21.01	25.37	34.13	52.16	62.82
$V/(10^{-3}\text{dm}^3)$	8.16	8.96	11.04	12.16	13.09	13.73	15.10	18.02	20.32

试计算：

(1)形成单分子层所需 N_2(g)的体积；

(2)每克样品的表面积，已知每个 N_2(g)分子的截面积为 0.162 nm^2。

［答案：(1)$V_m=1.045\times10^{-5}\ \text{m}^3$；(2)$A_0=2.60\ \text{m}^2\cdot\text{g}^{-1}$］

第 14 章　胶体分散系统

【本章要求】

(1)了解分散系统的分类与特性,熟悉溶胶的制备和净化常用方法。

(2)了解溶胶动力学性质、光学性质、电学性质等特点,理解电泳、电渗以及实验技术在工业、生物和医学方面的应用。

(3)了解溶胶稳定性特点,掌握电动电势及电解质对溶胶稳定性的影响,判断电解质聚沉能力大小。

(4)了解凝胶、乳状液的分类、形成及主要性质,大分子溶液与溶胶异同点及大分子平均摩尔质量测定方法,理解唐南(Donnan)平衡。

【背景问题】

(1)雾霾天气形成的原因是什么?

(2)贮油罐中通常要加入少量有机电解质,否则有爆炸的危险,这是为什么?

(3)为什么两种不同牌子的钢笔水不能混用?墨水中为什么要加入阿拉伯胶?

(4)卤水点豆腐的原理是什么?明矾为什么能净水?为什么在江河入海口处会形成三角洲?为什么在制作冰激凌的时候要加入明胶?

(5)重金属离子中毒的病人,为什么喝了牛奶可使病症减轻?

引　言

胶体科学的形成,可以追溯至史前的陶瓷制造,以及两千多年前的造纸技术,系统的研究起始于 1856 年,法拉第首次由氯化金水溶液还原制得红宝石色的金溶胶。1903 年,奥地利的齐格蒙第(Zigmondy)和西登托夫(Siedentopf)发明了超显微镜,可以直接观察胶体颗粒的运动。由于阐明了溶胶的非均一本性,以及所使用的研究方法,齐格蒙第获得 1925 年诺贝尔化学奖。

胶体科学是研究胶体系统的稳定机制、制备和破坏、各种特性及应用的科学。它涉及物理学中的光学、电学、流体力学和流变学,涉及化学中的界面化学和电化学。胶体科学遍及生命现象(血液、骨组织、细胞膜)、材料(陶瓷水泥浆料、胶乳、泡沫塑料、多孔吸附剂、有色玻璃)、食品(牛奶、啤酒、面包)、能源(强化采油、乳化和破乳)、环境(烟雾、除尘、水处理)等各领域。由于生产实际需要,也由于本身具有丰富的内容,因此胶体科学的研究得到了快速发展,已经成为一门独立的学科。

14.1　分散系统的分类及特征

把一种或几种物质分散在另一种物质中所构成的系统称为“分散系统”。被分散的物质称为"分散相"；另一种连续相的物质，即分散相存在的介质，称"分散介质"。例如：云、牛奶、珍珠。云的分散相为水，分散介质为空气；牛奶的分散相为乳脂，分散介质为水；珍珠的分散相为水，分散介质为蛋白质。

14.1.1　分散系统的分类

按照分散相被分散的程度，即分散粒子的大小，大致可分为三类：

(1)分子分散系统。分散相与分散介质以分子或离子形式彼此混溶，没有界面，是均匀的单相，分子半径大小在 10^{-9} m 以下。通常把这种系统称为真溶液，如 $CuSO_4$ 溶液，氯化钠或蔗糖溶于水后形成的溶液。

(2)胶体分散系统。分散相粒子的半径在 10^{-9}～10^{-7} m 范围内，比普通的单个分子大得多，是众多分子或离子的集合体。虽然用眼睛或普通显微镜观察时，这种系统是透明的，与真溶液差不多，但实际上分散相与分散介质已不是一相，其存在于相界面。这就是说，胶体分散系统是高度分散的多相系统，具有很大的比表面和很高的表面能，因此胶体粒子有自动聚结的趋势，是热力学不稳定系统，难溶于水的固体物质高度分散在水中所形成的胶体分散系统，简称"溶胶"，例如，AgI 溶胶、SiO_2 溶胶、金溶胶、硫溶胶等。

(3)粗分散系统。分散粒子的半径在 10^{-7}～10^{-5} m 范围，用普通显微镜甚至用眼睛直接观察已能分辨出是多相系统。例如，"乳状液"(如牛奶)、"悬浊液"(如泥浆)等。

这是一种粗略的分类法，仅强调了分散相粒子的大小，而忽略了很多其他性质的综合，所以并不是很恰当。胶体分散系统具有高度的分散性和显著的多相性，因此它的一系列性质与其他分散系统有所不同。

通过对胶体溶液稳定性和胶体粒子结构的研究，人们发现胶体系统至少包括了性质不相同的三类：

1.憎液溶胶

半径在 1～100 nm 的难溶物固体粒子分散在液体介质中，有很大的相界面，易聚沉，是热力学上的不稳定系统。一旦将介质蒸发掉，再加入介质就无法再形成溶胶，是一个不可逆系统，如氢氧化铁溶胶、碘化银溶胶等。这是胶体分散系统中主要研究的内容。

2.大(高)分子化合物溶液

半径落在胶体粒子范围内的大分子溶解在合适的溶剂中，一旦将溶剂蒸发，大分子化合物凝聚，再加入溶剂，又可形成溶胶，亲液溶胶是热力学上稳定、可逆的系统。过去曾被称为亲液溶胶，现逐渐被大分子溶液一词代替。

3.缔合胶体(有时也称为胶体电解质)

分散相是由表面活性剂缔合而成的胶束。通常以水作为分散介质，胶束中表面活性剂的亲油基团向里，亲水基团向外，分散相与分散介质之间有很好的亲和性，因此也是一类均相的热力学稳定系统。

分散系统也可以按分散相和分散介质的聚集状态进行分类，根据这种分类法，常按分散介质的聚集状态来命名胶体，如分散介质为气态者则称为气溶胶，以此类推，见表 14－1。

表 14－1 分散系统的分类

按分散相的分散程度分类：

分散相的半径	分散系统类型	特征
< 10^{-9} m (1 nm)	分子(离子)溶液，混合气体	粒子能通过滤纸及半透膜，扩散快，能渗析。在普通显微镜和超显微镜下都看不见
10^{-9}～10^{-7} m (1 nm～100 nm)	胶 体	粒子能通过滤纸，不能通过半透膜，扩散极慢，在普通显微镜下看不见，在超显微镜下可看见
10^{-7} m 以上 (>100 nm)	粗分散系统，如乳浊液、悬浊液等	颗粒不能通过滤纸和半透膜，不扩散，不渗析，在普通显微镜下能看见，目测是浑浊的

按分散相和分散介质的聚集状态分类：

分散介质	分散相	名称	实例
气	液-固	气溶胶	云，雾，烟 含尘的空气
液	气-液-固	液溶胶	泡沫 牛奶，含水原油 金溶胶，油墨，泥浆
固	气-液-固	固溶胶	泡沫塑料，沸石分子筛 珍珠，某些宝石 有色玻璃，不完全互溶的合金

【思考题 14－1】把人工培育的珍珠长期收藏在干燥箱内，为什么会失去原有的光泽？能否再恢复？

14.1.2 憎液溶胶的特性

1.特有的分散程度

粒子的大小在 10^{-9}～10^{-7} m，因而扩散较慢，不能透过半透膜，渗透压低，但有较强的动力稳定性和乳光现象。

2.多相不均匀性

具有纳米级的粒子是由许多离子或分子聚结而成的，其结构复杂，有的保持了该难溶盐的原有晶体结构，而且粒子大小不一，与介质之间有明显的相界面，比表面很大。

3.热力学不稳定性

因为粒子小，比表面大，表面自由能高，是热力学不稳定系统，有自发降低表面自由能的趋势，即小粒子会自动聚结成大粒子。

14.2　溶胶的制备与净化

14.2.1　溶胶的制备

要形成溶胶必须使分散相粒子的大小落在胶体分散系统的范围之内，同时系统中应有适当的稳定剂存在才能使其具有足够的稳定性。制备方法大致可以分为两类：即分散法与凝聚法，前者是使固体的粒子变小；后者是使分子或离子聚结成胶粒。通常所制备的溶胶中粒子的大小是不均一的，而是多级的分散系统。

1.分散法

这种方法是用适当方法使大块物质在稳定剂存在时分散成胶体粒子的大小。常用以下几种方法来制备。

（1）研磨法。研磨法即机械粉碎的方法，通常适用于脆而易碎的物质，对于柔韧性的物质必须先硬化后（例如用液态空气处理）再分散。胶体磨的形式很多，其分散能力因构造和转速不同而不同。为了使新制成的溶胶稳定，需加入明胶或丹宁类的化合物作为“稳定剂”。一般工业上用的胶体石墨、颜料以及医药用硫溶胶都是使用胶体磨制成的。盘式胶体磨如图 14－1 所示。

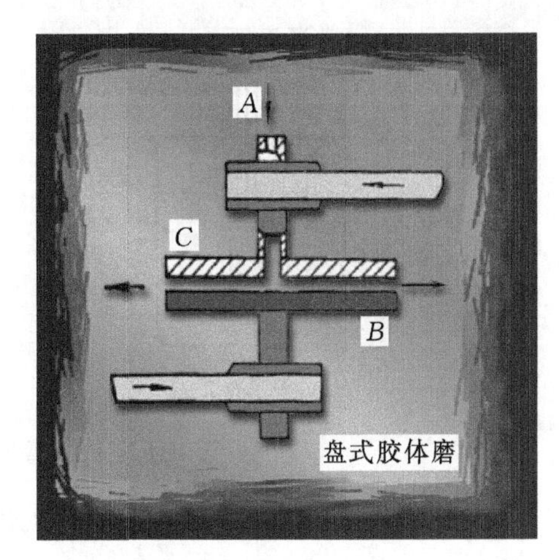

图 14－1　盘式胶体磨

（2）胶溶法。胶溶法使暂时凝集起来的分散相又重新分散的方法。许多新鲜的沉淀经洗涤除去过多的电解质，再加入少量的稳定剂后可以形成溶胶，这种作用称为胶溶作用，例如：

$$Fe(OH)_3\text{（新鲜沉淀）}\xrightarrow{\text{加 }FeCl_3}Fe(OH)_3\text{（溶胶）}$$

即用适当的方法使大块的物质在稳定剂的存在下分散成胶体粒子的大小。

近年来，随着科技的进步，又有超声波分散法、电弧法以及气相沉积法等新方法出现。

2.凝聚法

凝聚法是将分子、离子等凝聚而形成溶胶粒子的方法。这个方法的一般特点是先制成难溶物分子（或离子）的过饱和溶液，再使之互相结合成胶体粒子而得到溶液。通常可以分成三种：

（1）化学凝聚法。通过化学反应（如复分解反应、水解反应、氧化或还原反应等）使生成物呈过饱和状态，然后粒子再结合成溶胶。最常用的复分解反应。

例如硫化砷溶胶的制备：

$$As_2O_3 + 3H_2S \longrightarrow As_2S_3\text{（溶胶）} + 3H_2O$$

（2）物理凝聚法。利用适当的物理过程（如蒸气骤冷、改换溶剂等）可以使某些物质凝聚成胶体粒子的大小。

（3）更换溶剂法。改换溶剂也可以制得溶胶，例如将松香的酒精溶液滴入水中，由于松香在水中的溶解度很低，溶质呈胶粒的大小析出，形成松香的水溶胶。

14.2.2　溶胶的净化

新制备的溶胶，往往含有过多的电解质或其他杂质，不利于溶胶的稳定存在，需要将其除去或部分除去，称为溶胶的净化。

1.渗析法

目前净化溶胶的方法都是利用溶胶粒子不能透过半透膜而一般低分子杂质及电解质能透过半透膜的性质。最经典的是格雷厄姆(Grahame)提出的“渗析法”。方法是把待净化的溶胶与溶剂用半透膜(如羊皮纸、动物膀胱膜、硝酸纤维、醋酸纤维等)隔开，溶胶一侧的杂质就穿过半透膜进入溶剂一侧，不断更换新鲜溶剂，即可达到净化目的。渗析法虽然简单，但费时太长，往往需要数十小时甚至数十天。为了加快渗析速度，可在半透膜两侧施加电场，促使电解质迁移加快，这就是“电渗析法”，比普通渗析法可加速几十倍或更多。此法适用于普通渗析法难以除去的少量电解质。使用时所用的电流密度不宜太高，以免发生因受热使溶胶变质。图 14－2 所示就是普通渗析和电渗析装置示意图。

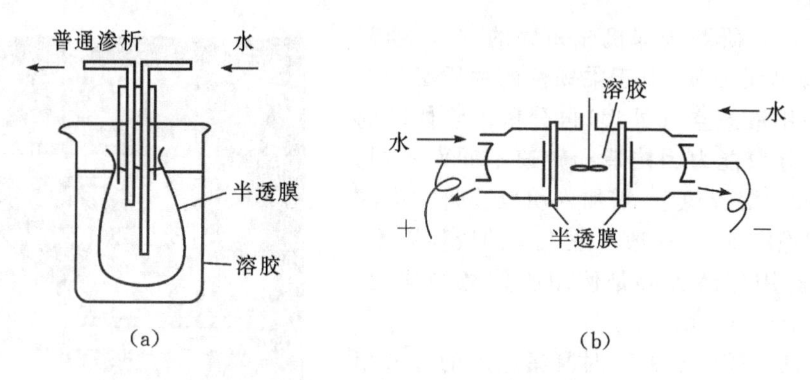

图 14－2 普通渗析(a)和电渗析(b)示意图

【思考题 14－2】将 $FeCl_3$ 在热水中水解，制得 $Fe(OH)_3$ 溶胶后，为什么要用半透膜进行渗析？

2.超过滤法

用孔径细小的半透膜(约 10～300 nm)，在加压吸滤的情况下使胶粒与介质分开，这种方法称为超过滤法。可溶性杂质能透过滤板而被除去。也可将第一次超过滤得到的胶粒再加到纯的分散介质中，再加压过滤。如此反复进行，也可以达到净化的目的。最后所得的胶粒，应立即分散在新的分散介质中，以免聚结成块。

14.3 溶胶的动力学性质

动力学性质主要指溶胶中粒子的不规则运动以及由此而产生的扩散、渗透压以及在重力场下浓度随高度的分布平衡等性质。

14.3.1 布朗(Brown)运动

自 1827 年，植物学家布朗用显微镜观察到悬浮在液面上的花粉粉末不断地作无规则的折线运动之后，人们利用超显微镜观察到溶胶粒子在介质中不断地无规则“之”字形的连续运动。对于一个粒子，每隔一定时间记录其位置，可得类似图 14－3(a)所示的完全不规则的运动轨迹。这种运动称为布朗运动。粒子作布朗运动无须消耗能量，而是系统中分子固有热运动的体现。

布朗运动的速度取决于粒子的大小、温度及介质黏度等，粒子越小，温度越高、黏度越小则运动速度越快，如图 14－3 所示。

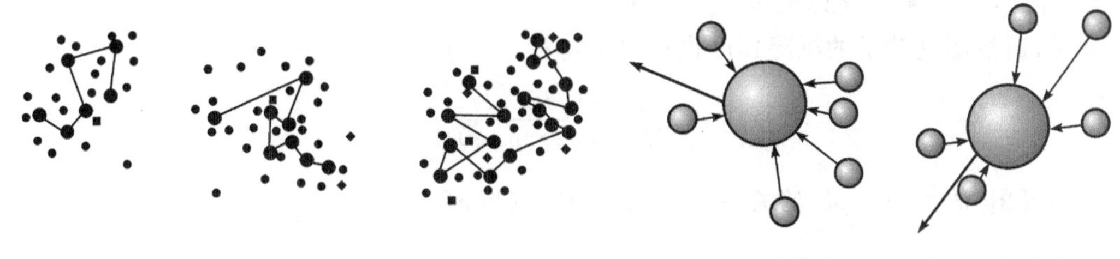

(a) 布朗运动　　(b) 液体分子对胶体粒子的冲击

图 14-3　布朗运动

对于很小但又远远大于液体介质分子的微粒来说，由于不断受到不同方向、不同速度液体分子的冲击，受到的力不平衡(见图 14-3(b))，所以时刻以不同的方向，不同的速度作不规则的运动。

14.3.2　扩散

由于溶胶有布朗运动，因此与真溶液一样，在有浓差的情况下，会发生由高浓度处向低浓度处的扩散。但因溶胶粒子比普通分子大得多，热运动也弱得多，因此扩散也慢得多。但其扩散速度仍能与真溶液一样服从菲克(Fick)定律：

$$\frac{\mathrm{d}m}{\mathrm{d}t}=-DA\,\frac{\mathrm{d}c}{\mathrm{d}x} \tag{14.1}$$

比例常数 D 称为“扩散系数”，其物理意义是在单位浓度梯度下，单位时间内通过单位截面积的物质的质量。其值与粒子的半径 r、介质黏度 η 及温度 T 有关。式中的负号是因为扩散方向与浓度梯度方向相反，表示扩散朝向浓度降低的方向进行。

14.3.3　沉降与沉降平衡

如果溶胶粒子的密度比分散介质的密度大，那么在重力场作用下粒子就有向下沉降的趋势。沉降的结果将使底部粒子浓度大于上部，即造成上下浓差，而扩散将促使浓度趋于均一。可见，重力作用下的沉降与浓差作用下的扩散，其效果是相反的。当这两种效果相反的作用相等时，粒子随高度的分布形成稳定的浓度梯度，达到平衡状态，这种状态称为“沉降平衡”。粒子体积大小均一的溶胶达到沉降平衡时，其浓度随高度分布的规律符合下列高度分布公式：

$$\frac{N_2}{N_1}=\exp\left[-\frac{4}{3}\pi r^3(\rho_{粒子}-\rho_{介质})\boldsymbol{g}L(x_2-x_1)\frac{1}{RT}\right] \tag{14.2}$$

粒子为球形，半径为 r，在 x_1 和 x_2 处单位体积的粒子数分别为 N_1、N_2，$\rho_{粒子}$ 和 $\rho_{介质}$ 分别是分散相和分散介质的密度，$\boldsymbol{g}$ 是重力加速度。粒子质量愈大，其平衡浓度随高度的降低亦愈大。

如果分散粒子比较大，布朗运动不足以克服沉降作用时，粒子就会以一定速度沉降到容器的底部。若粒子是半径为 r 的球体，所受的重力为

$$f_1=\frac{4}{3}\pi \mathrm{r}^3(\rho_{粒子}-\rho_{介质})\boldsymbol{g} \tag{14.3}$$

按照流体力学中的斯托克斯(Stokes)公式，半径为 r、速度为 u 球体的黏度系数为 η 的介质中运动时所受阻力为

$$f_2=6\pi\eta r\,\frac{\mathrm{d}x}{\mathrm{d}t} \tag{14.4}$$

当 $f_1=f_2$ 时，粒子将以恒定速度沉降。

此时，通过测量粒子的沉降速度也可以求得粒子大小，即

$$r=\sqrt{\frac{9\eta \mathrm{d}x/\mathrm{d}t}{2(\rho_{粒子}-\rho_{介质})\boldsymbol{g}}} \tag{14.5}$$

进而可用 $M=\frac{4}{3}\pi r^3\rho L$ 的关系求得粒子的摩尔量 M。

14.4 溶胶的光学性质

溶胶的光学性质是其高度分散性和不均匀性特点的反映。通过光学性质的研究，不仅可以解释溶胶系统的一些光学现象，而且在观察胶体粒子的运动时，可以研究它们的大小和形状，以及其他应用。

14.4.1 丁达尔(Tyndall)效应

在暗室中，让一束光线通过一透明的溶胶，从垂直于光束的方向可以看到溶胶中显出一浑浊的光柱，仔细观察可以看到内有微粒闪烁。这种现象为丁达尔效应。

由光学原理可知，当光线照射到不均匀的介质时，如果分散相粒子直径比光的波长大很多倍，粒子表面对入射光产生反射作用。例如粗分散的悬浮液属于这种情况。如果粒子直径比光的波长小，则粒子对入射光产生散射作用，其实质是入射光使颗粒中的电子作与入射光波同频率的强迫振动，致使颗粒本身像一个新的光源一样向各个方向发出与入射光同频率的光波。而且，分散相粒子的体积越大，散射光越强；分散相与分散介质对光的折射率的差别越大，散射光亦越强。

由于溶胶和真溶液的分散相粒子直径都比可见光的波长小，所以都可以对可见光产生散射作用。但是，对真溶液来说，一则由于溶质粒子体积太小，二则由于溶质有较厚的溶剂化层，使分散相和分散介质的折射率变得差别不大，所以散射光相当微弱，一般很难观察到。对于溶胶，分散相和分散介质的折射率可有较大的差别，分散粒子的体积也有一定的大小，因此有较强的光散射作用，这就是丁达尔效应产生的原因。丁达尔效应实际上已成为判别溶胶与分子溶液的最简便的方法。

14.4.2 雷利(Rayleigh)公式

1871 年，雷利研究了散射作用得出，对于单位体积的被研究系统，它所散射出的光能总量为：

$$I=\frac{24\pi^2A^2\nu V^2}{\lambda^4}\left(\frac{n_1^2-n_2^2}{n_1^2+2n_2^2}\right)^2 \tag{14.6}$$

式中，A 为入射光振幅；ν 为单位体积中的粒子数；λ 为入射光波长；V 为每个粒子的体积；n_1 和 n_2 分别为分散相和分散介质的折射率。这个公式称为雷利公式，它适用于不导电粒子且半径≤47 nm 的系统，对于分散程度更高的系统，该式的应用不受限制。

从雷利公式可得出如下结论：

(1)散射光总能量与入射光波长的四次方成反比。入射光波长愈短，散射愈显著。所以可见光中，蓝、紫色光散射作用强；

(2)分散相与分散介质的折射率相差愈显著，则散射作用亦愈显著；

(3)散射光强度与单位体积中的粒子数成正比。

【思考题 14-3】当一束会聚光线通过憎液溶胶时，站在与入射光线垂直方向的同学，看到

光柱的颜色是淡蓝色；而站在与入射光 180°方向的同学看到的是橙红色，这是为什么？

【思考题 14-4】为什么有的烟囱冒出的是黑烟，有的却是青烟？

【思考题 14-5】为什么晴天的天空呈蓝色？为什么日出、日落时的彩霞特别鲜艳？

【思考题 14-6】为什么表示危险的信号灯用红色？为什么车辆在雾天行驶时，装在车尾的雾灯一般采用黄色？

【思考题 14-7】为什么在做测定蔗糖水解速率的实验时，所用旋光仪的光源用的是钠光灯？

14.5 溶胶的电学性质

溶胶是高度分散的多相系统，具有较高的表面能，是热力学不稳定系统，因此溶胶粒子有自动聚结变大的趋势。但事实上很多溶胶粒子可以在相当长的时间内稳定存在而不聚结。经研究得知，这与溶胶粒子带有电荷密切相关。也就是说，粒子带电是溶胶相对稳定的重要因素。

在外电场作用下，分散相与分散介质发生相对移动的现象，称为溶胶的“电动现象”。电动现象是溶胶粒子带电的最好证明。电动现象包括电泳、电渗、流动电势和沉降电势四种。

14.5.1 电泳

带电的胶体颗粒在电场作用下的定向移动称为“电泳”。观察电泳现象的仪器是带有活塞的 U 形管，如图 14-4(a)所示。实验时，旋开活塞，将溶胶经漏斗放入管中，关上活塞，倾出活塞上方的余液，在管的两臂中各放入少许密度比溶胶小的某种电解质溶液。慢慢旋开活塞，再由漏斗放入溶胶，使溶胶液面上升，同时将上方电解质溶液顶到管端直至浸没电极。正确的操作可使溶胶与电解质溶液之间保持一清晰的界面。停止放入溶胶后，给电极接上直流电源，如被测系统是有色溶胶，则可观察到界面的移动；若试样是无色溶胶，则可在侧面用光照射，通过所产生的丁达尔现象以判定胶粒的移动方向和速度。

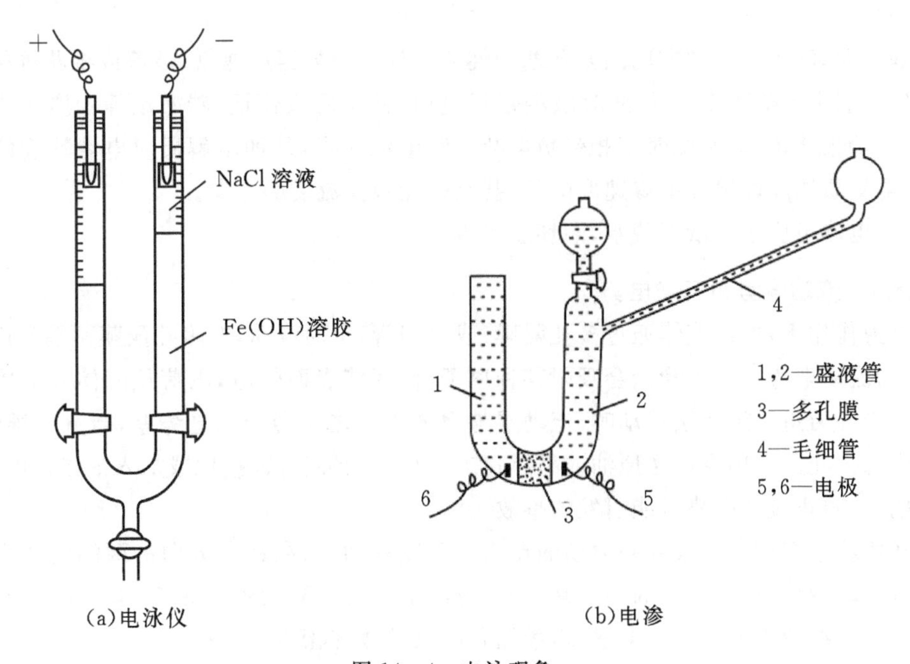

图 14-4　电泳现象

实验证明，$Fe(OH)_3$，$Al(OH)_3$等碱性溶胶带正电，而金、银、铝、As_2S_3、硅酸等溶胶以及淀粉颗粒、微生物等荷负电。要注意介质的pH值以及溶胶的制备条件，这些常常会影响溶胶所带电荷的正负号。例如蛋白质，当介质的pH值大于等电点时荷负电，小于等电点时，荷正电。

胶体的电泳证明了胶粒是带电的，实验还证明，若在溶胶中加入电解质，则对电泳会有显著影响。随外加电解质的增加，电泳速度常会降低甚至变成零，外加电解质还能够改变胶粒带电的符号。

影响电泳的因素有：带电粒子的大小、形状、粒子表面的电荷数目，溶剂中电解质的种类、离子强度、pH值、温度和所加的电压等。对于两性电解质如蛋白质，在其等电点处，粒子在外加电场中不移动，不发生电泳现象，而在等电点前后粒子向相反的方向电泳。

应用：例如，利用电泳速度不同，可将不同的蛋白质分子、核酸分子分离。在医学上可利用血清的纸上电泳，分离各种氨基酸和蛋白质。又如环境保护方面，可用电泳除尘，同时回收有用物质。近年来，以水溶型涂料做电解液的电泳涂漆已发展成一种新技术。

测定电泳的仪器和方法多种多样，归纳起来主要分为三种：界面移动电泳仪、显微电泳仪和区域电泳。区域电泳实验简便、易用，样品用量少，分离效率高，是分析和分离蛋白质的基本方法。常用的区域电泳有纸上电泳，圆盘电泳和板上电泳等。

14.5.2 电渗

分散介质在电场作用下通过多孔性物质作定向移动称为电渗。把溶胶充满在具有多孔性物质如棉花或凝胶中，使溶胶粒子被吸附而固定，利用如图14-4(b)所示的仪器，在多孔性物质两侧施加电压之后，可以观察到电渗现象。如胶粒荷正电而介质荷负电，则液体介质向正极一侧移动；反之亦然。观察侧面刻度毛细管中液面的升或降，就可分辨出介质移动的方向。

实验表明，液体移动的方向因多孔塞的性质而异。例如当用滤纸、玻璃或棉花等构成多孔塞时，则水向阴极移动，这表示此时液相带正电荷；而当用氧化铝、碳酸钡等物质构成多孔塞时，则水向阳极移动，显然此时液相带负电荷。和电泳一样，外加电解质对电渗速度的影响很显著，随电解质浓度的增加电渗速度降低，甚至改变液体流动的方向。

应用：电渗可应用于纸浆脱水，陶坯脱水等。

14.5.3 流动电势和沉降电势

在外力作用下，迫使液体通过多孔隔膜(或毛细管)定向流动，在多孔隔膜两端所产生的电势差，称为流动电势。因为管壁会吸附某种离子，使固体表面带电，电荷从固体到液体有个分布梯度。当外力迫使扩散层移动时，流动层与固体表面之间会产生电势差，当流速很快时，有时会产生电火花。在用泵输送原油或易燃化工原料时，要使管道接地或加入油溶性电解质，增加介质电导，防止流动电势可能引发的事故。

分散相粒子在重力场或离心力场的作用下迅速移动时，在移动方向的两端所产生的电势差，称为沉降电势。贮油罐中的油内常会有水滴，水滴的沉降会形成很高的电势差，有时会引发事故。通常在油中加入有机电解质，增加介质电导，降低沉降电势。

四种电动现象的相互关系如图14-5所示。

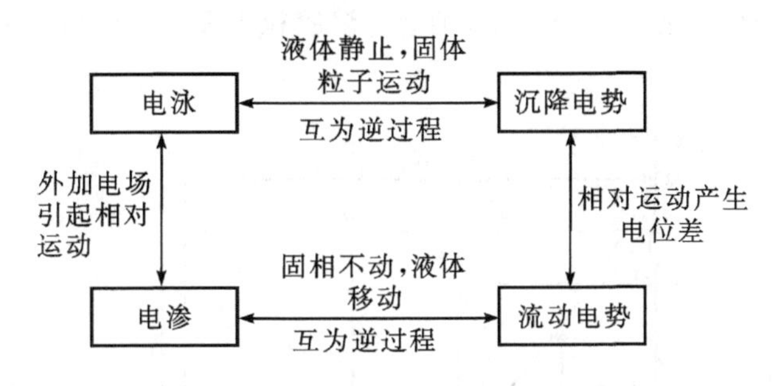

图 14-5　四种电动现象的相互关系示意图

14.5.4　胶粒带电原因

溶胶粒子带电的原因主要有以下四种。

(1)吸附。胶体分散系统比表面大、表面能高，所以很容易吸附杂质。如果溶液中有少量电解质，溶胶粒子就会吸附离子。当吸附了正离子时，溶胶粒子荷正电；吸附了负离子则荷负电。不同情况下溶胶粒子容易吸附何种离子，这与被吸附离子的本性及溶胶粒子表面结构有关。法扬斯(Fajans)规则表明：与溶胶粒子有相同化学元素的离子能优先被吸附。以 AgI 溶胶为例，当用 $AgNO_3$ 和 KI 溶液制备 AgI 溶胶时，若 KI 过量，则 AgI 粒子会优先吸附 I^-，因而荷负电；若 $AgNO_3$ 过量，AgI 粒子则优先吸附 Ag^+，因而荷正电。在没有与溶胶粒子组成相同的离子存在时，则胶粒一般优先吸附水化能力较弱的阴粒子，而使水化能力较强的阳离子留在溶液中，所以通常带负电荷的胶粒居多。

(2)电离。当分散相固体与液体介质接触时，固体表面分子发生电离，有一种离子溶于液相，因而使固体粒子带电。例如：蛋白质分子，当它的羧基或氨基在水中解离成—COO^- 或—NH_3^+ 时，整个大分子就带负电或正电荷。在 pH 值较大的溶液中，离解生成—COO^- 离子而带负电；在 pH 值较小的溶液中，生成—NH_3^+ 离子而带正电。在某一特定的 pH 值条件下，生成的—COO^- 和—NH_3^+ 数量相等，蛋白质分子的净电荷为零，此 pH 值称为蛋白质的等电点。

(3)同晶置换。黏土矿物中如高岭土，主要由铝氧四面体和硅氧四面体组成，而 Al 与周围 4 个氧的电荷不平衡，要由 H^+ 或 Na^+ 等正离子来平衡电荷。这些正离子在介质中会电离并扩散，所以使黏土微粒带负电。

(4)溶解量的不均衡。离子型固体物质如 AgI，在水中会有微量的溶解，所以水中会有少量的 Ag^+ 和 I^-。由于一般正离子半径较小，负离子半径较大，所以半径较小的 Ag^+ 扩散比 I^- 快，因而易于脱离固体表面而进入溶液，所以 AgI 微粒带负电。

分散系统中分散相质点由于上述种种原因而带有某种电荷，在外电场作用下带粒子将发生运动，这就是分散系统的电动现象，电动现象是研究胶体稳定性理论发展的基础。

14.5.5　双电层理论与 ζ 电势

由于吸附或电离，溶胶粒子带有电荷，而整个溶胶一定保持电中性，因此分散介质亦必然带有电性相反的电荷。与电极-溶液界面处相似，溶胶粒子周围也会形成双电层，其反电荷离子层也由紧密层与分散层两部分构成。紧密层中反号离子被束缚在粒子的周围，若处于电场之中，会随着粒子一起向某一电极移动；分散层中反号离子虽受到溶胶粒子静电引力的影响，但可脱离溶胶粒子而移动，若处于电场中，则会与溶胶粒子反向而朝另一电极移动，如图14－6所示。

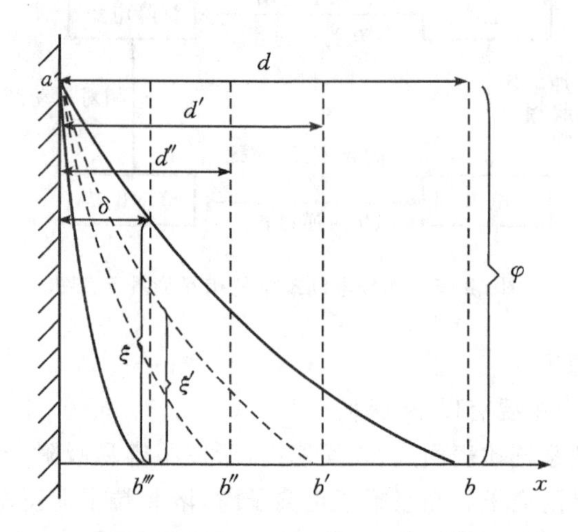

图 14－6　双电层示意图——电解质对电动电势结的影响

分散相固体表面与溶液本体之间的电势差称为“热力学电势”，记作 ε；由于紧密层外界面与溶液本体之间的电势差决定溶胶粒子在电场中的运动速度，故称为“电动电势”，记作ξ(读作Zeta)，所以也常称电动电势为ξ电势。与电化学中电极-溶液界面电势差相似，热力学电势 ε 只与被吸附的或电离下去的那种离子在溶液中的活度有关，而与其他离子的存在与否及浓度大小无关。电动电势ξ只是热力学电势 ε 的一部分，而且对其他离子十分敏感，外加电解质浓度的变化会引起电动电势的显著变化。因为外加电解质浓度增大时，进入紧密层的反号离子增加，从而使分散层变薄，ξ电位下降(见图 14－6)。当电解质浓度增加到一定程度时，分散层厚度可变为零。这就是溶胶电泳速度随电解质浓度增大而变小，甚至变为零的原因。

溶胶的电泳或电渗速度与热力学电势 ε 无直接关系，而与电动电势ξ直接相关。电泳速度 u(单位 $\mathrm{m \cdot s^{-1}}$)与电动电势ξ单位 V 的定量关系为

$$\zeta = \frac{\eta u}{\varepsilon_0 \varepsilon_r E} \tag{14.7}$$

式中，ε_r 是介质相对于真空的介电常数；ε_0 是真空的介电常数($8.85\times10^{-12}\ \mathrm{F \cdot m^{-1}}$)，$\eta$ 是介质的黏度(单位 $\mathrm{Pa \cdot s}$)，E 是电势梯度(单位 $\mathrm{V \cdot m^{-1}}$)。

【思考题 14－8】什么是ζ电势？ζ电势的正、负号是如何决定的？ζ电势的大小与热力学电势有什么差别？ζ电势与憎液溶胶的稳定性有何关系？

【思考题 14－9】为什么输油管和运送有机液体的管道都要接地？

14.5.6　胶团结构

依据上述溶胶粒子带电原因及其双电层知识，可以推断溶胶粒子的结构。以 $AgNO_3$ 和 KI 溶液混合制备溶胶为例。固体粒子 AgI 称为“胶核”。若制备时 KI 过量，则胶核吸附 I^- 而荷负电，反号离子 K^+ 一部分进入紧密层，另一部分在分散层；若制备时 $AgNO_3$ 过量，则胶核吸附 Ag^+ 而荷正电，反号离子 NO_3^- 一部分进入紧密层，另一部分在分散层。胶核、被吸附的离子以及在电场中能被带着一起移动的紧密层共同组成“胶粒”，而“胶粒”与“分散层”一起组成“胶团”，整个胶团保持电中性。

胶团的结构表达式

$$\underbrace{\underbrace{[\underbrace{(AgI)_m nI^-}_{\text{胶核}}(n-x)K^+]^{x-}}_{\text{胶粒(带负电)}}\ xK^+}_{\text{胶团(电中性)}}$$

胶团的图示如图 14 - 7 所示。

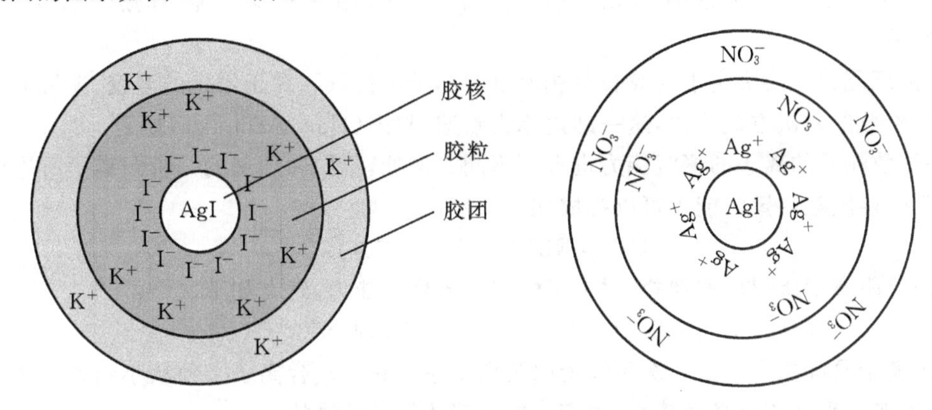

图 14 - 7　AgI 溶胶结构粒子结构示意图

【思考题 14 - 10】有稳定剂存在时胶粒优先吸附哪种离子？

【例 14 - 1】用如下反应制备$BaSO_4$溶胶，用略为过量的反应物$Ba(CNS)_2$作稳定剂

$$Ba(CNS)_2 + K_2SO_4 \longrightarrow BaSO_4(\text{溶胶}) + 2KCNS$$

请写出胶核、胶粒和胶团的结构式，并指出胶粒所带的电性。

解　胶核：$(BaSO_4)_m$；胶粒结构：$[(BaSO_4)_m \cdot n\,Ba^{2+} \cdot 2(n-x)CNS^-]^{2x+}$，胶粒带正电；胶团结构：$[(BaSO_4)_m \cdot n\,Ba^{2+} \cdot 2(n-x)CNS^-]^{2x+} \cdot 2x\,CNS^-$

14.6　溶胶的稳定性与聚沉

14.6.1　溶胶的稳定性

溶胶是热力学上的不稳定系统，离子间有相互聚结而降低其表面能的趋势，即易于聚沉，因此在制备溶胶时必须有稳定剂存在。另一方面，由于溶胶粒子小，布朗运动剧烈，在重力场中不易沉降，使溶胶具有动力稳定性。稳定的溶胶必须同时兼备不易聚沉的稳定性和动力稳定性。但其中以不易聚沉的稳定性更为重要，因为布朗运动使溶胶具有动力稳定性，但也促进粒子之间不断地相互碰撞，如果粒子一旦失去抗聚沉的稳定性，则互碰后就会引起聚结，其结果是粒子增大，布朗运动速度降低，最终也会成为动力不稳定的系统。当颗粒聚集到一定程度，溶胶便失去表观上的均匀性，此时就要沉降下来，这称为“聚沉过程”。为促进聚沉过程，可以外加其他物质作为聚沉剂，如电解质等。此外，某些物理因素也有可能促使溶胶聚沉，例如光、电、热等效应。聚沉过程所得的沉淀物，一般比较紧密，沉淀过程也较缓慢，这种沉淀物称为“聚沉物”。

14.6.2　电解质对溶胶稳定性的影响

影响溶胶稳定性的因素是多方面的，例如电解质的作用、胶体系统的相互作用，溶胶的浓

度、温度等等。在这些影响因素中,以电解质的作用研究最多。

电解质对溶胶稳定性的影响具有两重性。当电解质浓度较小时,有助于胶粒带电形成ζ电势,使粒子之间因同性电荷的斥力而不易聚结,因此电解质对溶胶起稳定作用。但是,当电解质浓度足够大时,使分散层变薄而ζ电势下降,因此能引起溶胶聚沉。电解质的聚沉通常用聚沉值来表示。所谓聚沉值是指使一定量的溶胶在一定时间内完全聚沉所需电解质的最小浓度,又称为临界聚沉浓度,而聚沉率则是聚沉值的倒数。聚沉值是电解质对溶胶聚沉能力的衡量,聚沉能力越强,聚沉值越小,反之亦然。根据电解质对溶胶的聚沉能力的影响结果,得出以下五点经验:

(1)聚沉能力主要决定于与胶粒带相反电荷离子的价数。对于给定的溶胶,聚沉值与异电性离子的价数的六次方成反比,这一结论称为哈迪-叔采(Hardy-Schulze)规则。

(2)价数相同的离子的聚沉能力也有所不同。例如,不同碱金属的一价阳离子所生成的硝酸盐对负电性胶粒的聚沉能力可以排成如下次序:

$$Cs^+ > Rb^+ > K^+ > Na^+ > Li^+$$

而不同一价阴离子所形成的钾盐,对带正电溶胶的聚沉能力,则有如下次序:

$$F^- > Cl^- > Br^- > NO_3^- > I^- > SCN^- > OH^-$$

同价离子聚沉能力的这一次序称为感胶离子序。它与水合离子半径从小到大的次序大致相同,这可能是水合离子半径越小,越容易靠近胶体粒子的缘故。

(3)有机化合物的离子都具有很强的聚沉能力,这可能与其具有很强的吸附能力有关。例如,葡萄糖酸内酯可以使天然的豆浆负溶胶凝聚,制成内酯豆腐。

(4)电解质的聚沉作用是正负离子作用的总和。有时与胶粒具有相同电荷离子也有显著影响,通常相同电性离子的价数愈高,则该电解质的聚沉能力愈低,这可能与这些相同电性离子的吸附作用有关。

(5)与胶粒带有相同电荷的同离子对溶胶的聚沉也略有影响。当反离子相同时,同离子的价数越高,水合半径越小,聚沉能力越弱。

【思考题 14-11】为什么明矾能使浑浊的水很快澄清?

【思考题 14-12】用电解质把豆浆点成豆腐,如果有三种电解质:$NaCl$,$MgCl_2$和$CaSO_4 \cdot 2H_2O$,哪种电解质的聚沉能力最强?

【思考题 14-13】在能见度很低的雾天飞机急于起飞,地勤人员搬来一个很大的高音喇叭,喇叭一开,很长一段跑道上的雾就消失了,这是为什么?

【思考题 14-14】江河入海口为什么会形成三角洲?

14.6.3 大分子化合物对溶胶稳定性的影响

大分子化合物对溶胶稳定性的影响可分为两个方面:

(1) 敏化作用。在溶胶中加入少量大分子溶液,使胶粒凝聚、沉淀,称为敏化作用。敏化作用的原因是大分子化合物加入量少,胶粒包围大分子,大分子在这时起了桥梁的作用,将胶粒聚集在一起,更易为电解质所聚沉。

(2) 保护作用。在溶胶中加入一定量的某种大分子化合物,可以显著提高溶胶的稳定性,阻止溶胶的聚沉,称为大分子化合物对溶胶的保护作用。保护作用的原因是大分子化合物吸附于胶粒表面,并包围胶粒,高分子亲液性使胶粒与介质的亲和力增加,并形成溶剂化壳,不至于因少量电解质加入而聚沉。

常用金值来比较各种不同的大分子溶液对溶胶的保护能力。金值是指为了保护 10 cm^3 质量分数为 6×10^{-5} 的金溶胶，在加入 1 cm^3 质量分数为 0.1 的 NaCl 溶液后，使之在 18 h 之内不致凝结所必须加入的大分子物质的最少质量，用 mg 表示。金值越小，表明高分子保护剂的能力越强。

具有亲水性质的明胶、蛋白质、淀粉等大分子化合物都是良好的溶胶保护剂，应用很广泛。例如，在工业上一些贵金属催化剂，如 Pt 溶胶、Cd 溶胶等，加入大分子溶液进行保护以后，可以烘干以便于运输，使用时只要加入溶剂，就可又回复为溶胶。要注意的是，大分子溶液保护溶胶的量必须达到一定的值，若用量过少，不但不能起保护作用，反而会使溶胶出现絮凝现象。

大分子化合物对溶胶絮凝作用的研究，自 20 世纪 60 年代以来发展很快，这些研究广泛应用于各种工业部门的污水处理和净化，化工操作中的分离和沉淀，以及有用矿泥的回收等。与无机聚沉剂相比，大分子絮凝过程有不少优点，如效率高，一般只需要加入质量分数约为 10^{-6} 的絮凝剂即可有明显的絮凝作用；絮凝物沉淀迅速，通常可在很短时间内完成，并且沉淀块大而疏松，便于过滤；此外在合适条件下还可以有选择性絮凝，这对有用矿泥的回收特别有利。目前，市售絮凝剂牌号最多的是聚丙烯酰胺类，各种牌号标志着它的不同水解度和摩尔质量，适应各种不同的实际需要。这类絮凝剂约占各种絮凝剂总量的 70%。其他絮凝剂还有：聚氧乙烯、聚乙烯醇、聚乙二醇、聚丙烯酸钠以及动物胶、蛋白质等。

影响溶胶稳定性的因素还有很多，如溶胶的浓度、温度、pH 值、非电解质的作用等，在此不再详述。了解溶胶稳定性的规律，有助于根据需要，通过调节外界条件达到使溶胶稳定存在或使溶胶破坏的目的。

【思考题 14－15】墨汁是一种胶体分散系统，在制作时，往往要加入一定量的阿拉伯胶（一种大分子物质）作稳定剂，主要原因是什么？

14.6.4　胶体之间的相互作用对溶胶稳定性的影响

将两种电性相反的溶胶混合，能发生相互聚沉的作用。溶胶相互聚沉与电解质促使溶胶聚沉的不同之处是其要求的浓度条件比较严格。只有其中一种溶胶的总电荷量恰能中和另一种溶胶的总电荷量时才能发生完全聚沉，否则只能发生部分聚沉，甚至不聚沉。我国自古以来沿用的明矾净水，两种不同牌号墨水混合会出现沉淀等都是溶胶相互聚沉的实例。

【例 14－2】在 H_3AsO_3 的稀溶液中，通入略过量的 H_2S 气体，生成 As_2S_3 溶胶。若用下列电解质将溶胶聚沉：$Al(NO_3)_3$，$MgSO_4$ 和 $K_3Fe(CN)_6$，请排出聚沉能力由大到小的顺序。

解　聚沉能力由大到小的顺序为：$Al(NO_3)_3 > MgSO_4 > K_3Fe(CN)_6$

【例 14－3】混合等体积的浓度为 0.08 $mol \cdot L^{-1}$ 的 KI 溶液和浓度为 0.10 $mol \cdot L^{-1}$ 的 $AgNO_3$ 溶液，得到 AgI 的憎液溶胶。在这溶胶中分别加入浓度相同的 $MgSO_4$，$CaCl_2$，Na_2SO_4，它们聚沉能力大小的次序是？

解　$Na_2SO_4 > MgSO_4 > CaCl_2$

14.7　乳状液

乳状液是由两种液体所构成的分散系统。乳状液的分散相和分散介质都是液体，但不互溶或相互溶解度极小；其中一个通常是有极性的水或水溶液（W），另一个则是非极性物质，通称为油（O）。

14.7.1 乳状液类型

根据乳化剂结构的不同可以形成以水为连续相的水包油乳状液(油/水,O/W);也可以形成水分散在油中即油包水乳状液(W/O,水/油)。这主要与形成乳状液时所添加的乳化剂性质有关。决定和影响乳状液形成的因素很多,其中主要有:油和水相的性质、油与水相的体积比、乳化剂和添加剂的性质以及温度等。不管形成何种类型的有一定稳定性的乳状液,都要有乳化剂存在。O/W 型和 W/O 型乳状液结构示意图如图 14-8 所示。

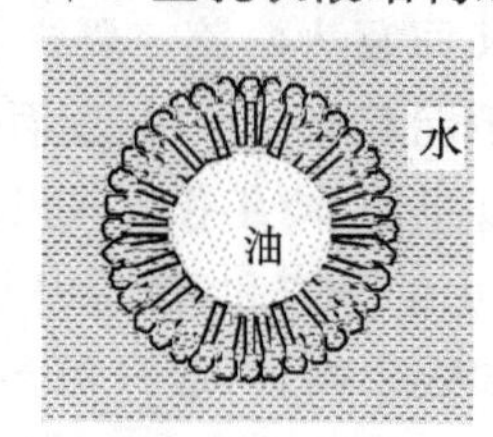

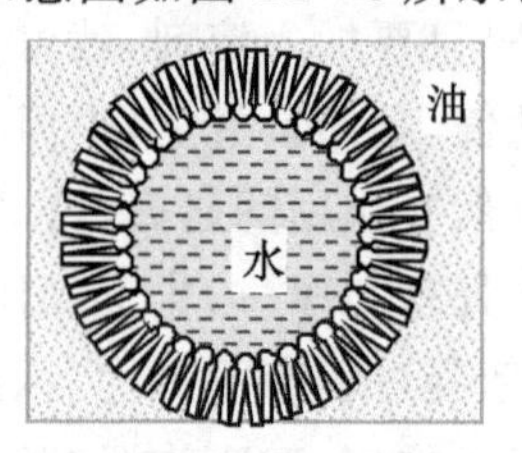

图 14-8 O/W 型和 W/O 型乳状液结构示意图

乳状液中分散相的粒子大约为 100 nm,用显微镜可以清楚地观察到,属于粗分散系统。但由于它具有多相和易聚结的不稳定性等特点,所以也作为胶体化学研究的对象。在自然界,生产实际以及日常生活中,经常接触到乳状液,如从油井喷出的原油,橡胶类植物的乳浆,杀虫剂的乳剂,牛奶等都是乳状液。O/W 型和 W/O 型乳状液判断方法有稀释法、染色法、电导法等。

乳状液无论是在工业上还是在日常生活中都有广泛的应用,有时我们必须设法破坏天然形成的乳状液,例如对石油原油和天然橡胶进行破乳去水;而有时又必须人工制备成乳状液,如将农药制备成乳剂,以便在植物叶子上铺展,提高杀虫效果,又如在不互溶的两液相的界面上进行界面反应,要将两液相制成稳定的乳浊液,以便扩大相界面。因此对乳状液稳定条件和破坏方法的研究就具有重要的实际意义。

14.7.2 乳化剂

乳状液是热力学不稳定系统,制成乳状液的前提是液体之间互溶。为了形成稳定的乳状液所必须加入的第三组分通常称为乳化剂。乳化剂的作用一是降低了界面能量,二是在界面形成坚固的界面膜,从而由机械分散所得的液滴不相互聚结。乳化剂种类很多,可以是蛋白质、树胶、明胶、皂素、磷脂等天然产物,这类乳化剂能形成牢固的吸附膜或增加分散介质黏度,以阻止乳状液分层,但他们易水解和被微生物或细菌分解,且表面活性较低。现在,绝大多数实用的乳化剂是人工合成的表面活性剂,可以是阴离子型、阳离子型或非离子型。在选用乳化剂时,根据所要乳化的物质,以及要形成的乳状液类型,结合各种表面活性剂的 HLB 值,可以选取合适的表面活性剂。

影响乳状液类型的理论,尚不完善,大多是经验性的,主要有如下几种说法:界面能的降低说;乳化剂的分子构型影响乳状液的构型;乳化剂溶解度的影响以及两相体积的影响。关于表面活性剂对乳状液状态的影响,并没有非常成熟的理论。

14.7.3 乳状液的不稳定性

从热力学的观点来看,乳状液是不稳定的系统,乳状液的不稳定性,表现为分层,变型和破乳,这些只是表现方式和时间不同而已,有时它们可以交叉进行,互有关联。

(1) 分层。这往往是破乳的前导，如牛奶的分层是最常见的现象，它的上层是奶油，在上层中分散相乳脂约占 35%，而在下层只占 8%。

(2) 变型。是指乳状液由 O/W 型变成 W/O 型(或反之)。影响变型的因素前已述及，如改变乳化剂，变更两相的体积比，改变温度以及电解质的影响等。

在乳状液中加入一定量的电解质，会使乳状液变型。例如，用油酸钠为乳化剂，苯和水系统形成 O/W 型乳状液，加入 0.5 mol・L^{-1}的 NaCl 溶液后，则变为 W/O 型乳状液。

高价金属离子导致乳状液变型的作用可以用楔子理论来说明，离子的价数对变型所需要的电解质的浓度有很大影响。电解质的变型能力可按如下的次序排列：

$$Al^{3+} > Cr^{3+} > Ni^{2+} > Pb^{2+} > Ba^{2+} > Sr^{2+} (= Ca^{2+}、Fe^{2+}、Mg^{2+})$$

乳状液的变型可能与高价金属离子压缩液滴的双电层有关。

(3) 破乳。破乳与分层不同，分层还有两种乳状液存在，而破乳是使两液体完全分离。破乳的过程分两步实现，第一步是絮凝，分散相的液珠聚集成团。第二步是聚结，在团中各液滴相互合并成大液珠，最后聚沉分离。在乳状液的分散相浓度较稀时以絮凝为主，浓度较高时则以聚沉为主。

破坏乳状液的方法很多，如加热破乳、高压电破乳、过滤破乳、化学破乳等。原油脱水就是采用高压电破乳的方法，在电场的作用下液珠质点排队列成行，当电压升高到某一定值(约为 2000 V・m^{-1}的直流电)，聚结过程瞬间完成。化学破乳是加入破乳剂，破坏乳化剂的吸附膜。例如，用皂作为乳化剂，则在乳状液中加酸，皂就变成脂肪酸而析出，乳状液就分层而被破坏。当前最主要的化学破乳方法是选取一种能强烈吸附于油-水界面的表面活性剂，用以顶替在乳状液中生成牢固膜的乳化剂，产生一种新膜，膜的强度显著降低而导致破乳。

实际过程的破乳总是几种方法的综合运用，例如使原油破乳往往是加热，电场和破乳剂等几种方法同时并用，以提高破乳效果使油水分离。

【思考题 14 - 16】K、Na 等碱金属的皂类作为乳化剂时，易于形成 O/W 型的乳状液；Zn、Mg 等高价金属的皂类作为乳化剂时，则有利于形成 W/O 型乳状液。试说明原因。

14.8　凝胶

凝胶(gel)是固-液或固-气所形成的一种分散系统，由胶体颗粒包括高分子相互连接而成的网状骨架结构，分散介质填充于其间构成的。其中分散相和分散介质都是连续相，是一种贯穿型网络。它具有一定的几何形状，具有弹性、屈服应力等固体的特性。生活中常见的豆腐、肉冻、果冻，生命组织中的细胞膜，实验和生产中使用的硅胶、渗滤膜、棉花纤维、毛发等都是凝胶。

14.8.1　凝胶的分类

根据分散质点的性质是柔性还是刚性，以及形成凝胶结构时质点间联结的结构强度，把凝胶分为弹性凝胶和非弹性凝胶两大类。

(1)弹性凝胶。弹性凝胶是由柔性的线型高分子化合物所形成的凝胶，它具有弹性，如橡胶，琼脂，明胶等。

弹性凝胶的另一特性是分散相的脱除和吸收具有可逆性，例如明胶是一种水凝胶，脱水后体积收缩，失去水分后只剩下以分散相为骨架的干凝胶。若将干凝胶放入水中，加热，使之吸收水分，冷却后又重新变为凝胶。这种过程可以反复进行，故弹性凝胶又称为可逆凝胶。干凝胶对分散介质的吸收是有选择性的，例如，橡胶能吸收苯而不能吸收水，明胶能吸收水而不能吸收苯。

(2)刚性凝胶。刚性凝胶是由刚性分散颗粒相互联成网状结构的凝胶，这些刚性分散颗粒多为无机物颗粒，如 SiO_2，TiO_2，Al_2O_3，V_2O_5 等。在吸收或脱除分散介质后体积几乎不变，形成刚性骨架，原来分散介质所占的空间被空气取代，因此多为多孔性固体，并具有良好的吸附性能。许多吸附剂、催化剂属于此类。

20 世纪 70 年代后发现的一类水凝胶，他们在水中的溶胀随外界环境会发生急剧的变化。根据刺激信号的不同，可分为温度刺激响应性、pH 刺激响应性、光刺激响应性、磁场刺激响应性、分子识别刺激响应性和多重刺激响应性智能纳米水凝胶。智能型水凝胶的研究涉及学科众多，具有显著的多学科交叉特点，是当今最具有挑战的高技术研究前沿领域之一。

14.8.2 凝胶的制备

凝胶的形成不同于絮凝或聚结，而是整个系统失去流动性。形成凝胶应具备下列条件：溶胶颗粒或分子的性质和形状有利于形成网状结构；控制凝聚剂的用量，以使溶胶颗粒或分子局部去除溶剂化；溶胶颗粒的数量足以使形成的网状结构容纳全部分散介质。

大致可以从两种途径来制备凝胶，即分散法和凝聚法。

分散法就是固态聚合物吸收适宜的溶剂后，体积膨胀、粒子分散而形成凝胶。如橡胶对苯的吸收，明胶对水的吸收过程。

凝聚法是指使溶液或溶胶在适当的条件下，使分散颗粒相连而形成凝胶，这一过程称为胶凝。可以采取如下几种方法使胶凝过程得以发生。

(1)改变温度。利用升降温度使系统形成凝胶，例如琼脂和明胶等在水中受热溶解，在冷却过程中分散相溶解度下降，同时分散颗粒相互连接而形成凝胶。但也有些溶液或溶胶在升温过程中发生交联而形成凝胶。

(2)更换溶剂。用分散相溶解度较小的溶剂替换溶胶中原有的溶剂，可以使系统发生胶凝。例如，在高级脂肪酸铜的水溶液中加入乙醇可以使溶液胶凝。

(3)加入电解质。在高分子溶液中加入大量电解质(盐类)，可以引起胶凝，这与盐析效应有关。引起胶凝的主要是电解质中的负离子，其影响大小可以依次排列为：

$$SO_4^{2-} > C_4H_4O_6^- > CH_3COO^- > Cl^- > NO_3^- > ClO_3^- > Br^- > I^- > SCN^-$$

这个顺序为感胶离子序。这一顺序大致与离子的水化能力一致。

在此顺序中，Cl^- 以前的可使胶凝加速，在 Cl^- 以后的将阻止胶凝。

(4)化学反应。利用化学反应生成不溶物时，若控制反应条件，则可以形成凝胶。能使分子链相互连结的反应称为交联反应。交联反应是使高分子溶液或溶胶产生胶凝的主要手段。

14.8.3 凝胶的性质

(1)膨胀作用。凝胶吸收液体或蒸气使自身体积(或重量)明显增加的现象称为凝胶的膨胀，可以分为有限膨胀和无限膨胀。若凝胶是吸收有限量的液体，凝胶的网络只撑开而不解体，则称为有限膨胀；若吸收的液体越来越多，凝胶中的网络越撑越大，最终导致破裂、解体并完全溶解，则称之为无限膨胀。膨胀可以产生一种对外的压力称为溶胀压，同时凝胶对液体的吸收是有选择性的。

(2)离浆作用。溶胶或高分子溶胶胶凝后，凝胶的性质并没有完全固定下来，在放置的过程中,凝胶的性质还在不断地变化,称为老化。凝胶老化的重要形式就是离浆现象。这个过程就是凝胶在基本上不改变原来形状的情况下,分离出其中一部分液体,这时构成凝胶网络的颗粒相互收缩靠近,排列得更加有序,同时挤出一部分液体,产生“出汗”现象。无论是弹性凝胶还是非弹性凝胶都有离浆作用。研究生物体的离浆作用对了解人体衰老过程具有重要意义。

(3)触变现象。有些凝胶,如超过一定浓度的泥浆、油漆、药膏、$Al(OH)_3$、V_2O_5及白土等凝胶,受到搅动时变为流体,停止搅动后又逐渐变成凝胶。这种溶胶与凝胶相互转化的性质称为凝胶的触变性。触变现象的发生是因为搅动时,网状结构受到破坏,线状粒子相互离散,系统出现流动性,而静止后线状粒子又重新交联成网状结构。此种溶胶与凝胶之间的相互转换可以反复进行。触变现象可以表示为

$$\text{凝胶} \underset{\text{静止(发生胶凝作用)}}{\overset{\text{摇动(发生触变作用)}}{\rightleftharpoons}} \text{溶胶}$$

(4)吸附作用。一般来说,非弹性凝胶的干胶都是有多孔性的毛细管结构,故而表面积较大,从而表现出较强的吸附能力。而弹性凝胶干燥时由于高分子链段收缩,形成紧密堆积,故其干胶基本上是无孔的。

(5)凝胶中的扩散现象。不同大小的凝胶骨架空隙对高分子有筛分作用。因而高分子的扩散速度与凝胶骨架空隙的大小有直接的关系,这是凝胶色谱法的基本原理。许多半透膜(如火棉胶膜,醋酸纤维膜等)都是凝胶或干凝胶,这些膜对某些物质的渗析作用就是利用了凝胶骨架空隙的筛分作用。

(6)化学反应。由于凝胶内部的液体不能“自由”流动,所以在凝胶中发生的反应没有对流现象。如果反应中有沉淀生成,则沉淀物基本是存在于原位而难以移动。

最早研究这一现象的是利泽冈(Liesegang),一个典型的例子是在装有明胶凝胶的试管或培养皿中,预先加入$AgNO_3$溶液,然后在培养皿的中心滴入少量$K_2Cr_2O_7$溶液(或在试管的上部加入少量$K_2Cr_2O_7$溶液)。几天后即可观察到反应生成的$Ag_2Cr_2O_7$沉淀在培养皿的同心圆环状向外扩展(在试管中,自上而下出现环状$Ag_2Cr_2O_7$沉淀)。

14.9　大分子溶液

14.9.1　与溶胶异同点

一般的有机化合物的相对分子质量约在 500 以下,可是某些有机化合物如橡胶、蛋白质、纤维素等的相对分子质量很大,有的甚至可以达到几百万。施陶丁格(Staudinger)把相对分子质量大于 10^4 的物质称之为大分子。主要有:天然大分子如淀粉、蛋白质、纤维和各种生物大分子等;人工合成大分子如合成橡胶、聚烯烃、树脂和合成纤维等。合成的功能高分子材料有:光敏高分子、导电性高分子、医用高分子和高分子膜等。由于这种物质的分子比较大,单个分子的大小就能达到胶体颗粒大小的范围,并表现出胶体的一些性质。因此研究大分子化合物的许多方法也和研究溶胶的方法有许多相似之处。但由于大分子在溶液中是以单分子存在的,其结构与胶体颗粒不同,其性质也不同于胶体。

大分子溶液是可逆平衡系统,具有热力学稳定性,其许多性质不同于溶胶而又类似于小分子溶液。憎液溶胶、大分子溶液和小分子溶液三者性质的粗略比较,见表 14 - 2。

表 14-2　憎液溶胶、大分子溶液和小分子溶液性质的比较

	憎液溶胶	大分子溶液	小分子溶液
胶粒大小	1～100 nm	1～100 nm	<1 nm
分散相存在单元	多分子组成	单分子	单分子
扩散速度	慢	慢	快
能否透过半透膜	不能	不能	能
是否热力学稳定体系	不是	是	是
丁达尔效应	强	微弱	微弱
黏度	小	大	小
对外加电解质	敏感	不太敏感	不敏感
聚沉后再加分散介质	不可逆	可逆	可逆

大分子化合物可以按照不同的方法来分类：① 按来源分类，有天然的、半天然的和合成的；② 按聚合反应的机理和反应的类别分类，有连锁聚合(加聚)和逐步聚合(缩聚)两大类；③ 按高分子主链结构分，有碳链、杂链和元素有机高分子等；④ 按聚合物性能和用途分类，有塑料、橡胶、纤维和黏合剂等；⑤ 按高分子的形状分，有线型、支链型和交联型等。

人工合成的聚合物大分子不但能代替一些自然资源不足的天然高分子材料，而且具有一些天然材料所不具备的优点，特别是近年来一些功能高分子材料的出现，如离子交换树脂、高分子螯合剂、高分子催化剂、光敏高分子、导电性高分子、生物医用高分子、高分子离子膜、高分子药物载体等，将加速合成材料工业的发展，对国民经济起一定的推动作用。高分子科学也逐渐发展成为一门独立的学科，主要有高分子化学和高分子物理两个分支。

14.9.2　摩尔质量测定方法

1.摩尔质量的表示方法

大分子化合物都是由一种或几种单体聚合或缩聚而成，因此分子的大小或其聚合度不可能都是一样的，它们是同系物的混合物。大分子化合物的分子量只能取其统计平均值，而且，测定和平均的方法不同，得到的平均摩尔质量也不同。常用有四种平均方法，因而有四种表示法：

(1)数均摩尔质量 $\overline{M}_n$。有一高分子溶液，各组分的分子数分别为 $N_1, N_2, \cdots, N_B \cdots$，其对应的摩尔质量为 $M_1, M_2, \cdots, M_B \cdots$，则数均摩尔质量的定义为：

$$\overline{M}_n = \frac{N_1M_1 + N_2M_2 + \cdots + N_BM_B}{N_1 + N_2 + \cdots + N_B} = \frac{\sum N_BM_B}{\sum N_B} \tag{14.8}$$

式中，N_B是 B 组分在该溶液中所占的分数

即

$$x_B = \frac{N_B}{\sum_B N_B} \tag{14.9}$$

(2)质均摩尔质量 $\overline{M}_m$。质均摩尔质量习惯上也称为重均摩尔质量。因为单个分子质量为 M_B 的组分 B 的质量为 $N_BM_B=m_B$，所以

$$\overline{M}_m=\frac{m_1M_1+m_2M_2+\cdots+m_BM_B}{m_1+m_2+\cdots+m_B}=\frac{\sum m_BM_B}{\sum m_B}=\frac{\sum N_BM_B^2}{\sum N_BM_B}=\sum_B \overline{m}_BM_B \tag{14.10}$$

式中，$\overline{m}_B$ 是 B 组分的质量分数

即

$$\overline{m}_B=\frac{m_B}{\sum\limits_B m_B} \tag{14.11}$$

(3)Z 均摩尔质量 $\overline{M}_Z$。Z 均摩尔质量的定义是：

$$\overline{M}_Z=\frac{\sum m_BM_B^2}{\sum m_BM_B}=\frac{\sum N_BM_B^3}{\sum N_BM_B^2}=\frac{\sum Z_BM_B}{\sum Z_B} \tag{14.12}$$

式中，$Z_B=m_BM_B$。

(4)黏均摩尔质量 $\overline{M}_\eta$。

$$\overline{M}_\eta=\left(\frac{\sum N_BM_B^{(\alpha+1)}}{\sum N_BM_B}\right)^{\frac{1}{\alpha}}=\left(\frac{\sum m_BM_B^\alpha}{\sum m_B}\right)^{\frac{1}{\alpha}} \tag{14.13}$$

式中，α 是指 $[\eta]=KM^\alpha$ 公式中的指数。

数均摩尔质量对高分子化合物中摩尔质量较低的部分较为敏感，而 $\overline{M}_m$ 和 $\overline{M}_Z$ 则对摩尔质量较高的部分比较敏感。

2.聚合物摩尔质量的测定方法

由于大分子化合物是多种多样的，摩尔质量分布范围很广，所以测定聚合物摩尔质量的方法很多，不同的测定方法所得到的平均摩尔质量也不同，常用的有如下几种：

1.黏度法

溶液的黏度随着聚合物分子的大小及性质、温度、溶剂的性质、浓度等不同而不同。在温度、聚合物和溶剂体系选定后，大分子溶液的黏度仅与浓度和聚合物分子的大小有关。黏度法测聚合物的摩尔质量是目前最常用的方法。原因在于设备简单、操作便利、耗时较少、精确度较高等。此外，黏度法与其他方法配合，还可以研究聚合物分子在溶液中的形态，尺寸以及大分子与溶剂分子的相互作用等。

设纯溶剂的黏度为 η_0，大分子溶液的黏度为 η，两者不同的组合得到不同的黏度表示方法如表 14 - 3 所示。

表 14 - 3　黏度的几种表示方法

名称	定义
相对黏度	$\eta_r=\frac{\eta}{\eta_0}$
增比黏度	$\eta_{sp}=\frac{\eta-\eta_0}{\eta_0}=\eta_r-1$

续表

名称	定义
比浓黏度	$\frac{\eta_{sp}}{c}=\frac{1}{c}\cdot\frac{\eta-\eta_0}{\eta_0}$
特性黏度	$\lim_{C\to 0}\frac{\eta_{sp}}{C}=[\eta]$

特性黏度是几种黏度中最能反映溶质分子本性的一种物理量，由于它是外推到无限稀释时溶液的性质，已消除了大分子之间相互作用影响，且代表了无限稀释溶液中单位浓度大分子溶液黏度变化的分数。

实验方法是用黏度计测出溶剂和溶液的黏度 η_0 和 η，计算相对黏度 η_r 和增比黏度 η_{sp}。

以$\frac{\eta_{sp}}{c}$对 c 作图，得一条直线，以$(\ln\eta_r)/c$ 对 c 作图得另一条直线。将两条直线外推至浓度 $c\longrightarrow 0$，得到特性黏度$[\eta]$。

从如下经验式求黏均摩尔质量$[\eta]=KM^{\alpha}$ (14.14)

式中，K 和 α 为与溶剂、大分子物质和温度有关的经验常数，有表可查。

2.渗透压法

利用溶液的一些依数性质如沸点升高、冰点降低、蒸气压降低和渗透压等都可以测定溶质的摩尔质量。由于这些性质主要是与溶质的分子数目而不是与溶质的性质有关，所以测定出来的数均摩尔质量。

在依数性中采用渗透压法是比较好的测数均摩尔质量的方法。

非电解质高分子溶液渗透压公式

$$\Pi=RT\left(\frac{c}{M_n}+A_2c^2+A_3c^3+\cdots\cdots\right) \tag{14.15}$$

A 为维里系数，代表高分子溶液的非理想性。对稀溶液，略去第三项，得

$$\frac{\Pi}{c}=\frac{RT}{M_n}+A_2c \tag{14.16}$$

以$\frac{\Pi}{c}$ 对 c 作图，在低浓度范围内为一直线，外推到 $c=0$ 处，可得$\frac{RT}{M_n}$，从而可求得数均摩尔质量。

3.端基分析法

如果聚合物的化学结构已知，了解分子链末端所带的何种基团，则用化学分析的方法，测定一定质量样品中所含端基的数目可计算其平均摩尔质量，所得到的是数均摩尔质量。

14.9.3 唐南(Donnan)平衡

对于带电的聚电解质来说，比如天然的生物聚合物，如所有的蛋白质，核酸等，通常都含有少量电解质杂质，电解质都是小离子，能自由通过半透膜，但当达到平衡时，小离子在膜两边的分布不均。唐南从热力学角度，分析了小离子的膜平衡情况，并得到了满意的解释。在半透膜两边，一边放大分子电解质，一边放纯水。大分子离子不能透过半透膜，而离解出的小离子和杂质电解质离子可以。由于膜两边要保持电中性，使得达到渗透平衡时小离子在两边的浓度

不等，这种平衡称为膜平衡或唐南平衡。由于离子分布的不平衡会造成额外的渗透压，影响大分子摩尔质量的测定，所以又称之为唐南效应，要设法消除。

建立膜平衡时通常有以下三种情况。

1.不电离的大分子溶液的膜平衡

若右室为纯水，左室中为不带电的大分子 P 的水溶液，参阅图 14－9(a)图所示。由于大分子 P 不能透过半透膜，而 H_2O 分子可以，所以在膜两边会产生渗透压。渗透压可以用不带电粒子的范特霍夫渗透压公式计算，即：$\Pi_1=c_2RT$。其中 c_2 是大分子 P 的浓度。测定 Π_1 后就能算出大分子 P 的摩尔质量(对于蛋白质来说，由于质量较大，溶液浓度较稀，渗透压小，所以实验误差大，并且处于等电点时的蛋白质也容易发生凝聚。)

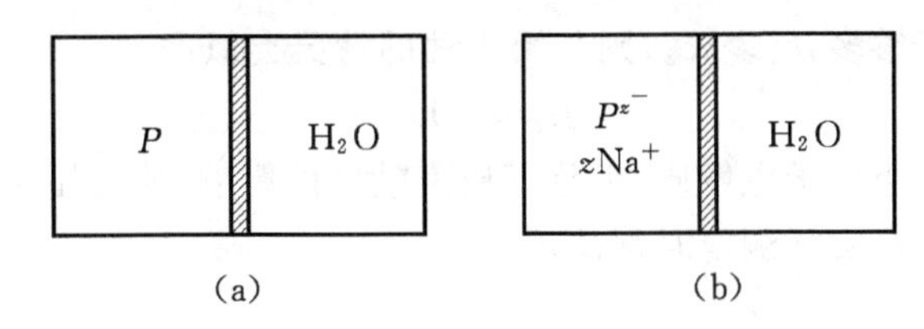

图 14－9　测蛋白质溶液渗透压的两种不同情况

2.能电离的大分子溶液的膜平衡

以蛋白质的钠盐为例，它在水中发生如下离解：$Na_z^+P^{z-} \rightarrow z\ Na^+ + P^{z-}$

蛋白质分子 P^{z-} 不能透过半透膜，而 Na^+ 可以透过。若溶液中只有蛋白质，而无其他电解质杂质，则情形比较简单。为了保持溶液的电中性，Na^+ 必须留在 P^{z-} 同一侧，如图 14－9(b)所示。每一个蛋白质分子在溶液中就有 $(z+1)$ 个粒子，粒子增多了，也引起渗透压的增加。设蛋白质浓度为 c_2，所测得渗透压为 Π_2，则 $\Pi_2=(z+1)c_2RT$　(14.17)

式中 $(z+1)$ 是包括大离子 P^{z-} 和 z 个 Na^+ 在内的溶质粒子的总数，此时溶液的渗透压比大分子物质本身所产生的渗透压大。

3.外加电解质时的大分子溶液的膜平衡

在蛋白质钠盐的另一侧加入浓度为 c_1 的小分子电解质，如图 14.10 所示。达到膜平衡时，为了保持电中性，有相同数量的 Na^+ 和 Cl^- 扩散到了左边。

虽然膜两边 NaCl 的浓度不等，但达到膜平衡时 NaCl 在两边的化学势应该相等，即：

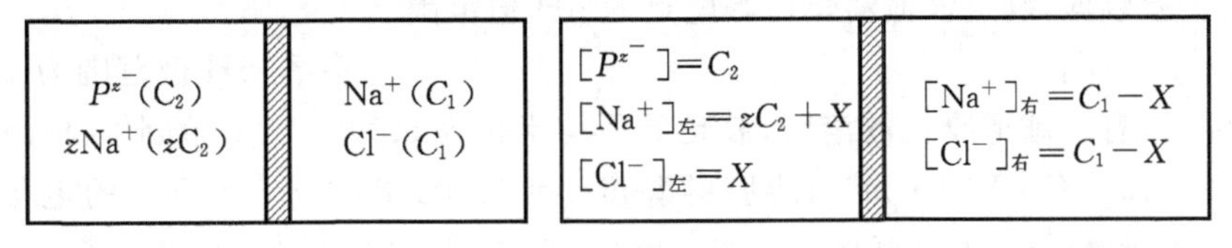

图 14－10　膜平衡前后的离子浓度

$$RT\ln a_{NaCl,左}=RT\ln a_{NaCl,右}$$

即
$$(a_{Na^+}\cdot a_{Cl^-})_{左}=(a_{Na^+}\cdot a_{Cl^-})_{右}$$

设活度系数均为 1，得 $[Na^+]_{左}\cdot[Cl^-]_{左}=[Na^+]_{右}\cdot[Cl^-]_{右}$

即
$$(x+zc_2)\cdot x=(c_1-x)^2$$

解得
$$x=\frac{c_1^2}{zc_2+2c_1}$$

由于渗透压是因半透膜两边的粒子数不同而引起的，所以：

$$\begin{aligned}\Pi_3&=[(c_2+zc_2+x+x)_{左}-2(c_1-x)_{右}]RT\\&=(c_2+zc_2-2c_1-x)RT\end{aligned}\tag{14.18}$$

将 x 代入 Π_3 计算式得：$\Pi_3=\dfrac{zc_2^2+2c_1c_2+z^2c_2^2}{zc_2+2c_1}RT$

分析上述结果，当加入电解质太少，$c_1\ll zc_2$，与第 2 种的情况类似：

$$\Pi_3\approx(c_2+zc_2)RT=(1+z)c_2RT\tag{14.19}$$

计算的蛋白质的摩尔质量可能会偏低。

当加入的电解质足够多，$c_1\gg zc_2$，则与第 1 种的情况类似：

$$\Pi_3\approx c_2RT\tag{14.20}$$

这就是加入足量的小分子电解质，消除了唐南效应的影响，使得用渗透压法测定大分子的摩尔质量比较准确。因此实际测定时都使用此法。

习　题

1.用 As_2O_3 与过量的 H_2S 制成的 As_2S_3 溶胶，试写出胶团的表示式。

[答案：$[(As_2S_3)_m\cdot n\,HS^-\cdot(n-x)H^+]^{x-}\cdot xH^+$]

2.对于 AgI 的水溶胶，当以 $AgNO_3$ 为稳定剂时，如果 ζ 电势为 0，请写出在等电点时胶团的结构式。

[答案：$[(AgI)_m\cdot nAg^+\cdot n\,NO-_3]$]

3.某溶胶中，胶粒的平均半径为 2.1 nm，溶胶的黏度为，$\eta=0.001$ Pa·s。试计算

(1)298 K 时，胶体的扩散系数 D。

(2)在 1 s 的时间里，由于 Brown 运动，粒子沿 x 轴方向的平均位移 $\langle x\rangle$。

[答案：(1)$D=1.04\times10^{-10}$ $m^2\cdot s^{-1}$；(2)$\langle x\rangle=1.44\times10^{-5}$ m]

4.有人在不同的 pH 条件下，测定了牛的血清蛋白在水溶液中的电泳速度，结果如下：

pH	4.20	4.56	5.20	5.65	6.30	7.00
泳速/(μm^2/s·V)	0.50	0.18	−0.25	−0.65	−0.90	−1.25

根据此实验数据，确定该血清蛋白等电点的 pH 值范围。

[答案：pH 值范围为 4.56～5.20]

5.298 K 时，有一球形胶粒的溶胶，胶粒的平均半径为 5.0×10^{-7} m 的水溶胶，介质的介电常数 $\varepsilon=8.89\times10^{-9}$ $C\cdot V^{-1}\cdot m^{-1}$，溶胶的黏度 $\eta=0.001$ Pa·s。当所用的电场强度 $E=100$ $V\cdot m^{-1}$ 时，胶粒与溶液之间的动电势 $\zeta=0.636$ V，试计算胶粒的电泳速率。

[答案：$u=3.0\times10^{-5}$ $m\cdot s^{-1}$]

6.在制备二氧化硅溶胶的过程中，存在如下反应：

$$SiO_2+H_2O\longrightarrow H_2SiO_3(溶胶)\quad H_2SiO_3\longrightarrow SiO_3^{2-}+2H^+$$

(1)试写出二氧化硅胶粒的结构式。

(2)指明胶粒电泳的方向。

(3)当溶胶中分别加入 NaCl, $MgCl_2$, K_3PO_4时,哪种物质的聚沉值最小?

[答案:(1)$[(H_2SiO_3)_m \cdot n\,SiO_3^{2-} \cdot 2(n-x)H^+]^{2x-}$;(2)胶粒向正极移动;(3)$MgCl_2$的聚沉值最小]

7.在三个烧瓶中分别盛有 0.020 L 的 $Fe(OH)_3$溶胶,分别加入 NaCl、Na_2SO_4和 Na_3PO_4溶液使溶胶发生聚沉,最少需要加入:1.00 $mol \cdot L^{-1}$的 NaCl 溶液 0.021 L;5.0×10^{-3} $mol \cdot L^{-1}$的 Na_2SO_4溶液 0.125 L;3.333×10^{-3} $mol \cdot L^{-1}$ Na_3PO_4溶液 0.0074 L。试计算各电解质的聚沉值、聚沉能力之比,并指出胶体粒子的带电符号。

[答案:电解质聚沉值为:NaCl:512×10^{-3} $mol \cdot L^{-1}$,Na_2SO_4:4.31×10^{-3} $mol \cdot L^{-1}$,Na_3PO_4:0.90×10^{-3} $mol \cdot L^{-1}$;聚沉能力之比:NaCl∶Na_2SO_4∶Na_3PO_4=1∶119∶569,胶体粒子带正电]

8. 298 K 时,在半透膜的一侧是 0.1 L 水溶液,其中含 0.5 g 某大分子化合物 Na_6P,设大分子能完全解离,溶液是理想的。膜的另一侧是浓度为 1.0×10^{-7} $mol \cdot L^{-1}$的 NaCl 稀溶液。测得渗透压为 6 881 Pa 。求大分子化合物 Na_6P 的数均摩尔质量。

[答案:$M_n = 12.6\ kg \cdot mol^{-1}$]

9. 298 K 时,在半透膜两边,一边放浓度为 0.100 $mol \cdot L^{-1}$的大分子有机物 RCl,设 RCl 能全部解离,但 R^+不能透过半透膜。另一边放浓度为 0.500 $mol \cdot L^{-1}$的 NaCl。试计算达渗透平衡时,膜两边各种离子的浓度和渗透压。

[答案:平衡时,左边 $[Cl^-]_L = 0.327\ mol \cdot L^{-1}$;$[Na^-]_L = 0.227\ mol \cdot L^{-1}$
右边 $[Cl^-]_R = 0.273\ mol \cdot L^{-1}$;$[Na^-]_R = 0.273\ mol \cdot L^{-1}$
$\Pi = 2.676 \times 10^5\ Pa$]

附　录

附录 1　国际单位制

国际单位制是我国法定计量单位的基础，一切属于国际单位制的单位都是我国的法定计量单位。国际单位制的国际简称为 SI。

国际单位制的基本单位

量的名称	单位名称	单位符号	单位定义
长度	米	m	等于光在真空中(1/299792458)s 时间间隔内所经路径的长度
质量	千克	kg	等于国际千克原器的质量
时间	秒	s	等于 Cs－133 原子基态的两个超精细能级之间跃迁的辐射周期的 9192631770 倍的持续时间
电流	安[培]	A	安培是一恒电流，若保持在处于真空中相距 1 m 的两无限长的圆截面较小的平行直导线间，每米长度上产生 2×10^{-7} 牛顿的力
热力学温度	开[尔文]	K	等于水的三项点热力学温度的 1/273.16
物质的量	摩[尔]	mol	等于物质的物质的量，该物系中所含基本单元数与 0.012 克碳- 12的原子数相等
发光强度	坎[德拉]	cd	等于在 101325 N/m^2 压力下，处于铂凝固温度的黑体的 $\frac{1}{600000}$ m^2 表面在垂直方向上的发光强度

附录 2　基本常数

量的名称	符号	数值及单位
自由落体加速度或重力加速度	g	$9.80665\ m\cdot s^{-2}$(准确值)
真空介电常数	ε_0	$8.854188\times10^{-12}\ F\cdot m^{-1}$
电磁波在真空中的速度	c,c_0	$299792458\ m\cdot s^{-1}$
阿伏伽德罗常数	L,N_A	$(6.0221367\pm0.0000036)\times10^{-23}\ mol^{-1}$
摩尔气体常数	R	$(8.314510\pm0.000070)\ J\cdot mol^{-1}\cdot K^{-1}$
玻尔兹曼常数	k,k_B	$(1.380658\pm0.000012)\times10^{-23}\ J\cdot K^{-1}$
元电荷	e	$(1.60217733\pm0.00000049)\times10^{-19}\ C^{-1}$
法拉第常数	F	$(9.6485309\pm0.0000029)\times10^{4}\ C\cdot mol^{-1}$
普朗克常数	h	$(6.6260755\pm0.0000040)\times10^{-34}\ J\cdot s$

附录 3　元素的相对原子质量(1997)　$A_r(^{12}C)=12$

元素符号	元素名称	相对原子质量	元素符号	元素名称	相对原子质量
Ac	锕		Dy	镝	162.500(3)
Ag	银	107.8682(2)	Er	铒	167.259(3)
Al	铝	26.9815386(8)	Es	锿	
Am	镅		Eu	铕	151.964(1)
Ar	氩	39.948(1)	F	氟	18.9984032(5)
As	砷	74.92160(2)	Fe	铁	55.845(2)
At	砹		Fm	镄	
Au	金	196.966569(4)	Fr	钫	
B	硼	10.811(7)	Ga	镓	69.723(1)
Ba	钡	137.327(7)	Gd	钆	157.25(3)
Be	铍	9.012182(3)	Ge	锗	72.64(1)
Bh	铍		H	氢	1.00794(7)
Bi	铋	208.98040(1)	He	氦	4.002602(2)
Bk	锫		Hf	铪	178.49(2)
Br	溴	79.904(1)	Hg	汞	200.59(2)
C	碳	12.017(8)	Ho	钬	164.93032(2)
Ca	钙	40.078(4)	Hs		
Cd	镉	112.411(8)	I	碘	126.90447(3)
Ce	铈	140.116(1	In	铟	114.818(3)
Cf	锎		Ir	铱	192.217(3)
Cl	氯	35.453(2	K	钾	39.0983(1)
Cm	锔		Kr	氪	83.798(2)
Co	钴	58.933195(5)	La	镧	138.90547(7)
Cr	铬	51.9961(6)	Li	锂	6.941(2)
Cs	铯	132.9054519(2)	Lr	铹	
Cu	铜	63.546(3)	Lu	镥	174.967(1)
Db			Md	钔	
Mg	镁	24.3050(6)	Rn	氡	
Mn	锰	54.938045(5)	Ru	钌	101.07(2)
Mo	钼	95.94(2)	S	硫	32.065(5)
Mt			Sb	锑	121.760(1)
N	氮	14.0067(2)	Sc	钪	44.955912(6)
Na	钠	22.98996928(2)	Se	硒	78.96(3)

续表

元素符号	元素名称	相对原子质量	元素符号	元素名称	相对原子质量
Nb	铌	92.90638(2)	Sg		
Nd	钕	144.242(3)	Si	硅	28.0855(3)
Ne	氖	20.1797(6)	Sm		
Ni	镍	58.6934(2)	Sn	锡	118.710(7)
No	锘		Sr	锶	87.62(1)
Np	镎		Ta	钽	180.94788(2)
O	氧	15.9994(3)	Tb	铽	158.92535(2)
Os	锇	190.23(3)	Tc	锝	
P	磷	30.973762(2)	Te	碲	127.60(3)
Pa	镤	231.03588(2)	Th	钍	232.03806(2)
Pb	铅	207.2(1)	Ti	钛	47.867(1)
Pd	钯	106.42(1)	Tl	铊	204.3833(2)
Pm	钷		Tm	铥	168.93421(2)
Po	钋		U	铀	238.02891(3)
Pr	镨	140.90765(2)	V	钒	50.9415(1)
Pt	铂	195.084(9)	W	钨	183.84(1)
Pu	钚		Xe	氙	131.293(6)
Rb	铷	85.4678(3)	Y	钇	88.90585(2)
Re	铼	186.207(1)	Yb	镱	173.04(3)
Ra	镭		Zn	锌	65.409(4)
Rf			Zr	锆	91.224(2)
Rh	铑	102.90550(2)			

注:相对原子质量后面括号中的数字表示末位数的误差范围。

附录 4 常用的数学公式

1.微分

u 和 v 是 x 的函数,a 为常数:

$$\frac{\mathrm{d}(a)}{\mathrm{d}x}=\frac{\mathrm{d}(au)}{\mathrm{d}x}=a\frac{\mathrm{d}u}{\mathrm{d}x}$$

$$\frac{\mathrm{d}x^n}{\mathrm{d}x}=nx^{n-1}\frac{\mathrm{d}(u^n)}{\mathrm{d}x}=nu^{n-1}\frac{\mathrm{d}u}{\mathrm{d}x}$$

$$\frac{\mathrm{d}\mathrm{e}^x}{\mathrm{d}x}=\mathrm{e}^x\frac{\mathrm{d}\mathrm{e}^u}{\mathrm{d}x}=\mathrm{e}^u\frac{\mathrm{d}u}{\mathrm{d}x}$$

$$\frac{\mathrm{d}a^x}{\mathrm{d}x}=a^x\ln a\frac{\mathrm{d}\ln x}{\mathrm{d}x}=\frac{1}{x}$$

$$\frac{\mathrm{d}a^u}{\mathrm{d}x}=a^u\ln a\cdot\frac{\mathrm{d}u}{\mathrm{d}x}\frac{\mathrm{d}\log x}{\mathrm{d}x}=\frac{1}{2.3026}\cdot\frac{1}{x}$$

$$\frac{\mathrm{d}\ln u}{\mathrm{d}x}=\frac{1}{u}\cdot\frac{\mathrm{d}u}{\mathrm{d}x}\frac{\mathrm{d}\log u}{\mathrm{d}x}=\frac{1}{2.3026u}\cdot\frac{\mathrm{d}u}{\mathrm{d}x}$$

$$\frac{\mathrm{d}(u+v)}{\mathrm{d}x}=\frac{\mathrm{d}u}{\mathrm{d}x}+\frac{\mathrm{d}v}{\mathrm{d}x}\frac{\mathrm{d}(uv)}{\mathrm{d}x}=u\frac{\mathrm{d}v}{\mathrm{d}x}+v\frac{\mathrm{d}u}{\mathrm{d}x}$$

$$\frac{d(u/v)}{dx}=\frac{v\dfrac{du}{dx}-u\dfrac{dv}{dx}d(\sin x)}{dx}=\cos x$$

$$\frac{d(\sin u)}{dx}=\cos u\cdot\frac{du}{dx}\frac{d(\cos x)}{dx}=-\sin x$$

$$\frac{d(\cos u)}{dx}=-\sin u\,\frac{du}{dx}$$

2.积分

$$\int dx=x+C\int x^n dx=\frac{x^{n+1}}{n+1}+C$$

$$\int\frac{dx}{x}=\ln x+C\int e^x=e^x+C$$

$$\int a^x dx=\frac{a^x}{\ln a}+C\int \ln x\,dx=x\ln x-x+C$$

$$\int au\,dx=a\int u\,dx\int(u+v)dx=\int u\,dx+\int v\,dx$$

$$\int u\,dx=uv-\int v\,du$$

$$\int(ax+b)^n dx=\frac{(ax+b)^{n+1}}{a(n+1)}+C\quad(n\neq 1)$$

$$\int\frac{dx}{ax+b}=\frac{\ln(ax+b)}{a}+C$$

$$\int\frac{x\,dx}{ax+b}=\frac{x}{a}-\frac{b}{a^2}\ln(ax+b)+C$$

$$\int\frac{x^2dx}{ax+b}=\frac{1}{a^3}\left[\frac{(ax+b)^2}{2}-2b(ax+b)+b^2\ln(ax+b)\right]+C$$

$$\int e^{ax}x^n dx=\frac{n!\ e^{ax}}{a^{n+1}}\left[\frac{(ax)^n}{n!}-\frac{(ax)^{n-1}}{(n-1)!}+\frac{(ax)^{n-2}}{(n-2)!}+(-1)^r\frac{(ax)^{n-r}}{(n-r)!}+\cdots+(-1)^n\right]+C$$

定积分$\int_0^{\infty}a^{-ax^2}x^n dx$ 的数值，当 n 为偶数奇数时不同，见下表。

n 取偶数	偶数	n 取奇数	奇数
$n=0$	$\int_0^{\infty}e^{-ax^2}dx=\frac{1}{2}\sqrt{\pi/a}$	$n=1$	$\int_0^{\infty}e^{-ax^2}x\,dx=\frac{1}{2}a$
$n=2$	$\int^{\infty}e^{-ax^2}x^2dx=\frac{1}{4}\sqrt{\pi/a^3}$	$n=3$	$\int_0^{\infty}e^{-ax^2}x^3dx=\frac{1}{2}a^2$
$n=4$	$\int_0^{\infty}e^{-ax^2}x^4dx=\frac{3}{8}\sqrt{\pi/a^5}$	$n=5$	$\int_0^{\infty}e^{-ax^2}x^5dx=\frac{1}{a^3}$
⋮	⋮	⋮	⋮
通式	$\int_0^{\infty}e^{-ax^2}x^n dx=1\cdot3\cdot5\cdots(n-1)\frac{(\pi a)^{\frac{1}{2}}}{(2a)^{\frac{1}{2}(n+1)}}$	通式	$\int_0^{\infty}e^{-ax^2}x^n dx=\frac{\left[\frac{1}{2}(n+1)\right]!}{2a^{\frac{1}{2}(n+1)}}$

附录 5　一些有机化合物的标准摩尔燃烧焓

（标准压力 p=100 kPa，298.15 K）

物质		$\Delta_c H_m^\ominus$/kJ·mol^{-1}	物质		$\Delta_c H_m^\ominus$/kJ·mol^{-1}
CH_4(g)	甲烷	−890.31	C_3H_8(g)	丙烷	−2219.07
$C_{12}H_{22}O_{11}$	蔗糖	−5640.9	C_3H_7COOH	正丁酸	−2183.5
$C_{10}H_8$(s)	萘	−5153.9	$CH_3OC_2H_5$(g)	甲乙醚	−2107.4
C_6H_{14}(l)	正己烷	−4163.1	C_3H_6	环丙烷	−2091.5
$C_6H_5COCH_3$(l)	苯乙酮	−4148.9	C_3H_7OH(l)	正丙醇	−2019.8
$C_6H_5COOCH_3$	苯甲酸甲酯	−3957.6	C_2H_5CHO	丙醛	−1816.3
C_7H_8(l)	甲苯	−3925.4	$(CH_3CO)_2O$(l)	乙酸酐	−1806.2
C_6H_{12}(l)	环己烷	−3919.86	CH_3COCH_3(l)	丙酮	−1790.42
C_5H_{12}(g)	正戊烷	−3536.1	$C_2H_5NH_2$(l)	乙胺	−1713.3
C_6H_5CHO(l)	苯甲醛	−3527.9	C_2H_6(g)	乙烷	−1559.84
C_5H_{12}(l)	正戊烷	−3509.5	$(CH_2COOH)_2$(s)	丁二酸	−1419
$C_6H_5NH_2$(l)	苯胺	−3396.2	C_2H_4(g)	乙烯	−1410.97
C_5H_{10}(l)	环戊烷	−3290.9	C_2H_5OH(l)	乙醇	−1366.91
C_6H_6(l)	苯	−3267.54	C_2H_2(g)	乙炔	−1299.59
C_6H_5COOH(晶)	苯甲酸	−3226.7	CS_2(l)	二硫化碳	−1076
$C_6H_4(COOH)_2$(s)	邻苯二甲酸	−3223.5	CH_3NH_2(l)	甲胺	−1060.6
$C_6H_5NO_2$(l)	硝基苯	−3091.2	$HCOOCH_3$	甲酸甲酯	−979.5
C_6H_5OH	苯酚	−3053.5	CH_3COOH(l)	乙酸	−875.54
C_6H_5OH(s)	苯酚	−3053.48	$CH_2(COOH)_2$(s)	丙二酸	−861.15
$C_7H_6O_3$(s)	水杨酸	−3022.5	CH_3OH(l)	甲醇	−726.64
C_4H_{10}(g)	正丁烷	−2878.34	CH_3Cl(g)	氯甲烷	−689.1
C_5H_5N(l)	吡啶	−2782.4	$CO(NH_2)_2$(s)	尿素	−634.3
$(C_2H_5)_2O$(l)	乙醚	−2730.9	$HCHO$(g)	甲醛	−570.78
C_4H_9OH(l)	正丁醇	−2675.8	$CHCl_3$(l)	氯仿	−373.2
$CH_3COC_2H_5$(l)	甲乙酮	−2444.2	$HCOOH$(l)	甲酸	−254.64

附录 6　一些物质的热力学数据表值

表中为常见物质的标准摩尔生成焓、标准摩尔熵、标准摩尔生成吉布斯函数及标准摩尔定压热容（p=100 kPa）。

物质	$\Delta_f H_m^{\ominus}$(298 K) / $kJ \cdot mol^{-1}$	$S_m^{\ominus}$(298 K) / $J \cdot K^{-1} \cdot mol^{-1}$	$\Delta_f G_m^{\ominus}$(298 K) / $kJ \cdot mol^{-1}$	$C_m^{\ominus}$/($J \cdot K^{-1} \cdot mol^{-1}$)								
				298 K	300 K	400 K	500 K	600 K	700 K	800 K	900 K	1000 K
Ag(s)	0	0	42.712	25.351								
AgBr(s)	−100.37	107.1	−96.9	52.38								
AgCl(s)	−127.068	96.2	−109.789	50.79								
AgI(s)	−61.84	115.5	−66.19	56.82								
$AgNO_3$(s)	−124.39	140.92	−33.41	93.05								
Ag_2CO_3(s)	−505.8	167.4	−436.8	112.26								
Ag_2O(s)	−31.05	121.3	−11.2	65.86								
Al_2O_3(s,刚玉)	−1675.7	50.92	−1528.3	79.04								
Br_2(l)	0	152.231	0	75.689	75.63							
Br_2(g)	30.907	245.463	3.11	36.02		36.71	37.06	37.27	37.42	37.53	37.62	37.7
C(s,石墨)	0	5.74	0	8.527	8.72	11.93	14.63	16.86	18.54	19.87	20.84	21.51
C(s,金刚石)	1.895	2.377	2.9	6.113								
CO(g)	−110.525	197.674	−137.168	29.142	29.16	29.33	29.79	30.46	31.17	31.88	32.59	33.18
CO_2(g)	−393.509	213.74	−394.359	37.11	37.2	41.3	44.6	47.32	49.54	51.42	52.94	54.27
CS_2(g)	117.36	237.84	67.12	45.4	45.61	49.45	52.22	54.27	55.86	57.07	57.99	58.7
CaC_2(s)	−59.8	69.96	−64.9	62.72								
$CaCO_3$(s,方解石)	−1206.92	92.9	−146.79	81.88								
$CaCl_2$(s)	−795.8	104.6	−748.1	72.59								
CaO(s)	−635.09	39.75	−604.03	42.8								
Cl_2(g)	0	223.066	0	33.907	33.97	35.3	36.08	36.57	36.91	37.15	37.33	37.47
CuO(s)	−157.3	42.63	−129.7	42.3								
$CuSO_4$(s)	−771.36	109	−661.8	100								
Cu_2O(s)	−168.6	93.14	−146	63.64								
F_2(g)	0	202.78	0	31.3	31.37	33.05	34.34	35.27	35.94	36.64	36.85	37.17
$Fe_{0.974}O$(s,方铁矿)	−266.27	57.49	245.12	48.12								
FeO(s)	−272											
FeS_2(s)	−178.2	52.93	−166.9	62.17								
Fe_2O_3(s)	−824.2	87.4	−742.2	103.85								
Fe_3O_4(s)	−118.4	146.4	−1015.4	143.43								
H_2(g)	0	130.684	0	28.824	28.85	29.18	29.26	29.32	29.43	29.61	29.87	30.2

续表

物质	$\frac{\Delta_f H_m^{\ominus}(298\ K)}{kJ \cdot mol^{-1}}$	$\frac{S_m^{\ominus}(298\ K)}{J \cdot K^{-1} \cdot mol^{-1}}$	$\frac{\Delta_f G_m^{\ominus}(298\ K)}{kJ \cdot mol^{-1}}$	$C_m^{\ominus}/(J \cdot K^{-1} \cdot mol^{-1})$								
HBr(g)	−36.4	198.695	−53.45	29.142	29.16	29.2	29.41	29.79	30.29	30.88	31.51	32.13
HCl(g)	−92.307	186.908	−95.299	29.12	29.12	29.16	29.29	29.58	30	30.5	31.05	31.63
HF(g)	−271.1	173.779	−273.2	29.12	29.12	29.16	29.16	29.25	29.37	29.54	29.83	30.17
HI(g)	26.48	206.594	1.7	29.158	29.16	29.33	29.75	30.33	31.05	31.08	32.51	33.14
HCN(g)	135.1	201.78	124.7	35.86	36.02	39.41	42.01	44.18	46.15	47.91	49.5	50.96
$HNO_3(l)$	−174.1	155.6	−80.71	109.87								
$HNO_3(g)$	−135.06	266.38	−74.72	53.35	53.85	63.64	71.5	77.7	82.47	86.36	89.41	91.84
$H_2O(l)$	−285.83	69.91	−237.129	75.291								
$H_2O(g)$	−241.818	188.825	−228.572	33.577	33.6	34.27	35.23	36.32	37.45	38.7	39.96	41.21
$H_2O_2(l)$	−187.78	109.6	−120.35	89.1								
$H_2O_2(g)$	−136.31	232.7	−105.57	43.1	43.22	48.45	52.55	55.69	57.99	59.83	61.46	62.84
$H_2S(g)$	−20.63	205.79	−33.56	34.23	34.23	35.61	37.24	38.99	40.79	42.59	44.31	45.9
$H_2SO_4(l)$	−813.989	156.904	−690.003	138.91	139.33	153.55	161.92	167.36	171.96			
$HgCl_2(s)$	−224.3	146	−178.6									
HgO(s,正交)	−90.83	70.29	−58.539	44.06								
$Hg_2Cl_2(s)$	−265.22	192.5	−210.745									
$Hg_2SO_4(s)$	−743.12	200.66	−625.815	131.96								
$I_2(s)$	0	116.135	0	54.438								
$I_2(g)$	62.438	260.69	19.327	36.9			37.44	37.57	37.68	37.76	37.84	37.91
KCl(s)	−436.747	82.59	−409.14	51.3								
KI(s)	−327.9	106.32	−324.892	52.93								
$KNO_3(s)$	−494.63	133.05	−394.86	96.4								
$K_2SO_4(s)$	−1437.79	175.56	−1321.37	130.46								
$KHSO_4(s)$	−1160.6	138.1	−1031.3									
$N_2(g)$	0	191.61	0	29.12	29.12	29.25	29.58	30.11	30.76	31.43	32.1	32.7
$NH_3(g)$	−46.11	192.45	−16.45	35.06	35.69	38.66	42.01	45.23	48.28	51.17	53.85	56.36
$NH_4Cl(s)$	−314.43	94.6	−202.87	84.1								
$(NH_4)_2SO_4(s)$	−1180.85	220.1	−901.67	187.49								
NO(g)	90.25	210.761	86.55	29.83	29.83	29.96	30.5	31.25	32.05	32.76	33.43	33.97
$NO_2(g)$	33.18	240.06	51.31	37.07	37.11	40.33	43.43	46.11	48.37	50.21	51.67	52.84
$N_2O(g)$	82.05	219.85	104.2	38.45	38.7	42.68	45.81	48.37	50.46	52.22	53.64	54.85
$N_2O_4(g)$	9.16	304.29	97.89	77.28								
$N_2O_5(g)$	11.3	355.7	115.1	84.5								

续表

物质	$\Delta_f H_m^\ominus$(298 K)/kJ·mol^{-1}	$S_m^\ominus$(298 K)/J·K^{-1}·mol^{-1}	$\Delta_f G_m^\ominus$(298 K)/kJ·mol^{-1}	$C_m^\ominus$/(J·K^{-1}·mol^{-1})								
NaCl(s)	−411.153	72.13	−384.138	50.5								
$NaNO_3$(s)	−467.85	116.52	−367	92.88								
NaOH(s)	−425.609	64.455	−379.494	59.54								
Na_2CO_3(s)	−1130.68	134.98	−1044.44	112.3								
$NaHCO_3$(s)	−950.81	101.7	−851	87.61								
Na_2SO_4(s,正交)	−1387.08	14.58	−1270.16	128.2								
O_2(g)	0	205.138	0	29.355	29.37	31.1	31.08	32.09	32.99	33.74	34.36	34.87
O_3(g)	142.7	238.93	163.2	39.2	39.29	43.64	47.11	49.66	51.46	52.8	53.81	54.56
PCl_3(g)	−287	311.78	−267.8	71.84								
PCl_5(g)	−374.9	364.58	−305	112.8								
S(s,正交)	0	31.8	0	22.64	22.64							
SO_2(g)	−296.83	248.22	−300.194	39.87	39.96	43.47	46.57	49.04	50.96	52.43	53.6	54.48
SO_3(g)	−395.72	256.76	−371.06	50.67	50.75	58.83	65.52	70.71	74.73	78.86	80.46	82.68
SiO_2(s,a-石英)	−910.94	41.84	−856.64	44.43								
ZnO(s)	−348.28	43.64	−318.3	40.25								
CH_4(g),甲烷	−74.81	186.264	−50.72	97.45	97.71	40.63	46.53	52.51	58.2	63.51	68.37	72.8
C_2H_6(g),乙烷	−84.68	229.6	−32.82	52.63	52.89	65.61	78.07	89.33	99.24	108.07	115.85	122.72
C_3H_8(g),丙烷	−103.85	270.02	−23.37	73.51	73.89	94.31	113.05	129.12	143.09	155.14	165.73	175.02
C_4H_{10}(g),正丁烷	−126.15	310.23	−17.02	97.45	97.91	123.85	147.86	168.62	186.4	201.79	215.22	226.86
C_4H_{10}(g),异丁烷	−134.52	294.75	−20.75	96.82	97.28	124.56	149.03	169.95	187.65	202.88	216.1	227.61
C_5H_{12}(g),正戊烷	−146.44	349.06	−8.21	120.21	120.79	152.84	183.47	207.69	229.41	248.11	264.35	278.45
C_5H_{12}(g),异戊烷	−154.47	343.2	−14.65	118.78	119.41	152.67	182.88	208.74	230.91	249.83	266.35	280.83
C_6H_{14}(g),正己烷	−167.19	388.51	−0.05	143.09	143.8	181.88	216.86	246.81	272.38	294.39	313.15	330.08
C_7H_{16}(g),庚烷	−187.78	428.01	8.22	165.98	166.77	210.96	251.33	285.89	315.39	340.7	362.67	381.58
C_8H_{18},辛烷	−208.45	466.84	166.66	188.87	189.74	239.99	285.85	324.97	358.4	387.02	411.83	433.46
C_2H_4(g),乙烯	52.26	219.56	68.15	43.56	43.72	53.97	63.43	71.55	73.49	84.52	86.79	94.43
C_3H_6(g),丙烯	20.42	267.05	62.79	63.89	64.18	79.91	94.64	107.53	118.7	128.37	136.82	144.18

续表

物质	$\frac{\Delta_f H_m^\ominus(298\ K)}{kJ \cdot mol^{-1}}$	$\frac{S_m^\ominus(298\ K)}{J \cdot K^{-1} \cdot mol^{-1}}$	$\frac{\Delta_f G_m^\ominus(298\ K)}{kJ \cdot mol^{-1}}$	$C_m^\ominus/(J \cdot K^{-1} \cdot mol^{-1})$								
C_4H_8(g),1-丁烯	−0.13	305.71	71.4	85.65	86.06	108.95	129.41	147.03	161.96	174.89	186.15	195.89
C_4H_6(g), 1,3-丁二烯	110.16	278.85	150.74	79.54	79.96	101.63	119.33	133.22	144.56	154.14	162.38	159.54
C_2H_2(g),乙炔	226.73	200.94	209.2	43.93	44.06	50.08	54.27	57.45	60.12	62.47	64.64	66.61
C_3H_4(g),丙炔	185.43	248.22	194.46	60.67	60.88	72.51	82.59	91.21	98.66	105.19	110.92	115.94
C_3H_6(g),环丙烷	53.3	237.55	104.46	55.94	56.23	76.61	94.77	109.41	121.42	131.59	140.46	148.07
C_6H_{12}(g),环己烷	−123.14	298.35	31.92	106.27	107.03	149.87	190.25	225.22	254.68	279.32	299.91	317.15
C_6H_{10}(g),环几烯	−5.36	310.86	106.99	105.02	105.77	144.93	178.99	206.9	229.79	248.91	265.01	278.74
C_6H_6(l),苯	49.04	173.26	124.45									
C_6H_6(g),苯	82.93	269.31	129.73	81.67	82.22	111.88	137.24	157.9	174.68	188.53	200.12	209.87
$C_6H_5CH_3$(l),甲苯	12.01	220.96	113.89									
$C_6H_5CH_3$(g),甲苯	50	320.77	122.11	103.64	104.35	140.08	171.46	197.48	218.95	236.86	252	264.93
C_8H_{10}(l),乙苯	−12.47	255.18	119.86									
C_8H_{10}(g),乙苯	29.79	360.56	130.71	128.41	129.2	170.54	206.48	236.14	260.58	280.96	298.19	312.84
C_8H_{10}(l),间二甲苯	−25.4	252.17	107.81									
C_8H_{10}(g),间二甲苯	17.24	357.8	119	127.57	128.28	167.49	202.63	232.25	257.02	277.86	295.52	310.58
C_8H_{10}(l),邻二甲苯	−240.43	246.02	110.62									
C_8H_{10}(g),邻二甲苯	19	352.86	122.22	133.26	133.97	171.67	205.48	234.22	258.4	278.82	296.23	311.08
C_8H_{10}(l),对二甲苯	−24.43	247.69	110.12									
C_8H_{10}(g),对二甲苯	17.95	352.53	121.26	126.86	127.57	166.1	201.08	230.79	255.73	276.73	294.51	309.7
C_8H_8(l),苯乙烯	103.89	237.57	202.51									
C_8H_8(g),苯乙烯	147.36	345.21	213.9	122.09	122.8	160.33	192.21	218.15	239.37	256.9	271.67	284.18
$C_{10}H_8$(s),萘	78.07	166.9	201.17									
$C_{10}H_8$(g),萘	150.96	335.75	223.96	132.55	133.43	179.2	218.11	149.66	275.18	296.1	313.42	327.94

续表

物质	$\Delta_f H_m^\ominus(298\ K)$ / $kJ \cdot mol^{-1}$	$S_m^\ominus(298\ K)$ / $J \cdot K^{-1} \cdot mol^{-1}$	$\Delta_f G_m^\ominus(298\ K)$ / $kJ \cdot mol^{-1}$	$C_m^\ominus/(J \cdot K^{-1} \cdot mol^{-1})$								
$C_2H_6O(g)$，甲醚	−184.05	266.38	−112.59	64.39	66.07	79.58	93.01	105.27	116.15	125.69	134.06	141.38
$C_3H_8O(g)$，甲乙醚	−216.44	310.73	−117.54	89.75	90.08	109.112	127.74	144.68	159.45	172.34	183.55	193.22
$C_2H_5OC_2H_5$(l)，乙醚	−279.5	253.1	−122.75									
$C_2H_5OC_2H_5$(g)，乙醚	−252.21	342.78	−112.19	122.51	112.97	138.11	162.21	183.76	20.46	218.66	233.67	244.81
$C_2H_4O(g)$，环氧乙烷	−52.63	242.53	−13.01	47.91	48.53	62.55	75.44	86.27	95.31	102.93	109.41	114.93
$C_3H_6O(g)$，环氧丙烷	−92.76	286.84	−25.69	72.34	72.72	92.72	110.71	125.81	138.53	149.29	158.53	166.48
$CH_3OH(g)$，甲醇	−238.66	126.8	−166.27	81.6								
$CH_3OH(l)$，甲醇	−200.66	239.81	−161.96	43.89	44.02	51.42	59.5	67.03	73.72	79.066	84.89	89.45
$C_2H_5OH(l)$，乙醇	277.69	160.7	−174.78	111.46								
$C_2H_5OH(g)$，乙醇	−235.1	282.7	−168.49	65.44	65.73	81	95.27	107.49	117.95	126.9	134.68	141.54
$C_3H_8O(l)$，丙醇	−304.55	192.9	−170.52									
$C_3H_8O(g)$，丙醇	−275.53	324.91	162.86	87.11	87.49	108.2	127.65	144.6	59.12	171.71	182.63	192.17
$C_3H_8O(l)$，异丙醇	−218	180.58	−180.26									
$C_3H_8O(g)$，异丙醇	−272.59	310.02	−173.48	88.74	89.16	112.05	133.43	149.62	164.05	176.27	186.73	195.89
$C_4H_{10}O$(l)，丁醇	−325.81	225.73	−160									
$C_4H_{10}O$(g)，丁醇	−274.42	363.28	−150.52	110.5	111.67	137.24	162.17	183.68	202.13	218.03	231.79	243.76
$C_2H_6O_2$(l)，乙二醇	−454.8	166.9	−323.08	149.8								
$C_2H_6O_2$(g)，乙二醇					97.4	113.22	125.94	136.9	146.44	154.39	158.99	166.86
$HCOH(g)$，甲醛	−108.57	218.77	−102.53	35.4	35.44	39.25	43.76	48.2	52.26	56.36	59.25	61.97

续表

物质	$\frac{\Delta_f H_m^\ominus(298\ K)}{kJ\cdot mol^{-1}}$	$\frac{S_m^\ominus(298\ K)}{J\cdot K^{-1}\cdot mol^{-1}}$	$\frac{\Delta_f G_m^\ominus(298\ K)}{kJ\cdot mol^{-1}}$	$C_m^\ominus/(J\cdot K^{-1}\cdot mol^{-1})$								
CH_3COH(l),乙醛	−192.3	160.2	−128.12									
CH_3COH(g),乙醛	−166.16	250.3	−128.86	54.64	54.85	65.81	76.44	85.86	94.14	101.25	107.45	112.8
CH_3COCH_3(l),丙酮	−248.1	200.4	−133.28									
CH_3COCH_3(g),丙酮	−217.57	295.04	−152.97	74.89	75.19	92.05	108.32	122.76	135.31	146.15	155.6	163.8
HCOOH(l),甲酸	−424.72	128.95	−361.35	99.04								
HCOOH(g),甲酸	−375.57				45.35	53.76	61.17	67.03	72.47	76.78	80.37	83.47
CH_3COOH(l),乙酸	−484.5	159.8	−389.9									
CH_3COOH(g),乙酸	−432.25	282.5	−374	66.53	66.82	81.67	94.56	105.23	114.43	121.67	128.03	133.85
$C_4H_6O_3$(l),乙酐	−624	268.61	−488.67									
$C_4H_6O_3$(g),乙酐	−575.72	390.06	−476.57	99.5	100.04	129.12	153.89	174.14	191.38	204.64	216.06	226.4
$C_3H_4O_2$(l),丙烯酸	−384.1											
$C_3H_4O_2$(g),丙烯酸	−336.23	315.12	−285.99	77.78	78.12	95.98	111.13	123.43	133.89	141.96	148.99	155.31
C_6H_5COOH(s),苯甲酸	−385.14	167.57	−245.14									
C_6H_5COOH(g),苯甲酸	−290.2	369.1	−210.31	103.47	104.01	138.36	170.54	196.73	217.82	234.89	248.95	260.66
$C_2H_4O_2$(l),甲酸甲酯	−379.07			121								
$C_2H_4O_2$(g),甲酸甲酯	−350.0				66.94	81.59	94.56	105.44	114.64	121.75	128.87	133.89
$CH_3COOC_2H_5$(l),乙酸乙酯	−479.03	259.4	−332.55									
$CH_3COOC_2H_5$(g),乙酸乙酯	−442.92	326.86	−327.27	113.64	113.97	137.4	161.92	182.63	199.53	213.43	224.89	234.51
C_6H_6O(s),苯酚	−165.02	144.01	−50.31									

续表

物质	$\Delta_f H_m^{\ominus}$(298 K)/$kJ\cdot mol^{-1}$	$S_m^{\ominus}$(298 K)/$J\cdot K^{-1}\cdot mol^{-1}$	$\Delta_f G_m^{\ominus}$(298 K)/$kJ\cdot mol^{-1}$	$C_m^{\ominus}/(J\cdot K^{-1}\cdot mol^{-1})$								
$C_6H_6O(g)$，苯酚	−96.36	315.71	−32.81	103.55	104.18	135.77	161.67	182.17	195.49	211.79	222.84	232.17
$C_7H_8O(l)$，间甲酚	−193.26											
$C_7H_8O(g)$，间甲酚	−132.34	355.88	−40.43	122.47	125.14	162.09	198.8	218.66	239.28	256.35	271.67	286.6
$C_7H_8O(l)$，邻甲酚	−204.35											
$C_7H_8O(g)$，邻甲酚	−128.62	357.72	−36.96	130.33	131	166.27	196.27	220.79	240.83	257.53	273.01	287.94
$C_7H_8O(l)$，对甲酚	−199.2											
$C_7H_8O(g)$，对甲酚	−125.39	347.76	−30.77	124.47	125.14	161.71	192.76	217.99	238.61	255.68	271.33	286.19
$CH_5N(l)$，甲胺	−47.3	150.21	35.7									
$CH_5N(g)$，甲胺	−22.97	243.41	32.16	53.1	50.25	60.17	70	78.91	86.86	93.89	100.16	105.69
$C_2H_7N(l)$，乙胺	−74.1			130								
$C_2H_7N(g)$，乙胺	−47.15			69.9	72.97	90.58	106.44	120	131.67	141.8	150.71	158.49
$C_2H_{11}N(l)$，二乙胺	−103.73											
$C_2H_{11}N(g)$，二乙胺	−72.38	352.32	72.25	115.73	116.27	145.94	173.59	197.23	217.78	234.97	250.25	263.22
$C_5H_5N(l)$，吡啶	100	177.9	181.43									
$C_5H_5N(g)$，吡啶	140.16	282.91	190.27	78.12	78.66	106.36	130.16	149.45	165.02	177.78	188.45	197.36
$C_6H_5NH_2(l)$，苯胺	31.09	191.29	149.21									
$C_6H_5NH_2(g)$，苯胺	86.86	319.27	166.79	108.41	109.08	142.97	162.84	170.75	210.54	225.06	237.27	247.61
$C_2H_3N(l)$，乙腈	31.38	149.62	77.22	91.46								
$C_2H_3N(g)$，乙腈	65.23	245.12	82.58	52.22	52.38	61.17	69.41	76.78	83.26	88.95	93.93	98.32
$C_3H_3N(l)$，丙烯腈	150.2											
$C_3H_3N(g)$，丙烯腈	184.93	274.04	195.34	63.76	64.02	76.82	87.65	96.69	104.18	110.58	116.11	120.83
$CH_3NO_2(l)$，硝基甲烷	−113.09	171.75	−14.42	105.98								
$CH_3NO_2(g)$，硝基甲烷	−74.73	274.96	−6.84	57.32	57.57	70.29	81.84	91.71	100	106.94	112.84	117.86

续表

物质	$\frac{\Delta_f H_m^\ominus(298\ K)}{kJ\cdot mol^{-1}}$	$\frac{S_m^\ominus(298\ K)}{J\cdot K^{-1}\cdot mol^{-1}}$	$\frac{\Delta_f G_m^\ominus(298\ K)}{kJ\cdot mol^{-1}}$	$C_m^\ominus/(J\cdot K^{-1}\cdot mol^{-1})$								
$C_6H_5NO_2(l)$，硝基苯	12.5			185.8								
$CH_3F(g)$，一氟甲烷		222.91		37.49	37.61	44.18	51.3	57.86	63.72	68.83	73.26	77.15
$CH_2F_2(g)$，二氟甲烷	−446.9	246.71	−419.2	42.89	43.01	51.13	58.99	65.77	71.46	76.23	80.21	83.6
$CHF_3(g)$，三氟甲烷	−688.3	259.68	−653.9	51.04	51.21	62.26	69.25	75.86	81	85.06	97.82	90.96
$CF_4(g)$，四氟化碳	−925	261.61	−879	61.09	61.63	72.84	81.3	87.49	92.01	95.56	97.99	100.04
$C_2F_6(g)$，六氟乙烷	−1297	332.3	−1213	106.7	106.82	125.48	139.16	148.7	155.44	160.33	163.89	166.44
$CH_3Cl(g)$，一氯甲烷	−80.83	234.58	−57.37	40.75	40.88	48.2	55.19	61.34	66.65	71.03	75.35	78.91
$CH_2Cl_2(l)$，二氯甲烷	−121.46	177.8	−67.26	100								
$CH_2Cl_2(g)$，二氯甲烷	−92.47	270.23	−65.87	50.96	51.3	61.46	66.4	72.63	77.28	81.09	84.31	87.03
$CHCl_3(l)$，氯仿	−134.47	201.7	−73.66	113.8								
$CHCl_3(g)$，氯仿	−103.14	295.71	−70.34	65.69	65.94	74.6	80.92	85.52	88.99	91.67	93.85	95.65
$CCl_4(l)$，四氯化碳	−135.44	216.4	−65.21	131.75								
$C_2H_5Cl(l)$，氯乙烷	−136.52	190.79	−59.31	104.35								
$C_2H_5Cl(g)$，氯乙烷	−112.17	276	−60.39	62.8	62.97	77.66	90.71	101.71	111	118.91	125.77	131.71
$C_2H_4Cl_2(l)$，1，2－二氯乙烷	−165.23	208.53	−79.52	129.3								
$C_2H_4Cl_2(g)$，1，2－二氯乙烷	−129.79	308.39	−73.78	78.7	79.5	92.05	103.34	112.55	120.5	127.19	133.05	138.07
$C_2H_3Cl(g)$，氯乙烯	35.6	263.99	51.9	53.72	53.93	65.1	74.48	82.05	88.28	93.51	98.11	101.88
$C_6H_5Cl(l)$，氯苯	10.79	209.2	89.3									
$C_6H_5Cl(g)$，氯苯	51.84	313.58	99.23	98.03	98.62	128.11	152.67	172.21	187.69	200.37	210.87	219.58
$CH_3Br(g)$，溴甲烷	−35.1	246.38	−25.9	42.43	42.55	49.92	56.74	62.63	67.74	72.17	76.11	79.5

续表

物质	$\Delta_f H_m^\ominus$(298 K)/kJ·mol^{-1}	$S_m^\ominus$(298 K)/J·K^{-1}·mol^{-1}	$\Delta_f G_m^\ominus$(298 K)/kJ·mol^{-1}	$C_m^\ominus$/(J·K^{-1}·mol^{-1})								
CH_3I(g)，碘甲烷	13	245.12	14.7	44.1	44.27	51.71	58.37	64.06	68.95	73.26	76.99	80.33
CH_4S，甲硫醇	−22.34	255.17	−9.3	50.25	50.42	58.74	66.57	73.51	79.62	85.02	89.79	94.06
C_2H_6S(l)，乙硫醇	−73.35	207.02	−5.26	117.86								
C_2H_6S(g)，乙硫醇	−45.81	296.21	−4.33	72.68	72.97	88.2	101.92	113.85	134.18	133.18	141.04	148.03

注：无机物质和C1与C2有机物的数据取自《NBS化学热力学性质表SI的单位表示的无机物质和C1与C2有机物质选择值》(Wagman D D，等.刘天和，赵梦月，译.北京：中国标准出版社，1998.)

C3与C4以上有机物质的数据取自《The chemical thermodynamics of organic compounds》(Stull D R，Westrum E F，Sinke G C. New York：John wiley& Sons Inc.，1969.)

附录7　一些物质的自由能函数

(标准压力 p=101.325 kPa)

物质	$-[G_m^\ominus(T)-H_m^\ominus(0K)/T]$/J·K^{-2}·mol^{-1}					$\Delta H_m^\ominus$(298.15 K)/kJ·mol^{-1}	$\Delta H_m^\ominus$(298.15 K)$-\Delta H_m^\ominus$(0 K)/kJ·mol^{-1}	$\Delta H_m^\ominus$(0 K)/kJ·mol^{-1}
	298	500	1000	1500	2000			
Br(g)	154.14	164.89	179.28	187.82	193.97		6.197	112.93
Br_2(g)	212.76	230.08	254.39	269.07	279.62		9.728	35.02
Br_2(l)	104.6						13.556	0
C(石墨)	2.22	4.85	11.63	17.53	22.51		1.05	0
Cl(g)	144.06	155.06	170.25	179.2	185.52		6.272	119.41
Cl_2(g)	192.17	208.57	231.92	246.23	256.65		9.18	0
F(g)	136.77	148.16	163.43	172.21	178.41		6.519	77.0±4
F_2(g)	173.09	188.7	211.01	224.85	235.02		8.828	0
H(g)	93.81	104.56	118.99	127.4	133.39		6.197	215.98
H_2(g)	102.17	117.13	136.98	148.91	157.61		8.468	0
I(g)	159.91	170.62	185.06	193.47	199.49		6.197	107.15
I_2(g)	226.69	244.6	269.45	284.34	295.06		8.987	65.52
I_2(l)	71.88						13.196	0
N_2(g)	162.42	177.49	197.95	210.37	219.58		8.669	0
O_2(g)	175.98	191.13	212.13	225.14	243.72		8.66	0
S(斜方)	17.11	27.11					4.406	0
CO(g)	168.41	183.51	204.05	216.65	225.93	−110.525	8.673	−113.81
CO_2(g)	182.26	199.45	226.4	244.68	258.8	−393.514	9.364	−393.17
CS_2(g)	202	221.92	253.17	273.8	289.11	115.269	10.669	114.60±8

续表

物质	$-[G_m^\ominus(T)-H_m^\ominus(0K)/T]$ J·K^{-2}·mol^{-1}					$\Delta H_m^\ominus$(298.15 K) kJ·mol^{-1}	$\Delta H_m^\ominus$(298.15 K)$-\Delta H_m^\ominus$(0 K) kJ·mol^{-1}	$\Delta H_m^\ominus$(0 K) kJ·mol^{-1}
CH_4(g)	152.55	170.5	199.37	211.08	238.91	−74.852	10.029	−66.9
CH_3Cl(g)	198.53	217.82	250.12	274.22		−82	10.414	−74.1
$CHCl_3$(g)	248.07	275.35	321.25	352.96		−100.42	14.184	−96
CCl_4(g)	251.67	285.01	340.62	376.69		−106.7	17.2	−104
$COCl_2$(g)	240.58	264.97	304.55	331.08	351.12	−219.53	12.866	−217.82
CH_3OH(g)	201.38	222.34	257.65			−201.17	11.427	−190.25
CH_2O(g)	185.14	203.09	230.58	250.25	266.02	−115.9	10.012	−112.13
HCOOH(g)	212.21	232.63	267.73	293.59	314.39	−378.19	10.883	−370.91
HCN(g)	170.79	187.65	213.43	230.75	243.97	130.5	9.25	130.1
C_2H_2(g)	167.28	186.23	217.61	239.45	256.6	226.73	10.008	227.32
C_2H_4(g)	184.01	203.93	239.7	267.52	290.62	52.3	10.565	60.75
C_2H_6(g)	189.41	212.42	255.68	290.62		−84.68	11.95	−69.12
C_2H_5OH(g)	235.14	262.84	314.97	356.27		−236.92	14.18	−219.28
CH_3CHO(g)	221.12	245.48	288.82			−165.98	12.845	−155.44
CH_3CO OH(g)	236.4	264.6	317.65	357.1		−434.3	13.81	−420.5
C_3H_6(g)	221.54	248.19	299.45	340.7		20.42	13.544	35.44
C_3H_8(g)	220.62	250.25	310.03	359.24		−103.85	14.694	−81.5
$(CH_3)_2CO$	240.37	272.09	331.46	378.82		−216.4	16.272	−199.74
正-C_4H_{10}(g)	244.93	284.14	362.33	426.56		−126.15	19.435	−99.04
异-C_4H_{10}(g)	234.64	271.94	348.86	412.71		−134.52	17.891	−105.86
正-C_5H_{12}(g)	269.95	317.73	413.67	492.54		−146.44	13.162	−113.93
异-C_5H_{12}(g)	269.28	314.97	409.86	488.61		−154.47	12.083	−120.54
C_6H_6(g)	221.46	252.04	320.37	378.44		82.93	14.23	100.42
环-C_6H_{12}(g)	238.78	277.78	371.29	455.2		−123.14	17.728	−83.72
Cl_2O(g)	228.11	248.91	280.5	300.87		75.7	11.38	77.86
Cl_2O_2(g)	215.1	234.72	264.72	284.3		104.6	10.782	107.07
HF(g)	144.85	159.79	179.91	191.92		−268.6	8.598	−268.6
HCl(g)	157.82	172.84	193.13	205.35		−92.312	8.64	−92.127
HBr(g)	169.58	184.6	204.97	217.41		−36.24	8.65	−33.9

续表

物质	$-[G_m^\ominus(T)-H_m^\ominus(0K)/T]$ / $J \cdot K^{-2} \cdot mol^{-1}$				$\Delta H_m^\ominus(298.15\ K)$ / $kJ \cdot mol^{-1}$	$\Delta H_m^\ominus(298.15\ K)-\Delta H_m^\ominus(0\ K)$ / $kJ \cdot mol^{-1}$	$\Delta H_m^\ominus(0\ K)$ / $kJ \cdot mol^{-1}$
HI(g)	177.44	192.51	213.02	225.57	25.9	8.659	28
HClO(g)	201.84	220.05	246.92	264.2		10.22	
PCl_3(g)	258.05	288.22	335.09		−278.7	16.07	−275.8
H_2O(g)	155.56	172.8	196.74	211.76	−241.885	9.91	−238.993
H_2O_2(g)	196.49	216.45	247.54	269.01	−136.14	10.84	−129.9
H_2S(g)	172.3	189.75	214.65	230.84	−20.151	9.981	16.36
NH_3(g)	158.99	176.94	203.52	221.93	−46.2	9.92	−39.21
NO(g)	179.87	195.69	217.03	230.01	90.4	9.182	89.89
N_2O(g)	187.86	205.53	233.36	252.23	81.57	9.588	85
NO_2(g)	205.86	224.32	252.06	270.27	33.861	10.316	36.33
SO_2(g)	212.68	231.77	260.64	279.64	−296.97	10.542	−294.46
SO_3(g)	217.16	239.13	276.54	302.99	−395.27	11.59	−389.46